Dr. Jürgen Wiese · Dipl.-Ing. (FH) Josef Mayr
Kommentar zur Muster-Industriebau-Richtlinie

Kommentar zur Muster-Industriebau-Richtlinie

2., aktualisierte und erweiterte Ausgabe

mit 148 Abbildungen und 43 Tabellen

Erweiterter Auszug aus dem Brandschutzatlas

Dr. Jürgen Wiese
studierte Bauingenieurwesen und promovierte zum baulichen Brandschutz. Er betreute bei der Sachverständigenpartnerschaft „Halfkann und Kirchner" das Sachgebiet Fire-Engineering als wissenschaftlicher Leiter.
Er engagiert sich ehrenamtlich in einer Vielzahl von Gremien auf nationaler und internationaler Ebene zum Teil in leitenden Funktionen. Den Schwerpunkt bilden dabei die ingenieurtechnischen Verfahren des Brandschutz-Ingenieurwesens und des Industrie-Brandschutzes.
Darüber hinaus wirkt er als Fachreferent für Brandschutzthemen bei diversen Weiterbildungsinstituten und Brandschutzveranstaltungen mit.

Dipl.-Ing. (FH) Josef Mayr
ist Bauingenieur und Brandschutzsachverständiger. Er gründete 1996 den FeuerTrutz Verlag und war dort Geschäftsführer bis 2005. 1995 entwickelte er als Herausgeber und Hauptautor den Brandschutzatlas. Seit 2005 ist er weiterhin als Hauptautor des Brandschutzatlas und als Autor sowie als Referent in zahlreichen Bildungseinrichtungen tätig und führt ein Ingenieurbüro für Brandschutz in Wolfratshausen.

FeuerTrutz

RM Rudolf Müller

Bibliografische Information Der Deutschen Nationalbibliothek
Die Deutsche Nationalbibliothek verzeichnet diese Publikation in der Deutschen Nationalbibliografie;
detaillierte bibliografische Daten sind im Internet über http://dnb.d-nb.de abrufbar.

2., aktualisierte und erweiterte Ausgabe 2023

Wiedergabe von DIN-Normen mit Erlaubnis des DIN Deutsches Institut für Normung e.V. Maßgebend für das Anwenden von Normen ist deren Fassung mit dem neuesten Ausgabedatum, die bei der Beuth Verlag GmbH, Burggrafenstraße 6, 10787 Berlin, erhältlich ist. Maßgebend für das Anwenden von Regelwerken, Richtlinien, Merkblättern, Hinweisen, Verordnungen usw. ist deren Fassung mit dem neusten Ausgabedatum, die bei der jeweiligen herausgebenden Institution erhältlich ist. Zitate aus Normen, Merkblättern usw. wurden, unabhängig von ihrem Ausgabedatum, in neuer deutscher Rechtschreibung abgedruckt.

Das vorliegende Werk wurde mit größter Sorgfalt erstellt. Verlag und Autor können dennoch für die inhaltliche und technische Fehlerfreiheit, Aktualität und Vollständigkeit des Werkes und seiner elektronischen Bestandteile (Internetseiten) keine Haftung übernehmen.

Aus Gründen der besseren Lesbarkeit wird bei Personenbezeichnungen und personenbezogenen Hauptwörtern die männliche Form verwendet. Entsprechende Begriffe gelten im Sinne der Gleichbehandlung grundsätzlich für alle Geschlechter. Die verkürzte Sprachform hat nur redaktionelle Gründe und beinhaltet keine Wertung.

Wir freuen uns, Ihre Meinung über dieses Fachbuch zu erfahren. Bitte teilen Sie uns Ihre Anregungen, Hinweise oder Fragen per E-Mail: fachmedien.brandschutz@rudolf-mueller.de oder Telefax: 0221 5497-6323 mit.

Lektorat: Volmert PrePress & Language Services, Köln
Umschlaggestaltung und Satz: Satz+Layout Werkstatt Kluth GmbH, Erftstadt
Umschlagfoto: industrieblick – stock.adobe.com
Druck und Bindearbeiten: Westermann Druck Zwickau GmbH, Zwickau
Printed in Germany

ISBN: 978-3-86235-496-2 (Buch-Ausgabe)
ISBN: 978-3-86235-497-9 (E-Book als PDF)
ISBN: 978-3-86235-498-6 (Buch-Ausgabe + E-Book als PDF)

MIX
Papier aus verantwortungsvollen Quellen
FSC® C110508

Inhaltsverzeichnis

Einführung und allgemeine Hinweise

Dieses Werk bezieht sich immer auf die Muster-Industriebau-Richtlinie (MIndBauRL), auch wenn das Wort „Muster“ im alltäglichen Gebrauch meist nicht verwendet wird.

Teilweise weichen die jeweils eingeführten Industriebau-Richtlinien der Länder von diesem Muster ab. Ob die Richtlinie bzw. welche (Muster-)Industriebau-Richtlinie im jeweiligen Land eingeführt ist, ergibt sich aus der im jeweiligen Bundesland eingeführten VV TB (Verwaltungsvorschrift Technische Baubestimmungen).

Hinweise über die jeweils eingeführten Richtlinien können ggf. auch der Vorschriftenzusammenstellung im Brandschutzatlas entnommen werden.

Die in diesem Buch zusammengestellten Kommentare greifen insbesondere Fragestellungen aus der Anwendungs- und Genehmigungspraxis auf, die seit der Veröffentlichung der MIndBauRL von Fachleuten aus verschiedenen Bundesländern an die Verfasser herangetragen worden sind.

Dabei werden, soweit möglich, auch Überlegungen (die nicht in die MIndBauRL oder in die Erläuterungen aufgenommen worden sind) berücksichtigt und weitergehend interpretiert, die bei den betreffenden Beratungen der Projektgruppe Muster-Industriebau-Richtlinie der ARGEBAU aufgekommen sind.

Da die Kommentare zum großen Teil Antworten zu speziellen Fragen von Anwendern der Richtlinie enthalten, ergeben sich ggf. auch Doppelungen von Aussagen, die im Zusammenhang mit den verschiedenen Leitthemen nachgefragt worden sind. Der themenbezogene unterschiedliche Umfang dieser Kommentare ist das Spiegelbild der Art und Häufigkeit eingegangener Fragen zu den diversen Regelungen der Richtlinie.

Diese „ergänzenden Kommentare“ veranschaulichen die Regelungen der Richtlinie und deren Erläuterungen.
Sie stellen ferner Lösungsansätze vor, die in den nachgefragten Einzelfällen – zum Teil auch in Abweichung von den konkreten Richtlinienfestlegungen – alternative Planungen ermöglichen konnten. Inwieweit von diesen als Anregungen zu verstehenden Lösungsansätzen und Interpretationen der Richtlinie in anderen Einzelfällen Gebrauch gemacht werden kann, hängt von der jeweiligen Fallgestaltung ab. Diese Ausführungen zu Abweichungstatbeständen stellen grundsätzlich keine „offizielle Ergänzung“ oder gar „Korrektur“ der MIndBauRL dar, auf die der Bauherr bzw. Brandschutzplaner ohne Weiteres ein Anrecht hat.

Dieser Kommentar soll das Verständnis der Muster-Industriebau-Richtlinie erleichtern und darüber hinaus auch Anregungen zur Lösungsfindung bei speziellen Problemstellungen geben, wenn sich das zu beurteilende Bauvorhaben nicht vollständig mit den Regelungen der Richtlinie deckt bzw. mit diesen nicht in völlige Übereinstimmung bringen lässt.

Sofern in diesen Kommentaren Situationen als „nicht zulässig“ bezeichnet werden, ist damit zunächst gemeint, dass diese speziellen Situationen nicht den Regelungen der Richtlinie entsprechen. Inwieweit im Rahmen von „Abweichungen von der Richtlinie“ in der Praxis für diese Situationen dennoch dem Sinn der Richtlinie entsprechende und akzeptable Lösungen und Begründungen unter den speziellen Bedingungen der Einzelfälle gefunden werden können, kann mit diesem Kommentar der Regelfälle allein nicht beschrieben werden. In diesem Zusammenhang sei bereits an dieser Stelle auf die Anmerkungen über die Zulässigkeit von Abweichungen von den Regelungen der MIndBauRL verwiesen (zu 0.c).

Hinweise zur 2. Auflage dieses Fachbuchs

Für diese zweite Auflage wurden Anregungen, Hinweise und Fragen berücksichtigt, die unmittelbar oder über den Verlag an den Autor herangetragen worden sind. Auch in diesem Zeitraum hat sich gezeigt, dass überwiegend Aspekte der Abschnitte 3 (Begriffe) und 5 (Allgemeine Anforderungen) nachgefragt worden sind.

Die Kommentare wurden zum großen Teil aus Erörterungen zu konkreten Anfragen zu Einzelfällen abgeleitet und unter Berücksichtigung von Beratungen der Projektgruppe „Industriebaurichtlinie" der ARGEBAU in eine Form gebracht, die auch auf andere und ähnliche Fragestellungen anwendbar ist. Sie sollen und können die Festlegungen der MIndBauRL nicht normativ ändern bzw. erweitern; sie sollen aber Hilfestellungen geben bei deren Anwendung insbesondere bei der Behandlung von Abweichungen von den Regelanforderungen.

Dieses Fachbuch ist aus dem Brandschutzatlas (Kapitel 8.12.0 in der Fassung 03.2023) erwachsen. Es enthält im Vergleich zur Fassung im Atlas umfangreiche Ergänzungen und schreibt an vielen Stellen die dortige Gliederung weiter fort.

Ferner wurden Änderungen der Richtlinie und der ARGEBAU-Erläuterungen eingearbeitet und kommentiert, die sich nach 2014 ergeben haben. Eine fortgeschriebene Fassung dieser Erläuterungen für die Fassung von 2019 ist im Werk mit abgedruckt. Dabei handelt es sich beispielsweise um

- die Berücksichtigung von „Holzbauten" im Verfahren nach Abschnitt 6 (Tab. 2),
- den Entfall des Begriffs des „erdgeschossigen Industriebaus" und um entsprechende Regelanpassungen,
- die Erweiterung von Möglichkeiten, bei kleinen Industriebauten Einbauten in für die Praxis ausreichender Größe realisierbar zu machen,
- diverse redaktionelle Klarstellungen mit entsprechenden Umformulierungen,
- Bezugnahmen auf die MVV-TB und entsprechende redaktionelle Anpassungen an diversen Stellen der IndBauRL,
- die Einbindung der DIN 18009 zur Anwendung der Verfahren des Brandschutzingenieurwesens über den Anhang 1.

Die Kommentare verweisen gelegentlich auch auf Ausführungen des Brandschutzatlas außerhalb dieser Kommentierung der MIndBauRL. Solche Hinweise wurden zum Zweck einer umfassenderen Hintergrundinformation aufgenommen – allerdings damit nicht zwangsläufig als „mitgeltende Kommentare" der MIndBauRL hier eingebunden.

Der Verfasser, Dr. Jürgen Wiese, hat im Verlauf der Überarbeitung der MIndBauRL als Vertreter der Wissenschaft und von Ingenieurbüros an den Beratungen der Projektgruppe Muster-Industriebau-Richtlinie teilgenommen. Er bittet weiterhin um Anregungen und Hinweise zu diesen Kommentaren, um ggf. auch andere Problemfälle aufgreifen oder missverständliche Ausführungen korrigieren zu können.

Ihre Anregungen und Hinweise senden Sie bitte an:

Dr. Jürgen Wiese
E-Mail: wiese.bsb@netcologne.de

Die Informationen sind in diesem Werk wie folgt aufbereitet:

1. blau: Richtlinientext MIndBauRL (Stand Mai 2019) der Fachkommission Bauaufsicht der Bauministerkonferenz
2. *blau + kursiv: MIndBauRL – Erläuterungen (Entwurf Mai 2019)*
3. schwarz (ohne besondere Kennzeichnung): Kommentar
4. grau: Gliederungsüberschriften und Anmerkungen der Autoren im Richtlinientext und in den Erläuterungen (meist mit Verweisen zum zugehörigen Kommentar)

Wichtige Anmerkung zu Nr. 1 und 2:

Die in mit blauer Farbe abgedruckten Quellen (MIndBauRL und Erläuterungen) enthalten auch mit grüner Farbe markierte Passagen. Diese kennzeichnen Stellen, die gegenüber der Fassung von 2014 geändert worden sind (gelöschte Teile sind hierbei nicht sichtbar).

Die Erläuterungen wurden zeitlich befristet im Jahr 2019 vom DIBt für das Anhörungsverfahren veröffentlicht. **Als „offizielle Erläuterungen" stehen sie seither der Öffentlichkeit nicht mehr zur Verfügung.**

Die Kommentare sind 1 : 1 gegliedert wie die MIndBauRL und die Erläuterungen der Fachkommission Bauaufsicht der Bauministerkonferenz – Projektgruppe Muster-Industriebau-Richtlinie.

Zur besseren Handhabung sind die Erläuterungen und Kommentare durch Kleinbuchstaben (z. B. a), b), c)) und eigene Überschriften (schwarz) weiter untergliedert.

Wo die Kommentare über die Gliederung der MIndBauRL hinausgehen, wurden neue Abschnitte mit aufsteigenden Gliederungspunkten gebildet. Dies wird jeweils zu Beginn angekündigt.

Wo die Kommentare – entsprechend der MIndBauRL – auf die MBO verweisen, ist bei der objektspezifischen Anwendung der bauordnungsrechtliche Rahmen des jeweiligen Bundeslandes maßgeblich.

0 Vorbemerkungen

Anmerkung: Die MIndBauRL enthält keine Vorbemerkungen.

0 Vorbemerkungen

Auf der Grundlage des § 85a Abs. 1 Musterbauordnung (MBO) regelt die Richtlinie als Technische Baubestimmung die Mindestanforderungen an den baulichen Brandschutz von Industriebauten.

Hierbei handelt es sich um Mindestanforderungen insbesondere an

- *die Feuerwiderstandsfähigkeit der Bauteile,*
- *die zulässige Größe der Brandabschnitte und der Brandbekämpfungsabschnitte,*
- *die Anordnung, Lage und Länge der Rettungswege.*

Die Richtlinie erleichtert Bauherren, Entwurfsverfassern und Fachplanern die Planung und den Behörden und Prüfingenieuren bzw. Prüfsachverständigen) die Beurteilung und Genehmigung von Industriebauten. Sie erspart den Bauherren Nachweise für im Einzelfall beabsichtigte Erleichterungen oder Abweichungen von den sonst geltenden Vorschriften der MBO. Sie ermöglicht den prüfenden und genehmigenden Behörden oder Prüfingenieuren bzw. Prüfsachverständigen*) eine gleiche Beurteilung gleich gelagerter Risiken und führt somit in gleich gelagerten Fällen zu gleichen Anforderungsergebnissen.*

Für Industriebauten hat eine Einordnung in eine Gebäudeklasse nach § 2 Abs. 3 Satz 1 MBO für die Festlegung des zutreffenden Verfahrens nach den §§ 62 bis 64 MBO zu erfolgen; die zugehörige Höhe und Brutto-Grundfläche ergeben sich aus § 2 Abs. 3 Satz 2 und 3 MBO. Eine ergänzende Einstufung als Sonderbau ergibt sich aus § 2 Abs. 4 MBO.

Die für alle Lastfälle zulässige Versagenswahrscheinlichkeit für Einzelbauteile p_f wird für Industriebauten unterschieden nach der „Geschossigkeit" des betreffenden Brandbekämpfungsabschnittes und nach der Bedeutung der tragenden und aussteifenden Bauteile für die Standsicherheit des Gebäudes – gemessen in den Brandsicherheitsklassen SK_b1 bis SK_b3. Sie ist in DIN 18230-1 für einen Bezugszeitraum von 1 Jahr folgendermaßen festgelegt:

Übersicht Nr. 1: *Zulässige bezogene Versagenswahrscheinlichkeit von Bauteilen p_f [1/Jahr]*

brandschutztechnische Bedeutung der Bauteile	*Geschosse/Ebenen*	
	mehrgeschossig/mehrebenig	*eingeschossig*
hoch: SK_b3	$p_{f,3} = 10^{-5}$ [1/Jahr]	$p_{f,3} = 10^{-4}$ [1/Jahr]
mittel: SK_b2	$p_{f,2} = 10^{-4}$ [1/Jahr]	$p_{f,2} = 10^{-3}$ [1/Jahr]
gering: SK_b1	$p_{f,1} = 10^{-3}$ [1/Jahr]	$p_{f,1} = 10^{-2}$ [1/Jahr]

**) nach Landesrecht*

Die bauordnungsrechtliche Risikobewertung basiert insbesondere auf folgenden Randbedingungen für den mehrgeschossigen Wohnungsbau:

- *Bauordnungsrechtlich zulässiger Brandabschnitt eines Gebäudes mit $n = 4$ Geschossen,*
- *Brandbelastung $q_R = 300\ kWh/m^2$,*
- *Feuerbeständige Ausbildung der tragenden und aussteifenden Bauteile und*
- *Annahme einer durchschnittlich vorhandenen brandschutztechnischen Infrastruktur (öffentliche Feuerwehr und Löschwasserversorgung).*

Diese allgemeine Risikobewertung wird für die brandschutztechnische Auslegung von Bauteilen im Industriebau transformiert, wobei auch Wärmeabzugsflächen hinsichtlich der Ventilation für den Brandverlauf berücksichtigt werden. Das Verfahren der Transformation ist durch die Norm DIN 18230-1 selbst validiert.

Zu 0: Vorbemerkungen

a) Weitgehend identische Richtlinien in Deutschland

Die von den einzelnen Ländern eingeführten Industriebau-Richtlinien sind in ihrem materiellen Inhalt in der Regel weitgehend identisch mit der MIndBauRL. Meist wurden lediglich die Verweise den jeweils geltenden LBOs angepasst.

Dieser Kommentar bezieht sich im Wesentlichen auf die Musterrichtlinie und enthält in Einzelfällen auch Hinweise auf landestypische Abweichungen.

b) Anwendung und Status der MIndBauRL

b.1) Grundsätzliches

Die MIndBauRL ist bei der Brandschutzplanung und Erstellung von Brandschutzkonzepten für Industriebauten – in einigen Bundesländern unter der Voraussetzung, dass sie als Sonderbauten eingestuft werden – zu beachten. Zudem ist die Einhaltung ihrer Regelungen im Genehmigungsverfahren von den Bauaufsichtsbehörden bzw. den Prüfsachverständigen/-ingenieuren zu prüfen.

Sofern Gebäudebereiche aus dem Industriebau **ausgelagert** werden müssen, fallen sie nicht mehr in den Brand- oder Brandbekämpfungsabschnitt des Industriebaus. Daher wird die Trennung zwischen dem Industriebau und dem ausgelagerten Teil stets mit **brandabschnittsbildenden Bauteilen** zu realisieren sein (also grundsätzlich mit Brandwänden).

Größere Industriebauten (ab 1600 m² Grundfläche) sind nach der MBO und entsprechend auch nach den LBOs grundsätzlich Sonderbauten (§ 2 Abs. 4 Nr. 3 MBO). Ob die MIndBauRL auch bei kleineren Industrie- und Gewerbebauten gilt, die nach jeweiliger LBO keine Sonderbauten sind, ergibt sich aus den jeweiligen landesspezifischen Regelungen.

b.2) Anwendung und Status der MIndBauRL (Fassung 2014)

Die MIndBauRL 2014 regelte die bauaufsichtlichen Mindestanforderungen an den Brandschutz von Industriebauten als allgemein anerkannte Regel der Technik (a. a. R. d. T.) bzw. als Technische Baubestimmung (TB). Auf diese TB und auf die Abweichungen von TB wurde im § 3 der (damaligen) MBO eingegangen.

Der Rechtsstatus der MIndBauRL in der Fassung vom Juli 2014 hat sich gegenüber ihrer Vorgängerin, der Ausgabe vom März 2000, nicht verändert.

Diese Fassung der MIndBauRL wurde in die Muster-Liste der Technischen Baubestimmungen (MLTB) aufgenommen und galt damit auch als a. a. R. d. T. Sie konnte nach § 3 Abs. 3 MBO von den Ländern bauaufsichtlich eingeführt werden.

In den Ländern, in denen die MIndBauRL als TB eingeführt wurde (in der Regel durch einen entsprechenden Eintrag in die LTB), galt sie als TB, die beachtet werden musste. In den anderen Ländern konnte auf sie als a. a. R. d. T. zurückgegriffen werden.

Die Einführungen der Länder waren verbindlich und konnten an einzelnen Stellen vom Muster **abweichende Regelungen** enthalten. Ggf. enthielten auch die Einführungserlasse oder die im jeweiligen Land eingeführte MIndBauRL selbst landesspezifische Regelungen.

b.3) Anwendung und Status der MIndBauRL (Fassung 2019)

Die MIndBauRL regelt als Technische Baubestimmung die bauaufsichtlichen Mindestanforderungen an den Brandschutz von Industriebauten nach Maßgabe der MVV TB Teil A 2.2 (Fassung 2021/1) **„Technische Anforderungen hinsichtlich Planung, Bemessung und Ausführung und Technische Anforderungen an Bauteile gemäß § 85a Abs. 2 MBO"**

- nach Teil A 2.2.1 für die Planung, Bemessung und Ausführung (siehe A 2.2.1.15) und
- nach Teil A 2.2.2 als Sonderbau (unter Ausschluss von § 85a Abs. 1 Satz 3 MBO).

Für beide Fälle besagt Fußnote 2:

„Für bauordnungsrechtliche Anforderungen in dieser Technischen Baubestimmung ist eine Abweichung nach § 85a Abs. 1 Satz 3 MBO ausgeschlossen; eine Abweichung von bauordnungsrechtlichen Anforderungen kommt nur nach § 67 MBO in Betracht. § 16a Abs. 2 und § 17 Abs. 1 MBO bleiben unberührt."

Inwieweit dieser Ausschluss von den Ländern übernommen wurde, ergibt sich aus der VV TB der entsprechenden Länder!

c) Abweichungen von der Richtlinie

Die MIndBauRL ist für ein breites Spektrum unterschiedlicher Gebäudearten und Industrienutzungen vorgesehen. Dadurch kann es vorkommen, dass bestimmte Gebäude bzw. Bereiche im Einzelfall nicht ausreichend berücksichtigt sind bzw. nicht vollständig in die Systematik passen.

Für Industriebauten können typische Fallgestaltungen wegen der betriebsbedingten Unterschiede der Nutzung und der Bauweisen nur „in groben Zügen" für die Erarbeitung einer Regel angenommen werden. Daher kommen in der Praxis von einer „angenommenen Typik" abweichende Fälle sehr häufig vor und Abweichungen von der MIndBauRL müssen als atypische Anwendungsmerkmale behandelt werden.

Um die bauaufsichtliche Behandlung von Abweichungen formal einfach zu gestalten, wurde bereits für die ersten Fassungen der MIndBauRL das Format einer **bauaufsichtlichen Richtlinie** gewählt und nicht das Format einer Rechtsverordnung. Mit den neueren Regeln für den Umgang mit Abweichungen von der MIndBauRL gemäß VV TB kommen den speziellen Anforderungen an die Behandlung/Begründung von Abweichungen von der Richtlinie besondere Bedeutung zu.

Den Nachweis, dass in einem Einzelfall die Voraussetzungen für die Zulässigkeit einer planerisch vorgesehenen Abweichung gegeben sind, hat der Bauherr zu erbringen, z. B. durch ein Brandschutzkonzept, mit dem nachgewiesen wird, dass das erforderliche Sicherheitsniveau durch eine andere Lösung **ausreichend** erreicht wird.

Andererseits erfordern behördliche Anforderungen, die über die konkreten Regelungen der Richtlinie hinausgehen (besondere Anforderungen), ebenfalls eine **nachvollziehbare Begründung.**

d) Änderungen im Bestand und Nutzungsänderungen

Jede bauordnungsrechtliche Regel – so auch die MIndBauRL – ist für **Neubauten** und für **neue Baumaßnahmen im Bestand** geschaffen und formuliert.

Das **Bauen im Bestand** stellt stets eine besondere Aufgabe und planerische Herausforderung dar. Dies gilt sowohl für die Brandschutzplanung selbst als auch für die Prüfung solcher Planungen im Genehmigungsverfahren. Grundsätzlich ist für An- und Umbauten sowie für risikorelevante Änderungen das jeweils aktuelle Regelwerk anzuwenden. Bei Änderungen im Bestand ist zunächst formal zu prüfen, ob diese genehmigungspflichtig sind. Außerdem ist zu prüfen, ob die aktuelle MIndBauRL nur für Teilbereiche (bestimmte Aspekte der Brandschutzplanung) angewendet werden kann/muss oder ob eine Gesamtbewertung nötig ist.

Änderungen des Betriebsablaufs oder des Lagergutes bedürfen der Überprüfung des Brandschutzkonzeptes sowie der Genehmigung durch die Bauaufsichtsbehörde, sofern die Details der Nutzungen für die Genehmigung von Bedeutung gewesen sind (in der Regel bei Anwendung des Verfahrens gemäß Abschnitt 7 der MIndBauRL).

Mit den Regelungen des Abschnitts 9 zu den „Pflichten des Betreibers" werden sowohl sich schleichend ergebende Nutzungsänderungen angesprochen als auch konkrete Einzelbaumaßnahmen im Bestand.

Die **Behandlung von Bauvorhaben in bestehenden Industriebauten** erfordert jeweils objektbezogene Risikobewertungen und Einzelfallentscheidungen zur Erreichung der bauordnungsrechtlichen Schutzziele. Dabei sind die Bestandsschutzaspekte angemessen zu berücksichtigen. Allgemein gültige Verfahrensvorschriften bzw. allgemein gültige Regelungen mit konkreten Handlungsanweisungen für Bestandsgebäude können hier nicht gegeben werden, da hierbei die individuelle Einzelfallgestaltung nicht ausreichend berücksichtigt werden kann.

Im Einzelfall kann ggf. (in Abweichung vom obigen Grundsatz) auch auf das Regelwerk zurückgegriffen werden, nach dem der bestehende Industriebau ursprünglich genehmigt und errichtet worden ist. Insbesondere kann dies für Industriebauten zutreffen, die der MIndBauRL in der Fassung von 2000 genügen, weil bei der Fortschreibung dieser Richtlinie keine wesentlichen Veränderungen des Sicherheitsniveaus entstanden sind. Allerdings gilt das nur eingeschränkt für Bestandsbauten, in denen Galerien und Emporen gemäß der Fassung von 2000 vorhanden sind. In diesen Fällen sollte die Anwendbarkeit dieser Fassung besonders geprüft werden.

Eine Anwendung der MIndBauRL von 2000 bzw. 2014 bedarf jeweils der Zustimmung der zuständigen Bauaufsicht bzw. des Prüfsachverständigen/-ingenieurs und muss speziell begründet werden.

In solchen Fällen ist zu berücksichtigen, dass die MIndBauRL jeweils ein Konzept darstellt, dessen Einzelmaßnahmen/-anforderungen aufeinander abgestimmt sind. Insbesondere ist zu beachten, dass die Richtlinie von 2000 auf die DIN 18230-1 „Baulicher Brandschutz im Industriebau – Teil 1: Rechnerisch erforderliche Feuerwiderstandsdauer" in der Fassung von 1998 abgestellt war.

Sofern durch bauliche Veränderungen insbesondere im Zuge von Um- oder Anbauten die „Identität" des Gebäudes bzw. des betroffenen Brand- oder Brandbekämpfungsabschnitts verloren geht, treten Bestandsschutzaspekte deutlich in den Hintergrund, und der (Brandschutz-)Planer sollte besser von einer Gesamtbeurteilung von dem aktuellen Stand der bauaufsichtlichen Regelungen durchgängig Gebrauch machen. Allein die Tatsache, dass bereits bestehende Teile des Gebäudes oder des Brand- bzw. Brandbekämpfungsabschnitts bereits realisiert worden sind und über eine gültige Baugenehmigung verfügen, reicht dann zur Begründung bestimmter Maßnahmen (oder für den Verzicht darauf) nicht aus. In solchen Fällen wären die objektspezifischen Belange nach der aktuellen Rechtslage zu „bewerten" und die bereits nach „altem Recht" genehmigten Zustände **als Abweichungen neu** in die Brandschutzplanung einzubinden.

Als typische Umstände, die „zum Verlust des Bestandsschutzes" führen (können), haben sich beispielsweise herausgestellt:

- Die Standsicherheit des betrachteten Gebäudeabschnitts ist von der Bauabsicht deutlich betroffen.
- Der Aufwand von vorgesehenen Modernisierungs- und/oder Instandhaltungsmaßnahmen ähnelt dem eines entsprechenden Neubaus.
- Erhebliche Teile des Baubestandes werden ausgetauscht, oder das Bauvolumen wird beispielsweise durch Anbauten (wesentlich) erweitert.

- Änderung der Nutzungsart und im Fall einer Beurteilung mit Brandlastbewertung nach Abschnitt 7 oder mittels brandlastabhängiger Verfahren des Brandschutzingenieurweisens die deutliche Erhöhung der Brandbelastung (siehe auch Abschnitt 9 der IndBauRL)
- oder die endgültige Aufgabe der genehmigten Nutzung.

In diesem Zusammenhang kann auf die Grundsätze der Brandschutzplanung nur nachdrücklich hingewiesen werden, wonach beim Bauen im Bestand der zu betrachtende Gebäudebereich mindestens die jeweilige Nutzungseinheit und die sie erschließenden Rettungswege umfassen soll[1)]. Ein Brand- bzw. Brandbekämpfungsabschnitt von Industriebauten gilt in diesem Sinne als Nutzungseinheit.

e) Risiko- und Sicherheitsbetrachtung

Die Risiko- und Sicherheitsbetrachtungen der Richtlinie basieren zunächst auf der Standsicherheit von Einzelbauteilen. Dies wird insbesondere dadurch deutlich, dass die tragenden, aussteifenden und abschottenden Bauteile im Verfahren nach Abschnitt 7 den sogenannten Brandsicherheitsklassen SK_b1 bis SK_b3 zugeordnet werden.

Das bauordnungsrechtliche Sicherheitskonzept für Industriebauten orientiert sich demnach zunächst an den Leistungsanforderungen in Bezug auf die Feuerwiderstandsfähigkeit von Bauteilen.

Darüber hinaus sind die durchgängig positiven Erfahrungen im Industriebau mit der Personensicherheit der Nutzer und der Einsatzkräfte maßgeblich für die Sicherheitsbetrachtungen. Unmittelbar daraus sind die Regelungen für die Rettungswege abgeleitet (siehe Abschnitt 5.6), die grundsätzlich baulich gesicherte Rettungswege vorsehen und Rettungswege über anleiterbare Stellen nur für kleine Industriebauten zulassen (siehe Abschnitt 5.6.2).

f) Sicherheitsniveau

Das Sicherheitsniveau, das mit der MIndBauRL verbunden ist, ergibt sich aus den Rechenannahmen der DIN 18230-1. Diesen Sicherheitsbetrachtungen liegen zunächst Randbedingungen zugrunde, die den mehrgeschossigen Wohnungsbau in Deutschland beschreiben (Niveau der LBOs).

Die Richtlinie und die DIN 18230-1 setzen zunächst voraus, dass tragende und aussteifende sowie raumabschließende Bauteile einem Schadenfeuer standhalten und nicht versagen. Als Schadenfeuer werden Vollbrände bzw. voll entwickelte Brände angenommen. Diese Brandereignisse werden im Gegensatz zu Bränden, die im Innenangriff gelöscht werden können, als seltene bzw. außergewöhnliche Ereignisse eingestuft und im Sicherheitskonzept der DIN 18230-1 entsprechend behandelt.

Das Sicherheitsniveau der MIndBauRL 2019 entspricht im Wesentlichen (zumindest im Mittel) dem Sicherheitsniveau der Fassung von 2000 und wurde im Grundsatz nicht geändert. Dies wurde insbesondere mit der Kalibrierung der geänderten Ermittlung zulässiger Brandbekämpfungsabschnittsflächen erreicht. Auch durch die umfangreichen Änderungen der Anforderungen an die Rauchableitung sind keine bauordnungsrechtlich relevanten Änderungen des Sicherheitsniveaus entstanden.

> Als heute unerwünschte Risiken der Richtlinie von 2000 wurden – mit der Musterrichtlinie von 2014 – die seinerzeit nach Abschnitt 6 insbesondere im Geschossbau zulässigen Emporen und Galerien (bis zu 50 % der Raumgrundflächen) abgeschafft. Diese Regelung wurde – mit der Neu-Kalibrierung des Sicherheitsniveaus im Abschnitt 6 – ersetzt durch die Begrenzung zulässiger Einbauflächen von maximal 25 % der Raumgrundfläche.

1) AHO Heft 17: „Leistungsbild und Honorierung – Leistungen für Brandschutz" erarbeitet vom AHO Fachkommission Brandschutz; Nr. 17 der Schriftenreihe des AHO

g) Sicherheitskonzept der DIN 18230-1

Mit dem **Sicherheitskonzept der aktuellen DIN 18230-1** sind bestimmte, mit den Rechenannahmen konkret festgelegte **zulässige Versagenswahrscheinlichkeiten** der Einzelbauteile verbunden. Diese Zahlenwerte bezeichnen eine Frequenz bzw. Häufigkeit für das **zulässige Versagen,** weil sie auf den Betrachtungszeitraum von einem Jahr [1/Jahr] bezogen sind. Sie werden, angelehnt an den Sprachgebrauch der Eurocodes, auch als **zulässige bezogene Versagenswahrscheinlichkeiten bezeichnet.**

Die Werte dafür liegen, in Abhängigkeit von der Geschossigkeit des Bauabschnittes und von der konstruktiven Bedeutung der Bauteile, zwischen 10^{-5} und 10^{-2} [1/Jahr].

Aus diesen Werten ergeben sich unter Berücksichtigung der Versagenswahrscheinlichkeit nach DIN 18230-1, der öffentlichen Feuerwehr und automatischer Feuerlöschanlagen, z. B. für Bauteile des Haupttragwerkes und für Bezugsflächen mehrgeschossiger bzw. mehrebeniger Gebäudeabschnitte von 10.000 m^2 ein zulässiges Versagen je Vollbrandereignis von

- 2/10 Bauteilen für Gebäudeteile mit Feuerlöschanlage und
- 2/1000 Bauteilen für Gebäudeteile ohne Feuerlöschanlage.

Der erkennbare Faktor 100 spiegelt die angenommene Versagenswahrscheinlichkeit von 10^{-2} für Feuerlöschanlagen wider, die allerdings bei der Bestimmung der Auftretensrate der gefährlichen Schadenfeuer angerechnet wird.

Damit drücken diese zulässigen Versagensfälle je Vollbrand das gleiche Sicherheitsniveau aus: Da die Feuerlöschanlage nur in 1/100 Fällen **versagt** und einen Vollbrand zulässt, dürfen die Bauteile in so geschützten Gebäuden eine entsprechend höhere (also hundertfache) **bedingte Versagenswahrscheinlichkeit** haben.

h) Brandschutz im betrieblichen Risikomanagement

Die MIndBauRL ermöglicht Brandschutzkonzepte, die im bauaufsichtlichen Sinne ausreichend sind. Damit wird also lediglich ein Mindestbrandschutz erreicht, der den öffentlich-rechtlichen Mindestanforderungen entspricht. Aus privaten oder versicherungstechnischen Gründen können jedoch andere oder darüber hinausgehende Brandschutzmaßnahmen empfehlenswert bzw. erforderlich sein (z. B. aus Gründen der Betriebs- und Produktionssicherheit).

In Bezug auf die Feuerversicherung ist es bei Industrie- und Gewerbebauten empfehlenswert, den geplanten Brandschutz auch mit dem Versicherer abzustimmen. Nur so ist sichergestellt, dass Brandschutzkonzepte im Industriebau auch versichert werden können. Die Schutzziele der Versicherungen liegen abweichend von der MIndBauRL **primär** nicht im Bereich des Personenschutzes, sondern beim Sachschutz und der Vermeidung von Betriebsunterbrechungen.

1 Ziel

Ziel dieser Richtlinie ist es, die Mindestanforderungen an den Brandschutz von Industriebauten zu regeln, insbesondere an

- die Feuerwiderstandsfähigkeit der Bauteile,
- das Brandverhalten der Baustoffe,
- die Größe der Brandabschnitte bzw. Brandbekämpfungsabschnitte,
- die Rettung von Menschen,
- die Anordnung, Lage und Länge der Rettungswege,
- wirksame Löscharbeiten.

Industriebauten, die den Anforderungen dieser Richtlinie entsprechen, erfüllen die Schutzziele des § 14 MBO; die Sicherheit der Einsatzkräfte ist berücksichtigt.

Zu 1 Ziel

Da Industriebauten als Sonderbauten i. S. des § 51 Abs. 1 MBO in aller Regel nicht ohne Abweichungen von den sonst geltenden Vorschriften errichtet werden können, ist es das Ziel der MIndBauRL, die Mindestanforderungen an den baulichen Brandschutz dieser Bauten zu regeln. Dazu werden insbesondere auch Belange der Sicherheit von Feuerwehreinsatzkräften bei der Brandbekämpfung im Innenangriff selbst in nicht bemessenen Industriebauten berücksichtigt.

Hierbei bedient sie sich als Kriterium unterschiedlicher Anforderungen auch anderer Parameter, als sie den Regelungen der MBO, die insbesondere Wohngebäude und diesen ähnliche Gebäude erfassen, zugrunde liegen, so z. B.

- *Art der Feuerwehr (öffentliche Feuerwehr, Werkfeuerwehr),*
- *der brandschutztechnischen Infrastruktur (Brandmeldeanlage, Feuerlöschanlage).*

Darüber hinaus bedient sich die MIndBauRL auch des bewährten Rechenverfahrens nach DIN 18230-1 – Baulicher Brandschutz im Industriebau – und auch anderer anerkannter Methoden des Brandschutzingenieurwesens.

Zu 1: Ziel

a) Wesentliche Unterschiede zu vorhergehenden Fassungen

a.1) Wesentliche Unterschiede zwischen den Fassungen von 2000 und 2014

Die MIndBauRL 2014 weist zur vorhergehenden Fassung von 2000 u. a. folgende wesentlichen Unterschiede auf:

- Die Begriffe **Ebene** und **Einbau** wurden neu eingeführt bzw. definiert. Somit wurde formal ein unmittelbarer Anschluss an die DIN 18230-1:2010-9 geschaffen. Dadurch wird die Anwendung des Begriffs **Geschoss** streng auf Räume zwischen raumabschließenden und im Brandfall standsicheren Geschossdecken (bzw. Dachdecken oder Bodenplatten) begrenzt.
- Begriffliche Änderungen wurden insbesondere auch bei der Anpassung der MIndBauRL an die zwischenzeitlich fortgeschriebene MBO durchgeführt.
  Dies betrifft insbesondere den Umgang mit Anforderungen an die Feuerwiderstandsfähigkeit der Bauteile, die in der Fassung von

2000 durch die Angabe der Feuerwiderstandsklassen (meist in deren Kurzbezeichnungen wie F 90-A) erfolgte. In der MIndBauRL 2014 werden nunmehr anstelle der Klassen die jeweiligen verbalen bauaufsichtlichen Anforderungen (z. B. feuerhemmend, hochfeuerhemmend und feuerbeständig) genannt. Diese können dann für die Ausführungsplanung in entsprechende nationale bzw. europäische Klassen umgesetzt werden (siehe hierzu Kapitel 4.3 in diesem Werk). Diese Änderungen sind im Wesentlichen redaktioneller Natur.

- Die Regelungen zur Rauchableitung wurden vollkommen überarbeitet sowie den grundsätzlichen Beschlüssen der ARGEBAU angeglichen, die auch insbesondere für Versammlungs- und Verkaufsstätten übernommen worden sind.
- Die MIndBauRL von 2014 gilt auch für Hochregallager mit Lagerguthöhen von mehr als 9 m.
- Das Verfahren zur Bestimmung zulässiger Brandbekämpfungsabschnittsflächen im Abschnitt 7 der MIndBauRL wurde aus dem Verfahren der Fassung von 2000 weiterentwickelt. Dabei wurden die Grundsätze zur Bewertung von Deckenöffnungen (jetzt: Öffnungen zwischen Ebenen) neu gefasst. Der Öffnungskatalog der Fassung 2000 (Faktor F 5) wurde mit der Bewertung der Höhenlage und der Geschossanzahl (F 3 und F 4) neu verknüpft, so dass dem Bauherrn jetzt ein weitaus flexibleres Instrumentarium zur Planung seines Industriebaus zur Verfügung steht.
- Halbstationäre Feuerlöschanlagen wurden in ihrer Bedeutung für den Brandschutz aufgewertet und sind jetzt in die Bewertung der Werkfeuerwehren bezüglich der Sicherheitskategorien (siehe Abschnitt 3.12) eingeflossen: Sie können damit den Schutzwert einer Werkfeuerwehr der Kategorie K 3.1 bis K 3.3 erhöhen.
- Es gab auch zahlreiche materielle Änderungen der Anforderungen. Einige davon werden hier erwähnt:
  - Sofern von der Zulässigkeit von Bauweisen ohne klassifizierten Feuerwiderstand Gebrauch gemacht wird, ist nachzuweisen, dass die Konstruktion bei **lokalen Brandereignissen** nicht in Gänze oder in weiten Teilen außerhalb des eigentlichen Brandbereichs versagt (Stichwort „kinematische Kette"). Dies gilt sowohl für Industriebauten, die nach Abschnitt 6 (Tabelle 2) beurteilt werden, als auch für solche, die nach Abschnitt 7 (insbesondere Tabelle 7) ohne brandschutztechnische Bemessung beurteilt werden.
  - Trennwände von Brandbekämpfungsabschnitten dürfen künftig nicht mehr nach den Rechenergebnissen gemäß DIN 18230-1 ausgelegt werden. In Abhängigkeit von erf t_F sieht die MIndBauRL in den Fassung 2014 sowie 2019 nur noch eine Bemessung der Abschlüsse von Öffnungen in diesen Wänden vor.
  - Die Außenlagerung brennbarer Gegenstände vor Fassaden ist neu berücksichtigt und im Abschnitt 5.12 geregelt worden; daraus ergeben sich Konsequenzen für die zulässige Größe von Bandabschnitten und Brandbekämpfungsabschnitten.
  - Rettungswege unter Vordächern finden im Abschnitt 5.6 besondere Beachtung und sind dort geregelt.
  - Die Regelungen für Kellergeschosse wurden im Hinblick auf die Berücksichtigung einer Erreichbarkeit von außen gelockert (Abschnitt 5.4).

In der Folge der neu geregelten Begrifflichkeiten für den Umgang mit der Geschossigkeit eines Industriebaus mussten, zunächst eher aus formalen Gründen, auch weitere Passagen des Abschnittes 5 angepasst werden. Bei der Behandlung dieser Teilaspekte wurden zum Teil nicht unerhebliche Änderungen am Regelungsinhalt vorgenommen.

Grundsätzlich ist zu beachten, dass in einigen Ländern bauaufsichtliche Vorgaben bestehen, wie Brandschutzkonzepte für Industriebauten aufgestellt werden müssen.

Außerdem muss berücksichtigt werden, dass sich die Regelungen der MIndBauRL im Wesentlichen auf die speziellen Brandschutzanforderungen beschränken, die an Industriebauten gestellt werden. Dies bedeutet, dass in den Bereichen, für die in der MIndBauRL keine eigenen Regelungen getroffen wurden, grundsätzlich auch die jeweilige LBO sowie deren ergänzende Vorschriften gelten.

Beispiel

Die MIndBauRL gibt an, dass zu den Rettungswegen in Industriebauten die notwendigen Flure, die notwendigen Treppen und die Ausgänge ins Freie gehören. Sie macht jedoch teilweise keine weiteren Angaben, wie diese auszuführen sind. Hier gilt bezüglich der Ausführung grundsätzlich die jeweilige LBO, wobei jedoch innerhalb des Brandschutzkonzeptes noch berücksichtigt werden muss, dass die LBOs für Wohngebäude und vergleichbare Gebäude gelten und der Industriebau ein Sonderbau ist.

Nach der MIndBauRL bestehen verschiedene Möglichkeiten, die Mindestanforderungen an den Brandschutz von Industriebauten zu ermitteln, siehe Abschnitt 4 der Richtlinie.

a.2) Wesentliche Unterschiede zwischen den Fassungen von 2014 und 2019

Die weiteren Fortschreibungen wurden ausgelöst zur Erweiterung des Anwendungsbereichs des Abschnittes 6 „Verfahren ohne Brandlastberechnung" in Tabelle 2, um eine **vereinfachte Verwendbarkeit von tragenden und aussteifenden Bauteilen aus brennbaren Baustoffen (Holzbauweise)** zu ermöglichen. Dies führte zur Fußnote 5 in Tabelle 2.

Im Zuge der Beratungen wurden insbesondere auch folgende Abschnitte überarbeitet:

1. Ziel der Richtlinie zur Klarstellung, dass mit den Anforderungen auch die Rettung von Personen und die Sicherheit der Einsatzkräfte berücksichtigt sind
2. Definition von Kellergeschossen
3. Entfall des Begriffs *„erdgeschossiger Industriebau"* und Klarstellung des Begriffs *„eingeschossiger Industriebau"*
4. Behandlung von Abweichungen mit Verweis auf § 85a Abs. 1 MBO (Fassung 2002, zuletzt geändert Mai 2016) (spätere Fortschreibungen der MBO konnten für die MIndBauRL 2019 nicht berücksichtigt werden!)
5. 5.4: Kellergeschosse
   5.6: Rettungswege
   5.12: Außenwände und Außenwandbekleidungen
   5.13: Dächer
   5.14: Teilaspekte zu brennbaren Baustoffen
6. 6.2: Berücksichtigung von tragenden und aussteifenden Bauteilen in Holzbauweise in Tabelle 2
7. 7.4: Erweiterung der Interpolationsmöglichkeiten der Tabelle 5
   7.5: Redaktionelle Anpassungen in Tabelle 6 und Erweiterung der Möglichkeiten für Brandbekämpfungsabschnitte ohne Bemessung der Bauteile auf eingeschossige Industriebauten
   7.6: Klarstellungen und weitere Erleichterungen für eingeschossige Brandbekämpfungsabschnitte über 60.000 m²
8. Keine Fortschreibungen
9. Keine Fortschreibungen

Anhang 1: Methoden des Brandschutzingenieurwesens: Straffung mit Verweis auf DIN 18009-1
Anhang 2: Kleinere Klarstellungen

b) Einheitliche Bewertung von Abweichungen von den LBOs

Mit der MIndBauRL werden für Industrie und Gewerbe mit dafür typischen Gebäuden und Nutzungen Anforderungen zur Erfüllung von bauordnungsrechtlichen Schutzzielen gestellt, um regelmäßig zu beurteilende **Abweichungen von den Regelanforderungen der LBOs** einheitlich zu bewerten.

Die MIndBauRL stellt insofern kein abgeschlossenes Regelwerk dar, sondern gilt stets zusammen mit der jeweiligen Bauordnung.

Die MIndBauRL ist auf die MBO abgestellt. Es bedarf also einer Anpassung bzw. einer formalen Einführung der Muster-Richtlinie für die Bundesländer. Dies geschieht über die Aufnahme der MIndBauRL in die VV TB der Bundesländer – nach dem Vorbild der Berücksichtigung der MIndBauRL in der MVV TB.

c) Begründung für objektspezifische Abweichungen von der MIndBauRL

Da das Spektrum der Gebäude und der Nutzungen für die Industrie und das Gewerbe erheblich ist, können nicht für jede Fallgestaltung mit den Regelmaßnahmen der MIndBauRL sachgerechte und verhältnismäßige brandschutztechnische Lösungen gefunden werden. Die Häufigkeit und die Art der dafür erforderlichen Abweichungen sind dem entsprechend erheblich und charakterisieren die Anwendung der Richtlinie in der Praxis. Mit der besonderen Einbindung der Ingenieurverfahren in diese Richtlinie kommt für die Begründung von Abweichungen – insbesondere dann auch für Regelungen der Abschnitte 5 und 6 und nicht nur in Verbindung mit dem Abschnitt 7 – der DIN 18009 eine hervorgehobene Bedeutung zu. Dies gilt insbesondere für die Befassung mit Schutzziel-Konkretisierungen und mit der Auswahl und Festlegung von maßgeblichen Szenarien.

Da die MIndBauRL den Status einer der Sicherheit dienenden a. a. R. d. T. hat, kann **grundsätzlich auch von den Festlegungen dieser Richtlinie formal abgewichen werden,** wenn dargestellt wird, dass eine andere Lösung in ausreichender Weise zur Erfüllung der **allgemeinen Anforderungen** der jeweiligen Bauordnung führt. Diese Abweichungsmöglichkeiten werden allerdings über die VV TB in den Bundesländern teils unterschiedlich – jedoch erheblich – reguliert bzw. eingeschränkt!

Diese **allgemeinen Anforderungen** beziehen sich in allen Bundesländern auf die öffentliche Sicherheit und Ordnung und insbesondere auf Leben, Gesundheit und auf die natürlichen Lebensgrundlagen.

Für den Brandschutz werden sie in folgenden Schutzzielen konkretisiert:

- Der Entstehung eines Brandes muss vorgebeugt werden.
- Der Ausbreitung von Feuer und Rauch muss vorgebeugt werden.
- Bei einem Brand muss die Rettung von Menschen und Tieren ermöglicht werden.
- Wirksame Löscharbeiten müssen möglich sein.

Bei der Beurteilung der Abweichungen von der Richtlinie ist darzustellen, dass mit der alternativen Brandschutzplanung **diese Schutzziele ausreichend zuverlässig erreicht werden.** Es müssen jedoch nicht zwingend für jede einzelne Abweichung entsprechende Kompensationsmaßnahmen ergriffen werden, wenn die Schutzziele auch auf anderem Wege nachgewiesen werden können.

Die Behandlung und Beurteilung der Abweichungen erfolgt nach den bauordnungsrechtlich vorgesehenen Kriterien für Abweichungen nach Maßgabe der landesspezifischen VV TB.

In diesem Zusammenhang ist darauf hinzuweisen, dass für die Begründung von Abweichungen insbesondere auch die argumentative Nachweisführung gemäß DIN 18009-1 (Abschnitt 4.3 und Anhang 1) zur Verfügung steht. Dann wird diese Nachweisführung auch über den im Abschnitt 4.3 zunächst vorgesehenen Anwendungsbereich der Normenreihe DIN 18009 hinaus für Aspekte des Abschnittes 5 angewendet.

Die Mindestanforderungen an den Brandschutz, die nach der MIndBauRL bestimmt werden, dienen folgenden funktionalen Anforderungen der MBO im Sinne einer ingenieurtechnischen Brandschutzplanung und Nachweisführung:

„Bauliche Anlagen sind so anzuordnen, zu errichten, zu ändern und instand zu halten, dass der Entstehung eines Brandes und der Ausbreitung von Feuer und Rauch (Brandausbreitung) vorgebeugt wird und bei einem Brand die Rettung von Menschen und Tieren sowie wirksame Löscharbeiten möglich sind.“ (MBO § 14)

Somit richtet sich die ingenieurtechnische Risikobewertung als Grundlage für die Brandschutzplanung nach den Kriterien der Brandentstehung und -ausbreitung aus sowie nach der Ermöglichung von Rettungsmaßnahmen für Mensch (ggf. und Tier) und von wirksamen Löscharbeiten:

- Zur Beurteilung der Ermöglichung von Rettungs- und wirksamen Löscharbeiten steht mit den *„Grundsätzen zur Auslegung des § 14 MBO“* der ARGEBAU (DIBt-Mitteilungen 1/2009) ein bauordnungsrechtlich relevanter Maßstab zur Verfügung.
- Konkretere Hilfestellung für das Vorgehen bei solchen Beurteilungen mit ingenieurtechnischen Methoden (argumentative oder „leistungsbezogene“/rechnerische) sind in DIN 18009-1 veröffentlicht. Damit liegt eine normative Wegleitung zur Anwendung bzw. praktischen Umsetzung der MIndBauRL-Vorgaben im Anhang 1 vor.

2 Anwendungsbereich

Diese Richtlinie gilt für:

- Industriebauten nach Abschnitt 3.1, die keine Aufenthaltsräume in einer Höhe von mehr als 22 m i. S. von § 2 Abs. 3 Satz 2 MBO haben.
- Industriebauten, die Aufenthaltsräume (§ 2 Abs. 5 MBO) in einer Höhe von mehr als 22 m i. S. von § 2 Abs. 3 Satz 2 MBO haben, welche nur vorübergehend zu Wartungs- und Kontrollzwecken begangen werden. Für diese Industriebauten ist die Muster-Hochhausrichtlinie nicht anzuwenden.

Diese Richtlinie gilt nicht für Reinraumgebäude und Tierhaltungsanlagen.

Für Industriebauten mit geringeren Brandgefahren, wie

- Industriebauten, die überwiegend offen sind, wie überdachte Freianlagen oder Freilager, oder die aufgrund ihres Verhaltens im Brandfall diesen gleichgestellt werden können,
- Industriebauten, die lediglich der Aufstellung technischer Anlagen dienen und die nur vorübergehend zu Wartungs- und Kontrollzwecken begangen werden, (Einhausungen, z. B. aus Gründen des Witterungs- oder Immissionsschutzes),

können Erleichterungen gestattet werden, wenn die bauordnungsrechtlichen Schutzziele erfüllt sind.

Weitergehende Anforderungen können gestellt werden z. B. für Regallager mit brennbarem Lagergut und einer Oberkante Lagerguthöhe von mehr als 9,0 m.

Zu 2 Anwendungsbereich

Die MIndBauRL ist eine nach § 85a Abs. 1 MBO als Technische Baubestimmung eingeführte technische Regel), die zu beachten ist. Sie gilt zusammen mit der MBO und ist kein abschließendes Regelwerk.*

Die MIndBauRL gilt zunächst für alle Industriebauten, unabhängig von ihrer Größe bzw. Grundfläche. Für Industriebauten jenseits der Hochhausgrenze ist die Muster-Hochhaus-Richtlinie (MHHR) zusätzlich anzuwenden. In solchen Fällen ist die höhere Anforderung der jeweiligen Richtlinie zu berücksichtigen. Häufig werden Räume, die lediglich zu Wartungs- und Kontrollzwecken begangen werden müssen, an oberster Stelle der Gebäude vorgesehen. Liegen ausschließlich solche, nur vorübergehend genutzte Räume oberhalb der Hochhausgrenze, ist für das Gebäude die MIndBauRL und nicht die MHHR anzuwenden. Bei einer Nutzungsdauer von unter 2 h pro Tag kann von einer vorübergehenden Nutzung ausgegangen werden.

Reinraumgebäude werden vom Anwendungsbereich der MIndBauRL ausgenommen. Unter Reinraumgebäuden sind komplette Gebäude zu verstehen, die ausschließlich unter Reinraumbedingungen betrieben werden. In der Regel werden die Reinraumbedingungen unter Verwendung laminarer Luftströme

---

**) nach Landesrecht*

erzeugt, die eine komplette Durchströmung des gesamten Gebäudes erfordern (sogenannte Ballroom-Technology). I. S. der MIndBauRL wären die einzelnen Etagen als Ebenen zu definieren, da permanente Öffnungen, brandschutztechnisch nicht abgetrennt, über alle Decken und Böden verteilt sind.

Diese Gebäudeart erfordert in der Regel Brandschutzkonzepte, die von den Regelanforderungen der MIndBauRL abweichen, z. B. weil keine sinnvolle, berechenbare Wärmeabzugsdimensionierung möglich ist. Reinraumgebäude sind daher in der Regel nach der MIndBauRL nicht genehmigungsfähig und sollten über besondere Nachweisverfahren beurteilt und genehmigt werden. Einzelne Reinräume in Industriebauten fallen dagegen in den Anwendungsbereich der Richtlinie.

Automatische Hochregalanlagen wurden in der Praxis häufig nach der VDI Richtlinie 3564 „Empfehlungen für Brandschutz in Hochregalanlagen" beurteilt und genehmigt. Da diese Richtlinie allerdings nicht ausschließlich auf bauordnungsrechtliche Schutzziele ausgerichtet ist und weil sich dieser Aspekt durch die Fortschreibung der VDI-Richtlinie erkennbar verstärkt hat, erweitert die MIndBauRL ihren Anwendungsbereich. Zwar können Regallager über 9 m Höhe nicht nach DIN 18230-1 behandelt werden, da der Abbrandfaktor der Lagergüter ab dieser Höhe nicht ermittelt werden kann. Sie können aber nach den Abschnitten 5 und 6 beurteilt werden, womit deren brandschutztechnische Anforderungen weitestgehend mit der MIndBauRL erfüllt sind. Im Einzelfall können über die MIndBauRL hinausgehende Anforderungen gestellt werden; dies gilt insbesondere nicht, wenn in solchen Regallagern ausschließlich nicht brennbare Materialien gelagert werden.

Energieerzeugende und -verteilende Betriebsgebäude sind von der Anwendung der DIN 18230-1 ausgeschlossen, somit bliebe nur Abschnitt 6, nachdem zumindest große Kraftwerke nicht sachgerecht beurteilt werden können. Solche Kraftwerke werden in der Regel nach der Richtlinie VGB R 108 „Brandschutz im Kraftwerk" behandelt und nicht nach der MIndBauRL (siehe § 85a Abs. 1 MBO). Kleinere energieerzeugende und –verteilende Betriebe, insbesondere Anlagen unter Verwendung von regenerativen Energiequellen, können dagegen nach MIndBauRL beurteilt werden.

Für Industriebauten mit geringen Brandgefahren können gegenüber der MIndBauRL Erleichterungen nachgewiesen werden. In solchen Fällen ist im Brandschutznachweis, z. B. in einem Brandschutzkonzept, zunächst darzulegen, wie die Schutzziele für das betreffende Bauvorhaben festgelegt werden. Danach ist die Gleichwertigkeit der „Lösung mit Erleichterungen" nachzuweisen bzw. ausreichend nachvollziehbar zu begründen. Freilager werden beispielsweise im Abschnitt 5.12 im Zusammenhang mit der Lagerung an Fassaden (Außenwände) behandelt. Dort werden Abstandsregelungen aufgestellt, die ausschließlich für Lagerflächen und Gebäude auf dem gleichen Grundstück gedacht sind.

Von Einzelbestimmungen der MIndBauRL kann gem. § 85a Abs. 1 MBO abgewichen werden, wenn das jeweilige Schutzziel gleichwertig erfüllt wird. Dabei ist zu beachten, dass die Regelungen der Abschnitte 6 und 7 jeweils in sich geschlossene Konzepte darstellen. Dies kann i. E. auch ohne besondere Kompensationsmaßnahmen gegeben sein, wenn die für die Regelungen dieser Richtlinie vorausgesetzten Gefahren und Einwirkungen nicht gegeben sind. Das Erfordernis von Kompensationsmaßnahmen und deren Art und Beschaffenheit muss im Einzelfall im Brandschutznachweis (ggfs. Brandschutzkonzept) festgelegt werden.

Die sich aus Regelwerken hinsichtlich des Umgangs oder des Lagerns bestimmter Stoffe ergebenden Anforderungen, insbesondere des Produktsicherheitsgesetzes, der Gefahrstoffverordnung, der Löschwasser-Rückhalte-Richtlinie (LöRüRL), der Muster-Kunststofflager-Richtlinie (MKLR), bleiben unberührt.

Diese Richtlinie kann auch zur Begründung von Erleichterungen nach § 51 MBO für Gebäude und bauliche Anlagen verwendet werden, die hinsichtlich ihres Brandrisikos mit Industriebauten vergleichbar sind (z. B. gewerbliche Nutzungen im Bereich des Kfz-Handels); dies betrifft nicht die Regelungen für die Rettungswege. Die Begriffe Produktion und Lagerung beziehen sich nicht auf Tierhaltungsanlagen, eine Anwendung der MIndBauRL auf Tierhaltungsanlagen scheidet somit aus. Besondere Aspekte, die sich aus der Beschäftigung von Menschen mit Behinderungen ergeben können, sind in der Richtlinie nicht berücksichtigt. Für spezielle Belange dieses Personenkreises sind ggf. besondere oder zusätzliche Maßnahmen festzulegen.

Zu 2: Anwendungsbereich

a) Unmittelbarer Anwendungsbereich

a.1) Grundsätzliches

Der unmittelbare Anwendungsbereich der MIndBauRL ist auf Industriebauten gemäß Abschnitt 3.1 begrenzt und hängt von der Nutzung der baulichen Anlagen ab. Der Anwendungsbereich wurde bewusst nicht an eine Flächengröße gekoppelt.

„Besonders kleine“ Industriebauten bzw. Industriebauabschnitte, insbesondere solche, deren Abschnittsflächen unter den zulässigen Brandabschnittsflächen der LBOs liegen, können ggf. aufgrund ihrer kleinen Flächen bei entsprechender Risikobeurteilung wie Industriebauten mit geringen Brandgefahren behandelt werden und weitergehende Erleichterungen in Anspruch nehmen (siehe Kommentare 2.c und 5.5.b.5).

Grundsätzlich gilt für die Regelungen des Abschnittes 7, dass die MIndBauRL zusammen mit der DIN 18230 angewendet werden muss.

Die MIndBauRL ist auf die MBO (in Verbindung mit der MVV TB) abgestellt. In diesem Kontext ist keine Untergrenze für die Fläche von Industriebauten vorgesehen, die den Anwendungsbereich der MIndBauRL nach unten begrenzt. In einzelnen Bundesländern ist (ggf. über deren VV TB oder in einer landestypischen Fassung der Richtlinie) eine derartige Untergrenze festgelegt, die sich i. d. R. mit der Fläche deckt, die in den jeweiligen LBOs als Untergrenze für die Einstufung von baulichen Anlagen als Sonderbauten gelten (i. d. R. 1600 m^2). Soll in solchen Ländern auch für kleine Industriebauten, für die die MIndBauRL „noch“ nicht gilt, angewendet werden, so kann grundsätzlich wie folgt verfahren werden.

Es sind Brandschutzkonzepte nach den Bauordnungen zu erarbeiten. Für die vorgesehenen Abweichungen können Begründungen vorgelegt werden, die sich „hilfsweise“ auf die MIndBauRL abstützen. Dabei ist allerdings zu beachten, dass die Einzelanforderungen der MIndBauRL in ihrer Gesamtheit das bauordnungsrechtliche Konzept ergeben, so dass nicht nur die punktuell im Blickpunkt eines Einzelproblems stehenden Aspekte zu berücksichtigen sind, sondern die Einzelmaßnahmen im Zusammenhang der Gesamtheit aller in der MIndBauRL vorgesehenen Maßnahmen und der diesen Festlegungen zugrunde liegenden Risikobewertungen.

Das führt – sinnvollerweise – dazu, dass für die Beurteilung kleiner Industriebauten als Abweichung von der Festlegung des Anwendungsbereichs der MIndBauRL beantragt wird, die MIndBauRL auch für einen kleinen Industriebau anzuwenden. Gleichzeitig wird aber (wohl auch) beantragt werden, dass gerade in solchen Fällen dann auch wiederum von der MIndBauRL abgewichen werden wird, weil die Maßnahmen der MIndBauRL grundsätzlich auf die Industriebauten üblicher („großer“) Größe über 1600 m^2 abgestellt sind und weil sich daraus für die kleinen Industriebauten unbeabsichtigte Härten ergeben. Eine als „Rosinenpicken“ bezeichnete willkürliche Auswahl einzelner Festlegungen der MIndBauRL bei Außerachtlassung der anderen Richtlinien-Festlegungen ist jedoch ausdrücklich nicht vorgesehen – und im brandschutztechnischen Sinn auch nicht zielführend.

Die bauordnungsrechtlichen Verfahrensfragen ergeben sich aus landesrechtlichen Regelungen auf der Basis der Bauordnungen.

a.2) Spezielle Bereiche

a.2.1) Produktion

Unter dem Begriff **Produktion** werden insbesondere Nutzungsmerkmale subsumiert, die mit der Herstellung von Waren (Produkte und Güter) einhergehen. Unter diese Nutzungsmerkmale fallen aber gleichwertig auch typische **Behandlungen von Waren** wie deren Reparatur. Somit gehören insbesondere auch Reparaturwerkstätten zum Anwendungsbereich der MIndBauRL.

Auch die **Verwertung von Gütern** fällt unter den Begriff Produktion. Die Verwertung schließt sowohl **stoffliche, materielle Veränderungen** von Gütern als auch deren Vertrieb (also Verkauf) mit ein. Inwieweit Bereiche baulicher Anlagen, die vorwiegend dem Verkauf dienen, vollständig oder nur zum Teil in den Anwendungsbereich der MIndBauRL fallen, muss ggf. im Einzelfall entschieden werden. Hinweise dazu sind in den Erläuterungen zur Richtlinie durch den Hinweis auf den Kfz-Handel enthalten (siehe dazu auch den folgenden Abschnitt h.2)).

Unter der **Verteilung von Gütern** versteht man insbesondere deren Überführung von einem Industrie-, Gewerbe- oder Handelsunternehmen zu dessen Kunden. Dieser **Überführung** von Gütern dienen entsprechende Gebäude und/oder Gebäudeteile insbesondere auch für die (Zwischen-)Lagerung, für den Umschlag und für die Kommissionierung. Gebäude, in denen Waren nur kurzzeitig zwischengelagert werden (z. B. Lagerschuppen in Hafenanlagen), sind als Gebäude für den Umschlag von Waren auch Gegenstand des Anwendungsbereichs der Richtlinie.

Paket- und Briefverteilzentren sind z. B. Gebäude für die Verteilung von Gütern.

Bauliche Anlagen, die keine Gebäude im Sinne der Bauordnung sind, gehören nicht in diese Gruppe.

a.2.2) Räume oberhalb der Hochhausgrenze

Räume oberhalb der **Hochhausgrenze** fallen auch in den Anwendungsbereich der MIndBauRL, wenn sie keine Aufenthaltsräume sind.

Sofern für Hochhäuser in den einzelnen Bundesländern gesonderte Hochhaus-Verordnungen bestehen, sind diese vorrangig anzuwenden: Eine Richtlinie kann die Regelungen einer entgegenstehenden Verordnung grundsätzlich **nicht aushebeln;** das gilt auch für Richtlinien, die als a. a. R. d. T. bauaufsichtlich eingeführt sind.

a.2.3) Aufenthaltsräume oberhalb der Hochhausgrenze

Aufenthaltsräume mit Fußböden oberhalb der Hochhausgrenze können nach der MIndBauRL beurteilt werden, wenn sie nur vorübergehend zu Wartungs- und Kontrollzwecken begangen werden müssen. Solche Räume müssen nicht nach einer Hochhaus-Richtlinie beurteilt werden.

Als Maßstab zur Bewertung der Aufenthaltsdauer solcher Räume werden im Wesentlichen Kriterien des Arbeitsstättenrechts herangezogen (siehe Kommentar 3.14.c)).

Die Behandlung von Aufenthaltsräumen oberhalb der Hochhausgrenze nach der MIndBauRL ist formal daran gebunden, dass für die bauordnungsrechtliche Behandlung von Hochhäusern keine Verordnung (sondern maximal eine Richtlinie) gilt.

Sofern ein Industriebau in einem Bundesland zu beurteilen ist, in dem eine höherwertige Vorschrift für die Hochhäuser gilt als die MIndBauRL, ordnet sich die Richtlinie dem Anwendungsbereich der höherwertigen Vorschrift unter. Hochhäuser in NRW sind z. B. über die Sonderbauverordnung Teil 4 bauordnungsrechtlich geregelt.

Damit sind für NRW die in Abschnitt 2 der MIndBauRL vorgesehenen Anwendungsfälle nur für vorübergehend begangene Räume in einer Höhe von mehr als 22 m maßgebend, die keine Aufenthaltsräume sind.

a.2.4) Hochregallager > 9 m

Die MIndBauRL gilt auch für Hochregallager (Regallager mit einer Lagerguthöhe von über 9 m).

Hochregallager können grundsätzlich ausschließlich nach dem vereinfachten Verfahren des Abschnittes 6 beurteilt werden, da eine Beurteilung der Brandlasten nach Abschnitt 7 (wegen des auf Lagerguthöhen von bis zu 9 m begrenzten Anwendungsbereichs der DIN 18230-1) nicht möglich ist.

Sofern die Regale Teile der Gebäudekonstruktion sind, fallen sie als Bauteile in den Anwendungsbereich der Richtlinie und müssen die Anforderungen an die Feuerwiderstandsfähigkeit des Tragwerks erfüllen.

Die Erläuterungen zur MIndBauRL lassen darauf schließen, dass für Hochregallager weitergehende Anforderungen die Regel sind (*„[...] dies gilt insbesondere nicht, wenn in solchen Regallagern ausschließlich nichtbrennbare Materialien gelagert werden [...]“*) und dass vorwiegend davon abgesehen werden kann, wenn dort ausschließlich nichtbrennbare Materialien gelagert werden.

Die Regelungen der MIndBauRL **reichen im Allgemeinen für Hochregallager aus** und erfordern keine weitergehenden Anforderungen zur Erfüllung der bauordnungsrechtlichen Schutzziele – gerade auch für die Lagerung brennbarer Güter. Eine generelle Erweiterung des Anforderungskatalogs ist nicht beabsichtigt, insbesondere nicht eine generelle Bezugnahme auf die VDI 3564.

Weitergehende Anforderungen für Hochregallager können im Einzelfall gerechtfertigt und erforderlich sein, wenn deutlich erhöhte Brandgefahren (z. B. wegen besonders gefährlicher Güter wie größere Mengen brennbarer Flüssigkeiten) bestehen.

> **Hinweis:**
> Im letzten Absatz des Abschnittes 2 der Richtlinie wird speziell auf Hochregallager mit brennbarem Lagergut eingegangen. Von der erwähnten Option, höhere Anforderungen zu stellen, sollte grundsätzlich nur in Verbindung mit einer objektspezifischen Risikobeurteilung Gebrauch gemacht werden.

> **Anmerkung:**
> MBO und LBOs definieren *„Regalläger mit einer bestimmten Oberkante Lagerguthöhe“* als Sonderbauten. Damit steht fest, dass für solche Gebäude bzw. Gebäudebereiche eine spezielle Gefahrenbewertung und Brandschutzplanung zur Erreichung der Schutzziele erforderlich ist.

Spezielle Kommentare zur Behandlung von Regalanlagen finden sich in Abschnitt 3.9.d.

a.2.5) Industriebauten für mehrere Nutzer/Mieter

Industriebauten für mehrere Nutzer/Mieter fallen in den Anwendungsbereich der MIndBauRL. Es besteht keine zwingende Voraussetzung, dass ein Industriebau lediglich von einem Nutzer/Mieter betrieben wird.

Eine brandschutztechnisch wirksame Trennung der Nutzungsbereiche verschiedener, voneinander unabhängiger Nutzer/Mieter durch im Brandfall raumabschließende Trennwände und/oder Trenndecken ist i. d. R. zunächst erforderlich, wenn sie getrennte Nutzungseinheiten (NE) bilden.

Sofern sich mehrere Nutzer/Mieter auf eine **gemeinsame Brandschutzorganisation** verständigt haben, ist die brandschutztechnisch wirksame Trennung der Nutzungsbereiche – der dann gleichen NE – nicht mehr zwingend erforderlich.

Dann müssen insbesondere folgende Aspekte gemeinsam geregelt werden (durch Brandschutzordnung bzw. -beauftragten):

- Verfügbarkeit der Rettungswege und der Ausgänge ins Freie – auch als Angriffswege für die Feuerwehr zur Brandbekämpfung
- Einhaltung der genehmigten Brandbelastungen je Nutzungsbereich
- Alarmierung/Warnung der Mitarbeiter im Brandfall
- Unterhalt/Instandhaltung der Brandschutzeinrichtungen
- ggf. Abstimmung mit der Feuerversicherung

Näheres ist im **Brandschutzkonzept** für den jeweiligen Einzelfall zu regeln.

Frühere Fassungen entsprechender Regelungen (z. B. Runderlass des Ministers für Stadtentwicklung, Wohnen und Verkehr vom 23.10.1989 – NRW) sahen noch ausdrücklich vor, dass diese Regelungen nur für bauliche Anlagen gelten, *„[...] sofern diese für die Produktions- oder Lagerbetriebe nur eines einzelnen Unternehmers bestimmt sind"*. Von der seinerzeitigen Einschränkung auf nur einen Unternehmer wurde allerdings schon mit der Fassung der MIndBauRL von 2000 Abstand genommen.

a.3) Gesamtbetrachtung des Industriebaus

a.3.1) Äußere Abschottung von Industriebauten

Für Industriebauten sind Maximalflächen als Brandabschnittsflächen oder als Brandbekämpfungsabschnittsflächen in der MIndBauRL festgelegt. Daher werden Industriebauten von anderen baulichen Anlagen oder von anders genutzten Teilen der gleichen baulichen Anlage bzw. des gleichen Gebäudes durch Brandwände nach den Regelungen der MIndBauRL getrennt (siehe Abschnitt 5.10).

a.3.2) Innere Gliederung von Industriebauten

Industriebauten sind durch Brand- bzw. Brandbekämpfungsabschnittswände in Gebäudeabschnitte so zu gliedern, dass sie insbesondere die zulässigen Flächen und Rettungsweglängen nicht überschreiten. Weitere Gliederungen können durch Geschossdecken in Geschosse oder durch Ebenendecken in Ebenen (gemäß Abschnitt 7 MIndBauRL) vorgenommen werden.

Eine brandschutztechnisch wirksame Trennung zwischen verschiedenen Funktionsbereichen (Benutzungsarten) des Industriebaus ist nicht vorgesehen und wird von der MIndBauRL nicht verlangt. So ist es z. B. nicht erforderlich, zwischen spezifischen Produktions- und Lagerbereichen brandschutztechnisch wirksame Trennwände zu errichten oder zwischen typischen Industriebauflächen und Flächen der zugelassenen mitgezogenen Nebennutzungen (siehe Kommentar zu Abschnitt 3.1).

Die MIndBauRL erwartet innerhalb von Brand- und Brandbekämpfungsabschnitten brandschutztechnische Abtrennungen insbesondere für Räume mit Nutzungen, für die andere Regelwerke eine Abtrennung verlangen, und bei einer Bewertung nach Abschnitt 7 für Räume, deren Brandlasten bei der Brandlastberechnung nach DIN 18230 unberücksichtigt bleiben, weil sie in entsprechend abgetrennten Räumen vorhanden sind.

> **Hinweis:**
> Die Abtrennung von Gebäudeabschnitten (Gebäudeteilen) mit einer Industriebaunutzung von anderen Teilen des Gebäudes entspricht nicht der Unterteilung übergroßer Industriebauten in kleinere Brand- und Brandbekämpfungsabschnitte, für die im Abschnitt 6 der Richtlinie „Brandwände" und im Abschnitt 7 „Brandbekämpfungsabschnittstrennwände" vorgesehen sind. Hierbei handelt es sich um die Abgrenzung eines Industriebaus mit festgelegter Größe seiner Brandabschnitts- bzw. Brandbekämpfungsabschnittsfläche von anders genutzten Teilen des Gebäudes; die Art dieser Abtrennung ist daher regelkonform stets eine Brandwand.

a.3.3) Mitgezogene Nebennutzungen

Dem Bauherrn ist es freigestellt, Räume, die nicht unmittelbar der Begriffsbestimmung eines Industriebaus (Abschnitt 3.1 MIndBauRL) entsprechen, die jedoch dem Betrieb dienen und mit diesem in direkter funktionaler Verbindung stehen, in die Gesamtbetrachtung des Industriebaus einzubeziehen.

In einem untergeordneten Umfang können Betriebs- oder Konstruktionsbüros, Räume für die Qualitätskontrolle, Messräume, Umkleideräume und Pausenräume als sogenannte „mitgezogene Nutzungen" dem Industriebau zugeschlagen werden.

In diesen Fällen bilden sämtliche Räume eines Brand- oder Brandbekämpfungsabschnittes zusammen mit diesen **betriebszugehörigen Aufenthaltsräumen mit funktionaler Verbindung zum Betrieb** eine große NE. Räume mit **funktionaler Verbindung zum Betrieb** müssen nur bei besonderen Risiken vom Rest des Industriebaus baulich brandschutztechnisch abgetrennt werden, z. B. als feuerbeständig abgetrennte Räume. In der Regel sind also innerhalb von Industriebauten Trennwände nicht vorgesehen!

Die Einbindung solcher Nebenräume in das Brandschutzkonzept und in die Behandlung gemäß der MIndBauRL stößt allerdings an Grenzen, wenn dadurch der Charakter einer typischen Nutzung von Produktions- und Lagerräumen verlassen wird. Es ist nicht gelungen, diese Grenze zahlenmäßig als zulässige Nebenraumfläche innerhalb der MIndBauRL festzulegen. Somit ist der zulässige Umfang für die Einbindung von Nebenräumen jeweils eine **Einzelfallentscheidung,** die auf der Basis objektspezifischer Verhältnisse getroffen werden muss.

b) Vom Anwendungsbereich ausgenommene bauliche Anlagen und Nutzungen

b.1) Bauliche Anlagen für Menschen mit gravierenden körperlichen und/oder geistigen Beeinträchtigungen

Die Industrie- und Gewerbebauten, in denen **Menschen mit Behinderungen** beschäftigt werden (z. B. Behindertenwerkstätten), weisen besondere Brandgefahren und spezielle Brandrisiken auf, die in der MIndBauRL nicht ausreichend berücksichtigt sind.

Die Richtlinie unterstellt als Nutzer Personen, die körperlich gesund und i. d. R. mit der baulichen Anlage vertraut sind, die sich selbstständig bei Gefahrensituation in Sicherheit bringen können und insofern auch geistig den Anforderungen der Räumungskonzepte jederzeit gewachsen sind.

Sollen Industrie- und Gewerbebauten für Behinderte nach der MIndBauRL geplant und bewertet werden, müssen die Regelungen der Richtlinie durch objekt- und nutzungsspezifische Aspekte ergänzt werden, da sie für derartige Anwendungen allein nicht ausreichen (siehe hierzu auch ASR V3a.2 „Barrierefreie Gestaltung von Arbeitsstätten").

b.2) Tierhaltung

Bauliche Anlagen für die **Tierhaltung** sind nicht Gegenstand der MIndBauRL.

Obwohl vielfach Tiere als Sachwerte gesehen werden und Brandschutzmaßnahmen für die Sicherheit von Tieren dem Sachwertschutz zugerechnet werden, fällt der Schutz von Tieren in das Schutzinteresse des Staates und hat sich niedergeschlagen insbesondere in den Schutzzielen der MBO:

„Bauliche Anlagen sind so anzuordnen, zu errichten, zu ändern und instand zu halten, dass der Entstehung eines Brandes und der Ausbreitung von Feuer und Rauch (Brandausbreitung) vorgebeugt wird und bei einem Brand die Rettung von Menschen und Tieren sowie wirksame Löscharbeiten möglich sind." (MBO § 14)

Da sich Tiere im Brandfall anders als Menschen verhalten und sich grundsätzlich nicht selbst in Sicherheit bringen, auch wenn ihnen baulich die Möglichkeiten dazu geschaffen werden, ist für bauliche Anlagen zur Unterbringung von Tieren die Rettung selbiger bei der Brandschutzplanung besonders zu beachten.

Die Regelmaßnahmen und Risikobewertungen der MIndBauRL sind auf die Rettung von Menschen abgestellt, die ein für Menschen typisches Verhalten auch im Brandfall erwarten lassen. Daher können mit den Regelanforderungen der MIndBauRL die besonderen Sicherheits- bzw. Schutzbelange von Tieren nicht zwangsläufig erreicht werden.

Allerdings können ggf. im Rahmen einer „mittelbaren, erweiterten Anwendung" der Richtlinie (siehe Kommentar h)) einzelne Aspekte der Brandschutzplanung auch für bauliche Anlagen der Massentierhaltung mit den Kriterien der MIndBauRL behandelt werden. Über Art und Umfang solcher Übertragungen von Regelanforderungen der MIndBauRL auf die Belange der Massentierhaltung ist im Einzelfall zu entscheiden.

Für die Brandschutzplanung für bauliche Anlagen der Massentierhaltung hat sich insbesondere das Positionspapier „Fachempfehlung zum Brandschutz in Stallanlagen“[1] etabliert.

c) Erleichterungstatbestände

c.1) Grundsatzbetrachtungen für weitergehende Erleichterungen

Weitergehende Erleichterungen von Vorgaben der MIndBauRL können für Industriebauten bei besonderen Verhältnissen in Verbindung mit entsprechenden Risikobeurteilungen ggf. in Anspruch genommen werden.

In der Richtlinie selbst wird beispielhaft auf einige Fälle hingewiesen, die typischerweise gegenüber dem Normalfall geringere Brandgefahren aufweisen (z. B. überdachte Freianlangen, Freilager, Einhausung technischer Anlagen).

c.2) Nachweisführung zur Begründung weitergehender Erleichterungen

Voraussetzung für die Gestattung von Erleichterungen von der Richtlinie sind (schutzzielbezogen) **geringe Brandgefahren.** Diese objektspezifische, geringe Gefahrenlage muss dauerhaft deutlich kleiner sein als die Regel-Gefahrenlage, die die Grundlage der Regelanforderungen der Richtlinie bilden.

Für den Vergleich zwischen der objektspezifischen Gefahrenlage und der Regel-Gefahrenlage sollte nicht auf besonders bzw. außergewöhnlich große Gefahrenlagen zurückgegriffen werden, die mit den Regelanforderungen gerade noch abgedeckt sind. Um das Sicherheitsniveau der MIndBauRL einzuhalten, sollte daher ein Vergleich mit einer eher durchschnittlichen Gefahrenlage geführt werden.

Für den erforderlichen Nachweis der Zulässigkeit von Erleichterungen gegenüber der MIndBauRL eignet sich in besonderer Weise das Verfahren nach Abschnitt 4.3 und die Anwendung der Ingenieurmethoden des Brandschutzes nach Anhang 1 mit DIN 18009-1.

Insbesondere sind die betroffenen Schutzziele herauszuarbeiten und die entsprechenden funktionalen Anforderungen zu klären. Auf dieser Basis sind die Nachweise entweder mit der argumentativen oder mit der leistungsbezogenen Nachweisführung gemäß DIN 18009-1 aufzustellen und zu dokumentieren.

Grundlage der Bewertung des Erreichungsgrades der Schutzziele ist eine Ermittlung der schutzzielbezogenen Gefahren und Risiken.

d) Weitergehende Anforderungen

Weitergehende Anforderungen können bei **erhöhten Brandgefahren** erforderlich werden, wenn diese für die Gefährdung der öffentlichen Sicherheit und Ordnung relevant sind. Nicht jede **reale Brandgefahr** stellt eine Gefährdung der öffentlichen Sicherheit dar und muss zwingend zu weitergehenden Anforderungen führen.

e) Großkraftwerke

Kraftwerksbauten fallen nicht in den Geltungsbereich der MIndBauRL.

Kleinere Kraftwerksanlagen, die innerhalb von Industriebauten aufgestellt werden und die für Industriebauten typisch sind, sind jedoch Teile dieser Betriebe und führen zur Anwendung der MIndBauRL.

Für die brandschutztechnische Behandlung von Großkraftwerken hat sich die Richtlinie „Brandschutz im Kraftwerk“ (VGB R 108) etabliert[2].

f) Abweichungen

f.1) Grundsätze

Abweichungen von Einzelbestimmungen der Richtlinie gehören zu deren praktischer Anwendung, weil die Bau- und Nutzungsarten für Industriebauten stark unterschiedlich sind. Somit kann man einen „typischen“ Industriebau nur in Grundzügen beschreiben und festlegen, die Realfälle hingegen stellen sich im Industriebbau sehr vielgestaltig dar.

---

1) Positionspapier des Verbandes der Feuerwehren in NRW e.V. (VdF NRW); Lenkungsausschuss Vorbeugender Brand-/Gefahrenschutz; 29.05.2015

2) VGB R 108 (Ausgabe 2009), VGB PowerTech Service GmbH

Aus diesem Grund wurde von Beginn der Arbeiten an der Richtlinie auch zur Vereinfachung der Behandlung von **Abweichungen** auf die Erarbeitung einer Industriebau-**Verordnung** zugunsten der -**Richtlinie** verzichtet.

Das Planen auf der Basis der MIndBauRL mit Abweichungen verlangt eine Planung im Sinne der Richtlinie, siehe hierzu auch den Kommentar zu 0.f.

f.2) Begründung von Abweichungen

f.2.1) Ziel von Abweichungsbegründungen

Im Zuge einer Nachweisführung sollen die von der Abweichung betroffenen Schutzziele zunächst herausgearbeitet werden. Diese Schutzziele sollen durch die alternative Planung gleichwertig erfüllt werden. Dazu sind insbesondere die mit den Regelanforderungen bezweckten **funktionalen Anforderungen** verbal zu beschreiben und festzulegen. Auf dieser Stufe der Nachweisführung reicht die argumentative, überzeugende Darstellung dafür aus, dass dem Zweck der Regelanforderung mit der alternativen Planung ausreichend entsprochen wird.

Grundsätzlich sollen die Abweichungen durch **gleichwertige** Alternativen ausgeglichen werden. Für den Nachweis der **Gleichwertigkeit** sind zunächst und grundsätzlich bezifferbare Betrachtungen mit Werten anzustellen: Werte haben eine Maßzahl und eine Maßeinheit.

Häufig reichen allerdings für praxisrelevante Fragestellungen der Brandschutzplanung auch argumentative Nachweisführungen aus. Dies gilt insbesondere, wenn ein Vergleichswert für die Regellösung nicht zuverlässig gefunden werden kann und daher die Nachweisführung auf der Stufe der funktionalen Anforderungen geführt werden muss, da sie nicht auf der Stufe von Leistungsanforderungen geführt werden kann. Näheres dazu ergibt sich aus Abschnitt 4.3 in Verbindung mit DIN 18009-1.

f.2.2) Schutzzielerfüllung durch Kompensationsmaßnahmen

Kompensationsmaßnahmen treten an die Stelle von nicht vorgesehenen Regelmaßnahmen oder verstärken vorgesehene Schwächungen vorgeschriebener Regelmaßnahmen. Sie wirken also exakt im Sinne der vorgeschriebenen Regelmaßnahmen und realisieren das Maßnahmenkonzept der Richtlinie.

Insofern sollen die letztendlich vorgesehenen – kompensatorischen – Maßnahmen die Regelmaßnahmen im Sinne der Schutzzielerreichung gleichwertig zum Schutzzielbeitrag der Regelmaßnahme ersetzen. Daraus leitet sich zudem ab, dass eine vorgeschriebene Regelmaßnahme, die objektspezifisch keinen nennenswerten Beitrag zur Schutzzielerreichung leisten kann, auch nicht erforderlich ist und daher deren Entfall auch ohne Kompensation erfolgen kann.

f.2.3) Schutzzielerfüllung durch alternative Konzepte

Bei alternativen Konzeptlösungen werden die betroffenen Schutzziele durch das planerisch vorgesehene Zusammenwirken der vorgesehenen Brandschutzmaßnahmen erreicht. Dabei werden also nicht einzelne Regelmaßnahmen durch einzelne Alternativmaßnahmen ersetzt, sondern es werden die betroffenen Teile des mit der MIndBauRL verbundenen Regelkonzepts durch ein alternatives Ersatzkonzept ersetzt. Hierbei werden stets mehrere Maßnahmen gleichzeitig und in Verbindung mit der Gefahren- bzw. Risikolage betrachtet.

f.2.4) Anwendung auf nicht geregelte Fallgestaltungen

Für die Beurteilung nicht geregelter Fallgestaltungen können i.W. zwei grundsätzliche Verfahrensweisen herangezogen werden:

1. Mit Bezug auf den **Schutz des** Eigentums (und seiner Verfügbarkeit für den Eigentümer) gilt insbesondere GG Artikel 14:
   (1) Das Eigentum und das Erbrecht werden gewährleistet. Inhalt und Schranken werden durch die Gesetze bestimmt.
   (2) **Eigentum verpflichtet. Sein Gebrauch soll zugleich dem Wohle der Allgemeinheit dienen.**
   Hier wird bereits auf gesetzliche Einschränkungen und auf das Wohl der Allgemeinheit hingewiesen.

2. Grundsatz für Regelauslegungen:
   - Was nicht verboten ist, ist erlaubt.
     Nicht verbotene Zustände sind somit rechtlich akzeptiert, und die dazu gehörenden Szenarien sind bei Erfüllung aller damit zusammenhängenden Regeln als ein „akzeptiertes Restrisiko" zu verstehen – also (als unwahrscheinliche Szenarien) grundsätzlich zulässig.
   - Wenn etwas nicht unmittelbar/direkt geregelt ist, sollen die bestehenden Regeln ihrem Sinn entsprechend auch auf die nicht geregelten Fallgestaltungen angewendet werden.
     Damit wird der Eintritt von Schadenfällen im Sinne des übrigen Regelwerks auf „das übliche Maß" der sonstigen Regeln begrenzt.

Die sinnentsprechende Anwendung von Vorschriften und anderen Regelwerken ist das typische Vorgehen besonders bei der Brandschutzplanung, insbesondere wenn von vorgezeichneten (i. A. verbindlichen) Musterlösungen abgewichen werden soll und „alternative Lösungen" als ausreichend und angemessen argumentiert/nachgewiesen werden sollen.

g) Mitgeltende Regelwerke

In den Erläuterungen wird explizit – aber beispielhaft – auf ausgewählte andere Regelwerke hingewiesen. Dieser Hinweis bezieht sich auf den Umgang mit und das Lagern von bestimmten Stoffen und benennt in diesem Zusammenhang einige Regelwerke.

Die MIndBauRL von 2000 verwies noch im Richtlinientext selber auf die seinerzeit entsprechenden Regelwerke, die aktuell in den Erläuterungen zur Richtlinie aufgezählt werden.

Andere Regelwerke, auch wenn sie in dieser Auflistung nicht aufgeführt sind, gelten gemäß deren Anwendungsbereichen ggf. auch für Industriebauten und müssen bei einer Gesamtplanung insbesondere von den Entwurfsverfassern beachtet werden.

Im Rahmen einer Brandschutzplanung nach bauordnungsrechtlichen Kriterien bleiben solche Regelwerke häufig unberücksichtigt. Deren Aspekte können daher zusätzliche Fachplanungen erforderlich machen.

In diesem Zusammenhang ist insbesondere das umfangreiche Regelwerk des Arbeitsstättenrechts von Bedeutung, dessen objektspezifische Umsetzung bei Brandschutzplanungen für Bauvorlagen im Baugenehmigungsverfahren i. d. R. von den Brandschutzplanern für typische Brandschutzkonzepte als gegeben vorausgesetzt, aber nicht im Detail im Brandschutzkonzept herbeigeführt wird.

> **Hinweis:**
> Besonders hinzuweisen ist in diesem Zusammenhang auf spezielle Anforderungen an die Beschaffenheit und technische Ausrüstung von **Rettungswegen.** Soweit in dieser Kommentierung der MIndBauRL auf diese Regelungen Bezug genommen wird, ist das im oben genannten Sinne zu verstehen:
>
> Die Anforderungen an Rettungsweglängen konnten zwischen der MIndBauRL und dem Arbeitsstättenrecht im Wesentlichen aufeinander abgestimmt werden. Breitenanforderungen sind in den Anforderungen der MIndBauRL nur für Hauptgänge geregelt.
>
> Ausstattungen von Rettungswegen z. B. mit Rettungswegkennzeichen, einer Sicherheitsbeleuchtung und geeigneter Stromversorgung oder Aufschlagsrichtungen von Türen sind in der MIndBauRL nicht enthalten.

h) Erweiterter Anwendungsbereich

h.1) Erweiterter Anwendungsbereich für ungeregelte Sonderbauten

Insbesondere für **ungeregelte Sonderbauten** (z. B. übergroße Räume), für die die MIndBauRL nicht unmittelbar gilt, können Teile der Richtlinie durchaus einen nützlichen Beitrag zur Risikobewertung (als Hilfsmaßstab) leisten. Davon können auch Gebäude oder Gebäudenutzungen betroffen sein, die vom Anwendungsbereich **namentlich** ausgeschlossen sind (z. B. Gebäude der industriellen Massentierhaltung, Teile von Großkraftwerken).

Art und Umfang der Richtlinienanwendung ist in solchen Fällen allerdings besonders zu begründen – vorrangig mithilfe von Risikobeurteilungen – und mit den Stellen abzustimmen, die den Brandschutz prüfen. In diesem Zusammenhang ist wichtig, dass das Sicherheitskonzept für die Brandschutz-Bemessung der Bauteile und die Festlegung zulässiger Abschnittsflächen in der MIndBauRL auf die speziellen Sicherheitsanforderungen des Industriebaus angepasst sind und nicht ohne Weiteres auf andere Nutzungsarten übertragen bzw. angewendet werden können.

h.2) Gewerbliche Nutzungen im Bereich des Kfz-Handels

Die gewerblichen Nutzungen im Bereich des Kfz-Handels sind in den offiziellen Erläuterungen zur MIndBauRL zu Punkt 2 (letzter Absatz) besonders erwähnt – als Beispiel für den erweiterten Anwendungsbereich der Richtlinie.

In diesem Beispiel geht es um ein typisches Autohaus, in dem einerseits Autos in Schauräumen ausgestellt und verkauft werden und andererseits in unmittelbar angegliederten Werkstätten Autoreparaturen durchgeführt werden.

Für die Schauräume könnte man z. B. eine bauordnungsrechtliche Zuordnung zur Garagenverordnung oder zur Verkaufsstättenverordnung herstellen. Für besondere Veranstaltungen zur Markteinführung neuer Modelle könnte auch die Versammlungsstättenverordnung infrage kommen.

Insgesamt wäre auch eine Bewertung der baulichen Anlage als **ungeregelter Sonderbau** in Erwägung zu ziehen und es könnten Abweichungen von der jeweiligen LBO im Einzelfall festgelegt werden.

Das Beispiel in den Erläuterungen zur MIndBauRL zeigt auf, wie die Richtlinie auch zur Risikobewertung und zur Festlegung von Brandschutzmaßnahmen herangezogen werden kann. Die Regelungen für die Rettungswege sind hiervon jedoch in den meisten Fällen ausgenommen.

h.3) Erweiterter Anwendungsbereich für geregelte Sonderbauten

Auch bei der Brandschutzplanung **geregelter Sonderbauten** können Teilaspekte ggf. nach den Kriterien der MIndBauRL bewertet und genehmigt werden.

Kommt die MIndBauRL für Bauvorhaben zur Anwendung, für die auch andere Sonderbauvorschriften gelten, dann ist sie zunächst auch – im betroffenen Zusammenhang – vollständig und konsequent anzuwenden. Dies ergibt sich aus dem Konzeptcharakter von Regelanforderungen, die sich aus einem Zusammenwirken von Risikobewertung und Leistungskriterien der Schutzmaßnahmen erklären.

Für die konkrete Brandschutzplanung bedeutet dies, dass von allen betroffenen bauordnungsrechtlichen Vorschriften jeweils die maximale Anforderung gilt.

Sofern von einzelnen bauordnungsrechtlichen Anforderungen abgewichen werden soll, ist dies grundsätzlich möglich. Dafür ist jeweils die Art der Abweichung (von einer Verordnung oder von einer Regel der Technik) zu beachten und der jeweilige Grund im Hinblick auf die Erreichung der Schutzziele bzw. des Zwecks der Anforderung zu bewerten und die Abweichung zu begründen. Es reicht z. B. nicht aus, sich aus mehreren Vorschriften diejenigen auszuwählen, die am besten ins Konzept passen („Rosinenpicken").

Im Einzelfall kann eine Einbindung der MIndBauRL in die Brandschutzplanung für einen geregelten Sonderbau erfolgreich sein, wenn spezielle Anforderungen der MIndBauRL als Ersatz für anders geregelte Anforderungen mit einer entsprechenden, sehr speziellen, auf das Objekt und die Gegebenheiten abgestellten Begründung vorgesehen werden. Dabei müssen die jeweiligen Rahmenbedingungen der einzelnen Vorschriften und deren Zielsetzungen beachtet und berücksichtigt werden.

3 Begriffe

Zu 3 Begriffe

Wesentlich für dieses Regelwerk ist eine Definition der darin verwendeten Begriffe; sie gelten insofern nur für dieses Regelwerk.

3.1 Industriebauten

Industriebauten sind Gebäude oder Gebäudeteile im Bereich der Industrie und des Gewerbes, die der Produktion (Herstellung, Behandlung, Verwertung, Verteilung) oder Lagerung von Produkten oder Gütern dienen. I. S. dieser Richtlinie ist die Grundfläche

- eines Industriebaus die Fläche zwischen den aufgehenden Umfassungsbauteilen und
- von Räumen innerhalb eines Industriebaus die Fläche zwischen deren Umfassungswänden.

Zu 3.1 Industriebauten

Abschnitt 3.1 Satz 1 definiert Industriebauten als „Gebäude oder Gebäudeteile im Bereich der Industrie und des Gewerbes, die der Produktion [...] oder Lagerung von Produkten oder Gütern dienen". Ein Industriebau ist also entweder ein (einziges) Gebäude oder ein Gebäudeteil. Im letzteren Fall muss der Industriebau von anders genutzten Gebäudeteilen brandschutztechnisch wirksam abgetrennt werden. Die Art der erforderlichen Abtrennung anders genutzter Gebäudeteile ergibt sich aus der Industriebaurichtlinie. Industriebauten sind untereinander und von anders genutzten Gebäudeteilen grundsätzlich mit Brandwänden abzutrennen. Ein einzelner Nutzer kann in seinen Industriebau verschiedene Nutzungen praktizieren, z. B. Lackiererei, Schweißbereiche, Montage- und Kommissionsbereiche. Auch können mehrere unterschiedliche Nutzer/Mieter einen Industriebau nutzen („Mehrherrigkeit"). Voraussetzung dafür ist, dass der gesamte Industriebau weiterhin als ***eine Nutzungseinheit*** *[Herv. im Orig.] betrieben wird. Die unterschiedlichen Nutzer/Mieter müssen sich folglich auf eine gemeinsame Brandschutzorganisation verständigt haben bzw. müssen sich einem gemeinsamen Brandschutzkonzept mit entsprechenden betrieblichen und organisatorischen Brandschutzmaßnahmen unterwerfen. Das heißt, eine brandschutztechnisch wirksame Trennung zwischen den Bereichen unterschiedlicher Nutzer/Mieter in einem Industriebau mit dieser Organisationsform durch Trennwände ist weder erforderlich noch vorgesehen. Nur wenn sich die unterschiedlichen Nutzer/Mieter nicht auf ein gemeinsame Brandschutzorganisation einigen, werden deren Bereiche jeweils als eigene Nutzungseinheit und somit als einzelner Industriebau betrachtet.*

Die Begriffsbestimmungen über die Ermittlung der Grundfläche dienen der Klarstellung. Dadurch wird definiert, was Räume i. S. der MIndBauRL sind. Ein Industriebau kann folglich aus einem Raum (zwischen den Außenwänden des Gebäudes) als auch aus mehreren Räumen (zwischen den jeweiligen Umfassungswänden) bestehen. Grundflächen sind die Flächen zwischen den Umfassungswänden. Sie enthalten allerdings nicht die Flächenanteile von Öffnungsflächen in den Decken von Ebenen (siehe Abschnitt 3.8).

Raumbildende Umfassungswände müssen keine Trennwände i. S. der MBO sein. Umfassungswände reichen von Decke zu Decke. Ob und in wie weit die Umfassungsbauteile von Räumen brandschutztechnisch zu bemessen sind und entsprechend qualifizierte Abschlüsse von Öffnungen haben müssen, ergibt sich aus den Regelungen dieser Richtlinie. Abweichend von diesen Festlegungen gelten auch Ebenen mit Deckenöffnungen als Räume; für sie gelten spezielle Regelungen dieser Richtlinie.

Zu Industriebauten gehören in der Regel auch Räume wie Labore, Sozialräume, Umkleideräume, Räume für Büro- und Verwaltungszwecke, Prüfstandsbereiche bzw. Entwicklungsflächen, deren zulässigen Flächenanteile im Verhältnis zum Industriebau im Einzelfall festzulegen sind.

Zu Industriebauten gehören auch Räume auf der Dachfläche und unterhalb der Bodenplatte sowie Lagerungen im Freien und unter Vordächern außerhalb der Brand- und Brandbekämpfungsabschnitte. Für diese Räume und Lagerflächen gelten besondere Regelungen.

Abweichend von § 2 Abs. 3 Satz 3 MBO ist die Grundfläche eines Industriebaus bzw. von Räumen nicht als Brutto-Grundfläche, sondern als Fläche zwischen den aufgehenden Umfassungsbauteilen bzw. bei Räumen, zwischen deren Umfassungswänden, zu ermitteln.

Zu 3.1: Industriebauten

Siehe auch Kommentare unter 2.a.

a) Grundsätze

a.1) Industriebauten als bauliche Anlagen

Industriebauten sind Gebäude oder Gebäudeteile. Nach bauordnungsrechtlichen Grundsätzen gilt:

„*Gebäude sind selbstständig benutzbare, überdeckte bauliche Anlagen, die von Menschen betreten werden können und geeignet oder bestimmt sind, dem Schutz von Menschen, Tieren oder Sachen zu dienen.*“ (MBO § 2)

Danach können auch allein Dachkonstruktionen, die dem Schutz von Menschen, Tieren oder Sachen dienen, Gebäude sein. Überdachte Lagerflächen sind wegen ihrer Dächer also Gebäude – und weil sie dem Schutz von gelagerten Sachen dienen, auch Industriebauten.

Bauliche Anlagen wie Regale im Freien, die aber nicht überdacht sind, sind dagegen keine Gebäude und somit auch keine Industriebauten. Regalanlagen innerhalb von Industriebauten sind im Allgemeinen Betriebseinrichtungen von Industriebauten (siehe hierzu Kommentar zu Abschnitt 3.9 und 3.14.k)).

Zum Industriebau zählen insbesondere seine (Bau-)Teile, Baustoffe und Bauarten – Betriebseinrichtungen hingegen nicht. Tragende Teile von Regalanlagen können auch tragende Teile des Gebäudes sein.

Eine Abgrenzung der Betriebseinrichtungen von den Bauteilen ist zum Teil schwierig! Z.B. zählt ein Kühlschrank im Bereich der Lebensmittelindustrie zu den Betriebseinrichtungen. Bei wachsender Größe nehmen solche Anlagen die Form von Kühlräumen an, die unzweifelhaft als Räume des Industriebaus zu dessen Teilen zählen und bauordnungsrechtliche Anforderungen erfüllen müssen – z. B. an die Brennbarkeit der Baustoffe nach MBO § 26 (Verbot leichtentflammbarer Baustoffe). Mit wachsender Größe ist ggf. ein Übergang von Betriebseinrichtungen zu Bauteilen verbunden.

Inwieweit bauliche Anlagen und Gebäude, die nicht unmittelbar in den Geltungsbereich der MIndBauRL fallen, teilweise dennoch nach Maßgabe der MIndBauRL geplant, genehmigt und errichtet werden dürfen, ist im Einzelfall im Rahmen von entsprechenden **Abweichungen** zu beurteilen und zu begründen.

Die MIndBauRL sieht in diesem Sinne eine Übertragung ihres Regel-Brandschutzkonzeptes auf andere Sonderbau-Nutzungen durchaus vor (siehe Erläuterungen zu Abschnitt 2), sofern deren Risiken mit denen von typischen Industriebau-Risiken vergleichbar sind (**Erleichterungen** nach MBO § 51). Für die Begründung von derartigen Abweichungen und Erleichterungen sollten insbesondere **ingenieurtechnische Nachweisführungen** nach Abschnitt 4.3 herangezogen werden (siehe hierzu dringend die Kommentare zu Abschnitt 4.3).

Da Industriebauten stets ganzheitlich nach der MIndBauRL zu bewerten sind, werden für sie auch Brand- bzw. Brandbekämpfungsabschnittsflächen festgelegt und baulich begrenzt. Somit enden Industriebauten stets an den Grenzen von Brand- bzw. von Brandbekämpfungsabschnitten (siehe hierzu die Begriffe nach den Abschnitten 3.2 bis 3.6). Daraus ergibt sich mittelbar, dass Industriebauten von anders genutzten Gebäudeteilen durch Brandwände abzutrennen sind.

a.2) Industriebauten als Teile von Gebäuden

Ein Industriebau kann auch Teil eines Gebäudes mit ansonsten anderen Nutzungen sein. Eine Ausnahme stellen grundsätzlich *„erdgeschossige Industriebauten"* (nach MIndBauRL 2014) dar (siehe Abschnitt 3.10), die jeweils eigene Gebäude sind. Die Einstufung von Industriebauten als *„erdgeschossige Industriebauten"* wurde mit der Fassung der Richtlinie von 2019 **aufgegeben,** so dass seither dieser Begriff insbesondere für Aspekte des **Bauens im Bestand** und im Hinblick auf deren **Bestandsschutz** relevant ist.

Industriebauten sind Nutzungseinheiten. Sie müssen deshalb von **anders genutzten** Gebäudeteilen brandschutztechnisch wirksam abgetrennt werden. Die grundsätzlichen Anforderungen hierfür ergeben sich aus § 29 Abs. 2 Nr. 1 MBO „Trennwände zwischen Nutzungseinheiten". *„Zur Unterteilung ausgedehnter Gebäude"* verlangt die MBO in § 30 Abs. 2 die Ausführung dieser Trennwände als *„innere Brandwände"*.

Die Art der erforderlichen Abtrennung anders genutzter Gebäudeteile von Industriebauten geht auch aus der MIndBauRL selbst hervor. Sie ergibt sich

- für Industriebauten, die nach Abschnitt 6 beurteilt werden und in denen eigene Brandabschnitte (BA) gebildet werden müssen, unmittelbar aus der Definition des BA nach Abschnitt 3.2 als **Brandwand** (BW) und
- für Industriebauten, die nach Abschnitt 7 beurteilt und die ihrerseits ggf. in Brandbekämpfungsabschnitte (BBA) gemäß Abschnitt 3.4 unterteilt werden, aus folgender Systematik: BBA sind übergroße BA, die ggf. durch Trennwände von Brandbekämpfungsabschnitten in kleinere BBA unterteilt werden müssen. Die Abtrennung solch übergroßer Gebäudeteile zu anders genutzten Gebäudeteilen erfordert ebenfalls die Anordnung von Trennwänden als BW (siehe § 29 Abs. 2 MBO in Verbindung mit den Abschnitten 3.2 und 3.3 MIndBauRL).

Die Brandwände zwischen Industriebauten und anders genutzten Gebäudeteilen müssen die Anforderungen der MBO erfüllen und zusätzlich die erhöhten Anforderungen der MIndBauRL (siehe Abschnitt 5.10).

Die Regelanforderung der MBO nach einer maximalen Länge der BA von 40 m gilt nicht für den **Industriebauteil** solcher Gebäude; diesbezügliche Anforderungen ergeben sich allein aus der MIndBauRL (Abschnitt 6 für BA und Abschnitt 7 für BBA).

Falls Nebenräume in funktionalem Zusammenhang mit der Produktion und der Lagerung stehen (z. B. Labore, Sozial- und Umkleideräume, Prüfstandsbereiche bzw. Entwicklungsflächen), gehören diese typischerweise zum Industriebau und müssen deshalb **nicht** brandschutztechnisch abgetrennt werden.

Eine Sonderstellung bei den Nebenräumen haben Räume für Büro- und Verwaltungszwecke. Deren **funktionaler Zusammenhang** mit der Produktion und Lagerung **muss gegeben sein,** wenn sie als Teil des Industriebaus nach den Regelungen der MIndBauRL behandelt werden sollen und nicht nach den Regelungen der MBO.

Im Übrigen müssen sie sich dem eigentlichen Industriebau sehr deutlich hinsichtlich der Flächenverhältnisse unterordnen. Die Entscheidung, ob sich deren Flächen der **typischen Industriebaunutzung** (Produktion und Lagerung) unterordnen lassen, erfordert eine **Risikobewertung** in einem Brandschutzkonzept für den Einzelfall.

Wenn eine Einbindung solcher Räume in den Industriebau nicht risikogerecht ist und deshalb eine brandschutztechnisch wirksame Abtrennung der entsprechenden Gebäudeteile erforderlich wird, soll sie mit Brandwänden (s.o.)

realisiert werden (z. B. Kopfbaulösung für Verwaltungsnutzungen). Feste Flächenkriterien für das Erfordernis einer solchen Abtrennung legt die MIndBauRL nicht fest; Entscheidungen sind für den jeweiligen Einzelfall zu treffen und zu begründen.

b) Kopfbauten

Wenn der funktionale Zusammenhang zwischen Nebenräumen und dem Industriebau nicht gegeben ist oder wenn Art, Zahl und Größe der Nebenräume eine andere Risikobewertung und ein anderes Brandschutzkonzept erfordern, müssen sie als nicht zum Industriebau (nicht zur NE) zugehörig bewertet und brandschutztechnisch wirksam abgetrennt werden.

Dies kann insbesondere der Fall sein, wenn solche Gebäudeteile als Kopfbauten ausgebildet werden. Inwieweit von dem Grundsatz der Abtrennung von Kopfbauten im Einzelfall abgewichen werden kann, ist in der MIndBauRL nicht geregelt und muss im Einzelfall festgelegt werden.

Allein die Bauart des Gebäudeteils – hier als Kopfbau – stellt allerdings noch keinen ausreichenden Grund für eine Abtrennungspflicht dar. In der Praxis werden häufig auch Teilbereiche von Industriebauten als Kopfbauten vorgesehen, die sowohl wegen ihrer Nutzung als auch wegen ihrer Größe gegenüber dem sonstigen Produktions- und Lagerbereich kein stark abweichendes Risiko darstellen und daher kein anderes Schutzkonzept erfordern. Sie müssen deshalb nicht brandschutztechnisch wirksam abgetrennt werden.

Wenn die Kopfbauten jedoch brandschutztechnisch abgetrennt werden müssen, sind hierzu grundsätzlich Brandwände erforderlich, siehe Bild 3.1-1 für ein Beispiel.

c) Mehrherrigkeit

Der gesamte Industriebau wird als NE betrachtet. Dies kann auch für den Fall gelten, wenn mehrere unterschiedliche Nutzer/Mieter (Mehrherrigkeit) einen Gebäudeabschnitt gemeinsam nutzen – unter der Voraussetzung, dass sich alle einem gemeinsamen Brandschutzkonzept mit entsprechenden betrieblichen und organisatorischen Brandschutzmaßnahmen unterwerfen.

Können sich die Betreiber allerdings nicht auf ein gemeinsames Brandschutzkonzept mit für jeden Betrieb geltenden betrieblichen Brandschutzmaßnahmen verständigen, sind für diese Betriebe eigenständige Brandschutzkonzepte zu entwickeln und einer Baugenehmigung zuzuführen. Damit ist dann auch verbunden, dass jeder Betrieb seinen Gebäudeteil als eigenständigen Industriebau nutzt und dass diese Industriebaukörper voneinander durch Brandwände oder durch Brandbekämpfungsabschnittstrennwände brandschutztechnisch wirksam abzutrennen sind.

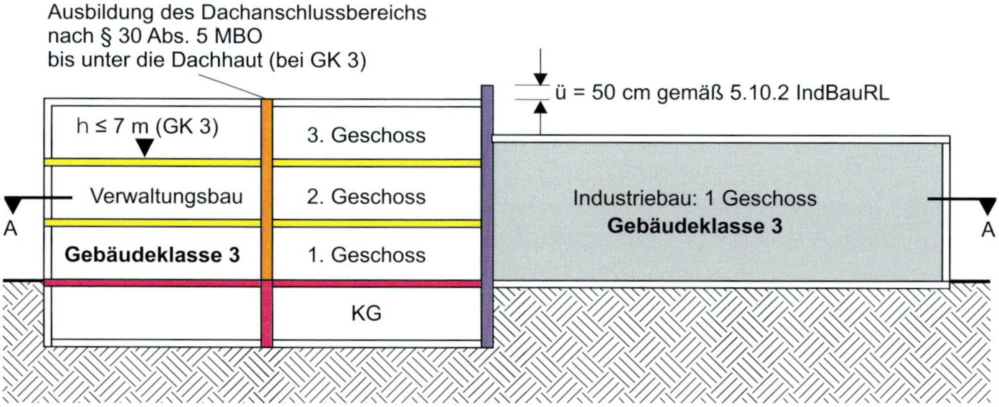

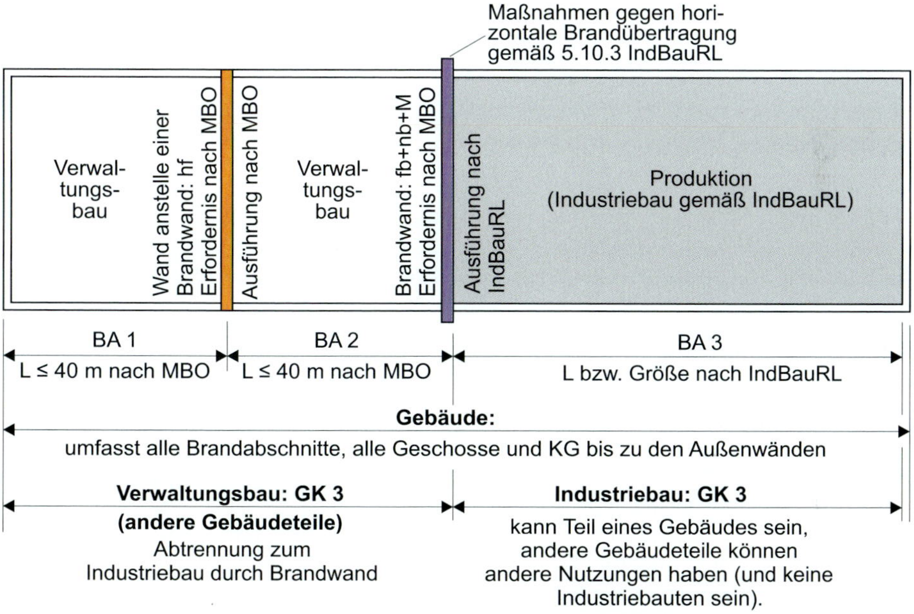

Bild 3.1-1: Größeres Verwaltungsgebäude mit angrenzendem Industriebau

Das Verwaltungsgebäude in Gebäudeklasse 3 (GK 3) wird durch eine Brandwand vom Industriebau (auch GK 3) abgetrennt. Das Erfordernis der Brandwand (BW) zwischen dem Verwaltungsgebäude und dem Industriebau ergibt sich aus MBO und MIndBauRL. Das Gleiche gilt für die Anforderungen an die Ausführung (Feuerwiderstandsdauer, Überdachführung usw.) der Brandwand (BW).

Da in diesem Beispiel das Verwaltungsgebäude länger als 40 m ist, wurde es gemäß MBO durch eine BW zwischen den Brandabschnitten BA 1 und BA 2 abgetrennt. Die Anforderungen an die Ausführung dieser BW ergeben sich aus der MBO (bei GK 3: hf bis unter die Dachhaut).

Für den Verwaltungsbau gelten die Regelungen der MBO und für den Industriebau die der MIndBauRL.

3.2 Brandabschnitt

Ein Brandabschnitt ist der Bereich eines Gebäudes zwischen seinen Außenwänden und/oder den Wänden, die als Brandwände über alle Geschosse ausgebildet sind.

Zu 3.2 Brandabschnitt

Brandabschnitte werden ausschließlich begrenzt durch Außenwände oder durch Brandwände. Dies gilt auch für die Trennung von Industriebauten zu anders genutzten Teilen eines Gebäudes.

Auch Industriebauten, die als Brandbekämpfungsabschnitte bewertet werden, schließen gegenüber Gebäudeteilen, die nicht zum Industriebau gehören, mit Brandwänden ab.

3.3 Brandabschnittsfläche

Die Brandabschnittsfläche ist die Grundfläche des Geschosses mit der größten Ausdehnung eines Brandabschnitts zwischen den aufgehenden Umfassungsbauteilen.

Zu 3.3 Brandabschnittsfläche

Die Brandabschnittsfläche ist nicht die Fläche, die sich aus der Summe der Flächen der einzelnen Geschosse ergibt, sondern die Grundfläche des Geschosses mit der größten Ausdehnung im Brandabschnitt.

Auch wenn in bestimmten Fällen der Lagerung vor Fassaden nach Abschnitt 5.12 Lagerflächen zum Teil von den zulässigen Brandabschnittsflächen der Tab. 2 abgezogen werden müssen, bleibt die Fläche des Brandabschnitts die „Innenfläche" des betreffenden Gebäudebereichs nach obiger Definition.

Zu 3.2 und 3.3: Brandabschnitt und Brandabschnittsfläche

a) Der Brandabschnitt

Der Brandabschnitt (BA) ist immer kleiner als der zugehörige Industriebau bzw. der zugehörige Teil eines Industriebaus. Insbesondere Grundflächen der Außenwände und die Flächen unter Vordächern und Dachüberständen zählen nicht mit zur Brandabschnittsfläche (siehe Bild 3.2-1).

Ein BA wird gegen andere Gebäudeteile durch Brandwände (BW) begrenzt, die unversetzt (in einem Zug) über alle Geschosse vom Fundament über das Dach geführt werden. Versetzt angeordnete BW im Sinne des § 30 Abs. 4 MBO sind ebenfalls zulässig, wenn geeignete Kompensationsmaßnahmen (zur Verhinderung einer Brandübertragung) ergriffen werden (siehe § 30 Abs. 4 MBO sowie Abschnitt 5.10.3 MIndBauRL).

b) Die Brandabschnittsfläche

Die Brandabschnittsfläche ist die Grundfläche des Geschosses mit der größten Ausdehnung im BA zwischen den aufgehenden Umfassungsbauteilen (siehe Bilder 3.2-2 und 3.2-3).

BA umfassen grundsätzlich alle übereinanderliegenden Geschosse. Im Gegensatz dazu können Brandbekämpfungsabschnitte (BBA) auch nur von einzelnen Geschossen bzw. Höhenbereichen in Industriebauten (Geschosse und Ebenen) gebildet werden, die dann durch BBA-Trenndecken voneinander – horizontal – getrennt werden.

Trennwände, die nach Abschnitt 5.4 in Geschossen unter der Geländeoberfläche (Kellergeschosse) zur Bildung von Kellerabschnitten verlangt werden, bilden keine eigenen BA.

Die Unterteilung von BA (und BBA) in Nutzungseinheiten (NE) sieht die MIndBauRL nicht vor. BA und BBA sind die Nutzungseinheiten – und wenn mehrere im Industriebau vorgese-

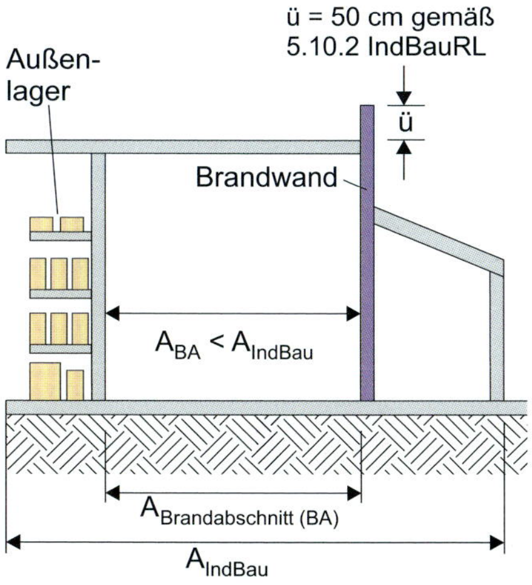

Bild 3.2-1: Der Brandabschnitt ist immer kleiner als der zugehörige Industriebau!

Die Dicke der Außenwände und über die Innenseite der Außenwände vorstehende Gebäudeteile zählen nicht zur Fläche des BA. Insbesondere zählen auch die Flächen unter Vordächern nicht dazu (siehe auch Abschnitt 5.12).

Außenlagerflächen für brennbare Stoffe, die brandschutztechnisch nicht ausreichend vom Industriebau abgetrennt sind, werden auf dessen zulässige BA-Fläche angerechnet (siehe Abschnitt 5.12).

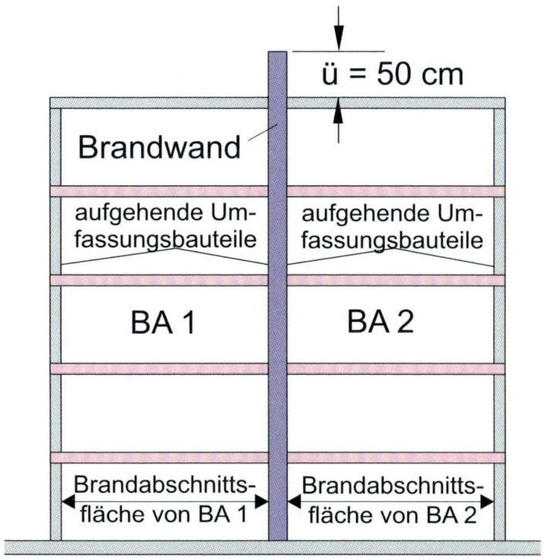

Bild 3.2-2: Beispiel für eine Brandabschnittsbildung durch eine Brandwand und aufgehende Außenwände (Umfassungsbauteile)

Die BW muss unversetzt durch alle Geschosse vom Fundament bis über das Dach führen; Ausführung der BW nach Abschnitt 5.10 MIndBauRL. Soweit dort keine weiteren Anforderungen genannt werden, gilt die jeweilige LBO.

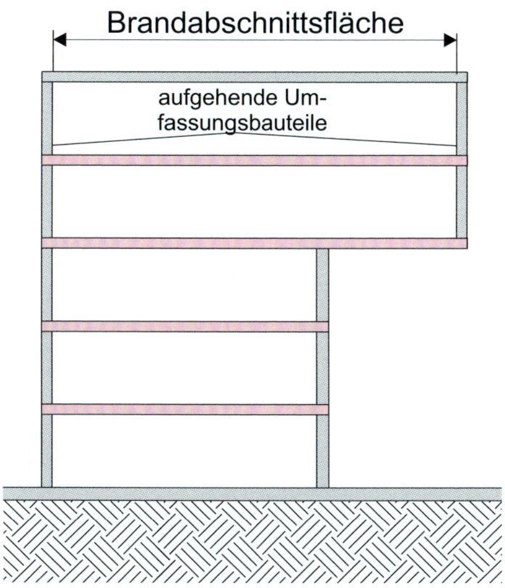

Bild 3.2-3: Beispiel für Brandabschnittsfläche

Die BA ist die Grundfläche des größten Geschosses zwischen den Umfassungswänden.

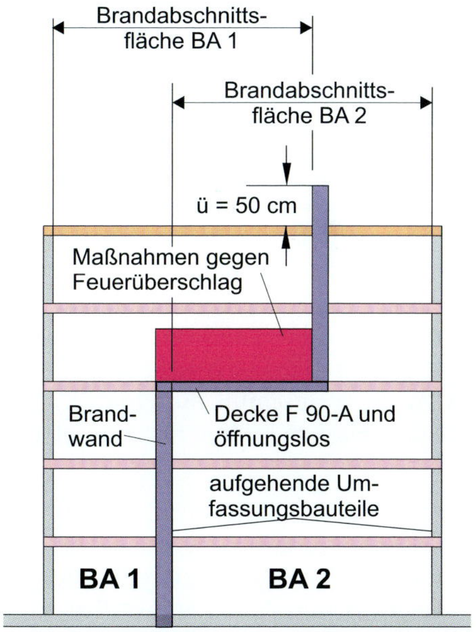

Bild 3.2-4: Beispiel für einen BA mit unterschiedlich großen Geschossen und versetzt angeordneter BW

Eine derartige Ausführung ist nach MBO und teilweise nach den LBOs zulässig; teilweise ist nach den LBOs hierfür eine Abweichung erforderlich.

Voraussetzung ist jedoch, dass eine senkrechte Brandübertragung von BA zu BA über die Geschossdecken oder über die Fassaden im Bereich der Brandabschnittstrennung nicht zu befürchten ist. Maßnahmen gegen einen Feuerüberschlag sind in Abschnitt 5.11 MIndBauRL geregelt.

hen werden, sind sie als BA bzw. BBA voneinander abzutrennen.

Die Ausführung von Brandwänden erfolgt grundsätzlich nach der jeweiligen LBO, wobei jedoch zusätzliche Regelungen in Abschnitt 5.10 MIndBauRL bestehen.

c) Zusammenwachsen/Verschmelzen von Brandabschnitten

Fallgestaltungen, bei denen sich über „Brandbrücken" Vollbrandszenarien über einzelne Brandabschnitte vorhersehbar (also hinreichend wahrscheinlich) hinaus ausbreiten können, sind bauordnungsrechtlich nicht gewollt und stellen ein Nichterreichen des Schutzziels „Begrenzung der Brandausbreitung" dar. Sehr unwahrscheinliche Szenarien, die sich unter Beachtung der üblichen Regeln ereignen können und die zu diesem Versagen führen können, dürfen ggf. als „akzeptiertes Restrisiko" verstanden und für die Risikobewertung herangezogen werden. Die Brandausbreitung über Brandabschnittsgrenzen hinweg wird nicht für alle denkbaren Szenarien durch konkrete Bauvorschriften unmittelbar angesprochen: Dann ist der Brandschutzplaner gefragt, eine angemessene Lösung im Sinne des geltenden Regelwerks zu finden.

Die MIndBauRL definiert die Brandabschnittsfläche (Abschnitt 3.3) als Fläche innerhalb von Gebäuden zwischen den Außenwänden; dabei zählen Grundflächen der Außenwände, Flächen unter Vordächern (unabhängig von der Nutzung der Fläche darunter) und Flächen angrenzender Außenlagerungen (s. Abschnitt 5.12) nicht mit. Als Brandabschnitt (Abschnitt 3.2) gelten lediglich Flächen im Inneren von Gebäuden.

Bei einem Vollbrandszenario eines Brandabschnitts werden unmittelbar angrenzend befindliche Brandlasten (Bauteile des betreffenden Gebäudes, aber auch Brandlasten unmittelbar außen angrenzend) also ebenfalls in Brand geraten und das Brandgeschehen über die Brandabschnittsfläche hinaus vergrößern. Dieser Umstand wird über die Regelungen des Abschnitts 5.12.3 berücksichtigt, indem die zulässige Brandabschnittsfläche (des Gebäude-Innenraums) reduziert wird.

Nicht konkret geregelt und auch in den Erläuterungen nicht besprochen sind allerdings Fallgestaltungen, bei denen aufgrund bestimmter Verhältnisse außerhalb der Gebäude mehrere Gebäude und damit mehrere Brandabschnitte quasi zusammenwachsen – also zu einer gemeinsamen baulichen Anlage als ein gemeinsamer Brandabschnitt verschmelzen – können.

Bauordnungsrechtlich ist für die Beurteilung dann zunächst darauf hinzuweisen, dass die MBO § 30.2 (Fassung 2020) Gebäudeabschlusswände lediglich im Hinblick auf die Grundstücksgrenzen verlangt. MBO § 6 hingegen erfasst die Abstände zwischen Gebäuden sowie zwischen Gebäuden und anderen Anlagen, von denen Wirkungen wie von Gebäuden ausgehen, und zwar auch auf dem gleichen Grundstück. Diese Regelung dient zunächst dem Nachbarschutz i.W. aus sozialen Gründen (Belichtung, Beleuchtung, Lärmbelästigung), aber eben auch aus Gründen des Brandschutzes zur Konkretisierung des Schutzziels der Begrenzung der Brandausbreitung auf andere Gebäude – ggf. auch als „Nebeneffekt" zu den Primärzielen interpretierbar (ergänzend zu den Spezialanforderungen des § 30 „Brandwände").

Zwei typische Fallgestaltungen werden nachfolgend beschrieben. In der Praxis wird man objektspezifisch bewerten müssen, wie groß das Risiko einer Brandausbreitung über diese kritischen Stellen ist; dazu kann nachfolgend lediglich eine Hilfestellung für die Behandlung von Fallgestaltungen mit erheblichem Brandausbreitungsrisiko gegeben werden.

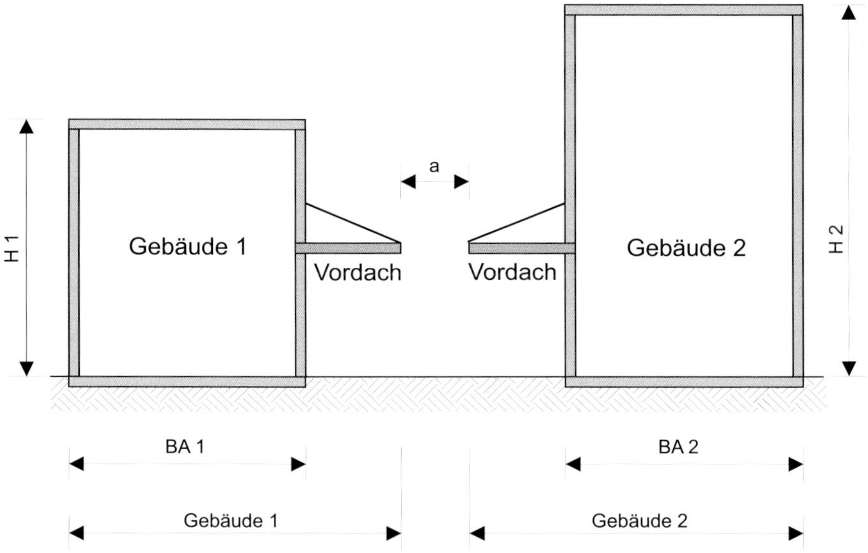

min a nach MBO § 6 = f (H 1, H 2)

a ≥ min a ⟶ BA - Trennung (2 BA)

a < min a ⟶ keine BA - Trennung (1 BA) = Verschmelzung

Bild 3.2-5: Beispiel für das „Verschmelzen von Brandabschnitten durch Vordächer".
Erläuterungen siehe Text.

c.1) Verschmelzen von Brandabschnitten durch Vordächer

Sobald Vordächer (als Gebäudeteile) verschiedener Gebäude voneinander den bauordnungsrechtlich erforderlichen Mindestabstand zwischen baulichen Anlagen unterschreiten, verschmelzen die betreffenden Gebäude/baulichen Anlagen und bilden dann auch einen gemeinsamen Brandabschnitt.

Im Falle der „Brandabschnittsverschmelzung" ist die zulässige Regel-Brandabschnittsgröße auf die Summe der entsprechenden Flächen von beiden Gebäuden anzuwenden.

Für den zulässigen Abstand zwischen Gebäuden bzw. baulichen Anlagen (z. B. ausreichend hohen Freilägern) auf dem gleichen Grundstück gilt insbesondere MBO § 6 – unter unmittelbarer Bezugnahme auf die jeweiligen Höhen. Die Abstände sind zwischen den Außenwänden erforderlich; ggf. zählen diese Abstandsflächen aber erst ab vorgebauten Gebäudeteilen (wie Vordächer).

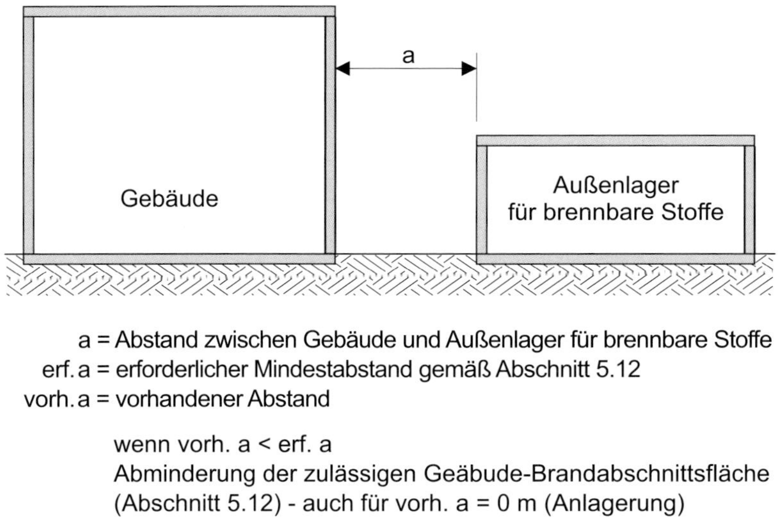

Bild 3.2-6: Beispiel für den geregelten Grundfall der Außenlagerung gemäß Abschnitt 5.12.
Bei geringen Abstandsflächen wird die zulässige (Gebäude-)Brandabschnittsfläche reduziert. Erläuterungen siehe Text.

c.2) Verschmelzen von Brandabschnitten durch – verbindende – Außenläger für brennbare Güter

Sofern Gebäude von nahe dazu angeordneten Außenlägern für brennbare Stoffe nicht durch wirksame Brandschutzmaßnahmen (z. B. durch dafür geeignete Außenwandbauarten oder durch ausreichende Abstände) brandschutztechnisch getrennt werden, können sich Brände aus dem Gebäude auf das Außenlager ausbreiten und vice versa. In diesem Fall werden in der Praxis Abstandsflächen (siehe MBO § 6) zwischen Gebäuden und Anlagen (Außenlägern) auf dem gleichen Grundstück, von denen Brandgefahren wie von Gebäuden ausgehen, ggf. auch unterschritten (insbesondere durch unmittelbare Anlagerung an Fassaden). Dieser Fall ist im Abschnitt 5.12.3 geregelt.

Geregelter Grundfall der Außenlagerung gemäß Abschnitt 5.12:
Bei geringen Abstandsflächen wird die zulässige (Gebäude-)Brandabschnittsfläche reduziert.

Abschnitt 5.12 schreibt Mindestabstände zwischen Gebäuden und Außenlägern für brennbare Stoffe vor, bei deren Einhaltung sich keine Auswirkungen auf die zulässige Brandabschnittsfläche ergeben. Werden diese Mindestabstände aber unterschritten, so muss die zulässige (Gebäude-)Brandabschnittsfläche gemäß den Regelungen des Abschnitts 5.12 reduziert werden.

Grenzen unmittelbar an ein solches Außenlager für brennbare Stoffe aber zwei (oder mehrere) Gebäude an, so verbindet dieses Außenlager real die beiden Gebäude brandschutztechnisch und führt sie zu einem gemeinsamen Brandszenario zusammen.

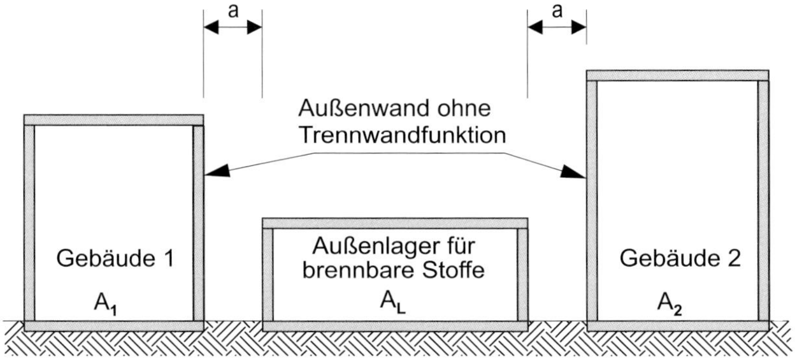

Bild 3.2-7: Beispiel für einen nicht unmittelbar geregelten Fall der Außenlagerung: An ein Außenlager grenzen mit geringem Abstand zwei oder mehrere Gebäude an.
Erläuterungen siehe Text.

vorh. a < min. a (Abschnitt 5.12.3)
Verschmelzung der beiden Gebäude zu einem BA über das Lager:

Erwartete Brandfläche = $A_1 + A_L + A_2$

Dennoch getrennte Gebäudebewertung für A_1 und A_2
als Brandabschnitte mit speziellen Lageranrechnungen:

für Gebäude 1: $A^*_{L1} = A_L + A_2$
für Gebäude 2: $A^*_{L2} = A_L + A_1$
zul. A_{BA1} = max A_{BA} (Tab.2 für Geb. 1) – A^*_{L1} * f (Abschn. 5.12.3 für A_1)
zul. A_{BA2} = max A_{BA} (Tab.2 für Geb. 2) – A^*_{L2} * f (Abschn. 5.12.3 für A_2)

Nicht unmittelbar geregelter Fall der Außenlagerung:
An ein Außenlager grenzen mit geringem Abstand zwei oder mehrere Gebäude an

Da für die brandabschnittsbildende Beherrschung der Brandausbreitung (im zugeordneten Vollbrandszenario) anlagentechnische und abwehrende Brandschutzmaßnahmen nicht (vollwertig) angerechnet werden dürfen und dafür insbesondere bauliche Abschottungen/Trennungen bzw. Abstandsflächen zählen, verbindet das Außenlager zwei Gebäude brandschutztechnisch zu einem (realen) Brandabschnitt.

Als trennende Abstandswerte werden für eine Risikobeurteilung Regelungen der MIndBauRL Abschnitt 5.12 herangezogen. Dazu kann folgende Risikobeurteilung zielführend sein:

- Die Gebäude werden weiter als Einzelgebäude behandelt, deren zulässige Brandabschnittsflächen durch Abminderungen der Regelwerte festzulegen sind.
- Für jedes Gebäude zählt als „modifizierte Außenlagerfläche" (A_L*) die Summe des anderen Gebäudes und des dazwischen liegenden Außenlagers.
- Die Flächenreduktion für die Gebäude ergibt sich aus dem Abschnitt 5.12 mit den jeweiligen (unterschiedlichen) Werten für A_L*.

Spätestens in solchen Situationen muss überlegt werden, ob eine brandschutztechnisch wirksame Trennung dieser Reihe notwendig ist – beispielsweise in Form von Durchfahrten durch die Außenlager, die betrieblich meist ohnehin erforderlich sind und die eine wirksame Abstandsfläche innerhalb der Außenlager schaffen.

Eine weitere Frage drängt sich bei derartigen Fallgestaltungen auf: die Notwendigkeit von Feuerwehrumfahrten, die nach dem Wortlaut der MIndBauRL (Abschnitt 5.2) auch lediglich anhand der Größe der Gebäudeflächen ohne Berücksichtigung von Außenlagerflächen beurteilt wird.

3.4 Brandbekämpfungsabschnitt

Ein Brandbekämpfungsabschnitt ist ein auf das kritische Brandereignis normativ bemessener, gegenüber anderen Gebäudebereichen brandschutztechnisch abgetrennter Gebäudebereich mit spezifischen Anforderungen an Wände und Decken, die diesen Brandbekämpfungsabschnitt begrenzen; Kellergeschosse nach 5.4.1 sind keine Teile von Brandbekämpfungsabschnitten.

Zu 3.4 Brandbekämpfungsabschnitt

Der Brandbekämpfungsabschnitt als Teil eines Brandabschnitts (Kommentar a)

Das Rechenverfahren nach DIN 18230-1 und somit auch Abschnitt 7 der MIndBauRL gehen davon aus, dass ein (übergroßer) Brandabschnitt in „Unterabschnitte", genannt Brandbekämpfungsabschnitte, unterteilt wird. Diese Brandbekämpfungsabschnitte sind gegenüber anderen Gebäudebereichen brandschutztechnisch abgetrennte, ein- oder mehrgeschossige Gebäudebereiche mit oder ohne Ebenen mit besonderen Anforderungen an Wände und Decken, die diese Brandbekämpfungsabschnitte begrenzen.

Der Brandbekämpfungsabschnitt als Gebäudebereich (Kommentar d)

Der Begriff „Gebäudebereich" sagt auch aus, dass der Brandbekämpfungsabschnitt eines Industriebaus Teil eines Gebäudes sein kann, das im Übrigen anderen Nutzungsarten dient und ggf. auch anderen Sonderbauvorschriften unterworfen ist.

Anrechnung von Kellergeschossen

Da Kellergeschosse nach 5.4.1 nicht zu Brandbekämpfungsabschnitten gehören, werden ihre Flächen nicht der Brandbekämpfungsabschnittsfläche hinzugerechnet.

Zu 3.4: Brandbekämpfungsabschnitt

a) Der Brandbekämpfungsabschnitt als Teil eines Brandabschnitts

BBA sind „quasi Brandabschnitte", die allerdings nach DIN 18230 für den Brandfall bemessen werden (dürfen). Sie können durch bestimmte Wände und Decken in weitere BBA unterteilt werden. Diese Wände und Decken, die BBA voneinander trennen, müssen die Anforderungen von Abschnitt 7.3 MIndBauRL erfüllen.

Auch BA ohne Unterteilung in BBA können – im Ganzen – wie BBA im Verfahren nach Abschnitt 7 MIndBauRL beurteilt werden; sie stellen dann gleichzeitig einen BBA i. S. der Richtlinie und der DIN 18230 dar! Allerdings müssen diese BA von anderen Gebäudeteilen durch Brandwände – und nicht durch BBA-Trennwände – abgetrennt werden.

Ein BBA wird durch BBA-Trennwände und ggf. -Trenndecken unterteilt. Damit sind auch übereinanderliegende BBA möglich (siehe Bild 3.4-2 in BBA 2 und 3).

Ein großer Industriebau kann somit sowohl durch Brandwände in einzelne BA als auch weiter in BBA unterteilt werden. Für die Behandlung von BA sieht die MIndBauRL insbesondere das Verfahren des Abschnittes 6 vor; die Behandlung von BBA ist jedoch dem Verfahren des Abschnittes 7 vorbehalten. BA können allerdings auch wie BBA – im Inneren – ganzheitlich als BBA nach dem Verfahren des Abschnittes 7 behandelt werden.

Die grundsätzlichen Unterteilungsmöglichkeiten von BA in BBA zeigen die Bilder 3.4-1 und 3.4-2.

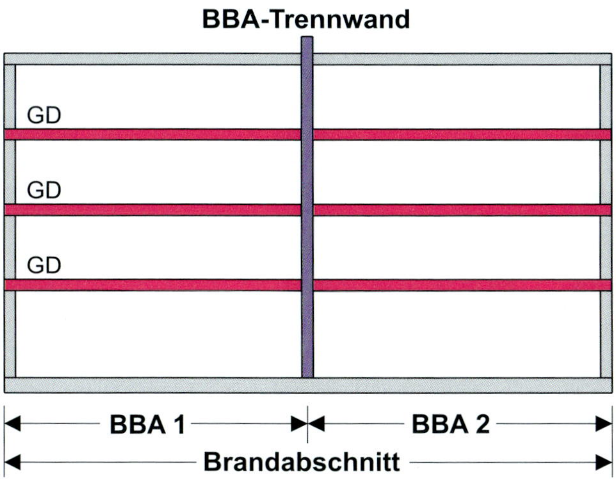

GD = Geschossdecke
BBA = Brandbekämpfungsabschnitt

Bild 3.4-1: Beispiel für einen übergroßen BA, der durch eine BBA-Trennwand vertikal in 2 BBA geteilt und mit dem Verfahren nach Abschnitt 7 nachgewiesen wird

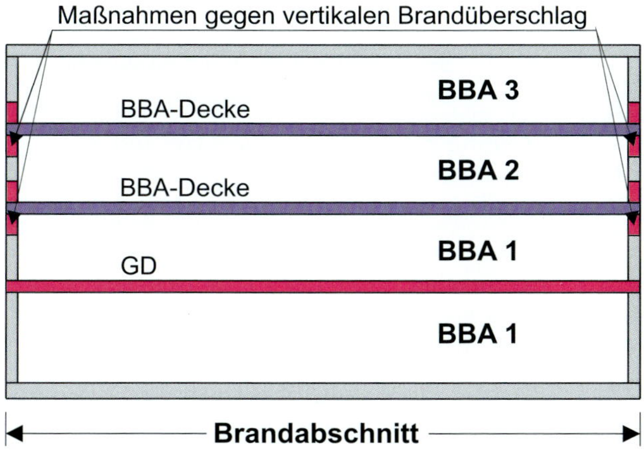

GD = Geschossdecke
BBA = Brandbekämpfungsabschnitt

Bild 3.4-2: Beispiel für einen BA, der durch spezielle Geschossdecken (BBA-Decken) horizontal in drei BBAs geteilt und mit dem Verfahren nach Abschnitt 7 nachgewiesen wird

Die horizontale Gliederung von Gebäuden in selbstständige Abschnitte (BBA) durch spezielle Decken nach Abschnitt 7.3 ist im Verfahren nach Abschnitt 6 mit üblichen Geschossdecken nicht möglich. Diese spezielle Geschosstrennung führt zur Bildung von übereinander angeordneten BBA und ist somit höherwertig als übliche Geschosstrennungen.

Eine weitere Unterteilung von BBA (und von BA) in NE (siehe Kommentar 3.14.t) sieht die MIndBauRL nicht vor. BA und BBA sind jeweils NE. Sollen mehrere Nutzungseinheiten in einem Industriebau vorgesehen werden, so sind sie als BA bzw. BBA voneinander abzutrennen.

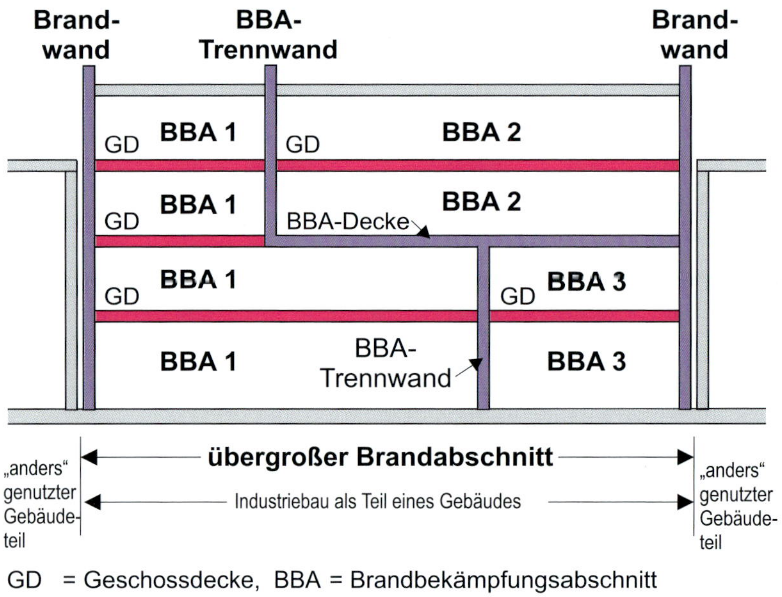

Bild 3.4-3: Beispiel für einen Industriebau als BA eines auch anders genutzten Gebäudes.
Dieser Industriebau wird im Inneren in mehrere BBA durch spezielle Wände (BBA-Trennwände) und Decken (BBA-Trenndecken) geteilt.

b) Bauteile zur Trennung von Brandbekämpfungsabschnitten

Bauteile zur Trennung von BBA werden ausschließlich innerhalb von – übergroßen – BA von Industriebauten angeordnet; sie sind nicht zur Trennung von Industriebauten zu anders genutzten Gebäudeteilen vorgesehen.

Die Anforderungen an die Feuerwiderstandsdauer der Trennwände zwischen BBA sind im Abschnitt 7.3.2 MIndBauRL geregelt und verlangen die feuerbeständige **Bauart von Brandwänden** – also mit einer ausreichenden Widerstandsfähigkeit gegen Stoßbeanspruchungen. Die Anforderungen an die Trenndecken werden mit dem Verfahren nach Abschnitt 7.3.3 und 7.6 MIndBauRL ermittelt; diese Decken müssen keine ausgewiesene Widerstandfähigkeit gegen Stoßbeanspruchungen leisten und werden nach Tabelle 6 bemessen. Außerdem bestehen noch Zusatzanforderungen an Wände und Decken in den Abschnitten 5.10 und 5.11.

Flächen von Gitterrostdecken gelten ggf. als **Einbauten,** im Übrigen aber als Deckenöffnungen und in keinem Fall als Fläche des BBA.

c) Der Brandbekämpfungsabschnitt als Gebäudebereich

Trennung des Industriebaus von anders genutzten Gebäudeteilen

Der Industriebau wird von anders genutzten Gebäudeteilen durch Brandwände als Brandabschnitt abgetrennt. Diese Brandwände müssen insbesondere die Anforderungen des Abschnittes 5.10 der MIndBauRL erfüllen.

Der Industriebau-BA kann selbst vertikal und/oder horizontal in mehrere BBA unterteilt werden. Diese einzelnen BBA können ihrerseits wiederum in Geschosse, Ebenen und Einbauten gegliedert werden.

Das Bild 3.4-3 zeigt beispielhaft die innere Gliederung eines Industriebau-BA in BBA, Geschosse und Ebenen sowie dessen Abtrennung von anders genutzten Gebäudeteilen.

3.5 Grundfläche des Brandbekämpfungsabschnitts

Die Grundfläche des Brandbekämpfungsabschnitts ist die Grundfläche des untersten oberirdischen Geschosses zwischen den Umfassungsbauteilen.

Zu 3.5 Grundfläche des Brandbekämpfungsabschnitts

Grundfläche des BBA als oberirdische Bodenfläche (Kommentar b)

Die Grundfläche eines Brandbekämpfungsabschnitts ist die Fläche der Bodenplatte, die auf der Geländeoberfläche aufliegt, also der Fußboden des untersten oberirdischen Geschosses, ggf. in Teilen dargestellt durch die Fußböden tieferliegender Geschossteile (z. B. Gruben und Pressenkeller, die zum Erdgeschoss gehören) oder durch höherliegende Geschossteile (z. B. bei versetzt angeordneten Erdgeschossen bei Gebäuden in Hanglage). Geschosse unter der Geländeoberfläche werden bei der Ermittlung der Grundfläche nicht berücksichtigt.

Grundfläche des BBA als Ebenenfläche (Kommentar c)

Die Grundfläche der untersten Ebene ist in der Regel auch zugleich die Grundfläche des untersten Geschosses (siehe Abschnitt 3.7) eines Brandbekämpfungsabschnitts, da Ebenen auch immer innerhalb eines Geschosses liegen.

Grundflächen übereinanderliegender BBA (Kommentar d)

Liegen Brandbekämpfungsabschnitte übereinander, ist die Grundfläche der höher liegenden Brandbekämpfungsabschnitte die Fläche der Decke, die die Brandbekämpfungsabschnitte voneinander trennt.

Zu 3.5: Grundfläche des Brandbekämpfungsabschnitts

a) Grundsätze

Die Grundfläche von BBA ist von der BBA-Fläche (siehe Abschnitt 3.6 MIndBauRL) und von anderen Teilen der BBA-Fläche zu unterscheiden. Sie wird benötigt für die Ermittlung der zulässigen BBA-Fläche im Abschnitt 7.4 MIndBauRL; dort wird sie hinsichtlich der Deckenöffnungen abweichend von den Flächen anderer Geschosse und Ebenen berücksichtigt.

b) Grundfläche des BBA als oberirdische Bodenfläche

Die Grundfläche entspricht üblicherweise der Bodenfläche des Erdgeschosses (EG). Diese Bodenfläche kann in Teilen höhenversetzt sein; dann gelten auch die höhenversetzten Teile der Bodenflächen als Teile der Grundfläche. Davon können insbesondere die für Pressenkeller u.ä. Bereiche vorgesehenen tieferliegenden Bodenflächen des EGs betroffen sein.

Höherliegende Teile der Bodenplatte kommen in der Praxis regelmäßig bei Industriebauten in Hanglage vor.

c) Grundfläche des BBA als Ebenenfläche

Wenn das EG auch Ebenendecken hat, kann der Fußboden des EG auch teilweise unterhalb des Geländeniveaus liegen, ohne dass damit ein Kellergeschoss vorliegt.

In diesem Fall hat das EG mehrere Ebenen und der Fußboden der untersten Ebene (unter der Geländeoberfläche) ist die Grundfläche.

d) Grundflächen übereinanderliegender BBA

Bei übereinanderliegenden BBA ist für jeden BBA eine BBA-Grundfläche zu ermitteln. Da in solchen Fällen häufig jedes Geschoss als BBA gestaltet wird, sind die Geschossflächen zugleich die BBA-Grundflächen und die BBA-Flächen.

Wenn mehrere BBA jeweils mit Ebenen übereinander angeordnet werden, ist die zur BBA-Trennung vorgesehene Decke als Fußboden des höheren BBA dessen BBA-Grundfläche.

3.6 Brandbekämpfungsabschnittsfläche

Die Brandbekämpfungsabschnittsfläche ist die Summe der Grundflächen von Geschossen und Ebenen des Brandbekämpfungsabschnitts zwischen den aufgehenden Umfassungsbauteilen.

Zu 3.6 Brandbekämpfungsabschnittsfläche

Berücksichtigung von Wänden (Kommentar a)

Bei der Ermittlung der Brandbekämpfungsabschnittsfläche werden die Umfassungsbauteile des Brandbekämpfungsabschnitts nicht mitgerechnet, alle Bauteile innerhalb des Brandbekämpfungsabschnitts dagegen schon.

Zu 3.6: Brandbekämpfungsabschnittsfläche

a) Berücksichtigung von Wänden

Bei der Ermittlung von BBA-Flächen werden die Wanddicken der Wände nicht mitgerechnet, die BBA voneinander trennen. Diese Wanddicken bleiben in Gänze unberücksichtigt und werden auch nicht anteilig angrenzenden BBA zugerechnet.

Die Wände anderer Räume – und zwar unabhängig von deren Zweckbestimmung oder Feuerwiderstandsfähigkeit – werden demgegenüber stets mit ihren vollständigen Dicken als Teil der BBA-Fläche angerechnet.

b) Fläche von Brandbekämpfungsabschnitten

Die Fläche der BBA ist die Summe aller im BBA vorhanden Decken von Geschossen und Ebenen; die Decken von Einbauten und von Betriebseinrichtungen werden dabei nicht angerechnet und bleiben unberücksichtigt. Von den Ebenenflächen werden ausschließlich deren Grundflächen angerechnet (siehe Abschnitt 3.8 MIndBauRL).

Die Zulässigkeit der so gemessenen BBA-Flächen wird im Verfahren nach Abschnitt 7 MIndBauRL beurteilt. Diese Beurteilung bewertet die jeweilige Höhenlage dieser Decken sowie die Existenz, Art und Größe von Öffnungen in Ebenendecken. Näheres hierzu wird zu Abschnitt 7.4 MIndBauRL kommentiert.

c) Anrechnung von Deckenflächen

Decken bzw. Fußböden, die sowohl Fußböden von Geschossen als auch von Ebenen sind, werden nur einmal auf die Fläche des BBA angerechnet und nicht zweimal (als Geschoss- und als Ebenendecke). Ein Geschoss, das durch eine Ebenendecke in zwei Ebenen gegliedert ist, besitzt einen Fußboden als Geschossdecke und einen weiteren Fußboden als Ebenendecke. Die Geschossdecke ist gleichzeitig auch Fußboden der unteren Ebene; sie wird aber nicht doppelt angerechnet.

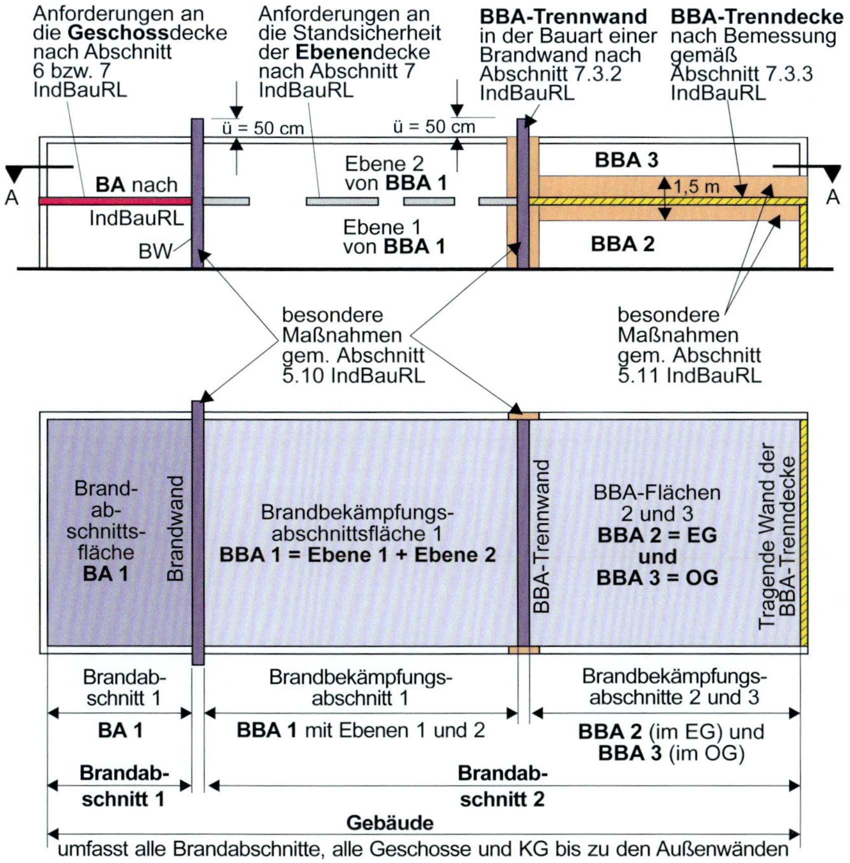

Bild 3.6-1: Beispiel für Bildung von BBA und BA

Die Fläche des BBA 1 setzt sich in diesem Beispiel zusammen aus den Grundflächen der Ebenen 1 und 2. Damit ist diese Fläche nahezu doppelt so groß (abzüglich der Öffnungsflächen) wie seine Grundfläche.

BBA 2 und BBA 3 sind eigene BBA, die jeweils so groß sind wie ihre Grundfläche. Sie müssen durch eine Trenndecke abgetrennt sein. Die Anforderungen an die BBA ergeben sich aus Abschnitt 7 MIndBauRL. Außerdem sind Maßnahmen gegen einen vertikalen Feuerüberschlag erforderlich (siehe Abschnitt 5.11 MIndBauRL).

3.7 Geschoss, oberirdische Geschosse, Kellergeschosse

Ausdehnung und Abgrenzung von Geschossen (Kommentar b)

Ein Geschoss umfasst alle auf gleicher Höhe liegenden, sowie in der Höhe versetzten Räume und Raumteile eines Brandabschnitts oder eines Brandbekämpfungsabschnitts. Geschosse werden durch Geschossdecken getrennt, die raumabschließend und standsicher sein müssen. Die Grundfläche eines Geschosses ist die Fläche zwischen den aufgehenden Umfassungsbauteilen oder Brandwänden eines Geschosses.

Oberirdische und Kellergeschosse (Kommentar c)

Geschosse sind oberirdische Geschosse, wenn ihre Deckenoberkanten im Mittel mehr als 1,4 m über die Geländeoberfläche hinausragen. Im Übrigen sind sie Kellergeschosse.

Anlagen der technischen Gebäudeausrüstung (Kommentar d)

Anlagen der technischen Gebäudeausrüstung und Räume für diese Anlagen auf einem Dach sind keine Geschosse, sofern sie nur vorübergehend zu Wartungs- und Kontrollzwecken begangen werden.

Zu 3.7 Geschoss, oberirdische Geschosse, Kellergeschosse

Grundsätze (siehe Kommentar a)

Da die Anforderungen der Richtlinie sich zum Teil nach der Geschossigkeit der Industriebauten richten, muss der Begriff Geschoss definiert sein. Geschossdecken stellen bauordnungsrechtlich raumabschließende und standsichere Abtrennungen dar. Decken mit Öffnungen, oder Decken mit Öffnungsverschlüssen, die nicht in der gleichen Feuerwiderstandsfähigkeit der Decken verschlossen werden, trennen keine Geschosse von Industriebauten. Die Flächen unter- und oberhalb solcher „offenen Decken" sind somit Bestandteil desselben Geschosses. Geschosse sind dreidimensional ausgebildet: Der Raumbereich eines Geschosses umfasst das gesamte Volumen von der (unteren) Geschossdecke bis zur nächsten Decke, die Geschosse oder Brandbekämpfungsabschnitte trennt oder bis zum Dach. Damit fallen alle sich darin befindenden Räume (z. B. Zimmer) aber auch Ebenen und Einbauten in das Geschoss.

Geschosse sind nicht nur für Industriebauten vorgesehen, die nach Abschnitt 6 beurteilt werden. Eine vertikale Gliederung von Brandbekämpfungsabschnitten kann auch im Verfahren nach Abschnitt 7 unter Einbeziehung von Geschossdecken erfolgen (F_A = 0,4). Dann sind Ebenen als „in der Höhe – auch zu den Geschossdecken – versetzte Raumteile" zu bezeichnen. Geschosse innerhalb von Brandbekämpfungsabschnitten können auch von Wänden zur Trennung von Brandbekämpfungsabschnitten begrenzt werden, die in der Bauart von Brandwänden errichtet werden müssen (siehe Abschnitt 7.3.2).

Oberirdische und Kellergeschosse (Kommentar c)

Die Einteilung in oberirdische Geschosse und Kellergeschosse entspricht § 2 Abs. 6 MBO.

Anlagen der technischen Gebäudeausrüstung (Kommentar d)

Bei Anlagen der technischen Gebäudeausrüstung bleiben brandschutztechnische Anforderungen aus anderen bauordnungsrechtlichen Vorschriften (z. B. Muster-Lüftungsanlagenrichtlinie, Muster-Leitungsanlagenrichtlinie) unberührt. Für solche Anlagen im Gebäude gelten die Regelungen für Geschosse, Ebenen und Einbauten.

Zu 3.7: Geschoss

a) Grundsätze

a.1) Definition von Geschossen

Gemäß den bauordnungsrechtlichen Grundsätzen handelt es sich bei **Geschossen** um Räume, die nach oben und nach unten durch **standsichere und raumabschließende Decken** (Geschossdecken) von anderen Räumen (Geschossen) abgetrennt werden.

Besondere Geschosse sind Dachgeschosse (DG), bei denen die (obere) Decke durch das Dach gebildet wird, und die unteren Geschosse, bei denen die untere Decke als Bodenplatte vorliegt, sowie Kellergeschosse als Geschosse unter der Geländeoberfläche.

Je nach dem bauordnungsrechtlich bewerteten Risiko werden an die Decken, die die Geschosse voneinander trennen, unterschiedliche Anforderungen an die Standsicherheit, den Raumabschluss und die Brennbarkeit der Baustoffe gestellt.

Ebenfalls unterschiedliche Anforderungen werden an die Verschlüsse der Öffnungen in diesen Geschossdecken gestellt. Diese Öffnungen müssen brandschutztechnisch geschützt werden – wenn auch im Verfahren nach Abschnitt 7 MIndBauRL nicht immer mit klassifizierten Brandschutzmaßnahmen.

Die speziellen Anforderungen der Richtlinie an den Schutz von Öffnungen in Geschossdecken ergänzen die Regelanforderungen auf der Grundlage der MBO oder ersetzen diese, sofern sie spezielle Erleichterungen enthalten (siehe Abschnitte 6.3 und 7 MIndBauRL – bei nachgewiesenermaßen geringem Brandrisiko).

a.2) Geschosse ohne Raumabschluss

Geschosse, die ohne Raumabschluss voneinander getrennt werden, kannte die MIndBauRL in der Fassung von 2000 noch und behandelte diese quasi als Zählgeschosse im Verfahren nach Abschnitt 6. Seit der Fassung der MIndBauRL 2014 sind *„Geschosse ohne raumabschließende Geschossdecken"* nicht mehr als Geschosse zulässig (Räume mit solchen Decken sind Ebenen nach Abschnitt 3.8 MIndBauRL).

Die MIndBauRL kennt für die Forderungen nach einem brandschutztechnisch wirksamen Raumabschluss von Geschossdecken keine Ausnahmen.

> **Hinweis:**
> Als **Sonderfall** sind in den LBOs für bauliche Anlagen mit geringem Risiko Geschossbildungen ohne Raumabschluss vorgesehen, z. B. benötigen nach der MBO Gebäude der GK 1 und 2 keine Treppenräume zum Schutz notwendiger Treppen und lassen die Verbindung und Erschließung von Obergeschossen (aber auch von Kellergeschossen) durch *offene Treppen* zu, die durch Deckenöffnungen ohne Verschluss geführt werden dürfen. Ebenso sind offene Treppen ohne Treppenräume zulässig für die Verbindung von höchstens zwei Geschossen innerhalb derselben Nutzungseinheit von insgesamt nicht mehr als 200 m^2, wenn in jedem Geschoss ein anderer Rettungsweg erreicht werden kann. Eine Ausbreitung von Feuer und Rauch ist durch diese Deckenöffnungen möglich und zulässig.

Aber auch in geregelten Sonderbauten (die keine Industriebauten sind, z. B. Verkaufsstätten oder große Atriumgebäude) sind Geschosse, deren Geschossdecken große und ungeschützte Öffnungen aufweisen, möglich. Bei Verkaufsstätten sind diese Deckenöffnungen grundsätzlich zulässig, wenn sie u. a. der Anordnung **nicht notwendiger Treppen** dienen (siehe § 7 MVKVO) oder wenn die Verkaufsstätten sprinklergeschützt sind. Bei Atriumgebäuden ist hierfür eine Abweichung (Erleichterung) mit entsprechenden Kompensationsmaßnahmen erforderlich.

a.3) Rückblick: Geschossbildung durch Galerien und Emporen

Die MIndBauRL 2000 sah diverse Fallunterscheidungen für die Behandlung von Emporen und Galerien vor. Diese Bewertungen sind **überholt** und wurden bereits in der MIndBauRL 2014 mit den Bestimmungen zu **Ebenen und Einbauten** neu geregelt.

Die Möglichkeiten der MIndBauRL 2000, **erhöht angeordnete Flächen** bis zu 50 % der jeweiligen Raumgrundfläche weitgehend ohne besondere Brandschutzmaßnahmen zu realisieren, wurden in diesem Umfang als **nicht mehr akzeptables Risiko** angesehen. Die Integration erhöht angeordneter Flächen in den Industriebau ist jedoch weiterhin zulässig und in den Regelungen zu **Ebenen und Einbauten** erfasst.

Geschosse mit ungeschützten Öffnungen in den Geschossdecken sind gemäß MIndBauRL 2014 nicht mehr zulässig. Ungeschützte Öffnungen sind nur in den Decken von Ebenen und Einbauten zulässig.

Hinweis zur Emporenregelung der MIndBauRL 2000:

- Die **Emporenregelung** der Richtlinie von 2000 sah insbesondere vor, dass die Tragwerke von Emporen mit dem Verfahren nach Abschnitt 6 für den Brandfall wie diejenigen von Geschossdecken zu bemessen sind und im Verfahren nach Abschnitt 7 wie tragende Bauteile der Brandsicherheitsklasse SK_b2. Dies ist nachzulesen in den seinerzeitigen „Erläuterungen der Projektgruppe" (DIBt) zum Begriff Geschoss. Danach war vorgesehen, eine Galerie in einem eingeschossigen Industriebau mit einem Tragwerk wie für einen zweigeschossigen Industriebau zu versehen.
- Erdgeschossige Industriebauten hingegen, die gemäß MIndBauRL 2014 nach Tabelle 9 (entspricht in MIndBauRL 2019 Tabelle 7) im Verfahren nach Abschnitt 7 beurteilt wurden, wurden brandschutztechnisch nicht bemessen. Das galt dann auch für die Tragwerke von Emporen und Galerien, die keine Geschosse bildeten – wenn sie also kleiner waren als 50 % der Raum-Grundfläche und keine Räume aufnahmen.
- In der Praxis wurde die genannte Brandschutzbemessung der Tragwerke von Emporen und Galerien sehr häufig nicht durchgeführt und die damit verbundene Unterbemessung als Besonderheit weder in den Brandschutzkonzepten noch in den Baugenehmigungen angesprochen. Daraus ergab sich eine von der Regel abweichende Praxis, die so für die Zukunft des Industriebaus nicht mehr als ausreichend angesehen wird. Die praktizierte Bauweise ist jedoch in der **Fassung der Richtlinie von 2014** gemäß Abschnitt 5.5 weiterhin begrenzt möglich als **Einbau im Sinne des Abschnittes 3.9.**
- Sollten auf Emporen oder Galerien Räume (ausgenommen Meisterbuden) mit Wänden vom Rest des Geschosses abgetrennt werden, galten diese Emporen als Geschosse (Zählgeschosse), ohne dass die Decken solcher Galerien raumabschließend sein mussten. Die Geschosszahl der Industriebauten sollte aber unter Anrechnung dieser **zusätzlichen Zählgeschosse** ermittelt und angewendet werden.

b) Geschossigkeit: erd- und eingeschossige Industriebauten

Die MIndBauRL zählt die oberirdischen Geschosse für die Ermittlung der zulässigen Brand- und Brandabschnittsflächen. Kellergeschosse werden grundsätzlich nach eigenen Regeln beurteilt (siehe insbesondere Abschnitt 5.4 und Abschnitte 6.2, 7.4 und 7.5.2 MIndBauRL).

Der Begriff des „erdgeschossigen Industriebaus" fand in den älteren Fassungen der MIndBauRL bis 2014 Verwendung. Er ist mit der Fassung von 2019 entfallen. Im Zusammenhang mit der Fortschreibung von Brandschutzplanungen auf Basis älterer Fassungen sind bei der Bewertung der Genehmigungslage deren Randbedingungen zu beachten und ggf. einer neueren Risikobeurteilung zu unterziehen. Näheres wird in den Kommentaren zum Abschnitt 3.10 besprochen.

Die aktuelle Fassung der DIN 18230-1:2010-09 verwendet noch den Begriff des *„erdgeschossigen"* Industriebaus. Bei ihrer Anwendung sind die besonderen Erleichterungen für erdgeschossige Industriebauten (Sicherheitsbeiwerte) weiterhin für die eingeschossigen BBA von Industriebauten relevant, über bzw. unter denen keine anderen BBA angeordnet sind.

c) Oberirdische und Kellergeschosse

c.1) Anpassung der Begriffe an die MBO

Ziel der Begriffsbestimmungen **oberirdische Geschosse** und **Kellergeschosse** ist eine Angleichung an die Begrifflichkeiten der MBO. Zur Klarstellung dieser Absicht wurden die Begriffsbestimmungen aus der MBO übernommen. Damit hängt die Entscheidung, ob es sich um oberirdische Geschosse oder um Kellergeschosse handelt, ausschließlich von der **Höhenlage der Deckenoberkanten** ab.

Allerdings wird im Abschnitt 5.4.2 MIndBauRL als einschränkende Anforderung über die Begriffsbestimmung hinaus festgelegt, dass oberirdische Geschosse an keiner Stelle mehr als 1 m unter der Geländeoberfläche liegen dürfen – mit Ausnahme von bestimmten Bereichen für betriebstechnische Einrichtungen.

In den jeweiligen Länderfassungen der MIndBauRL wird eine Anpassung an die entsprechenden Festlegungen der LBOs hinsichtlich des erforderlichen Deckenabstandes zur Geländeoberfläche erfolgen.

Im Übrigen wird auch an dieser Stelle darauf hingewiesen, dass Räume für haustechnische Anlagen, die auf der Dachfläche angeordnet werden, nicht zwangsläufig zur Geschosseinstufung führen und dann nicht aus Dachflächen Geschossdecken machen können, siehe auch Kommentar d).

c.2) Einstufung der Geschosse und Kellergeschosse

In den LBOs wird zwischen oberirdischen Geschossen bzw. Geschossen oberhalb der Geländeoberfläche und Keller-/Untergeschossen bzw. Geschossen unter der Geländeoberfläche unterschieden.

Diese Unterscheidungen der LBOs sind auch für Geschosse von Industriebauten nach der MIndBauRL heranzuziehen und insbesondere für die Tabelle 2 der MIndBauRL zu verwenden, z. B. für die Ermittlung der zulässigen Größen von BA-Flächen.

Kellergeschosse fallen nicht in deren Anwendungsbereich der genannten Tabelle und werden dort bei den Geschosszahlen nicht berücksichtigt. Für Kellergeschosse können also unmittelbar keine Anforderungen an die Feuerwiderstandsfähigkeit der Bauteile oder an die Brennbarkeit der Baustoffe aus dieser Tabelle abgelesen werden. Sie ergeben sich aus Abschnitt 5.4 MIndBauRL und aus den LBOs.

Bild 3.7-1: Beispiel für oberirdisches Geschoss mit Abweichungen von Abschnitt 5.4.2 MIndBauRL

c.3) Oberirdische Geschosse mit Fußböden, die stellenweise mehr als 1 m unter der Geländeoberfläche liegen

Entsprechend der Begriffsbestimmung für oberirdische Geschosse wird zunächst an die Höhenlage der Fußböden keine Anforderung gestellt; sie können grundsätzlich auch mehr als 1 m unterhalb der Geländeoberfläche liegen und gelten ungeachtet der Anforderungen des Abschnittes 5.4 MIndBauRL noch immer als oberirdische Geschosse.

Wenn entgegen den Festlegungen des Abschnittes 5.4 stellenweise oder auch über größere Flächen die Fußböden der oberirdischen Geschosse mehr als 1 m unter der Geländeoberfläche liegen sollen, sind entsprechende **Abweichungen von Abschnitt 5.4.2** zu begründen.

Allein eine tiefere Lage der Geschossfußböden führt nicht dazu, dass es sich bei diesen Geschossen etwa um Kellergeschosse handeln könnte, sofern deren Deckenoberkanten höher als im Abschnitt 3.7 MIndBauRL verlangt über die Geländeoberfläche hinausragen: Sie bleiben wegen der Höhenlage ihrer Deckenoberkanten oberirdische Geschosse. In diesem Zusammenhang wird auch ausdrücklich auf Abschnitt 5.4.2 verwiesen.

d) Anlagen der technischen Gebäudeausrüstung

d.1) Haustechnikräume – Rückblick

In der **MIndBauRL 2000** wurden Räume, die ausschließlich der Unterbringung haustechnischer Anlagen dienen, im Abschnitt 3.5 ausdrücklich von der Geschossigkeit ausgenommen: Die Ausschlussregelung war für die Geschossbildung durch Räume für haustechnische Anlagen erforderlich, weil **Räume auf Galerien und Emporen** grundsätzlich dazu führten, dass die betroffenen **Galerien und Emporen** als Geschosse gezählt werden mussten **(Zählgeschosse),** um einer zu starken Ausnutzung der erleichternden **Emporenregelung** vorzubeugen.

Seit der MIndBauRL 2014 ist eine solche Ausschlussregelung nicht mehr erforderlich, weil dort mit den Regelungen für Einbauten und Ebenen sowohl im Hinblick auf die Flächen als auch im Hinblick auf die Feuerwiderstandsfähigkeit ausreichende Regelungen vorhanden sind.

d.2) Haustechnikräume

Räume zur Unterbringung haustechnischer Anlagen sind **Nebenräume des Industriebaus,** wenn sie der Versorgung des Industriebaus dienen. Sie werden wie andere Nebenräume behandelt und erfahren keine Sonderbehandlung wegen ihrer Funktion (siehe Kommentar zu Abschnitt 3.1).

Haustechnikräume (wie für Feuerungsanlagen, Anlagen der Klimatechnik oder der Wasserversorgung und andere Anlagen für den Grundbetrieb des Industriebaus, insbesondere Lüftungsanlagen) müssen auch nicht von Geschossen oder BBA brandschutztechnisch abgetrennt werden, wenn sie ausschließlich das jeweilige Geschoss oder den jeweiligen BBA versorgen, in dem sie sich befinden. Die Brandrisiken für solche Räume werden in der MIndBauRL seit der Fassung 2000 gleichbehandelt. Allerdings können sich aus speziellen Vorschriften und Regelwerken für solche Räume spezielle Anforderungen ergeben, die über die Regelanforderungen der MIndBauRL hinausgehen.

Wenn z. B. ein Haustechnikraum oberhalb einer Geschossdecke oder einer Ebenendecke angeordnet und feuerbeständig abgetrennt werden soll, bildet dieser feuerbeständig abgetrennte Raum weder eine weitere Ebene noch ein Geschoss. Das Tragwerk, das diesen feuerbeständig abgetrennten Raum trägt, muss allerdings entsprechend dem Schutzziel der brandschutztechnischen Abtrennung auch im Brandfall standsicher sein und für den Brandfall entsprechend bemessen werden. Diese erforderliche Feuerwiderstandsfähigkeit kann mit dem Verfahren nach Abschnitt 7 MIndBauRL auch durch Berechnung ermittelt werden.

e) Anlagen und Räume auf Dachflächen

Gelegentlich werden technische (insbesondere auch haustechnische) Anlagen, aber auch Räume für betriebstechnische Anlagen auf den Dachflächen errichtet und gemeinsam mit den sonstigen technischen Anlagen der Räume, Geschosse sowie ggf. Ebenen und Einbauten der baulichen Anlage betrieben. In solchen Fällen kann eine Klärung der Zuordnung von Bauteilen zu den Begrifflichkeiten der Geschossigkeit erforderlich werden. Die MIndBauRL geht darauf ein und bestätigt zunächst, dass Anlagen auf einem Dach keine Geschosse bilden können – insbesondere keine haustechnischen Anlagen. Gleiches gilt für Räume, die ausschließlich für den Schutz dieser (haus-)technischen Anlagen vorgesehen werden.

Die Richtlinie macht einen Unterschied zwischen solchen (bzw. in solcher Art genutzten) Räumen, die nur vorübergehend zu Wartungs- und Kontrollzwecken begangen werden müssen, und anderen Räumen. Inwieweit sich diese Sonderregelung auch auf anders genutzte Räume auf der Dachfläche übertragen lässt (also für Räume mit den üblichen betriebstechnischen Einrichtungen des Industriebaus), ist Gegenstand der folgenden Überlegungen.

Bei der Bewertung von Räumen auf der Dachfläche kommt es entscheidend darauf an, die Dachfläche festzulegen und anschließend die Zuordnung der Räume in Bezug auf die Geschosse vorzunehmen. Es gibt zwei Möglichkeiten:

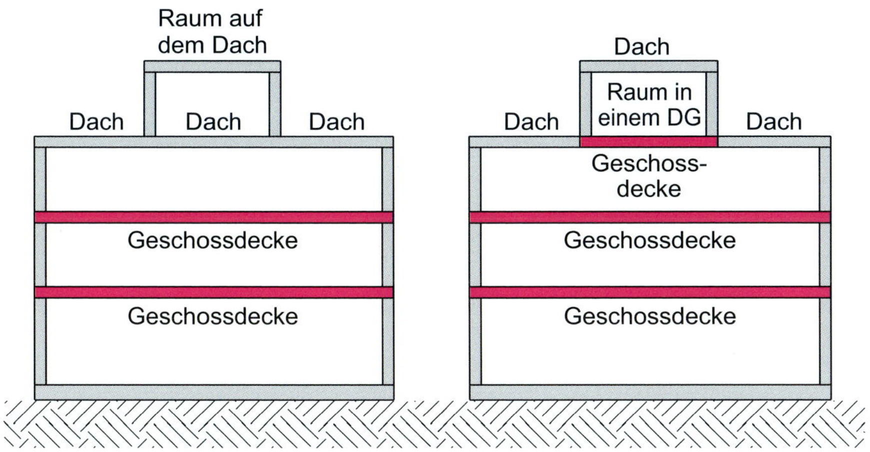

Bild 3.7-2: Beispiel für Zuordnungsmöglichkeiten von Räumen auf der Dachfläche zur Geschossigkeit des Industriebaus

Die Auswirkungen der Entscheidung über die Art der Zuordnung solcher Räume in die Geschossigkeit eines Industriebaus betreffen u. a. die Anforderungen an deren Zugänglichkeit und Rettungswege sowie an die Feuerwiderstandsfähigkeit und an den Raumabschluss der betreffenden Decken- bzw. Dachbauteile.

1. Der Raum steht auf der Dachfläche des Gebäudes und ist nicht einem Geschoss der baulichen Anlage zuzuordnen; er bildet auch keine Ebene und keinen Einbau eines Geschosses.
2. Der Raum wird einem Geschoss zugeordnet; sein Fußboden bildet eine Ebenendecke oder eine Einbaudecke (einen Einbau) dieses Geschosses.
   Der obere Raumabschluss dieses Raumes stellt einen (erhöhten) Teil der Dachfläche der baulichen Anlage dar.

3.8 Ebene

Eine Ebene umfasst alle auf gleicher Höhe liegenden Räume oder Raumteile in einem Brandbekämpfungsabschnitt zwischen den Außenwänden oder den Wänden zur Trennung von Brandbekämpfungsabschnitten. Ebenen sind durch Decken getrennt, deren Standsicherheit brandschutztechnisch bemessen sein muss. Die Decken haben Öffnungen, nicht klassifizierte Abschlüsse oder Abschottungen. Bei der Ermittlung der Grundfläche der jeweiligen Ebene werden die Flächen von Öffnungen und nicht klassifizierte Abschlüsse oder Abschottungen nicht angerechnet.

Zu 3.8 Ebene

Die Ebene als Raum (Kommentar b)

Eine Ebene ist nach DIN 18230-1 keine Fläche, sondern ein Raum, der vergleichbar mit einem Geschoss ist. Eine Ebene erstreckt sich – wie ein Geschoss – zwischen den Umfassungsbauteilen eines Brandbekämpfungsabschnitts. Sie unterscheidet sich von Geschossen nur derart, als dass die Decke der Ebene zwar standsicher bemessen werden muss, sie aber im Gegensatz zur Geschossdecke nicht raumabschließend ist.

Ebenen werden durch die Außenwände des Gebäudes oder durch Wände begrenzt, die Brandbekämpfungsabschnitte trennen. Dies können auch Brandwände sein, z. B. wenn der Nachbarabschnitt des Industriebaus als Brandabschnitt nach Abschnitt 6 geplant wird.

Standsicherheit von Ebenendecken im Brandfall (Kommentar c)

Decken von Ebenen müssen brandschutztechnisch im Hinblick auf ihre Standsicherheit im Brandfall bemessen werden. Im Verfahren nach Abschnitt 7 erfolgt die Auslegung entsprechend dem Rechenergebnis erf t_F (gem. DIN 18230-1) für eine Einstufung als SK_b3-Bauteil. Demnach können Decken von Ebenen bei kleinen Brandbelastungen oder bei entsprechend wirksamem Wärmeabzug bei erf $t_F < 15$ min auch ohne klassifizierten Feuerwiderstand errichtet werden und sind dennoch brandschutztechnisch bemessen.

Bezug zu Emporen und Galerien (Kommentar d)

Der Begriff Ebene erfasst auch die in der MIndBauRL Fassung März 2000 angesprochenen Emporen und Galerien, jedenfalls soweit sie brandschutztechnisch bemessen waren.

Bezug zu Geschossen

Zwar gehört zu jeder Ebene ein Geschoss, aber nicht jedes Geschoss hat eine Ebene. Die Grundfläche eines Geschosses kann mit der untersten Ebene identisch sein. Durch die Summierungsformel in 7.4 wird klargestellt, dass in diesen Fällen die Grundfläche nur einmal anzurechnen ist.

Bedeutung der Einbauhöhe von Ebenen

Einer Regelung zum Umgang mit verschieden Einbauhöhen von Ebenendecken bedarf es nicht. Eine Zusammenfassung von Ebenendecken mit verschiedenen Höhen ist nicht erforderlich, weder für die Bestimmung der Rettungsweglängen noch für die Anforderungen an Bauteile und Baustoffe. Dieser Grundsatz steht einer Bewertung von bestimmten Ebenendecken als „nicht eigenständigen Ebenendecken" nach DIN 18230-1, Abschnitt 5.1 nicht entgegen.

Zu 3.8: Ebene

a) Grundlagen

Zulässigkeit und Anordnung von Ebenen

Ebenen dürfen **nur in BBA** angeordnet werden. Sie können nur mit dem Verfahren nach **Abschnitt** 7 MIndBauRL beurteilt und zugelassen werden. Sie sind somit nicht zulässig in Brandabschnitten, die nach dem Verfahren ohne Brandlastermittlung (Abschnitt 6) beurteilt werden. Dies wird auch ausdrücklich im Abschnitt 6.1.2 MIndBauRL zum Ausdruck gebracht.

Ebenen können auch in Kellergeschossen und in anderen Teilen von BBA unter der Geländeoberfläche angeordnet werden, sofern sich diese Gebäudebereiche mit DIN 18230 beurteilen lassen.

b) Ebenen als Räume

b.1) Gleiche Bezugshöhe von Ebenen

Ebenen sind Räume, deren Volumen sich zwischen den Ebenendecken bzw. zwischen den Ebenendecken und den Geschossdecken, den Bodenplatten oder dem Dach erstrecken. Die Definition der Ebene in DIN 18230-1 unterscheidet sich formal (geringfügig) von der Definition in der MIndBauRL:

*„Ebenen umfassen auf gleicher Höhe liegende **sowie in der Höhe versetzte Räume oder Raumteile** mit Geschossdecken, die auf die erforderliche Feuerwiderstandsdauer erf t_F standsicher bemessen sind und freie oder mit nichtbrennbaren Baustoffen verschlossene Öffnungen beliebiger Größe aufweisen können.“* (DIN 18230-1) [Herv. v. Verf.]

In der Definition der Richtlinie umfassen Ebenen ausschließlich **Räume oder Raumteile** auf gleicher Höhe - aber keine (nicht ausdrücklich) in der Höhe versetzt angeordneten Räume oder Raumteile.

In diesem Zusammenhang ist es für die Anwendung der MIndBauRL äußerst wichtig, darauf hinzuweisen, dass i. S. von **DIN 18230-1 Abschnitt 5.3 untergeordnete Decken sogenannte „nicht eigenständige Ebenen“** bilden können, die einer anderen Ebene zugeschlagen werden. Dabei sollte als nicht eigenständige Ebene eine Ebene angesehen werden, deren Ebenengrundfläche nicht mehr als 50 % der Ebenengrundfläche der funktional zugehörigen (tiefer liegenden) „Haupt“-Ebene beträgt. Damit soll ein rechnerisches Äquivalent zur entfallenen Emporen- und Galerieregelung der MIndBauRL 2000 als Ersatz – aber für zu bemessene Ebenen – angeboten werden.

Ferner regelt die MIndBauRL gerade auch die Brandschutzbelange, die ausschließlich bei **in der Höhe versetzt angeordneten Räumen und Raumteilen** auftreten – wie die Rettungswegführung von Einbauten auf die nächsttiefere Ebenendecke (siehe Abschnitt 5.6.9 MIndBauRL). Durch die Definition der Einbauten in Abschnitt 3.9 MIndBauRL wird klar, dass Einbauten auch in Ebenen (auf/über Ebenendecken) angeordnet und eingebaut werden dürfen.

Dass in der Definition der MIndBauRL zu Ebenen **Räume oder Raumteile** innerhalb einer Ebene, die jedoch oberhalb von Ebenendecken liegen, ausgeschlossen werden, ist nicht zutreffend, denn auch auf Ebenendecken dürfen Einbauten errichtet werden, die sogar Räume enthalten können.

Das Erkennen und sinnvolle Zuordnen/Zusammenführen von Deckenfeldern zu bestimmten Ebenen ist wichtig und kann nach MIndBauRL und DIN 18230-1 ggf. auch unterschiedlich sein:

- Im Sinne der MIndBauRL sind insbesondere Fragen der Rettungsweganordnung und -auslegung entscheidend.
- Im Sinne der DIN 18230-1 sind insbesondere Aspekte der Bauteilbemessung entscheidend und in diesem Zusammenhang Fragen des Wärmeabzuges und der Strömungsverhältnisse für die Art der Berücksichtigung von Flächen für den Wärmeabzug.
  Insbesondere kennt die DIN 18230-1 auch **nicht selbstständige Ebenen** unter dem Aspekt der Heißbemessung (s. o.), die im Sinne der MIndBauRL allerdings sehr wohl von bestimmten anderen Deckenfeldern unabhängige Rettungswegstrecken wie notwendige Treppen benötigen.

b.2) Ebenen, die keine eigenständigen Ebenen bilden

In der DIN 18230-1 Abschnitt 5.3 werden auch die zu einer Ebene *„zugehörigen anrechenbaren Flächen, die keine eigenständigen Ebenen bilden“*, erwähnt. Diese Deckenflächen werden als Teile von Ebenen bewertet, die durch andere Deckenflächen begründet werden, also die genannten anrechenbaren Flächen bilden.

Diese Deckenflächen werden den tiefer liegenden Deckenflächen mit ihren Flächen und Brandlasten zugeschlagen (hinzugerechnet) und bilden im Rechengang der DIN 18230-1 eine gemeinsame – vergrößerte – Ebene, wobei sich die für die Berechnungen festzulegende Ebenenhöhe durch dieses Tieferlegen einer Ebenendecke entsprechend vergrößert.

In dieser Formulierung kommt zum Ausdruck, dass ggf. mehrere Deckenflächen – auch auf unterschiedlichen Höhenlagen – zu einer gemeinsamen Ebene zusammengefasst werden dürfen. Dies wird regelmäßig der Fall sein, wenn solche Deckenflächen nebeneinander angeordnet sind und lediglich kleine Höhenunterschiede aufweisen. Diese sollten kleiner sein als nutzbare Raumhöhen. Liegen solche Deckenflächen übereinander, soll die obere Decke sich sehr deutlich der unteren Decke flächenmäßig unterordnen und nicht größer sein als Deckenflächen, die nach Tabelle 1 MIndBauRL als einzelne Einbauflächen zulässig sind. Dem Bauherrn ist es dabei freigestellt, auch als Einbaudecken zulässige Decken als Ebenendecken vorzusehen.

Einer Ebenendecke können für den Rechengang der DIN 18230-1 Ebenendecken höherer – nicht selbstständiger – Ebenen von zusammen auch bis zu etwa 50 % dieser Basis-Ebenendecke zugeschlagen werden, wenn die zu erwartenden, realen Strömungsverhältnisse eine Anrechenbarkeit der horizontalen Wärmeabzugsöffnungen wegen der großen Deckenöffnungen erwarten lässt. Solche höheren Ebenendecken sollen allerdings für den Industriebau keine aussteifenden Funktionen haben und jeweils der Brandsicherheitsklasse SK_b2 zugeordnet werden (siehe Abschnitt 7.2).

Sofern **nutzbare, begehbare Ebenendecken** übereinander angeordnet werden, begründen sie grundsätzlich jeweils eigenständige Ebenen – auch im Sinne der DIN 18230-1.

Von diesem Grundsatz der „Eigenständigkeit wegen der Nutzbarkeit“ kann im Rechengang der DIN 18230-1 ggf. im Einzelfall nach den oben angegebenen Überlegungen aus strömungstechnischen Erwägungen wegen des anzunehmenden Wärmeabzuges abgewichen werden und eine rechnerische Zusammenführung vorgenommen werden.

Im Sinne der DIN 18230-1 – und damit auch der MIndBauRL – können sogar **mehrere** sehr kleine nicht eigenständige Ebenen gemeinsam betrachtet und zu **einer** nicht eigenständigen Ebene **zusammengefasst** werden. Damit wurde für Deckenfelder, die als Einbauten (Einbaudecken) zu groß und/oder wegen ihrer Anordnung übereinander nicht regelkonform zulässig sind, durch die Anwendung des Abschnittes 7 MIndBauRL eine sinnvolle und regelkonforme Lösungsmöglichkeit gefunden und für die Praxis eröffnet.

Beispiel

Ein eingeschossiger – 4-ebeniger – Industriebau der Höhe H = 15 m besitzt folgende Ebenen-Grundflächen:

Deckenhöhe		Ebenenhöhe
$H_1 = 0{,}0$ m	$A_{E1} = 4000$ m²	$H_{E1} = 5{,}0$ m
$H_2 = 5{,}0$ m	$A_{E2} = 1000$ m²	$H_{E2} = 2{,}5$ m
$H_3 = 7{,}5$ m	$A_{E3} = 500$ m²	$H_{E3} = 2{,}5$ m
$H_4 = 10{,}0$ m	$A_{E4} = 400$ m²	$H_{E4} = 5{,}0$ m
Dachhöhe $H_D = 15$ m		

Die Ebenen E2 bis E4 sind jeweils und sogar in ihrer Summe kleiner als 50 % der Ebenengrundfläche der untersten Ebene (50 % von $A_{E1} = 0{,}5 \cdot 4000$ m² = 2000 m²). Die Summe der untergeordneten Ebenen beträgt 1900 m² < 2000 m². Sie gelten somit als nicht eigenständige Ebenen und können der Hauptebene zugeschlagen werden.

Der Nachweis für alle Ebenen ergibt sich dann nach DIN 18230-1 aus dem globalen Nachweis für einen – einebenigen – Ersatz-BBA mit der Grundfläche

$$A_G = A_{BBA} = 4000 + 1900 = 5900 \text{ m}^2.$$

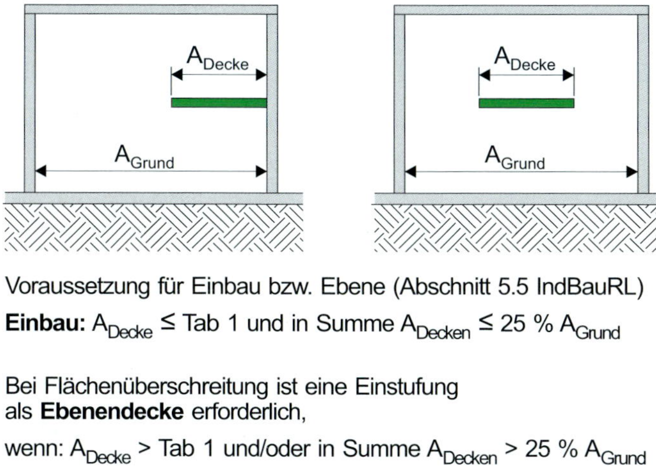

Bild 3.8-1: Unterscheidungskriterien zwischen Ebene und Einbau

Damit eine Decke als Einbau bewertet werden kann, müssen die in Abschnitt 5.5 MIndBauRL angegebenen Bedingungen eingehalten werden. Dabei werden bei der Ermittlung der Grundfläche von Einbauten Öffnungen innerhalb des Einbaus nicht abgezogen.

Es steht dem Bauherrn frei, auch Decken mit Flächen unterhalb der Grenzwerte des Abschnittes 5.5, Tabelle 1 MIndBauRL als Ebenendecken auszuweisen. In den sich daraus ergebenden Ebenen dürfen z. B. wieder Einbauten – als Decken oberhalb der Ebenendecken – angeordnet werden. Ebenen mit Grundflächen unterhalb der Werte der Tabelle 1 werden an verschiedenen Stellen der MIndBauRL besonders behandelt, z. B. bei Rettungswegen im Abschnitt 5.6.

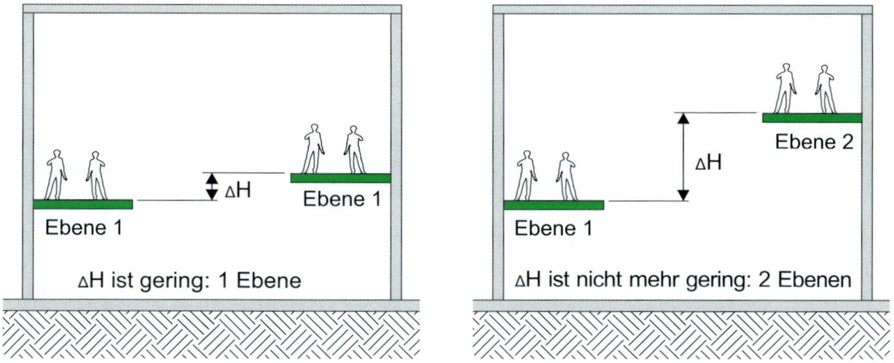

Bild 3.8-2: Zusammenfassung von Ebenen mit geringen Höhenunterschieden

Linkes Bild: Nebeneinander angeordnete Decken können zu einer **gemeinsamen Ebene** zusammengefasst werden. Das gilt auch, wenn diese Decken einen **geringen Höhenunterschied ΔH** voneinander aufweisen.

Rechtes Bild: Höhenunterschiede, die einer typischen Raumhöhe entsprechen, werden kaum noch als **gering** gewertet werden können. Deshalb sind hier **zwei eigenständige Ebenen** vorhanden. Wie in solchen Fällen die Ebenenstruktur im Rechengang der DIN 18230-1 zu bewerten und abzubilden ist, muss objektspezifisch anhand von DIN-Kriterien entschieden werden.

Für diesen Ersatz-BBA muss allerdings die mittlere Höhe aus den Deckenanteilen als flächengewichtetes Mittel bestimmt werden:

$H_m = \Sigma(H_i \cdot A_i)/\Sigma A_i.$

Für das o. g. Beispiel ergibt sich für die rechnerische Nachweisführung eine mittlere Ersatzraum-Höhe (quasi durch Nebeneinanderlegen der Ebenen) von

$$H_m = ((4000\ m^2 \cdot 5\ m) + (1000\ m^2 \cdot 2{,}5\ m) + (500\ m^2 \cdot 2{,}5\ m) + (400\ m^2 \cdot 5\ m))/5900\ m^2$$

$$H_m = (20.000\ m^3 + 2500\ m^3 + 1250\ m^3 + 2000\ m^3)/5900\ m^3 = 25.750\ m^3/5900\ m^2$$

$$\mathbf{H_m = 4{,}36\ m}$$

Diese relativ geringe mittlere Raumhöhe führt bei der rechnerischen Nachweisführung zu entsprechend konservativen Ergebnissen, die der Raumkubatur und den Strömungs- und Durchmischungsverhältnissen auch physikalisch entsprechen.

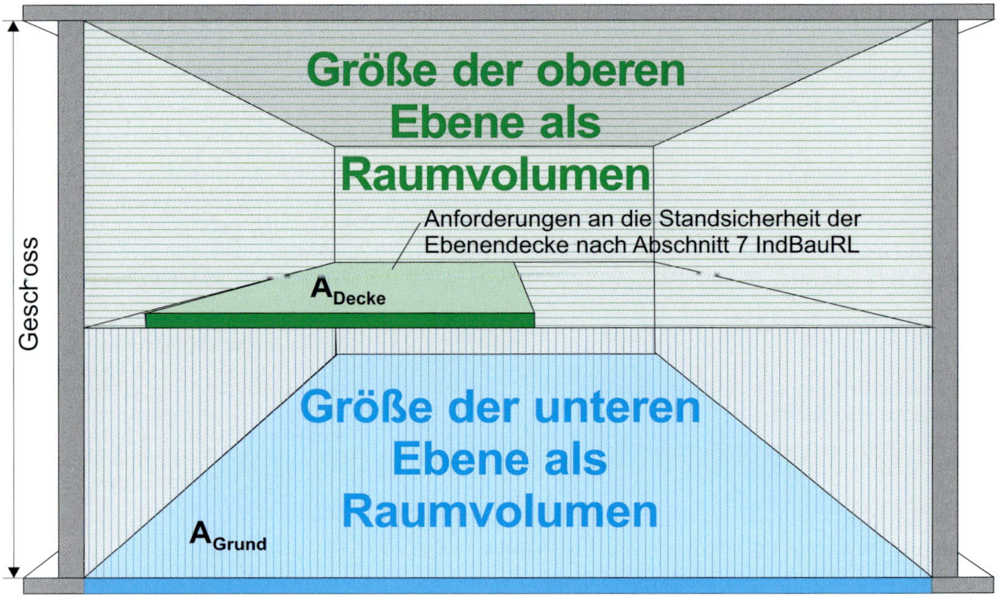

A_{Decke} = Grundfläche der oberen Ebene = Summe der Ebenendecken ohne Öffnungen

A_{Grund} = Grundfläche der unteren Ebene = Grundfläche des Geschosses

Bild 3.8-3: Definition der Grundflächen und Räume bzw. Raumteile von Ebenen

Die Ebene ist keine Fläche, sondern ein Raum. Sie umfasst alle auf gleicher Höhe liegenden Räume oder Raumteile. Diese werden begrenzt durch die Umfassungsbauteile des BBA und die Decken einschließlich ihrer Öffnungen, wobei die Standsicherheit der Decken brandschutztechnisch bemessen sein muss.

(Einbauten siehe Bild 3.9-1)

Hinweis: Die „Fläche der Ebene" (Ebenenfläche) beinhaltet auch alle Deckenöffnungen und nicht von der Ebenendecke erfassten Bereiche bis zu den Fassaden bzw. BBA-Trennwänden.

Bilder 3.8-4 bis 3.8-6: Unterscheidungskriterien zwischen Geschossen, Ebenen und Einbauten

2 Geschosse mit 2 Räumen
(unteres Geschoss
und oberes Geschoss)

* brandschutztechnisch bemessene, standsichere und raumabschließende Decke nach dem Verfahren in Abschnitt 6 und 7 IndBauRL mit klassifiziertem Feuerwiderstand

Bild 3.8-4: Beispiel für einen Industriebau mit zwei Geschossen: Jedes Geschoss bildet einen Raum

1 Geschoss mit 2 Ebenen und 3 Räumen (untere Ebene, obere Ebene und gesamtes Geschoss)

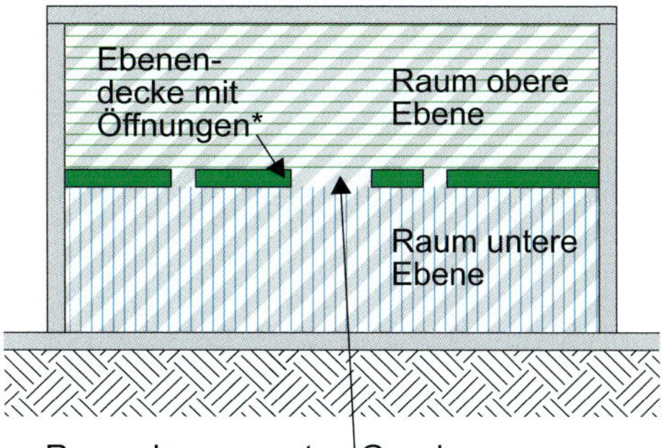

Raum des gesamten Geschosses = Raum der oberen plus der unteren Ebene

* Standsicherheit der Ebenendecke nach Abschnitt 7 IndBauRL

Bild 3.8-5: Beispiel für einen Industriebau mit einem Geschoss, das zwei Ebenen aufweist

Das Geschoss bildet insgesamt einen Raum, in dem sich die beiden Räume der jeweiligen Ebenen (untere und obere) befinden.

b.3) Unterschied zwischen Ebene und Geschoss

Eine **Ebene** unterscheidet sich vom Geschoss im Wesentlichen dadurch, dass sie über Deckenöffnungen mit anderen Ebenen in offener oder in brandschutztechnisch ungenügend abgeschotteter Verbindung steht, so dass eine Brandausbreitung über diese Decke möglich ist.

Dabei ist es unerheblich, ob sich die Ebenendecke als Fußboden oder als obere Begrenzung der Ebene darstellt.

Ein **Geschoss** wird durch eine Ebenendecke in zwei Ebenen gegliedert: Die untere Ebene enthält Deckenöffnungen in der **obenliegenden Ebenendecke** und die obere Ebene enthält die Deckenöffnungen in der **untenliegenden Fußbodendecke** (Ebenendecke).

Öffnungen in einer Dachdecke zählen dabei nicht.

1 Geschoss mit 1 Einbau
(Einbauten sind keine Räume)

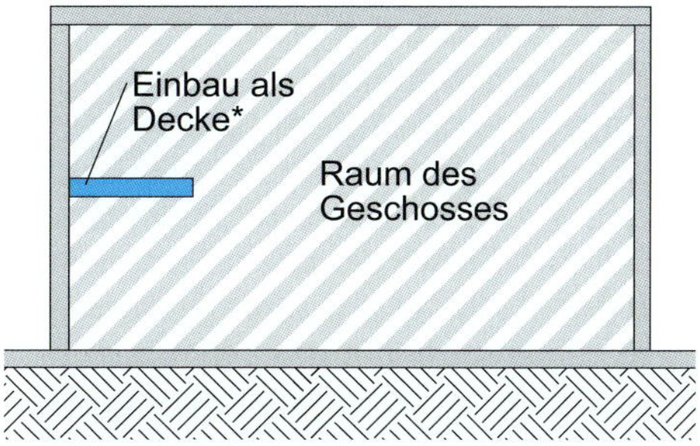

* Einbau nach Abschnitt 5.5 IndBauRL (ohne brandschutztechnische Bemessung)

Bild 3.8-6: Beispiel für einen Industriebau mit einem Geschoss und einem Einbau

Einbauten sind begehbare Bauteile und keine Räume. Sie schaffen aber Raumteile ober- und unterhalb und dürfen auch echte Räume tragen.

c) Standsicherheit von Ebenendecken im Brandfall

c.1) Brandschutzbemessung von Ebenendecken

Ebenendecken müssen nach Abschnitt 7 MIndBauRL für den Brandfall standsicher sein und brandschutztechnisch bemessen werden. Die Standsicherheit dient im Wesentlichen als Voraussetzung dafür, dass die Feuerwehr im Innenangriff auch Brandherde auf Ebenendecken erreichen kann. Die Feuerwehr benötigt sichere Angriffs- und Rückzugswege für die Ermöglichung wirksamer Löscharbeiten.

Die Ebenendecken werden für die Bemessung zunächst grundsätzlich den Geschossdecken gleichgesetzt und als Teile des Haupttragwerks in die Brandsicherheitsklasse SK_b3 eingestuft (siehe Abschnitt 7.2.1 MIndBauRL). Dabei wird davon ausgegangen, dass Ebenendecken prinzipiell für die Gesamtstabilität des Gebäudes wichtig sind und dass sie statisch wie Geschossdecken mit kleinen Öffnungen behandelt werden müssen.

In der Praxis kommen auch sehr häufig Ebenendecken vor, die lediglich einen untergeordneten Teil der Geschossdecke überdecken. Sie weisen sehr große Deckenöffnungen auf, die dann auch regelmäßig größer sind als die Deckenflächen selbst. Solche Decken zählen i. d. R. zu Ebenendecken, die für die Gebäudeaussteifung nicht erforderlich sind. Sie werden nach Abschnitt 7.2.2 MIndBauRL der Brandsicherheitsklasse SK_b2 zugeordnet und benötigen eine wesentliche geringer zuverlässige Standsicherheit im Brandfall als die aussteifenden Ebenendecken der Brandsicherheitsklasse SK_b3.

Die Bemessung erfolgt nach Tabelle 6 im Abschnitt 7.6.1 MIndBauRL. Eine schutzzielorientierte Bemessung mit den Methoden des Brandschutzingenieurwesens ist nach Abschnitt 4.3 auch möglich.

c.2) Gitterrostflächen

Gitterrostflächen scheiden als Bauart von Ebenendecken aus; sie zählen als Deckenöffnungen.

Der Begriff der Ebene stammt ursprünglich aus der DIN 18230-1. Dort wurde dieser zunächst (während der Erarbeitung der Norm) zur Beschreibung der Ebenendecken verwendet und erst im Zuge der Normungsarbeiten und der Angleichung der Begriffe mit der Begriffsanwendung der MIndBauRL harmonisiert.

In DIN 18230-1 finden sich folgende Ausführungen zu den Gitterrostflächen im Zusammenhang mit der Ebenenfläche:

„Flächen von freien Öffnungen, Flächen von Öffnungen mit nicht qualifizierten Abdeckungen [**Gitterrost/Tränenblech/Riffelblech** usw.; Anm. d. Verf.], *Bühnen aus Gitterrosten und Bühnen aus Blechen, die hinsichtlich ihrer Tragfähigkeit nicht für die erforderliche Feuerwiderstandsdauer bemessen sind (Einbauten), werden bei der Flächenermittlung nicht angerechnet. Die sich auf ihnen ggf. befindende Brandlast ist der nächsten darunter liegenden anrechenbaren Fläche oder Teilfläche zuzuschlagen."*

d) Bezug zu Emporen und Galerien

Emporen und Galerien waren gemäß MIndBauRL 2000 begehbare Bauteile, die brandschutztechnisch nicht bemessen werden mussten, solange sie sich der Raumgrundfläche unterordneten – also kleiner waren als 50 % der Raumgrundfläche. Das traf auf die Deckenfläche zu – aber nicht auf deren tragende und unterstützende Bauteile (wie Stützen und Träger).

Begehbare Decken über 50 % der Raumgrundfläche wurden als (nicht raumabschließende) Zählgeschoss-Decken behandelt und mussten brandschutztechnisch bemessen werden. Diese nicht raumabschließenden Decken, die einer brandschutztechnischen Bemessung bedurften, werden als Ebenendecken bezeichnet und trennen Ebenen voneinander.

Begehbare Decken über 25 % der Raumgrundfläche, die nach der MIndBauRL in der Fassung von 2000 keiner brandschutztechnischen Bemessung bedurften, gelten ab der Fassung von 2014 ebenfalls als Ebenen und müssen brandschutztechnisch bemessen werden. Das gilt grundsätzlich auch, wenn diese Deckenfelder aus mehreren kleineren Einzel-Deckenfeldern bestehen (siehe hierzu auch Kommentar zu 3.8.b.2).

Im Übrigen wird auf den Kommentar zu den Einbauten verwiesen (Abschnitt 3.9).

3.9 Einbauten

Einbauten umfassen einzelne auf gleicher Höhe liegende begehbare Bauteile oberhalb des Fußbodens von Geschossen und Ebenen. Einbauten sind brandschutztechnisch nicht bemessen. Die Grundfläche von Einbauten ist die Fläche zwischen ihren Umfassungswänden bzw. den freien Rändern.

Zu 3.9 Einbauten

Einbauten als begehbare Bauteile (Kommentar a)

Einbauten sind Bauteile; sie sind Bestandteil des Gebäudes. Sie unterliegen damit der Überprüfung im Genehmigungsverfahren, soweit sie nicht der Genehmigungsfreistellung unterfallen). Dies gilt für Änderungen an Einbauten entsprechend.*

Abgrenzung und Nutzbarkeit von Einbauten (Kommentar a)

Einbauten werden genutzt um z. B. Behälter und Maschinen darauf anzuordnen oder um auf ihnen Räume unterzubringen; sie dürfen grundsätzlich für alle Industriebauzwecke genutzt werden, auch für Büro- und Verwaltungszwecke. Nicht alle Flächen die begehbar sind, sind Einbauten. So können Flächen, die ausschließlich der Erreichbarkeit von Maschinen dienen, als Bestandteil der Maschine angesehen werden. Ebenso sind reine Wartungsgänge oder -flächen sowie Schutzflächen unterhalb von Förderanlagen, die nicht anderweitig genutzt werden, keine Einbauten i. S. dieser Richtlinie.

Brandschutztechnische Bemessung von Einbauten (Kommentar b)

Der Begriff Einbauten erfasst auch die in der MIndBauRL Fassung März 2000 geregelten Emporen und Galerien. Brandschutztechnisch werden Einbauten allerdings nicht bemessen. Ihre tragenden Teile können somit ohne nachgewiesene Feuerwiderstandsfähigkeit errichtet werden.

Einschränkungen insbesondere hinsichtlich der zulässigen Fläche (Kommentar c)

Einbauten unterliegen den in Abschnitt 5.5 festgelegten Einschränkungen. Der Begriff Einbauten stammt aus der DIN 18230-1. Er beschreibt im Verfahren nach Abschnitt 7 z. B. Räume auf Bühnen mit Abdeckungen aus Gitterrosten und Blechen, die nicht für die erforderliche Feuerwiderstandsfähigkeit bemessen sind und bei der Ermittlung der Brandbekämpfungsabschnittsfläche nicht angerechnet werden.

Einbauten sind auch im Verfahren nach Abschnitt 6 (ohne Ermittlung der Brandlast) zulässig.

Die Grundfläche von Einbauten ist die Fläche zwischen den zum Einbau gehörenden äußeren Begrenzungen. Dies können Wände, Geländer oder das freie Ende der horizontalen Fläche sein. Die Grundfläche von Einbauten wird in den Verfahren nach Abschnitt 6 und 7 nicht angerechnet.

Regale

Begriff und Grundanforderungen

**) *Regale sind Gestelle mit Regalböden, die auf dem Fußboden oder auf Decken ruhen bzw. an Wänden oder Stützen befestigt werden. Sie sind bauordnungsrechtlich als Einrichtungsgegenstände anzusehen. Es gelten aber die Rettungsweganforderungen des Abschnitts 5.6, insbesondere ist nach Abschnitt 5.6.4 von jeder Stelle eines Industriebaus ein Hauptgang nach 15 m Lauflänge zu erreichen.*

Anforderungen an Regale können sich aus dem Produktsicherheits- und Arbeitsrecht ergeben. Sie können aber zu besonderen Anforderungen an das Gebäude (Rettungswegführung, Löschmöglichkeiten) sowie zur Einstufung des Gebäudes als Sonderbau nach § 2 Abs. 4 Nr. 18 MBO führen.

**) nach Landesrecht*

Regale als Bestandteil des Bauwerks und begehbare Regale (Kommentar d)

Hinweis:

Die mit **) gekennzeichneten Erläuterungen dieses Abschnittes zu den „Bediengängen und zu begehbaren Flächen von Regalen" enthalten „normative Regelungen", die dem Charakter einer Erläuterung nicht entsprechen. Solche Festlegungen müssten in der Richtlinie selbst enthalten sein. Aus diesem Grund wurden die gesamten Erläuterungen (bis zur Drucklegung dieses Kommentars) noch nicht veröffentlicht, so dass hier auf die Entwurfsfassung der Erläuterungen (siehe „Allgemeine Hinweise" am Beginn dieses Werkes) zurückgegriffen werden muss. Dessen ungeachtet geben die nachstehenden Erläuterungen den Sachstand im Sinne der seinerzeitigen ARGEBAU-Beschlüsse und der Projektgruppe wieder.

Diese – bislang auch als Erläuterungen – (noch) nicht akzeptierten Formulierungen werden hier lediglich abgedruckt, um für die Brandschutzplanung nützliche Hinweise zu den erforderlichen Risikobeurteilungen beizusteuern. Eine formale Beachtungspflicht ergibt sich daraus nicht.

*Sind Regale Bestandteil der tragenden Konstruktion des Gebäudes oder ruhen sie im Freien mit eigener Schwere auf dem Erdboden, werden sie zu baulichen Anlagen oder Teilen von baulichen Anlagen. **) Auch begehbare Regale unterfallen der Industriebaurichtlinie, wenn sie über Bediengänge verfügen, sodass einzelne Regalböden nicht mehr vom Fußboden oder von einer Decke des Gebäudes aus bedient werden können.*

**) *Nach den Definitionen der MIndBauRL (3.8 und 3.9) sind Bediengänge und begehbare Flächen von Regalen entweder als Einbau oder Ebene einzustufen. Damit zählen zumindest die Bediengänge und die begehbaren Flächen zu den Bauteilen des Industriebaus.*

**) *Begehbare Bauteile oberhalb des Fußbodens von Geschossen und Ebenen, auf denen Regale angeordnet werden, sind grundsätzlich Decken des Industriebaus. Das gilt insbesondere auch dann, wenn Teile dieser Decken wie die Regalböden zu Lagerflächen genutzt werden.*

Regale, die bauliche Anlagen oder Teile von baulichen Anlagen sind, unterliegen der Prüfung im Baugenehmigungsverfahren und sind in den Bauvorlagen darzustellen.

Besondere Bauformen von Regalen

Bauformen für Lagerhaltungen, die von den vorgenannten Kriterien und Grundsätzen abweichen, können im Einzelfall als Abweichungen von der Richtlinie konzeptionell dargestellt, ingenieurtechnisch im Verfahren nach Abschnitt 4.3 begründet und bei Erfüllung der Schutzziele des § 14 MBO genehmigt werden.

Regale und Lagerbereiche

Für Lagerbereiche oder Lagergebäude gilt nach Abschnitt 6.4.1, dass Lagerflächen auf 1.200 m² zu begrenzen sind. Regale und begehbare Regalsysteme können zu Lagerbereichen gehören, unabhängig davon, ob sie bauliche Anlagen sind oder nicht.

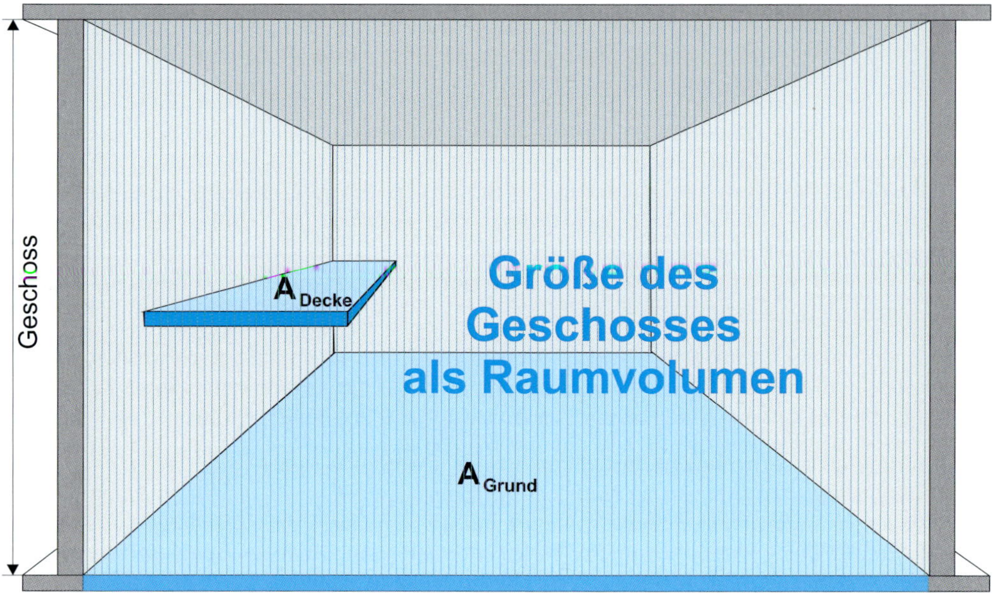

A_{Decke}= Grundfläche der Einbaus = Größe des Einbaus. Öffnungen innerhalb des Einbaus werden nicht abgezogen.

A_{Grund}= Grundfläche des Geschosses

Bild 3.9-1: Definition von Grundflächen und Größe von Einbauten

Zur Voraussetzung für die Bewertung als Einbau siehe Bild 3.8-1 und Abschnitt 5.5 MIndBauRL. Die Grundfläche von Einbauten ist die Fläche zwischen ihren Umfassungswänden bzw. den freien Rändern. Einbauten müssen brandschutztechnisch nicht bemessen werden. Bei der Ermittlung der Größe werden die Öffnungen innerhalb der Einbauten nicht abgezogen.

Zu 3.9: Einbauten (und Regale)

a) Einbauten als begehbare Bauteile

a.1) Definition

Einbauten sind **begehbare Bauteile** und **keine** Räume. Damit unterscheiden sie sich grundsätzlich von Geschossen und Ebenen, die als Räume definiert werden.

Ob ein Bauteil begehbar ist, richtet sich im Wesentlichen nach dessen statischem Tragfähigkeits- und Standsicherheitsnachweis. Deckenartige Bauteile werden grundsätzlich statisch auch für das Begehen von Personen ausgelegt, so dass sie in der Regel als Einbauten bewertet werden müssen (sofern sie nicht Ebenen oder Geschosse begrenzen).

- Räume (als Zimmer) dürfen als offene oder als geschlossene Räume sowohl auf als auch unter Einbauten errichtet und für alle freigegebenen Nutzungsarten des betreffenden Industriebaus genutzt werden (s. Komm. 2.3). Die oberen Raumabschlüsse dieser Räume dürfen jedoch ihrerseits keine Einbauten bilden (siehe Abschnitt 5.5).

Insbesondere begehbare Decken von **eingestellten Räumen** oder über diesen Räumen bilden gemäß dieser Definition grundsätzlich zunächst – mindestens – Einbauten.

Als **begehbare Bauteile** gelten insbesondere alle Bauteile, für die der Hersteller ausdrücklich eine Begehbarkeit bestätigt hat oder für die eine statische Berechnung vorliegt, die eine Begehbarkeit berücksichtigt.

Als nicht begehbare Bauteile gelten z. B.:

- Bauteile, die vom Auflager abrutschen können (z. B. lose aufgelegte Gitterroste)

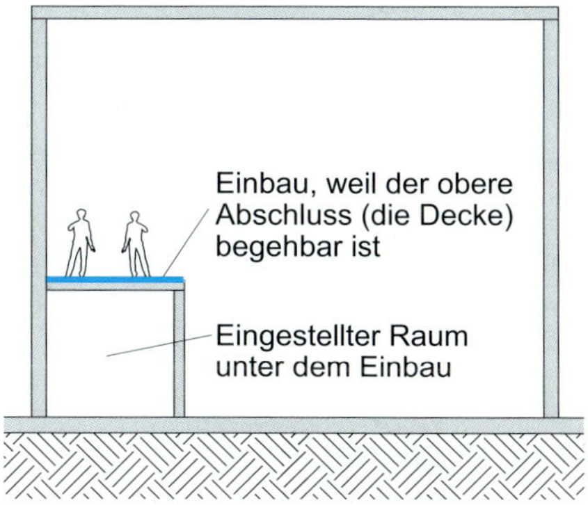

Bild 3.9-2: Beispiel für einen Einbau

Hier handelt es sich um einen Einbau, weil der obere Abschluss des Einbaus (die Decke) begehbar und damit nutzbar ist. Der Einbau muss die Voraussetzungen in Abschnitt 5.5 MIndBauRL erfüllen.

- Bauteile, die beim Betreten brechen können (z. B. Faserzementplatten, Glasdächer)
- Fassadenplatten, Steildächer, Lichtkuppeln.
- Räume (als Zimmer) dürfen als offen oder als geschlossene Räume auf Einbauten errichtet und für alle freigegebenen Nutzungsarten des betreffenden Industriebaus genutzt werden. Die oberen Raumabschlüsse dieser Räume dürfen jedoch ihrerseits keine Einbauten bilden (siehe Abschnitt 5.5).

Als **nicht begehbar** sind auch solche Decken zu werten, über denen der Luftraum bis zur nächsten Decke oder bis zum Dach für typische Deckennutzungen zu gering ist oder für die eine Nutzungsuntersagung ausgesprochen wird (siehe Bild 3.9-4).

Sofern bei der Brandschutzplanung anderes vorgesehen wird – wenn begehbare Decken nicht als Einbauten bewertet werden –, ist darauf besonders hinzuweisen. Dies erfordert auch entsprechende Begründungen (Abweichungen von der Richtlinie). Insbesondere gilt dies für die Entscheidung, ob auf solchen Decken regelmäßig oder gelegentlich Gegenstände gelagert oder abgelegt werden sollen.

Hinweis:
In solchen Fällen sollte die Brandschutzplanung eine Nutzungsuntersagung für diese begehbaren Bauteile vorsehen.

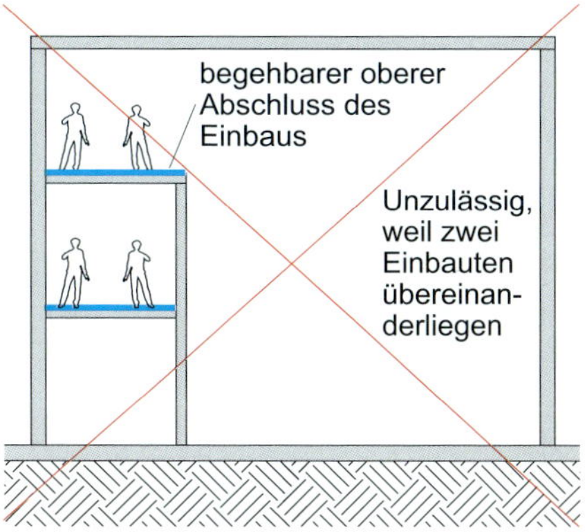

Bild 3.9-3: Beispiel für unzulässige übereinander angeordnete Einbauten

Da der obere Abschluss des oberen Raums (die Decke über dem oberen Raum) begehbar ist, wird diese Anordnung gemäß MIndBauRL als zwei übereinander angeordnete Einbauten gewertet, was nach Abschnitt 5.5 MIndBauRL unzulässig ist. Eine Abhilfe ist durch eine Abweichung möglich (siehe Bild 3.9-4) oder als Einstufung der Decken als Ebenendecken.

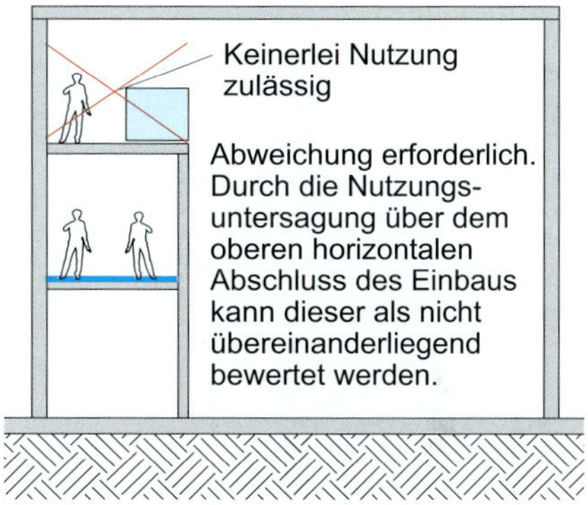

Bild 3.9-4: Beispiel für eine Abweichung bei übereinander angeordneten Einbauten

Das Problem ist der obere Einbau als begehbarer, horizontaler Abschluss eines Raumes. Da dieser begehbar bzw. benutzbar ist (z. B. als Lagerfläche), wird er gemäß MIndBauRL als über einem anderen Einbau liegend bewertet. Eine Abweichung ist z. B. möglich, wenn für den Raum über dem oberen Abschluss/Einbau keinerlei Nutzung zugelassen wird. In diesem Fall kann der obere Abschluss wie eine nicht begehbare Decke ohne besondere Brandgefahren (und nicht als Einbau) gewertet werden.

In der DIN 18230-1 wird der Begriff **Einbauten** insbesondere verwendet für brandschutztechnisch nicht bemessene

- *„Flächen von Öffnungen mit nicht qualifizierten Abdeckungen (Gitterrost/Tränenblech, Riffelblech),*
- *Bühnen aus Gitterrosten und*
- *Bühnen aus Blechen, die hinsichtlich ihrer Tragfähigkeit nicht für die erforderliche Feuerwiderstandsdauer bemessen sind."*

a.2) Höhen unter- und oberhalb von Einbauten

Einbauten bilden stets in Bezug zu deren Aufstellfläche **in der Höhe versetzte Raumteile.**

Dies ist insbesondere bei der beabsichtigten Anordnung von Einbauten in Ebenen über Ebenendecken zu beachten (siehe Abschnitt 3.8 MIndBauRL).

Die MIndBauRL legt keine Mindesthöhe fest, ab der **aufgeständerte Räume** als Räume auf Einbauten zu behandeln sind. Es entspricht aber dem Sinn der Regelungen, dass z. B. begehbare Böden von Räumen, die auf **kurzen Stützen** oder auf kleinen Auflagern mit geringem Abstand über der Aufstellfläche angeordnet sind, keine Einbauten darstellen, sondern unmittelbar der Aufstellfläche zugeordnet werden.

Man muss aber insbesondere von Einbauten ausgehen, wenn die Fläche unter solchen begehbaren Decken zu Produktions- oder Lagerzwecken genutzt werden (können).

Von praktischer Bedeutung ist die Entscheidung, ob **unterhalb einer Einbaudecke** Nutzungen möglich sind. Dabei kann es sich um Produktions- oder Lagerflächen, aber auch um Aufstellorte für haustechnische Anlagen bzw. um die Anordnung von Deckendurchbrüchen für Leitungsanlagen oder um Aufstellflächen für Schaltschränke u. a. handeln. Auch der lichte Raum **oberhalb einer begehbaren Decke** muss für Nutzungsmöglichkeiten ausreichen, um im Sinne der MIndBauRL die Anforderungen an Einbauten zu rechtfertigen.

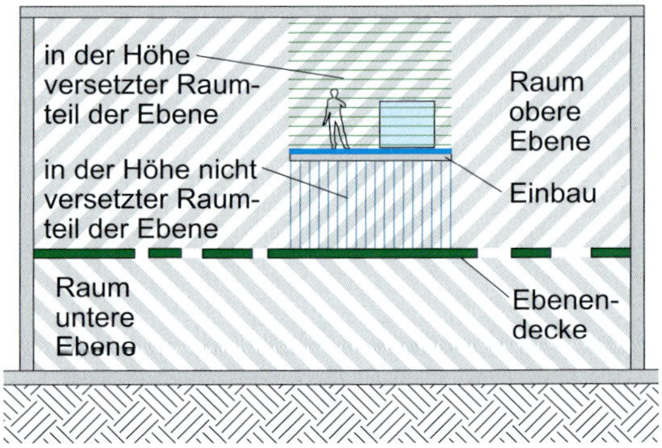

Bild 3.9-5: Beispiel für einen Einbau oberhalb einer Ebenendecke

Der Einbau schafft in der Höhe versetzte Raumteile innerhalb der oberen Ebene. Die Raumteile unterhalb und oberhalb des Einbaus (der Einbaudecke) können genutzt werden.

a.3) Einbauten als untergeordnete Teile von Geschossen und Ebenen

Die Definition der Einbauten bezieht sich auf die begehbaren Bauteile, aus denen sie hergestellt werden. Dessen ungeachtet sind die begünstigenden Regelungen für diese Bauteile und für die Nutzflächen, die sich so ergeben, daran gebunden, dass diese Nutzflächen auch als Teile der darunter befindlichen Nutzflächen von Geschossen und/oder Ebenen zu beurteilen sind.

Die Flächen von Einbauten sind „Teilflächen" von Ebenen oder Geschossen und werden grundsätzlich gemeinsam mit diesen genutzt und über diese Ebenenflächen bzw. Geschossflächen erschlossen. Letztlich führt diese gemeinsame Betrachtung der Einbauten mit den Geschossen bzw. Ebenen dazu, dass die zulässigen Rettungsweglängen für Einbauten als Entfernungen nicht separat ermittelt und nachgewiesen werden müssen, sondern sich unmittelbar aus den Entfernungsnachweisen der zugehörigen Geschosse bzw. Ebenen ergeben (siehe Abschnitt 5.6.9 – Erläuterungen).

Aus den Erläuterungen zu den Entfernungsnachweisen nach Abschnitt 5.6.9 für Einbauten ergibt sich unmittelbar und eindeutig, dass Einbauten nicht für „selbstständig nutzbare Teile" des Industriebaus vorgesehen sind, sondern solche Teile des Industriebaus sind, die zur Vergrößerung der Nutzfläche von Geschossen bzw. von

Ebenen in diese eingebaut und mit diesen gemeinsam genutzt werden.

Die Erschließung der Einbauten aus den Nutzflächen von Geschossen und Ebenen heraus stellt daher den typischen Standardfall dar und ist Grundlage aller Regelungen für Einbauten in der MIndBauRL. Eine Erschließung von Einbauflächen über Treppenräume ist eher ein Sonderfall, der in der Praxis häufig auch mit Staubschutz- bzw. Lärmschutzwänden an den Rändern der Einbauten einhergeht. Solche Sonderfälle bedürfen einer besonderen Bewertung und Begründung.

Einbauten werden im Vergleich mit entsprechenden Regelungen der Landesbauordnungen wie „größere Emporen" behandelt und mit weitergehenden Erleichterungen versehen, die speziell für Industriebauten gerechtfertigt sind:

Zu Emporen führen Kommentare[1)] zu Landesbauordnungen beispielhaft Folgendes aus (auszugsweises Zitat):

„Galerien und Emporen als balkonartiger Einbau sind dann keine Geschosse,

1. *wenn sie Bestandteil eines Raumes sind,*
2. *wenn sie keine weiteren Räume auf ihrer Ebene erschließen,*
3. *wenn sie der Raumgestaltung dienen und*
4. *wenn sie im Verhältnis zur Fläche des Raumes keine nennenswerte Nutzfläche bieten (nicht mehr als etwa 12 m^2 gemäß einem Gerichtsurteil).*

Wird die Galerie oder Empore als Erschließungsebene für weitere, dahinter liegende Räume genutzt, kann sie nicht mehr als unselbstständiger balkonartiger Einbau angesehen werden."

Bei diesem Kommentar ist zu beachten, dass der Begriff der Ebene hier die Höhenlage einer Decke meint und nicht der Begriffsdefinition der MIndBauRL entspricht.

Im Abgleich mit dem obigen Kommentar zur BauO NRW sind die Regelungen der MIndBauRL für Einbauten folgendermaßen zu werten:

zu 1. Einbauten sind untergeordnete (unselbstständige) Teile eines größeren Raums (hier von Geschossen oder von Ebenen).
zu 2. Einbauten von Industriebauten dürfen im Gegensatz zu Emporen und Galerien jedoch Räume/Zimmer aufnehmen und erschließen.
zu 3. Einbauten dienen der Raumgestaltung von Geschossen und Ebenen und schaffen weitere Nutzflächen.
zu 4. Einbauten schaffen flächenmäßig begrenzte Nutzflächen, deren zulässige Größe im Abschnitt 5.5 geregelt und begrenzt ist.

Die Erschließung von Räumen jenseits der Grenzen der Geschosse bzw. Ebenen, in denen die Einbauten angeordnet sind, ist mit den Regelungen der MIndBauRL nicht vorgesehen. Das lässt allerdings nutzbare Verbindungen zu solchen Räumen/Bereichen anderer Geschosse und Ebenen durchaus zu – allerdings nicht als planmäßige Rettungswege für diese anderen Geschosse und Ebenen (wegen der nicht erforderlichen brandschutztechnischen Bemessung der Einbauten).

Werden insbesondere Räume mit kleinen Grundflächen gemäß Tabelle 1 (zulässige Flächen von Einbauten) oberhalb von Geschossdecken oder Ebenendecken errichtet, aber nicht in einem funktionalen Zusammenhang mit diesen Geschossen oder Ebenen betrieben und werden sie auch nicht aus diesen Geschossen oder Ebenen heraus erschlossen, kann es sich nicht um Einbauten (in diese Geschosse oder Ebenen) handeln. Dann bilden diese Räume grundsätzlich eigenständig zu bewertende Räume, deren Beurteilungsgrundlage ggf. mit den Regelungen der MIndBauRL nicht vollständig gegeben ist und deren konzeptionelle Planung spezielle Risikobeurteilungen und ggf. die Anwendung von Methoden des Brandschutzingenieurwesens gemäß Abschnitt 4.3 erfordert.

1) z. B.: Gädtke, Temme, Heintz, Czepuck: „BauO NRW – Kommentar"; 11. Auflage – 2008; Werner Verlag, ISBN 978-3-8041-1427-0 (zu § 2; Rdn. 190)

b) Brandschutztechnische Bemessung von Einbauten

Unter den (Voll-)Brandbedingungen der DIN 18230-1 wird vom Versagen der Einbauten ausgegangen und die auf ihnen angeordneten brennbaren Stoffe werden der nächsttieferen, brandschutztechnisch bemessenen Decke zugeordnet. Für real anzunehmende Brandbedingungen lässt sich das Verhalten nicht wirklichkeitsnah vorhersagen und ist insofern unbestimmt.

c) Einschränkungen insbesondere hinsichtlich der zulässigen Fläche

Einschränkungen ergeben sich insbesondere durch die Flächenbegrenzungen des Abschnittes 5.5 und durch die Rettungswegregelungen des Abschnittes 5.6 MIndBauRL.

Für die Anwendung des Verfahrens nach Abschnitt 7 ist zu beachten, dass sich durch die im Einzugsbereich von Einbauten ermöglichte erhöhte Brandbelastung Konsequenzen bezüglich der Standsicherheit der tragenden und aussteifenden Bauteile des Gebäudes ergeben können (aber nicht für den Einbau).

Sofern auf oder unter Einbauten Spezialräume mit erhöhten Brandgefahren angeordnet werden sollen, die (meist aufgrund von Spezialregelwerken) raumabschließend und mit einer bestimmten Feuerwiderstandsfähigkeit ausgeführt werden sollen, müssen deren Bauteile die dort geforderten Anforderungen – insbesondere an die Standsicherheit und an den Raumabschluss im Brandfall – erfüllen.

d) Regale

d.1) Regale als Bestandteil des Bauwerks und begehbare Regale

Bauteile des Gebäudes können auch als Teile von Regalen verwendet werden – und umgekehrt. Die Konsequenzen aus dieser Mischnutzung tragender und aussteifender Bauteile sind hinlänglich bekannt und entsprechend geregelt.

Neu ist seit der Fassung von 2019 die Bewertung von begehbaren Regalanlagen und von Regalböden, die den Charakter von großflächigen Decken haben. Für solche Anlagen wurde in der Praxis der Industriebau-Planung regelmäßig von der Standard-Bewertung von Regalanagen Gebrauch gemacht, wonach Regale/Regalanlagen zu den Betriebseinrichtungen – nicht aber zu den Bauteilen – gerechnet werden.

Daraus haben sich verstärkt Bauformen für die Lagerung entwickelt, die überwiegend den Charakter von offenen Deckenfeldern mit Regalplätzen und Bewegungs- und Arbeitsflächen für Personen bekommen haben. Solche Bauformen weisen allerdings aus mannigfaltigen Gründen erhöhte Brandrisiken auf, die mit der pauschalen Beurteilung von Standard-Regalen nicht ausreichend abgedeckt werden können und daher eine spezielle Risikobeurteilung erfordern.

Dieser Entwicklung haben die Überlegungen für die MIndBauRL Rechnung getragen: Die in den Erläuterungen (Entwurfsfassung 2019) enthaltenen Hinweise zur Risikobewertung zielen darauf ab, für die Planung und Genehmigung zielführende Aspekte vor Augen zu führen. Allerdings sind diese Hinweise keine abschließenden Anforderungen, die in der Richtlinie selbst festgelegt werden müssten. Sie stellen auch noch keine generell tragfähige Standardlösung dar: Solche Fälle bedürfen i. d. R. einer objektspezifischen, ingenieurtechnischen Einzelfallplanung (gemäß Abschnitt 4.3) und entsprechender Abweichungsanträge zur Erfüllung der Schutzziele.

d.2) Regalanlagen

Regalanlagen sind grundsätzlich **keine Bauteile** im Sinne der MIndBauRL.

Sie werden als **Einrichtungsgegenstände** betrachtet und nicht im Detail bauordnungsrechtlich geregelt. Sie werden ähnlich bewertet wie Bestandteile von Arbeitsmitteln oder wie Maschinen. Das gilt insbesondere für begehbare Regalanlagen mit Regalgängen für die manuelle Bedienung. Für diese Regalanlagen können sich aus anderen Regelwerken (z. B. aus dem Arbeitsstättenrecht) Anforderungen ergeben.

Regalanlagen werden jedoch bauordnungsrechtlich insbesondere in folgenden Fällen als Bauteile geregelt:

- Regale, die im Freien aufgestellt werden und **unmittelbar** mit dem Erdboden verbunden sind
- Regale in Industriebauten, über die Erschließungswege zu anderen Aufenthaltsräumen führen
- Regale als Bestandteile der tragenden Konstruktion des Gebäudes

Bei der bauordnungsrechtlichen Behandlung von Regalanlagen ist bei der Anwendung des **vereinfachten Verfahrens** nach Abschnitt 6 der MIndBauRL auf die Einhaltung der Festlegungen des Abschnittes 6.4 zu Lagerabschnitten, Freiflächen und zum Erfordernis von Feuerlöschanlagen zu achten.

Bei einer nachträglichen Ausrüstung von Industriebauten mit (Regal-)Lagerbereichen können sich Änderungen der mit der ursprünglichen Brandschutzplanung verbundenen Risikobewertung wegen geänderter Nutzung ergeben (siehe Abschnitt 6.4 MIndBauRL). In diesen Fällen können die nachträglich vorgesehenen Regalanlagen genehmigungsrelevant sein.

d.3) Begehbare Regalanlagen

Für den Sonderfall von **begehbaren Regalanlagen mit Gängen auf den Regalebenen** für deren Bedienung stellt die Planung der Personensicherheit der Beschäftigten (und die Planung der Ermöglichung wirksamer Löscharbeiten) eine besondere Herausforderung dar, die eventuell allein mit den Regelungen der Richtlinie nicht bewältigt werden kann. Im Übrigen zählen Regalanlagen grundsätzlich als Einrichtungsgegenstände von Gebäuden und unterfallen daher zunächst nicht bauordnungsrechtlichen Regelungen.

Die Regelungen zu Rettungswegen des Abschnittes 5.6 MIndBauRL sind zwar sowohl auf große, übersichtliche Raumstrukturen als auch auf kleine Räume ausgerichtet und kalibriert, nicht aber auf Regalgänge; sie können jedoch für die typischen Fälle begehbarer Hochregallager interpretiert und angewendet werden.

Arbeitsplätze können dementsprechend auch innerhalb, an den Rändern oder auch unterhalb von Regalanlagen betrieblich angeordnet sein. Die MIndBauRL kann nicht für alle denkbaren Formen von Regalanlagen konkrete Detailregelungen treffen. Regelungen des Arbeitsstättenrechts ergänzen die MIndBauRL. Hier sind risikogerechte Festlegungen in der Brandschutzplanung/im Brandschutzkonzept gefragt, die auch Spezialkonzepte für die Rettungswege enthalten können (siehe z. B. Kommentar 5.6.11.a).

> **Wichtig:**
> Die Regelungen der MIndBauRL kennen keine bauliche Trennung zwischen einem Lagerbereich (auch mit Hochregalanlagen) und anderen Bereichen (wie etwa Kommissionierungsbereiche oder Funktionsbereiche).

d.4) Spezielle Regalformen

Fachbodenregale stellen den Standardtyp der Regalbauarten dar: In einem meist aus Stahl bestehenden Tragsystem sind die Regalböden angeordnet, die meist manuell vom Hallenboden aus bedient werden. Bei größeren Regalhöhen kommen auch diverse Regalbediengeräte oder andere Kommissioniergeräte zum Einsatz.

Eine besonders interessante Bauform entsteht aus Fachboden-Regalanlagen, wenn großflächig Zwischenböden in die Regalsysteme eingebunden werden und wenn dann auf solchen Zwischenböden die Beschickung und Entnahme vorgenommen – häufig auch manuell – wird.

In solchen Fällen wird man in der Regel diese großflächigen Regalböden – die in der Lagerpraxis als **mehrgeschossige Regalanlagen** bezeichnet werden – zunächst wie Einbauten (Abschnitt 3.9 MIndBauRL) oder sogar wie Ebenen (Abschnitt 3.8 MIndBauRL) einstufen müssen. Derartige Einstufungen führen im weiteren Planungsgang allerdings zu erheblichen Problemen hinsichtlich der Anforderungen an die Standsicherheit und ggf. auch an den Raumabschluss. Solche Regalböden, die innerhalb eines Regalsystems als Geschosse gesehen werden, sollen grundsätzlich auch nach den Regelungen der MIndBauRL beurteilt und als Teile des Gebäudes betrachtet werden.

Allerdings ist in solchen Fällen eine objektspezifische Risikobetrachtung angezeigt, weil Regalanlagen mit **eingehängten Bediengängen** grundsätzlich auch dann als Regale behandelt werden, wenn sie großflächig sind und in mehreren Höhenlagen solche Bediengänge haben. Inwieweit sich allein aus der Großflächigkeit eines Regalbodens eine Einstufung des Gesamtsystems in die Kategorien des Gebäudes ergeben muss, hängt vom Einzelfall ab. Hierzu würden spezielle Nutzungsarten auf diesen Flächen als weitere Risikomerkmale zielführend zu beurteilen sein.

So können auf diesen Flächen beispielsweise Regalbediengeräte eingesetzt oder Nebentätigkeiten ausgeübt werden. Solche Nutzungen sprächen für eine Einstufung dieser Böden als Teile der baulichen Anlage und nicht nur als Teile des Regalsystems. Spätestens, wenn über diese Flächen auch andere Arbeitsplätze – insbesondere Räume – erschlossen werden, ist eine Einstufung als Teile des Gebäudes naheliegend.

Im Rahmen dieses Kommentars kann zurzeit noch keine – über die MIndBauRL hinausgehende – Grundsatz-Empfehlung zur Brandschutzplanung solcher Vorhaben gegeben werden. Allerdings sollten Lösungsmöglichkeiten insbesondere unter Verwendung eines gegenüber einer Regelplanung stark verbesserten Konzeptes für die brandschutztechnische Anlagentechnik gesucht werden (insbesondere für Feuerlöschanlagen; höher als Sicherheitskategorie K 4 (gedacht als K 4+ oder K 5)), um den Gefahren einer Brandentwicklung und -ausbreitung angemessen zu begegnen.

Unter K 4+ bzw. K 5 wird hier primär eine erhebliche Verbesserung der Leistungsfähigkeit und Zuverlässigkeit der K 4-Maßnahmen verstanden – nicht jedoch eine Kombinationswirkung mehrerer Standard-Brandschutzmaßnahmen der Sicherheitskategorien K 2 bis K 4.

d.5) Hochregallager > 9 m

Im Sinne der MIndBauRL sind die Begriffe Regallager und Lagerregal zunächst gleichzusetzen: Gemeint sind hier Regalanlagen mit einer Höhe der Oberkante des Lagergutes von mindestens 9 m über der Aufstellfläche des Regals (**Hinweis:** in den LBOs kann der Begriff des Hochregallagers anders definiert sein). Als Aufstellflächen sind hier Geschoss- und Ebenendecken zu werten, nicht jedoch Decken von Einbauten.

Darunter fallen alle entsprechenden Regalanlagen innerhalb des Industriebaus. Es wird insbesondere nicht danach unterschieden, ob die Regalanlage für den Regelbetrieb Personal benötigt oder automatisch betrieben wird, ob die Regalanlage von anderen Teilen/Bereichen der baulichen Anlage mit Trennwänden baulich abgetrennt ist oder nicht oder ob die Regalanlage eine Industriehalle ganz, zum großen Anteil oder nur als produktionsbegleitende, kleinflächige Anlage eingestellt wird. Insofern schließt die MIndBauRL mehr Erscheinungsformen von Hochregalanlagen ein als der Geltungsbereich der VDI-Richtlinie VDI 3564.

e) Einbauten als Anbauten

Der Begriff **Einbauten** deutet darauf hin, dass diese speziellen begehbaren Bauteile (Decken) innerhalb von Hallen angeordnet und in Hallen eingebaut werden.

Allerdings kann ggf. auch ein Hallenanbau mit Einbauten errichtet werden und eine bestehende Halle erweitern. Solche Anbauten mit Decken als Einbauten müssen dann nicht von dem bestehenden Hallenteil brandschutztechnisch wirksam abgetrennt werden, wenn sie zusammen mit der Bestandshalle eine NE bilden und wenn deren Nutzungsarten in den Geltungsbereich der MIndBauRL fallen. Hierfür muss der funktionale Zusammenhang dieser Gebäudeabschnitte deutlich sein und es müssen mindestens entsprechende innerbetriebliche Wege/Türen vorhanden sein!

Für die Zulässigkeit der Einbauflächen ist im Anbaufall die dann entstehende Gesamtfläche einschließlich der Anbaufläche relevant.

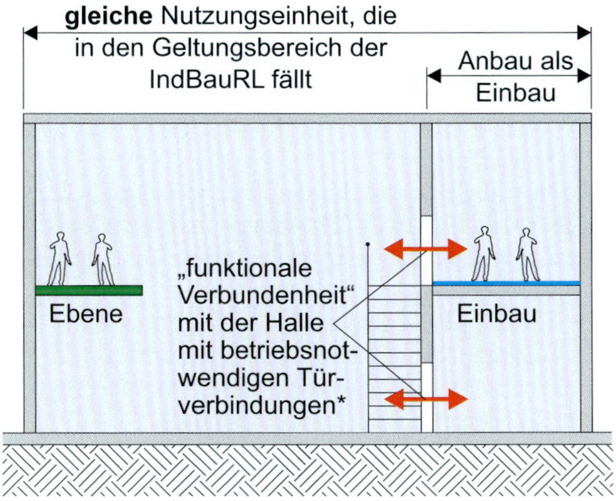

* ↔ Die „funktionale Einheit“ der gesamten Nutzungseinheit muss sehr deutlich erkennbar und „betriebsnotwendig“ sein. Nicht betriebsnotwendige Türverbindungen reichen in der Regel für eine funktionale Verbundenheit nicht aus.

Bild 3.9-6: Beispiel für Einbau als Teil eines Anbaus (Erweiterungsmaßnahme)

Solche angebauten Einbauten benötigen für ihre **funktionale Verbundenheit** mit der Halle auch entsprechende (unmittelbare) Zugänge zur Halle. Sofern lediglich ein Zugang zu diesen Anbauräumen von außen vorgesehen wird, kann **nicht** von einer zusammenhängenden NE gesprochen werden und die Anbauräume stellen sich als abgetrennte und somit außerhalb des Industriebaus angeordnete Räume dar – mit den entsprechenden Anforderungen an die **Trennung** zwischen dem Industriebauteil und den anders genutzten Teilen des Gebäudes.

f) Flächige Sicherungskonstruktionen

Gitterkonstruktionen, die planmäßig als Auffangsicherungen für herabfallende Gegenstände aus betriebstechnischen Produktionsanlagen vorgesehen sind, können folgendermaßen eingestuft werden, wenn sie eine Brandbekämpfung im Gebäude und an den Betriebseinrichtungen bauartbedingt nicht einschränken: Sie können u. a. auch in der Lage sein, das Gewicht von Personen zu tragen, und sind insofern grundsätzlich auch begehbar.

Einbauten im Sinne der MIndBauRL sind solche Bauteile (Teile des Gebäudes), die planmäßig für Nutzungen (Lagerung oder Produktion) vorgesehen sind oder die sich wegen ihrer baulichen Beschaffenheit für solche Nutzungen eignen. Diese Eignung bezieht insbesondere auch „planmäßig nicht vorgesehene“ Nutzungsmöglichkeiten mit ein.

Absturzsicherungen sind grundsätzlich keine Einbauten im Sinne der MIndBauRL. Bei der oben geschilderten Absturzsicherung handelt es sich um eine Konstruktion, die eindeutig der Betriebstechnik (als Betriebseinrichtung) zuzuordnen ist.

Wenn deren bauliche Beschaffenheit allerdings eine „schleichende Umnutzung“ zu einer Nutzfläche zulässt, sollten solche „Umnutzungsmöglichkeiten“ im Rahmen der Brandschutzplanung durch entsprechende Nutzungseinschränkungen deutlich untersagt werden. Falls Teile solcher Konstruktionen auch als Wartungs- oder Montageflächen vorgesehen werden, sind diese Teilflächen besonders zu behandeln und im Gebäude zu kennzeichnen. Für solche Flächen enthält die MIndBauRL spezielle Regelungen (z. B. Abschnitt 5.6.6 und 7.7.2).

Rettungswege sowohl in der Funktion als Fluchtwege als auch als Angriffswege der Feuerwehr können auf derartigen Absturzsicherungen nicht vorgesehenen werden.

3.10 Eingeschossige Industriebauten

Eingeschossige Industriebauten haben nur ein oberirdisches Geschoss; sie dürfen Kellergeschosse haben.

Hinweis:

Bis einschließlich der Fassung von 2014 kannte die MIndBauRL als „Sonderform" des eingeschossigen Industriebaus den „erdgeschossigen" Industriebau und ließ für solche (speziell definierten) Gebäude sehr großzügige Erleichterungen zu. Diese erdgeschossigen Industriebauten waren Sonderformen von eingeschossigen Industriebauten; sie sollten insbesondere nicht unterkellert sein und auch nicht lediglich durch innere Brandwände von anders genutzten Gebäudeteilen abgetrennt werden. Da es sich bei den erdgeschossigen Industriebauten stets um Gebäude und nicht um Gebäudeteile handelte, waren an diesen Trennungen Gebäudetrennungen (und keine Bandabschnittstrennungen) erforderlich – also Gebäudeabschlusswände oder ausreichende Abstände.

Damit fielen die eingeschossigen Industriebauten aus dem Anwendungsbereich des „vereinfachten Verfahrens" (Abschnitt 6) heraus und sollten grundsätzlich nach dem Abschnitt 7 und mit einer rechnerischen Bewertung der Brandlasten geplant und nachgewiesen werden.

Dies ergab sich konsequent aus der Historie der MIndBauRL, die sich ja aus dem Gedankengut der DIN 18230 entwickelt hat und die für den einfachen, freistehenden Industriebau auf der grünen Wiese besondere Erleichterungen vorsieht, die sich insbesondere im Abschnitt 7.4 bis 7.6 erhalten haben.

In diesem Werk wird auch zur Unterstützung von Bauvorhaben in bestehenden und nach älteren Fassungen der MIndBauRL genehmigten Industriebauten auf diese älteren Überlegungen und Regelungen kommentierend eingegangen, siehe Kommentar e).

Zu 3.10 Eingeschossige Industriebauten

Anforderungen an eingeschossige Industriebauten werden in Abschnitt 6 und 7 gestellt, so dass der Begriff zu definieren ist. Eingeschossige Industriebauten sind Industriebauten mit nur einem oberirdischen Geschoss; sie dürfen aber Kellergeschosse haben, die den baulichen Anforderungen nach Abschnitt 5.4.1 genügen müssen. Wenn ein Kellergeschoss auf einer Seite auf ganzer Länge für die Feuerwehr von außen ohne Hilfsmittel zugänglich ist, gilt es nach Abschnitt 5.4.2 nicht als Kellergeschoss, sondern als oberirdisches Geschoss.

Zu 3.10: Eingeschossige Industriebauten

a) Grundsätzliches

Mit der MIndBauRL (2019) wurde der Begriff des *„eingeschossigen Industriebaus"* neu geschaffen. Seine Anwendung tritt an die Stellen, die bislang Anforderungen an erdgeschossige Industriebauten festgelegt hatten. Mit diesem Begriffswechsel hat nicht etwa nur eine redaktionelle Fortschreibung der Richtlinie stattgefunden. Vielmehr wurde für die betreffenden Industriebauten die gesamte Risikobewertung neu durchgeführt und an den Praxis-Erfahrungen und den Zielsetzungen der Richtlinie neu kalibriert.

Die Praxiserfahrungen aus der Anwendung der älteren Fassungen zeigen eindeutig, dass bislang sowohl von den Planern als auch von den Genehmigungsbehörden und von Prüf-Sachverständigen regelmäßig die heute als eingeschossig klassifizierten Industriebauten wie erdgeschossige Industriebauten bewertet worden waren, obwohl sie die einschränkenden Randbedingungen und Kriterien nicht erfüllt hatten. Abweichungen von der Regel wurden sehr selten beantragt, womit sich häufig eine formale Fehlanwendung der bisherigen Fassungen der Richtlinie ergab.

Da mit der Unterschätzung des Risikos für eingeschossige Industriebauten gegenüber dem Grenzrisiko für erdgeschossige Industriebauten keine besonderen Auffälligkeiten bei der Brandschaden-Entwicklung bekannt geworden sind, hat man sich zur Anpassung der Richtlinie an die Praxiserfahrungen entschieden – auch wenn diese Praxiserfahrungen aus regelmäßigen Überschreitungen von einschränkenden Festlegungen der Richtlinie herrühren.

Mit dem Fallenlassen des erdgeschossigen Industriebaus sind sehr weitgehende Erleichterungen gegenüber älteren Fassungen der MIndBauRL verbunden – und jetzt auch politisch gewollt. Damit bestehen nun in gewissem Umfange formale Grundlagen zur „Heilung" nicht regelkonformer (fehlerhafter) Planungen und Genehmigungen der Vergangenheit.

b) Anforderungen an Eingeschossige Industriebauten

Im Abschnitt 3 (Begriffe) werden keine Anforderungen festgelegt, sondern lediglich auf die Stellen der MIndBauRL verwiesen, an denen insbesondere entsprechende Anforderungen gestellt werden.

c) Wesentliche Merkmale von eingeschossigen Industriebauten (Begrifflichkeit)

Die Zahl der oberirdischen Geschosse ist auf eines begrenzt. Dieses eine oberirdische Geschoss darf Einbauten – aber keine Ebenen haben (für die Anwendung des Verfahrens nach Abschnitt 7 MIndBauRL).

Die Zahl der Kellergeschosse ist nicht begrenzt; die Richtlinie geht aber vom Regelfall mit maximal einem Kellergeschoss aus. Auch das Kellergeschoss darf Einbauten, aber keine Ebenen enthalten. Für die Kellergeschosse ist insbesondere Abschnitt 5.4 MIndBauRL maßgeblich – auch bei einer Nachweisführung über den Abschnitt 7.

Eingeschossige Industriebauten dürfen gemäß Abschnitt 3.1 auch als Teil eines Gebäudes angeordnet werden, der zu den anderen Gebäudeteilen durch (innere) Brandwände abgetrennt wird. Es ist nicht notwendig, zu anderen Gebäuden eine Trennung durch brandabschnittsbildende Abstände oder durch Gebäudetrennwände herzustellen (wie nach den früheren Regelungen für erdgeschossige Industriebauten).

d) Eingeschossige Industriebauten in Verbindung mit tieferen Gebäudeteilen

d.1) Kellergeschosse in Verbindung mit eingeschossigen Industriebauten

Untergeschosse, die nicht die Kriterien für Kellergeschosse gemäß Abschnitt 3.7 MIndBauRL erfüllen, gelten als oberirdische Geschosse. Sind solche Obergeschosse vorhanden, dann zählen sie auch bei der Geschosszahl mit. Somit besteht ein eingeschossiger Industriebau ggf. aus einem oberirdischen Geschoss, das zwar großflächig auch unter der Geländeoberfläche liegen darf, aber auf einer Seite von außen zugänglich ist. Es kann dann zusätzlich noch ein Kellergeschoss nach der Begriffsbestimmung von Abschnitt 3.7 haben.

Wichtig ist insbesondere, dass die Geschossflächen von Kellergeschossen nicht für die Fläche der BA oder BBA relevant sind.

d.2) Gruben und Pressenkeller in Verbindung mit eingeschossigen Industriebauten

Für Gruben und Pressenkeller wurden zum Teil bereits in älteren Fassungen der MIndBauRL spezielle Risikobeurteilungen angestellt, die zu besonderen Erleichterungen führten.

Beispielsweise führte die Fassung 2000 der MIndBauRL aus:

„Als Geschosse werden nicht angerechnet:

- *Räume, die ausschließlich der Unterbringung haustechnischer Anlagen dienen,*
- *betriebstechnische Räume, wie z. B. Pressenkeller, wenn der Anteil ständig offener Deckenöffnungen zu darüber- oder darunterliegenden Geschossen größer ist als der Anteil der geschlossenen Flächen,*
- *untergeordnete Räume innerhalb eines Raumes, die in funktionaler Verbindung zu diesem Raum stehen, wie z. B. Meisterbüros."*

Das Beibehalten dieser Klarstellung schien im Rahmen der Fassung von 2014 entbehrlich, weil mit den Regelungen über Einbauten und Ebenen ausreichende Regelungen geschaffen worden waren. Es zeigte sich aber in der Praxis, dass nicht alle Industriebauten mit tiefer angeordneten Geschossbereichen auf eine Gebäudestruktur mit Ebenen und somit auf eine Bewertung nach Abschnitt 7 ausgerichtet waren. Insbesondere konnten für spezielle Industriebauten die Brandlasten nicht ausreichend für Berechnungen nach DIN 18230 festgelegt werden. Somit wurde dem Gedankengang der Fassung von 2000 wieder ein breiteres Feld eingeräumt.

Im Gegensatz zu Kellergeschossen können Raumbereiche oberirdischer Geschosse, auch wenn sie unterhalb der Bezugshöhe dieser Geschosse liegen, so gestaltet sein, dass von ihnen kein wesentlich höheres Brandrisiko ausgeht als von den Bezugsflächen selbst.

Davon ist regelmäßig auszugehen, wenn sich Brände in diesen tiefer liegenden Geschossbereichen durch die Feuerwehr bekämpfen lassen, ohne dass die Feuerwehr diese tieferen Geschossbereiche zur Brandbekämpfung unmittelbar betreten muss – wenn also eine Brandbekämpfung von der Bezugsfläche des Geschosses aus möglich ist. Das trifft i. W. auf offene Gruben zu.

Auch wenn solche Gruben zum Teil auf der Höhe der Geschossdecke abgedeckt werden, können sich für die Brandbekämpfung Bedingungen ergeben, die kein höheres Maß an Brandschutz rechtfertigen als für das „eigentliche" Geschoss. Dann handelt es sich in der Regel um untergeordnete abgedeckte Grubenteile. Dafür soll der Flächenanteil der Abdeckungen kleiner sein als der Teil der offenen Gruben, sodass auch für die abgedeckten Grubenteile eine Brandbekämpfung über die Grubenöffnung ermöglicht oder zumindest wirksam unterstützt werden kann. Abgedeckte Grubenteile, die nicht über die Deckenöffnungen zur Brandbekämpfung erreicht werden können, fallen also nicht unter dieses Privileg der offenen Gruben.

e) Kommentar zur Regelung der MIndBauRL 2014

> **Anmerkung:**
> Die nachfolgenden Kommentare e.1) bis e.5) beziehen sich einschließlich seiner Verweise auf die MIndBauRL 2014 mit den zugehörigen Erläuterungen 2014.

e.1) Richtlinien- und Erläuterungstext der MIndBauRL 2014

3.10 Erdgeschossige Industriebauten (MIndBauRL 2014)

„Erdgeschossige Industriebauten sind Gebäude mit nicht mehr als einem oberirdischen Geschoss ohne Ebenen, deren Fußböden an keiner Stelle mehr als 1,0 m unter der Geländeoberfläche liegen."

Zu 3.10 Erdgeschossige Industriebauten (Erläuterungen zur MIndBauRL 2014)

„Gerade bei großflächigen Industriebauten liegen bereits bei geringer Geländeneigung häufig Teile der Fußböden der „Erdgeschosse" mehr als 1 m unter einer festgelegten Geländeoberfläche, ohne dass besondere Risiken bezogen auf die Zugänge für die Feuerwehr zum Industriebau gegeben sind, die eine Einstufung dieser Geschosse als Kellergeschosse mit entsprechend erhöhten Anforderungen nach Abschnitt 5.4 rechtfertigen. In solchen Fällen kommen Abweichungen von der Anforderung der MIndBauRL in Betracht.

Wenn ein Geschoss auf einer Seite auf ganzer Länge für die Feuerwehr von außen ohne Hilfsmittel zugänglich ist, gilt es nach Abschnitt 5.4.3 nicht als Geschoss unter der Geländeoberfläche, sondern als oberirdisches Geschoss."

e.2) Grundsätzliches zu erdgeschossigen Industriebauten (MIndBauRL 2014)

Der Begriff erdgeschossiger Industriebau wurde für die Richtlinie von 2000 entwickelt, um für besonders günstige Verhältnisse einer wirksamen Brandbekämpfung besondere Erleichterungen von den materiellen Brandschutzanforderungen, insbesondere mit dem **vereinfachten Verfahren** des Abschnitts 6 MIndBauRL ohne spezielle Nachweise zu ermöglichen.

Bis zur Fassung von 2000 war das **vereinfachte Verfahren** noch nicht Teil der Regelungen gewesen, und die besonders günstigen Bedingungen für besonders weitgehende Erleichterungen wurden im seinerzeit verlangten Standardverfahren nach DIN 18230-1 für eingeschossige Industriebauten geregelt.

Mit der Einführung des speziellen vereinfachten Verfahrens des Abschnittes 6 musste eine grundsätzliche begriffliche Abgrenzung der besonders begünstigten **erdgeschossigen** Industriebauten von den sonstigen **eingeschossigen** Industriebauten vorgenommen werden. Für bestimmte Randbedingungen unterscheiden sich die Regelanforderungen an erdgeschossige daher nicht von denen an eingeschossige Industriebauten.

Bei der Risikobeurteilung wurden die Voraussetzungen für wirksame Löscharbeiten – insbesondere die Zugänglichkeit für die Kräfte der Feuerwehr – und das mögliche Schadenausmaß bei einem Totalschaden (am freistehenden Gebäude) bewertet. Auf diese Risikobeurteilung wird auch bei der Festlegung zulässiger Flächen mit dem Verfahren nach Abschnitt 7 MIndBauRL Bezug genommen (siehe Tabelle 7 im Abschnitt 7.6.2).

Die besonders günstigen Verhältnisse ergeben sich insbesondere aus folgenden Eigenschaften der erdgeschossigen Industriebauten:

- Es handelt sich um freistehende Gebäude und nicht um Teile von Gebäuden.
- Es sind jeweils eigenständige Gebäude.
- Sie haben nur ein oberirdisches Geschoss und keine Kellergeschosse.
- Ihre Fußböden liegen an keiner Stelle mehr als 1 m unter der Geländeoberfläche.

> **Hinweis:**
> Im Abschnitt 6 MIndBauRL werden Anforderungen an eingeschossige Industriebauten nicht geregelt. Tabelle 2 in Abschnitt 6.2 erfasst dafür die erdgeschossigen Industriebauten und weist hierfür besondere Erleichterungen aus. Für eingeschossige Industriebauten, die keine erdgeschossigen Industriebauten sind, ist grundsätzlich das Verfahren nach Abschnitt 7 vorgesehen und nicht das nach Abschnitt 6 MIndBauRL.

Inwieweit von dem o.g. Grundsatz im Einzelfall abgewichen werden kann und auch klassische eingeschossige Bauten mit dem Verfahren nach Abschnitt 6 MIndBauRL bewertet werden können, ist im Einzelfall als Abweichung von der Richtlinie zu prüfen und zu begründen.

e.3) Unterschied zu eingeschossigen Industriebauten (MIndBauRL 2014)

Eingeschossige Industriebauten (Industriebauten mit einem oberirdischen Geschoss, unabhängig von dessen Fußbodenlage in Bezug auf die Geländehöhe) mit oder ohne Kellergeschosse zählen in der Regel nicht zu den erdgeschossigen Industriebauten. Vielmehr sind erdgeschossige ein Sonderfall der eingeschossigen Industriebauten.

Ein wesentlicher Unterschied zwischen erdgeschossigen und eingeschossigen Industriebauten liegt in der brandschutztechnischen Bemessung der Bauteile dieser Gebäude. Die Bauteilbemessung für eingeschossige Industriebauten ist erforderlich und der Sicherheitsbeiwert ist dafür in DIN 18230-1 definiert, während auf die Bauteilbemessung für erdgeschossige Industriebauten ggf. ganz verzichtet wird (Tabelle 2 für das Verfahren nach Abschnitt 6 und Tabelle 7 für das Verfahren nach Abschnitt 7 MIndBauRL). Wegen dieser Systematik kommt der Begriff eingeschossiger Industriebau im Abschnitt 6 und in der Tabelle 2 nicht vor.

Für eingeschossige Industriebauten ergeben sich die Anforderungen nach Abschnitt 7 MIndBauRL. Sofern sie dennoch nach Abschnitt 6 beurteilt werden sollen, handelt es sich um eine **Abweichung** von der Richtlinie, die entsprechende Begründungen erfordert.

e.4) Erdgeschossige Industriebauten mit Kellergeschossen (MIndBauRL 2014)

Erdgeschossige Industriebauten haben keine Kellergeschosse und liegen auch an keiner Stelle mehr als 1 m mit ihren Fußböden/Bodenplatten unter der festgelegten Geländehöhe; erdgeschossige Industriebauten **mit Kellergeschossen** sind zunächst als eingeschossige Industriebauten zu betrachten.

Wenn aus einem echten Kellergeschoss keine Gefahr der Brandausbreitung zwischen den beiden Geschossen besteht und aus dem Versagen des oberirdischen Geschosses keine Gefahren für die Einsatzkräfte bei einer Kellerbrandbekämpfung gesehen werden, besteht insbesondere bei freistehenden Industriebauten mit sehr guten Voraussetzungen für die Brandbekämpfung auch die Möglichkeit einer Übertragung des Begriffs erdgeschossiger Industriebau als **Abweichung** von der MIndBauRL auf solche Gebäude.

- Der Text der Richtlinie „*[...] mit nicht mehr als einem oberirdischen Geschoss ohne Ebenen [...]*" ist bei einer solchen Übertragung so anzuwenden, dass der oberirdische Teil des Gebäudes maximal ein Geschoss haben darf und dass innerhalb dieses einzigen oberirdischen Geschosses keine zusätzlichen Ebenen vorhanden sein dürfen.
- Diese Interpretation der Richtlinie kann in solchen Abweichungsfällen Kellergeschosse unter erdgeschossigen Industriebauten begründen.
- Die Anwendung des Begriffs erdgeschossiger Industriebau auf eingeschossige Industriebauten mit Kellergeschossen sollte mit einer besonderen Risikobewertung verbunden werden, die dem Schutzzielgedanken ausreichend Rechnung trägt: Mit dem zulässigen Versagen des erdgeschossigen Gebäudeteils dürfen keine anderen Schutzziele (z. B. Sicherheit der Feuerwehreinsatzkräfte bei der Brandbekämpfung im Kellergeschoss) verletzt werden. Die geringen bauordnungsrechtlichen Anforderungen an erdgeschossige Industriebauten ergeben sich daraus, dass solche Gebäude grundsätzlich keine Gefahren für andere Geschosse darstellen. Dies gilt insbesondere, wenn diese Vorgehensweise für das Verfahren nach Abschnitt 7 in Verbindung mit Tabelle 7 MIndBauRL angewendet werden soll.

e.5) Beispiele für Abweichungen: eingeschossige Industriebauten in Hanglage, die wie erdgeschossige Industriebauten beurteilt werden dürfen (MIndBauRL 2014)

Ein Geschoss, das nur an einzelnen Stellen mehr als 1 m unter der Geländeoberfläche liegt, ist allein deswegen noch kein Geschoss unter der Geländeoberfläche im Sinne des § 2 Abs. 6 MBO. Dies sind Geschosse, die mit ihrer Deckenunterkante im Mittel nicht mehr als 1,40 m über die festgelegte Geländeoberfläche hinausragen; bei Geschossen mit einem geneigten oberen Raumabschluss (z. B. Dach) gilt als Bezugshöhe die mittlere Höhe des oberen Raumabschlusses.

Mit den Neuformulierungen des Abschnitts 5.4 (Geschosse und Ebenen unter der Geländeoberfläche) werden insbesondere Restriktionen für zulässige Flächen (als Abschnittsflächen) für Geschosse von BA, für Grundflächen von BBA und von Ebenen festgelegt, wenn deren Fußböden mehr als 1 m unter der Geländeoberfläche liegen. Damit hat sich gegenüber der Fassung der Richtlinie von 2000 eine erhebliche Verschärfung ergeben: 2000 wurde für die Flächenbegrenzung das Kellergeschoss-Kriterium der MBO verwendet; es orientierte sich im Wesentlichen an dem Hallenteil, der über die Geländeoberfläche hinausragt.

Es spricht jedoch weiterhin nichts dagegen, diese teilweise unter der Geländeoberfläche angeordneten Gebäude oder Gebäudeteile im Einzelfall als Abweichung von der MIndBauRL wie erdgeschossige Industriebauten zu behandeln. Voraussetzung hierfür ist, dass das Brandrisiko und die Randbedingungen für den abwehrenden Brandschutz (Zugänglichkeit für die Feuerwehr) mit der Situation erdgeschossiger Industriebauten vergleichbar sind. Außerdem müssen die in den Tabellen 2 und 7 MIndBauRL angegebenen Anforderungen an den Wärmeabzug und an die Gebäudebreite eingehalten werden.

Die Voraussetzungen zur erweiterten Anwendung der Regelungen für erdgeschossige Industriebauten werden z. B. von eingeschossigen Industriebauten in Hanglage (auch bei Fußbodenlage von stellenweise mehr als 1 m unter der

Geländehöhe) mit guter Zugänglichkeit für die Feuerwehr erfüllt, so dass hier eine entsprechende Abweichung möglich ist. Neben der guten Zugänglichkeit sind in solchen Fällen die nach Landesrecht geltenden Anforderungen für die Einstufung von Geschossen als Geschosse über der Geländeoberfläche einzuhalten.

Folgende Kriterien können zur Risikobewertung für entsprechende Abweichungen von der Richtlinie empfohlen werden. Sofern in solchen Fällen eine Zugänglichkeit nicht auf einer vollen Seite geschaffen wird, kann bei geringen Brandgefahren ggf. auch ersatzweise auf anderen Seiten eine Zugänglichkeit angeordnet werden. Da die Brandgefahren im Verfahren nach Abschnitt 6 MIndBauRL nicht besonders bewertet werden, sollten solche **Sonderüberlegungen** für Abweichungen grundsätzlich dem Verfahren nach Abschnitt 7 vorbehalten bleiben:

- Befinden sich diese zugänglichen Stellen auf der Hangseite, müssen Treppen i. d. R. als außen angeordnete Böschungstreppen angelegt werden.
- Innen liegende Treppen ohne eigene Treppenräume können unter diesen Umständen nur unter besonders günstigen Risikoverhältnissen als ausreichender Ersatz für nicht von außen zugängliche Seitenteile angerechnet werden.

Wegen der vorausgesetzten über die Geländeoberfläche hinausragenden Hallenteile, insbesondere mit entsprechenden Öffnungen zur Rauchableitung gemäß Abschnitt 5.7 MIndBauRL und den vorgeschriebenen Wärmeabzugsöffnungen gemäß Tabellen 2 und 7, sind keine besonderen Zusatzrisiken für die Feuerwehr bei der Brandbekämpfung zu erwarten.

Das gilt grundsätzlich auch für folgende Aspekte:

- Innentreppen zu Ausgangstüren ins Freie, die oberhalb des Fußbodens angeordnet sind, können als Stahltreppen ausgeführt werden. Allerdings sollten sich die Ausgangstüren in der unteren Hälfte der jeweiligen Räume befinden (und nicht per se im Rauchreservoir der Halle).
- Für die Bemessung der Rettungsweglängen nach Abschnitt 5.6 MIndBauRL sollte als Bezugshöhe die Unterkante der tiefsten Ausgangstür des zu beurteilenden Raums verwendet werden, wenn diese oberhalb des Fußbodens angeordnet ist.

Die ausgeführten Kommentare und Empfehlungen sind nicht zusammen mit den Erleichterungen anzuwenden, die nach Abschnitt 5.3 MIndBauRL für zweigeschossige Industriebauten mit Zufahrten vorgesehen sind.

Bilder 3.10-1 bis 3.10-3: Beispiele für Abweichungen bei eingeschossigen Industriegebäuden in Hanglage mit Teilen unter der Geländeoberfläche (MIndBauRL 2014)

Wegen der günstigen Voraussetzungen (s.o.) können die Gebäude wie erdgeschossige Industriebauten beurteilt werden. Es besteht dann keine Flächenbegrenzung nach Abschnitt 5.4 MIndBauRL 2014.

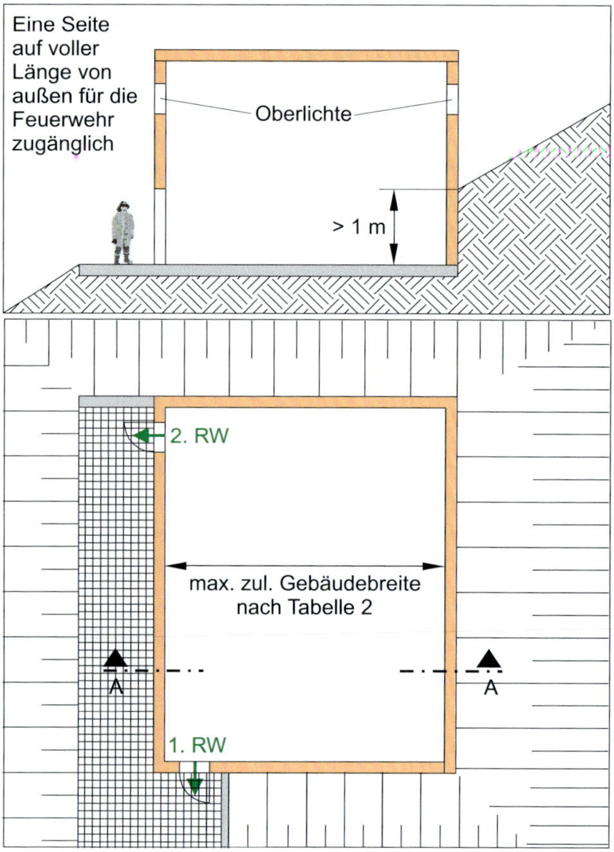

Bild 3.10-1: Gebäude ist auf einer Seite in voller Länge von außen für die Feuerwehr zugänglich

Für die Behandlung als erdgeschossiger Industriebau ist eine **Abweichung** erforderlich.

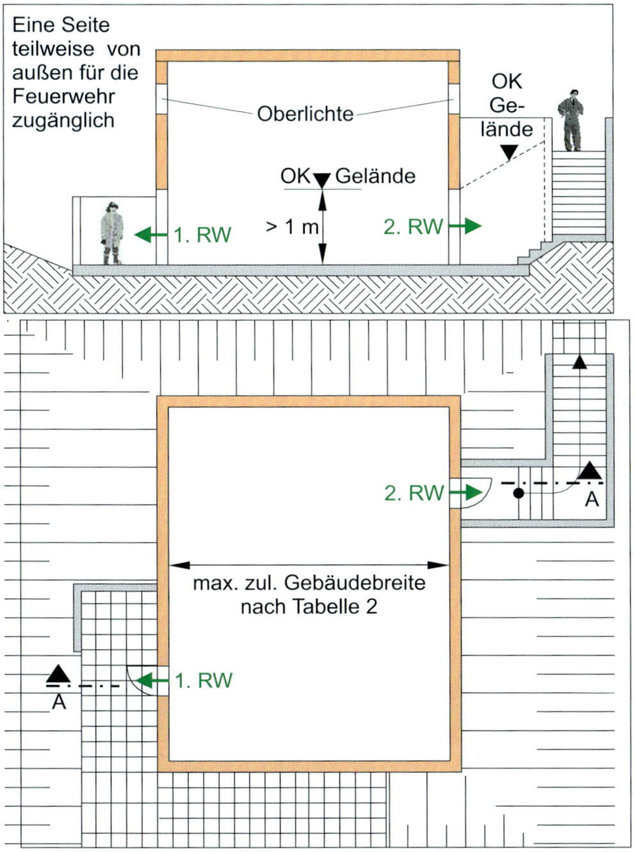

Bild 3.10-2: Industriebau ist nur teilweise von außen für die Feuerwehr zugänglich

Die Kompensation besteht auf einer nicht direkt zugänglichen Seite durch eine Böschungstreppe. Für die Behandlung als erdgeschossiger Industriebau ist eine **Abweichung** erforderlich.

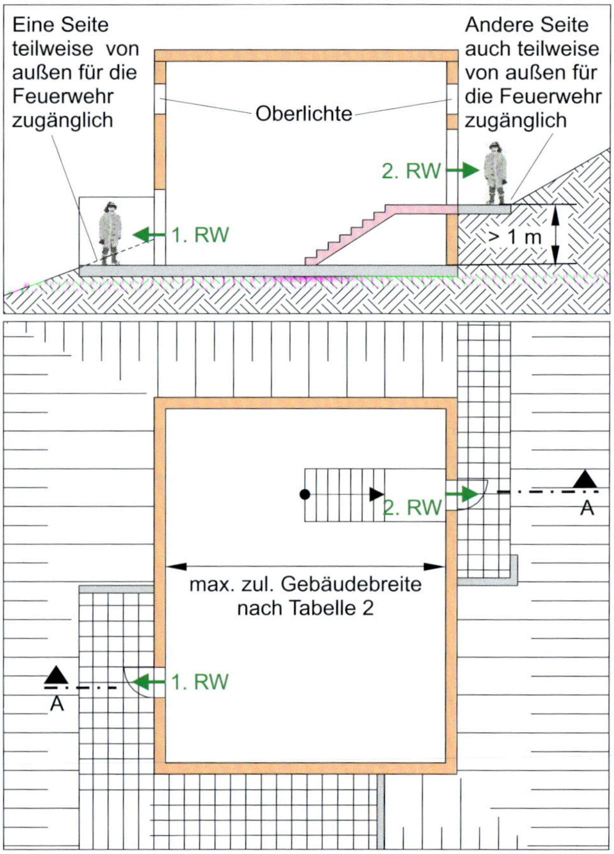

Bild 3.10-3: Industriebau ist nur teilweise von außen für die Feuerwehr zugänglich

Eine ungeschützte Innentreppe ohne eigenen Treppenraum ist nur bei besonders günstigen Risikoverhältnissen möglich. Für die Behandlung als erdgeschossiger Industriebau ist eine **Abweichung** erforderlich.

3.11 Brandsicherheitsklassen

Brandsicherheitsklassen sind Klassierungsstufen, mit denen die unterschiedliche brandschutztechnische Bedeutung von Bauteilen bewertet wird.

Zu 3.11 Brandsicherheitsklassen

Die Definition des Begriffes wird wegen der Ermittlung der erforderlichen Feuerwiderstandsfähigkeit von Bauteilen nach Tabelle 6 erforderlich, die unter Berücksichtigung der jeweiligen Brandsicherheitsklasse zu erfolgen hat.

Zu 3.11: Brandsicherheitsklassen

a) Grundsätze

Brandsicherheitsklassen werden ausschließlich im Verfahren nach Abschnitt 7 MIndBauRL zur Bewertung der Anforderungen an die Bauteile benötigt.

Folgende Bauteile/Sonderbauteile werden den Brandsicherheitsklassen zugeordnet:

- tragende und aussteifende Bauteile (auch des Dachtragwerkes)
- raumabschließende Bauteile (Wände und Decken)
- Bauteile zum Verschließen von Öffnungen in raumabschließenden Bauteilen

b) Brandwände und BBA-Trennwände

BW und Wände zur Trennung von BBA sind im Abschnitt 5.10 separat und abschließend geregelt. Für diese speziellen Trennwände ist eine Einordnung in das System der Brandsicherheitsklassen nicht erforderlich und in der MIndBauRL auch nicht vorgesehen.

Trennwände von BBA werden auch im Abschnitt 7.6 nicht behandelt. Sie sind in Tabelle 6 nicht gelistet – anders als Decken, die BBA voneinander trennen. Während diese Trenndecken brandschutztechnisch nach den Ergebnissen von Berechnungen nach DIN 18230-1 bemessen werden dürfen, ist dies für die BBA-Trennwände nicht (mehr) vorgesehen.

Damit sind ältere Regelungen, die eine derartige Bemessung zugelassen und sogar gezielt vorgesehen haben, aufgehoben. Bestandsschutz für so bemessene BBA-Trennwände kann in Anspruch genommen werden – allerdings stets in Verbindung mit den dafür angenommenen und der Bemessung zugrunde gelegten Bemessungswerte (also insbesondere der seinerzeit zulässigen Brandlasten).

In diesem Zusammenhang wird auf die erforderlichen „speziellen Teilflächennachweise“ im Sinne von Abschnitt 7.4.6 MIndBauRL Fassung 2000 hingewiesen (siehe hier Erläuterung zu Abschnitt 7.3.2).

3.12 Sicherheitskategorien

Sicherheitskategorien sind Klassierungsstufen für die brandschutztechnische Infrastruktur. Sie ergeben sich aus den Vorkehrungen für die Brandmeldung, der Art der Feuerwehr und der Art einer Feuerlöschanlage. Sie werden wie folgt unterschieden:

- Sicherheitskategorie K 1:
  Brandabschnitte oder Brandbekämpfungsabschnitte ohne besondere Maßnahmen für Brandmeldung und Brandbekämpfung
- Sicherheitskategorie K 2:
  Brandabschnitte oder Brandbekämpfungsabschnitte mit automatischer Brandmeldeanlage
- Sicherheitskategorie K 3.1:
  Brandabschnitte oder Brandbekämpfungsabschnitte mit automatischer Brandmeldeanlage in Industriebauten mit Werkfeuerwehr in mindestens Staffelstärke; diese Staffel muss aus hauptberuflichen Kräften bestehen.
- Sicherheitskategorie K 3.2:
  Brandabschnitte oder Brandbekämpfungsabschnitte mit automatischer Brandmeldeanlage in Industriebauten mit Werkfeuerwehr in mindestens Gruppenstärke
- Sicherheitskategorie K 3.3:
  Brandabschnitte oder Brandbekämpfungsabschnitte mit automatischer Brandmeldeanlage in Industriebauten mit Werkfeuerwehr mit mindestens 2 Staffeln
- Sicherheitskategorie K 3.4:
  Brandabschnitte oder Brandbekämpfungsabschnitte mit automatischer Brandmeldeanlage in Industriebauten mit Werkfeuerwehr mit mindestens 3 Staffeln
- Sicherheitskategorie K 4:
  Brandabschnitte oder Brandbekämpfungsabschnitte mit selbsttätiger Feuerlöschanlage

Bei Vorhandensein einer flächendeckenden halbstationären Feuerlöschanlage darf in den Sicherheitskategorien K 3.1 bis K 3.3 die jeweils nächst höhere Kategorie angesetzt werden, wenn die Werkfeuerwehr der Verwendung der Feuerlöschanlage zugestimmt hat.

Zu 3.12 Sicherheitskategorien

Die Sicherheitskategorien dienen als Kriterium unterschiedlicher Anforderungen auch an die zulässige Größe der Brandabschnittsflächen und der Brandbekämpfungsabschnittsflächen.

Halbstationäre Löschanlagen erleichtern die Löscharbeiten der Werkfeuerwehr, wodurch eine differenziertere Einstufung in die Sicherheitskategorien möglich wird.

Sicherheits-kategorie K	Brandschutztechnische Infrastruktur
K 1	keine besonderen Maßnahmen
K 2	automatische Brandmeldeanlage
K 3	Werkfeuerwehr + automatische Brandmeldeanlage
K 3.1	Staffelstärke aus hauptberuflichen Kräften
K 3.2	Gruppenstärke
K 3.3	mindestens zwei Staffeln
K 3.4	mindestens drei Staffeln
K 4	selbsttätige Löschanlage

Tabelle 3.12-1: Überblick über die verschiedenen Sicherheitskategorien, die in der MIndBauRL unterschieden werden

Zu 3.12: Sicherheitskategorien

a) Allgemeines

Die Sicherheitskategorien klassifizieren die brandschutztechnische Infrastruktur des Betriebs, die im jeweils bewerteten BA oder BBA verfügbar ist. Dabei werden insbesondere die Branderkennung und Brandmeldung und die Leistungsfähigkeit der Feuerwehr sowie der Feuerlöschanlagen berücksichtigt, sofern diese flächendeckend im gesamten betrachteten Gebäudeteil installiert bzw. wirksam werden können. Es werden hierbei nur automatische Feuerlöschanlagen berücksichtigt.

Bei der Sicherheitskategorie K 3.1 wird – abweichend von den anderen Sicherheitskategorien – gefordert, dass die anrechenbare Werkfeuerwehr (nach Abschnitt 3.13 MIndBauRL mit einer Fünf-Minuten-Hilfsfrist) aus hauptberuflichen Kräften bestehen muss. Ein wesentlicher Grund für diese erhöhten Anforderungen ist der Schutz der Werkfeuerwehrkräfte.

Sowohl DIN 18230-1 als auch MIndBauRL weisen den anrechenbaren Werkfeuerwehren eine Vielzahl von teils sehr anspruchsvollen Aufgaben zu. Diese Aufgaben können einer Werkfeuerwehr in der Stärke einer Staffel ohne hauptberufliche Kräfte nicht innerhalb des allgemein gültigen Brandschutzkonzeptes einer Richtlinie zugemutet werden.

Unter diesen Aspekten ist in Abstimmung mit dem Werkfeuerwehrverband bereits für die MIndBauRL 2000 die Forderung nach hauptberuflichen Kräften in das Regelwerk aufgenommen worden.

b) Halbstationäre Feuerlöschanlagen

Halbstationäre Feuerlöschanlagen werden seit der MIndBauRL 2014 unmittelbar bei der Festlegung der Sicherheitskategorie berücksichtigt.

Voraussetzung für die Anrechenbarkeit von halbstationären Feuerlöschanlagen ist neben der Einhaltung entsprechender a. a. R. d. T. die Akzeptanz der zuständigen Werkfeuerwehr, die alle Anforderungen nach Abschnitt 3.13 MIndBauRL erfüllt.

Die Berücksichtigung der halbstationären Feuerlöschanlage erfolgt formal durch eine **Aufwertung** der Werkfeuerwehr um eine Stufe – dies gilt für die Werkfeuerwehren der Sicherheitskategorien K 3.1 bis K 3.3, die dann mit den Sicherheitskategorien K 3.2 bis K 3.4 bewertet werden. Kategorie K 3.4 kann nicht weiter aufgewertet werden.

3.13 Werkfeuerwehr

Werkfeuerwehr i. S. dieser Richtlinie ist eine nach Landesrecht anerkannte Werkfeuerwehr*), die jederzeit in spätestens 5 Minuten nach ihrer Alarmierung die Einsatzstelle erreicht; Einsatzstelle ist die Stelle des Industriebaus, von der aus vor Ort erste Brandbekämpfungsmaßnahmen vorgetragen werden.

Zu 3.13 Werkfeuerwehr

Die Anerkennung ergibt sich nach Landesrecht, die Anrechenbarkeit nach der Richtlinie. Die Anrechenbarkeit ergibt sich aus der kurzen Hilfsfrist, der Ortskenntnis und der besonderen Fähigkeit der Werkfeuerwehren.

Die Einsatzstelle ist ein Zugang zum betroffenen Industriebau. Diese Stelle kann auch an einem Brandabschnitt oder Brandbekämpfungsabschnitt des Industriebaus sein, der vom Brand nicht unmittelbar betroffen ist.

Zu 3.13: Werkfeuerwehr

a) Allgemeines

Anrechenbare Werkfeuerwehren müssen die Einsatzstelle jederzeit spätestens fünf Minuten nach Eingang des Alarms erreichen können. Dies unterstreicht das Erfordernis von Feuerwehr-Einsatzplanungen, in denen u. a. auch die Einsatzstellen im Sinne der MIndBauRL festgelegt werden.

Die Richtlinie dient nicht dazu, die Stärke einer Werkfeuerwehr festzulegen.

Mit der Bezeichnung *„hauptberuflich"* (in der Richtlinie 2000 wurde noch der Begriff *„hauptamtlich"* verwendet) ist keine Änderung des Anforderungsprofils vorgenommen worden.

Die Anrechnung von Werkfeuerwehren bezieht sich ausschließlich auf *„nach Landesrecht anerkannte"* Werkfeuerwehren und bezieht Betriebsfeuerwehren somit nicht mit ein! Sofern solche „Nicht-Werkfeuerwehren" dennoch Berücksichtigung finden sollen, handelt es sich um eine sehr spezielle Abweichung von der Richtlinie. Diese bedarf besonderer Bedingungen und einer entsprechenden Abstimmung mit der den Brandschutz prüfenden Stellen (Genehmigungsbehörden bzw. Prüfsachverständigen).

Eine solche Abweichung sollte daher möglichst vermieden werden. Andererseits können ggf. auch Teile von Werkfeuerwehren anderer Betriebe Berücksichtigung finden (z. B. bei verschiedenen Betrieben auf „gleichem" Betriebsgelände nach Aufteilung großer Firmen in kleinere, selbstständige Betriebe).

b) Einhaltung der Fünf-Minuten-Frist

Die MIndBauRL berücksichtigt den **besonderen Schutzwert** von Werkfeuerwehren, wenn sie spätestens fünf Minuten nach der Alarmierung die Einsatzstelle erreicht. Dabei wird nach der Einsatzstärke unterschieden.

Sofern mehrere Staffeln die Einsatzstärke bilden, stellt sich die Frage, ob alle anrechenbaren Einsatzkräfte bereits innerhalb der Fünf-Minuten-Frist an der Einsatzstelle sein müssen oder ob einzelne Kräfte der Werkfeuerwehr auch später eintreffen dürfen und dennoch die Sicherheitskategorie (gemäß Abschnitt 3.12) mitbestimmen.

Der besondere Schutzwert der Werkfeuerwehren gegenüber den öffentlichen Feuerwehren ergibt sich zum einen aus deren kurzer Hilfsfrist und zum anderen aus deren besonderer Ortskenntnis. Damit ist eine Vertrautheit mit betriebstechnischen Details (Prozesse, Stoffe, Betriebsgefahren usw.) verbunden, aber auch die auf den Betrieb abgestellten besonderen technischen Ausstattungen und Ausrüstungen der Werkfeuerwehr: größere und **gefährlichere** Betriebe verfügen i. d. R. über größere und spezieller ausgerüstete Werkfeuerwehren.

*) nach Landesrecht

Hieraus lässt sich unmittelbar ableiten, dass zur Einhaltung der Fünf-Minuten-Frist **das Eintreffen der ersten einsatzfähigen Einheit (Staffel)** der Werkfeuerwehr ausreicht. Je nach Situation vor Ort werden dann nach Bedarf weitere Einsatzkräfte angefordert, die entsprechend später eintreffen.

Gefordert wird eine Eintreffzeit an der Einsatzstelle (Hallenzugang) als bauordnungsrechtlicher **Mindestwert von spätestens 5 Minuten** nach Alarmierung.

Diese Zeitvorgabe kann in der Praxis aus vielerlei Gründen nicht in jedem Einsatzfall erreicht werden. Jedoch gelten für das Erreichen dieser 5-Minuten-Frist relativ hohe Erwartungen: Der Erreichungsgrad dieser Richtzeit sollte etwa bei 95 % aller Fälle liegen (zwischen 90 % und 100 %). Das ist zwar in der MIndBauRL in dieser Klarheit nicht konkret festgelegt – es ergibt sich aber aus der sicherheitstechnischen Bedeutung der Werkfeuerwehr als Sicherheitsmaßnahme im Abgleich mit der erwarteten bzw. sogar verlangten Zuverlässigkeit, die andere Sicherheitseinrichtungen und -anlagen erfüllen müssen und im Abgleich mit dem Standard-Erreichungsgrad der 8-Minuten-Frist öffentlicher Feuerwehren quasi als Selbstverständlichkeit.

Als Konsequenz aus dieser Feststellung kann für die Planung und Prüfung von Brandschutzkonzepten nur auf die Erfassung und Dokumentation der Einsatzzeiten von bereits bestehenden Werkfeuerwehren hingewiesen werden, aus denen sich die tatsächlich erreichbaren und zu erwartenden Eintreffzeiten für die Risikobewertungen im Einzelfall ableiten lassen. Da die Einhaltung der o.g. Erreichungsgrade eine erhebliche Herausforderung für die Werkfeuerwehren darstellt, die wohl in einer Vielzahl der Betriebe nur sehr schwierig erfüllt werden kann, sollten ggf. die Schlussfolgerungen aus den tatsächlich zu erwartenden Eintreffzeiten im Rahmen einer risikotechnischen – aber hinreichend konservativen – Gesamtbetrachtung gezogen und begründet werden.

> **Hinweis:**
> Der reale Erreichungsgrad der erwarteten Hilfsfrist für öffentliche Feuerwehren wird regelmäßig anhand der Einsatzstatistiken festgestellt und als Qualitätsmaßstab verwendet. Bei einem signifikanten Abweichen der Hilfsfristvorgabe (festgestellter Erreichungsgrad der vorgegebenen Zeiten) wird i. d. R. die Organisation des Brandschutzes insbesondere im Hinblick auf die Zahl und Positionierung von Feuerwehr-Fahrzeugen überprüft (z. B. Lage von Feuerwachen).

Die Fünf-Minuten-Frist ist an allen Tagen des Jahres und rund um die Uhr (24/7) sicherzustellen. Werkfeuerwehren, die z. B. nur für die Betriebszeiten (also ggf. nicht in der Nacht oder nicht an Sonn- und Feiertagen) die Fünf-Minuten-Frist sicherstellen können, sind dementsprechend im Sinne der MIndBauRL nicht anrechenbar, selbst wenn sie als Werkfeuerwehr nach Landesrecht anerkannt sind.

c) Kriterien der Fünf-Minuten-Frist

Die Fünf-Minuten-Frist als ein Kriterium zur Bewertung des Schutzwertes von Werkfeuerwehren umfasst den Zeitraum zwischen dem Eingang der Alarmierung an der zuständigen Leitstelle für den Feuerschutz („*zuständige Feuerwehralarmierungsstelle*“ entsprechend Abschnitt 5.9 MIndBauRL) und dem (vollständigen) Eintreffen der ersten Staffel an der Einsatzstelle.

Dieser Zeitraum wird üblicherweise als **Hilfsfrist** bezeichnet. Bundesweit gibt es allerdings unterschiedliche Definitionen für diesen Begriff, so dass er in der MIndBauRL selbst nicht verwendet wird.

In diesen Zeitraum fallen insbesondere folgende Aktivitäten/Ereignisse:

- Beginn des Notrufs (bzw. Eingang der Brandmeldung einer Brandmeldeanlage) an die Leitstelle
- Gesprächs- und Dispositionszeit der Feuerwehr (in der Leitstelle)
- Alarmierung der Einsatzkräfte der Feuerwehr
- Ausrückzeit
- Anfahrtszeit
- Eintreffen an der Einsatzstelle

Nicht in den Zeitraum der Hilfsfrist fällt z. B. die Zeitspanne zwischen dem Entstehen des Brandes und seiner Entdeckung bzw. bis zum Beginn der Brandmeldung bei der für den Feuerschutz zuständigen Leitstelle.

Ferner werden bis zum Beginn wirksamer Löschmaßnahmen auch Zeiten benötigt für

- die Erkundung und
- die Entwicklung.

> **Hinweis:**
> DIN 14011-9 definiert die Hilfsfrist als „*Zeit zwischen dem Entdecken eines Schadensereignisses und Wirksamwerden der befohlenen Maßnahmen*". Die so definierte Hilfsfrist setzt sich zusammen aus Meldezeit, Alarmierungszeit, Ausrückzeit, Anmarschzeit, Erkundungszeit und Entwicklungszeit.

d) Messung der Fünf-Minuten-Frist

Die Fünf-Minuten-Frist wird an der **Einsatzstelle** gemessen. Sie ist im Sinne der MIndBauRL generell der Ort, von dem aus **die ersten Brandbekämpfungsmaßnahmen** ausgehen. Das gilt auch für innen liegende BA, die nur von außen über andere BA erreicht werden können.

- Die Einsatzstelle befindet sich nicht innerhalb des Gebäudes, sondern grundsätzlich an dessen Zugang. Der Zugang zur Brandstelle kann ggf. auch an einem anderen (nicht unmittelbar vom Brand betroffenen) BA/BBA angeordnet sein.
- Die Laufzeit der Einsatzkräfte innerhalb der Gebäude bis zur Brandstelle wird von der MIndBauRL nicht bewertet. Die Brandstelle ist grundsätzlich nicht die Einsatzstelle im Sinne der Richtlinie.

Einzelne Landesregelungen weichen in diesem Punkt von der Richtlinie ab.

Beispiel

Für Bayern[1] wird explizit auf den Unterschied zwischen der Einsatzstelle und der Stelle des Industriebaus, von der aus vor Ort erste Brandbekämpfungsmaßnahmen vorgetragen werden, unterschieden.

Zur Unterstützung der Einsatzplanung der Feuerwehr können bei der Brandschutzplanung besondere Aspekte der Erreichbarkeit ggf. abgesprochen und behandelt werden:

- Erreichbarkeit jedes Punktes innerhalb eines Industriebaus – also im Geschossbau auch in höheren Geschossen und in Kellergeschossen: Hier ist zunächst die Notwendigkeit bzw. die Zweckmäßigkeit zu hinterfragen.
- Besondere Beachtung ist insbesondere den **Einbauten** zu widmen. Sie sind Bauteile im Sinne der MIndBauRL und stellen insofern auch zu erreichende Stellen innerhalb des Industriebaus dar. Dass die Einbauten zur Brandbekämpfung nicht betreten werden sollen (siehe Abschnitt 5.5), bezieht sich unmittelbar auf fortgeschrittene Brände und auf die öffentliche Feuerwehr. Sie meint damit für diese Szenarien auch Flächen unter den Einbauten (unter den begehbaren Decken). Kleinere Brände oder Brandszenarien, die von einer Werkfeuerwehr sicher beurteilt werden können, sollen aber gleichwohl auch durch Betreten dieser Einbaudecken bekämpft werden (dürfen).
  Inwieweit die Erreichbarkeit von Einbauten nicht zu bewerten ist, ist im Einzelfall zu klären: Hier fordert die MIndBauRL keine Erreichbarkeit – die LBOs ggf. wohl.
- Für **Teile von Einrichtungen,** die in der Regel nicht zu den Stellen eines Industriebaus zählen, können ggf. spezielle Überlegungen für die Brandbekämpfung im Sinne einer Unterstützung der Einsatzbedingungen angestellt werden. Das gilt insbesondere für begehbare Regallager mit Regalteilen, die zum Industriebau (zur baulichen Anlage) gerechnet werden.

e) Erreichbarkeit von Brandstellen

Es ist erlaubt, dass Brandstellen innerhalb des Industriebaus von den Einsatzstellen auch über andere BA oder BBA erreicht werden. Der Angriffsweg kann ggf. auch über mehrere Gebäudeabschnitte führen, die nicht unmittelbar vom Brand betroffen sind.

---

1) BayTB, Anlage A 2.2.1.15/Bay zur Richtlinie über den baulichen Brandschutz im Industriebau (MIndBauRL)

BA und BBA, die keine Außenwand haben, von der aus die Feuerwehr den Industriebau unmittelbar betreten kann, müssen mit einer selbsttätigen Feuerlöschanlage ausgestattet sein (siehe Abschnitt 5.2.1).

In Einzelfällen kann es erforderlich sein, planerisch die Einsatzstelle so festzulegen, dass Brandstellen zunächst über längere Wege und über einen anderen Brandabschnitt innerhalb der baulichen Anlagen erreicht werden. Das kann insbesondere für die Erkundung zutreffen. In diesem Fall sind die Angriffswege im Rahmen der Einsatzplanung abweichend von den Grundsätzen von Abschnitt 5.2.1 MIndBauRL vorgesehen und bedürfen einer besonderen Begründung. Solche Situationen sind vorzugsweise bei der brandschutztechnischen Ertüchtigung von größeren Industriebau-Komplexen im Bestand anzunehmen, bei denen durch nachträgliche Abschnittsbildung neue BA geschaffen werden, die zur Erreichbarkeit der Brandstelle durchquert werden müssen.

Als Angriffs- und Rückzugswege stehen die Rettungswege gemäß Abschnitt 5.6 MIndBauRL zur Verfügung, die das Erreichen der Brandstelle über maximal einen anderen BA oder BBA ermöglichen.

f) Anrechenbarkeit von Werkfeuerwehren

Als anrechenbare Werkfeuerwehren sind nur betriebliche Feuerwehren vorgesehen, die nach Landesrecht als Werkfeuerwehr anerkannt sind.

Der Anerkennung als Werkfeuerwehr müssen nicht zwingend die Risikobewertungen und Anerkennungskriterien des betreffenden Industriebaus bzw. BA oder BBA zugrunde liegen. Betriebe können auch auf Werkfeuerwehren zurückgreifen, die für andere Betriebe oder Betriebsteile behördlich gefordert und anerkannt sind.

Es ist nicht unüblich, dass Werkfeuerwehren im Sinne der MIndBauRL auch für bauliche Anlagen und Gebäudeteile angerechnet werden, die selbst aufgrund ihrer **geringeren** Betriebsgefahren keinen Spezialschutz durch eine Werkfeuerwehr erforderlich machen. Sofern sich solche Betriebe der Einsatzfähigkeit einer vorhandenen Werkfeuerwehr bedienen können, sind diese betriebsfremden Werkfeuerwehren anrechenbar.

Dafür müssen allerdings äquivalente Bedingungen wie für die unmittelbar anerkennungsrelevanten Betriebsbereiche vorliegen: Das betrifft insbesondere die Ortskenntnis, die Kenntnis der Betriebsgefahren und die Ausrüstung mit geeigneten Brandbekämpfungseinrichtungen. Auch betriebsfremde Werkfeuerwehren müssen die Fünf-Minuten-Frist jederzeit erfüllen.

g) Werkfeuerwehren der Sicherheitskategorie K 3.1

Werkfeuerwehren der Sicherheitskategorie K 3.1 (Staffelstärke; 1/5 nach Feuerwehrdienstvorschrift FwDV 3 „Einheiten im Lösch- und Hilfeleistungseinsatz“) müssen aus hauptberuflichen Kräften bestehen.

Mit dieser speziellen Forderung für die **kleinen** Werkfeuerwehren soll vermieden werden, dass den Einsatzkräften Aufgaben zufallen, die von nebenberuflichen Kräften nicht erwartet werden können.

Von **größeren** Werkfeuerwehren (K 3.2 bis K 3.4) kann erwartet werden, dass sie sich so organisieren, dass sie die verlangte Fünf-Minuten-Frist jederzeit einhalten, auch wenn sie im Wesentlichen aus nebenberuflichen Einsatzkräften bestehen.

Bei der landesspezifischen Umsetzung der MIndBauRL kann u. a. auch die Bewertung dieser kleinen Werkfeuerwehren anders vorgenommen werden. Als Beispiel wird hier auf Sonderregelungen in Bayern hingewiesen (BayTB; Anlage A 2.2.1.15/1Bay).

Ob und inwieweit die WFw der SiKat K3.1 aktuell tatsächlich anrechenbar sind, ergibt sich aus den jeweiligen VV TB der Bundesländer; hierzu haben in der jüngeren Vergangenheit z.T. erhebliche Änderungen stattgefunden.

h) Betriebsfeuerwehren, die nicht als Werkfeuerwehr anerkannt sind

Die MIndBauRL sieht im Abschnitt 3.13 ausschließlich anerkannte Werkfeuerwehren als Teil der anrechenbaren, brandschutztechnischen Infrastruktur vor. Damit steht sie im Einklang mit den entsprechenden Regelungen der DIN 18230-1.

Es ist nicht vorgesehen, diese bewährten Regelungen auf solche Betriebsfeuerwehren zu erweitern, die nicht als Werkfeuerwehren nach Landesrecht anerkannt sind. Typische Betriebsfeuerwehren bleiben dementsprechend bei regelkonformen Brandschutzplanungen und Brandschutznachweisen zunächst regelmäßig unberücksichtigt.

In begründeten Einzelfällen können allerdings als **Abweichungen von der Richtlinie** ggf. auch vorhandene Betriebsfeuerwehren bei der objektspezifischen Risikobeurteilung berücksichtigt und als Teil der Brandschutzmaßnahmen bei der Brandschutzplanung (im Brandschutzkonzept) positiv angerechnet werden. In solchen Fällen sind allerdings entsprechende Abstimmungen insbesondere mit der Brandschutzdienststelle bzw. der den Brandschutz prüfenden Stelle vorzusehen, die sich der anrechenbaren Leistungsfähigkeit der Betriebsfeuerwehr widmen müssen. Dabei spielen u. a. die Stärke und Verfügbarkeit, die Ausbildung und Ausrüstung sowie die Ortskunde und die Kenntnisse über die Prozesse und Stoffe eine wesentliche Rolle.

Derartige Sonderfälle werden wohl eher sehr selten zur Anwendung kommen. Sie sollen nicht dazu führen können, dass anerkannte Werkfeuerwehren durch nicht anerkannte Betriebsfeuerwehren umgewandelt oder durch solche ersetzt werden. Allerdings können auch sogenannte „Hausfeuerwehren“ ggf. anrechenbare Funktionen im Brandschutzkonzept erfüllen.

3.14 Kommentare und Überlegungen zu sonstigen Begriffen

Anmerkung:
Dies ist kein Gliederungspunkt der Richtlinie. Hier sind als Ergänzung zum Inhalt des Abschnittes 3 Kommentare bzw. Überlegungen zu sonstigen Begriffen aufgeführt.

a) Regelbeispielkatalog

Ein **Regelbeispielkatalog** ist eine Sammlung von Beispielen, die bestimmte Anforderungen einer Regelung erfüllen. Diese Beispiele haben nicht den Charakter von materiellen Anforderungen; sofern man sich aber dieser Beispiele bedient, sind damit die Anforderungen einer Vorschrift zweifelsfrei erfüllt. Sofern man sich dieser Beispiele jedoch nicht bedient, benötigt eine alternative Lösung ggf. entsprechende Eignungsnachweise. Alternative Lösungen stellen jedoch keine Abweichung von der Regelvorschrift dar, die einen Regelbeispielkatalog enthält.

Die in einem Regelbeispielkatalog aufgeführten Lösungsbeispiele stellen grundsätzlich **keine** abgeschlossene Liste der Möglichkeiten zur Schutzzielerfüllung dar. Es können stets auch andere Maßnahmen möglich sein, wenn ihre Eignung und Leistungsfähigkeit zur Schutzzielerfüllung ausreichen.

Da auch mit entsprechenden Nachweisen von solchen materiellen Einzelanforderungen bauordnungsrechtlicher Regelwerke abgewichen werden kann, die nicht in der besonderen Form von Regelbeispielkatalogen zusammengestellt sind, wird durch die Wahl dieser Formulierungsart die Möglichkeit eröffnet, von den Regelbeispielen abweichende alternative Lösungen zu finden.

Die MIndBauRL enthält z. B. in den Abschnitten 5.7 (Rauchableitung) und 5.13 (Dächer) Regelbeispielkataloge.

b) Bauteile

Bauteile sind **Teile des Gebäudes.** Teile der Betriebseinrichtungen sind keine Bauteile, auch wenn es sich um Tragwerke für diese Einrichtungen handelt. Die Anforderungen an Bauteile beziehen sich dementsprechend nur auf Teile des Gebäudes – nicht aber auf Teile der Betriebseinrichtungen. Insbesondere sind Regale mit ihren Stützen, Balken und Regalböden keine Bauteile im Sinne der Richtlinie. Begehbare Regalflächen sind allerdings **Stellen des Industriebaus.**

c) Räume

Was ein Raum ist, ergibt sich aus Abschnitt 3.1 MIndBauRL.

Räume müssen demnach Umfassungswände haben. Damit sind Teile von Räumen, die nicht von Umfassungswänden begrenzt sind, keine Räume, sondern Raumteile.

Umfassungswände können Öffnungen aller Art haben – insbesondere aber für den Durchgang durch diese Wände. Diese Durchgangsöffnungen können – müssen aber nicht zwingend – Türen haben. Fehlen die Türen, handelt es sich um **offene Räume.**

Räume müssen auch Decken haben. Das ergibt sich aus den offiziellen Erläuterungen zu Abschnitt 3.1: *„Umfassungswände reichen von Decke zu Decke“*. Die Decken von Räumen dürfen auch **ungeschützte Öffnungen** haben. In solchen Fällen handelt es sich auch um offene Räume.

Eingestellte Räume (siehe Abschnitt 5.6.3 MIndBauRL) sind Räume innerhalb des Industriebaus, die sich auf den Grundflächen von Geschossen und Ebenen befinden. Ihre Decken als obere Raumabschlüsse können Einbauten sein, wenn sie statisch belastbar sind und genutzt werden können. Räume auf Einbauten zählen ebenfalls zu den eingestellten Räumen.

Eingestellte Räume mit als Einbauten zählenden oberen Raumabschlüssen durften in den in Abschnitt 5.5 genannten Grenzen auch in erdgeschossigen Industriebauten angeordnet werden, ohne dass diese dadurch ihren Status als erdgeschossige Industriebauten verlieren.

Aufenthaltsräume sind gemäß § 2 (5) MBO (Fassung 2002, Beschlusslage vom 29.09.2019) *„Räume, die nicht nur zum vorübergehenden Aufenthalt von Menschen bestimmt oder geeignet sind"*.

Nicht alle LBOs haben diese Definition übernommen – stellen aber gleichwohl besondere Anforderungen an Aufenthaltsräume. Auch die MIndBauRL definiert den Aufenthaltsraum nicht; sie basiert ja auf der MBO und übernimmt insofern deren Definition automatisch.

Räume, die für den regelmäßigen Aufenthalt von Personen geplant und vorgesehen sind, sind wegen ihrer Zweckbestimmung unabhängig von der tatsächlichen Frequenz oder Dauer dieser Nutzung grundsätzlich als Aufenthaltsräume einzustufen. Als Beispiel hierfür können typische Pausenräume genannt werden, die zwar für den Aufenthalt während kurzer Pausenzeiten von Personen genutzt werden, die allerdings ausschließlich als Aufenthaltsräume vorgesehen sind und insofern alle bauordnungsrechtlichen Kriterien zur Einstufung als solche erfüllen.

In den Erläuterungen der MIndBauRL zu Abschnitt 2 wird die *„vorübergehende[] Nutzung"* beschrieben mit weniger als 2 h/Tag. Diese Beschreibung ist angeglichen an das Arbeitsstättenrecht, das über die „Leitlinien zur Arbeitsstättenverordnung" den Arbeitsplatz konkretisiert: Bezugnehmend auf die Arbeitsstättenverordnung (ArbStättV) von 2004 gehen diese Leitlinien auf die Kriterien der Regelmäßigkeit und der Dauer von Tätigkeiten der Mitarbeiter ein. Daraus ergibt sich für Arbeitsplätze Folgendes:

„Arbeitsplätze im Sinne der Definition liegen nach allgemeiner Auffassung dann vor, wenn sich Beschäftigte zur Verrichtung ihrer Arbeitsaufgabe in abgrenzbaren Bereichen einer Arbeitsstätte entweder mindestens zwei Stunden täglich oder an mindestens 30 Arbeitstagen im Jahr aufhalten müssen.

Hierbei ist es unerheblich, ob die Arbeitsaufgabe durchgehend durch einen Beschäftigten erledigt wird oder mehrere Beschäftigte nacheinander diesen Bereich zur Verrichtung ihrer Arbeitsaufgabe aufsuchen müssen. So stellen z. B. die Klassenräume in Schulen Arbeitsplätze für die Lehrer dar, auch wenn sich einzelne Lehrer nur jeweils für eine Unterrichtstunde an diesen Arbeitsplätzen aufhalten müssen." (§ 2 Abs. 2 ArbStättV 2004)

Die MIndBauRL hat sich für Arbeitsräume dieser Bewertung angeschlossen und Räume, in denen nur gelegentlich gearbeitet werden muss, nicht als Aufenthaltsräume eingestuft. Ebenso ist es im Sinne der MIndBauRL, Räume, in denen an mehr als an 30 Tagen gearbeitet werden muss, als Aufenthaltsräume einzustufen. Durch die Übernahme dieser Kriterien aus dem Arbeitsstättenrecht wird die Zusammenführung des Arbeitsstättenrechts und des Bauordnungsrechts für solche Regelungsbelange vorangetrieben, die von beiden Rechtskreisen betroffen sind (siehe auch die Festlegung von Rettungsweglängen bzw. Fluchtweglängen, Kommentare zu MIndBauRL Abschnitt 5.6, und weiter unten Punkt n).

Wichtig ist für die praktische Bewertung von Industriebauten, dass die MIndBauRL grundsätzlich nur für Lager- und Produktionsräume gilt. Räume mit anderen Zweckbestimmungen können also auch – unter ausgewählten Aspekten – einer speziellen Risikobeurteilung zugeführt werden müssen. Dies trifft für die Einstufung von Räumen als Aufenthaltsräume zu, weil hier die Kriterien des Bauordnungsrechts (Beschaffenheit und Zweckbestimmung) dominieren gegenüber der Benutzungshäufigkeit und -dauer. Materielle Brandschutzanforderungen ergeben sich dann im Rahmen der Gesamtbetrachtung des Industriebaus (siehe Kommentar zu Abschnitt 2) für solche mitgezogenen Nutzungen aus der MIndBauRL.

d) Raumteile

Raumteile können durch flächige Bauteile von anderen Raumteilen abgetrennt werden, ohne dass damit eine allseitige Umfassung und Raumbildung gegeben ist. Raumteile sind insbesondere im Zusammenhang mit den Begriffen Geschoss und Ebene von Bedeutung.

Einbauten schaffen z. B. als begehbare Bauteile Raumteile unter- und insbesondere oberhalb von Einbaudecken, die sich auf gleicher Höhe bzw. in der Höhe zur Bezugshöhe versetzt befinden.

e) Decken

Decken im Sinne der MIndBauRL sind flächige und begehbare horizontal eingebaute Bauteile, deren Fläche grundsätzlich geschlossen ist.

Die als Einbauten geltenden Decken müssen jedoch nicht geschlossen sein und dürfen z. B. als Gitterroste errichtet werden.

Für die DIN 18230-1 gelten aufgrund der Festlegungen in Abschnitt 5.1 folgende Bauteile nicht als Flächen, die für die Fläche des BBA anrechenbar sind:

- *„Flächen von freien Öffnungen*
- *Flächen von Öffnungen mit nicht qualifizierten Abdeckungen (Gitterroste/Tränenblech/Riffelblech usw.)*
- *Bühnen aus Gitterrosten und Bühnen aus Blechen, die hinsichtlich ihrer Tragfähigkeit nicht für die erforderliche Feuerwiderstandsdauer bemessen sind* [**Einbauten**, Anm. d. Verf.]."

Bei den zuletzt genannten Decken handelt es sich um Einbauten, für die in der MIndBauRL Regeln festgelegt sind.

f) Geschossdecken

Geschossdecken sind für den Brandfall bemessene Decken, die Geschosse voneinander trennen. Ihr Feuerwiderstand richtet sich

- nach dem Verfahren in Abschnitt 6 Tabelle 2 MIndBauRL sowie der Zahl der oberirdischen Geschosse im betreffenden BA und
- nach dem Verfahren in Abschnitt 7 Tabelle 6 MIndBauRL für Bauteile der Brandsicherheitsklasse SK_b3.

Im Verfahren nach Abschnitt 7 sind also bei einer nachgewiesenen erforderlichen Feuerwiderstandsdauer erf t_F von bis zu 15 Minuten keine Anforderungen an die klassifizierte Standsicherheit zu erfüllen. Sie sind aus normalentflammbaren Baustoffen zulässig.

Geschossdecken ohne klassifizierte Standsicherheit, ohne klassifizierten Raumabschluss und aus normalentflammbaren Baustoffen sind im Industriebau also zulässig, wenn im Verfahren nach Abschnitt 7 MIndBauRL der Nachweis für erf $t_F \leq 15$ Minuten gelingt.

Insbesondere die Spalte 3 der Tabelle 6 MIndBauRL zeigt, dass bei entsprechendem Nachweis (Rest-)Öffnungen in Geschossdecken brandschutztechnisch nicht klassifiziert geschützt werden müssen. In diesen Fällen dürfen z. B. Leitungs- und Lüftungsleitungen ohne brandschutztechnisch klassifizierte Schottungen durch die Geschossdecken geführt werden, wenn die Spalte zwischen den Decken und den Leitungen z. B. mit Mineralfasern verstopft werden (siehe Tabelle 6, Spalte 4, Fußnote 3 MIndBauRL).

Die Grundsatzbeurteilung von Geschossdecken, an die keine Anforderungen gestellt werden, geht von folgenden Randbedingungen aus:

- Die Standsicherheit ist für Fälle ohne erhebliche Brandeinwirkung als gegeben anzunehmen.
- Der Raumabschluss ist zur Erreichung der Schutzziele bei Einhaltung aller sonstigen Anforderungen der MIndBauRL auch mit nicht klassifizierten – aber wirksamen – Maßnahmen ausreichend.
- Die Brennbarkeit der Baustoffe ist für die Brandsicherheit in diesen Industriebauten bei der nachgewiesenen Risikolage nicht relevant auch mit normalentflammbaren Baustoffen ausreichend begrenzt.

g) Ebenendecken

Ebenendecken sind brandschutztechnisch auf ihre Standsicherheit hin bemessene Decken als obere oder untere Abtrennung von Ebenen, die keine Anforderungen an den Raumabschluss erfüllen müssen, d. h., sie können beliebig große ungeschützte Öffnungen haben. Sie werden nur in BBA eingesetzt und nach Abschnitt 7.2 MIndBauRL als aussteifende Bauteile der Brandsicherheitsklasse SK_b3 und als nichtaussteifende Bauteile der Brandsicherheitsklasse SK_b2 zugeordnet.

Die brandschutztechnische Bemessung von Bauteilen kann auch dazu führen, dass Bauteile ausreichend lange im **Brandfall standsicher** sind, ohne dass sie einer Feuerwiderstandsklasse zugeordnet sind. Landläufig als F 0-Bauteile bezeichnete Bauteile können als ausreichend standsicher nachgewiesen werden. Dies ist insbesondere für Bauteile der Brandsicherheitsklassen SK_b2 und SK_b1 häufig der Fall (siehe Abschnitt 7 MIndBauRL).

h) Nichtaussteifende Ebenendecken

Nichtaussteifende Ebenendecken, die als Bauteile der Brandsicherheitsklasse SK_b2 zugeordnet werden (siehe Abschnitt 7.2) und die aufgrund der Rechenergebnisse mit DIN 18230-1 keinen klassifizierbaren Feuerwiderstand aufweisen müssen, dürfen gleichwohl wegen der Festlegungen in Abschnitt 5.1 der DIN 18230-1 nicht als Gitterrostdecken ausgeführt werden, da Gitterroste grundsätzlich Öffnungsflächen, aber keine Deckenflächen sind.

Öffnungen in Ebenendecken, die als Gitterrost vorhanden sind oder die z. B. mit Tränenblechen abgedeckt werden, zählen nicht zur Boden-/Grundfläche der Ebene nach DIN 18230-1 und somit auch nicht als Teil des Bauteils der Ebenendecke nach der MIndBauRL.

Ebenendecken dürfen somit – auch wenn die brandschutztechnische Bemessung keinen klassifizierbaren Feuerwiderstand erfordert – z. B. nicht als Gitterrostebenen oder als Tränenblechebenen ausgeführt werden. Solche Flächen und Konstruktionen werden als **technologische Stahlbauten** als Teile von Betriebseinrichtungen in Industriebauten eingebaut, nicht aber als Decken des Gebäudes.

i) Automatische Brandmeldeanlagen

Automatische Brandmeldeanlagen werden im Abschnitt 5.9 MIndBauRL behandelt. Dort wird klargestellt, dass für den Industriebau nur flächendeckende Brandmeldeanlagen mit automatischen Branderkennungselementen berücksichtigt werden.

Nach Abschnitt 5.9 sind die Brandmeldungen von Brandmeldeanlagen **immer** an die zuständige Feuerwehralarmierungsstelle zu übertragen. Daher sieht die MIndBauRL grundsätzlich keine Brandmeldeanlagen vor, die z. B. nur zur Aktivierung eines internen Alarms über eine Alarmierungseinrichtung konzeptionell vorgesehen wird. Derartige alternative Planungen stellen stets Abweichungstatbestände von der MIndBauRL dar.

Im Übrigen wird hier besonders auf die Kommentare zu den Abschnitten 5.6.5 und 5.9 MIndBauRL hingewiesen.

j) Geländeoberfläche als Bezugswert

Die Geländeoberfläche ist der Bezugswert für diverse Regelungen der Richtlinie. Sie wird bauordnungsrechtlich festgelegt. Insbesondere sind folgende Regelungsaspekte von der festgelegten Geländehöhe abhängig:

- Entscheidung, ob ein eingeschossiger Industriebau erdgeschossig ist (Abschnitt 3.10 MIndBauRL 2014)
- Regelungen über Kellerbereiche (Abschnitt 5.4 MIndBauRL)
- Faktor FH zur Bewertung der Grundflächen der Geschosse bzw. Ebenen oberhalb des Bezugsniveaus (Abschnitt 7.4 MIndBauRL)

Die Festlegung der Geländeoberfläche erfolgt im Baugenehmigungsverfahren durch die zuständigen Behörden. In der MIndBauRL sind keine Regelungen zur Festlegung der Geländehöhe enthalten.

Die MBO enthält ebenfalls keine Definition der Höhe der Geländeoberfläche und verweist insofern auf die Festlegung in der entsprechenden Baugenehmigung. Unter der Bedingung, dass das Gebäude wie beantragt bzw. genehmigt hergestellt wird, ist die Geländehöhe die **Höhe des anstehenden Geländes an den Rändern des fertiggestellten Gebäudes.**

In allen Fällen ist eine Darstellung der geplanten (beantragten) Geländeoberfläche und eine Genehmigung der geplanten (Höhe der) Geländeoberfläche erforderlich.

Die **Handhabung der Geländeoberfläche** gemäß MIndBauRL erfolgt folgendermaßen: Die Richtlinie bezieht sich auf die MBO; somit ist die Geländehöhe die Höhe des anstehenden Geländes. Maßgebend ist die Geländehöhe an den festgelegten **Zugängen für die Feuerwehr** zu den BA und BBA.

Bei **geneigtem Gelände** können die Außenflächen vor den Zugangstüren eine andere geodätische Höhe haben als die Fußböden im Gebäudeinneren.

k) Einrichtungen

Einrichtungen (Betriebseinrichtungen) werden von der MIndBauRL nicht bewertet und nicht geregelt.

Einrichtungen sind nur insoweit von den Regelungen der MIndBauRL betroffen, dass von jedem Punkt eines Industriebaus ein **Hauptgang in maximal 15 m Lauflänge** erreichbar sein muss. Diese Anforderung an die Flächen eines Industriebaus muss bei der Ausstattung eines Industriebaus mit Betriebseinrichtungen beachtet und eingehalten werden. Sie gelten unmittelbar für die Flächen des Industriebaus (des Gebäudes), aber nicht zwingend für begehbare Teile von komplexen Betriebseinrichtungen, die zu deren Bedienung erforderlich sind, die aber nicht zu den Teilen des Gebäudes gehören.

Typische Einrichtungen in Produktionshallen sind die **Maschinen** und die technischen Produktionsanlagen und in Lagerbereichen die **Regalanlagen.**

Im Zusammenhang mit der Fortschreibung der MIndBauRL 2019 wurden auch die Brandrisiken für Regalanlagen umfassend neu diskutiert. Danach sollen Regale grundsätzlich nicht mehr zu den **Einrichtungen** zählen, wenn sie ständige Arbeitsplätze enthalten/darstellen, z. B. als begehbare Regalsysteme mit über deren Aufstellfläche angeordneten Bediengängen. Bediengänge haben insofern grundsätzlich eine Erschließungsfunktion und nicht mehr ausschließlich, wenn sie andere Räume erschließen.

Automatische Bandförderanlagen sind Beispiele für **spezielle Betriebseinrichtungen,** für deren Erreichbarkeit die Regelanforderungen für die Rettungswege nicht unmittelbar gelten.

Auch begehbare Flächen, die im unmittelbaren funktionalen Zusammenhang mit den Betriebseinrichtungen stehen, können den Einrichtungen zugeordnet sein. Hierzu gehören z. B. Leitern und Treppen sowie ggf. horizontale Laufflächen in deren unmittelbarer Umgebung (Stege und Gänge) und Bedienflächen. Wie groß diese begehbaren Flächen in unmittelbarer Zuordnung zu den Betriebseinrichtungen sein dürfen, hängt vom Einzelfall ab. Dabei ist insbesondere zu entscheiden, ob diese Flächen Teile des Gebäudes sind (z. B. als Ebenendecken oder als Einbauten), für die Anforderungen der MIndBauRL gelten.

Die meisten Decken und deckenartigen Bauteile in einem Industriebau werden kaum zu den Einrichtungen gerechnet werden können, sondern Teile der baulichen Anlage und somit Geschossdecken, Ebenendecken oder Einbauten (Einbaudecken) sein. Grundsätzlich handelt es sich um solche Decken, wenn die Betriebseinrichtungen (Maschinen, Regale, Lagerflächen usw.) auf diesen Decken des Gebäudes angeordnet werden. Auch wenn Betriebseinrichtungen ortsfest mit diesen Decken verbunden werden, werden diese Decken nicht automatisch zu Teilen der Betriebseinrichtungen.

Z.B. ist zu unterscheiden zwischen Regalanlagen mit zugehörigen Bediengängen einerseits und Einbau- bzw. Ebenendecken, auf denen Regalanlagen angeordnet werden und deren Bedienflächen auf diesen Ebenen- bzw. Einbaudecken liegen. Deckenfelder für moderne, ggf. sogar ortsveränderliche (bewegliche) Lagergestelle sind daher grundsätzlich Teile der baulichen Anlage und stellen somit keine Teile einer modernen Lagertechnik – als Betriebseinrichtung – im Sinne der MIndBauRL dar. Derartige Lagerkonzepte verwenden großflächige Deckenkonstruktionen, die ihrem Charakter nach Teile des Gebäudes sind.

l) Wartungs- und Kontrollgänge

Wartungs- und Kontrollgänge sind keine Einbauten und bilden ggf. **eine eigene Bauteilgruppe,** für die keine brandschutztechnische Bauteilbemessung verlangt wird. Sie sind somit keine Teile der zulässigen Gesamtfläche von Einbauten.

Wartungsgänge werden zwar in die typische Nutzung des Gebäudes eingebunden; sie dienen aber nicht der Erschließung von Aufenthaltsbereichen, sondern werden nur von **eingewiesenem Wartungspersonal** für Wartungs- und

Instandhaltungsarbeiten an Betriebseinrichtungen genutzt.

Wenn als Wartungsgänge vorgesehene Flächen auch anders genutzt werden sollen, gelten sie grundsätzlich nicht mehr als Wartungsgänge, sondern als Einbauten oder ggf. sogar als Ebenen. In diesen Fällen gelten dann auch weitere Anforderungen der MIndBauRL.

Gänge, die vorwiegend oder gar ausschließlich für Wartungszwecke vorgesehen werden, können auch auf Einbauten, Ebenendecken und auf Geschossdecken angeordnet werden (siehe nächsten Punkt m)).

Wartungsgänge müssen aus nichtbrennbaren Baustoffen hergestellt werden, wenn die Erleichterungen des Abschnittes 5.6.6 MIndBauRL in Bezug auf die Rettungswege/Entfernungen zu Steigleitern in Anspruch genommen werden sollen. Diese Wartungsgänge müssen Anforderungen an die zulässige Lauflänge bis zum Erreichen eines Abstiegspunktes (einer geforderten Leiter) erfüllen (siehe Abschnitt 5.6.6 für Wartungsgänge, die nur gelegentlich begangen werden).

Wartungsgänge aus brennbaren Baustoffen werden in der MIndBauRL nicht erwähnt.

m) Wartungsflächen

Als **Wartungsflächen** bezeichnet werden begehbare Flächen (i. d. R. technologischer Stahlbau aus nicht klassifiziert feuerwiderstandsfähigen Bauteilen, z. B. Gitterroste), die eine größere Breite haben als typische Wartungsgänge und die planmäßig nur von eingewiesenem Fachpersonal zur Wartung und Instandsetzung von Betriebseinrichtungen begangen werden.

Wartungsflächen gehören grundsätzlich zu den Einbauten (siehe Abschnitt 7.7.2 MIndBauRL); es ist jedoch auf Folgendes hinzuweisen:

- Gemäß den Erläuterungen zu Abschnitt 3.9 MIndBauRL werden Einbauten insbesondere vorgesehen und genutzt, um z. B. Behälter und Maschinen zugänglich zu machen. Das bezieht sich zunächst vorrangig auf die Erschließung für Produktions- und Lagerzwecke und schließt die Zugänglichkeit besonderer Einrichtungen zu Wartungs- und Instandhaltungszwecken grundsätzlich nicht mit ein.
- Flächen, die tatsächlich ausschließlich als Wartungsflächen genutzt werden, unterscheiden sich insofern deutlich von Einbauten.

Der Begriff Wartungsfläche wird im Abschnitt 7.7.2 MIndBauRL verwendet; er ist aber in der Richtlinie nicht speziell als selbsterklärender Begriff definiert, sondern wird zur Beschreibung und Bewertung von Flächen verwendet, die sich einer abschließenden Beurteilung durch die Richtlinienregelungen für Einbauten und Ebenen entziehen.

Eine Nutzung solcher Wartungsflächen durch Betriebseinrichtungen, die eine ständige Betreuung durch Beschäftigte erfordern oder etwa zu Lagerzwecken genutzt werden, wandelt Wartungsflächen in Einbauten oder in Ebenendecken und führt zu entsprechenden Anforderungen der Richtlinie.

Wartungsflächen müssen als ungeregelte Flächen nicht die Anforderungen an Rettungswege erfüllen, die die MIndBauRL an Geschosse, Ebenen und an Einbauten stellt. Hier kann im Sinne des Abschnittes 5.6.6 eine Lösung für den Einzelfall gefunden werden.

Sofern im Brandschutzkonzept Wartungsflächen auch für die manuelle Brandbekämpfung durch die Einsatzkräfte der Feuerwehr vorgesehen werden, sind für solche Planungen Abweichungen von der Richtlinie (siehe Abschnitt 5.5 MIndBauRL: *„Einbauten sind so anzuordnen, dass die Feuerwehr geeignete Löschmaßnahmen von einem sicheren Standort aus vortragen kann.“*) zu begründen, weil brandschutztechnisch solche Wartungsflächen im Hinblick auf die Standsicherheit praktisch den Einbauten gleichkommen.

Spezielle Regelungen zu Einbauten in der Funktion von Wartungsflächen enthält die MIndBauRL in Abschnitt 7.7.2 in Bezug auf die zulässige Grundfläche und Anordnung bei geringen Brandbelastungen.

Von der Richtlinie nicht speziell erfasst und abschließend geregelt sind insbesondere im Zusammenhang mit automatischen Förderbändern im Luftraum von Hallen größere, zusammenhängend installierte Wartungsflächen, die eine Erreichbarkeit der Förderbänder und deren Anpassung an geänderte Betriebsanforderungen und Verlegung auf gleicher Höhenkote ermöglichen.

Solche Wartungsflächen fallen wegen ihrer großen Breite/Fläche nicht unmittelbar unter den Begriff Wartungsgänge. Sie sind i. d. R. auch keine typischen Einbauten, weil sie nicht regelmäßig von Mitarbeitern, insbesondere für Produktions- und Lagerzwecke, begangen werden und somit keine Aufenthaltsbereiche sind. Sie entsprechen auch nicht vollumfänglich den Anforderungen des Abschnittes 7.7.2 MIndBauRL an Wartungs- und Montageflächen, weil sie i. d. R. mit erheblichen Brandbelastungen im engeren Bereich der Förderanlagen verbunden sind.

Über solche Wartungsflächen muss im Einzelfall entschieden werden. Hier kann wohl in den meisten Fällen auf die Regelungen für typische Wartungsgänge Bezug genommen werden.

n) Aufenthaltsbereiche im Sinne des Arbeitsstättenrechts

Aus dem Arbeitsstättenrecht (hier Arbeitsstättenverordnung[1)]) sind u. a. folgende Begriffsbestimmungen bekannt:

Arbeitsstätten sind

1. Orte in Gebäuden oder im Freien, die sich auf dem Gelände eines Betriebes oder einer Baustelle befinden und die zur Nutzung für Arbeitsplätze vorgesehen sind,
2. andere Orte in Gebäuden oder im Freien, die sich auf dem Gelände eines Betriebes oder einer Baustelle befinden und zu denen Beschäftigte im Rahmen ihrer Arbeit Zugang haben.

Arbeitsplätze sind Bereiche von Arbeitsstätten, in denen sich Beschäftigte bei der von ihnen auszuübenden Tätigkeit regelmäßig über einen längeren Zeitraum oder im Verlauf der täglichen Arbeitszeit nicht nur kurzfristig aufhalten müssen.

Arbeitsräume sind Räume, in denen Arbeitsplätze innerhalb von Gebäuden dauerhaft eingerichtet sind.

Zur **Arbeitsstätte** gehören auch:

1. Verkehrswege, Fluchtwege, Notausgänge
2. Lager-, Maschinen- und Nebenräume
3. Sanitärräume (Umkleide-, Wasch- und Toilettenräume)
4. Pausen- und Bereitschaftsräume
5. Erste-Hilfe-Räume
6. Unterkünfte und Einrichtungen, soweit für diese in dieser Verordnung besondere Anforderungen gestellt werden und sie dem Betrieb der Arbeitsstätte dienen

Einrichten ist die Bereitstellung und Ausgestaltung der Arbeitsstätte. Das Einrichten umfasst insbesondere:

1. Bauliche Maßnahmen oder Veränderungen
2. Ausstattungen mit Maschinen, Anlagen, Mobiliar, anderen Arbeitsmitteln sowie Beleuchtungs-, Lüftungs-, Heizungs-, Feuerlösch- und Versorgungseinrichtungen
3. Anlegen und Kennzeichnungen von Verkehrs- und Fluchtwegen, Kennzeichnen von Gefahrenstellen und brandschutztechnischen Ausrüstungen
4. Festlegungen von Arbeitsplätzen

Betreiben von Arbeitsstätten umfasst das Benutzen und Instandhalten der Arbeitsstätte.

o) Aufenthaltsbereiche im Sinne der MIndBauRL

Sofern die Regelungen der MIndBauRL spezielle Bedeutung für **Aufenthaltsbereiche** von Personen haben, wurden bei den Beratungen zur Richtlinie die Regelungen des Arbeitsstättenrechts[2)] herangezogen. Als Aufenthaltsbereiche wurden Flächen (und Räume) angesehen, auf/in denen sich Beschäftigte

- mindestens zwei Stunden täglich oder
- an mehr als 30 Tagen im Jahr (für beliebig kurze Zeitdauer)

aufhalten.

---

1) hier: Verordnung vom 12.08.2004 in der Fassung vom 31.08.2015
2) Länderausschuss für Arbeitsschutz und Sicherheitstechnik (LASI); Leitlinien zur Arbeitsstättenverordnung; März 2005

Hierbei ist es unerheblich, ob die Arbeitsaufgabe durchgehend durch einen Beschäftigten erledigt wird oder mehrere Beschäftigte nacheinander diesen Bereich zur Verrichtung ihrer Arbeitsaufgabe aufsuchen müssen.

> **Hinweis:**
> So stellen z. B. die Klassenräume in Schulen Arbeitsplätze für die Lehrer dar, auch wenn sich einzelne Lehrer nur jeweils für eine Unterrichtstunde an diesen Arbeitsplätzen aufhalten müssen.

Diese Kriterien kommen regelmäßig zur Anwendung, z. B. bei Entscheidungen, ob bestimmte Technikräume der Haustechnik oder Räume mit produktionsnaher Nutzung zu den Aufenthaltsräumen zählen.

Flächen, die ausschließlich für Wartungs- und Instandhaltungsarbeiten vorgesehen werden, werden nicht nach diesen Kriterien beurteilt, Flächen für das Erreichen von Bedienvorrichtungen von Betriebseinrichtungen jedoch wohl.

4 Verfahren

4.1 Im Verfahren nach Abschnitt 6 wird in Abhängigkeit

- von der Feuerwiderstandsfähigkeit der tragenden und aussteifenden Bauteile,
- von der brandschutztechnischen Infrastruktur der baulichen Anlage (ausgedrückt durch die Sicherheitskategorien) und
- der Anzahl der oberirdischen Geschosse

die zulässige Brandabschnittsfläche für einen Brandabschnitt ermittelt.

4.2 Im Verfahren nach Abschnitt 7 werden auf der Grundlage der Rechenverfahren nach DIN 18230-1

- die zulässige Fläche und
- die Anforderungen an die Bauteile nach den Brandsicherheitsklassen

für einen Brandbekämpfungsabschnitt bestimmt.

4.3 Anstelle der Verfahren nach den Abschnitten 6 und 7 können auch Methoden des Brandschutzingenieurwesens eingesetzt werden zum Nachweis, dass die Ziele nach Abschnitt 1 erreicht werden (§ 85a Abs. 1 Satz 3 MBO). Solche Nachweise sind nach Anhang 1 aufzustellen.

Zu 4 Verfahren

Der Bauherr hat bei der Anwendung der MIndBauRL als Technische Baubestimmung die Wahl, ob er sich eines Rechenverfahrens (z. B. nach DIN 18230-1) oder anerkannten Methoden des Brandschutzingenieurwesens (z. B. nach DIN 18009-1) bedient oder ob er unmittelbar die in Abschnitt 6 Tabelle 2 in Abhängigkeit von der Feuerwiderstandsfähigkeit der tragenden und aussteifenden Bauteile, der Geschossigkeit sowie der brandschutztechnischen Infrastruktur geregelte zulässige Brandabschnittsfläche für einen Brandabschnitt akzeptiert. Für Rechenverfahren nach Methoden des Brandschutzingenieurwesens benennt die MIndBauRL in einer normativen Anlage zur Richtlinie das Verfahren, das für die Aufstellung solcher Nachweise herangezogen werden soll.

Zu 4: Verfahren

a) Grundsätzliches zu den verschiedenen Verfahren der Industriebaurichtlinie

a.1) Drei Verfahrenswege

Nach der MIndBauRL bestehen drei Möglichkeiten, mit denen insbesondere die brandschutztechnische Bemessung der tragenden und aussteifenden Bauteile erfolgen kann, sowie die zulässigen Flächen ermittelt werden können. Von praktischer Bedeutung hierfür sind die in der Richtlinie ausführlich geregelten beiden Nachweisverfahren nach den Abschnitten 6 und 7.

Außerdem ist es zulässig, anstelle dieser Nachweisverfahren die Methoden des Brandschutzingenieurwesens einzusetzen; näheres hierzu regelt der Anhang 1 MIndBauRL.

Zur Einordnung der Verfahren sollte dem Anwender der MIndBauRL bewusst sein, dass das **Standardverfahren** der MIndBauRL das Verfahren des Abschnittes 7 ist, bei dem insbesondere die Brandlasten ingenieurtechnisch mit dem Rechenverfahren der DIN 18230-1 bewertet werden.

Das **vereinfachte Verfahren** des Abschnittes 6 ist aus den Kriterien des Abschnittes 6 für erkennbar geringe Risiken herausgearbeitet worden und daher an bestimmte Bedingungen gebunden, die insbesondere die baulichen Abschnittsbildungen (Abschottungsprinzip), aber auch die Brennbarkeit der Baustoffe betreffen.

Dem gegenüber wurde – zur Hervorhebung der generell nach dem deutschen Bauordnungsrecht möglichen Anwendung objektspezifischer Nachweisführungen – die Anwendung der Ingenieurerfahren des Brandschutzes stichwortartig beschrieben und ansonsten auf das Technische Regelwerk der Normenreihe DIN 18009 verwiesen.

Diese Systematik kann unter ingenieurtechnischen Aspekten auch folgendermaßen charakterisiert werden:

- **Abschnitt 6:**
  Es werden alle Planungsdetails als Maßnahmen direkt und konkret vorgegeben; es handelt sich um Lösungen im Sinne von bauordnungsrechtlichen **präskriptiven Regelungen.**
- **Abschnitt 7:**
  Es werden die Planungsziele konkret vorgegeben sowie alle Details einer rechnerischen Nachweisführung über die Regeln der DIN 18230-1; es handelt sich um sogenannte **leistungsbezogene Bauvorschriften** *(Performance Based Codes).*
- **Anhang 1:**
  Es werden Planungs- und Nachweisverfahren freigegeben, mit denen das Erreichen der Schutzziele dokumentiert werden kann. Dazu wird als Regel auf die Normenreihe DIN 18009 als a. a. R. d. T. Bezug genommen; es handelt sich um das **„eigentliche“ Brandschutzingenieurwesen,** bei dem der Aufsteller verantwortlich für die gesamte Nachweisführung ist – einschließlich der von ihm gewählten/angewendeten Annahmen, Festlegungen, Verfahren und Daten.

a.2) Anwendung der Ingenieurmethoden in Verbindung mit den Abschnitten 6 und 7

Teilweise kann es erforderlich werden bzw. sinnvoll sein, auch bei Industriegebäuden, die nach Abschnitt 6 oder 7 geregelt sind, Methoden des Brandschutzingenieurwesens einzusetzen. Gerade in solchen Fällen sind die Regelungen des Anhangs 1 MIndBauRL in Verbindung mit DIN 18009-1 zu beachten.

Diese Fälle sind insbesondere charakterisiert durch größere Abweichungsverlangen von den Standards der Richtlinie. In diesem Zusammenhang ist besonders darauf hinzuweisen, dass zu den Methoden des Brandschutzingenieurwesens auch Schätzverfahren und argumentative Nachweisführungen zählen, die weitestgehend ohne komplexe Berechnungen auskommen.

a.3) Verfahren nach den Abschnitten 6 und 7

Die Verfahren nach den Abschnitten 6 und 7 unterscheiden sich wesentlich voneinander. Ein gravierender Unterschied besteht z. B. darin, dass die Gebäude im Verfahren nach Abschnitt 6 mittels durchgehender Brandwände in BA vertikal und zusätzlich mit raumabschließenden, feuerwiderstandsfähigen Geschossdecken horizontal unterteilt werden.

Beim Verfahren nach Abschnitt 7 werden BBA gebildet. Die Trennung zu anderen BBA kann sowohl vertikal (mit BBA-Trennwänden) als auch horizontal (mit BBA-Trenndecken) erfolgen.

Die wohl gravierendsten Unterschiede beim Verfahren nach Abschnitt 7 bestehen darin, dass BBA-Trenndecken ggf. auch mit einer Feuerwiderstandsdauer von 30 oder 60 Minuten gemäß dem Rechenergebnis nach DIN 18230-1 zulässig sind, die BBA-Trennwände aber nicht, und dass innerhalb eines BBA auch Decken (als Ebenendecken) eingezogen werden können, die nicht raumabschließend sind und die (im entsprechenden Nachweis) ggf. sogar keine klassifizierte Feuerwiderstandsdauer aufweisen müssen, um die ausreichende Standsicherheit im Brandfall zu erreichen.

Tabelle 4-1 und 4-2: Übersicht über die unterschiedlichen Verfahren der MIndBauRL

Anforderungen an Baustoffe und Bauteile von Industriebauten sowie an die Größe der BA bzw. BBA		
Brandabschnitte	**Brandbekämpfungsabschnitte**	**Brandabschnitte bzw. Brandbekämpfungsabschnitte**
im Verfahren ohne Brandlastermittlung	unter Verwendung des Rechenverfahrens nach DIN 18230-1	mithilfe von Nachweisen mit Methoden des Brandschutzingenieurwesens
nach Abschnitt 6 MIndBauRL (Tabelle 2)	nach Abschnitt 7 MIndBauRL (Tabellen 3 bis 7)	nach Anhang 1 gemäß DIN 18009
+ ↓	+ ↓	+ ↓
MIndBauRL Abschnitte 1 bis 5 sowie 8 und 9		

Muster-Industriebau-Richtlinie (MIndBauRL)		
MIndBauRL Abschnitt 5: Allg. Anforderungen		
MIndBauRL Abschnitt 6 Vereinfachtes Verfahren	MIndBauRL Abschnitt 7 DIN 18230-1	MIndBauRL Anhang 1 Methoden des Brandschutzingenieurwesens (DIN 18009)
Rein präskriptiv	Performance based – präskriptive Nachweisverfahren	FSE – BSIW „Freie" ingenieurtechnische Nachweisführungen

a.4) Ausblick zur Bedeutung der Verfahrensweisen

Gemäß MIndBauRL 2000 konnte (wie damals beabsichtigt) die überwiegende Mehrzahl der zu planenden Industrie- und Gewerbebauten nach dem Verfahren des Abschnittes 6 behandelt werden. Nach Erscheinen der MIndBauRL 2014 ist weiterhin zu erwarten, dass künftig verstärkt auf den Abschnitt 7 zurückgegriffen wird, um bei der Gebäudeplanung von der Flexibilität der **Ebenenregelungen** Gebrauch machen zu können.

Hinweis:
Die Nachweisführung im Verfahren nach Abschnitt 7 erfordert zunächst für die Berechnungen mit DIN 18230-1 eine Brandlastfestlegung, die über die beabsichtigte Nutzungsdauer auch eingehalten werden muss und Grundlage einer Baugenehmigung wird. Für Industriebauten mit mehreren Ebenen kann der Rechengang sehr komplex und aufwendig werden; das Rechenverfahren erfordert dafür besondere Kenntnisse der normativen Regelungen. Für BBA mit lediglich einer Ebenendecke (< 50% der

BBA-Grundfläche) vereinfacht sich der Rechengang allerdings ganz erheblich (nach DIN 18230-1 Abschnitt 5.3) und die Rechenergebnisse führen i. d. R. für solche Fallgestaltungen zu wesentlichen Erleichterungen.

Die geänderte Einbindung der Ingenieurmethoden in die Richtlinie zeigt den gewachsenen Erfahrungsbereich mit diesen Methoden deutlich auf. Wie auch in den vergangenen Jahren soll Anhang 1 der MIndBauRL weit über ihren Anwendungsbereich hinaus wirken (z. B. auf andere Sonderbauten) und für die Anwendung der Ingenieurmethoden bei der Erarbeitung von Bauvorlagen als qualitätssicherndes Regelwerk verstanden und genutzt werden. Insofern konnte durch Bezugnahme auf die Normenreihe DIN 18009 auf etliche Einzelvorgaben des Anhangs 1 der MIndBauRL von 2000 bis 2014 in der Fassung von 2019 verzichtet werden. Kernanliegen für eine bauaufsichtliche Akzeptanz solcher Nachweisführungen wurden allerdings weiterhin auch im Anhang 1 selbst belassen, obwohl sie in DIN 18009-1 im Detail normativ geregelt sind.

Hinweis:
Es ist wichtig zu wissen, dass die Ingenieurverfahren nicht allein aus den verschiedenen, aufwendigen rechnerischen Simulationsverfahren bestehen. Zu diesen Verfahren zählen neben experimentellen Verfahren und Schätzmethoden insbesondere auch ingenieurtechnische, argumentative Nachweisführungen, bei denen belastbare (nachweisbare, dokumentierte) Erkenntnisse argumentativ zur ingenieurtechnischen Begründung von alternativen Lösungen herangezogen werden können.

b) Vereinfachtes Verfahren nach Abschnitt 6 MIndBauRL (Abschnitt 4.1 MIndBauRL)

b.1) Anwendungsbereich

Mit diesem Verfahren können ausschließlich Bereiche von Industriebauten nachgewiesen und behandelt werden, die als **BA mit Brandwänden** vorgesehen sind und die als Geschossbauten **öffnungslose** und **brandschutztechnisch bemessene Geschossdecken** haben.

Gebäudebereiche mit Ebenendecken (Decken mit Öffnungen) können jedoch nicht mit dem vereinfachten Verfahren beurteilt und damit auch nicht nach diesem Verfahren genehmigt werden. Solche Gebäudestrukturen bedürfen der Behandlung nach Abschnitt 7 MIndBauRL und einer Bewertung der Brandlasten mit den Rechenverfahren gemäß DIN 18230-1.

b.2) Regelungsinhalt

Im vereinfachten Verfahren nach Abschnitt 6 MIndBauRL werden sowohl die zulässigen Flächen als auch die Anforderungen an die Feuerwiderstandsfähigkeit (Feuerwiderstand der Bauteile und Brandverhalten von Baustoffen) im Wesentlichen durch die Tabelle 2 in Abschnitt 6.2 abschließend festgelegt, und zwar unabhängig von den Brandlasten.

c) Verfahren nach Abschnitt 7 MIndBauRL auf Grundlage von DIN 18230-1 (Abschnitt 4.2 MIndBauRL)

c.1) Anwendungsbereich

Das Verfahren nach Abschnitt 7 ist an die DIN 18230-1 gebunden.

Die Beurteilung erfolgt auf der Basis von Vollbrand-Szenarien, die durch das Rechenverfahren der DIN 18230-1 i. W. über die objektspezifisch anzunehmenden Brandlasten auf die Einheitstemperaturzeitkurve (ETK) bezogen werden.

c.2) Regelungsinhalt

Mit diesem Verfahren ist insbesondere eine Brandlastermittlung und -festlegung zwingend verbunden. **Eine Obergrenze der zulässigen Brandbelastung und der Lagerhöhe (i. A. ≤ 4,5 m) wird auf dieser Basis auch Gegenstand einer Baugenehmigung.**

Es werden drei Anwendungsfälle mit unterschiedlichen Sicherheitskonzepten geregelt:

1. Das Standardverfahren mit Bemessung der Bauteile für den Brandfall für zulässige Flächen von BBA bis zu 60.000 m² (eingeschossig ohne Ebenen) bzw. bis zu 30.000 m² (mehrgeschossig bzw. mehrebenig).

2. Sonderfälle ohne Bemessung der Bauteile für den Brandfall für eingeschossige BBA ohne Ebenen bis zu Flächen von 30.000 m^2, wenn ein progressives Gebäudeversagen („kinematische Kette") nachweislich nicht befürchtet werden muss.
3. Übergroße, eingeschossige BBA ohne Ebenen mit Flächen über 60.000 m^2; für die ab der Richtlinien-Fassung von 2019 auf eine Bemessung der Bauteile für den Brandfall verzichtet werden darf. Auch für diesen Anwendungsfall ist der Nachweis einer Verhinderung der kinematischen Kette erforderlich.

Diese drei Verfahren haben unterschiedliche Ausprägungen des Sicherheitskonzeptes für die Standsicherheit im Brandfall, die auf die jeweilige Risikobewertung und Risikoakzeptanz abgestellt worden sind. Insofern lassen sich diese drei Verfahren nicht ohne Weiteres ineinander überführen bzw. durch Extrapolation erweitern. Dafür können ggf. die Methoden des Brandschutzingenieurwesens herangezogen werden.

c.3) Ausblick

In den Vorjahren bestand die Absicht, Hinweise in DIN 18230-1 auf alternative Berechnungen mit den Methoden des Brandschutzingenieurwesens für die Ermittlung von Einzelwerten für den Rechengang nach DIN 18230-1 normativ in einer weiteren Norm DIN 18230-4 „Ermittlung der äquivalenten Branddauer und des Wärmeabzuges durch Brandsimulationen" zu regeln.

Nach langjährigen Normungsarbeiten hat sich allerdings herausgestellt, dass für solche Berechnungen zurzeit im Rahmen der Normenreihe DIN 18230 keine ausreichend konkrete Normierung durchgeführt werden kann. Diese Normungsarbeiten sind daraufhin eingestellt worden.

Aus den bereits durchgeführten Normungsarbeiten konnten allerdings Teile und wesentliche Erkenntnisse in einem Fachbericht zusammengefasst und vom DIN veröffentlicht werden. Arbeiten in diesem Zusammenhang werden weiter von einer Arbeitsgruppe durchgeführt und von einem Normausschuss des DIN begleitet.

Die derzeit vorliegenden Veröffentlichungen sind **nicht unmittelbar** in die Regelungen zum Abschnitt 7 einbezogen.

Allerdings bestehen teilweise in DIN 18230-1 bereits Vorgaben, wonach durch Brandsimulationen für die Wärmeabzugsfaktoren dieses Normteils Rechenwerte ermittelt werden können. Dafür kann ggf. auf den Fachbericht „Baulicher Brandschutz im Industriebau – Brandsimulation" (als DIN SPEC 2015 veröffentlicht) hingewiesen werden, der demnächst als DIN/TR 18230-4 in einer fortgeschriebenen Fassung veröffentlicht werden soll.

Für die Durchführung solcher Berechnungen sind die Regelungen von Abschnitt 4.3 MIndBauRL grundsätzlich zu beachten.

d) Methoden des Brandschutzingenieurwesens (Abschnitt 4.3 MIndBauRL)

d.1) Grundsätzliches

In Richtlinien und Normen lassen sich nicht alle möglichen und in der Praxis tatsächlich zu beurteilenden Fälle abschließend regeln, so dass gerade bei individuellen Risikobeurteilungen und von Ermessensspielräumen objektbezogene Anhaltspunkte erforderlich sind.

Mit den Methoden des Brandschutzingenieurwesens lassen sich diese Anhaltspunkte ermitteln und die Auswirkungen einzelner Parameter durch entsprechende rechnerische Studien beschreiben.

Um diese Studien als **rechnerische Brandsicherheitsnachweise** im Baugenehmigungsverfahren akzeptieren zu können, erschien es der Projektgruppe „Brandschutz im Industriebau" bereits für die MIndBauRL 2000 notwendig und möglich, die Streubreite unterschiedlicher Modellansätze und Vorgehensweisen regulativ einzugrenzen. Zu diesem Zweck wurden erstmals 2000 Regeln zur Anwendung der zu dieser Zeit in Deutschland noch nicht normativ geregelter Methoden und deren Eingangsdaten im **Anhang 1** MIndBauRL näher beschrieben (siehe Punkt 10).

Mit der Fortschreibung der MBO (hier Fassung von 2019) wurde die Erfüllung der Allgemeinen Anforderungen nach § 3 in neuer Lesart insbesondere über § 85a durch die Technischen Baubestimmungen festgelegt. Eine unmittelbare Bezugnahme auf die a. a. R. d. T. erfolgt hier noch nicht; sie ergibt sich aus der Muster-Verwaltungsvorschrift Technische Baubestimmungen (MVV TB). Von den Technischen Baubestimmungen kann abgewichen werden, wenn mit einer anderen Lösung **in gleichem Maße** die Anforderungen erfüllt werden und in der Technischen Baubestimmung eine Abweichung nicht ausgeschlossen ist.

Zur Beurteilung der Gleichwertigkeit einer alternativen Lösung sind ingenieurtechnische Vergleiche erforderlich, die mit den Verfahren des Brandschutzingenieurwesens gegeben sind. In der MBO-Formulierung wird auf eine quantitative Aussage zur Wertigkeit ausdrücklich abgestellt *(„[...] in gleichem Maße [...]“).* Auch in diesem Sinne kann die ingenieurtechnisch, argumentative Nachweisführung gemäß DIN 18009-1 in vielen Fällen angewendet werden.

Zur Prüfung der entsprechenden Nachweise können sich die Genehmigungsbehörden grundsätzlich eigener Kräfte oder aber freier Sachverständiger bedienen.

Für die Ermöglichung ingenieurtechnisch korrekter Entscheidungsfindungen werden für spezielle und anspruchsvolle Aspekte der Brandsicherheit häufig Sachverständige beauftragt, die entsprechende Dienstleistungen zur Beratung, Analyse und/oder Bewertung übernehmen. Mindestanforderungen an Qualitätskriterien von Sachverständigenleistungen insbesondere an deren berufliche Kompetenz, Unparteilichkeit, Objektivität, Unabhängigkeit und Integrität sind in DIN EN 16775:2016-02 „Sachverständigentätigkeiten – Allgemeine Anforderungen an Sachverständigenleistungen“ normativ geregelt. Für bauaufsichtliche Belange stehen spezielle Regelungen zur Verfügung.

Für die Auswahl geeigneter Sachverständiger, die sich der Ingenieurmethoden des Brandschutzes bedienen, werden ggf. zusätzlich spezielle Kriterien abgefragt werden müssen. Diese Kriterien ergeben sich indirekt aus den Regelungen der Reihe DIN 18009 im Hinblick auf die Arbeitsweise bei den Nachweisführungen und Dokumentationen.

Inzwischen liegt mit der **DIN 18009-1:2016-09** „Brandschutzingenieurwesen – Teil 1: Grundsätze und Regeln für die Anwendung“ auch eine Norm vor, die sich der Regelungsinhalte des Anhangs 1 MIndBauRL im Detail normativ annimmt.

d.2) Anwendungsbereiche

Als Anwendungsbereiche der Methoden des Brandschutzingenieurwesens im Industriebau werden insbesondere folgende Fälle gesehen:

- Nachweise für Industriebauten mit Ebenen und BBA-Flächen von mehr als 30.000 m², da der Geltungsbereich der DIN 18230-1 für mehrgeschossige und für mehrebenige Industriebauten auf BBA-Flächen von maximal 30.000 m² begrenzt ist (Sicherheitsbeiwerte der DIN 18230-1)
- Festlegung von Rauchabschnittsbildungen im Zusammenhang mit der Rauchableitung aus BBA mit Ebenen und BBA-Flächen von mehr als 5000 m² (siehe Abschnitt 5.7.2.1 MIndBauRL)
- Ausgestaltung der Anrechenbarkeit verbesserter Rauchabzugsanlagen für die Vergrößerung von BA-Flächen gemäß Tabelle 2 (Fußnote 4) in Abschnitt 6 MIndBauRL
- Optimierungen von Brandschutzplanungen und -konzepten

Die Methoden des Brandschutzingenieurwesens können über die vorgenannten vorrangig gesehenen Anwendungsfälle hinaus auch verwendet werden, um andere Abweichungen von der MIndBauRL oder von anderen Regelwerken zu begründen und Brandschutzmaßnahmen zu dimensionieren.

Insbesondere kann davon Gebrauch gemacht werden, wenn von materiellen Einzelanforderungen der MIndBauRL im Abschnitt 5 abgewichen werden soll und wenn die Gleichwertigkeit anderer Brandschutzlösungen nachzuweisen sind.

Dies betrifft auch die Planung von Rettungswegen in deren Funktion als Flucht-, Angriffs- und Rückzugswege. In diesem Zusammenhang sei beispielhaft darauf verwiesen, dass die Festlegungen der Richtlinie auf Voruntersuchungen[1)] beruhen, die für bestimmte Randbedingungen (der untersuchten Produktionsstätten der Automobilindustrie) noch wesentlich größere Rettungsweglängen als ausreichend ermittelt hatten.

d.3) Regelungsinhalt

Im Abschnitt 4.3 MIndBauRL wird als wesentliche Festlegung die grundsätzliche Zulässigkeit der Methoden des Brandschutzingenieurwesens bestätigt.

Diese Bestätigung ist eigentlich nicht notwendig, da es dem Antragsteller eines Bauantrages grundsätzlich freigestellt ist, auf welche Art er die Zulässigkeit seines Antrages nachweist. Allerdings müssen seine Nachweise vollständig prüfbar sein und im Ergebnis die Erfüllung der Regelanforderungen aufzeigen.

Mit der Bestätigung der – selbstredend zulässigen – ingenieurtechnischen Nachweismöglichkeiten wurden allerdings auch die wesentlichen Voraussetzungen und Bedingungen für eine Akzeptanz solcher Nachweise aufgezeigt. Auf dieser Basis konnte bereits für die Richtlinie in der Fassung von 2000 eine auf damaligem Erfahrungshorizont erarbeitete Kriterienliste im Anhang 1 aufgestellt werden.

Zwischenzeitlich sind zahlreiche dieser Kriterien besser entwickelt und normativ in der Normreihe DIN 18009 gefasst, so dass mit dem geänderten Anhang 1 MIndBauRL von 2019 eine gestraffte aber gleichzeitig verbesserte und konkretisierte Vorgabe für die Erstellung von Nachweisen mit den Methoden des Brandschutzingenieurwesens vorliegt.

Die Struktur dieser ingenieurtechnischen Nachweisführungen ist auf die Erfüllung vorgegebener (Schutz-)Ziele ausgerichtet. Dazu ist i. S. der Norm stets deren objektspezifische Konkretisierung mindestens bis zur Stufe der **funktionalen Anforderungen** zwingend erforderlich!

d.4) Anhang 1 zu den Methoden des Brandschutzingenieurwesens

Methoden des Brandschutzingenieurwesens sollen gemäß Abschnitt 4.3 nach den Vorgaben des erwähnten **Anhangs 1** angewendet werden.

Der Wortlaut des Anhangs 1 wurde bei der Fortschreibung der MIndBauRL zur Fassung 2019 gegenüber der Ursprungsformulierung der Fassung von 2000 erheblich verändert. Eine erste Fortschreibung auf der Basis von Praxiserfahrungen mit der Aufstellung und Genehmigung von Nachweisen mit diesen Methoden und Verfahren liegt mit der Richtlinie 01/01 „Brandschutzkonzepte“ (vfdb) vor. Diese Richtlinie wurde insbesondere für die Anwendung durch Behörden erarbeitet und sollte somit auch unmittelbar die Nachweisführung beeinflussen.

Inzwischen stehen für die Anwendung und Prüfung von Nachweisen mit den Verfahren des Brandschutzingenieurwesens zahlreiche technische Regelwerke im internationalen Umfeld zur Verfügung. Für die normative Regelung liegt bisher die schon genannte DIN 18009-1 vor. Unter DIN 18009 ist eine Normenreihe in Arbeit, deren Teil 2 für die Aspekte der Personensicherheit und der Personenstromanalyse im Jahre 2022 veröffentlicht worden ist.

Bis zur Veröffentlichung von weiteren Spezialteilen dieser Normenreihe kann der Anwender solcher Methoden und Verfahren auch auf zahlreiche internationale Normen und technische Regelwerke zurückgreifen. Dazu zählt insbesondere der vfdb-Leitfaden „Ingenieurmethoden des Brandschutzes“, Technischer Bericht 04/01.

1) „Untersuchungsvorhaben Flucht- und Rettungswege; Abschlussbericht September 1989“, Arbeitsgemeinschaft Brandsicherheit, Prof. Dr. U. Schneider, Kassel; Dr. M. Kersken-Bradley, München; U. Max, Kassel (vom Verband der Automobilindustrie (VDA), Frankfurt, angeregt und finanziert; darf nur mit Zustimmung der Verfasser und des VDA vervielfältigt und veröffentlicht werden)

Darüber hinaus bindet DIN 18009-1 anerkannte Fachliteratur sowie die bewährten internationalen Normen und Technical Reports (Papiere von ISO) sowie normative Regelungen des Auslandes ein. Somit ist eine Anbindung an den internationalen, allgemein anerkannten Stand der Technik in Bezug auf die Methoden des Brandschutzingenieurwesens geschaffen worden, ohne dass alle regelfähigen und regelungswürdigen Aspekte von nationalen deutschen Normen abgedeckt werden müssen.

5 Allgemeine Anforderungen

5.1 Löschwasserbedarf

Für Industriebauten ist der Löschwasserbedarf im Benehmen mit der Brandschutzdienststelle unter Berücksichtigung der Flächen der Brandabschnitte oder Brandbekämpfungsabschnitte sowie der Brandlasten festzulegen. Hierbei ist auszugehen von einem Löschwasserbedarf über einen Zeitraum von zwei Stunden

- von mindestens 96 m³/h bei Abschnittsflächen bis zu 2.500 m² und
- von mindestens 192 m³/h bei Abschnittsflächen von mehr als 4.000 m².

Zwischenwerte können linear interpoliert werden.

Bei Industriebauten mit selbsttätiger Feuerlöschanlage genügt eine Löschwassermenge für Löscharbeiten der Feuerwehr von mindestens 96 m³/h über einen Zeitraum von einer Stunde.

Zu 5.1 Löschwasserbedarf

Der Löschwasserbedarf für Industriebauten wurde auf den Löschwasserbedarf der Erstmaßnahmen der Brandbekämpfung ausgelegt. Es wurden für die unterschiedlichen Größen und damit Gefährdungspotentiale Eckwerte für die Festlegung im Einzelfall vorgegeben. Diese Werte sind mindestens einzuhalten; größere Werte können in begründeten Fällen verlangt werden.

Darüber hinaus wird das Vorhandensein einer selbsttätigen Feuerlöschanlage bei der Festlegung des Löschwasserbedarfs zur manuellen Brandbekämpfung abmindernd berücksichtigt.

Unter Abschnittsfläche ist die Brandabschnittsfläche bzw. die Brandbekämpfungsabschnittsfläche zu verstehen.

Zu 5.1: Löschwasserbedarf

a) Allgemeines

a.1) Grund- und Objektschutz

Den Standardanforderungen der MIndBauRL an den Löschwasserbedarf für Industriebauten sind Brandszenarien zugrunde gelegt, die für die Feuerwehren als Bemessungsszenarien zur Brandbekämpfung angesehen werden sollen. Sie sind auf „übliche Brandlasten" hinsichtlich der Art, Menge und Lagerform von Industriebauten abgestellt. Damit stellen diese Regelanforderungen Standardwerte für den sogenannten **Grundschutz** dar.

Industriebauten mit deutlich erhöhtem Brandrisiko (insbesondere Stoffe im Sinne der StörfallVO, abgelegene Lage; Prozesse und Stoffe mit stark erhöhter Brand- und Explosionsgefahr) können ggf. einen Löschwasserbedarf erfordern, der über die Standardwerte der MIndBauRL hinausgeht. Dann kann ein Grund für einen **erhöhten Objektschutz** vorliegen. Andererseits können deutlich unterdurchschnittliche Brandrisiken auch zu einem verminderten Objektschutz führen. Ob ggf. ein erhöhter Objektschutz erforderlich ist, sollte gemeinsam mit der für den abwehrenden Brandschutz zuständigen Stelle beurteilt und festgelegt werden. Diese Bewertung der Brandrisiken sollte dann – wie für die Standardbrandszenarien des Grundschutzes

Tabelle 5.1-1: Übersicht zu den Anforderungen des Löschwasserbedarfs nach Abschnitt 5.1; die Anforderungen des Abschnittes 5.1 gelten gleichermaßen für die drei Verfahren nach Abschnitt 4

Abschnittsfläche m^2	**Löschwasserbedarf** m^3/h	**Löschwasserbedarf** l/min
≤ 2500	96	1600
Zwischenwerte linear interpolieren (0,064 m^3/h je m^2 bzw. 1,066 l/Min. je m^2)		
> 4000	192	3200
• Der Löschwasserbedarf muss für mindestens zwei Stunden gewährleistet sein. • Bei selbsttätiger Löschanlage genügen 96 m^3/h für eine Stunde. • Die Werte weichen teilweise von den Vorgaben des DVGW-Arbeitsblattes W-405 ab.		

– die zu erwartende Brandentwicklung angemessen berücksichtigen und nicht allein auf das denkbare Maximalereignis (den vollständigen Ausbrand des Industriebaus) abgestellt werden.

Grundsätzlich liegt die Verantwortung für die Bereitstellung eines erhöhten Objektschutzes beim Bauherrn, während die Gemeinde für den Grundschutz zuständig ist.

a.2) Annahmen für die Bemessungsbrandszenarien

Die in der MIndBauRL festgelegte erforderliche Löschwassermenge ist im Wesentlichen auf Brandszenarien in der Phase der Brandausbreitung vom Entstehungsbrand zum fortentwickelten Brand ausgelegt oder auf einen „kleinen lokalen Vollbrand".

Dabei können auch Art und Menge der Brandlasten berücksichtigt werden, wenn sie im Genehmigungsverfahren festgelegt werden. Grundsätzlich wird davon ausgegangen, dass in diesen Fällen ein wirksamer Innenangriff möglich ist, auch wenn das Tragwerk keine klassifizierte Feuerwiderstandsdauer aufweist.

Brände, die sich innerhalb der BA und BBA nicht beherrschen lassen, benötigen wesentlich größere Löschwassermengen, insbesondere zum Schutz angrenzender BA oder zum Schutz der Nachbarschaft.

Diese Löschwassermengen sind dann meist aus größeren Entfernungen und unter Verwendung der Hilfsmittel der Feuerwehr herbeizuschaffen. Speziell für die Bewertung der Großbrandszenarien ist die Brandschutzdienststelle gefordert, z. B. bei Erstellung der Feuerwehreinsatzplanung. Dabei muss die Verfügbarkeit und Leistungsfähigkeit (auch der entfernteren) Entnahmestellen in Bezug auf das jeweilige Risiko bewertet und berücksichtigt werden.

b) Übergroße Brandbekämpfungsabschnitte

Abweichend von diesen Regelungen verlangte die MIndBauRL (Fassungen 2000 und 2014) in Abschnitt 7.5 für BBA über 60.000 m^2 auch bei Vorhandensein einer automatischen Feuerlöschanlage im BBA eine Löschwassermenge von mindestens 192 m^3/h (für zwei Stunden).

In der MIndBauRL 2019 wurde diese Anforderung an eine Löschwasserbereitstellung innerhalb übergroßer BBA von objektspezifischen Belangen abhängig gemacht und ins Ermessen einer Abstimmung mit der zuständigen Brandschutzdienststelle gestellt. Ein völliger Verzicht auf eine Löschwasserversorgung auch innerhalb solcher BBA ist damit allerdings nicht verbunden, siehe Kommentar zu Abschnitt 7.6 MIndBauRL 2019.

c) Beispiele für den Löschwasserbedarf von Brandabschnitten und Brandbekämpfungsabschnitten

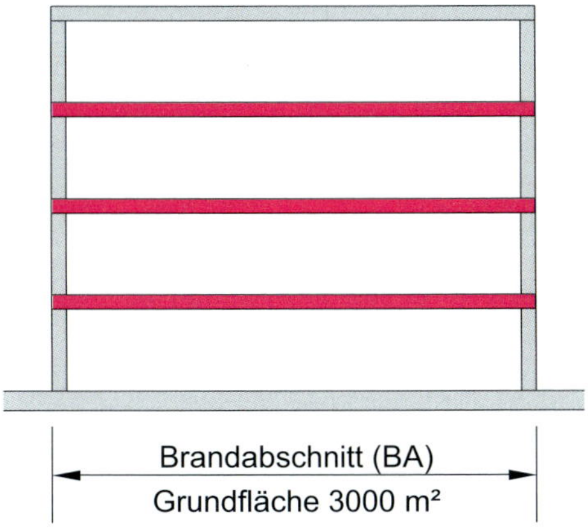

Bild 5.1-1: BA mit einer BA-Fläche von 3000 m²

Der Löschwasserbedarf beträgt
96 + (3000 – 2500) × 0,064 = 128 m³/h.

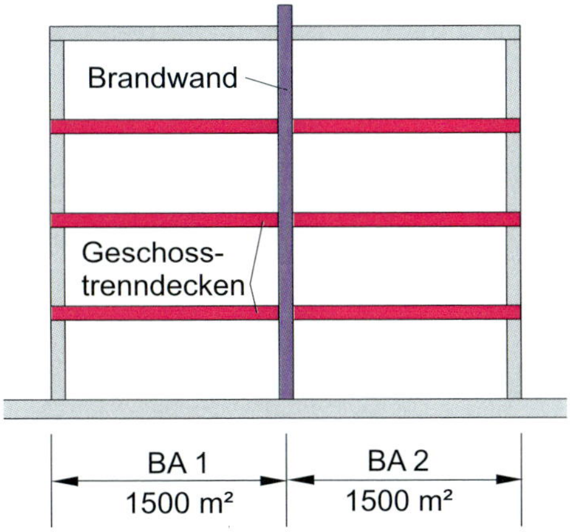

Bild 5.1-2: Zwei BA mit einer BA-Fläche von je 1500 m²

Der Löschwasserbedarf beträgt 96 m³/h.

Bilder 5.1-3 und 5.1-4: BBA mit Geschossen und Ebenen, die jeweils genauso groß sind wie die BA der Bilder 5.1-1 und 5.1-2

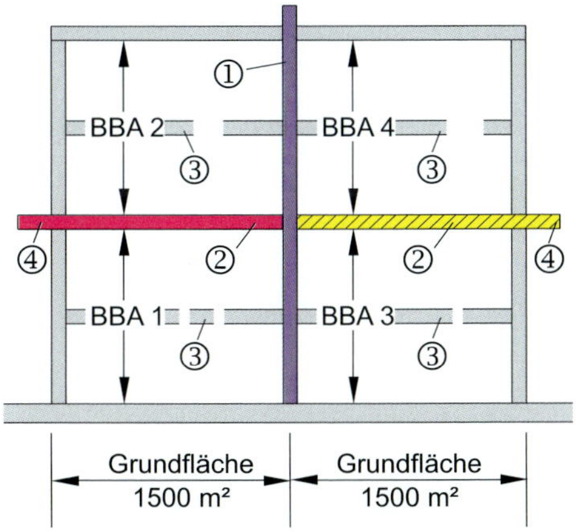

① BBA-Trennwand in der Bauart einer Brandwand gemäß 7.3.2 MIndBauRL
② BBA-Trenndecke nach Bemessung gemäß 7.3.3 MIndBauRL
③ Ebenendecke mit Anforderungen an die Standsicherheit gemäß 7 MIndBauRL
④ Maßnahmen gegen vertikalen Feuerüberschlag gemäß 5.11 MIndBauRL

Bild 5.1-3: Beispiel für vier zweiebenige BBA

Die Gesamtgrundfläche jedes BBA beträgt etwa 2 × 1500 m² = 3000 m². Damit ergibt sich ein Löschwasserbedarf von 128 m³/h.

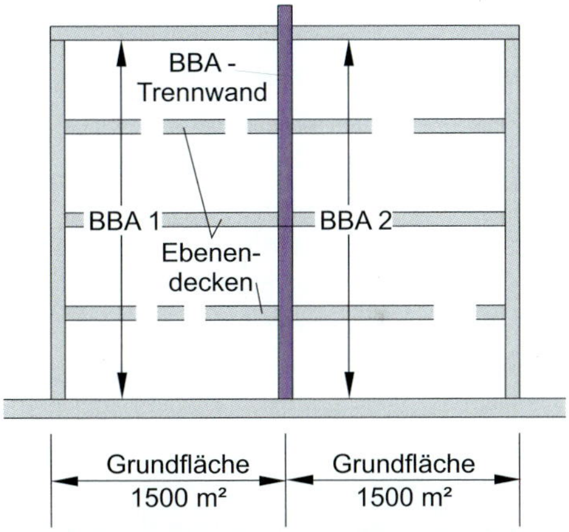

Bild 5.1-4: Beispiel für zwei vierebenige BBA

Die Geschosse bzw. Ebenen haben jeweils Grundflächen von ca. 1500 m². Die Gesamtfläche jedes BBA beträgt etwa 4 × 1500 m² = 6000 m². Damit ergibt sich ein Löschwasserbedarf von 192 m³/h.

Bei diesen BBA ist die Fläche, die für die Ermittlung des Löschwasserbedarfs herangezogen wird (bei jeweils gleicher Grundfläche), viermal so groß wie bei dem in Bild 5.1-2 dargestellten Gebäude mit BA.

Allerdings müssen die Ebenendecken ggf. innerhalb jedes BBA auch nicht die hohen Anforderungen erfüllen wie die Geschossdecken im BA des Bildes 5.1-2, wo sie öffnungslos und feuerbeständig sein müssen.

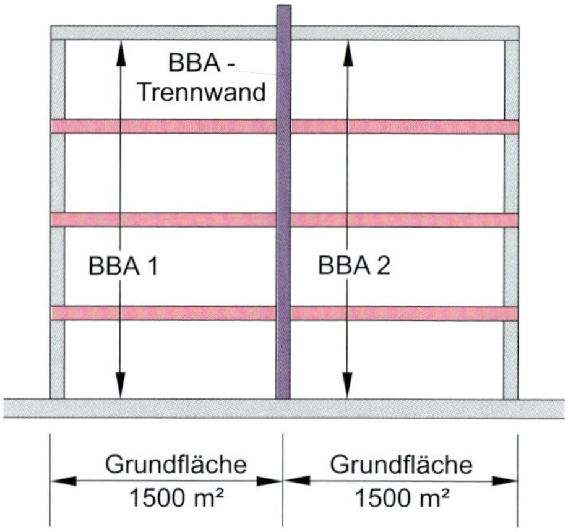

Bild 5.1-5: Beispiel für eine Abweichung

Bei den beiden BBA mit Geschossdecken wird bezüglich der Ermittlung des Löschwasserbedarfs nicht dessen Fläche, sondern die Grundfläche angesetzt. Damit ergibt sich ein Löschwasserbedarf von 96 m^3/h (bezogen auf je 1500 m^2 Grundfläche).

Voraussetzung für diese Abweichung ist, dass die geschossbildenden Decken der BBA eine ausreichende Qualität aufweisen, die mit den Decken des BA vergleichbar ist.

d) Beispiel für eine Abweichung: Gleichbehandlung von Brand- und Brandbekämpfungsabschnitten

Bei der Ermittlung des Löschwasserbedarfs kann eine Unterscheidung zwischen BA und BBA mit den entsprechenden Definitionen für deren Flächen grundsätzlich zu nicht beabsichtigten Härten bei Industriebauten mit Geschossdecken führen.

Mehrgeschossige Industriebauten würden bei einer Bewertung der Brandlasten nach DIN 18230-1, die i. d. R. zur Begründung abgeminderter Anforderungen oder zur Vergrößerung der nutzbaren Flächen herangezogen wird, zu einer ungewollten und auch nicht begründbaren Erhöhung der Anforderungen an die Löschwasserversorgung für BBA gegenüber BA mit unbegrenzter Brandbelastung führen (siehe Bilder 5.1-2 bis 5.1-4).

Da das Bemessungsziel auf die Erstmaßnahmen ausgerichtet ist, ist es über eine Abweichung möglich, als Bezugsfläche für BA und BBA die Grundfläche dieser Abschnitte gleichermaßen anzusetzen. Insbesondere gilt dies, wenn die Decken innerhalb des BBA eine ausreichende Qualität auch hinsichtlich des Raumabschlusses aufweisen, die mit den Geschossdecken des BA vergleichbar ist.

e) Beispiel für eine Abweichung bei günstigen BBA

Für günstige BBA kann ggf. der Löschwasserbedarf gegenüber den Standardwerten reduziert werden. Dafür sind eine Bewertung und Festlegung der Brandlasten erforderlich, wie im Abschnitt 5.1 vorgesehen. Diese Reduktion ist daher nur im Verfahren nach Abschnitt 7 sinnvoll und bedarf zudem einer Abweichung mit Zustimmung der Brandschutzdienststelle.

Die Einhaltung der zugelassenen Brandbelastungen muss dann auch zukunftssicher gegeben sein und durch regelmäßige Kontrollen überwacht und dokumentiert werden. Insofern kommen von der Brandlast abhängige Festlegungen der erforderlichen Löschwassermenge nur selten und für Betriebe in Betracht, bei denen sich die Brennbarkeit und die Brandlasten der brennbaren Stoffe voraussichtlich über lange Zeitdauern nicht ändern werden.

5.2 Lage und Zugänglichkeit

5.2.1 Jeder Brandabschnitt und jeder Brandbekämpfungsabschnitt muss mit mindestens einer Seite an einer Außenwand liegen und von dort für die Feuerwehr zugänglich sein. Dies gilt nicht für Brandabschnitte und Brandbekämpfungsabschnitte, die eine selbsttätige Feuerlöschanlage haben.

5.2.2 Freistehende sowie aneinandergebaute Industriebauten mit einer Grundfläche von insgesamt mehr als 5000 m² müssen eine für Feuerwehrfahrzeuge befahrbare Umfahrt haben. Umfahrten müssen die Anforderungen der Muster-Richtlinie über Flächen für die Feuerwehr*) erfüllen.

5.2.3 Über die nach § 5 MBO für die Feuerwehr erforderlichen Zufahrten, Durchfahrten und Aufstell- und Bewegungsflächen hinaus, sind auch die Umfahrten nach Abschnitt 5.2.2 ständig freizuhalten. Hierauf ist dauerhaft und leicht erkennbar hinzuweisen (Kennzeichnung).

Zu 5.2 Lage und Zugänglichkeit

Die bewährten Regelungen über die Umfahrbarkeit von Industriebauten ab 5000 m² Grundfläche sowie die Erreichbarkeit von Brandabschnitten blieben unverändert.

Ebenso sind Regelungen zu innenliegenden Brandabschnitten enthalten, um häufig praktizierte Ausnahmen regelhaft zuzulassen. Hiernach sind innenliegende Brandabschnitte, die mit einer flächendeckenden selbsttätigen Löschanlage ausgestattet sind, möglich. Der Rettungsweg aus einem innenliegenden Brandabschnitt darf nur durch einen anderen Brandabschnitt führen und muss dann von dort einen unmittelbaren Ausgang ins Freie haben.

Räume – auch mit Umfassungsbauteilen mit einer Feuerwiderstandsfähigkeit – innerhalb von Brandabschnitten oder Brandbekämpfungsabschnitten bilden keine eigenen Brandabschnitte oder Brandbekämpfungsabschnitte und müssen somit nicht an der Außenwand angeordnet werden.

Die Forderung nach Einhaltung der Muster-Richtlinie über Flächen für die Feuerwehr gilt auch für Umfahrten. Die Umfahrten müssen, wie die Flächen nach § 5 MBO, für die Feuerwehr nutzbar sein. Dies wird durch die Ergänzung der MIndBauRL sichergestellt. Es ist zu beachten, dass bei Umfahrten zur Nutzbarkeit im Brandfall in der Regel Bewegungsflächen gemäß Nr. 13 der Muster-Richtlinien über Flächen für die Feuerwehr erforderlich sind (siehe § 5 Abs. 1 Satz 4 MBO).

*) nach Landesrecht

Zu 5.2: Lage und Zugänglichkeit

a) Feuerwehrumfahrten

a.1) Beispiel für eine Feuerwehrumfahrt

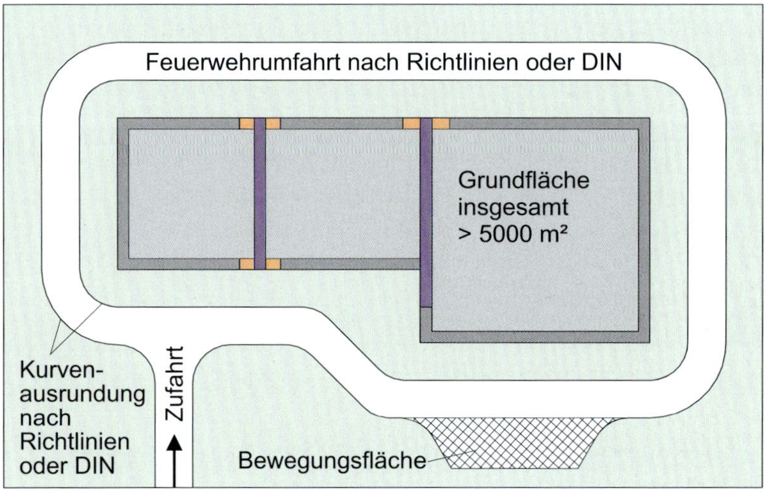

Bild 5.2-1: Feuerwehrumfahrt ab einer Grundfläche von 5000 m²

Ab einer Grundfläche von mehr als 5000 m² ist eine für Feuerwehrfahrzeuge befahrbare Umfahrt erforderlich. Diese muss die Anforderungen der Muster-Richtlinie über Flächen für die Feuerwehr erfüllen.

a.2) Bestimmung der maßgeblichen Grundfläche

Ab einer Größe der Grundfläche von 5000 m² müssen Industriebauten eine Feuerwehrumfahrt haben.

Auch für aneinandergereihte Industriebauten (also auch für die Industriebauteile großer gemischt genutzter Gebäude) gilt dieser Richtwert von 5000 m². Dabei bleiben die Grundflächen von brandschutztechnisch abgetrennten Gebäudeteilen, die keine Industriebauten sind, außer Betracht. Wenn also beispielsweise ein „Verwaltungskopfbau“ vom Industriebauteil eines Gebäudes durch eine Brandwand abgetrennt ist und nicht nach der MIndBauRL beurteilt wird, zählt seine Grundfläche grundsätzlich nach der Formulierung des Richtlinientextes nicht mit als Teil der Industriebaugrundfläche.

Im Einzelfall kann es aber durchaus sinnvoll und angezeigt sein, das Erfordernis einer Feuerwehrumfahrt an der Grundfläche des Gesamtgebäudes auszurichten und dabei auch Gebäudeteile mitzurechnen, die selbst keine Industriebauten sind.

In Praxisfällen wird allerdings eher überlegt, ob denn für Industriebauten von mehr als 5000 m² Grundfläche Feuerwehrumfahrten unabdingbar notwendig sind. Häufig möchte der Bauherr bis nahe an die Grundstücksgrenze bauen oder die Grundstücksflächen anders verwenden.

Die Entscheidung über die Notwendigkeit von Feuerwehrumfahrten ist im Abweichungsfall (hier von einer Muss-Vorschrift) jeweils eine Einzelfallentscheidung und erfordert grundsätzlich eine enge Abstimmung mit der zuständigen Feuerwehr bzw. Brandschutzdienststelle. Dabei sollten insbesondere auch die Brandrisiken der Nutzung und die Brandschutzmaßnahmen der Brandschutzplanung berücksichtigt werden.

b) Zugänglichkeit des Betriebsgeländes

Der „Grundfall des Bauordnungsrechts“ betrachtet zunächst die Lage eines Gebäudes im öffentlichen Straßenland ohne im Einsatzfall hinderliche Einfriedungen. Diese Gebäude und ihre Zugänge sind grundsätzlich jederzeit aus dem Straßenland erreichbar/zugänglich. Demgegenüber sind Industrie- und Gewerbebauten häufig eingefriedet und gegen unbefugtes Betreten zumindest zeitweise gesichert, womit eine erschwerte Zugänglichkeit für die Einsatzkräfte im Brandfall gegeben ist. Das gilt insbesondere für Zeiten außerhalb der Betriebszeiten.

Insbesondere nach den Feuerwehrgesetzen der Länder haben Grundstückseigentümer und -besitzer im Gefahrenfall die Einsatzkräfte zu unterstützen und den Zugang zu den betroffenen Grundstücken/Liegenschaften zu gewähren und dafür ggf. auch besondere Maßnahmen zu dulden oder durchzuführen (Duldungspflichten). Dafür kann es dann ggf. auch notwendig sein, u. a. sogar Einfriedungen des Geländes oder gar Gebäudeteile zu beseitigen.

In eher seltenen Fällen sind Betriebsgelände von Industrie- und Gewerbebauten zwar eingezäunt und mit Toranlagen versehen, die allerdings grundsätzlich (und planmäßig) offenstehen. Solche Industriebauten benötigen keine besonderen Maßnahmen für die Zugänglichkeit des Betriebsgeländes.

Typischerweise sichern Betriebe ihre Grundstücke und verschließen die Zugangstore außerhalb der Dienstzeiten. Gegebenenfalls bei besonderen Ereignissen (i. d. R. Einbruchalarme, aber auch Brandalarme) automatisch alarmierte private Sicherheitsdienste sind für einen schnellen Zugang der Feuerwehr im Einsatzfall häufig zu langsam. In solchen Fällen kann und wird sich die Feuerwehr nach Lage der Dinge ggf. selbst und gewaltsam Zugang zum Gelände verschaffen (müssen).

Sofern die Sicherung des Betriebsgeländes gegen unbefugtes Eindringen besonders wirksam ausgeführt wird, sind diese Schutzmaßnahmen für die Feuerwehren jedoch ein erhebliches Hindernis und führen zu unangemessenen Verzögerungen des Einsatzes. In solchen Fällen kommen für die Zugänglichkeit des Betriebsgeländes für die Feuerwehr unterschiedliche Maßnahmen in Betracht, die gemeinsam zwischen dem Betrieb und der Brandschutzdienststelle festgelegt werden müssen. Typisch dafür sind Feuerwehrschlüsseldepots (FSD), die an eine BMA angeschlossen sind, oder ständig besetzte Pförtnerlogen.

Es besteht allerdings kein Automatismus, wonach bei einer Ausstattung eines Industriebaus mit einer BMA auch zwingend ein FSD angeordnet werden muss! Lösungen dieser Aspekte basieren stets auf Einzelfallentscheidungen; eine konkrete Rechtsgrundlage für spezielle Maßnahmen ist mit der MIndBauRL nicht gegeben. Insbesondere besteht auch die Möglichkeit, für Liegenschaften mit „geringen Risiken“ FSD für Einzelschlüssel mit Einzelschließungen ohne Anbindung an eine Brandmeldeanlage zu installieren (FSD der „Klasse 1 nach DIN 14675-1).

c) Zugänglichkeit des Industriebaus

In der Regel sind besondere Maßnahmen für die Zugänglichkeit des Industriebaus über die Außentüren/Zugangstüren nicht erforderlich. Im Einsatzfall kann sich die Feuerwehr einen Zugang durchaus mit ihren Ausrüstungen – gewaltsam – verschaffen.

Sollten jedoch besondere Schutzmaßnahmen gegen unbefugtes Eindringen ergriffen werden, die auch der Feuerwehr erheblich zeitaufwendige Tätigkeit für das Öffnen der verschlossenen Zugangstüren abverlangen, sollten zunächst seitens des Bauherrn und des Betreibers die Folgen verspäteter Brandbekämpfungsmaßnahmen auf den Brandschaden bewertet werden. Diese Fälle sind grundsätzlich außerhalb der Betriebszeiten zu erwarten.

Die Wirksamkeit der Brandbekämpfung hängt insbesondere vom Zeitpunkt der ersten Brandbekämpfungsmaßnahmen ab. Verzögerungen führen daher unmittelbar zu einer Schadenvergrößerung. Insbesondere bei Industrie- und Gewerbenutzungen mit einer zu erwartenden schnellen Brandentwicklung und -ausbreitung ist es auch im Eigeninteresse des Bauherrn und Betreibers, der Feuerwehr einen schnellen Zutritt zum Gebäude zu ermöglichen. Das gilt gerade auch für besonders geschützte Anlagen, zumal wenn sie durch eine auf die Feuerwehr aufgeschaltete BMA überwacht werden.

In solchen Fällen bietet sich die Installation von Feuerwehrschlüsseldepots an, die an eine BMA angeschlossen werden. Es besteht allerdings kein Automatismus, wonach bei einer Ausstattung eines Industriebaus mit einer BMA auch zwingend ein FSD angeordnet werden muss!

Die Frage der schnellen Zugänglichkeit gewinnt insbesondere bei Brandschutzplanungen an Gewicht, wenn eine brandschutztechnische Unterbemessung der Bauteile vorgesehen wird und somit im Verfahren nach Abschnitt 6 von Tab. 2 Spalte 2 oder im Verfahren nach Abschnitt 7 von Tab. 7 Gebrauch gemacht wird. Das gilt in diesen Fällen noch verstärkt, wenn eine Verbesserung des Rauchabzugs für eine Vergrößerung der zulässigen Flächen herangezogen wird.

Lösungen dieser Aspekte basieren stets auf Einzelfallentscheidungen; eine konkrete Rechtsgrundlage für spezielle Maßnahmen ist mit der MIndBauRL nicht gegeben.

5.3 Zweigeschossige Industriebauten mit Zufahrten

Wird bei einem zweigeschossigen Industriebau das untere Geschoss mit Bauteilen einschließlich der Decken feuerbeständig und aus nichtbrennbaren Baustoffen hergestellt und werden für beide Geschosse Zufahrten für die Feuerwehr angeordnet, dann kann das obere Geschoss wie ein eingeschossiger Industriebau behandelt werden.

Zu 5.3 Zweigeschossige Industriebauten mit Zufahrten

Sofern das untere Geschoss feuerbeständig gegenüber dem oberen Geschoss abgetrennt ist und beide Geschosse von außen für Feuerwehrfahrzeuge anfahrbar sind, kann das obere Geschoss wie ein eingeschossiger Industriebau behandelt werden.

Eine gleichzeitige Anwendung von Abschnitt 5.3 und 5.4.3 scheidet jedoch aus, weil die beiden unterschiedlichen Privilegierungstatbestände nur einzeln angewendet werden dürfen, aber nicht gemeinsam.

Zu 5.3: Zweigeschossige Industriebauten mit Zufahrten

a) Ziel und Herleitung der Regel

Die Regelungen des Abschnittes 5.3 MIndBauRL haben das Ziel, für das obere Geschoss eines zweigeschossigen Industriebaus wesentliche **Erleichterungen** gegenüber einer Regelbeurteilung zuzulassen. Diese Erleichterungen betreffen die zulässigen Flächen der BA bzw. BBA, die erforderliche Feuerwiderstandsklasse der tragenden und aussteifenden Bauteile sowie die Anforderungen an die Brennbarkeit der Baustoffe.

Diese Regelung wurde vorzugsweise bei Beispielen **freistehender zweigeschossiger** Industriebauten beraten und entwickelt: Es handelte sich um Industriebauten mit einem EG und einem OG – aber ohne KG. KG, die gemäß Abschnitt 5.4 MIndBauRL wegen ihrer Zugänglichkeit von außen wie oberirdische Geschosse behandelt werden dürfen, lassen die Anwendung der besonderen Erleichterungen nach Abschnitt 5.3 daher nicht zu.

Bei den Beratungen wurden die Beispiele überwiegend im Zusammenhang mit dem Nachweisverfahren des Abschnittes 7 erörtert. Sie wiesen i. d. R. große Flächen auf, wie sie typischerweise in den Industriebetrieben der Automobilherstellung vorkommen.

In der MIndBauRL sind jedoch keine Einschränkungen bezüglich der Anwendbarkeit beabsichtigt und enthalten. Damit ist diese Regelung auch bei kleineren Industriebauten und für Industriebauten in Hanglage anwendbar. Allerdings sind bei Gebäuden in Hanglage besonders auch die Anforderungen an die Rauchableitung und die Rettungsweggestaltung zu beachten.

b) Grundsätzliche Anwendung der Regel

Die Erleichterungen für das OG können sowohl bei einem Nachweis der Bildung eines BA durch Brandwände nach Abschnitt 6 als auch bei einer Nachweisführung der Bildung eines BBA nach Abschnitt 7 bei entsprechend günstigen Verhältnissen für den abwehrenden Brandschutz in Anspruch genommen werden.

Als Beurteilungsgrundlage für die **Bewertung des OG** eines zweigeschossigen Industriebaus, der die besonderen Randbedingungen des Abschnittes 5.3 MIndBauRL zur Zugänglichkeit für die Feuerwehr erfüllt, dienen die Anforderungen an eingeschossige Industriebauten.

Die Bewertung des unteren Geschosses erfolgt grundsätzlich als unteres Geschoss des zweigeschossigen Industriebaus. Hierfür ergibt sich unmittelbar aus der Regelung des Abschnittes 5.3 keine Erleichterung. Insbesondere müssen die tragenden und aussteifenden Bauteile in der Qualität feuerbeständig (fb) und nichtbrennbar (nb) ausgeführt werden, damit sie die fb- und nb-Geschossdecke (im Abschnitt 5.3 MIndBauRL zwingend vorgegeben) zum OG mit gleicher Sicherheit tragen können.

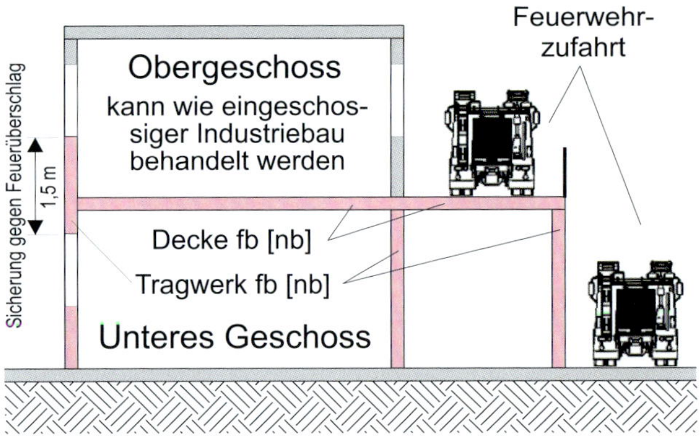

Bild 5.3-1: Beispiel für einen zweigeschossigen Industriebau mit Feuerwehrzufahrten zu jedem Geschoss

Das obere Geschoss darf nach Abschnitt 5.3 MIndBauRL wie ein eingeschossiger Industriebau behandelt werden. Diese Erleichterung darf jedoch nicht mit Erleichterungen für die KG gemäß Abschnitt 5.4 für von außen zugängliche KG angewendet werden.

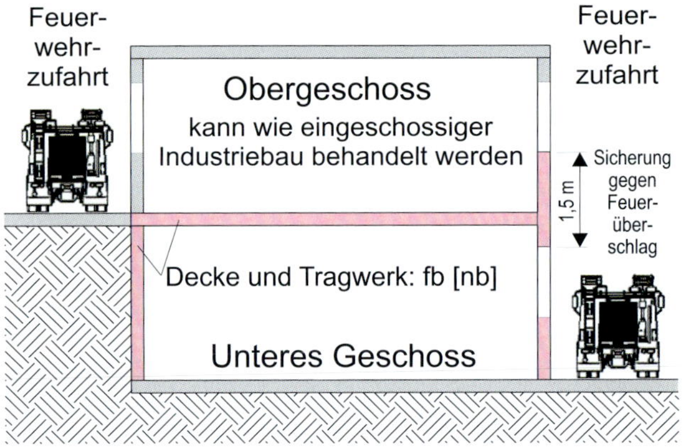

Bild 5.3-2: Beispiel für einen zweigeschossigen Industriebau in Hanglage mit Feuerwehrzufahrten in jedem Geschoss

Das obere Geschoss darf nach Abschnitt 5.3 MIndBauRL wie ein eingeschossiger Industriebau behandelt werden. Diese Erleichterung darf jedoch nicht mit Erleichterungen für die KG gemäß Abschnitt 5.4 für von außen zugängliche KG angewendet werden.

Bei den Arbeiten zur Herleitung dieser Regel waren Bauweisen mit Ebenen noch nicht in der Diskussion. Daher – aber auch aus den späteren Beratungen zur Ebenen-Bauweise – lässt sich diese Spezialregel grundsätzlich nicht auf **Industriebauten mit Ebenen** anwenden und ist auf eine Geschossbauweise beschränkt.

c) Ausbildung der Feuerwehrzufahrt

Die Lage der Zufahrt für die Feuerwehr muss für jedes Geschoss so gestaltet sein, dass die Einsatzkräfte keine Höhenunterschiede überwinden müssen, um das entsprechende Geschoss zu erreichen. Dazu reicht es aus, wenn von den Flächen für die Feuerwehr das Gebäude auf dem gleichen Höhenniveau wie das jeweilige Geschoss zu Fuß erreicht werden kann.

Wie nahe die Feuerwehrfahrzeuge am Gebäude abgestellt werden müssen, ist im jeweiligen Einzelfall festzulegen. Eine unmittelbare Erreichbarkeit der Fassaden mit allen/vielen Fahrzeugen ist nicht erforderlich. Es ist auch nicht beabsichtigt, dass die Feuerwehrfahrzeuge in das Gebäudeinnere hineinfahren können.

Sofern das Höhenniveau eines der Geschosse über Rampen erreicht werden kann, ist die dazugehörige Feuerwehrfläche in Verbindung mit Abschnitt 5.2.3 MIndBauRL und den Zufahrten, Durchfahrten sowie den Aufstell- und Bewegungsflächen festzulegen.

Für die Akzeptanz der jeweiligen Feuerwehrzufahrt sind die Kriterien des Abschnittes 5.2.1 heranzuziehen: Danach reicht es aus, dass eine (hier die anfahrbare) Seite auf ganzer Länge frei zugänglich ist und dass über mindestens eine Tür/ein Tor dieser Fassade das Gebäudeinnere erschlossen werden kann. Wie weit die Zugangstür von der Stelle entfernt sein darf, auf der die Feuerwehrfahrzeuge auf gleichem Höhenniveau abgestellt werden, ist im Einzelfall festzulegen.

d) Anwendung der Regel

d.1) bei Industriebauten, die nach Abschnitt 6 beurteilt werden

Liegen die Voraussetzungen vor (Feuerwehrzufahrt in beiden Geschossen), so kann das OG eines zweigeschossigen Industriebaus gemäß der **Spalte für eingeschossige Industriebauten** in Tabelle 2 MIndBauRL beurteilt werden.

Damit ergeben sich für das OG wesentliche Erleichterungen bezüglich der zulässigen Brandabschnittsflächen gegenüber einer normalen zweigeschossigen Bauweise. Ferner kann die Feuerwiderstandsdauer der tragenden und aussteifenden Bauteile für das obere Geschoss gegenüber den Anforderungen, die für normale zweigeschossige Industriebauten bestehen, deutlich reduziert werden.

Weitergehende Erleichterungen (insbesondere für das untere Geschoss und die dort zulässigen Abschnittsflächen) können mit dem Nachweisverfahren des Abschnittes 7 MIndBauRL nachgewiesen werden.

Für das **untere Geschoss** des zweigeschossigen Industriebaus ist bezüglich der Brandabschnittsflächen die **Spalte für zweigeschossige Industriebauten** in Tabelle 2 MIndBauRL maßgebend. Die Spalten fh und hf [nb] (Feuerwiderstandsfähigkeit des Tragwerkes) sind dabei ohne Belang, da nach Abschnitt 5.3 ohnehin eine fb-[nb-]Bauweise vorgeschrieben ist. Damit können sich für das untere Geschoss kleinere Brandabschnittsflächen als für das OG ergeben.

In solchen Fällen wird von Abschnitt 3.2 abgewichen, wonach die Brandwände über alle Geschosse zu führen sind und stets alle Geschosse umfassen.

Durch dieses Verfahren kann eine Situation entstehen, bei der im unteren Geschoss mehrere BA vorhanden sind, im OG dagegen keine Unterteilung in BA erforderlich ist. In diesem Fall muss zwischen dem unteren und dem oberen Geschoss eine **horizontale Brandabschnittsbildung** ausgeführt werden.

Damit sind u. a. die in Abschnitt 5.11 MIndBauRL beschriebenen Maßnahmen zur Sicherung des Feuerüberschlags erforderlich.

Tabelle 5.3-1: Zulässige Brandabschnittsflächen zweigeschossiger Industriebauten mit Zufahrten für beide Geschosse nach Abschnitt 5.3 MIndBauRL bei einer Beurteilung des Industriebaus nach dem Verfahren in Abschnitt 6

Geschoss	Kriterium für Abschnitt 6, Tabelle 2 MIndBauRL
Oberes Geschoss	Maßgebend ist die Spalte für eingeschossige Industriebauten entweder ohne Anforderungen an die Feuerwiderstandsfähigkeit oder mit der Feuerwiderstandsdauer fh
Unteres Geschoss	Maßgebend ist die Spalte für zweigeschossige Industriebauten mit der Feuerwiderstandsdauer fb [nb]
Zusätzlich	Bei Brandwänden, die nicht unversetzt durchgehen oder nur im unteren Geschoss bestehen: Sicherung des Feuerüberschlagsweges nach Abschnitt 5.11

d.2) bei Industriebauten, die nach Abschnitt 7 beurteilt werden

Es handelt sich um einen oberirdischen, zweigeschossigen Industriebau ohne Ebenen, der nach DIN 18230 zu bewerten ist. Eine Brandlasterhebung und -bewertung ist also stets für beide Geschosse erforderlich.

Das OG wird als BBA wie ein eingeschossiger Industriebau separat mit eigener Brandlastberechnung behandelt.

Das EG wird als eingeschossiger BBA eines zweigeschossigen Brandabschnitts bzw. Industriebaus gesehen, der in feuerbeständiger Bauweise errichtet wird. Auch für dieses Geschoss/für diesen BBA wird eine eigene Brandlastberechnung durchgeführt.

Die Geschosstrennung zwischen dem EG und dem OG muss – insbesondere im Außenwandbereich – eine Brandausbreitung über die Geschossgrenzen hinweg – als Brandbekämpfungsabschnitt-Trenndecke – „ausschließen“, um diese getrennte Beurteilung zu rechtfertigen.

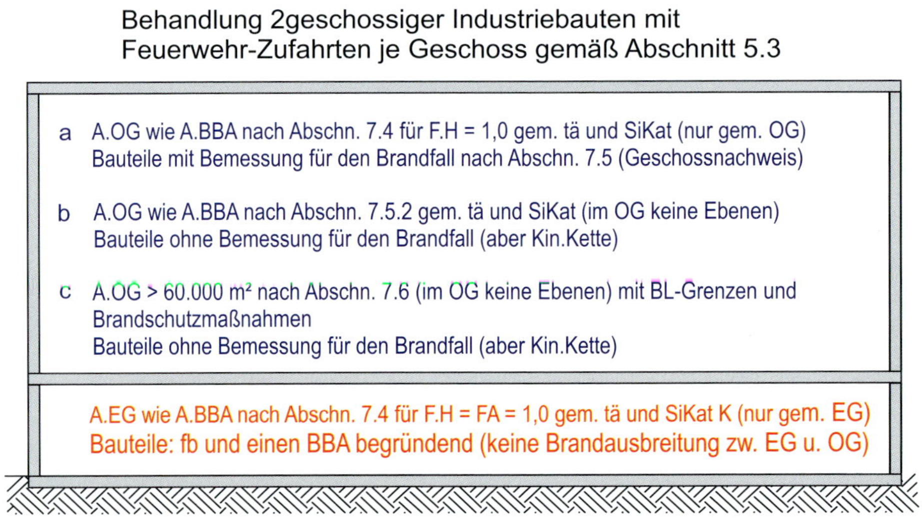

Bild 5.3-3: Behandlung zweigeschossiger Industriebauten mit Feuerwehrzufahrten je Geschoss gemäß MIndBauRL Abschnitt 5.3

Nachweisführung für das OG (Muster-Industriebau-Richtlinie 2019)

Eine Brandlasterhebung ist stets erforderlich, da nur mit einem Nachweis über erf t_F gemäß Abschnitt 7.1 die Anwendung der Regeln des Abschnitts 7 vorgesehen ist.

Die Nachweise für das OG als eingeschossiger BBA können dann mit oder auch ohne Bemessung der Bauteile durchgeführt werden. Es ergeben sich folgende Möglichkeiten:

a. Die Bauteile des OG sollen für den Brandfall bemessen werden.
   Der Bauteilnachweis wird nach Abschn. 7.5 für erf t_F nach DIN 18230-1 – für einen eigenständigen BBA – geführt. Die Bauteilbemessung erfolgt dann mit einem Sicherheitsbeiwert, der nur auf die OG-Fläche bezogen wird (für eingeschossige Industriebauten).
   Die zulässige Fläche des OG ergibt sich nach Abschn. 7.4 für das OG unter Berücksichtigung von $t_ä$ und der bewerteten brandschutztechnischen Infrastruktur (Sicherheitskategorie). Diese Fläche darf ggf. auch größer sein als 30.000 m² (Grenzwert gemäß DIN 18230-1 für mehrgeschossige Industriebauten – aufgrund des Sicherheitskonzepts/Sicherheitsbeiwerts).
b. Die Bauteile des OG sollen für den Brandfall nicht bemessen werden.
   Ein Bauteilnachweis entfällt. Die ausreichende Verhinderung eines progressiven Gebäudeversagens (im Sinne einer „kinematischen Kette“) ist zum Schutz der Feuerwehrkräfte nachzuweisen.
   Die zulässige Fläche des OG ergibt sich nach Abschnitt 7.5.2 unter Berücksichtigung von $t_ä$ und der bewerteten brandschutztechnischen Infrastruktur (Sicherheitskategorie). Die Werte der Tab. 7 lassen Geschossflächen für das OG bis max. 30.000 m² zu, wobei ggf. die dort geregelten Erhöhungen für einen verbesserten Rauchabzug anwendbar sind.
c. Das OG soll mit einer „Übergröße“ von mehr als 60.000 m² realisiert werden.
   Die Bauteile des OG brauchen für den Brandfall nicht bemessen zu werden. Die ausreichende Verhinderung eines progressiven Gebäudeversagens (im Sinne einer „kinematischen Kette“) ist zum Schutz der Feuerwehrkräfte nachzuweisen.
   Die zulässige Fläche des OG ergibt sich nach Abschnitt 7.6. In diesem Fall darf das OG keine Ebenen haben.

Die Geschossdecke zwischen dem EG und dem OG ist stets mindestens feuerbeständig und in der Bauart von BBA-Trenndecken herzustellen, wobei höhere Anforderungen an die Feuerwiderstandsfähigkeit bauordnungsrechtlich nicht gestellt werden.

Nachweisführung für das EG

Das EG erfordert grundsätzlich eine Bemessung der Bauteile für den Brandfall. Die MIndBauRL gibt eine feuerbeständige Bauweise zwingend vor. Dennoch wird eine Brandlastberechnung erforderlich, um die zulässigen Flächen im EG zu ermitteln.

Die Aufteilung des EG in mehrere Brandbekämpfungsabschnitte kann bei großen Industriebauten erforderlich werden. Die zulässigen Abschnittsflächen im EG ergeben sich aus Tab. 5 in Abhängigkeit insbesondere von $t_{ä}$.

Die MIndBauRL geht grundsätzlich bei der Regelung des Abschnitts 5.3 von „geringen Brandlasten" im OG aus und regelt entsprechende Erleichterungen: Das Denkmodell der MIndBauRL bezeichnet die beiden Geschosse korrekt als Geschosse, bewertet sie aber voneinander als ebenso sicher getrennt wie übereinander angeordnete Brandbekämpfungsabschnitte.

Aus den Regeln der DIN 18230 (Tab. 2, Sicherheitsbeiwert) zur Bauteilbemessung ergibt sich, dass Flächen mehrgeschossiger und mehrebeniger BBA nicht größer sein dürfen als 30.000 m^2. Dementsprechend sind Flächen im EG nach dem Verfahren gemäß Abschnitt 7.4 der MIndBauRL (2019) zu ermitteln und auf max. 30.000 m^2 zu begrenzen.

Für den Fall, dass im EG größere Flächen als nach Abschn. 7.4 gewünscht werden oder dass besonders hohe Brandlasten im EG zu beurteilen sind, können ggf. die Verfahren des Brandschutzingenieurwesens nach Abschnitt 4.3 weiterhelfen.

e) Anforderungen an die Zufahrten für die Feuerwehr zu beiden Geschossen

Das OG kann z. B. von außen über öffentliche oder über betriebsinterne Straßen für die Feuerwehr – auf gleicher Höhe – zugänglich gemacht werden. Gleiches gilt für das untere Erdgeschoss. Für den Fall, dass das Erreichen des OG über Rampen und über Deckenplatten des EG im Freien erfolgt, sind an die Standsicherheit und Nutzbarkeit dieser Bauteile Anforderungen zu stellen.

Statische Aspekte

Für Industriebauten, bei denen die Erleichterungen des Abschnittes 5.3 MIndBauRL in Anspruch genommen werden, ist grundsätzlich eine entsprechende Feuerwehreinsatzplanung und die Erstellung der dazugehörigen Feuerwehrpläne gemäß Abschnitt 5.14.2 MIndBauRL erforderlich.

Dabei ist die Art der einzusetzenden Fahrzeuge bei den zu erwartenden Einsätzen festzulegen, um die statische Belastung der Zufahrten berücksichtigen zu können. Die zulässige Belastung ist durch eine entsprechende Beschilderung vor Ort kenntlich zu machen und in die Feuerwehrpläne einzutragen.

Sofern auskragende Platten oder abgestützte Platten als Fahrbahn infrage kommen, bei denen eine Brandeinwirkung möglich ist, sind diese einschließlich der tragenden Bauteile brandschutztechnisch zu bemessen. Sie sind entsprechend den Geschossdecken in der Qualität fb [nb] auszubilden.

Anordnung und Nutzung der Zufahrten

Bezüglich der Feuerwehrzufahrten gelten grundsätzlich die üblichen Regelungen für Flächen für die Feuerwehr unter Beachtung der im Feuerwehreinsatzplan festgelegten Feuerwehrfahrzeuge. Details sind mit der zuständigen Brandschutzdienststelle und der Feuerwehr abzustimmen.

Die Zufahrten müssen so gestaltet werden, dass die Fahrzeuge der Feuerwehr diesen Bereich ohne umständliche Wendemanöver wieder verlassen können.

Die Zufahrten müssen nach Abschnitt 5.2.3 MIndBauRL jederzeit und in vollem Umfang für die Einsatzzwecke der Feuerwehr zur Verfügung stehen. Sie müssen ständig freigehalten und jederzeit zugänglich sein. Daher ist das Lagern von Materialien oder das Abstellen anderer Fahrzeuge in diesem Bereich nicht zulässig. Entsprechende Maßnahmen (Festlegungen in der Brandschutzordnung, Beschilderungen) sind durchzuführen.

Die Zufahrten gelten auch als Rettungswege. Die Vorschriften des Abschnittes 5.6 MIndBauRL sind auf diese Flächen allerdings nicht anzuwenden.

f) Anordnung von Ebenen

Die Erleichterungsregel des Abschnittes 5.3 MIndBauRL wurde für ehemals zweigeschossige Industriebauten abgeleitet, in deren Geschossen zwar Emporen und Galerien bis zu 50 % der Geschossflächen angeordnet werden durften – aber keine Ebenen im Sinne der MIndBauRL ab Fassung 2014.

Dabei ging man im Übrigen auch davon aus, dass die zulässigen Emporen und Galerien den Grenzwert von 50 % nicht erreichen. Insofern ist eine Anwendung der Erleichterungen dieses Abschnittes 5.3 auch nicht für Geschosse vorgesehen, die nach den Fassungen ab 2014 Ebenen aufweisen und zusätzliche Ebenendecken haben. Einbauten hingegen sind kein Hinderungsgrund für die Anwendung dieser Erleichterungen.

Ein als **eingeschossiger Industriebau** behandeltes Geschoss eines zweigeschossigen Industriebaus nach Abschnitt 5.3 **darf keine Ebenen enthalten.** Dies ergibt sich nicht allein aus der entsprechenden Begriffsbestimmung im Abschnitt 3.10 für eingeschossige Industriebauten, sondern auch aus den Randbedingungen für die seinerzeitige Herleitung dieser Spezialregelung im Zusammenhang mit dem Begriff des *„erdgeschossigen Industriebaus“* der Richtlinie von 2000. Eine bewusste Erweiterung dieser Regel auf zweigeschossige Industriebauten mit Ebenen ist durch die Einführung des Begriffs der Ebene nicht vorgesehen gewesen.

5.4 Geschosse und Flächen unter der Geländeoberfläche

Abschnittsbildung und Standsicherheit von Kellergeschossen (Kommentar b)

5.4.1 Kellergeschosse sind durch raumabschließende, feuerbeständige Wände aus nichtbrennbaren Baustoffen in Abschnitte zu unterteilen, deren Grundfläche im ersten Kellergeschoss nicht größer als 1000 m² und in jedem tiefer gelegenen Geschoss nicht größer als 500 m² sein darf.

Tragende und aussteifende Wände und Stützen sowie Decken müssen feuerbeständig sein.

Fußbodenhöhe von oberirdischen Geschossen (Kommentar c)

5.4.2 Fußböden von oberirdischen Geschossen dürfen nicht mehr als 1 m unter der Geländeoberfläche liegen.

Fußböden von oberirdischen Geschossen dürfen auch mehr als 1 m unter der Geländeoberfläche liegen, wenn

- diese Bereiche ausschließlich betriebstechnische Einrichtungen mit einer Größe gemäß Tabelle 1 aufweisen und in Summe nicht mehr als 25 % der Grundfläche des Geschosses betragen

oder

- diese Bereiche als Teile von Brandbekämpfungsabschnitten mit dem Verfahren nach Abschnitt 7.4 nachgewiesen werden.

Erleichterungen für von außen zugängliche Geschosse (Kommentar d)

5.4.3 Die Anforderungen nach 5.4.1 und 5.4.2 Satz 1 gelten nicht für Geschosse und Ebenen, wenn sie mindestens an einer Seite auf ganzer Länge für die Feuerwehr von außen ohne Hilfsmittel zugänglich sind. Für diese sind die Vorschriften zu oberirdischen Geschossen entsprechend anzuwenden.

Kellergeschosse mit geringen Brandgefahren oder besonderen Brandschutzmaßnahmen (Kommentar e)

5.4.4 Werden in Kellergeschossen selbsttätige Feuerlöschanlagen angeordnet oder dienen die Kellergeschosse ausschließlich dem Betrieb von Wasserklär- oder Wasseraufbereitungsanlagen, dürfen die in Abschnitt 5.4.1 festgelegten Flächenwerte auf das Dreieinhalbfache erhöht werden.

Zu 5.4 Geschosse und Flächen unter der Geländeoberfläche

Abschnittsbildung und Standsicherheit von Kellergeschossen (Kommentar b)

Zu 5.4.1 *Kellergeschosse stellen für die Brandbekämpfung besondere Probleme dar und werden deshalb in ihrer Größe beschränkt. Bei Vorhandensein einer Löschanlage darf die Fläche um das 3,5-fache erhöht werden. Damit findet eine sinnvolle Harmonisierung der Bewertung der Löschanlage in allen Teilen der Richtlinie statt.*

Fußbodenhöhe von oberirdischen Geschossen (Kommentar c)

Zu 5.4.2 *Oberirdische Geschosse dürfen auch Bereiche mit Fußböden von mehr als 1 m unter der Geländeoberfläche haben (tiefer liegende Bereiche), wenn diese ausschließlich für betriebstechnische Einrichtungen genutzt werden und eine Fläche nach Tabelle 1 nicht überschreiten. Da solche Flächen insbesondere im Hinblick auf wirksame Löscharbeiten der Feuerwehr je nach Größe und Übersichtlichkeit kritisch sein können, werden sie in ihrer Größe beschränkt. Wenn aus betrieblichen Gründen größere Flächen z. B. für Pressenkeller notwendig sind, sind ergänzende Maßnahmen zu treffen (z. B. Werkfeuerwehr). Ebenso sind tiefer liegende Bereiche möglich, wenn sie als Teile von Brandbekämp-*

fungsabschnitten im Verfahren nach Abschnitt 7.4 nachgewiesen werden. Da in Fällen, in denen der Fußboden einer Ebene oder eines Geschosses unterhalb dessen Bezugsniveaus liegt, ist nach Abschnitt 7.4 der Wert des Faktors FH doppelt anzusetzen, wodurch die zulässige Summe der bewerteten Grundflächen nach Tabelle 5 deutlich eingeschränkt werden. Tiefer liegenden Bereiche nach 5.4.2 sind keine Kellergeschosse.

Erleichterungen für von außen zugängliche Geschosse (Kommentar d)

Zu 5.4.3 *Unter den Voraussetzungen nach Abschnitt 5.4.3 unterliegen Kellergeschosse und Ebenen unter der Geländeoberfläche nicht den Einschränkungen des Abschnitts 5.4.1 bzw. 5.4.2. Die Zugänglichkeit „von einer Seite auf ganzer Länge" hat zum Ziel, dass die Feuerwehr zum Erreichen der Zugangstüren quasi an der Fassade unmittelbar entlang laufen kann. Damit ist die Lauflänge von den Gebäudeecken zu den Zugangstüren dieser Geschosse kurz und durch den Brand nicht gefährdet. Die Zugänglichkeit des Gebäudeteils unter der Geländeoberfläche erfolgt durch Türen; es muss mindestens eine Tür vorhanden sein. Das Erfordernis weiterer Türen kann sich aus den Rettungsweganforderungen ergeben. Es muss nicht zwingend ein für Fahrzeuge befestigter Weg unmittelbar an der Hauswand entlang hergestellt werden. Es muss aber sichergestellt werden, dass ein freier Zugang dieser Türen gegeben ist (Feuerwehrzugang).*

Bei Nachweisen der zulässigen Größe der Brandabschnittsflächen nach Tabelle 2 handelt es sich bei diesem Geschoss um das erste oberirdische Geschoss. Über diesem Geschoss liegende weitere Geschosse gelten dann als 2., 3. usw. Geschosse oberhalb der Geländeoberfläche.

Für Nachweise der zulässigen Brandbekämpfungsabschnittsfläche nach Abschnitt 7 werden insbesondere die Flächen aller Geschoss- und Ebenendecken unterhalb des Bezugsniveaus (üblicherweise die Geländeoberfläche) mit den dort geregelten Vorgehens- und Bewertungskriterien (F_H und F_A) bewertet.

Zu 5.4: Geschosse und Flächen unter der Geländeoberfläche

a) Fortschreibung für Fassung von 2019

Die Regelungen des Abschnittes 5.4 wurden für die MIndBauRL 2019 der MBO angepasst und insofern umfänglich umgestellt und geändert. Davon betroffen sind insbesondere die Begriffe (Abschnitt 3), aber auch brandschutztechnische Anforderungen.

Aus diesem Abschnitt kann keine Begriffsbestimmung für Geschosse und Ebenen unter der Geländeoberfläche abgelesen werden. Hier sind ausschließlich Flächenregelungen enthalten.

Für die Beschaffenheit der Kellerdecken (Geschossdecken zwischen Keller- und oberirdischen Geschossen) gelten die Anforderungen der MBO (der jeweiligen LBO). Danach müssen die Kellerdecken grundsätzlich feuerbeständig sein.

b) Abschnittsbildung und Standsicherheit von Kellergeschossen (Abschnitt 5.4.1 MIndBauRL)

b.1) Risikobewertung und Ziel der Abschnittsbildung

Wegen der grundsätzlich erschwerten Bedingungen für eine manuelle Brandbekämpfung in KG durch die Feuerwehr wird eine Abschnittsbildung durch raumabschließende und feuerwiderstandsfähige Trennwände gefordert. Sie dienen im Wesentlichen der Ermöglichung wirksamer Löschmaßnahmen und der Sicherheit der Einsatzkräfte. Damit ist allerdings auch die Erwartung verbunden, dass die örtlichen Feuerwehren Löschmaßnahmen im Innenangriff grundsätzlich durchführen – mindestens aber entsprechende Versuche unternehmen.

b.2) Standsicherheitsanforderungen

Die Trennwände müssen auch deshalb fb sein, weil sie die Kellerdecke tragen, die unabhängig von den objektspezifischen Bedingungen fb sein muss.

b.3) Zulässige Abschnittsflächen

Die zulässigen Abschnittsflächen in KG sind unverändert mit 1000 m² für das erste und mit 500 m² für weitere, darunter angeordnete KG festgelegt. Bei günstigen Verhältnissen können diese Flächen ggf. vergrößert werden (Abschnitt 5.4.4 MIndBauRL).

Sofern die Bedingungen für solche Löschmaßnahmen durch die Nutzung oder durch besondere Brandschutzmaßnahmen stark begünstigt werden, können diese zur Begründung von Erleichterungen hinsichtlich der zulässigen Abschnittsflächen herangezogen werden. Beispiele für geringe Brandlasten sind in der MIndBauRL in Abschnitt 5.4.4. Wasseraufbereitungsanlagen und (für besondere Brandschutzmaßnahmen) Sprinkleranlagen.

b.4) Erreichbarkeit und Rettungswege für die KG-Abschnitte

Die Regeln für die Rettungswege (Abschnitt 5.6 MIndBauRL) gelten auch für KG. Dabei sind die Abschnitte von KG mit Abschnittsflächen über 200 m² entsprechend zu behandeln.

b.5) Zugänglichkeit ohne Hilfsmittel

Die Nichtbeachtung der Regelungen von Abschnitt 5.4.1 und 5.4.2 ist daran gebunden, dass die betreffenden Geschosse und Ebenen „ohne Hilfsmittel" für die Feuerwehr von außen erreichbar sind. Es stellt sich die Frage nach der Bedeutung der Begrifflichkeit „ohne Hilfsmittel".

Grundsätzlich gilt, dass für die Zugänglichkeit von Gebäuden stets „Hilfsmittel" erforderlich sind. Mindestens werden Schlüssel benötigt, um verschlossene Türen zu öffnen. Derartige „Hilfsmittel" standen bei der Formulierung dieser Regel jedoch nicht zur Diskussion.

Ein Ziel der Forderung nach einer „Zugänglichkeit ohne Hilfsmittel" war es zunächst, die Erreichbarkeit der Fassade zu ermöglichen, ohne dass die Feuerwehr beispielsweise Leitern einsetzen muss, um Lichtgräben von der Geländehöhe zu erschließen. Dafür sollten bauseits bereits feste Treppen (und keine Steigeisen) vorhanden sein sowie Öffnungsvorrichtungen für Abdeckungen über solchen Lichtgräben.

Für das Öffnen der Zugangstüren zu diesen Geschossen und Ebenen gelten die gleichen Grundsätze und Anforderungen wie für andere Zugangsstellen zum Industriebau auch.

- Es ist auch für diese Stellen grundsätzlich nicht zwingend vorzusehen, dass für die Feuerwehr bauseits besondere Vorkehrungen zur Erleichterung der Zugänglichkeit über diese Türen ergriffen werden müssen – etwa Feuerwehrschlüsseldepots oder besondere Schließanlagen.

c) Fußbodenhöhe von oberirdischen Geschossen (Abschnitt 5.4.2 MIndBauRL)

c.1) Fußböden, die tiefer als 1 m unter der Geländeoberfläche liegen

Geschossdecken und Bodenplatten von Industriebauten, die tiefer liegen als 1 m unter der (festgelegten) Geländeoberfläche, sind grundsätzlich für oberirdische Geschosse nicht zulässig.

Ausnahmen sind regelkonform zulässig für untergeordnete Bereiche von oberirdischen Geschossen. Dabei handelt es sich um tieferliegende Bereiche von oberirdischen Geschossen, die für betriebstechnische Einrichtungen erforderlich und genutzt werden. Hier sollen sich also insbesondere keine Arbeitsplätze befinden oder auch keine Lagerbereiche im üblichen Sinn. Vorrangig hat man als typische Nutzung für solche Bereiche an Pressenkeller gedacht. Allerdings können hierunter ggf. sogar Arbeitsgruben fallen, wenn sie im Brandschutzkonzept ausreichend berücksichtigt sind.

c.2) Flächengrößen oberirdischer Geschosse unter der Geländeoberfläche

Bereiche oberirdischer Geschosse, die mehr als 1 m unter der Geländeoberfläche liegen, sollen für die Risikobewertung der oberirdischen Geschosse nicht mit erheblichen Gefahren verbunden sein, die für die oberirdischen Geschosse zusätzliche Anforderungen und Maßnahmen erfordern.

Ohne Weiteres können für die betriebstechnischen Zwecke solche Bereiche ausgewiesen werden, wenn sie – wie für höherliegende Bereiche die Einbauten – die Flächenwerte der Tabelle 1 (Abschnitt 5.5 für MIndBauRL) einhalten und zusätzlich – ebenso wie die Einbauten – in Summe nicht mehr als 25 % der Grundfläche des oberirdischen Geschosses einnehmen. Dabei zählen diese tieferen Flächen zur Grundfläche des oberirdischen Geschosses. Sie sind also grundsätzlich mit dem Luftraum des oberirdischen Geschosses offen verbunden – auch wenn diese Öffnungen zum Teil durch die Betriebseinrichtungen genutzt (verschlossen) sind.

Eine vollständige Abdeckung dieser Bereiche durch Deckenbauteile ist also nicht vorgesehen und soll auch nicht erfolgen. Die der Regelung zugrundeliegende Schutzziel- und Risikobetrachtung geht von einer manuellen Brandbekämpfung von der höheren Decke des Geschosses aus und erwartet nicht, dass die Einsatzkräfte der Feuerwehr zur Brandbekämpfung zwingend in diese tieferen Geschossbereiche hinabsteigen müssen.

c.3) Größere Teilflächen oberirdischer Geschosse unter der Geländeoberfläche

Sofern beabsichtigt ist, die Flächenwerte und Flächenregelungen gemäß „der Einbau-Anforderungen" (Abschnitt 5.5 MIndBauRL) zu überschreiten, ist dies ggf. zulässig. Dann sind die entsprechenden Nachweise nach dem Verfahren von Abschnitt 7 zu führen und das betreffende Geschoss als ein Geschoss mit Ebenen innerhalb eines BBA zu bewerten.

Dabei können im Rechengang der DIN 18230 die Nachströmöffnungen für die Bewertung des Wärmeabzugs besondere Herausforderungen darstellen. Im Übrigen können sich allerdings auch – wegen der i.A. nicht selbstständigen Nutzbarkeit dieser tieferen Ebenen – deutliche Vereinfachungen im Rechengang ergeben.

d) Erleichterungen für von außen zugängliche Geschosse (Abschnitt 5.4.3 MIndBauRL)

d.1) Zugänglichkeit von Geschossen unter der Geländeoberfläche

Die Flächenbegrenzungen der Abschnitte 5.4.1 und 5.4.2 MIndBauRL gelten nicht für Kellerbereiche, die zumindest an einer Seite auf voller Länge von außen für die Feuerwehr zugänglich sind. Die Befreiung von den Regelvorgaben bezieht sich sowohl auf Geschosse als auch auf Ebenen von BBA unter der Geländeoberfläche.

Die Zugänglichkeit **an einer Seite auf ganzer Länge** hat neben den sicheren Angriffswegen auch das Ziel, dass über die nicht unmittelbar angesprochenen Türen und Lichtöffnungen an dieser Seite, die in der Regel an der Außenwand vorhanden sind, die Feuerwehr das Brandgeschehen besser und einfacher einschätzen kann und für die Brandbekämpfung günstigere Voraussetzungen vorfindet.

Die Feuerwehr kann zum Erreichen der Zugangstüren unmittelbar an der Fassade entlanglaufen. Damit ist die Lauflänge (von den Gebäudeecken) zu den Zugangstüren kurz. Die Zugänglichkeit des Gebäudeteils unter der Geländeoberfläche erfolgt durch Türen. Mindestens eine Tür muss vorhanden sein. Das Erfordernis weiterer Türen kann sich aus den Rettungswegregelungen ergeben.

Aufgrund dieser Formulierung muss nicht zwingend ein für Fahrzeuge befestigter Weg unmittelbar an der Hauswand entlang hergestellt werden. Es muss aber sichergestellt werden, dass zum Erreichen der Zugangstüren keine Wegstrecken, etwa um andere Gebäude herum, auf dem Grundstück genutzt werden müssen.

Außerdem wird durch die Zugänglichkeit **an einer Seite auf ganzer Länge** auch eine **Abführung von Brandrauch** ins Freie möglich gemacht, was wegen der Vorschriften zur Rauchableitung in Abschnitt 5.7 MIndBauRL auch für

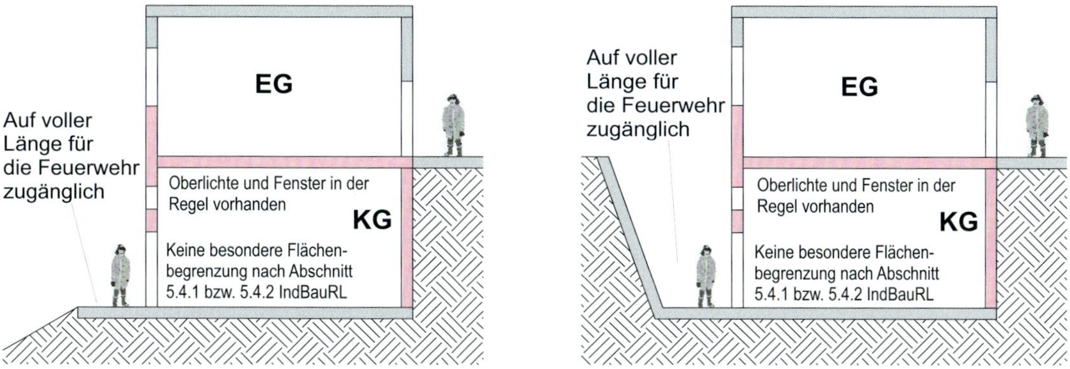

Bilder 5.4-1 und 5.4-2: Beispiele für KG ohne die besondere Flächenbegrenzung der Abschnitte 5.4.1 bzw. 5.4.2 MIndBauRL

Räume in KG notwendig ist. Bei größeren Kellern ist unbedingt darauf zu achten, dass diese Anforderungen eingehalten werden.

d.2) Größe der zulässigen Flächen bei Zugänglichkeit von einer Seite

Zulässige Flächen, die anstelle der in den Abschnitten 5.4.1 und 5.4.2 MIndBauRL genannten Flächen realisiert werden dürfen (wenn die Zugänglichkeit von einer Seite auf ganzer Länge gegeben ist), werden in der Richtlinie nicht konkret und nicht abschließend vorgegeben.

Für Nachweise nach Abschnitt 6 werden solche Kellergeschosse mit Tabelle 2 MIndBauRL bemessen, wobei das KG dann grundsätzlich als **erstes Geschoss oberhalb der Geländeoberfläche** (eines x-geschossigen BA) gewertet wird. Über diesem KG (das wie ein oberirdisches Geschoss behandelt wird) angeordnete Geschosse gelten dann als zweite, dritte usw. Geschosse oberhalb der Geländeoberfläche.

Es ist keine Fallgestaltung vorgesehen, bei der aufgrund der Festlegungen des Abschnittes 5.4.3 zwei übereinander angeordnete Geschosse jeweils als Erdgeschoss gewertet und nach der Tabelle 2 bemessen werden.

Für Nachweise nach Abschnitt 7 MIndBauRL wird die zulässige Fläche mit den dort geregelten Vorgehens- und Bewertungskriterien (F_H und F_A) ermittelt.

Die gleichzeitige Anwendung des Abschnittes 5.3 (zwei von der Feuerwehr anfahrbare oberirdische Geschosse) mit der beschriebenen Anwendung des Abschnittes 5.4.3 (zulässige Fläche von außen zugänglicher KG) ist nicht vorgesehen.

e) Kellergeschosse mit geringen Brandgefahren oder besonderen Brandschutzmaßnahmen (Abschnitt 5.4.3 MIndBauRL)

Regelerleichterungen von der Aufteilung in Kellerabschnitte

Sofern die manuelle Brandbekämpfung in KG dauerhaft und zuverlässig keine besonderen Schwierigkeiten erwarten lässt, können die strengen Abschnittsbegrenzungen des Abschnitts 5.4.1 überschritten werden.

Dabei kann die Wirkung von Sprinkleranlagen mit einer Flächenvergrößerung um das 3,5-Fache in Rechnung gestellt werden. Dieser Faktor wurde – wie für andere Flächenregelungen der MIndBauRL auch – aus den Ansätzen der Fassung von 2000 (Faktor F2 für flächendeckende FLA) übernommen.

Dieser Anrechenbarkeit liegt eine Versagenswahrscheinlichkeit dieser FLA von 1 bis 2 % zugrunde. Diese ist durch die Bauart der FLA und durch die erforderlichen Maßnahmen zur Kontrolle und Instandhaltung nachhaltig sicherzustellen. Bei den meist geringen Bauhöhen in unterirdischen Gebäudeteilen ist mit einer relativ kurzfristigen Aktivierung der FLA durch die Wärmewirkung der aufsteigenden Brandgase zu rechnen.

Andere Ausnahmen von der vorgenannten Abschnittsregelung können durch die Beschaffenheit der Nutzung begründet sein. Dann sollte von den Nutzungen keine Brandgefahr ausgehen bzw. eine Brandentwicklung sich grundsätzlich als äußerst schwach darstellen.

5.5 Einbauten

Zulässige Grundflächen von Einbauten (Kommentar b)

In Abhängigkeit der Sicherheitskategorie sind auf den Grundflächen von Geschossen und Ebenen maximal folgende Grundflächen von Einbauten zulässig:

Tabelle 1: Maximale Grundfläche einzelner Einbauten

Sicherheitskategorie	K 1	K 2	K 3.1	K 3.2	K 3.3	K 3.4	K 4
max. Grundfläche in m²	400	600	720	800	920	1.000	1.400

Grundfläche und Anordnung von Einbauten (Kommentar c)

Bei der Ermittlung der Grundfläche von Einbauten werden Öffnungen innerhalb des Einbaus nicht abgezogen. Einbauten nach Tabelle 1 dürfen mehrfach nebeneinander angeordnet werden, wenn sie durch brandlastfreie Zonen von mindestens 5 m Breite (Freistreifen) getrennt sind; sie dürfen nicht übereinander angeordnet werden. In Summe dürfen deren Flächen jeweils nicht mehr als 25 %

- der Grundfläche des Geschosses,
- der Brandbekämpfungsabschnittsfläche,
- der Grundfläche der Ebene und
- des Teilabschnittes

betragen.

Anordnung von Einbauten für geeignete Löschmaßnahmen (Kommentar d)

Einbauten sind so anzuordnen, dass die Feuerwehr geeignete Löschmaßnahmen von einem sicheren Standort aus vortragen kann.

Zu 5.5 Einbauten

Grundsätzliches (Kommentar a)

Einbauten sind begehbare Bauteile und im Unterschied zu Geschossen und Ebenen keine Räume. Einbauten dürfen für alle Nutzungen des Industriebaus verwendet werden.

Grundfläche und Anordnung von Einbauten

Die Regelung über Emporen und Galerien in der MIndBauRL Fassung März 2000 führte zu nicht beabsichtigten Ergebnissen in der Praxis. Auf dieser Grundlage wurden Industriebauten genehmigt, bei denen in jedem Geschoss Emporen und Galerien mit einer Größe von nahezu 50 v. H. der Fläche des Geschosses vorgesehen waren. Dies zum Teil auch in Fällen, in denen in der Geschossdecke betriebsbedingt Öffnungen ohne entsprechend qualifizierte Verschlüsse vorhanden waren.

Die Gestaltung und Nutzung von Teilflächen von Industriebauten zeigt in der Praxis, dass zunehmend Räume für unterschiedlichste Nutzungen – auch Aufenthaltsräume – innerhalb von Brandabschnitten und Brandbekämpfungsabschnitten auch „aufgeständert", in der Höhe versetzt eingerichtet werden. Diese Räume werden auf Decken errichtet, die brandschutztechnisch nicht bemessen sind und von deren Standsicherheit im Brandfall daher nicht ausgegangen werden kann. Dies ist auch möglich, wenn sich bereits unter dem Einbau ein Raum befindet.

Nach Abschnitt 3.9.1 umfassen Einbauten einzelne auf gleicher Höhe liegende begehbare Bauteile oberhalb des Fußbodens von Geschossen und Ebenen. Bei einem darunter liegenden Raum wird also nur die Decke des unteren Raumes als Einbau gewertet. Auf dieser Decke (Einbau) ist ein Raum zulässig, wenn durch geeignete Maßnahmen ausgeschlossen wird, dass die Decke des oberen Raumes als begeh-

bares Bauteil genutzt wird. Sonst würde die Decke des oberen Raumes auch zu einem Einbau, mit der Folge, dass dann unzulässigerweise zwei Einbauten übereinander angeordnet wären.

Ein häufiger Anwendungsfall für Einbauten sind auch sogenannte Kopfbauten für Verwaltungsnutzungen. Häufig werden auf Einbauten auch Räume für Verwaltungsnutzungen errichtet; dafür können insbesondere Flächen an den Fassaden in Betracht kommen, die beispielsweise bei Gebäudeerweiterungen auch außerhalb des ursprünglichen Gebäudes angeordnet werden (Einbau als Anbau). Da Räume für Büro- und Verwaltungszwecke nach Abschnitt 3.1 Bestandteil des Industriebaus sein können, müssen sie in solchen Fällen nicht von Produktions- oder Lagerbereichen mit feuerwiderstandsfähigen Wänden getrennt werden.

Einbauten können aber auch der Aufstellung technischer Anlagen, der Materiallagerung, zu Wartungszwecken und als Verkehrswege dienen (Bühnen, Galerien, Wartungsgänge).

Die Flächen von Einbauten sind begrenzt. Als Ausgangsgröße für nicht bemessene Einbauten in der Sicherheitskategorie K 1 wurde die Größe einer Nutzungseinheit von 400 m² festgelegt. Bei verbesserter brandschutztechnischer Infrastruktur sind größere Einbauten zulässig; diese Flächengrößen entsprechen der Bedeutung der brandschutztechnischen Infrastruktur gemäß dem Faktor F2 des Abschnitts 7 der Richtlinien-Fassung März 2000. Die Größe von Einbauten wird auch durch die Regelungen zur Rettungswegführung und zur Rettungsweglänge bestimmt.

Da Einbauten nicht auf ihre Standsicherheit im Brandfall bemessen werden, sollen wirksame Löscharbeiten auch ohne Betreten des Einbaus möglich sein. Darauf ist bei der Planung der Einbauten zu achten. Ein „Hochlöschen“ von einer unteren Fläche zur höheren Einbaulage ist nur bedingt möglich wegen der dafür erforderlichen Aufstellfläche unter Berücksichtigung der Wurfparabel (freie Raumhöhe). Darauf ist insbesondere zu achten, wenn begehbare Regalsysteme mit Laufebenen auf Einbauten errichtet werden. In Brand- und Brandbekämpfungsabschnitten der Sicherheitskategorie K 4 wird der Einbau in der Regel durch die Löschanlage ausreichend geschützt.

Es dürfen in einem Brandabschnitt, Geschoss oder Ebene mehrere Einbauten nebeneinander angeordnet werden, wenn insgesamt der Grenzwert von 25 v. H. nicht überschritten wird. Einbauten dürfen aber nicht übereinander angeordnet werden. Dabei müssen zur Behinderung der Brandausbreitung über die Einbauten Mindestabstände von 5 m eingehalten werden. Alternativ kommen im Einzelfall auch wirksame bauliche Trennungen in Betracht.

Industriebauten ≤ 1600 m² sind nach der Musterbauordnung keine Sonderbauten und unterliegen damit nicht der MIndBauRL. Sofern die MIndBauRL davon abweichend dennoch für Industriebauten ≤ 1600 m² angewendet wird, bestehen keine Bedenken, wenn die Summe der Flächen der Einbauten 50 % der Brandabschnittsfläche oder der Brandbekämpfungsabschnittsfläche betragen.

Zu 5.5: Einbauten

a) Grundsätzliches

a.1) Fortschreibung der Festlegungen für die Fassung von 2019

Die Regelungen bezüglich der Einbauten bleiben auf dem Stand der Fassung von 2014 unangetastet. Allerdings wurden die (noch) unveröffentlichten Erläuterungen wegen diverser Fragen aus der Praxis in Teilen geschärft und dabei für „sehr kleine" Industriebauten mit weiteren Argumenten für erleichternde Abweichungen versehen.

a.2) Wesentlicher Unterschied zur MIndBauRL 2000

Die Regeln für Einbauten ersetzen zum Teil die Festlegungen zu Emporen und Galerien der Richtlinie von 2000 (dort Abschnitt 3.5 und Erläuterungen). Andere Teile der Galerieregelungen der MIndBauRL 2000 sind in die Regelungen für Ebenen eingeflossen (mit Feuerwiderstand).

Als **Emporen und Galerien** wurden Geschossdecken bezeichnet und behandelt, die nicht die gesamte Geschossfläche überdeckten. Sie wurden dem Risiko der Geschossgrundfläche untergeordnet und dafür waren keine besonderen Brandschutzmaßnahmen erforderlich.

- Die seinerzeitige Risikobeurteilung beruhte auf Geschossen, die auch kleinere Räume aufnahmen. Emporen und Galerien innerhalb dieser kleineren Räume wurden unmittelbar geregelt. Für sie wurden keine erhöhten Risiken festgestellt, wenn sie kleiner waren als 50 % der Fläche der sie aufnehmenden Räume und wenn sie ihrerseits keine zusätzlichen Räume aufnahmen.
- Sofern die genannten Grenzen überschritten wurden, zählten solche Emporen und Galerien zu den Geschossen – ohne konstruktiv und brandschutztechnisch abschottend wie Geschosse zu wirken. Als Zählgeschosse beeinflussten sie mittelbar über die sonstigen Regelungen der Richtlinie insbesondere die Größe zulässiger Flächen und die Anforderungen an die Feuerwiderstandsfähigkeit der Gebäude. Infolgedessen traten in der Praxis vielfältige Fragestellungen auf, die sich mit den Regelungen der Richtlinie allein nicht lösen ließen und die in behördlichen Genehmigungsverfahren zum Teil äußerst kontrovers diskutiert worden sind.
- Die Formulierung der MIndBauRL 2000 ließ es zu, auch ganze Geschosse als Räume zu betrachten und die zulässige Fläche der Emporen und Galerien mit 50 % der Geschossfläche anzusetzen. Von dieser Lesart wurde in der Praxis regelmäßig Gebrauch gemacht, was im Laufe der Geltungsdauer der Richtlinie 2000 zu einer nicht beabsichtigten Risikoerhöhung im Industriebau geführt hat. Mit der Fassung 2014 wird dieser Entwicklung entgegengewirkt.
- Nach der Richtlinie 2000 sollten Emporen und Galerien hinsichtlich der Feuerwiderstandsfähigkeit folgendermaßen bemessen werden:
  - Für Gebäude nach Abschnitt 6 sollte das Deckentragwerk in der Feuerwiderstandsklasse von Geschossdecken hergestellt werden.
  - Für Gebäude nach Abschnitt 7 sollte das Deckentragwerk für die Brandsicherheitsklasse SK_b2 bemessen und hergestellt werden. In beiden Verfahren bestanden an die Feuerwiderstandsfähigkeit der Decke selbst keine Anforderungen. So waren z. B. auch Konstruktionen und Bauteile als Tränenbleche oder Gitterroste vorgesehen. Auch Decken in Holzbauweise entsprechen diesen Vorgaben.

a.3) Behandlung der Bestandssituationen gemäß MIndBauRL 2000

Bestehende Galerien und Emporen, die gemäß Tabelle 1 die zulässigen Flächen überschreiten und/oder in ihrer Gesamtheit größer sind als 25 % der Grundfläche, entsprechen nicht mehr den Regelanforderungen der MIndBauRL 2014 und den darauf basierenden Richtlinien der Länder. Soweit sich die **genehmigten Risiken nicht** erhöhen, sind diese Bauteile mit den dafür genehmigten Nutzungen und ggf. bestehenden Räumen **bestandsgeschützt.**

Bei Umbaumaßnahmen, Erweiterungen oder bei Nutzungsänderungen von Industriebauten mit solch großen Einbauten sind angemessene Einzelfallentscheidungen für die betreffenden Objekte erforderlich. Dazu sind Risikobeurteilungen in Bezug auf die bauordnungsrechtlichen Schutzziele anzustellen und ggf. angemessene Kompensationsmaßnahmen festzulegen.

Sollen z. B. Vergrößerungen einer Halle vorgenommen werden, reduziert sich der Anteil der bestehenden Galerien und Emporen an der Gesamtfläche, so dass die Galerie-Risiken (bei unveränderter Größe und Nutzung) gegenüber dem genehmigten Bestand nicht zunehmen.

Sollen z. B. Räume (mit Umfassungsbauteilen) auf übergroßen Bestandsgalerien errichtet werden, **verändert** sich das Risiko (Erschwerung der Brandbekämpfung durch die Feuerwehr) **erheblich** gegenüber den typischen Galerien nach der MIndBauRL 2000, die grundsätzlich nur ohne Räume von der Richtlinie abgedeckt sind (Ausnahme: kleine Meisterbüros).

In solchen Fällen können ggf. Maßnahmen, z. B. Installation einer automatischen Brandmeldeanlage mit Alarmierung der Feuerwehr und/oder Trennung übergroßer Galerieflächen durch bauliche Maßnahmen wie Hitzeschilder, die eine Brandausbreitung verzögern können, angemessene Kompensationsmaßnahmen sein. Der Personenschutz ist in solchen Fällen ggf. wie für geschlossene Räume nach den Kriterien des Abschnittes 5.6 MIndBauRL zu bewerten.

a.4) Räume und Raumnutzungen

Einbauten sind begehbare Bauteile (also Decken des Gebäudes) – aber keine Räume und auch keine Betriebseinrichtungen.

Räume, die auf (und unterhalb von) Einbauten angeordnet werden, dürfen für alle Nutzungen verwendet werden, die in den Geltungsbereich der MIndBauRL fallen – sind also Räume für Produktions- und Lagerflächen im Sinne von Abschnitt 3.1.

- Sofern hier auch Nebenräume für andere Zweckbestimmungen vorgesehen werden, gelten die gleichen Grundsätze für deren Zulassung wie für die Anordnung solcher Räume auf anderen Flächen (siehe Kommentar 2.3, Stichwort *„mitgezogene Nutzungen“*).
- Die Bewertung von Räumen nach Abschnitt 3.5 der Fassung von 2000, wonach Räume auf Galerien und Emporen diesen grundsätzlich den Charakter von Zählgeschossen verliehen, wurde insofern aufgegeben.
- Auch Einbauten mit Räumen werden als Einbauten gewertet. Ihre zulässigen Flächen richten sich nach Tabelle 1. Ihre Flächen zählen bei der Ermittlung der Flächen von Ebenen und Geschossen nicht (zusätzlich) mit.

a.5) Räume auf höheren Flächen

Einbauten werden insbesondere zur Anordnung von **Räumen auf höheren Flächen** innerhalb von Geschossen und Ebenen geplant. Darauf können auch Nutzungen vorgesehen werden, die nicht an Räume gebunden sind (z. B. Verkehrswege, Wartungsgänge, Produktions- und Lagerflächen).

Einbauten schaffen immer mindestens **Raumteile** oberhalb der Decke, über denen sie angeordnet sind, also Raumteile über Geschossdecken bzw. über Ebenendecken. Sie bilden somit stets in der Höhe versetzte Raumteile von/in Geschossen bzw. Ebenen (siehe hierzu auch Abschnitt 3.8).

Bilder 5.5-1 und 5.5-2: Beispiele eingeschossiger Industriebauten mit Einbauten

Der Einbau muss den Anforderungen des Abschnittes 5.5 MIndBauRL genügen. Die maximale Grundfläche des Einbaus richtet sich nach Tabelle 1 MIndBauRL. Weitere Beispiele mit Erläuterungen enthalten die Bilder im Kommentar zu den Abschnitten 3.8 und 3.9.

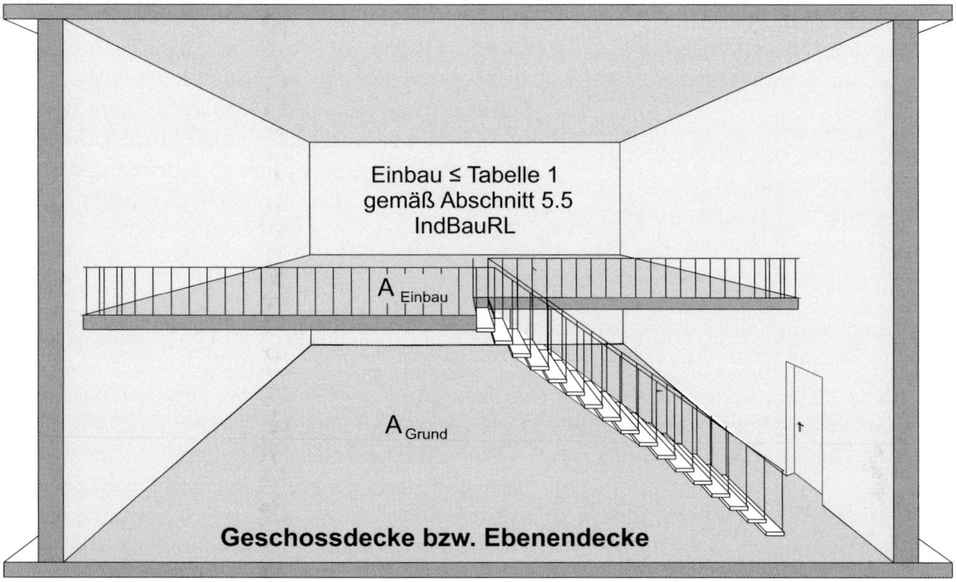

Bild 5.5-1: Typischer kleiner Einbau ohne Räume

Oberhalb und unterhalb des Einbaus entstehen Raumteile des betreffenden Geschosses bzw. der betreffenden Ebene. Die Anforderungen an Rettungswege gemäß Abschnitt 5.6 werden in diesem Beispiel wegen der kleinen Fläche (weniger als 200 m²) mit nur einer Treppe erfüllt.

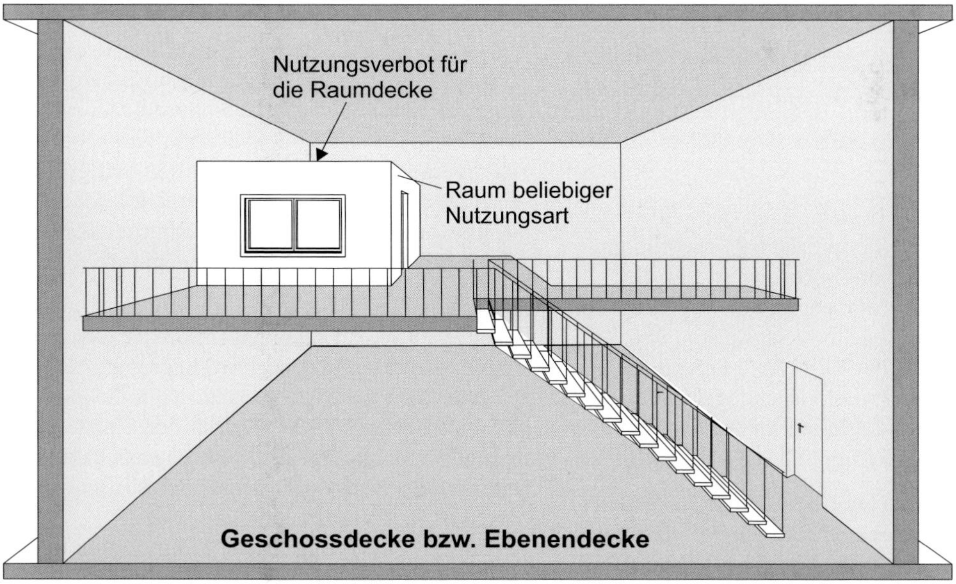

Bild 5.5-2: Typischer kleiner Einbau mit Räumen

Voraussetzung für die Zulässigkeit dieses Einbaus ist, dass die begehbare Decke des darauf angeordneten Raums nicht begehbar ist oder nicht genutzt werden darf. Auf dieser Decke darf also auch nichts gelagert werden. Die Anforderungen an Rettungswege gemäß Abschnitt 5.6 werden in diesem Beispiel wegen der kleinen Fläche (weniger als 200 m²) mit nur einer Treppe erfüllt.

b) Zulässige Grundflächen von Einbauten

b.1) Begrenzung der Gesamtfläche aller Einbauten eines Geschosses bzw. einer Ebene

Die Gesamtfläche aller Einbauten ist je Geschoss bzw. Ebene auf 25 % der entsprechenden Grundfläche begrenzt.

Diese Flächenbegrenzung ist erforderlich geworden, weil von der ehemaligen Regelung zu Emporen und Galerien ein so starker und übermäßiger Gebrauch gemacht worden war, dass über alle Bauvorhaben gesehen das nationale Sicherheitsniveau gefährdet erschien. Die seinerzeitige 50-%-Emporenregelung konnte bei deren praktizierten Handhabung nicht weiter beibehalten werden und wurde in Abstimmung mit den Regelungen zu den Ebenen auf den genannten 25-%-Wert für Einbauten begrenzt.

b.2) Grundlagen der Flächenbegrenzungen für einzelne Einbauten

Einbauten ersetzen Teile der vorherigen Regelungen der zulässigen Emporen und Galerien und sind ohne Anforderungen an die Standsicherheit im Brandfall – aber aus Bauteilen des Gebäudes (Kaltbemessung als Gebäudebauteile) – zulässig. Bauteile des Gebäudes erfordern stets entsprechende statische Nachweise. Auch für diese Bauteile ohne klassifizierten Feuerwiderstand gelten somit die Risikobetrachtungen und Schutzziele wie für andere Bauteile von Industriebauten.

Somit stellen die Bewertungen der Selbstrettung und der Brandbekämpfung die wesentlichen Aspekte der Risikobewertung dar. Für die Selbstrettung wurden entsprechende Vorgaben an die Rettungswege festgelegt (siehe Abschnitt 5.6 MIndBauRL). Diese Rettungswege sind auch Angriffs- und Rückzugswege der Feuerwehr für die Erledigung der Löschmaßnahmen (siehe Kommentar d)!

Da die Einbauten bei Brandereignissen mit erheblichen Wärmeeinwirkungen auf diese Bauteile so stark einsturzgefährdet sind, dass eine Brandbekämpfung auf und unter den Einbauten nicht mehr direkt möglich ist, ist eine Brandbekämpfung in solchen Fällen nur noch von außerhalb der Einbauten als Innenangriff denkbar. Dafür müssen aber diese Einbauflächen in ihren Ausdehnungen begrenzt werden. Die festgelegten Flächengrößen richten sich nach der Sicherheitskategorie und sind in Tabelle 1 der Richtlinie vorgegeben. Diese Einzelflächen müssen voneinander so getrennt werden, dass bei einem Brand auf einem Einbau ein benachbarter Einbau voraussichtlich über längere Branddauern hinweg nicht auch vom Brand erfasst wird. Dazu sind Freistreifen in der Breite von 5 m als ausreichend festgelegt worden.

Die festgelegten Einbauflächen berücksichtigen also die Erfolgswahrscheinlichkeit eines Löschangriffs im Innenangriff durch die Feuerwehr. Damit ist auch klar, dass grundsätzlich von einem Innenangriff und den gegebenen Bedingungen ausgegangen wird und dass den Feuerwehren ein Innenangriff zugemutet wird. Die Brandszenarien ergeben sich entsprechend der Basisgröße eines zulässigen Einbaus ohne besondere Brandschutzmaßnahmen – also mit etwa 400 m^2. Größere Flächenwerte sind mit wirksamen Brandschutzmaßnahmen verbunden, so dass sich das Brandrisiko und die Brandszenarien nicht erheblich vergrößern.

b.3) Risikobetrachtungen für die Flächen von Einbauten

Bei der Bemessung der zulässigen Einbauflächen nach Tabelle 1 ist die Sicherheitskategorie des Brand- bzw. Brandbekämpfungsabschnittes (siehe Abschnitt 3.12 MIndBauRL) maßgeblich. Es wäre falsch, die brandschutztechnische Infrastruktur der entsprechenden Sicherheitskategorie nur für die Einbauten zu realisieren.

Die zulässigen Flächen von Einbauten sind mit Tabelle 1 als Grundflächen (inklusive Öffnungen in diesen Deckenfeldern) begrenzt. Als Bezugswert für die 25-%-Regelung gilt die jeweils kleinste Bezugsfläche, über der der Einbau errichtet wird. Die Bezugsfläche ist stets die Decke, auf die ein Einbau mit seinen Einrichtungen und Brandlasten fällt, wenn seine Konstruktion versagt. Infrage kommende Bezugsflächen sind im Abschnitt 5.5 MIndBauRL aufgezählt.

Der MIndBauRL liegt eine Betrachtung von BA und BBA zugrunde, die nicht weiter brandschutztechnisch unterteilt sind, z. B. durch feuerbeständige Trennwände. In der Praxis werden derartige Trennungen allerdings im Rahmen der Brandschutzplanung über die Mindestanforderungen der Richtlinie hinaus häufig vorgesehen. In solchen Fällen entspräche es nicht dem Sinn der Richtlinie, wenn in kleineren feuerbeständig abgetrennten Teilbereichen Einbauten installiert werden, die deutlich mehr als 25 % der Teilbereiche überdecken. In solchen Fällen können ggf. aufgrund von objektspezifischen Risikobewertungen – wie für kleine Industriebauten – als Abweichung Einbauflächen auch über 25 % der Bereichsfläche begründet werden.

Es ist für die Bewertung von beabsichtigten Flächenüberschreitungen wichtig zu wissen, dass die im Abschnitt 5.5 geregelten Maximalwerte sowohl für die Summe aller Einbauten innerhalb eines Geschosses/einer Ebene als auch für die Einzelflächen von Einbauten eine Voraussetzung dafür sind, dass diese Einbauflächen auf die Fläche der Brandbekämpfungsabschnitte (sowie auf die Flächen der Ebenen und Geschosse) nicht angerechnet werden müssen. Einbauflächen in diesen geregelten Größen gelten als entsprechend untergeordnet. Sollen Einbauflächen diese geregelten Maximalflächen überschreiten, so ergibt sich daraus quasi zwangsläufig, dass diese vergrößerten „Einbauflächen“ als Grundflächen von Ebenen zu behandeln sind, was zunächst eine Gesamtbewertung des Industriebaus nach Abschnitt 7 erfordert und was zur Anrechnung dieser „vergrößerten Einbauflächen“ auf die Brandbekämpfungsabschnittsfläche führen muss. Das kann grundsätzlich auch nicht umgangen werden, indem man beispielsweise die Bauart solcher „vergrößerter Einbauten“ standsicher im Brandfall herstellt (also beispielsweise mit einer Feuerwiderstandsklasse ausführt) oder indem man eine Kombination von für den Einbau vorgesehenen Maßnahmen des anlagentechnischen Brandschutzes besonders bewertet! Es kommt darauf an, dass Einbauflächen lediglich bis zu den geregelten Größenverhältnissen als so weit „untergeordnet“ bewertet werden können, dass deren Berücksichtigung/Anrechnung auf die Flächen von Geschossen/Ebenen/Brandbekämpfungsabschnitte entfallen darf. An dieser Flächenwirksamkeit können auch „typische Kompensationsmaßnahmen üblicher Abweichungsbegründungen“ nichts Wesentliches ändern; das gilt insbesondere auch für eine im Brandfall standsichere Bauart von Einbaudecken und deren Tragwerken. Als Ausnahme von diesem Grundsatz kann lediglich auf die oben beschriebene Sondersituation für sehr kleine und feuerbeständig abgetrennte Räume verwiesen werden. Insbesondere kommen „Interpolationsversuche bzw. Extrapolationsversuche“ auf der Grundlage von Flächenwerten aus Abschnitt 6 Tabelle 2 für zulässige Brandabschnittsflächen für eine Begründung von Flächenüberschreitungen von Einbauten nicht in Betracht, weil sie erstens dafür gar nicht übertragbar sind und weil sie zweitens systematisch die festgelegte „Unterordnung“ von Einbauflächen unter die zugehörigen Bezugsflächen“ verletzen! Vergrößerte Einbauflächen gelten regelmäßig als Ebenenflächen und sind entsprechend statisch nachzuweisen und bei der Flächenbewertung regelkonform zu berücksichtigen.

b.4) Übergroße Einbauten in kleinen Industriebauten: Hinweise zu individuellen Risikobetrachtungen

Die 25-%-Grenze stellt eine zulässige Risikogrenze für **typische** Industriebauten dar, für die solche Einbauten ohne Heißbemessung der Bauteile vorgesehenen werden können. Die Regelungen zu den zulässigen Flächen für Einbauten können für kleine Industriebauten eine besondere Härte bedeuten, insbesondere, wenn in solche Industriebauten unter 1600 m² die gewerbetypischen, kleinen Räume mit begehbaren Decken eingebunden sind.

Es gibt gemäß Anwendungsbereich kleine Industriebauten mit Gesamtflächen, die in Gänze als Einbauten von größeren Industriebauten zulässig sind (siehe Kommentar zu Abschnitt 2 MIndBauRL). In solchen Fällen können ggf. objektspezifische Beurteilungskriterien gefunden werden, die den gesamten Industriebau als **geringes Brandrisiko** ausweisen und Gründe für eine Überschreitung der 25-%-Grenze als Ab-

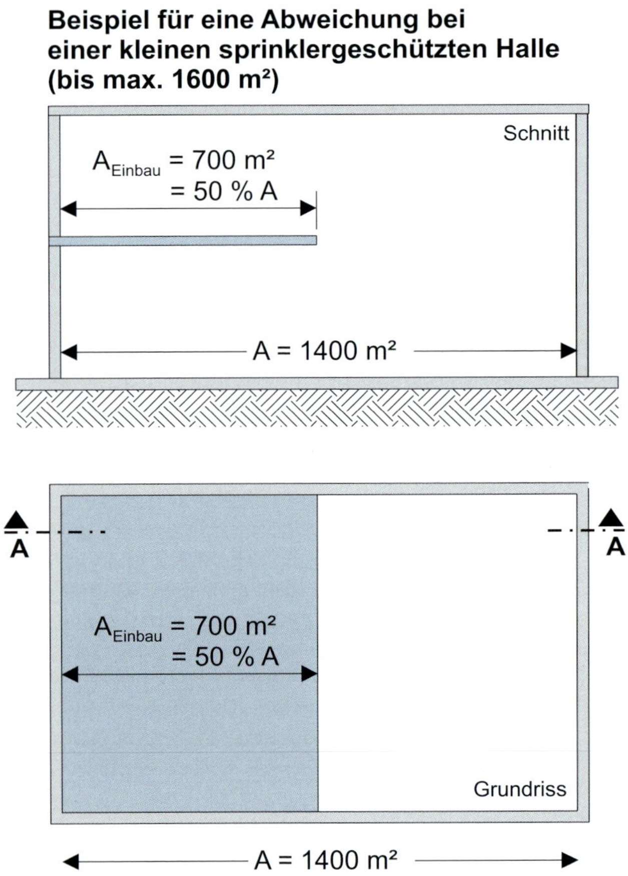

Bild 5.5-3: Beispiel einer Abweichung für eine Überschreitung der 25-%-Marke bei BA unter 1600 m²

Insbesondere in Fällen mit BA unter 1600 m² kann die Obergrenze der Einbauflächen die 25-%-Marke auch – **als Abweichung** – überschreiten. Mit einer objektbezogenen Risikobeurteilung sind dafür die Chancen insbesondere für wirksame Löschmaßnahmen zu bewerten und mit denen einer regelkonformen Einhaltung der 25-%-Marke abzugleichen. Bei den Beratungen der Richtlinie kam man zu der Erkenntnis, dass in Geschossen von Industriebauten < 1600 m² eine Gesamtfläche der Einbauten bis zu 50 % der Grundfläche zulässig sein sollte (siehe Erläuterung); an dieser Erkenntnis kann sich die Begründung einer Abweichung orientieren.

Die max. Größe einzelner Einbauten bleibt dabei weiter in den Grenzen der Tabelle 1 bestehen; lediglich die Summe der Einbauten darf ggf. den Richtwert von 25 % überschreiten.

weichung von der Richtlinie bzw. als besondere Erleichterung bewerten.

Aufgrund von Risikobewertungen und Schadenerfahrungen mit kleinen Industriebauten auch unter Berücksichtigung von realen Bauvorhaben mit der ehemaligen Galerie- und Emporenregelung konnte die Projekt-Gruppe Muster-Industriebau-Richtlinie eine Vergrößerung der zulässigen Einbaufläche bis zu 50 % der Bezugsfläche befürworten, sofern die Werte der Tabelle 1 und die Regelungen zu den Rettungswegen eingehalten sind.

In manchen Praxisfällen besteht ein BA auch aus mehreren Einzelhallen, die jeweils relativ klein sind und die im Brandfall als Einzelhallen von der Feuerwehr „ganz gut“ beherrschbar sind. Dann kann ggf. mit einer entsprechenden Risikobewertung die vorgenannte Vorgehensweise als Abweichung auch auf einzelne Hallen größerer BA übertragen angewendet werden.

Gelegentlich ordnen Bauherren auch innerhalb größerer Hallen – nach der MIndBauRL nicht erforderliche – Trennwände an, um Teile einer Halle vor den Gefahren anderer Hallenteile zu schützen. Dann können kleinere Hallenteile von weniger als 1600 m² entstehen, die weitgehend unabhängig von dem abgetrennten Teil der Gesamthalle wirksam von der Feuerwehr beherrscht werden sollen. Diesem modifizierten Schutzziel entsprechend kann die Bewertung von größeren Einbauflächen innerhalb eines kleinflächigen, brandschutztechnisch abgetrennten Hallenteils ggf. ebenfalls nach den oben beschriebenen Grundsätzen bewertet werden.

b.5) Risikobetrachtungen für gegliederte Brandabschnitte

Gerade bei gewachsenen Industriebauten ist die Aufteilung von BA in mehrere Baukörper (miteinander verbundene Hallen) üblich. Die Wände zwischen den Baukörpern sind oft ehemalige Fassaden/Außenwände ohne brandschutztechnisch klassifizierte Trennwirkung. Bei solchen gegliederten BA ohne brandschutztechnisch wirksame Abschnittsbildung gilt als Bezugsfläche für die %-Regelung des Abschnittes 5.5 MIndBauRL formal die Geschossfläche über den gesamten BA, also über alle Baukörper.

Die Prozent-Regelung (25 %) ist allerdings für kleine Einbauten in großen Räumen abgeleitet worden. Eine Aufteilung des großen Bezugsraumes in kleinere Teilräume kann zu Erschwernissen bei der manuellen Brandbekämpfung in den kleinen Teilräumen führen, weil dann z. B. die Verrauchung der betroffenen Teilräume schneller Schwierigkeiten für die Brandbekämpfung der Feuerwehr hervorrufen kann.

Soll konzeptionell eine (bauaufsichtlich nicht notwendige) Bildung von Nutzungseinheiten (NE) durch eine brandschutztechnisch wirksame Trennung der Einzelhallen vorgesehen werden, ist das Ziel dieser speziellen Konzeption die Behinderung der Ausbreitung von Vollbrand-Szenarien auf bestimmte Bereiche des gleichen BA. Dann wird risikotechnisch das Schutzziel einer NE-Bildung zur Risiko-Grundlage für die %-Regelung des so geschaffenen Sonderfalls und die NE-Fläche wird zur Bezugsfläche für die %-Regelung des Abschnittes 5.5 anstelle der Geschoss- oder BA-Fläche.

Völlig anders ist die Wirkung der oben beschriebenen Trennwände auf die %-Regelung zu beurteilen, wenn diese Trennwände nicht der Trennung von NE dienen sollen, sondern zur konzeptionellen Verbesserung des Brandschutzes innerhalb einer NE (nämlich des BA bzw. des Geschosses): So können z. B. die Flächen der Einbauten bezogen auf die Grundfläche einer Einzelhalle den Wert von 25 % bezogen auf diese eine Halle weit überschreiten, ohne zunächst formal gegen die 25-%-Regel für den Brandabschnitt bzw. für das Geschoss zu verstoßen.

Wenn in solchen Fällen die Brandschutzplanung zur Verbesserung der Möglichkeiten für die Brandbekämpfung im BA oder zur baulichen Begrenzung der Brandausbreitung innerhalb des BA bzw. des Geschosses (ohne NE-Bildung) diese Gesamtfläche durch Trennwände unterteilt, soll dies nicht verschärfend über die %-Regelung zu einer Reduzierung von Einbauflächen herangezogen werden. Dann wirkt diese Trennwand-Lösung quasi als Kompensation für erhöhte Erschwernisse für den Innenangriff bei kleinen Bezugsräumen.

Die vorstehend beschriebenen Fallgestaltungen werden in der Praxis besonders dann angetroffen, wenn Einzelhallen eines Brandabschnittes mehreren Nutzern (Mehrherrigkeit) zur Verfügung gestellt werden sollen. Hier ist streng zu unterschieden, ob konzeptionell zwei Nutzer die eine gleiche NE betreiben oder ob jeder der Nutzer durch spezielle Brandschutzmaßnahmen nicht nur einen eigenen Funktionsbereich, sondern sogar eine eigene NE im bauordnungsrechtlichen Sinne zugewiesen erhält!

Mit den Erläuterungen zur MIndBauRL (2019) ist diesem Umstand bereits (zum Teil) Rechnung getragen worden. Die hier angegebene 50-%-Regelung kann in solchen Fällen auch auf einzelne Hallen als Teilflächen größerer BA/Geschosse angewendet werden.

c) Grundfläche und Anordnung von Einbauten

c.1) Grundfläche von Einbauten

Die Grundfläche von Einbauten ist in der Praxis häufig nicht einfach zu ermitteln. Es ergeben sich Fragen hinsichtlich der Einbaubegrenzung, wenn nur Teilflächen einer größeren Decke als Einbau genutzt werden sollen oder aber wenn der Übergang von Einbauten (als Bauteile des Gebäudes) von Teilen der Betriebseinrichtungen abzugrenzen sind.

Im Regelfall wird allerdings die gesamte Fläche, die für Nutzungszwecke vorgesehen ist, dem Einbau zugeordnet. Dabei werden ggf. vorhandene Deckenöffnungen nicht abgezogen. Die Grenzen dieser Einbauflächen ergeben sich als die natürlichen Bauteilgrenzen.

Wenn es sich bei den Einbauten – im Sonderfall – lediglich um eine Teilfläche einer größeren Deckenkonstruktion handelt, deren anderen Teile z. B. lediglich als Schutzmaßnahmen für von noch größerer Höhe herabfallende Gegenstände (Absturzsicherungen als Gitterroste) oder aber als temporäre bzw. dauerhafte Montagefläche installiert werden, müssen klar erkennbare Abgrenzungen der Einbaufläche vorhanden sein. Im Einsatzfall muss die Feuerwehr erkennen können, wo der Einbau endet und wo die Einsatzkräfte „gefahrlos" eine Brandbekämpfung durchführen können. Entsprechende Einzelfallplanungen sind daher auch mit der Brandschutzdienststelle abzustimmen und deren Festlegungen in den Planunterlagen zu dokumentieren (Feuerwehrpläne).

Bei den Risikobewertungen ist insbesondere auch die **Deckenwirkung** solcher **Zwischendecken** zu betrachten.

c.2) Übereinander angeordnete Einbauten

Einbauten (begehbare Einbaudecken) dürfen nicht übereinander angeordnet werden.

Grund hierfür sind die Gefahren einer zu schnellen Brandausbreitung über die Gesamthöhe und die starken Einschränkungen für die Wirksamkeit von Löschmaßnahmen. Das Bezugsrisiko würde mit einer solchen Anordnung verlassen.

Allerdings können in der Praxis häufig gewünschte Planungen mit übereinander angeordneten Deckenflächen als Ebenendecken nach Abschnitt 7 MIndBauRL konzipiert und nachgewiesen werden. Dies muss nicht immer zu besonderen Anforderungen oder zu extremen Rechenarbeiten führen.

Hier wird auf DIN 18230-1 (Abschnitt 5.3) hingewiesen, wonach ggf. nicht selbstständige Ebenenflächen den anderen Geschoss- bzw. Ebenendecken zugeordnet werden können. In solchen Fällen vereinfachen sich die Rechengänge nach dieser DIN ganz erheblich und die Ergebnisse kommen den typischen Erwartungen der Bauherrschaft schon sehr nahe. Solche Fälle sind regelmäßig gegeben, wenn die Summe solcher nicht selbstständigen Ebenendecken kleiner als 50 % der darunter liegenden Bezugsfläche ist (Geschoss- oder Ebenendecke).

Diese (eher versteckte) Sonderregelung der DIN 18230-1 greift die Risikobetrachtungen der MIndBauRL 2000 auf und geht auf die ehemalige Regelung zu Emporen und Galerien zurück. Dabei werden jedoch die Brandlasten berücksichtigt, so dass die Risikobetrachtungen, die zu der Abschaffung dieser Regelung der MIndBauRL geführt haben, hierbei nicht greifen.

d) Anordnung von Einbauten für geeignete Löschmaßnahmen

d.1) Trennung von Einbauten untereinander

Zur Trennung von Einbauten untereinander sind **brandlastfreie Freistreifen** von mindestens 5 m Breite vorgeschrieben. Diese Anforderung dient der Behinderung einer Brandausbreitung in größeren Raumhöhen über die Bereiche der zulässigen Einbauflächen hinweg. Diese Trennung ist wegen der erschwerten Bedingungen für die manuelle Brandbekämpfung erforderlich.

Alternativ zu diesen Freistreifen können auch wandartige Bauteile dieses Schutzziel erreichen, wenn sie als Hitze- und Strahlungsschild entsprechend leistungsfähig sind. Bei der Bewertung derartiger Alternativmaßnahmen ist zu bedenken, dass auch mit den vorgeschriebenen Breiten für diese Freistreifen keine hochzuverlässige Maßnahme gegen die horizontale Brandausbreitung verlangt wird.

Die trennenden Maßnahmen (Freistreifen bis zu 5 m oder Wände) müssen nicht nur auf der Höhenlage der Einbauten vorhanden sein, sondern auch darunter im Bereich unmittelbar ab der Geschoss- oder Ebenendecke, über der sie aufgeständert sind. Auch bei einer **Unterfeuerung** soll sich der Brand nicht über mehrere Einbauten ausbreiten.

Bei den Freistreifen ist betriebstechnischen Einrichtungen und Anlagen wie Leitungsanlagen und Schaltschränken besondere Beachtung zu schenken; ggf. sind geeignete Schutzmaßnahmen festzulegen.

Eine vertikale Brandausbreitung zwischen Einbauten wird als wesentlich gefährlicher angesehen als eine horizontale. Daher ist eine Anordnung von Einbauten übereinander grundsätzlich nicht zulässig.

d.2) Geeignete Löschmaßnahmen

Für eine Brandbekämpfung der Feuerwehr auf Einbauten sind geeignete Vorkehrungen zu treffen. Dabei ist davon auszugehen, dass die Einsatzkräfte nach stärkerer Brandentwicklung die Einbauten nicht mehr betreten, da diese nicht für eine Standsicherheit im Brandfall bemessen sind.

Diese Regelung der Richtlinie bezieht sich zunächst ausdrücklich auf die Bekämpfung von Bränden, die auf und nicht unterhalb von Einbauten stattfinden. Ein mögliches Herabfallen von Teilen der Einbauten in den Brandherd ist demnach mit den sonstigen Regelungen der Richtlinie abschließend berücksichtigt. Das schließt auch das Risiko eines ggf. progressiven Versagens von Einbauten ein, das für Gebäude und Gebäudeteile ausgeschlossen ist (siehe Abschnitt 7.1 MIndBauRL) und für Einbaubereiche auf **unkritische** Ausdehnungen konstruktiv begrenzt ist.

Ein **Hochlöschen** von im Brandfall standsicheren Decken der Geschosse und Ebenen sieht die Richtlinie grundsätzlich nicht vor. Damit berücksichtigt sie, dass ggf. der gekrümmte Löschwasserstrahl den Brandherd auf dem Einbau nicht erreicht. Hierbei werden **Abschattungen** sowohl durch die Decke des Einbaus selbst als auch durch Wände auf dem Einbau und durch die nächsthöhere Decke oder das Dach bewertet. Im Einzelfall können günstige Gegebenheiten zu anderen Bewertungen führen.

Die Basis für die Risikobewertungen der Richtlinie waren zunächst Einbaunutzungen ohne darauf vorhandene raumbildende Wände. Für solche Fallgestaltungen wurde ursprünglich eine Brandbekämpfung von sicheren Standorten auf gleicher Höhenlage an den Zugängen aus notwendigen Treppenräumen zugrunde gelegt. Bereits dabei war nicht vorgesehen, dass die Einsatzkräfte lokale – fortentwickelte – Brände auf Einbauten unmittelbar erreichen müssen.

Im Zuge der weiteren Entwicklung der Richtlinie wurde deutlich, dass in der Praxis oft weder das Erfordernis notwendiger Treppenräume gegeben ist, noch eine Nutzung ohne raumbildende Wände festgeschrieben werden kann. Ferner können im Brandfall standsichere Decken auf der Höhe von Einbauten allein zur Ermöglichung wirksamer Löscharbeiten durch die Feuerwehr nicht verlangt werden.

Insofern können aus der MIndBauRL keine weiteren Hinweise abgelesen werden, wie die Zielvorgabe praktisch und mit angemessenen Mitteln erreicht werden kann.

e) Sonstige Aspekte

e.1) Anforderungen an die Standsicherheit von Einbauten

Einbauten sind Bauteile und insofern **Teile des Gebäudes.** Sie unterliegen den Anforderungen der MIndBauRL. Anforderungen an deren Standsicherheit für den Brandfall (und besondere Anforderungen an die Brennbarkeit der Baustoffe) werden nicht gestellt.

Einbauten sind von anderen Bauteilen, die Teile von **Einrichtungen** sind und daher nicht zum Gebäude gehören und nicht den Regelungen der MIndBauRL unterliegen, zu unterscheiden und abzugrenzen. Maschinen und technische Anlagen des Betriebes können z. B. als Einrichtungen eigene Tragwerke und begehbare Flächen haben. Diese können für die Montage, Bedienung und Wartung dieser Anlagen erforderlich sein.

Falls die Zugehörigkeit solcher Bauteile nicht eindeutig ist, müssen entsprechende Abstimmungen und Festlegungen erfolgen. Derartige begehbare Flächen können im Sinne der MIndBauRL vorkommen als:

- Einbauten
- Wartungsflächen, Wartungsgänge (Bestandteil des Gebäudes)
- begehbare Anlagenflächen (Teile von Einrichtungen und nicht des Gebäudes)

Einrichtungen unterliegen grundsätzlich nicht dem Bauordnungsrecht und sind daher i. d. R. weder in den Bauplänen noch als Montagepläne in den Bauvorlagen und den bauordnungsrechtlichen Brandschutzplanungen darzustellen.

An typische **Kontroll- und Wartungsgänge** werden in der MIndBauRL keine Anforderungen hinsichtlich der Standsicherheit im Brandfall gestellt. Die Flächen sind außerdem nicht begrenzt.

e.2) Verbesserung der Standsicherheit von Einbauten als Kompensationsmaßnahme und zur Begründung von Vergrößerungen der zulässigen Flächen nach Tabelle 1 MIndBauRL

Einbauten (die Flächen auf und unter diesen begehbaren Bauteilen/Decken) sollen bei Brandeinwirkungen aus fortentwickelten und entsprechend großflächigen Bränden nicht durch die Feuerwehr zur Brandbekämpfung betreten werden (müssen). Damit unterscheiden sich die Einbauten von den Ebenendecken. Das Brandrisiko aus dem Verzicht auf die manuelle Brandbekämpfung in diesen Gebäudebereichen wird durch die zulässige Fläche nach Tabelle 1 in Abhängigkeit von der brandschutztechnischen Infrastruktur begrenzt.

Grundsätzlich ordnen sich die Einbauten der Gebäudekonstruktion unter und sind integrale Bestandteile der Geschosse und Ebenen, in denen sie errichtet sind und genutzt werden. Sie stellen keine eigenständigen Teile des Industriebaus dar. Die Risikobewertung für Einbauten baut daher stets auf der Risikobewertung der jeweiligen Geschosse und Ebenen auf.

Um der Feuerwehr gesicherte Angriffs- und Rückzugsbedingungen für die Brandbekämpfung auf Decken des Gebäudes zu verschaffen, sind solche Decken als Geschossdecken oder als Ebenendecken vorzusehen – aber eben nicht als Einbaudecken. Die Feuerwehren müssen sich bei der Vielzahl der im Industriebau vorhandenen Deckenarten (Deckenarten des Gebäudes und Decken von Betriebseinrichtungen) auf das Ordnungsschema der MIndBauRL für die Gebäudedecken verlassen können. Sie dürfen nicht durch lediglich objektspezifisch vorgesehenen klassifizierten Feuerwiderstand von einzelnen Einbauten vor zunehmend nicht mehr einschätzbare Situationen gestellt werden.

Begehbare Bauteile, die auch für die Bekämpfung fortentwickelter Brände von der Feuerwehr betreten werden sollen, müssen nach dem Grundschema der MIndBauRL entweder Geschossdecken oder für den Brandfall nachprüfbar bemessene Ebenendecken sein. Eine Ertüchtigung der Feuerwiderstandsfähigkeit von Einbauten mit dem Ziel der Verbesserung der Brandbekämpfungsmöglichkeiten der Feuerwehr würde die **„Geschossigkeit" verändern** und hätte weitergehende Überlegungen und ggf. auch Brandschutzmaßnahmen zur Folge.

Eine letztendlich brandschutztechnisch unterbemessene, also nicht ausreichend bemessene Konstruktion von Einbauten (fehlende Ebenen- bzw. ggf. Teilflächen-Nachweise nach DIN 18230) würde innerhalb der Industriebauten mit ggf. anderen (auch geringeren) Feuerwiderstandsfähigkeiten das Einsatzrisiko der Feuerwehren erhöhen und nicht zwingend die Brandsicherheit solcher Industriebauten erhöhen.

Ob und ggf. wie in besonderen Einzelfällen im Rahmen von Abweichungen spezielle Einzelfall-Lösungen gefunden und mit der zuständigen Feuerwehr/Brandschutzdienststelle abgestimmt werden können, soll durch obige Grundsatzbetrachtungen nicht ausgeschlossen werden. Allerdings sind diese Grundsätze als ernsthafte Warnhinweise zu beachten.

Ungeachtet der nicht anrechenbaren brandschutztechnischen Bemessung von Einbauten dürfen solche Überbemessungen selbstverständlich ausgeführt werden.

e.3) Brennbarkeit der Baustoffe von Einbauten

Zur Brennbarkeit der Baustoffe von Einbauten stellt die MIndBauRL unmittelbar keine Anforderungen. Damit gilt formal der Grundsatz, dass alles, was nicht verboten ist, zulässig ist. Es gibt auch keine Anforderungen an anderer Stelle der Richtlinie, aus der sich in Analogie ein Verbot brennbarer Baustoffe für Einbauten ableiten lässt. Somit können Einbauten auch aus normalentflammbaren Baustoffen hergestellt werden.

Aus der Entstehungsgeschichte der Einbauten ergibt sich u. a. folgendes: In der MIndBauRL 2000 wurden an Galerien und Emporen Anforderungen nur an die Standsicherheit im Brandfall gestellt (siehe Kommentar 5.5.a)), die allerdings ausschließlich in den Erläuterungen zur Richtlinie formuliert waren (zu dem seinerzeitigen Abschnitt 3.5). Anforderungen an die Brennbarkeit der Baustoffe gab es dabei nicht.

In der MIndBauRL 2014 werden für die höherwertigen Ebenendecken der Brandsicherheitsklasse SK_b2 ausdrücklich brennbare Baustoffe zugelassen (siehe Tabelle 6 MIndBauRL). Somit wären spezielle Risikoparameter erforderlich, um für die Einbaudecken nichtbrennbare Baustoffe zu verlangen. Auf den brandschutztechnisch nicht zu bemessenen Einbaudecken können und werden sich Gegenstände aller Art befinden, insbesondere solche aus brennbaren Materialien (ggf. sogar Bodenbeläge auf Gitterrostflächen).

Mit den Regelungen von Abschnitt 5.14.8 wurden für die MIndBauRL allerdings neue Abstandsforderungen zwischen brennbaren Baustoffen und Betriebseinrichtungen sowie Installationen der Haustechnik fixiert!

e.4) Einbauten mit Verbindungsbauteilen (Brücken)

Einbauten sind in ihren zulässigen Flächen begrenzt. Die Abgrenzungen der Einbauflächen ergeben sich i. d. R. durch die freien Ränder oder durch Wände (nicht zwingend durch Wände von Räumen, die auf diese Einbauten gestellt werden).

Einbauten dürfen durch aufgeständerte Gänge (z. B. durch Gitterroste) über die erforderlichen Freistreifen hinweg miteinander verbunden werden. Die Flächen dieser **Verbindungsbauteile** zählen nicht mit zur Gesamtfläche der Einbauten, die i. d. R. für bestimmte Nutzungen (Produktion, Lagerung, Nebenräume) vorgesehen sind und zur Brandgefahr des Industriebaus beitragen. Die Verbindungsbauteile dürfen nur für Verkehrsflächen brandlastfrei genutzt und installiert werden und können – wie die Wartungsgänge – aus der Flächenberechnung genommen werden.

Verbindungsgänge zwischen Einbauten sind meist keine Teile des Rettungswegesystems der Einbauten. Jeder Einbau benötigt nach Abschnitt 5.6 MIndBauRL grundsätzlich eigene Rettungswege – unabhängig von anderen Einbauten. Ausnahmen von dieser Regel können im Einzelfall angemessen sein.

e.5) Bauliche Abtrennung von Räumen auf und/oder unterhalb von Einbauten

Häufig werden Flächen, die sich auf oder unterhalb von Einbauten (Einbaudecken) befinden, „von der Halle" baulich abgetrennt, sodass Räume entstehen, die entweder als „geschlossene" oder als „offen angebundene" Räume gemäß Abschn. 5.6.3 hinsichtlich der Rettungswege zu bewerten sind. An die Beschaffenheit der baulichen Abtrennungen werden keine besonderen Anforderungen gestellt; sie können auch über das Mindestmaß bauordnungsrechtlicher Regelanforderungen mit einer Feuerwiderstandsfähigkeit und aus schwerentflammbaren bzw. nichtbrennbaren Baustoffen hergestellt werden. Sie dürfen insbesondere sogar die Eigenschaften von Trennwänden haben, die bauordnungsrechtlich innerhalb des Industriebaus nicht gefordert werden, wenn die Bauherrschaft aus privatrechtlichen Gründen bei ihnen über das geforderte Mindestmaß hinausgehen möchte. Daraus ergeben sich dann grundsätzlich und zunächst keine weitergehenden Konsequenzen.

Es gibt allerdings auch besondere Fälle, in denen die Bauherrschaft innerhalb des Industriebaus eine eigene Nutzungseinheit schaffen will, die sogar ohne funktionalen Zusammenhang mit der Halle genutzt werden soll. Solche Nutzungseinheiten haben dann in der Regel keine Verbindungstüren zu der Industriehalle. Mit einer solchen Planung bekundet die Bauherrschaft, dass diese Nutzungseinheit gar kein Bestandteil des Industriebaus sein und separat von diesem genutzt werden soll und dementsprechend auch zu bewerten ist. Die mit Trennwänden ohne Verbindungstüren vom Industriebau abgetrennten Räume sind dann eher nicht als Teil des Industriebaus zu bewerten. Sie können dann auch nicht als Räume auf oder unterhalb von Einbauten nach den Regeln der MIndBauRL bewertet werden. Für diese Auslegung spricht insbesondere, dass die MIndBauRL innerhalb des Industriebaus keine Trennwände fordert und den Industriebau grundsätzlich als eine zusammenhängende Nutzungseinheit (und Funktionseinheit) betrachtet und bewertet.

Die Bauherrschaft muss sich bei der Brandschutzplanung also entscheiden, ob Räume dem Industriebau zugerechnet werden sollen und dann mit der Industriebaufläche auch durch Türen/Zugänge innerhalb des Industriebaus verbunden werden oder ob sie selbstständige Nutzungseinheiten abgetrennt werden sollen, die dann aber in aller Regel nicht mehr (zumindest nicht mehr ausschließlich) nach der MIndBauRL bewertet werden können.

5.6 Rettungswege

Der Text der Richtlinie beginnt mit Punkt 5.6.1 und endet mit Punkt 5.6.10. Im Kommentar sind die Punkte zur besseren Übersicht mit Überschriften versehen. Diese erscheinen auch jeweils vor den Originaltexten der Richtlinie.

Zu 5.6 Rettungswege

Grundsätzlich ist bauordnungsrechtlich im Industriebau von einer Selbstrettung der Personen auszugehen. Deshalb wird gefordert, dass von jeder Stelle eines Produktions- und Lagerraumes zunächst ein Hauptgang und in Folge ein Ausgang in einen sicheren Bereich in einer vorgegebenen Entfernung und Lauflänge erreicht wird.

Zur Einhaltung der Anforderungen an die Rettungsweglängen sind folgende Nachweise zu führen:

- *Erreichen des Hauptganges (siehe Abschnitt 5.6.4)*
- *Erreichen des gesicherten Bereiches in der zulässigen Entfernung (siehe Abschnitt 5.6.5)*
- *Einhaltung der zulässigen tatsächlichen Lauflänge (siehe Abschnitt 5.6.8)*

Rettungswege sind gleichzeitig auch Feuerwehrerkundungs- und -angriffswege.

Unabhängig von den Rettungsweganforderungen des Bauordnungsrechts sind die Anforderungen des Arbeitsstättenrechtes zusätzlich zu beachten.

Zu 5.6: Rettungswege

a) Allgemeines

Die Anforderungen an die Rettungswege gelten gleichermaßen für Industriebauten, die nach dem vereinfachten Verfahren des Abschnittes 6 oder dem Verfahren des Abschnittes 7 der MIndBauRL beurteilt werden.

Sie gelten nicht für Gebäude, die keine Industriebauten sind, aber im Einzelfall aufgrund einer Risikoanalyse zum Teil mithilfe der MIndBauRL beurteilt werden dürfen. Dafür gelten diese Regelungen für die mitgezogenen Nebennutzungen, die als Nicht-Produktions- und als Nicht-Lagerräume nach der MIndBauRL beurteilt werden (sollen).

Die Festlegungen bezüglich der Rettungsweggestaltung wirken sich auch auf die Anordnung der BA und BBA im Gebäude aus, z. B. bei innenliegenden BA und BBA nach Abschnitt 5.2.1.

Den Anforderungen der MIndBauRL liegen u. a. die folgenden Erkenntnisse zugrunde, die aus der Baupraxis und der Schadenerfahrung stammen bzw. aufgrund theoretischer Untersuchungen mithilfe der Methoden des Brandschutzingenieurwesens erlangt wurden:

- Im Industriebau sind auch bei schweren Bränden nur äußerst selten Brandtote zu beklagen; die Mortalitätsrate ist sehr gering.
- Eine Selbstrettung der in der Brandausbreitungsphase zunächst und unmittelbar betroffenen Nutzer ist i. d. R. abgeschlossen, bevor anlagentechnische Brandschutzmaßnahmen durch Rauchableitung einen wirksamen Beitrag zur Verbesserung der Rettungswegsituation leisten können.
- Im Wesentlichen wird die Möglichkeit zur Selbstrettung durch eine frühzeitige Alarmierung bzw. Warnung der Nutzer verbessert.
- Eine Voraussetzung für die rasche Räumung der betroffenen Gebäudeabschnitte und für die Ausführung eines schnellen Innenangriffs der Feuerwehreinsatzkräfte sind freie und klar erkennbare Hauptgänge in einer bestimmten Mindestbreite innerhalb großflächiger Räume.
- Eine Gefährdung der im Industriebau meist offenen Rettungswege durch Brandrauch wirkt sich bei hohen Räumen deutlich später aus als bei niedrigeren Räumen.

Zunächst wurden Überlegungen darüber angestellt, dass die Selbstrettung durch Rauchverwirbelungen auf den Rettungswegen und durch eine Rückströmung von Rauch aus den oberen

Raumbereichen in die Laufebene gefährdet werden könnte. Allerdings hat sich dies bei realen Brandereignissen als im Allgemeinen nicht risikobestimmend erwiesen. Bei der Festlegung der Anforderungen an die Rettungswege wurden deshalb keine besonderen Rauchschutzmaßnahmen für die Personensicherheit als erforderlich erachtet.

Maßnahmen zur Rauchableitung können während der Selbstrettungsphase die Sicherheit der Nutzer nicht wesentlich verbessern und sind unter diesem Aspekt nicht in die Anforderungen an Rettungswege eingeflossen.

Infolge dieser Erkenntnisse und Bewertungen enthält das Rettungswegkonzept der MIndBauRL neben den üblichen Elementen baulicher Rettungswege, die in den LBOs beschrieben und geregelt sind (z. B. notwendige Flure, notwendige Treppen, Ausgänge ins Freie), insbesondere Regelungen für die Hauptgänge in den Produktions- und Lagerräumen, für die Ausgänge aus diesen Räumen sowie für die vertikalen Teile von Rettungswegen (Treppenanlagen).

Da Rettungswege grundsätzlich auch Angriffs- und Rückzugswege der Feuerwehr sind, können sie nicht allein nach den Aspekten der Fluchtwegplanung angeordnet, bemessen und unterhalten werden. Abweichungen im Einzelfall von den bauordnungsrechtlichen Regelungen können daher neben den Gefährdungsbeurteilungen des Arbeitgebers für die Sicherheit der Mitarbeiter insbesondere auch eine enge Abstimmung mit der zuständigen Brandschutzdienststelle erforderlich machen.

Bei der Planung des Rettungswegsystems (Standsicherheit, Geradlinigkeit, Längen, Breiten, Beleuchtung, Kennzeichnung, Freihaltung) sind z. B. Breiten als Bewegungsflächen der Feuerwehr und zweite Rückzugsmöglichkeiten von der Brandstelle besonders zu berücksichtigen.

b) Grundsätzliche Anforderungen an die Rettungswege

In dem hier kommentierten Abschnitt 5.6 MIndBauRL sind die besonderen (auf den Industriebau zugeschnittenen) Anforderungen an Rettungswege geregelt, die sich aus dem Brandschutz- und Sicherheitskonzept der Richtlinie ergeben.

Diese enthalten meist Erleichterungen gegenüber den Regelungen der jeweiligen LBO, da sich gezeigt hat, dass bei Industriebauten bezüglich der Rettungswege häufig günstigere Randbedingungen vorliegen als z. B. bei den nach den LBOs geregelten Gebäuden (siehe Punkt a). Hier sind grundsätzlich wache und gesunde, mobile Personen anwesend, die mit dem Gebäude, dessen Nutzungsmerkmalen und Brandschutzmaßnahmen vertraut sind.

Grundsätzlich ist zu beachten, dass die MIndBauRL die Rettungswege nicht vollständig oder abschließend regelt, sondern nur in den Fällen (und in dem Umfang), in denen sich die Rettungsweganforderungen für Industriebauten von den grundsätzlichen Anforderungen der LBOs unterscheiden. Das bedeutet, dass immer, wenn in der MIndBauRL keine besonderen Regelungen bestehen, die **Basisanforderungen** der jeweiligen LBOs beachtet werden müssen.

Der unmittelbare Anwendungsbereich der Regelungen für die Rettungswege ist zunächst auf Produktions- und Lagerräume beschränkt, wie in dem Runderlass[1)] vom 23.10.1989 aus NRW formuliert und in der Richtlinie von 2000 übernommen. Ursprünglich zielte die Richtlinie im engeren Sinne auf den Bau von großflächigen Fabriken und Lagergebäuden ab; man wollte die Erleichterungen für die Rettungswege der Hallen insbesondere nicht auf Technikräume und auf Räume anwenden, an die besondere Rettungsweganforderungen gestellt werden müssen.

Wenn die Anwendung der Richtlinie im Zuge einer Gesamtbetrachtung eines BA oder BBA unter Einschluss von Nebenräumen anderer Nutzungsart (siehe Kommentar 2 c)) erfolgt,

1) RdErl. d. Ministers für Stadtentwicklung, Wohnen und Verkehr v. 23. 10. 1989 (MBl. NW. S 1566)

werden die Rettungsweganforderungen an diese Nebenräume aus dem Abschnitt 5.6 der MIndBauRL nur dann angewendet, wenn keine Spezialanforderungen für diese Räume gelten. Insbesondere werden die Rettungswege für Sozial-, Büro- und ähnliche Nebenräume ohne besondere Brandgefahren nach den Regelungen des Abschnittes 5.6 der MIndBauRL konzipiert. Insofern gelten deren Bemessungsregeln auch über den engeren Anwendungsbereich hinaus.

Eine Sonderstellung nehmen Regale mit Bediengängen in größerer Höhe ein (siehe Kommentare 3.9.d und 5.6.11.a). Während höher gelegene Stellen von Regalen selbst grundsätzlich zu den Stellen in Einrichtungen ohne Rettungsweganforderungen der MIndBauRL (aber ggf. nach anderen Vorschriften) zählen, gelten deren höher gelegene Bediengänge zu den Stellen des Industriebaus mit Rettungsweganforderungen nach der MIndBauRL. Bediengänge von Regalanlagen sind grundsätzlich (ehemals „ständige") Arbeitsplätze.

Die Anforderungen der MIndBauRL an Rettungswege gelten grundsätzlich für **jede Stelle** in Industriebauten, nicht nur für Aufenthaltsräume.

Nach der Definition der MBO sind Aufenthaltsräume (AR) „*Räume, die zum nicht nur vorübergehenden Aufenthalt von Menschen bestimmt oder geeignet sind*". Entscheidend für die Einstufung als AR ist nicht die Benennung in Plänen, sondern die Eignung als AR entsprechend der baulichen Ausführung (siehe Kommentar 3.14 e).

c) Rettungs- und Fluchtwege nach dem Arbeitsstättenrecht

Neben dem Bauordnungsrecht sind bei der Gestaltung der Rettungswege auch die Vorschriften der ArbStättV und der ASR zu beachten.

Mit der ASR A2.3 „Fluchtwege und Notausgänge" (Ausgabe März 2022) sind die Regelungen der MIndBauRL für Industriebauten und deren Bereiche ohne besondere Betriebsgefahren (insbesondere ohne Explosions- und Giftstoffgefahren) in das Arbeitsstättenrecht übernommen worden.

Für Industriebauten sind dabei u. a. Abschnitt 5 Absätze 2 bis 5 der ASR A2.3 relevant:

„(2) […] Die Hauptfluchtweglänge muss möglichst kurz sein und darf:

1. *für Räume ohne oder mit normaler Brandgefährdung ausgenommen Räume nach Nummern 2 bis 4 bis zu 35 m*
2. *für Räume mit erhöhter Brandgefährdung mit selbsttätigen Feuerlöscheinrichtungen bis zu 35 m*
3. *für Räume mit erhöhter Brandgefährdung ohne selbsttätige Feuerlöscheinrichtungen bis zu 25 m*
4. *für Räume, in denen eine Gefährdung durch explosionsgefährliche Stoffe besteht bis zu 10 m*

betragen.

Hinweis: Bezüglich der Begriffsbestimmung explosionsgefährlicher Stoffe siehe Gesetz über explosionsgefährliche Stoffe (Sprengstoffgesetz – SprengG).

(3) Für Räume, in denen eine andere Gefährdung als nach Absatz 2 Nummer 1 bis Nummer 4 besteht, muss im Rahmen der Gefährdungsbeurteilung unter Beachtung der geltenden Technischen Regeln ermittelt werden, ob gegebenenfalls eine geringere Länge des Fluchtweges erforderlich ist, z. B. bei Lagerung und Verwendung von Gefahrstoffen in ortsbeweglichen Behältern gemäß TRGS 510 „Lagerung von Gefahrstoffen in ortsbeweglichen Behältern".

Hinweis: Bezüglich der Begriffsbestimmung Gefahrstoffe siehe Verordnung zum Schutz vor Gefahrstoffen (Gefahrstoffverordnung – GefStoffV).

(4) Die tatsächliche Laufweglänge darf nicht mehr als das 1,5-fache der maximal zulässigen Hauptfluchtweglänge betragen.

Hinweis: Aufgrund der Begrenzung der zulässigen Hauptfluchtweglängen kann für größere Bereiche von Arbeitsstätten mehr als ein Hauptfluchtweg erforderlich sein.

(5) Sofern es sich bei einem Hauptfluchtweg nach Absatz 2 Nummer 1 bis Nummer 3 auch um einen Rettungsweg handelt und das Bauordnungsrecht der Länder, z. B. die Industriebaurichtlinie, für diesen Weg eine von Absatz 2 Satz 2

abweichende längere Weglänge zulässt, können dafür die Maßgaben des Bauordnungsrechts angewandt werden.“

Besonders hervorzuheben ist dabei Abs. 5. Danach können für einen Hauptfluchtweg nach Abs. 2 Nrn. 1 bis 3 ASR A2.3, bei dem es sich auch um einen Rettungsweg handelt und bei dem das Bauordnungsrecht der Länder, z. B. die Industriebaurichtlinie eine von Abs. 2 Satz 2 (ASR A2.3) abweichende längere Weglänge zulässt, die Maßgaben des Bauordnungsrechts angewandt werden.

d) Rettungswegpläne

Im Brandschutznachweis bzw. -konzept und somit in den Bauvorlagen müssen u. a. Angaben zum ersten und zweiten Rettungsweg mit Darstellung der Rettungsweglängen enthalten sein. Dabei müssen die zulässigen Entfernungen (Luftlinienmessungen) und Lauflängen zu entnehmen sein. Dies ist z. B. möglich, indem die Rettungswege auf geeigneten Plänen zeichnerisch dargestellt werden.

e) Abweichungen

Abweichungen von den Regelungen des Abschnitts 5.6 MIndBauRL sind grundsätzlich im Sinne des Abschnittes 2 der Richtlinie als Erleichterungen möglich, wenn das jeweilige Schutzziel gleichwertig erfüllt wird. Dabei sind die Gründe für die Abweichung, aber auch für ggf. erforderliche besondere Anforderungen im Brandschutzkonzept und auch für besondere Anforderungen in Baugenehmigungen sowie bei darin enthaltenen Nebenbedingungen darzustellen (siehe Kommentar 2 f)).

In den Erläuterungen zur MIndBauRL von 2000 (betraf damals den Abschnitt 5.5) wurde noch ausdrücklich auf das Erfordernis geeigneter Nachweise hingewiesen, wenn weitergehende Erleichterungen – insbesondere für die Rettungsweglängen – in Anspruch genommen werden sollten.

Dort steht zu Abschnitt 5.5: *„Die zulässige Rettungsweglänge wurde ausgehend von rechnerischen Untersuchungen von einer eigenen Arbeitsgemeinschaft (AGB), die Grundlage für die Leitlinie zur Festlegung von zulässigen Rettungsweglängen in der Automobilindustrie waren, für hohe Räume und für Räume mit Alarmierungsanlagen in Verbindung mit Brandfrüherkennungseinrichtungen gegenüber der alten Fassung auf maximal 70 m erhöht. Die Beschränkung auf maximal 70 m erfolgte aufgrund der spezifischen Gegebenheiten in der Automobilindustrie, die im allgemeinen Industriebau nicht immer gegeben sind.*

Insofern können unter besonderen Bedingungen ***auch größere Rettungsweglängen gestattet werden*** [Herv. v. Verf.], *wenn dies im Einzelfall nachgewiesen wird. Die Bezugsebene für die Festlegung der relevanten Raumhöhe ist die Höhe, auf der betriebstechnische Ebenen mit Arbeitsbereichen vorhanden sind. Weggefallen ist eine Erhöhung in Abhängigkeit von der Brandschutzklasse. Mit der Erhöhung wird der Tatsache Rechnung getragen, dass die Verrauchung von hohen Räumen i. d. R. deutlich langsamer erfolgt als in niedrigeren Räumen.“*

Diese Aussagen treffen in vollem Umfang für die hier kommentierte aktuelle Fassung der MIndBauRL zu. Auch im Zusammenhang mit den Fassungen von 2014 und 2019 bedürfen Erleichterungen von den Regelanforderungen einer geeigneten Begründung, die häufig nur durch Anwendung von Ingenieurverfahren ausreichend plausibel geführt werden kann. Grundsätze für derartige Nachweisführungen sind in Abschnitt 4.3 MIndBauRL geregelt.

Im Übrigen wird auf den Kommentar zur Zulässigkeit von Abweichungen von der Richtlinie hingewiesen (0 c), 1 b), 1 c)).

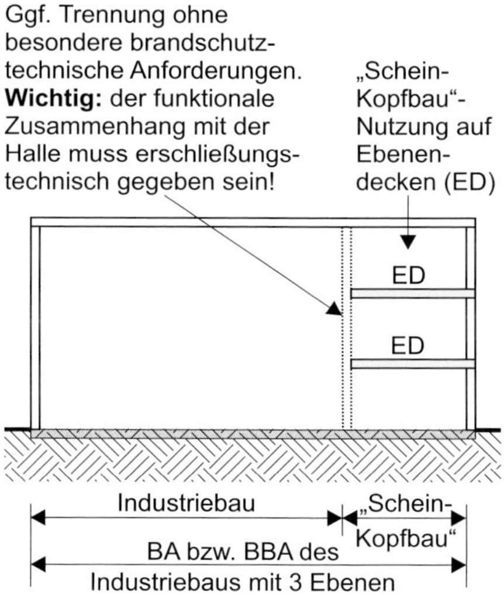

Bild 5.6-1: Beispiel für einen Industriebau mit drei Ebenen und innen liegendem Kopfbau auf Ebenendecken und mit Funktionswänden ohne brandschutztechnische Anforderungen

Wichtig: Die nachfolgenden Ausführungen können nur dann angewendet werden, wenn zwischen dem „Schein-Kopfbau" und den anderen Teilen des Industriebaus ein **erheblicher, funktionaler Zusammenhang** besteht. Dies erfordert grundsätzlich eine unmittelbare Erreichbarkeit des Schein-Kopfbaus aus dem Industriebauteil des Gebäudes heraus (Türen, ggf. Treppen). Eine ausschließliche Erreichbarkeit dieses Gebäudeteils von außen würde den Charakter eines eigenständigen, abgetrennten Baukörpers unterstreichen, der nicht vorrangig nach der MIndBauRL zu beurteilen ist.

Die übereinander angeordneten Ebenendecken können zu Funktionsbereichen zusammengefasst werden. In solchen Fällen werden die Kopfbaubereiche häufig durch Funktionswände (Lärm-, Staubschutz), an die keine brandschutztechnischen Anforderungen gestellt werden, vom Rest des Industriebaus abgetrennt.

Diese Wände schaffen keine brandschutztechnisch wirksame Abtrennung und sind im Sinne einer typischen Kopfbauabtrennung grundsätzlich nicht anrechenbar. Diese Funktionsbereiche zählen mit oder ohne die Funktionswände zur sonstigen Fläche des Industriebaus, ihre Rettungswege werden nach den Regelungen des Abschnittes 5.6 MIndBauRL bewertet.

Diese Lösung mit Ebenendecken kann nur in Industriebauten vorgesehen werden, die nach **Abschnitt 7 MIndBauRL** beurteilt werden.

Wenn die Ebenen solcher Schein-Kopfbauten jeweils die Flächen der Tabelle 1 MIndBauRL überschreiten und geringe Raumhöhen haben, ergeben sich entsprechend kleine zulässige Entfernungen für die Bemessung der zulässigen Rettungsweglängen gemäß Abschnitt 5.6.5. Die Anrechenbarkeit der brandschutztechnischen Infrastruktur (Alarmierungseinrichtung) des Industriebauteils erfordert entsprechende Einrichtungen/Anlagen auch in solchen Kopfbauten.

Sofern Kopfbauten jedoch wegen einer **brandschutztechnisch wirksamen Abtrennung mit Brandwänden** als dem Industriebau **nicht zugehörig** zu bewerten sind, ergibt sich folgendes Bild: Die Rettungswege werden – wie die sonstigen Aspekte der Brandschutzplanung – unabhängig vom Industriebauteil nach den bauordnungsrechtlichen Anforderungen (i. d. R. nach der entsprechenden LBO) beurteilt und festgelegt. Solche Kopfbauten mit Geschossbildungen werden typischerweise für Verwaltungsnutzungen vorgesehen.

f) Rettungswege für Kopfbauten

f.1) Kopfbau ohne Abweichungen

Sofern Kopfbauten mit Geschoss- bzw. Ebenenbildungen für Verwaltungsnutzungen im zugelassenen Umfang (siehe 3.1 b) im Hinblick auf die Rettungsweganforderungen als dem Industriebau zugehörig zu beurteilen sind, ergibt sich folgendes Bild:

Da in diesem Fall der Kopfbau vom Industriebau brandschutztechnisch nicht wirksam abgetrennt ist und nicht ausgelagert wird, ordnet sich der Kopfbau dem Industriebau unter und wird im Wesentlichen nach den Anforderungen der MIndBauRL beurteilt.

Die Rettungswege solcher Bereiche von Industriebauten mit Geschossen oder Ebenen stehen mit den Rettungswegen des Industriebauteils im Zusammenhang und bilden ein gemeinsames Rettungswegsystem. Diese Rettungswege werden nach den gleichen Kriterien und Anforderungen der MIndBauRL bewertet wie die Produktions- und Lagerräume; es gelten keine anderen Regelungen.

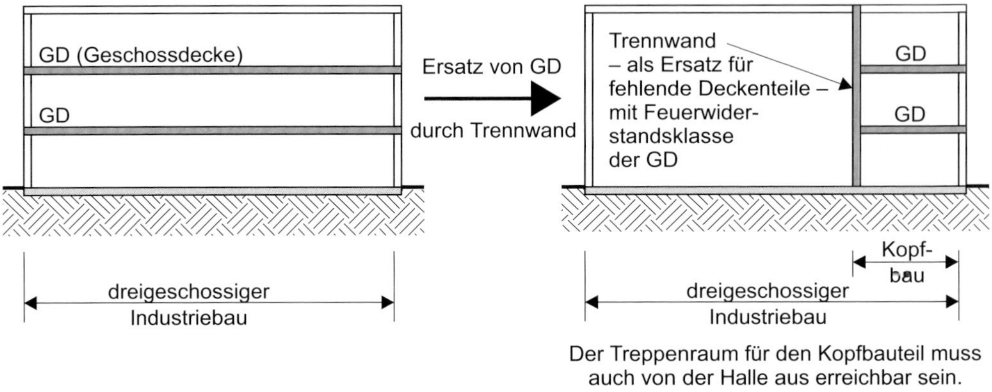

Bild 5.6-2: Beispiel für einen innen liegenden Kopfbau mit Geschossen, die einen mehrgeschossigen Teil einer ansonsten eingeschossigen Halle bilden (Abweichung)

Die Geschossigkeit des Kopfbaus bestimmt grundsätzlich die Geschossigkeit des gesamten Industriebaus.

Um von einer Geschossbildung ausgehen zu können, müssen die fehlenden Flächen der Geschossdecken durch Trennwände ersetzt werden, die dann den Kopfbau von der Halle (als Ersatz für die klassische Geschossbildung) abgrenzen und brandschutztechnisch trennen.

Das rechte Bild zeigt die Bildung von Teilbereichen mit Geschossen durch Trennwände in der Feuerwiderstandsklasse der Geschossdecken. Diese Lösung ist eine Abweichung und kann in Industriebauten vorgesehen werden, die nach Abschnitt 6 oder Abschnitt 7 MIndBauRL beurteilt werden.

Es ist für die Zulässigkeit der Einbindung solcher Nebennutzungen in den Industriebau zu prüfen, ob mit einer solchen Abtrennung des „Scheinkopfbaus" der erforderliche funktionelle Verbund mit der „Halle" weiterhin ausreichend gewahrt ist oder ob diese Trennung zu einer „Ausgliederung" des Kopfbaus in einen anderen Brandabschnitt erfolgen muss.

f.2) Kopfbau mit Abweichungen

Die Geschossdecken eines mehrgeschossigen BA oder BBA werden in Teilbereichen durch Trennwände der gleichen Feuerwiderstandsklasse ersetzt. Dadurch werden mehrgeschossige BA gebildet und von anderen (i. d. R. eingeschossigen) BA brandschutztechnisch wirksam abgetrennt – allerdings nicht mit der Zuverlässigkeit der Abtrennungen durch Brandwände. Deshalb wird der gesamte Bereich zunächst weiter als mehrgeschossig eingestuft, auch wenn Teile davon nur eingeschossig sind.

Die Rettungswege solcher als Kopfbauten in Erscheinung tretenden Gebäudeteile zählen weiterhin zu den Rettungswegen des gesamten BA oder BBA, da sich durch den Ersatz der Geschossdecken durch Trennwände (ohne brandabschnittsbildende Wirkung) keine Abschnittstrennung im Sinne der Ausführungen zu 3.1 b) ergibt.

Der Charakter einer Funktions- und Nutzungseinheit von Halle und Kopfbauteil muss bei dieser Bauform allerdings erhalten bleiben, was meist durch die Erreichbarkeit des notwendigen Treppenraums für den Kopfbauteil auch aus der Halle erreicht und dokumentiert wird.

Der Vorteil dieser Lösung liegt darin, dass die Decken, die sich nur über einen Teil der Gesamtfläche erstrecken, weiterhin als geschossbildende Decken (Geschossdecken) bewertet werden und nicht als Ebenendecken, die zwangsläufig eine Gesamtbewertung des Industriebaus nach Abschnitt 7 MIndBauRL erforderlich machen würden.

Ggf. kann mit weiteren Abweichungen von Abschnitt 3.1 MIndBauRL im Einzelfall die Leistungsfähigkeit der Abtrennung gesondert als vergleichbar mit einer brandabschnittsbildenden Abtrennung bewertet werden. Dabei besteht weiterhin die grundsätzliche Anforderung an die Bauart als Brandwand solcher Trennwände.

5.6.1 Teile der Rettungswege

5.6.1 Zu den Rettungswegen in Industriebauten gehören insbesondere die Hauptgänge in den Produktions- und Lagerräumen, die Ausgänge aus diesen Räumen, die notwendigen Flure, die notwendigen Treppen und die Ausgänge ins Freie.

Zu 5.6.1 *Das Freie sind Bereiche außerhalb der baulichen Anlage, von denen die Verkehrsfläche ungefährdet erreicht werden kann. Dazu können auch Innenhöfe gehören, wenn diese sicher verlassen werden können.*

Als Ausgänge ins Freie gelten auch Ausgänge, die über Außentreppen ohne Treppenräume, über offene Gänge oder begehbare Dachflächen führen, wenn diese im Brandfall durch Feuer und Rauch nicht gefährdet werden können.

Liegt der Ausgang ins Freie unter einem Vordach, ist Abschnitt 5.6.5 zu beachten (das Freie beginnt am Rande des Vordaches).

Zu 5.6.1: Teile der Rettungswege

a) Ausgänge ins Freie

Ausgänge ins Freie sind Fassadentüren. Jenseits dieser Türen ist das Freie, man sieht den Himmel und kann sich ungehindert vom Gebäude entfernen.

Fassadentüren im Bereich von Vordächern erfüllen dieses Kriterium nicht unmittelbar; das Freie ist erst am Rande der Vordächer erreicht (siehe Abschnitt 5.6.5). Dennoch handelt es sich bei diesen Ausgangstüren um **Ausgänge ins Freie.**

Allerdings ist wegen der Vordächer der Rettungsweg außerhalb des BA bzw. BBA grundsätzlich gefährdet und muss bis zum Rand der Vordächer bewertet/gemessen werden, und zwar unabhängig davon, ob unter dem Vordach brennbare Stoffe gelagert werden.

Fassadentüren, die nicht unter Vordächern angeordnet sind, begrenzen die Rettungsweglänge nach Abschnitt 5.6.5 unmittelbar. Die im Freien anschließenden Bereiche werden nicht durch Vorgaben der MIndBauRL zu Rettungswegen besonders beauflagt. Das gilt insbesondere auch dann, wenn sie durch Außenflächen geführt werden, die als Außenlagerflächen auch für die Lagerung brennbarer Stoffe genutzt werden.

Ausgänge ins Freie in spezieller Anordnung (z. B. zwischen Gebäudeteilen oder zu Innenhöfen), die nur eine „mittelbare" Entfernung vom Gebäude zulassen, sind besonders zu bewerten. Dabei spielen sowohl die Flucht der Gebäudenutzer (während der Brandentwicklungsphase) als auch die Zugänglichkeit für Rettungskräfte und für die Feuerwehr zur Brandbekämpfung (beides in „späteren" Brandphase) erhebliche Rollen. Bei der Risikobeurteilung sind die Gefährdungen der Wegstrecken zwischen der Ausgangstür und dem „tatsächlich" sicheren Bereich entsprechend den jeweiligen (Schutz-)Zielen von Fluchtwegen einerseits und von Angriffswegen andererseits zu betrachten. Das Freie als „tatsächlich sicherer Bereich" beginnt erst dort, wo man sich wirklich vom Gebäude wegbewegen kann.

b) Notwendige Treppen als Innen- und Außentreppen

Notwendige Treppen kennt die MIndBauRL vorwiegend als Innentreppen, die grundsätzlich zunächst mit notwendigen Treppenräumen geschützt werden. Allerdings werden in der Praxis sehr häufig auch notwendige Treppen ohne den Schutz von Treppenräumen vorgesehen, was ebenfalls den Regelungen entsprechend geplant werden kann (insbes. nach Abschn. 5.6.3).

Die Anforderungen an den Schutz und an die bauliche Beschaffenheit notwendiger Innen-Treppen sind unter 5.6.3 und 5.6.10 geregelt: Eine bestimmte Feuerwiderstandsdauer der Treppenteile wird nicht verlangt.

Notwendige Treppen als Außentreppen sind ebenfalls im Regelwerk vorgesehen. Diese müssen über die o.g. Grundanforderungen hinaus gemäß 5.6.3 allerdings sowohl im Brandfall ausreichend lang standsicher als auch den Benutzern ungefährdet durch Feuer und Rauch verfügbar sein.

Als „Benutzer" von Außentreppen kommen die Mitarbeiter des Betriebs und die Einsatzkräfte von Hilfsmannschaften (insbesondere der Feuerwehr zur Brandbekämpfung) infrage. Hinsichtlich des erforderlichen Feuerwiderstandes der Treppenteile werden grundsätzlich keine besonderen Anforderungen gestellt; wegen der Beeinträchtigung der Nutzbarkeit durch Feuer und Rauch sind insbesondere Öffnungen in der Fassade und Brandlasten im Umfeld der Außentreppe zu beachten.

c) Notwendige Flure

Die Anordnung von notwendigen Fluren ist im Sinne der MIndBauRL eher untypisch, weil in den großflächigen Produktions- und Lagerhallen i.W. eine innere Erschließung über die Hauptgänge vorgesehen wird.

Zur Beschaffenheit von notwendigen Fluren werden in der MIndBauRL keine besonderen Anforderungen gestellt, sodass dafür die Regelungen der jeweiligen BauO gelten und ausreichen.

d) Ausgänge aus Produktions- und Lagerräumen

Industrie- und Gewerbebauten bestehen in der Regel nicht ausschließlich aus Einraum-Hallen, sondern enthalten weitere Räume, die über Türen mit anderen Räumen und insbesondere mit „der großen Halle" verbunden sind. Raumtüren sind grundsätzlich auch Teile von Rettungswegen.

An die Beschaffenheit dieser Raumtüren stellt die MIndBauRL keine besonderen Anforderungen; es gelten also die Regeln des Bauordnungsrechts aus den Landesbauordnungen. Dort werden Anforderungen an Raumtüren gestellt, insbesondere wenn sie zu notwendigen Fluren oder zu notwendigen Treppenräumen führen. Aus dem Arbeitsstättenrecht ergeben sich andere Anforderungen, die für die Praxis u. a. durch die ASR A2.3 konkretisiert werden (erforderliche Breite und Aufschlagrichtung in erkennbare Fluchtrichtung).

e) Hauptgänge

Hauptgänge dienen der innerbetrieblichen Erschließung großflächiger Räume; sie werden grundsätzlich nicht von Wänden begrenzt. Sie werden im Brandfall als Fluchtwege (für die Selbstrettung) und auch als Angriffs- und Rückzugswege der Einsatzkräfte (insbes. für die Brandbekämpfung im Innenangriff) genutzt.

Außerhalb des Brandfalls während des vorgesehenen Betriebs werden diese Hauptgänge auch beispielsweise für den innerbetrieblichen Transportverkehr verwendet. Sofern es die Sicherheit erfordert, werden für den Fußverkehr Teile der Hauptgänge (durch Markierungen) speziell kenntlich gemacht.

Die vorgeschriebene Mindestbreite der Hauptgänge wird im Brandfall als ausreichend zuverlässig freigehalten angenommen; dafür spricht die RL im Abschnitt 5.14.7 auch ein grundsätzliches Abstellverbot von Gegenständen aller Art aus. Die Hauptgänge sind keine (Dauer-)Abstellplätze! Damit ist allerdings auch verbunden, dass dort bewegliche Transportmittel (z. B. Wagen, aber keine Transportbänder) punktuell entsprechend betrieblichen Nutzungsanforderungen temporär/kurzzeitig abgestellt werden. Diese Breite dient auch ganz wesentlich als „Bewegungs- bzw. Arbeitsfläche" für die Brandbekämpfungsmaßnahmen. Sie bemisst sich also nicht allein aufgrund von erforderlichen Wegbreiten für die Flucht von Personen!

5.6.2 Zwei bauliche Rettungswege bzw. zwei Ausgänge

5.6.2 Für Industriebauten mit einer Grundfläche von mehr als 1600 m² müssen in jedem Geschoss mindestens zwei möglichst entgegengesetzt liegende bauliche Rettungswege vorhanden sein. Dies gilt für Ebenen oder Einbauten mit einer Grundfläche von jeweils mehr als 200 m² entsprechend.

Für tiefer liegende Bereiche unter der Geländeoberfläche gemäß 5.4.2 Satz 2 reichen notwendige Treppen ohne notwendigen Treppenraum zu den übrigen Bereichen des Geschosses. Im Übrigen gelten für diese Bereiche die Regelungen für die Rettungswege von Einbauten entsprechend.

Kellergeschosse mit einer Grundfläche von mehr als 200 m² müssen in Industriebauten nach Tabelle 2, Spalte 2 und Tabelle 7 jeweils zwei bauliche Rettungswege haben.

Jeder Raum mit einer Grundfläche von mehr als 200 m² muss mindestens zwei Ausgänge haben.

Zu 5.6.2 *Grundsätzlich sollen für Geschosse, Ebenen und Einbauten die gleichen Rettungsweganforderungen gelten. Deshalb sind die bisher für Geschosse geltenden Rettungsweganforderungen auch auf Einbauten und Ebenen mit einer Grundfläche von > 200 m² anzuwenden. Ebenen und Einbauten ≤ 200 m² benötigen nur einen Ausgang oder ggf. Abgang, wenn die maximal zulässige Entfernung nach Abschnitt 5.6.5 nicht überschritten wird.*

Unabhängig davon müssen in Industriebauten alle Räume größer 200 m² (auf Ebenen, Einbauten oder Geschossen) zwei Ausgänge haben. Diese Ausgänge sind nicht mit den Ausgängen nach Abschnitt 5.6.1 gleichgesetzt. Sie können über einen benachbarten Raum führen. Die Ausgänge sollen möglichst entgegengesetzt angeordnet sein. Ein Hauptgang nach Abschnitt 5.6.4 soll nach 15 m erreicht sein.

Für eingeschossige Industriebauten ohne Anforderungen an die Feuerwiderstandsfähigkeit der tragenden und aussteifenden Bauteile (Tabelle 2, Spalte 2 und Tabelle 7) werden aufgrund der Risiken, die sich aufgrund der Unterbemessung der tragenden Bauteile des oberirdischen Geschosses ergeben, besondere Anforderungen an die Rettungswege in Kellergeschossen mit mehr als 200 m² gestellt.

Zu 5.6.2: Zwei bauliche Rettungswege bzw. zwei Ausgänge

a) Geltungsbereich – Grundsatzforderung nach zwei baulichen Rettungswegen

Die Grundsatzforderung nach zwei baulichen Rettungswegen gilt für

- Industriebauten mit Grundflächen über 1600 m² für alle Geschosse und alle höher angeordneten Aufenthaltsräume (auf Ebenendecken und Einbauten, auch wenn diese kleiner sind als 1600 m²),
- Ebenen und Einbauten, jedoch nur, wenn sie größer sind als 200 m².

Zu diesen „redundanten" baulichen Rettungswegen zählen insbesondere auch die (Not-)Ausgänge ins Freie bzw. in „sichere Bereiche", aber nicht die Hauptgänge. Letztere sollen allerdings grundsätzlich die Flucht in zwei Richtungen ermöglichen. Die Regelung gilt grundsätzlich und ist von der Personenzahl zunächst unabhängig! Sollen insbesondere die „zweiten Rettungswege" nicht baulich gesichert werden, kann eine Begründung, die sich i. W. auf eine Bewertung der Personenzahl stützt, grundsätzlich nicht zielführend sein: Das Gesamtkonzept der MIndBauRL mit der Vielzahl von Erleichterungen erfordert sowohl zur Selbstrettung als auch zur Erkundung, zur Fremdrettung und zur Brandbekämpfung verlässliche bauliche Rettungswege nach den Vorgaben der Richtlinie.

Mehrgeschossige Industriebauten (Geschossbildung erforderlich) mit **Grundflächen von weniger als 1600 m²** dürfen zweite Rettungswege auch über anleiterbare Stellen/Fenster nachweisen, wenn die Feuerwehr über die erforderlichen Rettungsgeräte verfügt. Bei Sonderbauten ist i. d. R. zu prüfen, ob Bedenken wegen der Personenrettung bestehen.

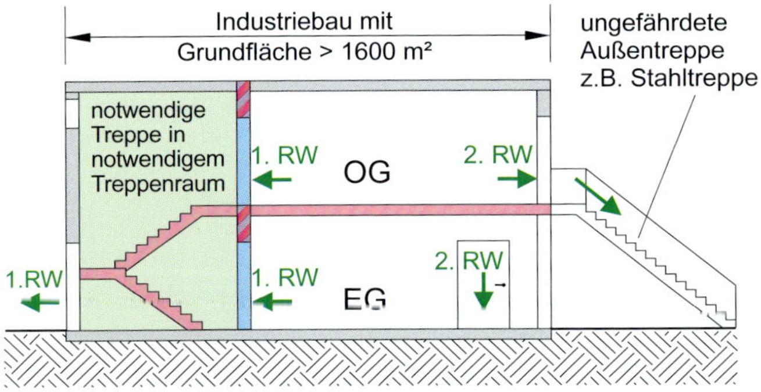

Bild 5.6.2-1: Beispiel für Industriegebäude > 1600 m²
Bei Industriegebäuden mit einer Grundfläche von mehr als 1600 m² müssen in jedem Geschoss mindestens zwei möglichst entgegengesetzt liegende bauliche Rettungswege vorhanden sein. Bei Ebenen darf der zweite Rettungsweg ggf. gemäß Abschnitt 5.6.3 MIndBauRL auch über Innentreppen nachgewiesen werden.

Einige Bundesländer stellen bauordnungsrechtliche Anforderungen bzw. verlangen Einschränkungen im Hinblick auf die maximal zulässige Zahl der auf die zweiten Rettungswege angewiesenen Personen. Diese sind in den entsprechenden Ländern stets zu beachten und ggf. auch für Gebäude in anderen Bundesländern bei Risikobewertungen zu erwägen.

Die Leistungsfähigkeit der Feuerwehr für Aufgaben der Personenrettung aus/von Betriebseinrichtungen richtet sich i. A. nach anderen Kriterien als nach der Personenzahl. Standardwerte können für diese Situation als allgemeingültige Beurteilungskriterien kaum festgelegt werden und sind nicht Gegenstand der MIndBauRL. Die oben genannten Überlegungen sind auf Gebäudeabschnitte ausgerichtet und nicht auf Einrichtungen innerhalb von baulichen Anlagen (siehe auch Kommentar 3.14.k).

b) Unterschied zwischen Rettungsweg und Ausgang

Werden im Baurecht zwei voneinander unabhängige bauliche Rettungswege verlangt, bezieht sich diese Anforderung i. d. R. auf die vertikalen Teile der Rettungswege (notwendige Treppen). Fällt ein baulicher Rettungsweg (eine notwendige Treppe) aus, muss ein weiterer (zweiter) baulicher Rettungsweg vorhanden sein, der davon unabhängig ist.

Im Gegensatz dazu sind die beiden **Ausgänge** zu sehen, die jeder Raum mit einer Grundfläche von mehr als 200 m² benötigt. Bei dem zweiten Ausgang handelt es sich **nicht** um einen zweiten (unabhängigen baulichen) Rettungsweg, sondern um die Möglichkeit, den größeren Raum – wenn der erste Ausgang nicht mehr benutzbar ist – über einen weiteren (zweiten) Ausgang zu verlassen.

Die beiden Ausgänge müssen aber nicht unmittelbar zu notwendigen Treppen bzw. Ausgängen ins Freie führen, sondern sie müssen an das Rettungswegsystem des Industriebaus angeschlossen bzw. darin integriert sein. Von jedem dieser Ausgänge müssen dann (über das Rettungswegsystem) die (i. d. R.) baulichen Rettungswege erreicht werden können, wobei natürlich alle Rahmenbedingungen der MIndBauRL einzuhalten sind (z. B., dass von jeder Stelle eines Produktions- oder Lagerraums ein Hauptgang in höchstens 15 m Lauflänge erreichbar sein muss; Beispiele siehe nachfolgend unter d)).

Im Übrigen basiert die Forderung nach zwei Ausgängen auf der Vorstellung, dass Personen die betreffenden Räume über diese Ausgänge ohne Höhenversatz begehen können. Der Zugang soll also grundsätzlich auf Fußbodenhöhe angeordnet sein und nur in besonders zu begründenden Fällen auf anderen Höhen.

c) Zwei möglichst entgegengesetzt liegende Rettungswege

Gefordert werden zwei möglichst entgegengesetzt liegende bauliche Rettungswege

- für Industriebauten mit einer Grundfläche von mehr als 1600 m² mit Geschossen und
- für Einbauten und Ebenen über 200 m² Grundfläche.

Bei den vorgenannten Gebäuden bzw. Einbauten und Ebenen sind nur zwei baulich gesicherte (vertikale) Rettungswege zulässig. Ein zweiter Rettungsweg über die Leitern der Feuerwehr scheidet aus.

d) Zwei Ausgänge

Die MIndBauRL verlangt für Räume mit Grundflächen von jeweils mehr als 200 m² mindestens zwei Ausgänge. Diese sollen möglichst entgegengesetzt angeordnet sein. Sie müssen jedoch nicht unmittelbar auf baulich geschützte Rettungswege (z. B. notwendige Flure bzw. Treppen), sondern können auch über einen benachbarten (anderen) Raum führen. Allerdings müssen sie an das Rettungswegsystem des Industriebaus angeschlossen sein, d. h., die Ausgänge aus dem Raum müssen alle Rettungsweganforderungen der MIndBauRL einhalten.

Die Regelung gilt für alle Räume in Industriebauten unabhängig davon, ob es sich um Aufenthaltsräume handelt oder nicht. Die gilt insbesondere auch für Lagerräume, die eher selten begangen werden sollen. Wenn die Richtlinie einen Unterschied zwischen Aufenthaltsräumen und anderen Räumen macht, wird das auch in der Richtlinie deutlich (s. beispielsweise im Abschnitt 5.6.3 für „eingestellte Aufenthaltsräume"). Insbesondere bei typischen Lagerräumen ist davon auszugehen, dass sie von Mitarbeitern begangen werden müssen, sodass die Regelungen dieses Abschnitts für den Schutz dieser Mitarbeiter erforderlich sind. Insbesondere für typische „Nicht-Aufenthaltsräume" sollen die Angriffs- und Rückzugswege für die Feuerwehr auch dann bestehen, wenn ereignisbedingt eine Zugangstür/Ausgangstür blockiert ist.

Diese Anforderung gilt sinngemäß auch für Einbauten oder Ebenen mit einer Grundfläche von jeweils mehr als 200 m².

Bis zu einer Grundfläche von 200 m² benötigen die Einbauten bzw. Ebenen nur einen Ausgang bzw. Abgang, wobei natürlich sowohl die maximal zulässige Entfernung als auch die maximal zulässige Lauflänge nach Abschnitt 5.6.5 nicht überschritten werden dürfen.

Ab einer Grundfläche von mehr als 200 m² werden auch für Einbauten und Ebenen zwei möglichst entgegengesetzt angeordnete Treppen benötigt.

Sinn dieser Forderung ist es, den Nutzern bei einem Brandereignis in oder vor diesem Raum (z. B. bei einem Brand, der zugleich den einzigen Aus-/Abgang versperren könnte) einen weiteren Aus- bzw. Abgang zu ermöglichen. Mit dieser Forderung ist weder der zweite Rettungsweg noch der Ausgang ins Freie im Sinne des § 33 MBO gemeint. Sie verhindert jedoch für gefangene Räume größere Fluchtrisiken.

Insofern werden für den zweiten Ausgang keine speziellen Anforderungen an die Anordnung und Einbindung in das Rettungswegsystem gestellt. Mit der Forderung nach dem zweiten Ausgang aus größeren Räumen ist insbesondere nicht beabsichtigt, erhöhte Anforderungen an einen gesicherten zweiten Rettungsweg zu stellen.

Jedoch sollten diese Ausgänge möglichst entgegengesetzt angeordnet sein. Bei nebeneinander angeordneten Räumen kann der zweite Ausgang z. B. entweder auf einen davor angeordneten Gang oder in einen Nachbarraum mit eigenem Ausgang führen.

Beide Ausgänge dürfen in den gleichen (Luft-) Raum führen. Sie müssen nicht unmittelbar auf Rettungswege ins Freie bzw. in andere Brandabschnitte (BA) oder Brandbekämpfungsabschnitte (BBA) führen.

Jedoch muss von jeder Stelle des entsprechenden Raums (unter Beachtung der höchstzulässigen Entfernungen in den Abschnitten 5.6.4 und 5.6.5 MIndBauRL) ein Hauptgang nach höchstens 15 m Lauflänge erreichbar sein. Diese Hauptgänge müssen an das System der Hauptgänge bzw. Rettungswege angeschlossen sein.

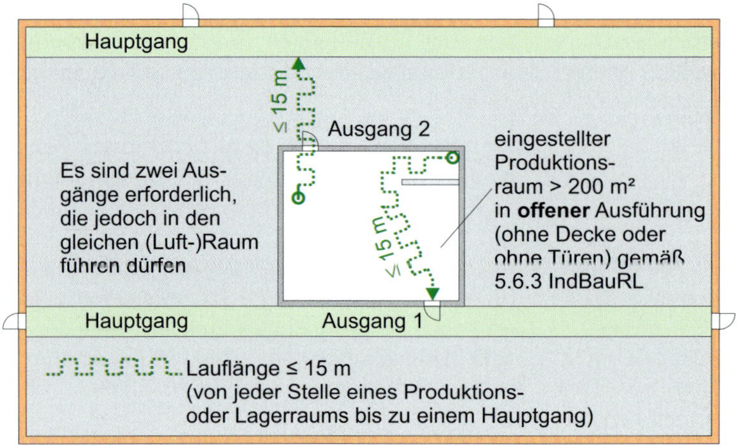

Bild 5.6.2-2: Beispiel für ein größeres Industriegebäude, in dem ein eingestellter Raum vorhanden ist

Der Raum muss bei einer Fläche von mehr als 200 m² mindestens zwei Ausgänge haben, die in den gleichen (Luft-)Raum führen dürfen. Von jeder Stelle muss jedoch nach höchstens 15 m Lauflänge ein Hauptgang erreicht werden können.

Der eingestellte Raum mit Rettungswegführung über die Halle muss die zusätzlichen Anforderungen nach Abschnitt 5.6.3 MIndBauRL erfüllen, d. h.

- Er ist in offener Ausführung ohne Decken oder ohne Türen herzustellen oder
- bei geschlossener Ausführung mit ausreichender Sichtverbindung zur Halle. In diesen Fällen müssen Räume > 20 m² Grundfläche mit geeigneten Maßnahmen zur Personenwarnung ausgestattet werden.

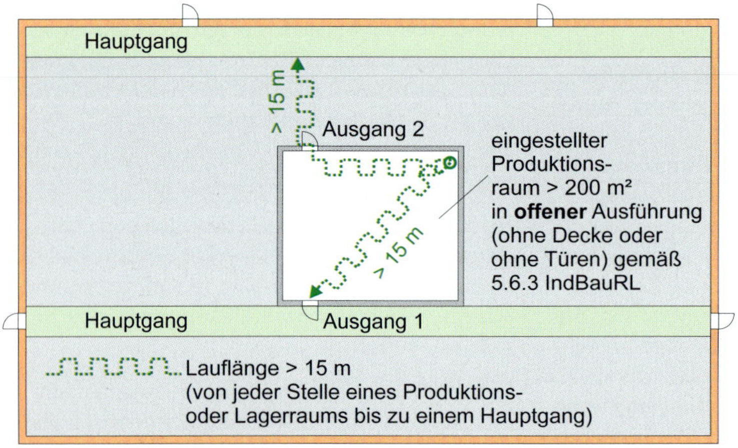

Bild 5.6.2-3: Beispiel Abweichung bei einer Überschreitung der maximal zulässigen Lauflänge von 15 m

Der Produktionsraum weist zwar zwei Ausgänge auf. Es kann jedoch nicht von jeder Stelle nach 15 m Lauflänge ein Hauptgang erreicht werden. Hier ist eine Abweichung erforderlich. Weitere Anforderungen an den eingestellten Raum enthält Bild 5.6.2-2.

Anmerkung: Solche Situationen können im Einzelfall nach besonderer Prüfung als **Abweichung** zulässig sein, wenn sie entsprechend begründet werden und keine Bedenken wegen des Brandschutzes bestehen.

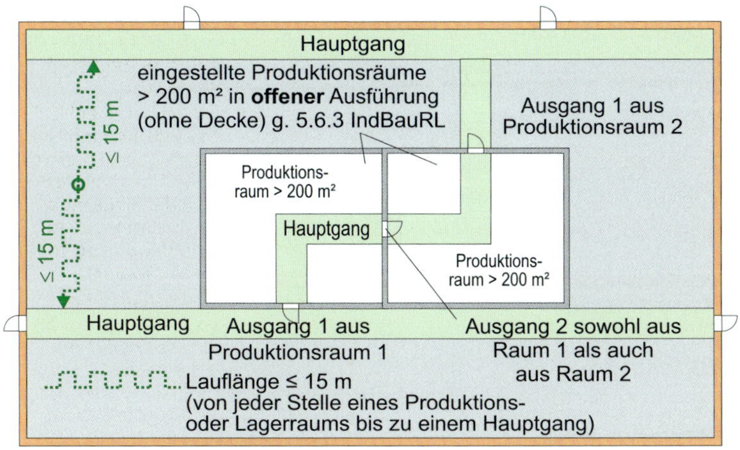

Bild 5.6.2-4: Beispiel für einen zweiten Ausgang in einen angrenzenden Raum

Dieser muss wiederum einen eigenen Ausgang aufweisen. Damit die vorgeschriebenen 15 m bis zum Hauptgang eingehalten werden, können die Hauptgänge auch durch die Produktionsräume geführt werden. Weitere Anforderungen an die eingestellten Räume enthält Bild 5.6.2-2.

e) Zwei bauliche Rettungswege für Kellergeschosse

Nach der MBO muss für Räume in KG lediglich ein baulicher Rettungsweg nachgewiesen werden; erst ab übereinander liegenden KG müssen zwei bauliche Rettungswege vorhanden sein. Die MIndBauRL verschärft diese MBO-Regel für bestimmte Industriebauten bereits für das erste KG, wenn es größer ist als 200 m².

Die von der Verschärfung betroffenen Industriebauten sind solche, deren Bauteile für den Brandschutz nicht bemessen werden. Solche Bauteile sind sowohl im Verfahren nach Abschnitt 6, Tabelle 2, Spalte 2 MIndBauRL zulässig als auch nach Abschnitt 7, Tabelle 7. Hier besteht insbesondere die Gefahr, dass durch Versagen von nicht für den Brandschutz bemessenen Bauteilen Ausgänge aus den KG versperrt werden und Personen aus diesen Bereichen nicht mehr ins Freie gelangen können. Davon ist vorrangig die Personensicherheit der Einsatzkräfte betroffen.

Diese Regelverschärfung steht in unmittelbarem Zusammenhang mit dem Entfall der speziellen Einstufungsmöglichkeit von Industriebauten als erdgeschossige Industriebauten, die noch bis zur Fassung von 2014 existierte und die für solche Industriebauten keine Kellergeschosse zugelassen bzw. vorgesehen hatte.

f) Sonstige Aspekte

f.1) Zweite Fluchtwege nach dem Arbeitsstättenrecht

Dass das Rettungswegesystem mit einem ersten und einem **zweiten Rettungsweg** zu planen ist, zählt zu den bauordnungsmäßigen Grundsätzen und ist in den bauordnungsrechtlichen Regelwerken festgelegt.

Anders verhält es sich mit den zweiten Fluchtwegen nach den Grundsätzen des Arbeitsstättenrechts: Insbesondere die ASR A 2.3 führt in diesem Zusammenhang Folgendes aus:

4.1 Beim Einrichten und Betreiben von Fluchtwegen und Notausgängen sind die beim Errichten von Rettungswegen zu beachtenden Anforderungen des Bauordnungsrechts der Länder zu berücksichtigen.
Darüber hinaus **können** sich weitergehende Anforderungen an Fluchtwege und Notausgänge aus dieser Arbeitsstättenregel ergeben. Dies gilt z. B. **für das Erfordernis zur Einrichtung eines zweiten Fluchtwegs.**

4.5 Das Erfordernis eines zweiten Fluchtwegs ergibt sich aus der **Gefährdungsbeurteilung** unter besonderer Berücksichtigung der bei dem jeweiligen Aufenthaltsort bzw. Arbeitsplatz vorliegenden spezifischen Verhältnisse, z. B. einer erhöhten Brandgefahr oder der Zahl der Personen, die auf den Fluchtweg angewiesen sind.

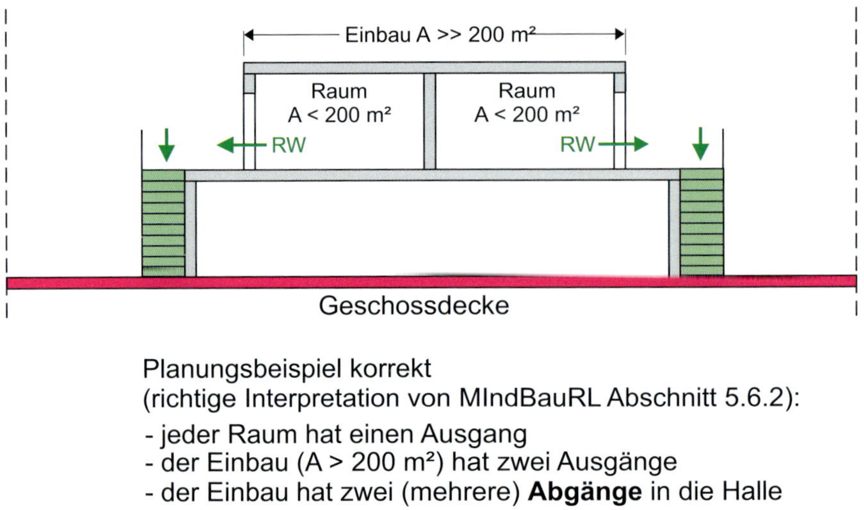

Bild 5.6.2-5: Beispiel für eine korrekte Interpretation von Abschnitt 5.6.2 der MIndBauRL. Erläuterungen siehe Text.

Ein zweiter Fluchtweg kann z. B. erforderlich sein bei Produktions- oder Lagerräumen mit einer Fläche von mehr als 200 m², bei Geschossen mit einer Grundfläche von mehr als 1600 m² oder aufgrund anderer spezifischer Vorschriften.

Grundsätzlich reichen nach ASR A 2.3 also Fluchtwegplanungen mit nur einem Fluchtweg für die Aufenthaltsorte bzw. Arbeitsplätze aus. Erst aufgrund spezieller Gefährdungsbeurteilungen können ggf. für die Aufenthaltsorte von Mitarbeitern bzw. für deren Arbeitsplätze auch „zweite Fluchtwege" erforderlich werden.

Wenn also beispielsweise zweite Rettungswege nach bauordnungsrechtlichen Kriterien so geplant werden, dass sie ggf. Detailanforderungen an Fluchtwege nicht oder nicht vollständig erfüllen, können solche Situationen auch nach dem Arbeitsstättenrecht ausreichen, insbesondere dann, wenn es dieser zweiten Rettungswege als Fluchtwege gar nicht bedarf. In diesem Zusammenhang sei nochmals darauf verwiesen, dass die Rettungsweganforderungen des Bauordnungsrechts – im Gegensatz zum Arbeitsstättenrecht – auch die Angriffs- und Rückzugswege der Feuerwehr zur Brandbekämpfung regeln.

Wichtiger Hinweis: Dieser Kommentar der MIndBauRL bezieht sich nicht auf mögliche Abweichungen von Arbeitsstättenrecht (Bundesrecht; Bundesrecht bricht Landesrecht; GG Art 31).

f.2) Beispiel für Fehlanwendungen von 5.6.2

Ein Einbau mit einer Einbaufläche von deutlich mehr als 200 m² wird nicht mit Räumen für verschiedenste Nutzungen genutzt. Jeder Raum ist kleiner als 200 m² und hat eine „eigene" notwendige Treppe gemäß 5.6.10 zur nächst tieferen Geschossdecke, aber keinen zweiten Ausgang.

Die falsche Auslegung der Regel von 5.6.2 unterstellt, dass bei Einbauten von mehr als 200 m² auch die Erreichbarkeit der Einzelräume wegen der Größe der Einbaufläche von zwei Seiten über zwei Raumtüren auf Einbauhöhenniveau gegeben sein muss. Ein Mittelgang und jeweils zwei Raumtüren werden gefordert.

- Zunächst brauchen diese Räume von weniger als 200 m² grundsätzlich nur eine Ausgangstür. Im Beispiel führt sie sogar unmittelbar zu einem Abstieg über eine Treppe auf die nächste Geschossdecke.

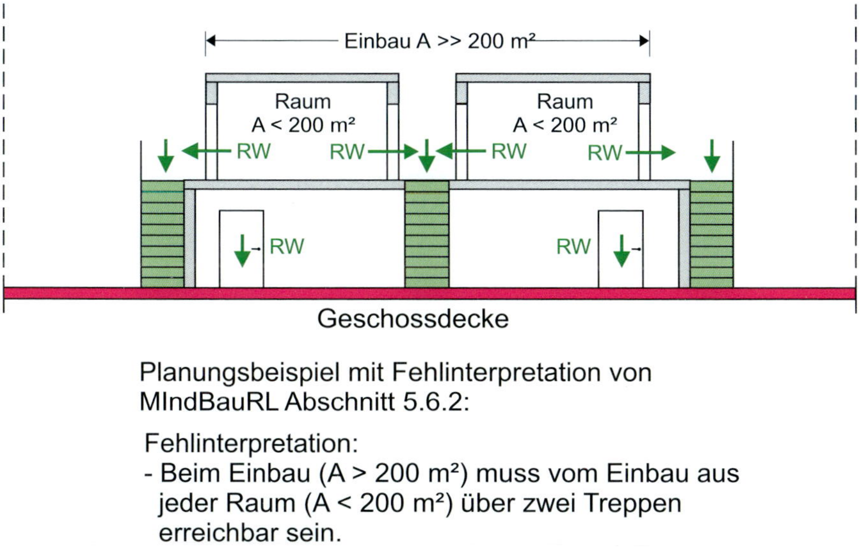

Bild 5.6.2-6: Beispiel für eine Fehlinterpretation von Abschnitt 5.6.2 der MIndBauRL.
Erläuterungen siehe Text.

- Ferner soll bei größeren Brandereignissen unter oder auf dem Einbau dieser nicht mehr von der Feuerwehr zur Brandbekämpfung begangen werden.
  Für die Brandbekämpfung von Kleinbränden von der Einbaufläche aus reichen sowohl für die Angriffswege als auch für die Rückzugswege der Feuerwehr eine Treppe und eine Zugangstür zu den Räumen.
- Die RL ist in allen Punkten eindeutig und für den „Regelfall“ auch ausreichend.

5.6.3 Führung der Rettungswege und eingestellte Räume

5.6.3 Einer der Rettungswege nach 5.6.2 Satz 1 darf zu anderen Brandabschnitten oder zu anderen Brandbekämpfungsabschnitten oder über eine Außentreppe, über offene Gänge und/oder über begehbare Dächer auf das Grundstück führen, wenn diese im Brandfall ausreichend lang standsicher sind und die Benutzer durch Feuer und Rauch nicht gefährdet werden können. Bei Ebenen darf der zweite Rettungsweg auch über eine notwendige Treppe ohne notwendigen Treppenraum in eine unmittelbar darunterliegende Ebene oder ein unmittelbar darunterliegendes Geschoss führen, sofern diese Ebene oder dieses Geschoss Ausgänge in mindestens zwei sichere Bereiche hat.

Die Rettungswege aus im Produktions- oder Lagerraum eingestellten Räumen dürfen über den gleichen Produktions- oder Lagerraum führen. In diesem Fall sind die Räume oder Raumgruppen mit Aufenthaltsräumen offen auszuführen. Alternativ können sie durch Wände mit ausreichender Sichtverbindung abgetrennt werden. Bei geschlossenen Räumen mit mehr als 20 m^2 Grundfläche ist zusätzlich sicherzustellen, dass die dort anwesenden Personen im Brandfall rechtzeitig in geeigneter Weise gewarnt werden.

Zu 5.6.3 *Das Erreichen der in Abschnitt 5.6.3 Satz 1 genannten Rettungswege ist dem Erreichen von Treppenräumen bzw. dem Freien gleichgestellt. Daher müssen diese Rettungswege den gleichen Schutz wie das Freie bzw. ein notwendiger Treppenraum aufweisen. Außentreppen müssen im Brandfall ausreichend lang standsicher und nutzbar bleiben. Dies gilt entsprechend auch für offene Gänge und begehbare Dächer. Wird beispielsweise einer der Rettungswege, der auch Feuerwehrangriffsweg ist, über begehbare Dächer geführt, müssen diese im Brandfall ausreichend lang standsicher und nutzbar sein. Abschnitt 5.14.1 Satz 5 ist zu beachten.*

Bild 1: *Rettungswegführung über Dach; Entfernung (E) nach Abschnitt 5.6.5; Dach im Brandfall ausreichend lang standsicher, auch für Feuerwehrangriff*

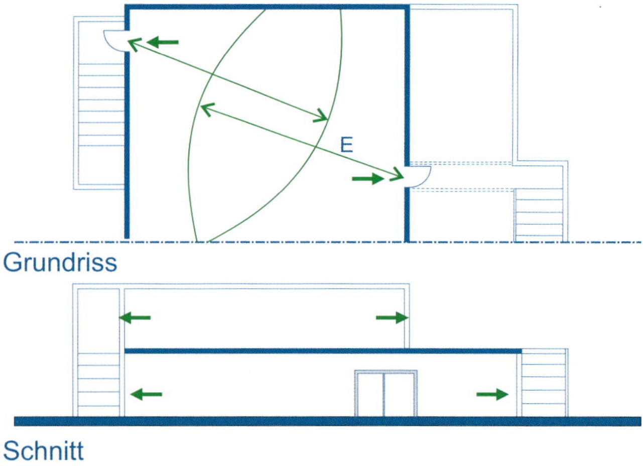

Ebenen sollen grundsätzlich mindestens einen auf gleicher Höhe liegenden Ausgang in einen anderen sicheren Bereich oder in einen notwendigen Treppenraum haben. Der zweite Rettungsweg darf über eine notwendige Treppe ohne notwendigen Treppenraum auf die unmittelbar darunterliegende Decke einer Ebene oder eines Geschosses führen, wenn von dort aus mindestens zwei sichere Bereiche erreicht werden können. Damit ist sichergestellt, dass mindestens ein von der höherliegenden Ebene unabhängiger Rettungsweg zur Verfügung steht.

***Bild 2:** Zweiter Rettungsweg führt auf die darunterliegende Decke; von dort mindestens zwei gesicherte Bereiche erreichbar*

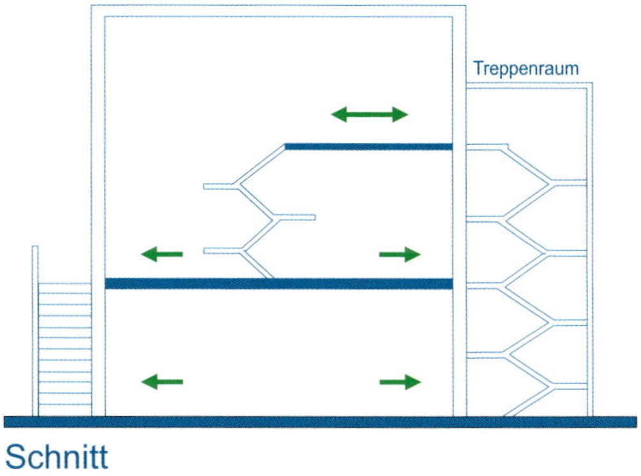

Der letzte Absatz in Abschnitt 5.6.3 regelt die Rettungswegführung aus in Industriebauten eingestellten Räumen, die, wenn sie z. B. als Aufenthaltsräume genutzt werden, in die Gesamtbetrachtung des Industriebaus einzubeziehen sind. Die Anforderungen gelten auch für separate Räume in Ebenen und auf Einbauten. Ohne weitere Anforderungen sind offene Räume möglich, die z. B. keine eigene Decke haben, d. h. man hört, sieht (und riecht) den Bereich außerhalb des offenen Raumes. Sind Räume geschlossen, d. h. durch Wände und Decken getrennt, benötigen sie zwingend eine Sichtverbindung als Ersatz für die Anbindung an einen notwendigen Flur. Ab einer Grundfläche eines Raumes von mehr als 20 m² sind die dort anwesenden Personen in geeigneter Weise zu warnen. Wie dies sichergestellt wird, ist im jeweiligen Einzelfall festzulegen.

Personen in Nebenräumen, die Aufenthaltsräume sind, müssen in gleicher Weise in das Alarmierungs- und Rettungswegkonzept einbezogen sein.

Zu 5.6.3: Führung der Rettungswege und eingestellte Räume

a) Grundsätzliche Möglichkeiten für die Rettungswegführung

Sind zwei bauliche Rettungswege erforderlich, darf einer dieser Rettungswege

- zu anderen BA oder BBA oder
- über eine Außentreppe,
- über offene Gänge und/oder
- über begehbare Dächer
- auf das Grundstück führen.

Führt er zu anderen BA bzw. BBA, müssen deren Ausgänge unmittelbar ins Freie oder zu notwendigen Treppenräumen mit einem sicheren Ausgang ins Freie führen.

Führt er über eine Außentreppe, über offene Gänge und/oder über begehbare Dächer auf das Grundstück, müssen diese Bauteile bzw. Wege im Brandfall ausreichend lange standsicher sein und die Benutzer dürfen durch Feuer und Rauch nicht gefährdet werden können.

Bei Ebenen darf (unabhängig von deren Größe) der zweite Rettungsweg auch offen, also über eine notwendige Treppe ohne notwendigen Treppenraum, auf eine unmittelbar darunterliegende Decke des Geschosses oder einer tiefer liegenden Ebene führen. Diese Ebene bzw. dieses Geschoss muss dann Ausgänge in mindestens zwei sichere Bereiche haben.

Bei der **Führung von Hauptgängen** sind nicht die hohen Sicherheitsanforderungen zu beachten wie für die Rettungswege, die im Abschnitt 5.6.3 Satz 1 genannt sind. Dabei handelt es sich um Rettungswege nach Abschnitt 5.6.2 Satz 1; das sind zunächst vertikale bauliche Rettungswege (s. auch Kommentare zu 5.6.2) – also notwendige Treppen in Treppenräumen, Innentreppen ohne Treppenräume und Außentreppen, aber auch Rettungswege über

Dächer, Balkone usw. außerhalb des Brandraums zu notwendigen Außentreppen.

Hauptgänge können durch im Brandfall herabfallende Teile von Betriebseirichtungen oder durch neben den Hauptgängen angeordnete Gegenstände durch Umfallen gefährdet werden. Auch der Einsturz von Einbauten auf Hauptgänge ist zu akzeptieren. Damit wird die Verfügbarkeit als Fluchtweg für die Nutzer nicht eingeschränkt. Die Verfügbarkeit der Rettungswege als Angriffs- und Rückzugswege für die Feuerwehr wird durch brandbedingt versperrte Hauptgänge nach lokal heftiger Brandwirkung sehr wohl eingeschränkt, was aber ebenfalls akzeptiert werden kann, da die Hauptgänge als Gangsystem zu mehreren Ausgängen führen und somit in der Regel eine Bewegung in mindestens zwei Richtungen ermöglichen.

Dass Hauptgänge grundsätzlich zwei Fluchtrichtungen erschließen sollen, ergibt sich sinngemäß beispielsweise aus den Anforderungen von Abschn. 5.6.2, wird aber in der RL als Anforderung herausgestellt. Hauptgänge, die als „Stichgänge" vorgesehen werden müssen, sollten dementsprechend möglichst kurz sein. Auch über „Stichgängen" nicht feuerwiderstandsfähig angebrachte Einrichtungen entsprechen dem Sicherheitskonzept der RL und erfordern keine baulichen Schutzmaßnahmen gegen das Herabfallen von Teilen und Gegenständen.

b) Eingestellte geschlossene Räume ab 20 m²

Eingestellte geschlossene Räume dürfen übliche Wände und Decken mit geschlossenen Öffnungen beliebiger Art, Lage und Anzahl haben. Es bestehen weder brandschutztechnische Anforderungen an diese Umfassungsbauteile einschließlich deren Türen noch z. B. an Schottungen von Leitungs- und Lüftungsanlagen.

Geschlossene Räume sind also Räume, die weder in den Wänden noch in den Decken ständig freie Öffnungen haben, sondern sie verfügen über Türen und ggf. über Lichtöffnungen als Verglasungen und über Fenster.

Eingestellte geschlossene Räume ab 20 m² benötigen zur **Sicherstellung der rechtzeitigen Warnung** der Personen, die sich dort befinden, **besondere zusätzliche Maßnahmen.** Dabei handelt es sich grundsätzlich um betrieblich organisatorische Maßnahmen.

Als **geschlossen** gelten Räume, wenn sie allseits durch Wände und Decken eingehaust sind. Dies gilt auch, wenn sie Fenster und Türen haben oder wenn großzügige Verglasungen eine ständige Sichtverbindung in andere Teile des Industriebaus ermöglichen.

Als offen gelten hingegen Räume, deren Wände und/oder Decken fehlen bzw. nicht raumbildend verschlossen werden können. Fehlende Türen oder fehlende Decken können z. B. die Voraussetzungen für einen **offenen Raum** bilden.

Geschlossene Räume über 20 m² erfordern geeignete Maßnahmen, um die Nutzer im Brandfall zu warnen. Dies gilt auch, wenn diese keine typischen Aufenthaltsräume sind und über Sichtverbindung zu anderen Teilen des Industriebaus verfügen.

c) Warnung der Personen bei geschlossenen Räumen ab 20 m²

Sofern BA oder BBA bereits über eine flächendeckende Alarmierungseinrichtung verfügen, ist es zur Warnung der Personen i. d. R. angezeigt, diese geschlossenen Räume in den Alarmierungsbereich dieser Einrichtung einzubinden.

Falls keine Alarmierungseinrichtung für den BA oder BBA vorgesehen ist, müssen geeignete Maßnahmen im Brandschutzkonzept speziell beschrieben werden. Für diese Fälle spricht die Richtlinie auch bewusst von einer **Warnung der Personen** und **nicht** von einer **Alarmierung der Personen.** Insofern werden hierfür auch Maßnahmen infrage kommen, die für Alarmierungseinrichtungen üblicherweise nicht vorgesehen sind.

Welche Maßnahmen für die Warnung infrage kommen, wird im Brandschutzkonzept objektspezifisch festgelegt. Die MIndBauRL sieht grundsätzlich für solche Räume (als Einzelräume) keine Alarmierungseinrichtungen (siehe Abschnitt 5.6.5) und auch keine automatischen Brandmeldeanlagen vor.

Sofern die Anzahl (bzw. der Anteil) solcher geschlossener Einzelräume den Charakter des Industriebaus bestimmt, weil es sich nicht um eine typische großvolumige Produktions- oder Lagerhalle handelt, sondern um einen kleinzelligen und unübersichtlichen Industriebau, kann ggf. ein wirksames Rettungswegkonzept eine Alarmierungseinrichtung erforderlich machen.

Dies liegt nahe, wenn die Brandgefahren aus einer großen Geschoss- bzw. Brandbekämpfungsabschnittsfläche die Nutzbarkeit der Rettungswege für die geschlossenen Einzelräume erheblich beeinträchtigen und gefährden können.

Die Entscheidung über angemessene Maßnahmen wird im Zuge der Brandschutzplanung im Brandschutzkonzept auf der Basis von Risikobeurteilungen getroffen. Im Sinne der Richtlinie werden das meist betrieblich organisatorische Maßnahmen sein.

d) Ausreichende Sichtverbindung

Die MIndBauRL stellt keine konkreten Anforderungen an die erforderlichen Sichtverbindungen, die im Abschnitt 5.6.3 für eingestellte geschlossene Räume angegeben werden.

Ziel dieser Sichtverbindungen ist es, im Brandfall durch Einblicke in die Halle, in die dieser Raum eingestellt wurde, das Brandgeschehen wahrnehmen und beurteilen zu können.

Größe und Anordnung der Sichtverbindungen richten sich nach dem jeweiligen Einzelfall. Die Sichtverbindungen sind stets als Sicherheitsmaßnahmen zu behandeln und dürfen im laufenden Betrieb nicht in ihrer Wirkung reduziert werden, z. B. durch Vorhänge vor Verglasungen oder Bekleben mit undurchsichtigen Materialien.

e) Hinweise zu „gefangene Räume“ gemäß ASR A2.3

Auf die Regelungen der ASR A2.3 ist in diesem Zusammenhang folgendermaßen hinzuweisen: Im Sinne der ASR gelten Räume, die nur über andere Räume erreicht bzw. verlassen werden können, als „gefangene Räume“ (Räume, die ausschließlich durch einen anderen Raum betreten oder verlassen werden können). Die Standardlösung der ASR A2.3 schränkt zunächst deren Nutzbarkeit stark ein und begrenzt sie auf eine „geringe Anzahl von Personen“. Ferner soll der Arbeitgeber eine Alarmierung im Gefahrenfall (ausreichend) sicherstellen – beispielsweise durch eine automatische Brandmeldeanlage mit Alarmierung. Alternativ zu dieser Alarmierungslösung kommt für gefangene Räume mit „normaler Brandgefährdung“ grundsätzlich auch eine Sichtverbindung zum Nachbarraum infrage.

Während die MIndBauRL von ihrem Wesen her auf große Industriebauten abgestellt ist, gelten die ASR grundsätzlich für alle Arbeitsstätten unabhängig von ihrer Größe. Während das Grundmodell für die Regelungen der ASR für „gefangene Räume“ von einer „Hinterzimmer-Situation“ ausgeht, deren vorgelagerter Raum bei einem Brandereignis kaum noch gefahrlos passiert werden kann, betrachtet das Grundmodell der MIndBauRL die Hauptgänge in einer „großen Halle“ äquivalent zu den Fluchtwegen innerhalb geschützter „notwendiger Flure“ von Standardgebäuden. Insofern bestehen in großen Industriehallen für die eingestellten Räume andere (geringere) Risiken für die Fluchtmöglichkeiten als für „gefangene Räume“ nach dem Grundmodell der ASR. Für die typischen Industriebauverhältnisse reichen daher gegenüber den genannten Beispielmaßnahmen der ASR i. d. R. die im Abschnitt 5.3 vorgesehenen Maßnahmen aus.

In der Lesart der MIndBauRL werden zunächst ausschließlich Räume mit „normaler Brandgefahr“ behandelt, für die dann auch die Lösung mit Sichtverbindungen besteht. Allerdings schränkt die MIndBauRL diese Lösung ein und begrenzt sie auf Raumgrößen von max. 20 m^2. Die für Räume über 20 m^2 Grundfläche erforderlichen Warnmaßnahmen werden in der Richtlinie bewusst offengelassen und auch nicht durch Beispiellösungen vorbestimmt. Inwieweit die mit der MIndBauRL begründbaren betrieblichen/organisatorischen Maßnahmen zur Personenwarnung letztlich auch dem Anforderungsprofil der ASR A2.3 genügen können, muss im Einzelfall entschieden werden. Für einzelne „kleine Räume“ innerhalb von „großen

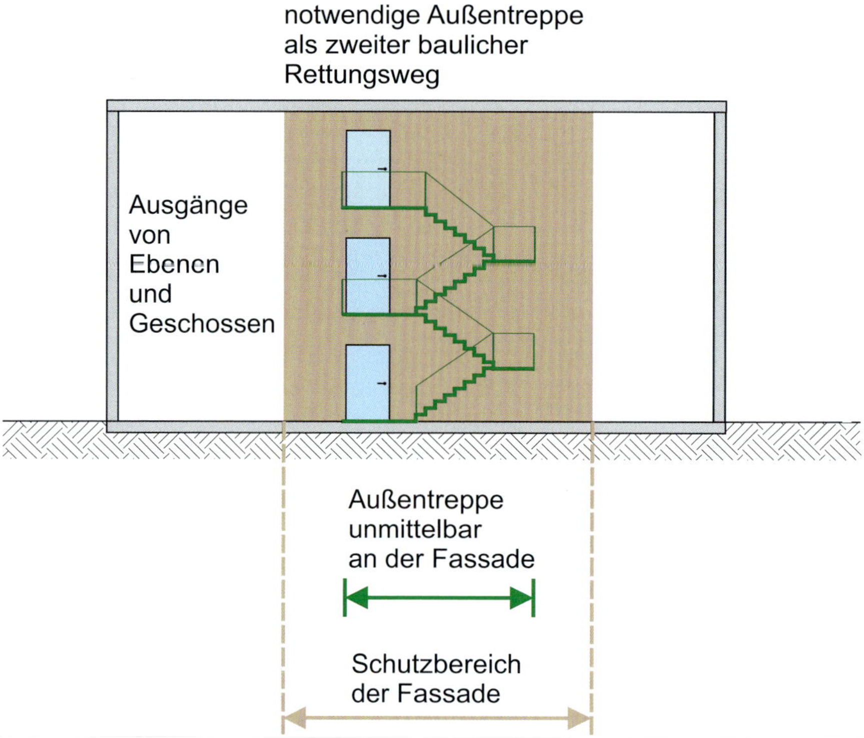

Bild 5.6.3-1: Beispiel für einen Industriebau mit Ausgängen von Ebenen und Geschossen zu einer Außentreppe aus Stahl, die direkt vor der Fassade angeordnet wurde.
Erläuterungen siehe Text. Ob, welcher Art und in welchem Umfang ein „Schutzbereich der Fassade" erforderlich wird, ist im Einzelfall zur Schutzzielerreichung festzulegen.

Hallen" des „allgemeinen Industriebaus" sollten mit den Regelmaßnahmen der MIndBauRL Abschnitt 5.3 grundsätzlich auch die Ziele der ASR A2.3 erreicht werden können, sofern diese zunächst überhaupt als „gefangene Räume" betrachtet werden.

f) Außentreppen

Außentreppen dürfen sowohl als „erste" als auch als „zweite" Rettungswege vorgesehen werden, da sie ausreichend lange standsicher sein müssen und weil ihre Benutzer durch Feuer und Rauch nicht gefährdet werden dürfen. Als Benutzer sind sowohl die Nutzer der baulichen Anlage (Flucht) als auch die Einsatzkräfte der Feuerwehr (Brandbekämpfung) zu berücksichtigen.

Außentreppen sollen konzeptionell mit durch Treppenräume geschützten Treppen gleichwertig sein, wobei Treppenräume nach Abschnitt 5.6.10 grundsätzlich Wände in der Bauart von Brandwänden haben sollen. Allerdings lässt die Richtlinie eine objektbezogene Risikobewertung für den erforderlichen Schutzgrad notwendiger Treppen ausdrücklich zu, indem sie vorrangig die Schutzziele bzw. die funktionalen Anforderungen an die Leistungsmerkmale dieser Treppenanlagen vorgibt („ausreichend lang standsicher" und „die Benutzer durch Feuer und Rauch nicht gefährdet"). Andere Schutzmaßnahmen als Treppenräume sind also ausdrücklich von der Richtlinie vorgesehen; insbesondere sind auch Innentreppen als notwendige Treppen ohne Treppenräume unmittelbar in der Richtlinie vorgesehen. Aus der Anordnung notwendiger Treppen im Freien lassen sich i. d. R. Erleichterungen für den „Treppenschutz" gegenüber den Treppenräumen ableiten.

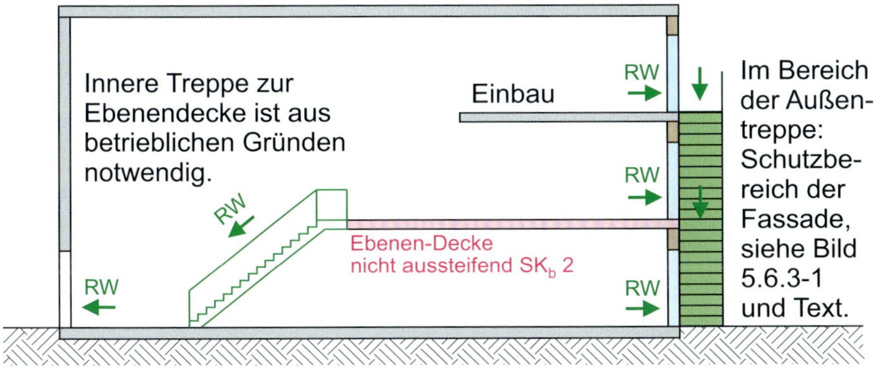

Bild 5.6.3-2: Beispiel für einen Industriebau mit Ausgängen von Einbauten und Ebenen zu einer Außentreppe aus Stahl, die direkt vor der Fassade angeordnet wurde.
Erläuterungen siehe Text. Eine innere Treppe des Einbaus zur Ebenendecke ist aus betrieblichen Gründen notwendig.

In der Praxis sind Ausführungsdetails insbesondere unter den Bedingungen in der Brandschutzplanung festzulegen, dass der Industriebau-Brandabschnitt ggf. mit einem Haupttragwerk ohne klassifizierten Feuerwiderstand, mit Fassaden aus schwerentflammbaren Baustoffen und ohne klassifizierten Feuerwiderstand gegeben ist.

Für die Einbindung von Außentreppen in das Brandschutzkonzept sind im Rahmen der Risikobewertung mindestens folgende Aspekte zu bewerten (siehe auch: Kommentar zu 5.6.10-c):

Die Selbstrettung der Nutzer von Industriebauten wird i. A. wegen der schnellen Räumung während der Entstehungsbrand- bzw. Brandausbreitungsphase im Gebäudeinneren kaum durch nennenswerte Gefährdungen bei „beliebiger" Ausführung der Außentreppen eingeschränkt: Sowohl schwerentflammbare Fassadenbaustoffe als auch Bauteile ohne klassifizierten Feuerwiderstand werden die Nutzbarkeit von Außentreppen als Fluchtweg kaum infrage stellen. Allerdings sollten ungeschützte Gebäudeöffnungen im Treppenbereich nicht vorhanden sein.

Für Außentreppen ist in ihrer Eigenschaft als Angriffswege für die Feuerwehr die Risikobeurteilung allerdings auch für spätere und andere Brandszenarien und Aufgaben der Feuerwehr durchzuführen. Wirksamere Schutzmaßnahmen können dann insbesondere erforderlich werden, wenn diese Treppen unmittelbar an den Fassaden anliegen und keinen Abstand vom Gebäude haben. Damit können deutlich höhere Anforderungen erforderlich werden als für die reine Fluchtwegsicherstellung.

Zu den objektspezifisch vorzusehenden Brandschutzmaßnahmen zählen:

- Festlegung der Szenarien (der angemessenen Zeitdauer), für die die Leistungsfähigkeit der Außentreppen gegeben sein muss.
  Die Leistungsfähigkeit der Außentreppe wird kaum noch in Anspruch genommen werden, wenn das Haupttragwerk des Brandabschnitts bereits brandbedingt versagt hat oder kurz vor dem Versagen steht.
- Grundsätzlich sollte im Bereich der Außentreppe die Fassade aus nichtbrennbaren Baustoffen bestehen und bis auf die Zugangstüren öffnungslos sein. Dieser Fassadenbereich kann objektbezogen auch über den Treppenbereich hinausgehen müssen.
- Die Treppe und der o. g. Fassadenbereich sollten eine Mindeststandsicherheit auch unter Brandeinwirkung auf die Fassade haben. Dabei können die Außentreppen auch an den Fassaden kraftschlüssig befestigt sein und ggf. sogar zur Standsicherheit der Fassadenscheibe genutzt werden.
  Fassadenscheiben in der Bauart von Brandwänden (siehe Abschnitt 5.6.10) wie die Treppenraumwände werden in der Regel für Außentreppen nicht erforderlich.

Ferner müssen die Außentreppen für die Flucht jederzeit – also unabhängig von Witterungsbedingungen – benutzbar sein. Gegen winterliche Verhältnisse (Schnee und Eis) können ggf. Überdachungen erforderlich werden. Häufig werden aber auch Bauarten mit Treppenstufen aus trittsicheren Gitterrosten, die nicht zuschneien können, geeignet sein.

Grundsätzlich wird empfohlen, für die Brandbekämpfung die Anforderungen an die Außentreppen der örtlichen Feuerwehr zu erfragen und zu berücksichtigen. So lassen sich häufig wirtschaftliche Lösungen finden und festlegen.

5.6.4 Hauptgänge und Ausgänge

5.6.4 Von jeder Stelle eines Produktions- oder Lagerraumes soll mindestens ein Hauptgang nach höchstens 15 m Lauflänge erreichbar sein. Hauptgänge müssen mindestens 2 m breit sein; sie sollen geradlinig auf kurzem Wege zu Ausgängen ins Freie, zu notwendigen Treppenräumen, zu Außentreppen, zu Treppen von Ebenen und Einbauten, zu offenen Gängen, über begehbare Dächer auf das Grundstück, zu anderen Brandabschnitten oder zu anderen Brandbekämpfungsabschnitten führen. Diese anderen Brandabschnitte oder Brandbekämpfungsabschnitte müssen Ausgänge unmittelbar ins Freie oder zu notwendigen Treppenräumen mit einem sicheren Ausgang ins Freie haben.

Zu 5.6.4 *Nach § 35 Absatz 1 MBO sind notwendige Treppen in Treppenräumen und notwendige Treppen als Außentreppen – wenn ihre Nutzung ausreichend sicher ist und im Brandfall nicht gefährdet werden kann – als gleichwertig anzusehen. Dieser Grundsatz wird in die MIndBauRL übernommen und die Aufzählung um weitere im Industriebau vorkommende Rettungswege ergänzt.*

Hauptgänge müssen mindestens 2 m breit sein, da sie nicht nur der Selbstrettung der Personen sondern auch als Angriffsweg der Feuerwehr dienen. Lokal begrenzte Einengungen durch betriebsnotwendige Einrichtungen, z. B. durch Förderbänder, können hingenommen werden. Hauptgänge können auch Transportwege sein, z. B. für Flurförderfahrzeuge.

Hauptgänge sollen grundsätzlich zwei Fluchtmöglichkeiten bieten. Hauptgänge können auf Einbauten, auf Decken von Ebenen und Geschossdecken liegen. Sie sollen möglichst geradlinig und direkt zu den Ausgängen führen, um eine rasche und zielgerichtete Flucht zu ermöglichen. Hauptgänge sind Bestandteil des Rettungswegekonzeptes. Eine Änderung bei der Anordnung von Hauptgängen erfordert den Nachweis, dass das Rettungswegekonzept des Industriebaus weiterhin regelkonform ist.

Zu 5.6.4: Hauptgänge und Ausgänge

a) System der Hauptgänge als Bestandteil des Rettungswegsystems

Für Industriebauten sind nach den Abschnitten 5.6.5 und 5.6.8 MIndBauRL unter den dort konkretisierten Voraussetzungen Rettungswege innerhalb von Produktions- und Lagerräumen mit einer **Lauflänge von bis zu 105 m zulässig.** Lauflängen in dieser Größenordnung bedingen, dass auch innerhalb der betreffenden Räume gute Voraussetzungen für die Selbstrettung der Nutzer und für einen Löschangriff der Feuerwehr bestehen.

Diesem Ziel dienen die Planung und Einrichtung festgelegter Hauptgänge, die als stets verfügbare Rettungswege aus den Räumen zu sicheren Ausgängen führen. Es kann davon ausgegangen werden, dass sich die Personen während der Flucht auf den Hauptgängen rasch und zielgerichtet zu den Ausgängen bewegen können und auf diesem Weg keine Staubildungen oder Orientierungsschwierigkeiten auftreten. Erkannte Staustellen können ggf. mit den Methoden des Brandschutz-Ingenieurwesens (DIN 18009-2) beurteilt werden; sie sind jedenfalls grundsätzlich keine unzulässigen Schwachstellen des Rettungswegekonzepts.

Aus diesen Gründen sind die Hauptgänge möglichst geradlinig und möglichst direkt zu den Ausgängen hin anzuordnen. Letzteres schließt jedoch nicht aus, dass die Hauptgänge eine abknickende Streckenführung aufweisen.

Die Erreichbarkeit der Hauptgänge soll von jeder Stelle eines Produktions- oder Lagerraums innerhalb einer Lauflänge von maximal 15 m sichergestellt sein, um kurze Räumungszeiten ohne genaueren Nachweis voraussetzen zu können. Ferner ermöglicht diese Wegstreckenbegrenzung gute Einsatzvoraussetzungen zur Brandbekämpfung für die Feuerwehr.

Die maximale Lauflänge von 15 m zwischen jeder Stelle eines Produktions- oder Lagerraums bis zu einem Hauptgang ist eine Sollvorschrift; der Beurteilungswert von 15 m ist dabei ein „ernstzunehmender" Richtwert.

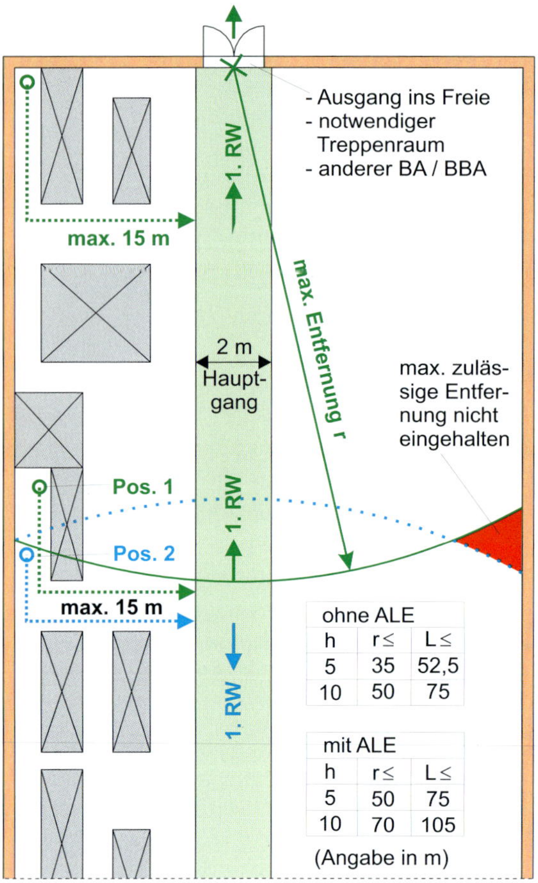

r = Entfernung (nicht durch Bauteile messen)
L = tatsächliche Lauflänge
h = mittlere Hallenhöhe
ALE = Alarmierungseinrichtung für die Nutzer

Bild 5.6.4-1: Beispiel für die Anordnung von Hauptgängen

Die Hauptgänge sollen geradlinig auf kurzem Weg zu Ausgängen ins Freie, zu notwendigen Treppenräumen, zu anderen BA oder zu anderen BBA führen. Der erste Rettungsweg (1. RW) orientiert sich primär an der Zuordnung der jeweiligen Stelle des Industriebaus zu den Entfernungskreisen.

Der Verlauf des Rettungsweges von Position 1 darf auch über einen Bereich führen, der außerhalb der maximalen Entfernung (r) liegt. Es ist jedoch darauf zu achten, dass die maximale Lauflänge nicht überschritten wird (siehe Abschnitt 5.6.8 MIndBauRL).

Bei Position 2 ist die maximal zulässige Entfernung zum oberen Ausgang überschritten. Hier führt der 1. RW zu einem weiteren Ausgang auf der anderen Seite (blau gekennzeichnet).

Das betriebstechnische Layout von Produktions- und Lagerräumen lässt jedoch die strikte Einhaltung dieses Richtwerts häufig nicht zu. Typischerweise treten diese Situationen in Verbindung mit einem sehr dichten Belegungsgrad durch Betriebseinrichtungen auf oder gar bei Förderanlagen, die zwischen den jeweiligen Stellen der Industriehallen und deren Hauptgängen angeordnet sind und die ggf. sogar mittels Überstiegen gequert werden müssen.

In solchen Fällen müssen unter Berücksichtigung der betriebstechnischen Möglichkeiten geeignete Lösungen gefunden werden, die dem Zweck dieser Vorschrift in etwa gleichwertig dienen. Dabei kommt es insbesondere auf die Beurteilung der Fluchtmöglichkeiten der Mitarbeiter an, aber auch auf die Erreichbarkeit möglicher Brandorte durch die Einsatzkräfte. Längere Wegstrecken bis zu den Hauptgängen können daher insbesondere für Arbeitsplätze mit geringer Personenzahl und für Bereiche mäßiger Brandgefahren zulässig sein.

b) Funktion der Hauptgänge

Hauptgänge werden nicht ausschließlich für den Räumungsfall vorgesehen. Sie dienen vor allem im täglichen Gebrauch als betriebsinterne Verkehrsflächen. Auf ihnen findet daher ggf. auch Transportverkehr mittels Gabelstaplern und anderen Förderzeugen statt. Es ist davon auszugehen, dass diese im Räumungsfall stillgesetzt und so abgestellt werden, dass sie die Nutzbarkeit der Hauptgänge als Rettungswege für Fußgänger freilassen.

Falls der Transportverkehr wegen der Zahl der Transportvorgänge oder wegen der verwendeten Förderzeuge eine Nutzbarkeit der Hauptgänge in der erforderlichen Mindestbreite nicht erwarten lässt, muss ggf. für den Transportverkehr eine eigene Verkehrsfläche – unabhängig von den Rettungswegen – vorgehalten werden.

Sofern es die maßlichen Vorgaben hinsichtlich der zulässigen Entfernungen und Lauflängen erfordern, müssen auch Hauptgänge auf Einbauten geschaffen und freigehalten werden.

c) Bauliche Beschaffenheit von Hauptgängen

An die bauliche Beschaffenheit von Hauptgängen – bzw. an die Decken, auf denen sie angeordnet sind – werden grundsätzlich keine Anforderungen gestellt. Diese Deckenbereiche dürfen sowohl aus brennbaren Baustoffen bestehen als auch ohne klassifizierten Feuerwiderstand errichtet werden. Letzteres ist regelmäßig der Fall für Hauptgänge, die auf Einbauten angeordnet werden.

d) Dokumentation der Hauptgänge

Neben den von den LBOs bereits bekannten Elementen der Rettungswege werden in der MIndBauRL zusätzlich Hauptgänge gefordert (Erläuterungen dazu siehe Abschnitte 5.6.4 und 5.6.8).

Daraus ergeben sich jedoch auch besondere Anforderungen an die Darstellung der Rettungswege. Die üblichen Elemente, z. B. notwendige Flure bzw. notwendige Treppen, sind automatisch in jedem Plan eingezeichnet, da sie zur Erschließung des Gebäudes notwendig und damit Bestandteile jeder Eingabeplanung und jedes visualisierten Brandschutzkonzeptes sind.

Damit eine Überprüfung des Rettungswegkonzeptes möglich ist, z. B. die Erreichbarkeit eines Hauptganges nach maximal 15 m (Abschnitt 5.6.4 MIndBauRL) oder die Einhaltung der zulässigen Lauflänge (Abschnitt 5.6.8), müssen auch die Hauptgänge geplant und in die Planvorlagen eingezeichnet werden.

Sinnvoll ist in diesem Zusammenhang, dass das gesamte **Rettungswegsystem** einschließlich der Hauptgänge in die Brandschutzpläne eingetragen und entsprechend dokumentiert wird. In die **Feuerwehrpläne** müssen die Hauptgänge ebenfalls eingetragen werden.

Da Maschinenaufstellpläne nicht genehmigungsbedürftig sind und somit nicht zu den Bauvorlagen zählen, ist hier eine Darstellung als **Hauptgangraster** gemeint, die erkennen lässt, dass Lauflängen aus den Nutzflächen bis zu den Hauptgängen von etwa 15 m möglich sind. Vorhersehbare Überlängen werden so erkennbar und können/sollen bei der Brandschutzplanung berücksichtigt und begründet (ggf. kompensiert) werden, siehe auch Kommentar a).

e) Nachträgliche Änderungen von Hauptgängen

Während Änderungen des Rettungswegsystems von Treppenräumen oder notwendigen Fluren i. d. R. größere bauliche Maßnahmen erfordern, mit denen auch eine entsprechende Überprüfung der Planung und des Brandschutzkonzeptes einhergeht, besteht die Gefahr, dass sich Änderungen von Hauptgängen nach und nach „schleichend und unbemerkt" vollziehen.

Da die Hauptgänge Bestandteil des Rettungswegkonzeptes der MIndBauRL sind, ist dies jedoch nicht ohne Weiteres zulässig, d. h., bei Änderungen von Hauptgängen muss nachgewiesen werden, dass das Rettungswegkonzept der MIndBauRL trotzdem eingehalten wird. Am besten (und einfachsten) kann dieser Nachweis geführt werden, indem die Hauptgänge in geeignete Brandschutzpläne eingetragen und dokumentiert werden. Dies zeigt auch, wie wichtig es ist, dass das Brandschutzkonzept eines Industriebaus einschließlich seiner Brandschutzpläne laufend aktualisiert und fortgeschrieben wird.

Aus diesen Gründen kommt folgenden Abschnitten der MIndBauRL, die ab bestimmten Größen zu beachten sind, eine besondere Bedeutung zu:

- 5.14.2 (zu Feuerwehrplänen)
- 5.14.3 (zum Brandschutzbeauftragten)
- 5.14.4 (zur Brandschutzordnung)

Eine Änderung des Verlaufs von Hauptgängen kann ggf. sogar eine notwendige Änderung des Brandschutzkonzeptes nach der MIndBauRL bewirken und muss dann von der Genehmigungsbehörde bzw. dem Prüfsachverständigen geprüft und genehmigt bzw. bescheinigt werden.

Von einer Prüfung kann u.U. abgesehen werden, wenn aufgrund der Flächenverhältnisse die Einhaltung der Regelvorschriften durch den geänderten Verlauf offenkundig ist. Dies wird in den meisten Fällen gegeben sein. Eine Information der Genehmigungsbehörden bzw. des Prüfsachverständigen durch den Bauherrn in Form der Abgabe aktueller Pläne mit der eindeutigen Darstellung der veränderten Rettungswege und einer Erklärung der Regelkonformität dürfte in diesen Fällen ausreichen.

Allerdings könnte es u.U. erforderlich sein, in diesem Zusammenhang neben dem Bauordnungsrecht auch noch andere Vorschriften zu beachten, z. B. das Arbeitsstättenrecht.

f) Mindestbreite und -höhe der Rettungswege

Grundsätzlich stellt die MIndBauRL (mit Ausnahme der Anforderungen an die Hauptgänge, die eine Mindestbreite von 2 m haben müssen) keine konkreten Anforderungen an die erforderliche Breite von Rettungswegen.

Der Zahlenwert für die Mindestbreite der Hauptgänge von 2 m wurde seinerzeit (für die Fassung 2000) aus der Muster-Verkaufsstättenverordnung (MVKVO) entlehnt.

Für die Festlegung der Rettungswegbreiten ist insbesondere auf die Regelungen der ArbStättV bzw. auf die Arbeitsstättenrichtlinien hinzuweisen. Die ASR A2.3 enthält die in nachfolgender Tabelle angegebenen lichten Mindestbreiten von Hauptfluchtwegen in Abhängigkeit von der Gesamtzahl der Personen im Einzugsgebiet.

Die relativ starren Regelungen der ASR A2.3 können sicher zunächst als „pauschal angemessen“ verwendet werden. Allerdings haben sich Mindestbreitenregelungen nach einem Rasterprinzip im Bauordnungsrecht nicht halten können, weil ein wissenschaftlicher Beweis für die „Richtigkeit“ solcher Regelungen nicht erbracht werden konnte. Insbesondere für Versammlungsstätten hat sich das Bauordnungsrecht von solchen Raster- oder Modulregelungen inzwischen gelöst. Nach Auffassung des Verfassers spricht nichts dagegen, auch im Industriebau mit den Methoden des Brandschutzingenieurwesens (Verfahren nach Abschnitt 4.3) angemessene Lösungen zu finden und Mindestbreiten für den Fluchtfall festzulegen. Die „neue ASR A2.3“ hat dafür bereits eine Fortschreibung erfahren.

Ergänzend zu Tabelle 5.6.4-1enthält die ASR A2.3 noch Regelungen für Bestandsbauten (Gebäude, die bis zum 30.09.2022 errichtet worden sind oder deren Bauantragstellung bis zu diesem Termin erfolgt ist) sowie in Abschnitt 5, Absätze 10 und 11 folgende Regelungen zu den Mindestbreiten:

„(10) Die lichte Mindestbreiten des Hauptfluchtweges nach Tabelle 1, Spalte C, Nummern 1 bis 7 darf durch kurze Einbauten oder Einrichtungen, z. B. Feuerlöscher, Wandvorsprünge, Türflügel, Türzargen, Türdrücker und Notausgangsbeschläge, die Maße nach Spalte B nicht unterschreiten.

(11) Für Hauptfluchtwege, die ausschließlich zur Flucht bestimmt sind, dürfen die lichten Mindestbreiten nach Tabelle 1, Spalte C, Nummern 1 bis 7 auf die Werte der lichten Mindestbreiten für Durchgänge nach Spalte B der Tabelle 1 reduziert werden. Solche Hauptfluchtwege können z. B. Fluchttunnel, Gänge und Außentreppen sein, die nur zur Evakuierung vorgesehen sind. Eine weitere Einengung durch kurze Einbauten oder Einrichtungen im Sinne von Absatz 10 ist dabei nicht zulässig.“

Tabelle 5.6.4-1: Lichte Mindestbreiten von Hauptfluchtwegen in Abhängigkeit von der Gesamtzahl der Personen im Einzugsgebiet (nach ASR A2.3 Abschnitt 5 Absatz 6)

	A	B	C
Nr.	**Anzahl der Personen (Einzugsgebiet)**	**Lichte Mindestbreiten von Durchgängen und Türen im Verlauf von Hauptfluchtwegen, z. B. Türen von Notausgängen (in m)**	**Lichte Mindestbreiten von Hauptfluchtwegen (in m)**
1	bis 5	0,80	0,90
2	bis 20	0,90	1,00
3	bis 50	0,90	1,20
4	bis 100	1,00	1,20
5	bis 200	1,05	1,20
6	bis 300	1,65	1,80
7	bis 400	2,25	2,40
	Bei Einzugsgebieten von mehr als 200 Personen sind Zwischenwerte der Mindestbreiten (ermittelt durch lineare Interpolation) zulässig. Der Begriff Einzugsgebiet beschreibt einen Bereich, aus dem alle dort anwesenden Personen denselben Hauptfluchtweg nutzen müssen. Dies entspricht z. B. bei mehrgeschossigen Gebäuden der Gesamtanzahl der Personen, die über alle Ebenen (auch als Etagen, Geschosse, Stockwerke bezeichnet) demselben Hauptfluchtweg zugeordnet sind, unabhängig davon, ob diese Personen Abschnitte des Hauptfluchtweges im Fluchtfall zeitgleich oder zeitlich versetzt nutzen. *Hinweis: Bei Neubauten und wesentlichen baulichen Erweiterungen oder Umbauten wird empfohlen, für Einzugsgebiete von bis zu 5 Personen nach Nummer 1 Spalte B eine lichte Mindestbreite von Durchgängen und Türen im Verlauf von Hauptfluchtwegen von 0,90 m einzuhalten, um auch in diesen Bereichen eine barrierefreie Zugänglichkeit zu ermöglichen. Zudem lassen sich auf diesem Wege bauliche Maßnahmen im Sinne der ASR V3a.2 „Barrierefreie Gestaltung von Arbeitsstätten" und in der Folge Umbaukosten vermeiden.*		
	Abweichend für Fluchtwege aus besonderen Bereichen		**Lichte Mindestbreiten (in m)**
8	Gänge zu persönlich zugewiesenen Arbeitsplätzen		0,60
9	Nebengänge von Lagereinrichtungen für die ausschließliche Be- und Entladung von Hand		0,75
10	Türen von Toilettenzellen und von Toilettenräumen mit nur einer Toilette entsprechend ASR A4.1 „Sanitärräume"		0,55

Hinweis: Die Werte der Spalten B und C entsprechenden Anforderungen für die Flucht und berücksichtigen nicht mögliche Auswirkungen durch den Einbau von Türen, z. B. können für Flure durch den Einbau von Türen gegebenenfalls entsprechend größere Breiten erforderlich werden.

In der ASR A2.3 sind in Abschnitt 5 in den Absätzen 13 bis 16 noch weitere Regelungen für Abweichungen der Mindestbreiten enthalten, wenn z. B. bei Treppen, in Treppenräumen und Außentreppen von den Werten der Tabelle 1 (hier 5.6.4-1) Spalte C abgewichen und mit anderen Maßnahmen die gleiche Sicherheit erreicht wird.

Die lichte Höhe über Fluchtwegen ist in ASR A2.3 Abschnitt 5 Absatz 12 wie folgt geregelt:

„(12) Die lichte Mindesthöhe des Hauptfluchtweges soll mindestens 2,10 m betragen und darf 2,00 m nicht unterschreiten. Die lichte Mindesthöhe von Durchgängen und Türen im Verlauf von Hauptfluchtwegen, z. B. Türen von Notausgängen, soll mindestens 2,10 m betragen und darf 1,95 m nicht unterschreiten. Dieses gilt auch bei der Verwendung von Funktionselementen z. B. Obentürschließern. Bei wesentlichen Erweiterungen oder wesentlichen Umbauten von Bereichen, durch die Hauptfluchtwege führen, ist zu prüfen, ob die lichte Mindesthöhe von 2,10 m umgesetzt werden kann.“

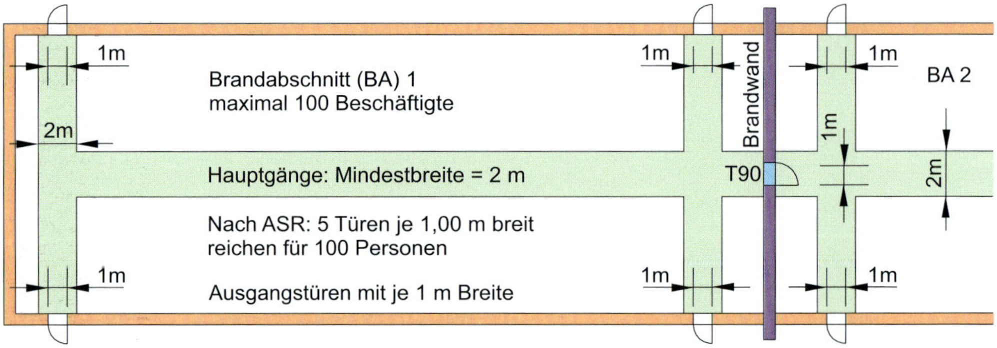

Bild 5.6.4-2: Beispiel für die Anordnung von Hauptgängen und die Mindestbreiten der Ausgangstüren

Hauptgänge sind Elemente des Rettungswegsystems, die aus dem betroffenen Abschnitt bis zu den Ausgängen (ins Freie, zu notwendigen Treppenräumen oder in Nachbarabschnitte) führen. Türen am Ende dieser Hauptgänge müssen nicht die notwendige Breite der Hauptgänge von mindestens 2 m aufweisen. Gleiches gilt für die Mindestbreite von notwendigen Treppen, wofür DIN 18065 „Gebäudetreppen" zu beachten ist.

Bei der Größe der Abschnitte und der relativ geringen Zahl der Personen ist im Allgemeinen nicht damit zu rechnen, dass vor Ausgangstüren gefährliche Staubildungen auftreten (keine gefährlichen Engpässe). Dies wird auch durch die Schadenerfahrungen im Industriebau bestätigt.

Aus bauaufsichtlicher Sicht dürfte die notwendige Mindestbreite der Türen in der Praxis wegen der parallel geltenden ASR A2.3 (siehe Tabelle 5.6.4-1) keine Probleme bereiten.

g) Treppen von Ebenen und Einbauten

Treppen von Ebenen und Einbauten – insbesondere auch in Fortsetzung von Hauptgängen auf höheren Flächen – können in Abhängigkeit von den auf sie angewiesenen Personen schmaler sein als 2 m.

Treppen für die Feuerwehreinsatzkräfte müssen grundsätzlich nicht breiter sein als die für den Personenschutz (für Nutzer, Mitarbeiter). Die Brandschutzdienststelle kann bzw. muss ggf. begründen, dass für die Brandbekämpfung durch die Feuerwehr größere Breiten erforderlich sind als für die Personensicherheit.

Die DIN 18065 ist als Technische Baubestimmung bauordnungsrechtlich eingeführt. Sie gibt somit für solche baulichen Anlagen die bauordnungsrechtlich verbindlichen Anforderungen für die Beschaffenheit von Treppen vor, die nicht über das bauordnungsrechtliche Regelwerk unmittelbar entsprechend geregelt sind. Die MIndBauRL enthält keine Mindestwerte für die Treppenbreiten. Sofern also nicht aus der jeweiligen Bauordnung solche Festlegung entnommen werden können, sind die Breitenvorgaben der DIN 18065 (und andere Festlegungen dieser Norm) zu beachten. Dabei ist wichtig zu wissen, dass DIN 18065 zwischen bauordnungsrechtlich „notwendigen" und „nicht notwendigen" Teppen unterscheidet. Ferner unterscheidet sich die „Treppenlaufbreite" von der „nutzbaren Treppenlaufbreite" dadurch, dass bei letzterer im gebrauchsfertigen Zustand Breiteneinschränkungen/Verengungen wie Handläufe berücksichtigt (abgezogen) werden müssen.

Als Hauptmaße schreibt die DIN 18065 für notwendige Treppen eine „nutzbare Laufbreite" von mindestens 100 cm vor und für nicht notwendige Treppen von mindestens 50 cm.

h) Aufschlagrichtung von Türen im Zuge der Rettungswege

Die Aufschlagrichtung von Türen im Zuge von Rettungswegen ist weder in der MBO noch in den LBOs und auch nicht in der MIndBauRL geregelt. Aus bauaufsichtlicher Sicht bestehen deshalb i. d. R. keine besonderen Anforderungen. Davon ausgenommen sind Rettungswege für größere Personenzahlen, die nachgewiesen werden (und auch in Fluchtrichtung aufschlagen) müssen.

In der ASR A2.3 Abschnitt 7 Absätze 5 und 6 heißt es hierzu:

„*(5) Manuell betätigte Türen von Notausgängen müssen in Fluchtrichtung aufschlagen.*

(6) Sonstige manuell betätigte Türen und Tore müssen in Fluchtrichtung aufschlagen, wenn eine erhöhte Gefährdung vorliegt. Eine erhöhte Gefährdung kann sich ergeben aus dem Arbeitsverfahren, der Art der Tätigkeit, den verwendeten Stoffen oder aus der Arbeitsumgebung z. B.:

1. *Arbeiten in gasgefährdeten Bereichen,*
2. *Umgang mit besonders gefährlichen Stoffen, z. B. in chemischen, physikalischen oder medizinischen Laboratorien,*
3. *Bereiche von Einrichtungen, in denen gewalttätige Übergriffe nicht auszuschließen sind,*
4. *Arbeiten in beengten Räumen oder*
5. *bei Anwesenheit einer hohen Anzahl von Personen.*“

Notausgangstüren sind dabei Ausgänge im Verlauf von Rettungswegen, die direkt ins Freie oder in gesicherte Bereiche führen. Keine Notausgänge sind demnach Türen im Inneren der Gebäude, die nicht unmittelbar ins Freie oder in gesicherte Bereiche führen.

Als gesicherte Bereiche gelten nach ASR A2.3 Bereiche, in denen Personen vorübergehend vor einer unmittelbaren Gefahr für Leben und Gesundheit geschützt sind, z. B. innerhalb von Gebäuden benachbarte Brandabschnitte oder notwendige Treppenräume. Als gesicherter Bereich außerhalb von Gebäuden können z. B. Außentreppen, begehbare Dachflächen oder offene Gänge gelten, wenn diese im Gefahrenfall ausreichend lang sicher benutzbar sind und ins Freie führen.

Die Planung der Aufschlagrichtung von Türen im Zuge von Rettungswegen erfolgt i. d. R. aufgrund einer Gefährdungsbeurteilung des Unternehmers/Betreibers in Ergänzung und außerhalb des Brandschutzkonzeptes.

> **Wichtig:**
> Da bei der Bewertung und Planung der Aufschlagrichtung von Türen im Zuge von Rettungswegen in der Fachwelt durchaus unterschiedliche Meinungen bestehen können, ist es dringend empfehlenswert, diese im Zweifelsfall mit allen für die Prüfung und Genehmigung maßgebenden Stellen abzustimmen.

i) Ausgänge in andere Brand- und Brandbekämpfungsabschnitte

Die MIndBauRL lässt Ausgänge in andere BA oder BBA als sichere Ausgänge für Rettungswege zu. Voraussetzung dabei ist, dass der andere BA oder BBA einen Ausgang unmittelbar ins Freie oder zu einem notwendigen Treppenraum mit einem sicheren Ausgang ins Freie aufweist. Die Länge des Rettungsweges in dem anderen BA oder BBA ist jedoch nicht mehr unmittelbar begrenzt.

Die Ausgänge in andere BA oder BBA müssen als vorgesehene Rettungswege ständig verfügbar sein.

Probleme können auftreten, wenn größere Industriegebäude in unterschiedliche Nutzungseinheiten mit verschiedenen Nutzern aufgeteilt werden und die Rettungswege dann durch andere, **d. h. fremde BA bzw. BBA führen.** Die Ausgänge in die anderen BA bzw. BBA dürfen in diesem Fall nicht abschließbar sein bzw. es sind besondere Maßnahmen erforderlich, die gewährleisten, dass diese Ausgänge, die als Rettungswege erforderlich sind, im Brandfall jederzeit von beiden Seiten geöffnet werden können. In solchen Fällen ist es daher erforderlich, dass sich die unterschiedlichen Nutzer einer gemeinsamen Brandschutzordnung unterwerfen.

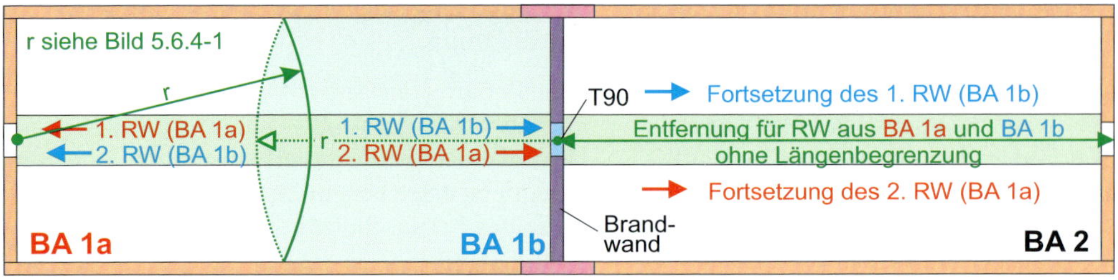

Bild 5.6.4-3: Beispiel für eine Rettungswegführung in einen anderen BA

Rettungswege von BA 1a:
1. RW: linker Ausgang von BA 1a; maßgebend ist dabei die max. zulässige Entfernung (r) (siehe auch Abschnitt 5.6.5 sowie Bild 5.6.4-1)
2. RW: Tür durch Brandwand zu BA 2; für den gesamten 2. RW bestehen keine Längenbegrenzungen

Rettungswege von BA 1b:
1. RW: Tür durch Brandwand zu BA 2; Tür muss in der maximal zulässigen Entfernung (r) liegen (siehe auch Abschnitt 5.6.5 sowie Bild 5.6.4-1); ab Tür (in BA 2) bestehen keine Längenbegrenzungen mehr
2. RW: linker Ausgang von BA 1a

Interessant ist bei diesem Beispiel, dass bei BA 1b der 1. RW insgesamt wesentlich länger sein kann als der 2. RW. Maßgebend ist jedoch für den 1. RW, dass nach der max. zulässigen Entfernung (r) ein sicherer anderer Abschnitt erreicht wird. Die weitere Länge des Rettungsweges in diesem Abschnitt ist dann nicht mehr von Bedeutung. Wichtig ist nur, dass von hier aus ein Ausgang unmittelbar ins Freie oder zu einem notwendigen Treppenraum mit einem sicheren Ausgang ins Freie führt.

Die Frage, ob überhaupt für mehrere Nutzer separate Nutzungseinbauten, BA oder BBA, baulich geschaffen werden müssen, ist im Abschnitt 3.1 MIndBauRL kommentiert.

Durch die Möglichkeit, Ausgänge in andere BA bzw. BBA zu führen, werden innen liegende BA und BBA zulässig, die nicht mindestens an einer Wand von außen zugänglich sind. Sie müssen allerdings mit einer selbsttätigen Feuerlöschanlage ausgestattet sein (siehe auch Abschnitt 5.2.1 MIndBauRL).

Die Ausgänge in andere BA oder BBA sind sowohl als erste als auch als zweite Rettungswege zulässig. Werden diese für den ersten Rettungsweg angesetzt, müssen sie innerhalb der maximal zulässigen Rettungsweglängen nach den Abschnitten 5.6.5 bzw. 5.6.8 MIndBauRL erreicht werden können. Wenn sie für den zweiten Rettungsweg verwendet werden, bestehen keine Längenbegrenzungen.

Als Ausgänge in andere BA oder BBA kommen grundsätzlich folgende Möglichkeiten infrage:

- Ausgänge in andere BA oder BBA auf gleicher Höhenlage
- Ausgänge in andere BA oder BBA, die sich in tiefer gelegenen Bereichen befinden
- Ausgänge in andere BA oder BBA, die sich in höher gelegenen Bereichen befinden

Ausgänge des ersten Rettungsweges in BA oder BBA auf der gleichen Höhenlage

Mit den Regelungen der Abschnitte 5.2.1 und 5.6.4 MIndBauRL könnten auch hintereinander angeordnete innen liegende BA oder BBA ausgeführt werden, die von zwei verschiedenen Seiten bzw. Abschnitten aus erreicht werden können. Die innen liegenden Abschnitte müssen dann mit einer selbsttätigen Feuerlöschanlage ausgestattet sein.

Allerdings sind hier Anzahl und Größe der BA oder BBA begrenzt, da der Rettungsweg nur über einen anderen BA oder BBA bis ins Freie oder bis zu einem notwendigen Treppenraum mit einem Ausgang ins Freie führen darf.

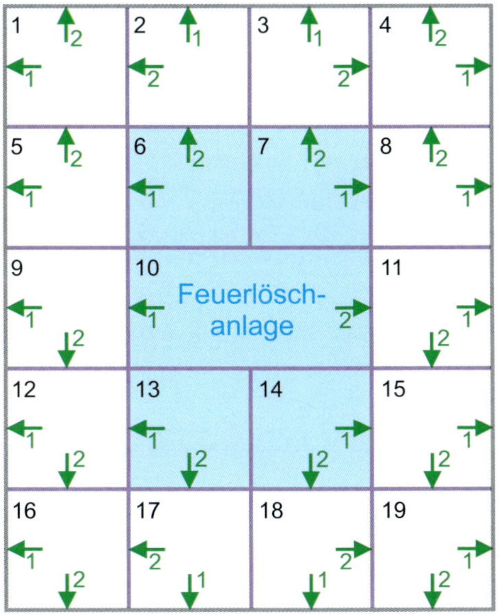

Bild 5.6.4-4: Schematische Darstellung einer beispielhaften Rettungswegführung über andere BA bzw. BBA

In diesem fiktiven Beispiel sind insgesamt 20 BA angeordnet, wobei sechs Abschnitte innen liegend sind und deshalb eine automatische Feuerlöschanlage benötigen.

Der 1. RW jedes innen liegenden BA muss in einen anderen BA führen, der dann Ausgänge unmittelbar ins Freie oder zu notwendigen Treppenräumen mit sicheren Ausgängen ins Freie hat.

Der 2. RW darf auch über mehrere andere BA führen, ohne besondere Anforderungen und auch ohne Längenbegrenzungen.

Die Rettungswege (als Fluchtwege) dienen auch der Feuerwehr als Angriffs- und Rückzugswege.

5.6.5 Rettungsweglängen

5.6.5 Von jeder Stelle eines oberirdischen Produktions- oder Lagerraumes muss mindestens ein Ausgang ins Freie, ein Zugang zu einem notwendigen Treppenraum, zu einer Außentreppe, zu einem offenen Gang oder zu einem begehbaren Dach, ein anderer Brandabschnitt oder ein anderer Brandbekämpfungsabschnitt

- bei einer mittleren lichten Höhe von bis zu 5 m in höchstens 35 m Entfernung,
- bei einer mittleren lichten Höhe von mindestens 10 m in höchstens 50 m Entfernung

erreichbar sein.

Bei Vorhandensein einer Alarmierungseinrichtung für die Nutzer (Internalarm) ist es zulässig, dass der Ausgang nach Satz 1

- bei einer mittleren lichten Höhe von bis zu 5 m in höchstens 50 m Entfernung,
- bei einer mittleren lichten Höhe von mindestens 10 m in höchstens 70 m Entfernung

erreicht wird.

Bei mittleren lichten Höhen zwischen 5 m und 10 m darf zur Ermittlung der zulässigen Entfernung zwischen den vorstehenden Werten interpoliert werden.

Die Auslösung von Alarmierungseinrichtungen muss erfolgen bei Auslösen

- einer automatischen Brandmeldeanlage oder
- einer selbsttätigen Feuerlöschanlage.

Bei der selbsttätigen Feuerlöschanlage ist zusätzlich eine Handauslösung der Alarmierungseinrichtungen vorzusehen.

Liegt ein Ausgang ins Freie unter einem Vordach, beginnt das Freie erst am Rande des Vordachs. Unter mindestens zweiseitig offenen Vordächern ist eine zusätzliche Entfernung in der Tiefe des Vordachs, jedoch maximal 15 m, zulässig. Dies gilt nicht, wenn der Bereich unter dem Vordach einen eigenen Brandabschnitt oder Brandbekämpfungsabschnitt bildet.

Zu 5.6.5 *Die Rettungsweglänge für oberirdische Produktions- und Lagerräume wird unter Vernachlässigung der Einrichtung des Industriebaus zunächst als Entfernung gemessen (Zirkelschlag). Bauteile wie z. B. Wände und genehmigungspflichtige Einbauten, die bei der Flucht umgangen werden müssen, sind zu berücksichtigen. Zusätzlich wird die tatsächliche Lauflänge in Abschnitt 5.6.8 auf das 1,5-fache der Entfernung nach Abschnitt 5.6.5 beschränkt. Maßgebend ist sowohl das Kriterium der Entfernung als auch der Lauflänge.*

Die Regelungen basieren auf Untersuchungen zur Festlegung von zulässigen Rettungsweglängen in der Automobilindustrie, für hohe Räume und für Räume mit Alarmierungseinrichtungen in Verbindung mit Brandmeldeanlagen. Die Beschränkung auf maximal 70 m erfolgte aufgrund der spezifischen Gegebenheiten in der Automobilindustrie, die im allgemeinen Industriebau nicht immer gegeben sind. Die Verlängerung der Rettungsweglänge in Abhängigkeit von der mittleren lichten Höhe kann aufgrund der geringeren thermischen Beaufschlagung der Bauteile und dem größeren Rauchpolster gestattet werden. Eine weitere Verlängerung der Rettungswege ist aber nur bei Vorhandensein einer Alarmierungseinrichtung in Verbindung mit einer automatischen Branddetektion, mit der die Nutzer des Industriebaus gewarnt werden, möglich. Unter dieser Voraussetzung sind eine frühzeitige Brandentdeckung (auch kleinerer Brandereignisse) und eine rasche Warnung der Nutzer gegeben.

Die mittlere lichte Höhe ergibt sich aus dem gemittelten Abstand der Decken oder des Daches zum Rettungsweg. Besondere Beachtung ist höhergelegenen Ebenen zu schenken. Die Ermittlung der mittleren Höhe von Ebenen ist in Abschnitt 5.6.7 geregelt.

Die Flächen unter Vordächern können im Brandfall stark verraucht sein und sind somit nicht dem „Freien" gleichzusetzen. In Abschnitt 5.6.5 wird deshalb bestimmt, dass das Freie erst an den Stellen erreicht wird, wo der Vordachbereich verlassen wird. Ein Vordach i. S. der Richtlinie ist ein Dach, das an der Außenwand eines Industriebaus angebracht wird und nach vorne, in Richtung des Freien oder mindestens zweiseitig, offen ist. Ein Dach, welches zwei Gebäude verbindet, ist dagegen kein Vordach i. S. der MIndBauRL. Ein solches Dach führt zu einem insgesamt neuen Gebäude oder zu aneinander gebauten Gebäuden mit denen daraus resultierenden Anforderungen des Baurechts.

Im Grundsatz ist deshalb die Entfernung von jeder Stelle eines Industriebaus bis zum Ende des Vordachs (Ausgang ins Freie) zu ermitteln, soweit die Bereiche unter dem Vordach nicht durch eine Brandwand oder eine Wand zur Trennung von Brandbekämpfungsabschnitten vom Industriebau getrennt sind. Für mindestens zweiseitig offene Vordächer ist aufgrund der im Brandfall verbesserten Ventilationsverhältnisse eine zusätzliche Entfernung in der Tiefe des Vordachs zulässig, die jedoch auf maximal 15 m begrenzt ist.

Die Regelung darf auch auf Vordächer angewendet werden, die tiefer als 15 m sind (siehe auch Abschnitt 5.6.8).

Die Flächen unter Vordächern sind keine Räume i. S. von Abschnitt 5.7.1 dieser Richtlinie.

Bild 3

Vordach Tiefe ≤ 15 m;
Vordach mindestens zweiseitig offen,
Entfernung (E) nach Abschnitt 5.6.5

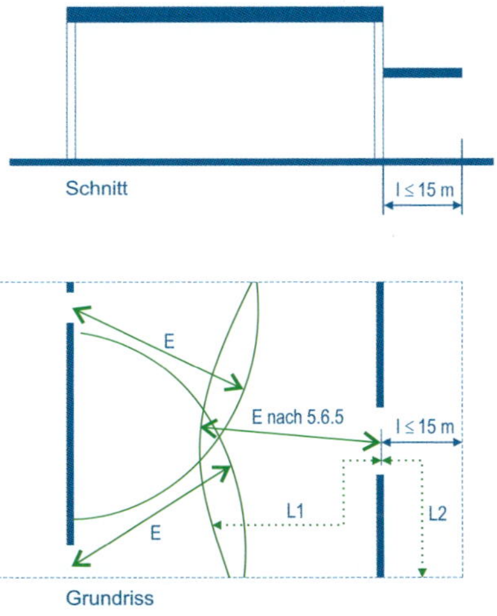

Vordach Tiefe > 15 m;
Vordach mindestens zweiseitig offen,
Entfernung (E) nach Abschnitt 5.6.5

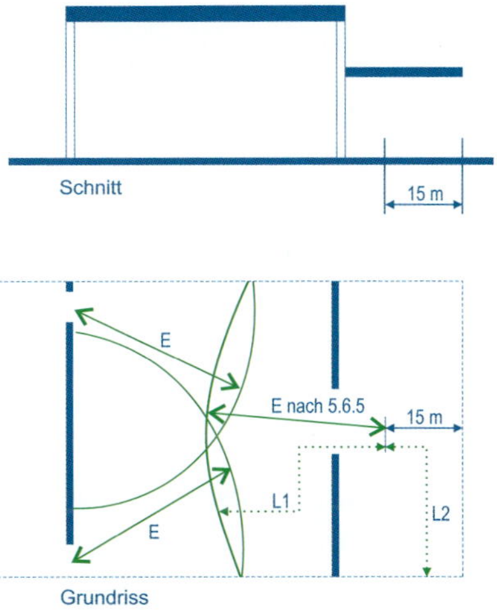

Da die Anforderungen nur für oberirdische Produktions- oder Lagerräume gelten, wird die Entfernung aus Kellergeschossen nach § 35 Abs. 2 MBO ermittelt. Danach muss von jeder Stelle eines Kellergeschosses mindestens ein Ausgang in einen notwendigen Treppenraum oder ins Freie in höchstens 35 m Entfernung erreichbar sein. Dies gilt folglich auch für Kellergeschosse nach 5.4.1 von Industriebauten. Ebenso gilt nach 5.6.2, dass für Räume in Kellergeschossen mit einer Grundfläche von mehr als 200 m² mindestens zwei Ausgänge haben müssen.

Zu 5.6.5: Rettungsweglängen

a) Anwendungsbereich, Ermittlung und Nachweis der zulässigen Rettungsweglängen

a.1) Anwendungsbereich

Die in diesem Abschnitt der MIndBauRL geregelten Rettungsweglängen gelten (seit der Fassung von 2019 offiziell) **ausschließlich für oberirdische Räume und Geschosse.** Nur für diese Gebäudebereiche dürfen die Rettungsweglängen auf Werte über 35 m normativ verlängert werden. Kellergeschosse werden als „spezielle Gebäudebereiche" nach Abschnitt 5.4 betrachtet, und deren Rettungswegvorschriften richten sich neben den Grundsatzvorgaben der MIndBauRL insbesondere weiterhin nach den Festlegungen der Bauordnungen der Länder.

Ob und ggf. in welchem Maße sich Abweichungen/Erleichterungen von den Bauordnungen aufgrund objektspezifischer Risikoverhältnisse begründen lassen, kann hier nicht generell als Kommentar beschrieben werden. Allerdings werden in der Regel die eher kleinen Flächen von Kellergeschossen zu kurzen Rettungswegen bis zu einem – mindestens temporär – sicheren Bereich führen. Bei solchen Überlegungen müssen dann sowohl Aspekte der Selbstrettung als auch Belange der Brandbekämpfung durch die Feuerwehr (Angriffswege) und deren Eigensicherung berücksichtigt werden. Fragen der Fremdrettung können ggf. für Kellergeschosse weitergehende Überlegungen erfordern.

a.2) Ermittlung und Nachweis der zulässigen Rettungsweglängen

Für die Beurteilung und die Nachweisführung der Rettungsweglängen müssen sowohl die Anforderungen der zulässigen Entfernung als auch die Anforderungen hinsichtlich der Lauflängen erfüllt werden. Die Einhaltung der zulässigen Rettungsweglängen wird demnach in zwei Stufen nachgewiesen:

Zunächst in Form von Zirkelschlägen, um nachzuweisen, dass die maximal zulässigen Entfernungen nach Abschnitt 5.6.5 MIndBauRL nicht überschritten werden.

Dabei wird um die Ausgänge, die

- ins Freie,
- zu notwendigen Treppenräumen,
- zu Außentreppen,
- zu offenen Gängen außerhalb des Gebäudes,
- zu begehbaren Dächern,
- zu anderen BA bzw. BBA

führen, ein Kreisbogen mit dem Radius der maximal zulässigen Entfernung geschlagen.

Sofern die Ausgänge ins Freie unter Vordächer führen, liegt der Bezugspunkt für die Entfernungsmessung nicht in der Ausgangstür, sondern am Rande des Vordaches, an der Stelle, wo das Freie erreicht wird.

Als Ausgleich für diese Rettungswegverlängerung gestattet die MIndBauRL zusätzliche Entfernungen bis zur Tiefe des Vordaches, aber maximal 15 m. Dies gilt unter der Voraussetzung, dass das Vordach mindestens zwei offene Seiten hat und keinem anderen BA zuzurechnen ist.

Die zulässigen Entfernungen liegen innerhalb des Kreisbogens, dessen Radius an Bauteilen abgeknickt ist (siehe Beispiel in Bild 5.6.13-1). Gemessen wird die kürzeste Entfernung (in Luftlinie), jedoch nicht über Deckenöffnungen und durch Wände. Die Einrichtungen des Industriebaus dürfen übermessen (vernachlässigt) werden.

Im zweiten Schritt ist die tatsächliche Lauflänge über die Hauptgänge nachzuweisen und mit der zulässigen Lauflänge nach Abschnitt 5.6.8 MIndBauRL zu vergleichen.

Im Wesentlichen ist die zulässige Rettungsweglänge (als in Luftlinie zu messende Entfernung) abhängig von der brandschutztechnischen Infrastruktur und von der mittleren Raumhöhe. Ist eine wirksame brandschutztechnische Infrastruktur in Form einer Alarmierungseinrichtung vorhanden, wird damit die Aktivierungszeit (engl. *pre-movement-time*) der Gebäudenutzer verkürzt und somit deren Sicherheit erheblich verbessert.

Tabelle 5.6.5-1: Übersicht über Anforderungen an Rettungswege

Anforderungen an Rettungswege nach MIndBauRL			
Brandschutztechnische Infrastruktur	mittlere lichte Raumhöhe h	maximale Entfernung[1)]	tatsächliche Lauflänge
keine besondere	bis 5 m	≤ 35 m	≤ 52,50 m
	interpolieren	3 m je m	4,50 m je m
	bis 10 m	≤ 50 m	≤ 75 m
Alarmierungseinrichtung[2)]	bis 5 m	≤ 50 m	≤ 75 m
	interpolieren	4 m je m	6 m je m
	bis 10 m	≤ 70 m	≤ 105 m
• Nach höchstens 15 m Lauflänge muss mindestens ein 2 m breiter Hauptgang erreichbar sein. • Hauptgänge müssen geradlinig auf kurzem Weg zu Ausgängen führen. • Räume mit mehr als 200 m^2 Grundfläche müssen mindestens zwei Ausgänge haben. • Industriebauten mit mehr als 1600 m^2 Grundfläche müssen in jedem Geschoss mindestens zwei möglichst entgegengesetzt angeordnete bauliche Rettungswege haben.			

1) Maximale Entfernung von jeder Stelle eines Produktions- oder Lagerraumes zu mindestens
- einem Ausgang ins Freie,
- einem Zugang zu einem notwendigen Treppenraum,
- einer Außentreppe,
- einem offenen Gang oder einem begehbaren Dach,
- einem anderen BA oder einem anderen BBA,
- jeweils gemessen in Luftlinie, jedoch nicht durch Bauteile.

2) Auslösung durch
- eine automatische Brandmeldeanlage oder durch
- eine selbsttätige Feuerlöschanlage, wenn zusätzlich eine Handauslösung für die Alarmierungseinrichtung vorhanden ist.

Die höchste zulässige Entfernung ist u. a. abhängig von der mittleren lichten Raumhöhe. Große Raumhöhen stellen in den oberen Raumteilen ein großes Volumen zur Speicherung von Brandrauch zur Verfügung, was zu einer Verlängerung der für eine Selbstrettung verfügbaren Zeit unter raucharmen Bedingungen führt, selbst wenn diese Tatsache nicht unmittelbar bei der Auslegung und Planung der Rettungswege beachtet werden muss. Zwischenwerte bei den lichten Raumhöhen dürfen interpoliert werden (siehe Tabelle 5.6.5-1).

Besondere Maßnahmen zur Erhaltung oder zur Schaffung einer raucharmen Schicht der meist offenen und ungeschützten Rettungswege in Industriebauten (Hauptgänge) sind für die Selbstrettung i. d. R. nicht erforderlich.

a.3) Alarmierungseinrichtungen für die Nutzer als Voraussetzung für eine Rettungsweg-Verlängerung

Abweichend von den zulässigen Entfernungen nach 5.6.5 Satz 1 sind längere Rettungswege zulässig, wenn eine Alarmierungseinrichtung für die Nutzer (Internalarm) installiert wird.

Die vorgesehenen größeren Entfernungen sind auf den „allgemeinen Industriebau" abgestellt und schließen grundsätzlich auch Betriebe mit komplexen Verhältnissen mit ein. Andererseits ist es denkbar, dass Betriebe mit gesicherten „günstigen" Verhältnissen von dieser Brandschutzeinrichtung auch in größerem Maße profitieren können, sodass ggf. auch längere Entfernungen angemessen sein können. In diesem Zusammenhang sei auf die wissenschaftliche Ausarbeitung von Schneider, Max und Kersken-Bradley verwiesen (siehe Kommentar zu 5.6.5-1).

b) Alarmierungseinrichtungen

b.1) Alarmierungseinrichtungen: Begriff und Bedeutung

Werden Alarmierungseinrichtungen herangezogen, um die höchstzulässigen Entfernungen zu vergrößern, müssen sie durch automatische Brandmeldeanlagen bzw. selbsttätige Feuerlöschanlagen (über eine Kopplung mit der Brandmelde- bzw. Feuerlöschanlage) aktiviert werden. Bei selbsttätigen Feuerlöschanlagen ist zusätzlich eine Handauslösung der Alarmierungseinrichtungen vorzusehen. Die MIndBauRL verwendet daher gezielt nicht den Begriff „Alarmierungsanlage"!

Unter Alarmierungseinrichtungen werden in der MIndBauRL technische Einrichtungen wie Hupen und Sirenen, aber auch Lautsprecheranlagen verstanden, die als Hausalarmanlagen betrieben werden können. Im Einzelnen werden die Anforderungen und Leistungskriterien der Alarmierungseinrichtungen im Brandschutzkonzept festgelegt und ergeben sich nicht zwangsläufig aus a. a. R. d. T.

Bei den objektspezifischen Festlegungen zur Konzipierung der vorgesehenen Alarmierungseinrichtung zur frühzeitigen Information von Personen im Industriebau über den Eintritt eines Brandes (oder ggf. eines anderen Gefahrenfalls) sollten mindestens folgende Aspekte im Brandschutzkonzept behandelt werden, um Entscheidungen der Genehmigungsbehörde zu erleichtern und um späteren Fehlinterpretationen des Brandschutzkonzepts durch Fachplaner und ggf. Prüfsachverständige vorzubeugen:

- Art(en) der Auslösung
- Signalart
- Alarmierungsbereiche, ggf. mit konkreter Benennung ausgenommener Räume des Industriebaus
- Erfordernis und ggf. Art einer Sicherheitsstromversorgung und eines Funktionserhalts im Brandfall
- Erfordernis oder Wunsch nach Abnahmen und wiederkehrenden Prüfungen durch entsprechende Fachleute oder Prüfsachverständige
- ggf. weitere Aspekte aufgrund des jeweiligen Brandschutzkonzepts

In der Praxis der Entwicklung von Brandschutzkonzepten bzw. Brandschutznachweisen wird es wohl darauf hinauslaufen, eher die beabsichtigten Abweichungen von den a. a. R. d. T. für Brandmelde**anlagen** und Alarmierungs**anlagen** konkret zu benennen und im Übrigen die weitere Konzipierung der so beschriebenen Alarmierungs**einrichtungen** den entsprechenden Fachplanern zu überlassen. Auf diese Art sind sowohl für die Fachplaner als auch für die ggf. eingeschalteten Prüfsachverständigen die Planungs- und Prüfgrundlagen ausreichend beschrieben.

Bei diesem Vorgehen stellt sich ggf. die Frage, ob es dabei letztlich

- um Abweichungen von den a. a. R. d. T. für Alarmierungsanlagen geht mit dem Ergebnis einer „Alarmierungs**anlage** mit Abweichungen" oder
- um eine Alarmierungs**einrichtung,** die in Anlehnung an das technische Regelwerk für Alarmierungsanlagen im BSK grob, aber für die Fachplanung und Prüfung ausreichend beschrieben wird.

Ziel sollte die Beschreibung einer Alarmierungseinrichtung i. S. der MIndBauRL sein.

b.2) Auslösung des Internalarms

Für die Alarmierung der Mitarbeiter verlangt die MIndBauRL, dass eines von zwei Konzepten für die Auslösung der Alarmierungseinrichtung (ALE) realisiert wird:

a. Auslösung der ALE beim Auslösen einer (flächendeckenden, automatischen) BMA, oder
b. Auslösung der ALE beim Auslösen einer (flächendeckenden, automatischen) Feuerlöschanlage.
   In diesem Konzept wird zusätzlich die Auslösung der ALE durch eine Handauslösung verlangt. Grundsätzlich sind damit Handauslösestellen gemeint, die Bestandteile der ALE sind; ggf. können alternativ auch Druckknopfmelder einer BMA konzeptionell besonders berücksichtigt werden.

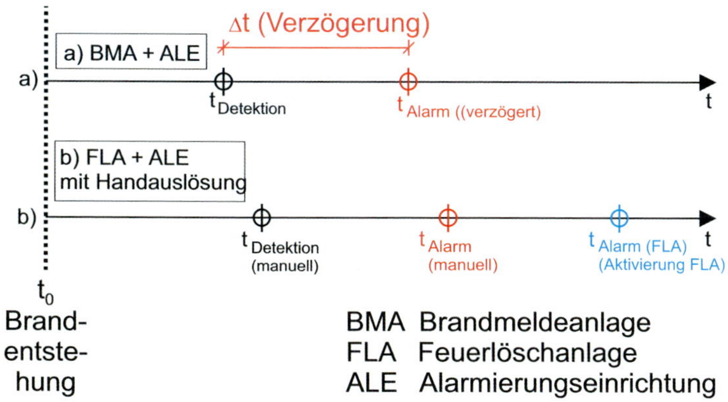

Bild 5.6.5-1: Vergleichende Darstellung der Zeitregime für die Alarmierungskonzepte der MIndBauRL

Über die „Bauart der Handauslösung" und über das vorgesehene Zeitregime werden konkrete Vorgaben in der Richtlinie nicht gemacht; dazu müssen objektspezifisch Aussagen in der Brandschutzplanung getroffen werden.

Das Auslösen der ALE soll grundsätzlich beim Auslösen der BMA bzw. der FLA automatisch und unmittelbar erfolgen. Zur Vermeidung von unnötigen Räumungsalarmen können objektspezifisch Verzögerungszeiten für die Alarmauslösung über die BMA festgelegt werden, die eine Erkundung und Beurteilung der tatsächlichen Gefahrenlage ermöglichen. Nach Ablauf dieser Verzögerungszeiten muss die Alarmauslösung aber tatsächlich erfolgen. Eine Konzeption mit Alarmverzögerungszeiten ist in Betrieben mit Werkfeuerwehr üblich.

Die Handauslösung der ALE ist erforderlich, weil Feuerlöschanlagen in der Regel nicht die Eigenschaften einer Brandfrüherkennung besitzen und erst auf größere Brände reagieren.

c) Brandmeldeanlagen und Feuerlöschanlagen

Die MIndBauRL stellt Anforderungen an die BMA im Abschnitt 5.9 und an Feuerlöschanlagen im Abschnitt 5.8. Speziell im Zusammenhang mit den Rettungsweglängen werden hier ergänzend einige Spezialaspekte aufgegriffen:

Die BMA muss den einschlägigen a. a. R. d. T. entsprechen. Sie soll grundsätzlich „schnell" ansprechen und mit entsprechend geeigneten Meldern ausgestattet sein. In der Fassung von 2000 wurde das Schnellansprechen der BMA noch explizit gefordert; es ergibt sich jetzt implizit aus der funktionalen Aufgabenbeschreibung der BMA.

Spezialfälle wie die Verwendung einer Zweimelderabhängigkeit heben die Anrechenbarkeit der BMA nicht auf, solange die verwendeten Brandmelder grundsätzlich schnell ansprechen – also beispielsweise keine Wärmemelder sind, die weit oberhalb potenzieller Brandherde montiert werden.

Sonderfälle, bei denen beispielsweise Mehrfachsensormelder verbaut werden, von denen einer oder mehrere (zulässigerweise) abgeschaltet werden, können allerdings nur dann angerechnet werden, wenn die verbleibenden Sensoren ein „schnelles" Erkennen des Brandes erwarten lassen. Ansonsten sind die Situationen ggf. ähnlich wie bei einem Sprinklerschutz unter Berücksichtigung der Melderkennwerte und deren Anordnung zu bewerten:

Die Anrechenbarkeit der **Sprinkleraktivierung** erfordert nach Abschnitt 5.6.5 zusätzlich eine Handauslösung der Alarmierungseinrichtung. In diesen Fällen sind die Sprinkler als „automatische Brandmelder" angerechnet. Dieser Ansatz geht von einer „hohen Melderdichte" der als Wärmemelder fungierenden Sprinkler aus und berücksichtigt eine entsprechend „kurze Verzögerungszeit" der automatischen Brandererkennung (gegenüber anderen Wärmemeldern mit deutlich größerem Melderabstand und kleinerer Melderdichte). Auch bei einer Brandererkennung durch Sprinkler ist je nach Raumhöhe und Brandentwicklung von ggf. recht langen Brandentdeckungszeiten auszugehen, die einer üblichen Bewertung als „schnelle Brandentdeckung“ nicht gerecht werden und daher als Zusatzmaßnahme einer Handauslösung bedürfen.

Die Übertragung der Sprinklerlösung auf andere Wärmemelder ist nicht ohne Weiteres und nur als objektspezifische – im Einzelfall zu begründende – Abweichung ggf. als gleichwertig akzeptabel.

Bei eher typischen Industriebauten sind Bedienbühnen/Betriebsbühnen grundsätzlich als Einbauten oder als Ebenendecken zu behandeln. In diesen Fällen werden dort auch Lager- oder Produktionsnutzungen angeordnet, die nicht ausschließlich einer übergroßen zusammenhängenden Betriebseinrichtung (Großmaschine) zugeordnet werden können.

5.6.6 Kontroll- und Wartungsgänge

5.6.6 Kontroll- und Wartungsgänge, die nur gelegentlich begangen werden und aus nicht brennbaren Baustoffen bestehen, dürfen über Steigleitern erschlossen werden. Die Steigleiter muss in einer Entfernung von maximal 100 m, bei nur einer Fluchtrichtung in maximal 50 m, erreicht werden können.

Zu 5.6.6 *Eine Erleichterung wird für Kontroll- und Wartungsgänge, die nur gelegentlich und nur von eingewiesenem Personal begangen werden und aus nichtbrennbaren Baustoffen bestehen, eingeräumt. Diese dürfen über Steigleitern erschlossen werden, wenn diese bei zweiseitiger Fluchtmöglichkeit in einer Entfernung von max. 100 m erreicht werden. Werden diese Flächen anders genutzt, handelt es sich um Einbauten oder Ebenen. Besuchergänge oder Erschließungszonen, die regelmäßig zum Teil auch von fremden Besuchern genutzt werden, sind keine Kontroll- und Wartungsgänge i. S. dieser Vorschrift.*

Zu 5.6.6: Kontroll- und Wartungsgänge

a) Gelegentlich begangene Kontrollgänge

Als Kriterium, wann Wartungs- und Kontrollgänge nur gelegentlich begangen werden müssen, kann auf die offiziellen Erläuterungen zum Anwendungsbereich der MIndBauRL (Abschnitt 2) verwiesen werden, wo eine Begriffsbestimmung für vorübergehende Nutzungen vorgenommen wird.

Danach werden Wartungsgänge nur gelegentlich begangen, wenn sie Bereiche des Industriebaus erschließen, die nicht mehr als zwei Stunden pro Tag genutzt werden. Ob allerdings ein Wartungsgang zur Erschließung dieser Bereiche (und ggf. Räume) ausreicht, wird durch diese Festlegung nicht ausgesagt.

b) Gänge zu gelegentlich genutzten Betriebseinrichtungen

Gänge zu gelegentlich benutzten Betriebseinrichtungen gelten hingegen gemäß der ASR A1.8 „Verkehrswege" (Ausgabe März 2022) als Verkehrswege und fallen nicht unter den Begriff Kontroll- und Wartungsgänge. Sie erschließen Arbeitsplätze für Mitarbeiter und werden nicht vorrangig von Wartungspersonal benutzt.

Manchmal ist es schwierig, diese betriebsnotwendigen Verkehrswege von reinen Kontroll- und Wartungsgängen abzugrenzen. In solchen Fällen entspricht es dem üblichen Gebrauch der MIndBauRL, auch aus bauordnungsrechtlichen Erwägungen auf die Regelungen des Arbeitsstättenrechts zu verweisen.

Allerdings entspricht es auch der üblichen Brandschutzplanung aus bauordnungsrechtlicher Sicht, die engeren Belange des Arbeitsschutzes der Planung der Betriebseinrichtungen zuzuordnen und von der bauordnungsrechtlich relevanten Gebäudeplanung abzugrenzen, um sie dieser zusätzlichen, speziellen Planung zu überlassen.

c) Erleichterungen für Kontroll- und Wartungsgänge

An die Bauart von Kontroll- und Wartungsgängen werden in der MIndBauRL grundsätzlich keine Anforderungen gestellt. Erleichterungen sind im Hinblick auf die Erreichbarkeit von Abstiegen geregelt, wenn die Wartungsgänge nur gelegentlich begangen werden müssen und aus nichtbrennbaren Baustoffen bestehen.

Diese Erleichterungen betreffen

- das Entfallen notwendiger Treppen (Ersatz durch Steigleitern) und
- die Erreichbarkeit der Abstiege nach max. 50 m Lauflänge auf dem Wartungsgang.

Der Rettungsweg zwischen dem Fußpunkt der Leitern bzw. des Abstiegs und dem sicheren Ausgang aus dem Industriebau muss die Längenanforderungen gemäß Abschnitt 5.6.5 MIndBauRL erfüllen; die Strecke auf dem Wartungsgang wird dabei nicht angerechnet.

Für Kontroll- und Wartungsgänge, die aus brennbaren Baustoffen bestehen, gelten die Erleichterungen des Abschnittes 5.6.6 MIndBauRL zunächst nicht. In solchen Fällen müssen im

Brandschutzkonzept angemessene Festlegungen getroffen werden, deren Ziel insbesondere sowohl in der Selbstrettung betroffener Personen als auch in wirksamen Maßnahmen zur Brandbekämpfung besteht.

d) „Betriebsbühnen" und häufig genutzte Kontroll-, Wartungs- und Bedienflächen

Für den Betrieb großvolumiger Betriebseinrichtungen (wie in Stranggießereien) werden ständig genutzte, großflächige Arbeitsbühnen in mehreren Höhenlagen auch übereinander zwingend erforderlich. Solche Betriebsbühnen zählen grundsätzlich zu den Teilen der Betriebseinrichtungen und werden in der Regel auch statisch unabhängig vom Gebäude errichtet. Auf diese Bühnen treffen die Standardregelungen der MIndBauRL oft nicht unmittelbar zu.

Bei baulichen Anlagen mit derartigen Betriebseinrichtungen handelt es sich regelmäßig um **atypische Industriebauten,** die spezielle Brandschutzplanungen mit diversen Abweichungen von den Regelanforderungen erfordern.

Bei der Zuordnung von „speziellen Betriebsbühnen" zu den Deckenarten der Industriebaurichtlinie muss regelmäßig eine risikogerechte Bewertung vorgenommen werden. Dabei spielt es eine erhebliche Rolle, ob solche Bühnen im Hinblick auf die Gefahren einer Brand- und Rauchausbreitung innerhalb des Geschosses (i. S. von Abschnitt 3.7) ähnlich wirken wie die Decken von großen Ebenen. Neben der „Deckenwirkung" sind dabei insbesondere die Brandlasten (Brandausbreitungsmöglichkeiten) und die sonstigen Brandgefahren (wie Zündquellen) von Bedeutung. Da sich die Anforderungen an die Betriebstechnik wegen des Zwecks der gesamten Baumaßnahme zunächst als primär zu erfüllen darstellen, muss im Brandschutzkonzept eine angemessene Lösung zur Erfüllung der bauordnungsrechtlichen Schutzziele entwickelt werden, die für solche speziellen Situationen regelmäßig mit – teils erheblichen Abweichungen von den Standardanforderungen – einhergehen muss.

Wesentlich bei der Beurteilung und Planung solcher Decken ist die Sicherstellung der Fluchtwege für die Beschäftigten und die Erreichbarkeit der Arbeitsplätze als mögliche Einsatzstellen für Hilfskräfte.

Für solche Situationen kann die MIndBauRL keine jeweils angemessene Musterlösung fest vorgeben. In diesen atypischen Fällen ist jeweils eine individuelle Einzelfalllösung auf der Basis von Risikoanalysen sachverständig zu entwickeln, die die bauordnungsrechtlichen Schutzziele erfüllt. Die besonderen Erleichterungen des Abschnitts 5.6.6 für die Gestaltung der Rettungswege können in diesen Fällen grundsätzlich nicht in Anspruch genommen werden.

5.6.7 Lichte Höhe von Ebenen und Einbauten

5.6.7 Die mittlere lichte Höhe einer Ebene ergibt sich als nach Flächenanteilen gewichtetes Mittel der lichten Höhe bis zur nächsten Decke oder dem Dach. Bei der Ermittlung der mittleren lichten Höhe nach Abschnitt 5.6.5 bleiben Einbauten sowie Ebenen mit einer maximalen Grundfläche nach Tabelle 1 unberücksichtigt.

Für Einbauten sowie Ebenen mit einer maximalen Grundfläche nach Tabelle 1 ist die mittlere lichte Höhe die der Ebene oder des Geschosses, über deren/dessen Fußboden sie angeordnet sind.

Zu 5.6.7 *Die lichte Höhe einer Ebene ist der Abstand der begehbaren Flächen der Ebene (Grundfläche) zur nächsthöheren Decke bzw. zum Dach. Sofern oberhalb einer Ebene verschiedene Ebenendecken angeordnet sind, ist diese lichte Höhe als flächenbezogenes Mittel für die Bemessung der Rettungsweglänge notwendige Höhe des Raumes zu berechnen.*

Bild 4

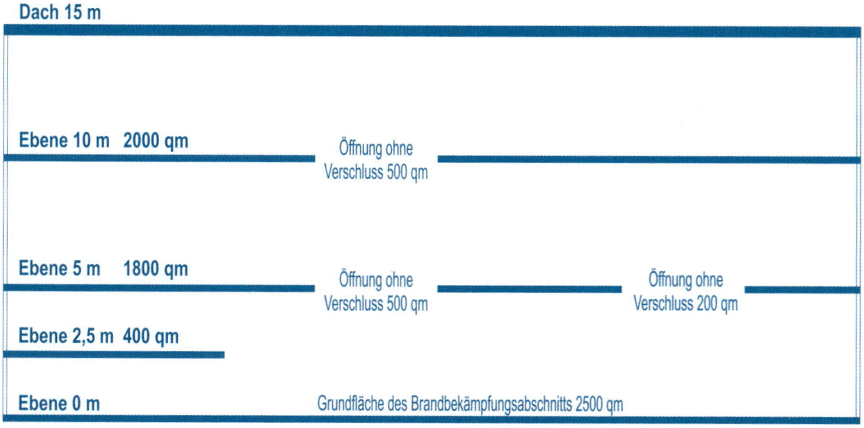

Zu Bild Nr. 4:

Hinweis: Zur Vereinfachung wird die Bauteildicke der Ebenen vernachlässigt.

Die flächengewichtete mittlere lichte Höhe über der Ebene 0 m beträgt 7,40 m, mit:

1800 qm/2500 qm × 5 m + 200 qm/2500 qm × 10 m + 500 qm/2500 qm × 15 m = 7,40 m

Der Einbau wird nicht berücksichtigt, d. h. im Bereich des Einbaus wird eine Höhe von 5 m zugrunde gelegt. Die flächengewichtete mittlere lichte Höhe über der Ebene 5 m beträgt 5 m. Hinweis: Die Öffnung von 500 qm in der Ebene 10 m hat keinen Einfluss auf die mittlere Höhe über der Ebene 5 m, da sich unterhalb dieser Öffnung eine gleichgroße Öffnung in der Ebene 5 m befindet. Die flächengewichtete mittlere lichte Höhe über der Ebene 10 m beträgt 5 m.

Satz 2 enthält eine Ausnahmeregelung für Einbauten und Ebenen mit einer maximalen Grundfläche nach Tabelle 1. Bei diesen Einbauten und Ebenen ist eine Höhenmittelung nicht erforderlich, da schon die doppelte Höhe (siehe Abschnitt 5.6.9) von der Rettungsweglänge abgezogen wird und die größenmäßig begrenzten Flächen unter solchen Einbauten und Ebenen im Hinblick auf die Rauchausbreitung (über Öffnungen nach oben) akzeptabel sind. Für die Höhe von Einbauten und Ebenen mit einer maximalen Größe nach Tabelle 1 ist die mittlere lichte Höhe der Ebene oder des Geschosses maßgebend, in denen die Einbauten angeordnet sind. Werden Einbauten auf Geschossdecken, Decken von Ebenen neu errichtet, ist immer die Einhaltung der zulässigen Lauflänge zu überprüfen. Auch für unter der Geländeoberfläche liegende Bereiche von oberirdischen Geschossen (tiefer liegende Bereiche) gilt diese Aus-

nahmeregelung, da tiefer liegende Bereiche sonst zu einer Verlängerung der Rettungswege führen würden. Für die Ermittlung der lichten Höhe wird bei tiefer liegenden Bereichen somit die höher liegende Bodenplatte in Ansatz gebracht.

5.6.8 Messung der Entfernung und Lauflänge

5.6.8 Die Entfernung nach Abschnitt 5.6.5 wird in der Luftlinie, jedoch nicht durch Bauteile gemessen. Die tatsächliche Lauflänge darf jedoch nicht mehr als das 1,5-fache der jeweiligen Entfernung betragen. Liegt eine Stelle des Produktions- oder Lagerraumes nicht auf der Höhe des Ausgangs oder Zugangs nach 5.6.5, so ist von der zulässigen Lauflänge das Doppelte der Höhendifferenz abzuziehen. Bei der Ermittlung der Entfernung nach 5.6.5 bleibt diese Höhendifferenz unberücksichtigt.

Zu 5.6.8 *Zur Einhaltung der Rettungsweganforderungen sind zwei Nachweise zu erbringen. Zunächst mittels Zirkelschlag um die sicheren Ausgänge (Türen), als Nachweis, dass die maximal zulässigen Entfernungen nach Abschnitt 5.6.5 nicht überschritten sind. Des Weiteren der Nachweis, dass die tatsächliche Lauflänge nach Abschnitt 5.6.8 nicht überschritten wird.*

Führt einer der Rettungswege von einem Einbau oder aus einer Ebene mit einer maximalen Grundfläche nach Tabelle 1 auf die darunter liegende Decke einer Ebene oder die darunterliegende Geschossdecke, ist anstelle des Laufweges auf der Treppe von der zulässigen Lauflänge das Doppelte der Höhendifferenz zu diesem Ausgangsniveau abzuziehen.

Auch bei der nach Abschnitt 5.6.5 ermöglichten Verlängerung der Entfernung im Falle von Vordächern ist die zulässige Lauflänge zu ermitteln. Der Weg unter dem Vordach von der Ausgangstür des Gebäudes bis zu den Stellen, an denen das Freie erreicht wird, soll möglichst geradlinig auf einem Hauptgang geführt werden und darf nicht für andere Zwecke – insbesondere zum Abstellen oder sogar für das Lagern von Gegenständen – vorgesehen und genutzt werden.

Da die zusätzliche Entfernung von 15 m ausschließlich auf Rettungswege unter dem Vordach abstellt, ist die zulässige Lauflänge innerhalb von Brand- oder Brandbekämpfungsabschnitten unabhängig von Vordächern zu ermitteln; die Lauflänge unter einem Vordach kann somit nicht zu einer Verlängerung der zu ermittelnden Lauflängen innerhalb des Gebäudes führen. Dies gilt auch, wenn nach Abschnitt 5.6.5 die Verlängerung der Entfernung auf Vordächer angewendet wird, die tiefer als 15 m sind und sich die zulässige Gesamtlauflänge um 1,5 × 15 m = 22,5 m vergrößert.

Zu 5.6.8: Messung der Entfernung und Lauflänge

a) Ermittlung der tatsächlichen Lauflänge

Ungünstig angeordnete Einrichtungen, über die nach Abschnitt 5.6.5 MIndBauRL hinweggemessen werden darf (z. B. Bandstraßen), können innerhalb der zulässigen Entfernungen (Zirkelschlag) sehr lange tatsächliche Lauflängen zur Folge haben.

Um das Ausmaß derartiger Umwege zu begrenzen, wurde die tatsächliche Lauflänge auf das 1,5-Fache der zulässigen Entfernung begrenzt. Lauflänge und Entfernung müssen sich auf den gleichen Ausgang beziehen.

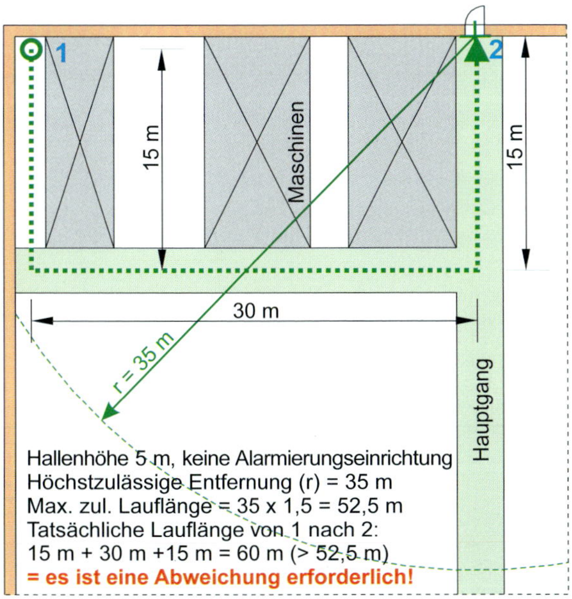

Bild 5.6.8-1: Beispiel für eine Abweichung bei einer Überschreitung der maximal zulässigen Lauflänge

Obwohl für Punkt 1 die max. Entfernung von 35 m zum sicheren Ausgang eingehalten wird, ist eine **Abweichung** erforderlich, da die tatsächliche Lauflänge 60 m beträgt. Zugelassen sind unter den gegebenen Voraussetzungen (Hallenhöhe 5 m, keine Alarmierungseinrichtung) jedoch nur 52,5 m.

Anmerkung: Solche Situationen können im Einzelfall nach besonderer Prüfung als Abweichung zulässig sein, wenn sie entsprechend begründet werden und keine Bedenken wegen des Brandschutzes bestehen.

b) Neu: Höhenunterschied bei Außentreppen und bei Treppen in „sicheren Bereichen"

Der Höhenunterschied zwischen einer bestimmten Decke mit Aufenthaltsbereichen und einem sicheren Ausgang ist bei der Bewertung der Lauflängen nur zu berücksichtigen, wenn der gesamte Rettungsweg – also einschließlich der zu benutzenden Treppen – im gefährdeten Bereich liegt.

Wird der Höhenunterschied zum Erreichen eines sicheren Bereichs außerhalb des gefährdeten Bereichs überwunden, dann muss dieser Höhenunterschied nicht bei der Lauflängenbewertung berücksichtigt werden. Das ist regelmäßig der Fall bei Treppen, die in Treppenräumen mit sicherem Ausgang ins Freie angeordnet sind, und bei Außentreppen, wenn ihre Nutzung ausreichend sicher ist und im Brandfall nicht gefährdet werden kann.

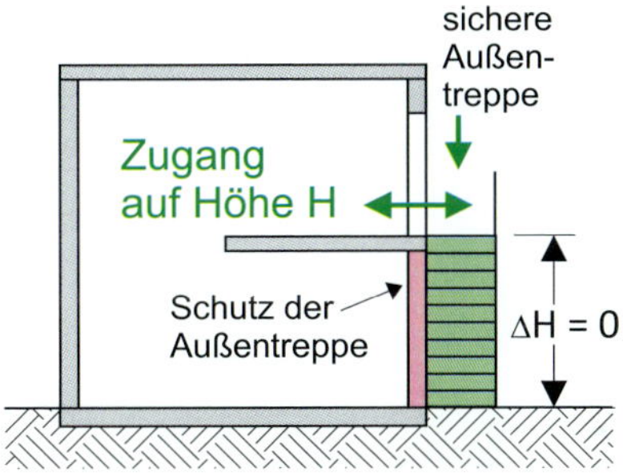

ΔH bleibt bei der Bewertung der Lauflänge bei Außentreppen unberücksichtigt

Bild 5.6.8-2: Da die notwendige Außentreppe im Brandfall sicher benutzbar ist, muss der Höheunterschied bei der Bewertung der Lauflänge für den Zugang auf Höhe H nicht berücksichtigt werden.

c) Rettungsweg unter Vordächern und deren Lauflängen

Für Teile von Rettungswegen, die unter Vordächern angeordnet werden, gewährt die MIndBauRL im Abschnitt 5.6.5 eine Vergrößerung der zulässigen Entfernung.

Diese zusätzliche Entfernung ist nur für den Bereich unter dem Vordach anzuwenden und darf nicht zu einer Verlängerung der Rettungswege innerhalb der Gebäude herangezogen werden. Das betrifft Fälle, bei denen die Strecke von der Ausgangstür bis zum Ende des Vordaches geradlinig verläuft und wo das 1,5-Fache dieser Entfernung bis ins Gebäude hineinreicht. Lauflängen, die sich aus der zusätzlich zulässigen Entfernung unter den Vordächern ergeben, dürfen nicht in die Gebäude hineinreichen und dürfen nur unter den Vordächern verplant werden.

Diese Wegstrecken sind als Rettungswege nutzbar betrieblich von Hindernissen frei zu halten, so dass eine klare Erkennbarkeit und „gesicherte" Nutzbarkeit gegeben ist.

5.6.9 Erleichterungen für Einbauten und kleine Ebenen

5.6.9 Bei Einbauten und Ebenen mit einer maximalen Grundfläche nach Tabelle 1 dürfen die Rettungswege über notwendige Treppen ohne notwendigen Treppenraum geführt werden, wenn sie in eine unmittelbar darunterliegende Ebene oder ein unmittelbar darunterliegendes Geschoss führen, sofern diese Ebene oder dieses Geschoss Ausgänge in mindestens zwei sichere Bereiche hat und ein Ausgang in Entfernung nach 5.6.5 erreicht wird.

Die Lauflänge auf dem Einbau oder der Ebene bis zu einer Treppe darf in diesen Fällen höchstens

- bei Brandbelastung in Brandbekämpfungsabschnitten < 15 kWh/m^2 50 m
- bei Vorhandensein einer Alarmierungseinrichtung für die Nutzer, deren Auslösung über eine automatische Brandmeldeanlage oder eine selbsttätige Feuerlöschanlage mit zusätzlicher Handauslösung der Alarmierungseinrichtung, 35 m
- im Übrigen 25 m

betragen.

Zu 5.6.9 *Einbauten werden vor allem für den Produktionsprozess bzw. -ablauf genutzt und befinden sich häufig an zentralen Stellen des Industriebaus. Eine direkte Anbindung an einen notwendigen Treppenraum oder anderen Brandabschnitt oder eine Lage unmittelbar an einer Außenwand ist nicht immer möglich. Deshalb dürfen alle Rettungswege über notwendige Treppen ohne notwendigen Treppenraum geführt werden, wenn sie auf die unmittelbar darunterliegende Decke einer Ebene oder eines Geschosses führen und dort ein Ausgang in einen sicheren Bereich erreicht wird. Die Lauflänge auf dem Einbau ist dabei in Abhängigkeit von der tatsächlich ermittelten Brandbelastung und der vorhandenen brandschutztechnischen Infrastruktur begrenzt (siehe Bilder 5 und 6).*

Die vorgeschriebenen Entfernungen nach Abschnitt 5.6.5 sind zu beachten, d. h. von jeder Stelle eines Einbaus muss ein Ausgang in einen „sicheren Bereich" z. B. in 35 m bzw. 50 m erreichbar sein. Allerdings ist dabei das Doppelte der Höhendifferenz der Einbauten zum Ausgangsniveau (das Niveau, auf dem sich der Ausgang in einen sicheren Bereich – ins Freie, in einen notwendigen Treppenraum, in einen anderen Brandbekämpfungsabschnitt – befindet) von der zulässigen Lauflänge abzuziehen, nicht aber von der zulässigen Entfernung. Die zulässige Entfernung für Einbauten ergibt sich zunächst aus der mittleren Höhe der Ebene bzw. des Geschosses, in dem/der sich der Einbau befindet (siehe Bilder 5 und 6).

Dies gilt auch für Ebenen mit einer maximalen Grundfläche nach Tabelle 1.

Für die Rettungswege aus tiefer liegenden Bereichen gelten die Anforderungen für Einbauten entsprechend. Das bedeutet, dass der Rettungsweg über offene Treppen auf die darüberliegende Grundfläche des Geschosses geführt werden darf, wobei das Doppelte der Höhendifferenz von der zulässigen Lauflänge abzuziehen ist. Ebenso darf die Lauflänge in einem tiefer liegenden Bereich bis zu einer Treppe nur der Lauflänge auf einem Einbau entsprechen.

Bild 5: *Einbau ≤ 200 m²*
Einbau muss innerhalb der zulässigen Entfernung liegen
1. Nachweis der Entfernung (E) nach Abschnitt 5.6.5
2. Nachweis der Lauflänge (L) nach Abschnitt 5.6.5
zul. Lauflänge (L) = 1,5 × zul. Entfernung (E)
$L1 + 2 \times \Delta h + L2 \leq 1{,}5 \times E$

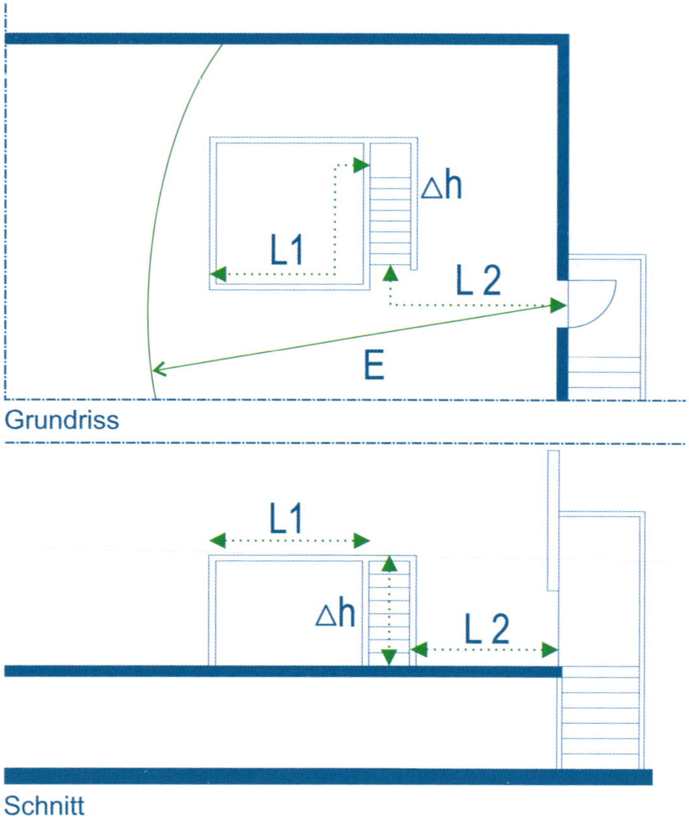

Bild 6: *Einbau > 200 m²:*
2 Abgänge
Einbau innerhalb der zulässigen Entfernung
1. Nachweis der Entfernung (E) nach Abschnitt 5.6.5
2. Nachweis der Lauflänge (L) nach Abschnitt 5.6.5
zul. Lauflänge (L) = 1,5 × zul. Entfernung (E)
$L1 + 2 \times \Delta h + L2 \leq 1{,}5 \times E$
zul. L1 auf Einbau:
- 50 m bei Brandbelastung ≤ 15 kWh/m²
- 35 m mit Alarmierungseinrichtung für Nutzer
- 25 m im Übrigen
Hauptgang auf Einbau nach 15 m erreichbar

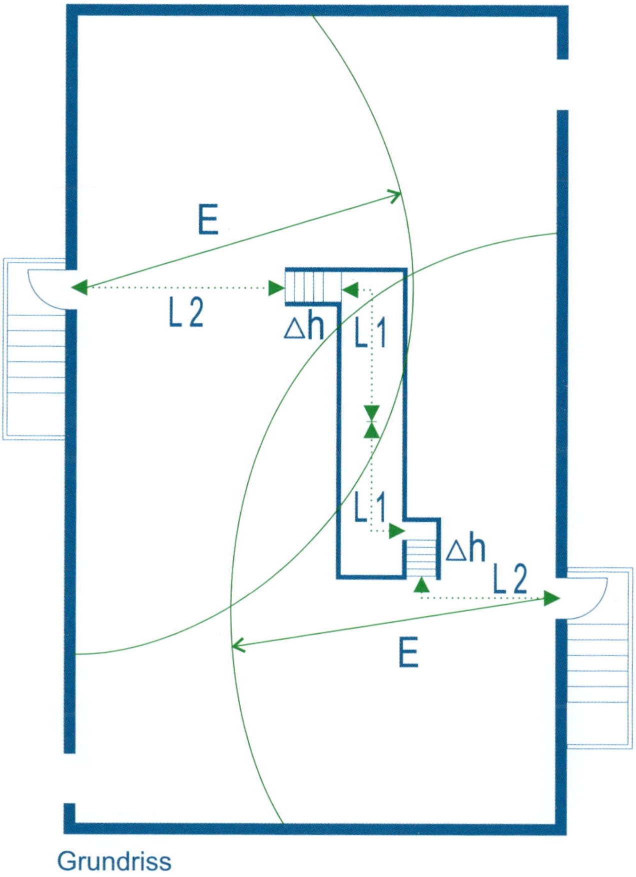

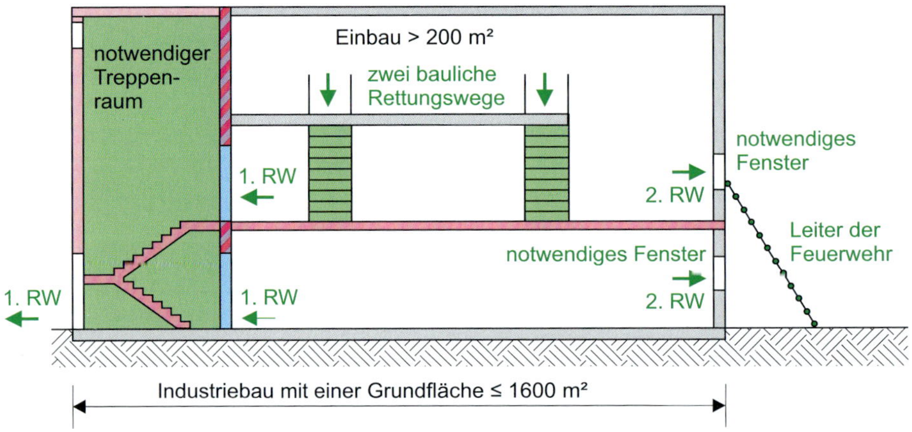

Bild 5.6.9-1: Beispiel für Rettungswege in einem Geschossbau mit Einbauten.
Da der Industriebau max. 1600 m² groß ist, ist der zweite Rettungsweg auch über geeignete (notwendige) Fenster möglich. Erläuterungen siehe Text.

Zu 5.6.9: Erleichterungen für Einbauten und kleine Ebenen

a) Rettungswege von Einbauten und kleinen Ebenen

Rettungswege von Einbauten und kleinen Ebenen (bis zu Flächen gemäß Tabelle 1 MIndBauRL) benötigen nur ungeschützte notwenige Treppen aus nichtbrennbaren Baustoffen, die ohne notwendigen Treppenraum geführt werden dürfen. Diese führen dann innerhalb der Halle zu der nächsttieferen Decke des Geschosses oder einer Ebene.

Auch diese Einbauten und kleinen Ebenen benötigen **ab 200 m² stets zwei bauliche Rettungswege** (siehe Abschnitt 5.6.2 MIndBauRL), selbst wenn die Grundfläche des Industriebaus kleiner ist als 1600 m².

Bei Industriebauten mit einer **Grundfläche bis 1600 m²** darf der zweite Rettungsweg über Rettungsgeräte der Feuerwehr hergestellt werden, wenn diesbezüglich keine Bedenken bestehen (siehe Abschnitt 5.6.2). In diesen Fällen muss allerdings die Erreichbarkeit anleiterbarer Stellen für die Feuerwehr gesichert sein. Diese Lösung erfordert dementsprechend zumindest Öffnungen in Außenwänden, die von der Feuerwehr vom Freien aus mit Leitern erschlossen werden können.

Die Erleichterung für Geschossbauten mit Brandabschnitten bis zu 1600 m² (Grundflächen dieser Industriebauten), dass „zweite“ Rettungswege auch über Leitern der Feuerwehr dargestellt werden können, gilt nur für die Geschosse, nicht aber für Einbauten innerhalb der Geschosse.

b) Führung notwendiger Treppen

Mit der Führung notwendiger Treppen *„in eine unmittelbar darunterliegende Ebene oder in ein unmittelbar darunterliegendes Geschoss“* ist Folgendes gemeint: Notwendige Treppen von einer Ebene führen auf die nächsttiefere Ebenendecke bzw. auf die nächsttiefere Geschossdecke.

Da die betroffene Ebene Teil eines Geschosses ist, kann die geforderte Treppe nicht durch eine Geschossdecke hindurch bis zum nächsttieferen Geschoss geführt werden. Eine solche **ungeschützte Treppe** würde die Geschossdecke öffnen und dadurch deren Geschossbildung aufheben.

Mit der Anforderung gemeint ist also jeweils die nächsttiefere Decke und nicht der nächsttiefere Raum (Geschoss oder Ebene).

c) Zulässige Entfernungen für Einbauten und kleine Ebenen

Zulässige Entfernungen für Einbauten und für kleine Ebenen ergeben sich im Regelfall aus den zulässigen Entfernungen für Geschossdecken und Ebenendecken, die unmittelbar darunter angeordnet sind.

Für die Decken der Einbauten und der kleinen Ebenen müssen grundsätzlich keine eigenen Rettungsweg-Zirkelschläge durchgeführt werden, um die jeweilig zulässigen Entfernungen zu ermitteln bzw. zu dokumentieren (siehe Erläuterungen zu Punkt 5.6.9, Bilder 5 und 6).

Die **Entfernungskreise** für Decken von Ebenen und Geschossen, auf die Rettungswege hinunterführen, gelten auch für den Nachweis der Rettungsweglängen höher gelegener kleiner Ebenen und Einbauten. Diese Entfernungskreise werden also hochgelotet.

Befinden sich auf diesen höheren Decken Bauteile (z. B. von Räumen), müssen diese gemäß Abschnitt 5.6.8 MIndBauRL berücksichtigt werden (siehe auch Bild 5.6.14-4).

Da allerdings auch eine Rettungswegführung auf gleicher Höhe in sichere Bereiche erfolgen kann, können für diese (bessere) Rettungswegführung auch eigene Entfernungsermittlungen durchgeführt werden.

In diesen Fällen ist als bemessungsrelevante lichte Raumhöhe gemäß 5.6.5 der Höhenwert nach folgendem Grundsatz einzusetzen:

- Wenn der Rettungsweg in eine niedrige Raumstruktur eingebunden ist, die von der Bezugsebene oder dem Bezugsgeschoss durch raumbildende Wände (auch ohne klassifizierten Feuerwiderstand und Raumabschluss) abgetrennt ist, ist für die Ermittlung der zulässigen Entfernung die jeweils vorhandene lichte Raumhöhe dieses Raumverbundes heranzuziehen.
  In diesen Fällen ist zwar wegen der großen lichten Höhe und der damit verbundenen Aufstiegshöhe des Brandrauchs mit einer vermehrten „Rauchmenge“ zu rechnen, die aber durch das im Regelfall große Rauchreservoir des Raumverbundes für diese Rettungswege nicht zu einer erheblichen Gefahrerhöhung führen wird.
- Wenn der Rettungsweg auf dem Einbau offen mit der Bezugshöhe oder dem Bezugsgeschoss in Verbindung steht, ist für die Ermittlung der zulässigen Entfernung die jeweils vorhandene lichte Raumhöhe der Bezugsebene oder des Bezugsgeschosses heranzuziehen.

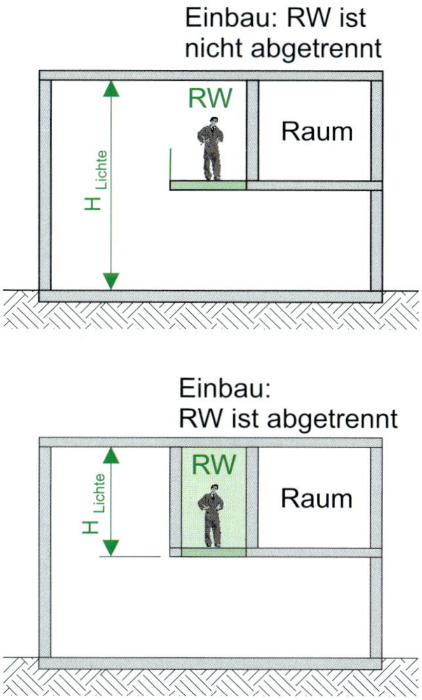

Bild 5.6.9-2: Beispiel für Ermittlung der lichten Höhe zur Festlegung der zulässigen Entfernung für Rettungswege auf Einbauten mit zwei baulich geschützten Rettungswegen.

Erläuterungen siehe Text.

d) Lauflängen auf Einbauten

Lauflängen auf Einbauten bis zu 50 m Länge erfordern geringe Brandbelastungen im gesamten BBA von weniger als 15 kWh/m².

Derart lange Lauflängen sind auf Einbauten nur im Zusammenhang mit einer Bewertung des Industriebaus nach Abschnitt 7 MIndBauRL zulässig, da nur bei diesem Nachweisverfahren die Brandbelastung ermittelt und festgelegt wird.

Eine Begrenzung der Brandbelastung nur auf dem betreffenden Einbau oder ggf. auch unter Berücksichtigung der Flächen unterhalb des Einbaus sieht die MIndBauRL für diese große Rettungsweglänge nicht vor. Insofern handelt es sich bei dieser Ausnahme um einen eher seltenen Anwendungsfall.

Ggf. kann insbesondere für die Verlängerung der Lauflänge auf Einbauten über 25 m bzw. über 35 m hinaus bei günstigen Bedingungen eine Abweichung von der Richtlinie begründet werden.

Die einschränkenden Festlegungen für die zulässigen Lauflängen auf den Einbauten und kleinen Ebenen regeln die Rettungswege für die Verwendung von ungeschützten Treppen. Sofern die Rettungswege dieser Flächen nicht über ungeschützte Treppen auf die nächsttiefere Fläche führen, sondern unmittelbar auf gleicher Höhe zu anderen Brand- bzw. Brandbekämpfungsabschnitten, zu Außentreppen oder zu notwendigen Treppenräumen, gelten diese Einschränkungen für die zulässigen Lauflängen nicht.

e) Abgleich der Regelungen mit 5.6.5, 5.6.7 und 5.6.8

Die speziellen Regelungen des Abschnitts 5.6.9 stellen besondere Erleichterungen gegenüber anderen Rettungswegregelungen dar: [... dürfen die Rettungswege ... wenn sie ... . Die Lauflänge auf dem Einbau darf in diesen Fällen ...]

Sofern die Rettungswege von Einbauten nicht über Treppen auf die Grundflächen der zugeordneten Ebenen bzw. Geschosse geführt werden, sondern von den Einbauten und kleinen Ebenen auf gleicher Höhe unmittelbar zu Ausgängen ins Freie, zu Treppenräumen, in andere Brandabschnitte oder in andere sichere Bereiche geführt werden, gelten die „Basisregeln" unmittelbar auch für diese höheren Flächen der Einbauten. Dann können die Rettungswege auf diesen höheren Decken auch deutlich länger sein als die nach Abschnitt 5.6.9 vorgesehenen Lauflängen bis zu Treppen, die zu den o.g. Grundflächen führen (auch wenn solche Treppen betriebsbedingt vorhanden sind, aber eben nicht als Rettungswege notwendigerweise genutzt werden müssen).

Wird von dem Abschnitt 5.6.5 in Verbindung mit 5.6.7 und 5.6.8 unmittelbar Gebrauch gemacht, ist die mittlere lichte Höhe für diese Einbauten von der jeweiligen Einbaudecke aus zu messen im Sinne der Regelanwendung für Ebenen.

5.6.10 Notwendige Treppen und Treppenräume

5.6.10 Notwendige Treppen müssen aus nichtbrennbaren Baustoffen bestehen. Wände notwendiger Treppenräume müssen den Anforderungen nach § 35 MBO für die Gebäudeklasse 5 entsprechen.

Zu 5.6.10 *Wände notwendiger Treppenräume müssen in der Bauart einer Brandwand hergestellt werden. Gerade bei feuerhemmenden oder hochfeuerhemmenden Haupttragwerken sollten die Treppenräume angesichts nicht auszuschließender hoher Brandlasten sicher sein. Baukonstruktiv wird keine Schwierigkeit gesehen, die Treppenräume in der Bauart Brandwand z. B. in einer feuerhemmenden Tragkonstruktion zu errichten. Die Anforderung ist auch aufgrund der Erleichterung, nur nichtbrennbare Baustoffe für Treppen oder eine Außentreppe zu verwenden, gerechtfertigt.*

Zu 5.6.10: Notwendige Treppen und Treppenräume

a) Ausführung notwendiger Treppen und Treppenräume

a.1) Brennbarkeit notwendiger Treppen

Typische bauordnungsrechtliche Anforderungen an die Beschaffenheit notwendiger Treppen beziehen sich nur auf deren tragende Teile (s. z. B.: MBO § 34.4). Damit sind i. d. R. – über übliche Treppen – die Treppenstufen nicht mit Auflagen belegt.

Die MIndBauRL stellt demgegenüber höhere Anforderungen an die Brennbarkeit notwendiger Treppen und erfasst grundsätzlich alle Teile der Treppen – nicht nur die tragenden. Im Gegensatz dazu stellt die MIndBauRL keine Anforderungen an die Feuerwiderstandsfähigkeit der tragenden Teile notwendiger Treppen.

Sofern im Einzelfall Teile von notwendigen Treppen aus brennbaren Baustoffen hergestellt werden sollen, wäre dafür streng genommen eine Abweichung von der RL zu begründen.

a.2) Wendeltreppen als notwendige Treppen im Zuge von Rettungswegen

Die MIndBauRL gibt keine spezielle Treppenform für notwendige Treppen vor. Sie bedient sich als „bauaufsichtlich eingeführte“ a. a. R. d. T. im Hinblick auf die Treppengestaltung des einschlägigen technischen Regelwerks – insbesondere der DIN 18065.

Auszugsweise werden nachfolgend einige der dortigen – bauordnungsrechtlich verbindlichen – Festlegungen wiedergegeben (Normfassung 2015-03), woraus die grundsätzliche Zulässigkeit von Wendeltreppen auch als notwendige Treppen eindeutig hervorgeht:

Grenzmaße für nutzbare Treppenlaufbreite, Treppensteigung, Treppenauftritt

Die in Tabelle 5.6.10-1 und 5.6.10-2 angegebenen minimalen und maximalen Maße für nutzbare Treppenlaufbreite, Treppensteigung und Treppenauftritt dürfen durch Fertigungs- und Einbautoleranzen nicht unterschritten bzw. nicht überschritten werden. Nutzbare Treppenlaufbreite, Steigung und Auftritt sind daher so zu planen, dass die Werte in fertigem Zustand eingehalten werden können.

Tabelle 5.6.10-1: Grenzmaße für Gebäude im Allgemeinen (Fertigmaße im Endzustand) nach DIN 18065 Bild 1

		1	2	3	4	5
	Treppenart	**nutzbare Laufbreite** Angabe in Zentimetern (cm)	**Steigung** ***s*** Angabe in Millimetern (mm)		**Auftritt** ***a*** Angabe in Millimetern (mm)	
		mindestens	mindestens	maximal	mindestens	maximal
1	Baurechtlich notwendige Treppe	100	140	190	260	370
2	Baurechtlich nicht notwendige (zusätzliche) Treppe	50	140	210	210	370

Tabelle 5.6.10-2: Grenzmaße für Gebäude im Allgemeinen (Fertigmaße im Endzustand) nach DIN 18065 Bild 2

		1	2	3	4	5
	Treppenart	**nutzbare Laufbreite** Angabe in Zentimetern (cm)	**Steigung** ***s*** Angabe in Millimetern (mm)		**Auftritt** ***a*** Angabe in Millimetern (mm)	
		mindestens	mindestens	maximal	mindestens	maximal
1	Baurechtlich notwendige Treppe	80	140	200	230	370
2	Baurechtlich nicht notwendige (zusätzliche) Treppe	50	140	210	210	370

Tabelle 5.6.10-3: Wendelstufen, Wendepodeste und Wendelungen nach DIN 18065 Tabelle 1 Ziffer 6.2

6.2	**Wendelstufen, Wendepodeste und Wendelungen**	
6.2.1	Wendelstufen müssen an der schmalsten Stelle der inneren Begrenzung der nutzbaren Treppenlaufbreite einen Auftritt von min. 100 Millimeter haben.	Wendelstufen müssen an der schmalsten Stelle der inneren Begrenzung der nutzbaren Treppenlaufbreite einen Auftritt von min. 50 Millimetern haben.
6.2.2	Der Auftritt von Wendelstufen muss für jede Stufe an der schmalsten Stelle zur Wendelungsecke hin gleich bleibend sein oder stetig abnehmen (s. Abb. A.13 und Abb. A.14). Gemessen wird die schmalste Stelle jeder Wendelstufe: a) an der inneren Begrenzung der nutzbaren Treppenlaufbreite (s. Abb. A.12) oder b) bei Tragbolzentreppen nach DIN 18069 oder vergleichbaren Konstruktionsarten in der Bolzenkonstruktionslinie (s. Abb. A.14).	
6.2.3	Der Mindestauftritt von Wendelstufen an der schmalsten Stelle wird parallel zur inneren Begrenzung des Gehbereichs gemessen; im Bogen oder der Winkelausbildung gilt das Sehnenmaß als Mindestauftritt (s. Abb. A.12)	
6.2.4	Stufen von Spindeltreppen müssen an der inneren Begrenzung der nutzbaren Treppenlaufbreite einen Auftritt von min. 100 Millimetern haben (s. Abb. A.28).	Für Spindeltreppen wird kein Mindestauftritt an der schmalsten Stelle der Stufen festgelegt (s. Abb. A.29).
6.2.5	Im geradläufigen Bereich eines Treppenlaufes dürfen aus einer Wendelung heraus nur bis zu einer Länge von 3,5 × *a* gewendelte Stufen angeordnet werden. Gemessen werden die 3,5 × *a* an der kürzesten Seite der inneren Begrenzungslinie des geradläufigen Gehbereichs (s. Abb. A.13 und Abb. A.14). Wird bei der Verziehung einer gewendelten Treppe eine allgemein anerkannte handwerkliche Verziehungsregel angewandt, insbesondere Verhältnis-, Winkel- oder Kreisbogenmethode, gelten diese Anforderungen nicht.	
6.2.6	In einem Treppenlauf dürfen keine unterschiedlichen Verziehungsregeln angewendet werden.	

Wendelstufen, Wendelpodeste und Wendelung (siehe Tabelle 5.6.10-3)

Falls der Brandschutzplaner die Verwendung von Wendeltreppen konzeptionell konkret ausschließen will, ist er gut beraten, dies in seiner Brandschutzplanung (im Brandschutzkonzept bzw. Brandschutznachweis) klar zum Ausdruck zu bringen.

a.3) notwendige Treppenräume

Für notwendige Treppenräume mit notwendigen Treppen verlangt die MIndBauRL, dass deren Wände unabhängig von der Gebäudeklasse (GK) des Industriebaus den Anforderungen für die GK 5 nach § 35 MBO entsprechen (Bauart einer Brandwand). Die notwendigen Treppen müssen aus nichtbrennbaren Baustoffen bestehen.

Dies stellt im Gegensatz zur MIndBauRL 2000 bei Gebäuden der GK 3 und 4 eine erhebliche Verschärfung der Anforderungen dar, da in der Fassung von 2000 bezüglich der notwendigen Treppen und Treppenräume keine besonderen Anforderungen enthalten waren, d. h., in einem Industriebau der GK 3 die Treppenraumwände feuerhemmend und die notwendigen Treppen feuerhemmend oder nichtbrennbar hergestellt werden durften. Gemäß den MIndBauRL-Fassungen 2014 und 2019 besteht jetzt für den Treppenraum die Anforderung: **Bauart einer Brandwand!**

Bezüglich der weiteren Ausführung der notwendigen Treppen und notwendigen Treppenräume enthält die MIndBauRL keine Aussagen. Damit gelten hierfür die Anforderungen der jeweiligen LBO entsprechend der GK des jeweiligen Industriebaus.

Tabelle 5.6.10-4: Anforderungen an notwendige Treppen und notwendige Treppenräume

Bauteil	**Anforderungen**
Notwendige Treppen	unabhängig von der GK: nichtbrennbar (MIndBauRL 5.6.10)
Wände notwendiger Treppenräume	unabhängig von der GK: Bauart von Brandwänden (MIndBauRL 5.6.10)
Sonstige Ausführung notwendiger Treppen	nach jeweiliger GK und MBO § 34 (bzw. nach jeweiliger LBO)
Sonstige Ausführung notwendiger Treppenräume (z.B. oberer Abschluss, andere Abschlüsse, Fenster in den Treppenraumwänden, Öffnungen zur Rauchableitung usw.)	nach jeweiliger GK und MBO § 35 (bzw. nach jeweiliger LBO)

Damit ergeben sich die in der Tabelle 5.6.10-4 aufgeführten Anforderungen.

Die MIndBauRL regelt grundsätzlich nicht die erforderliche Beschaffenheit von notwendigen Treppenräumen, dafür gelten die Festlegungen der jeweiligen Landesbauordnung. Allerdings fordert die MIndBauRL – unabhängig von der Gebäudehöhe, von der Gebäudeklasse oder von anderen Kriterien – eine bestimmte Beschaffenheit der Treppenraumwände; sie sollen den Anforderungen der MBO § 35 entsprechen.

Die Wände notwendiger Treppenräume müssen „in der Bauart von Brandwänden" beschaffen sein. Diese Wände unterscheiden sich von den Brandwänden nach Abschnitt 5.10 in folgenden Punkten:

Tabelle 5.6.10-5: Unterschiede zwischen Wänden in der Bauart von Brandwänden von Brandwänden

Kriterium nach Abschnitt 5.10	**Anforderungen an Brandwände nach Abschnitt 5.10**	**Anforderungen an Wände in der Bauart von Brandwänden**
5.10.2_a	Überdachführung	Keine Anforderungen
5.10.2_b	Überqueren von brennbaren Baustoffen	Keine Anforderungen
5.10.2_c	Eingreifende Bauteile (mit brennbaren Bauteilen)	Wie Brandwand
5.10.3	Schutzmaßnahmen im Bereich der Außenwände	Keine Anforderungen
5.10.4	Zwei gegenüberliegende raumabschließende, feuerbeständige Wände	Nicht zutreffend
5.10.5_a	Öffnungsverschlüsse: feuerbeständig oder nach Tab. 6	Nach Abschnitt 5.6.10: nach jeweiliger LBO für Treppenräume
5.10.5_b	Offenhaltung von Öffnungsverschlüssen nur mit Feststellanlagen	Wie Brandwand
5.10.5_c	Lichtdurchlässige Teilflächen	Wie Brandwand
5.10.6	Schutzmaßnahmen bei „einspringenden Ecken"	Keine Anforderungen

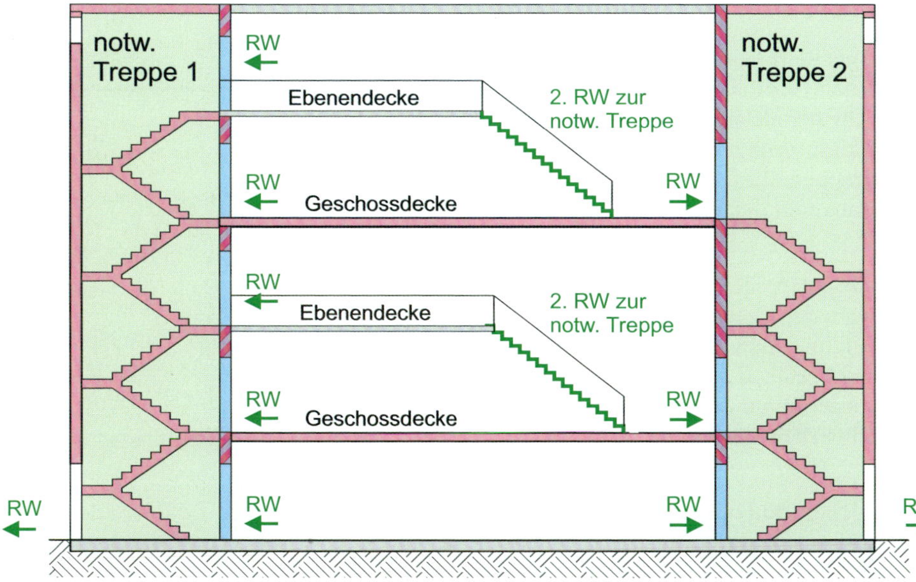

Bild 5.6.10-1: Die Durchgängigkeit notwendiger Treppen für Geschosse und Ebenen ist für Ebenen (und Einbauten) nicht zwingend erforderlich.

b) Führung notwendiger Treppen im Industriebau

Gem. MBO §§ 34.1 und 34.3 muss jedes Geschoss (und der benutzbare Dachraum) über mindestens eine notwendige Treppe zugänglich sein, wobei diese notwendigen Treppen „in einem Zuge" zu allen angeschlossenen Geschossen führen müssen (Dachräume ohne Aufenthaltsräume können über andere Treppen erschlossen werden, wenn diese mit den notwendigen Treppen unmittelbar verbunden sind).

Die MIndBauRL sieht bezüglich der Anordnung gewisse Abweichungen von der oben wiedergegebenen bauordnungsrechtlichen Grundregel (insbesondere für die Erschließung von Ebenen als Äquivalent zu Geschossen) vor:

- Gem. MIndBauRL Abschnitt 5.6.3 dürfen die zweiten Rettungswege von Ebenen unter den dort genannten Bedingungen u. a. auch durch die Geschosse geführt werden, in denen sie angeordnet sind.

In diesen Fällen werden diese Ebenen gerade nicht im Sinne von MBO § 34.3 ausschließlich über durchgängige notwendige Treppen erschlossen, sondern über unterbrochene Treppenführungen – teilweise sogar ohne notwendige Treppenräume.

- Diese Abweichung von der bauordnungsrechtlichen Grundforderung der MBO § 34 ist vollständig über die MIndBauRL begründet und ausdrücklich vorgesehen und muss in den Brandschutzplanungen/Brandschutzkonzepten nicht nochmals als Abweichung beschrieben und begründet werden.
Im Industriebau müssen nach den Festlegungen der MIndBauRL eben nicht alle notwendigen Treppen in einem Zuge zu allen angeschlossenen Geschossen führen; das gilt insbesondere für Ebenen (und auch für Einbauten).

c) Außentreppen

Außentreppen sind als Rettungswege zulässig und vorgesehen (siehe MIndBauRL Abschnitte 5.6.3 und 5.6.4). Die MIndBauRL stellt selbst keine speziellen Anforderungen an die Beschaffenheit von Außentreppen, die über die Forderung der Nichtbrennbarkeit der Baustoffe hinausgehen.

MBO § 35.3 (bzw. die entsprechenden Regelungen der Bauordnungen der Länder) verlangen zudem, dass ihre Nutzung ausreichend sicher ist und im Brandfall nicht gefährdet werden können soll. Diese Anforderungen gelten grundsätzlich auch für Industriebauten (siehe MIndBauRL Abschn. 5.6.3).

- Die ausreichend sichere Nutzung bezieht sich insbesondere auf Maßnahmen zum Schutz vor Witterungseinflüssen (wie Schnee, Eis, Laub) und zur Beschaffenheit im Hinblick auf Rutschgefahren und sichere Auftrittsflächen. Für weitere Details wird auf DIN 18065 verwiesen.
- Dass Außentreppen im Brandfall nicht gefährdet werden sollen, führt in der Regel dazu, dass die Außentreppen von den Gebäudegefahren durch ausreichend feuerwiderstandsfähige und geschlossene Fassadenteile getrennt werden oder zu den Fassaden in einem gewissen Abstand angeordnet werden, der mit Treppenpodesten überbrückt wird.

Werden Außentreppen für Einbauten oder für „kleine Ebenen" vorgesehen (anstelle von Innentreppen gemäß MIndBauRL Abschnitt 5.6.9), müssen sie nicht zwingend durch spezielle Brandschutzmaßnahmen vor den Brandgefahren aus der Gebäudenutzung geschützt werden. In solchen Fällen ist das zulässige Risiko mit den Anforderungen an die Innentreppen klar vorgegeben. An der „sicheren Nutzbarkeit" dieser Außentreppen können allerdings keine Abstriche zugelassen werden.

Werden Außentreppen für Geschosse und für „große Ebenen" vorgesehen, so gelten die Grundanforderungen (siehe MBO § 35.3) auch für die Gefährdung durch Brand unverändert.

5.6.11 Weitere Aspekte zu Rettungswegen

Bei den folgenden Punkten 5.6.11 bis 5.6.15 handelt es sich nicht um Gliederungspunkte der MIndBauRL. Hier werden ergänzende Aspekte kommentiert und erläutert sowie praktische Beispiele zu den Rettungswegen dargestellt.

Zu 5.6.11: Weitere Aspekte zu Rettungswegen

a) Rettungswege begehbarer Regalanlagen

Folgende – auch aktuell noch beachtenswerte – Hinweise zu den begehbaren Regalen sind den Erläuterungen (online, Fassung 2016) der Richtlinie in NRW (IndBauRL NRW 2015) zu Abschnitt 5.6 entnommen[1]:

„Für die Anforderungen des Abschnitts 5.6 an begehbare Regale gilt die Richtlinie folgendermaßen: Die Regalgänge für die Bedienung der Regale sind in allen Regalebenen den Regalen (als Teile der Einrichtungen) zuzuordnen, auch wenn sie eine für Hauptgänge erforderliche Mindestbreite von 2 m aufweisen. Die Regalgänge für die Bedienung der Regale zählen aber als „Stellen eines Produktions- oder Lagerraumes", für die die Entfernungen nach den Abschnitten 5.6.4 und 5.6.5 nachzuweisen sind. Daraus ergeben sich insbesondere folgende Anforderungen:

- *Von jeder Stelle eines Regal-Bediengangs soll ein Hauptgang nach 15 m Lauflänge erreichbar sein (Abschnitt 5.6.4).*
- *Von jeder Stelle eines Regal-Bediengangs muss ein Ausgang in einen sicheren Bereich in den zulässigen Entfernungen gemäß Abschnitt 5.6.5 – in Abhängigkeit von der Raumhöhe und von der brandschutztechnischen Infrastruktur – erreichbar sein.*
- *Von jeder Stelle bis zum Ausgang in einen sicheren Bereich gemäß Abschnitt 5.6.5 darf die Lauflänge nicht mehr als das 1,5-Fache der zulässigen Entfernung betragen. Dabei ist der Höhenunterschied zwischen den Regalebenen und der Ausgangshöhenlage zu berücksichtigen (Abschnitt 5.6.8).*
- *Die notwendigen Treppen zur Erschließung der Regalebenen müssen die Anforderungen des Abschnitts 5.6.10 erfüllen (nichtbrennbare Baustoffe).*

Für jede Stelle eines Regal-Bedienganges kann in Abhängigkeit von der Raumhöhe und von der brandschutztechnischen Infrastruktur eine zulässige Lauflänge bis zu einem Ausgang aus dem Brand- bzw. Brandbekämpfungsabschnitt von max. 105 m (wie für alle anderen Stellen des Industriebaus auch) zulässig sein.

Für begehbare Regalsysteme gilt im Verfahren nach Abschnitt 6, dass sie in Lagerabschnitte von max. 1200 m² durch brandlastfreie Streifen zu unterteilen sind, soweit sie nicht mit einer automatischen Feuerlöschanlage geschützt sind. Bei diesen Lagerabschnitten von bis zu 1200 m² können die Hauptgänge und die notwendigen Treppen zu den Bedienebenen unter Einhaltung der Regel-Anforderungen als Bauteile meist außerhalb der Regalfläche angeordnet werden.

Begehbare Regalsysteme mit Lagerabschnitten von mehr als 1200 m² sind im Verfahren nach Abschnitt 7 und im Verfahren nach Abschnitt 6 (hier bei Regalanlagen mit Feuerlöschanlagen) zulässig. Für diese Fallgestaltung kann sich aus der Anforderung (Abschnitt 5.6.4), nach 15 m einen Hauptgang zu erreichen, das Erfordernis für die Anordnung von Hauptgängen auch innerhalb des Regalsystems ergeben. Hauptgänge in Regalen zählen nach Abschnitt 5.6.1 zu den Rettungswegen. Sie werden aber statisch-konstruktiv Teil des Regalsystems sein. Das gilt für Treppen in oder außerhalb von Regalen entsprechend. Soweit begehbare Regale mit mehreren Bedienflächen übereinander angeordnet werden, ist davon auszugehen, dass die notwendigen Hauptgänge sich ebenfalls übereinander befinden. Damit liegt – da sie als konstruktiver Bestandteil des Regals quasi immer Einbauten sind – formal ein Verstoß gegen Abschnitt 5.5 vor, da Einbauten nicht übereinander angeordnet werden dürfen. Auch die Regelung über die max. Grundfläche von Einbauten (siehe Tabelle 1) bzw. der max. Flächenanteil von Einbauten von 25 % nach Abschnitt 5.5 können

1) Die Brauchbarkeit dieser Erläuterungen ist im Einzelfall anhand der jeweils aktuellen, verbindlichen Vorgaben zur Schutzziel-Festlegung und Schutzziel-Erreichung zu prüfen und zu bewerten.

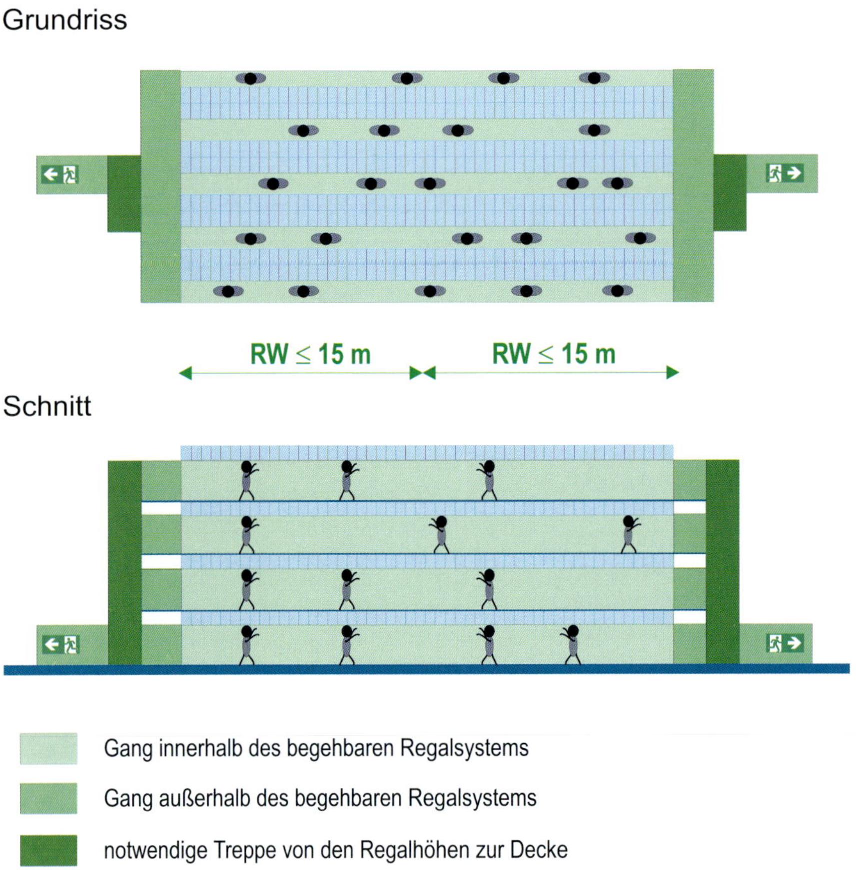

Bild 5.6.11-1: Beispiel für die Anwendung der Rettungsweganforderungen der MIndBauRL auf begehbare Regalanlagen

Dargestellt ist die Prinzipskizze einer begehbaren Regalanlage innerhalb eines Industriebaus. Die Regale, auch die begehbaren, sind **Einrichtungen;** die Laufflächen gelten als **Stellen des Industriebaus.**

Die Rettungswege auf den Hauptgängen befinden sich ggf. auch innerhalb der Regalanlage auf den **übereinander angeordneten Einbauten,** für die eine **Abweichung** von Abschnitt 5.5 MIndBauRL erforderlich ist. Die Hauptgänge auf den Höhen der Bediengänge führen zu notwendigen Treppen ohne Treppenräume.

durch die Flächen der Hauptgänge in Regalen überschritten werden.

Die Errichtung begehbarer Regale bedarf deshalb in der Regel einer Abweichung nach § 3 BauO NRW von den Anforderungen des Abschnitts 5.5. Unter folgenden Voraussetzungen kann eine Abweichung erteilt werden, da den Rettungsweganforderungen des Abschnittes 5.6 in gleicher Weise entsprochen wird:

- *Die Hauptgänge verbinden die Regal-Bediengänge innerhalb des Regalbereichs mit notwendigen Treppen oder mit Ausgängen in sichere Bereiche (z. B. anderer Brandabschnitt, notwendiger Treppenraum oder Außentreppe).*
- *Sie sind ausschließlich als 2 m breite Verkehrsflächen – nicht aber als Bediengänge – zu nutzen.*
- *Notwendige Treppen von Regalsystemen sollen außerhalb der Regalanlagen angeordnet werden. Sie müssen die Anforderungen des Abschnitts 5.6.10 erfüllen, auch wenn sie statisch-konstruktiv mit dem Regalsystem gekoppelt sind.*

Die Ausführungen zu begehbaren Regalen gelten für vergleichbare Einrichtungen entsprechend.

Unabhängig von den Rettungsweganforderungen des Bauordnungsrechts sind die Anforderungen des Arbeitsstättenrechtes zusätzlich zu beachten.“

b) Sicherheitsbeleuchtung

b.1) MIndBauRL vs. Arbeitsstättenrecht

Die MIndBauRL enthält keine Forderungen zum Einbau einer Sicherheitsbeleuchtung – weder für Räume mit erhöhten Betriebsgefahren noch für die Beleuchtung von Rettungswegen bei Ausfall der allgemeinen Stromversorgung. Derartige Regelungen enthält jedoch das Arbeitsstättenrecht, das bei der Planung von Industriebauten zusätzlich zu den bauordnungsrechtlichen Regelwerken zu beachten ist.

Bei einer Gefährdungsbeurteilung muss der Betreiber das Erfordernis einer Sicherheitsbeleuchtung beurteilen. Darauf aufbauend sind die erforderlichen und geeigneten Maßnahmen festzulegen und zu ergreifen.

Solche Gefährdungsbeurteilungen bewerten zunächst i. d. R., ob und inwieweit

- mit ortsunkundigen Personen gerechnet werden muss,
- eine große Personendichte gegeben ist,
- unübersichtliche Flucht- bzw. Rettungswegführungen vorgesehen sind,
- lange Laufwege die Orientierung erschweren können,
- große Flächen unbeleuchtet sind.

Diese und weitere Kriterien werden bei den typischerweise großflächigen Industriebauten mit gewerblichen Arbeitsplätzen und langen Rettungswegen das Erfordernis von Sicherheitsbeleuchtungen begründen. Diese Entscheidung wird allerdings nicht auf der Basis bauordnungsrechtlicher Festlegungen der MIndBauRL getroffen.

Beispielsweise wird auf folgende Technische Regeln für Arbeitsstätten hingewiesen:

ASR A3.4/3 Diese Regel verweist für die Entscheidung über das Erfordernis einer Sicherheitsbeleuchtung für Fluchtwege auf die ASR A2.3.

- Diese Regel benennt beispielhaft Arbeitsstätten, in denen durch den Ausfall der Allgemeinbeleuchtung Sicherheit und Gesundheit der Beschäftigten gefährdet sind und bei denen eine Sicherheitsbeleuchtung erforderlich ist.
- Im Übrigen legt sie technische Anforderungen an diese Sicherheitsbeleuchtung fest.

ASR A2.3 verlangt eine Sicherheitsbeleuchtung für Fluchtwege, wenn bei Ausfall der allgemeinen Beleuchtung das gefahrlose Verlassen der Arbeitsstätte nicht gewährleistet ist. Diese Regel gibt orientierende Beispiele an.

Die Sicherheitsbeleuchtung für Fluchtwege dient der Beleuchtung, wenn die allgemeine Beleuchtung ausfällt. Sie dient nicht dem Zweck, im Brandfall ggf. vom Brandrauch betroffene Räume mit reduzierter Raum- und Rettungswegbeleuchtung auszuleuchten. Sie dient ausschließlich der Beleuchtung der betreffenden Fluchtwege und ggf. Arbeitsstätten ohne Berücksichtigung gleichzeitiger Brandwirkungen.

b.2) Funktionserhalt

Für die Anforderungen an die erforderliche Dauer des Funktionserhalts der Leitungsanlagen gelten die Vorschriften der Leitungsanlagenrichtlinien der Bundesländer. Grundsätzlich ist danach ein Funktionsrehalt von 30 Minuten erforderlich.

- Ausgenommen sind (nach den meisten LAR) Leitungsanlagen einschließlich Verteiler, die der Stromversorgung der Sicherheitsbeleuchtung nur innerhalb eines Brandabschnitts in einem Geschoss oder nur innerhalb eines Treppenraums dienen.
- Dabei darf dann die „Grundfläche" je Brandabschnitt höchstens 1600 m² betragen.
  Die Brandabschnitte und Geschosse haben im Industriebau in der Regel größere Flächen als 1600 m², sodass zunächst von der o. g. Ausnahmeregelung kein Gebrauch gemacht werden kann.
  In den Brandschutzplanungen/Brandschutzkonzepten werden häufig (typisches Vorgehen) vom Ersteller die Folgen des Ausfalls von Sicherheitsbeleuchtungsanlagen bewertet, und der Umfang eines akzeptablen Ausfalls wird objektspezifisch festgelegt. Die maximal von einem Ausfall der Sicherheitsbeleuchtung betroffene Fläche wird im Brandschutzkonzept festgelegt und darin häufig als „virtueller

Brandabschnitt“ bezeichnet. Es ist dann Aufgabe der weitergehenden Fachplanungen, diese „virtuellen Brandabschnitte“ im Gebäude zu definieren und eine entsprechende Zuordnung der Sicherheitseinrichtungen (insbesondere der Leuchten und der Verteiler) zu diesen Flächen vorzunehmen.

- Einer physikalischen Trennung dieser „virtuellen Brandabschnitte“ beispielsweise durch Trennwände oder durch brandlastfreie Freistreifen bedarf es nicht.

5.6.12 Eingeschossige Industriebauten ohne eingestellte Räume/Einbauten/Ebenen

Zu 5.6.12: Eingeschossige Industriebauten ohne eingestellte Räume/Einbauten/Ebenen

a) Sehr kleiner eingeschossiger Industriebau in einer Größe bis 200 m²

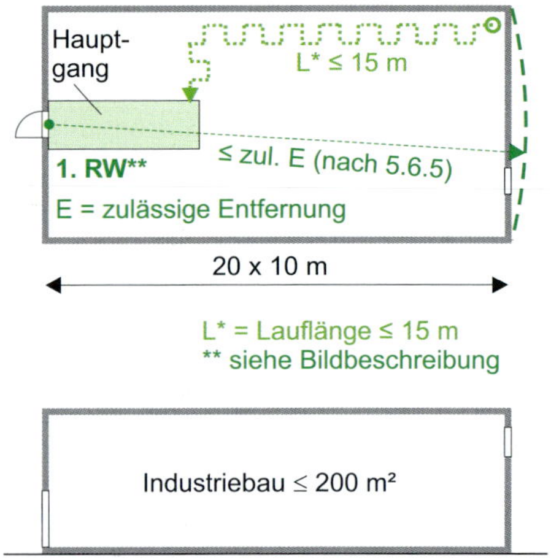

Bild 5.6.12-1: Beispiel für einen sehr kleinen Industriebau in einer Größe bis 200 m²

Grundsätzlich reicht bei einem sehr kleinen Industriebau ein baulicher Rettungsweg, da dieser direkt ins Freie führt. Der 1. RW ist demnach ein direkter Ausgang ins Freie. Nach maximal 15 m Lauflänge soll ein Hauptgang erreichbar sein. Die zulässigen Entfernungen nach Abschnitt 5.6.5 MIndBauRL müssen eingehalten werden.

Anmerkung:
In der aktuellen MBO und einigen Ländern besteht (zurzeit noch – Stand November 2022) die Standardanforderung, dass für Nutzungseinheiten mit mindestens einem Aufenthaltsraum auch im Erdgeschoss mindestens zwei voneinander unabhängige Rettungswege ins Freie vorhanden sein müssen. Würde man wie im hier dargestellten Fall auf den zweiten Rettungsweg verzichten, wäre dies eine Abweichung von der jeweiligen LBO.

Allerdings weisen einige LBOs für Nutzungseinheiten im Erdgeschoss teilweise unterschiedliche Anforderungen bezüglich des zweiten Rettungswegs auf. Teilweise kann er auch unter bestimmten Voraussetzungen entfallen.

b) Sehr kleiner eingeschossiger Industriebau, jedoch größer als 200 m²

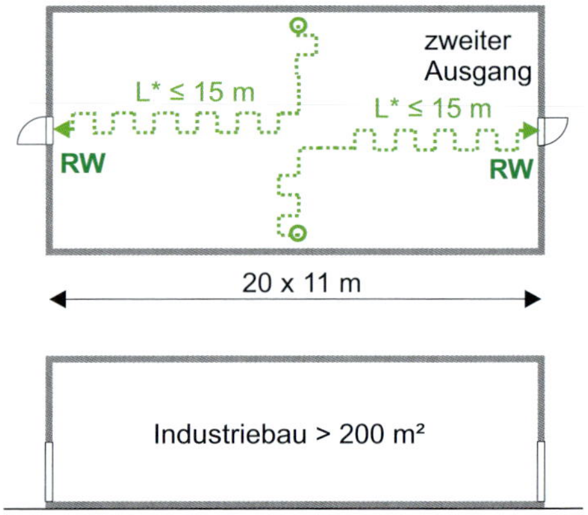

Bild 5.6.12-2: Beispiel für einen sehr kleinen Industriebau in einer Größe über 200 m²

Da die Grundfläche des Raums mehr als 200 m² beträgt, muss er mindestens **zwei Ausgänge** haben (siehe Abschnitt 5.6.2 MIndBauRL), die in diesem Fall zugleich auch die beiden Rettungswege ins Freie bilden. In diesem Beispiel ist kein Hauptgang erforderlich, da von jeder Stelle des Industriebaus ein Ausgang ins Freie nach höchstens 15 m Lauflänge erreichbar ist.

c) Kleiner eingeschossiger Industriebau

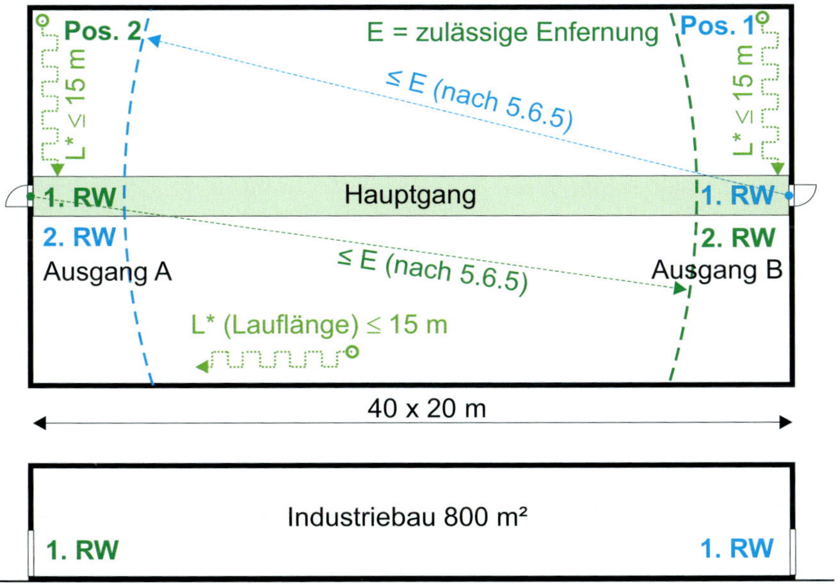

Bild 5.6.12-3: Beispiel für einen kleinen eingeschossigen Industriebau

Der 1. RW führt von Position 2 durch Ausgang A. Für Position 1 ist Ausgang A jedoch nicht mehr als 1. RW geeignet, da er weiter als 35 m entfernt liegt. Aus diesem Grund führt der 1. RW von Position 1 durch Ausgang B. Die Hauptgänge werden nach max. 15 m Lauflänge (L*) erreicht.

d) Eingeschossiger Industriebau

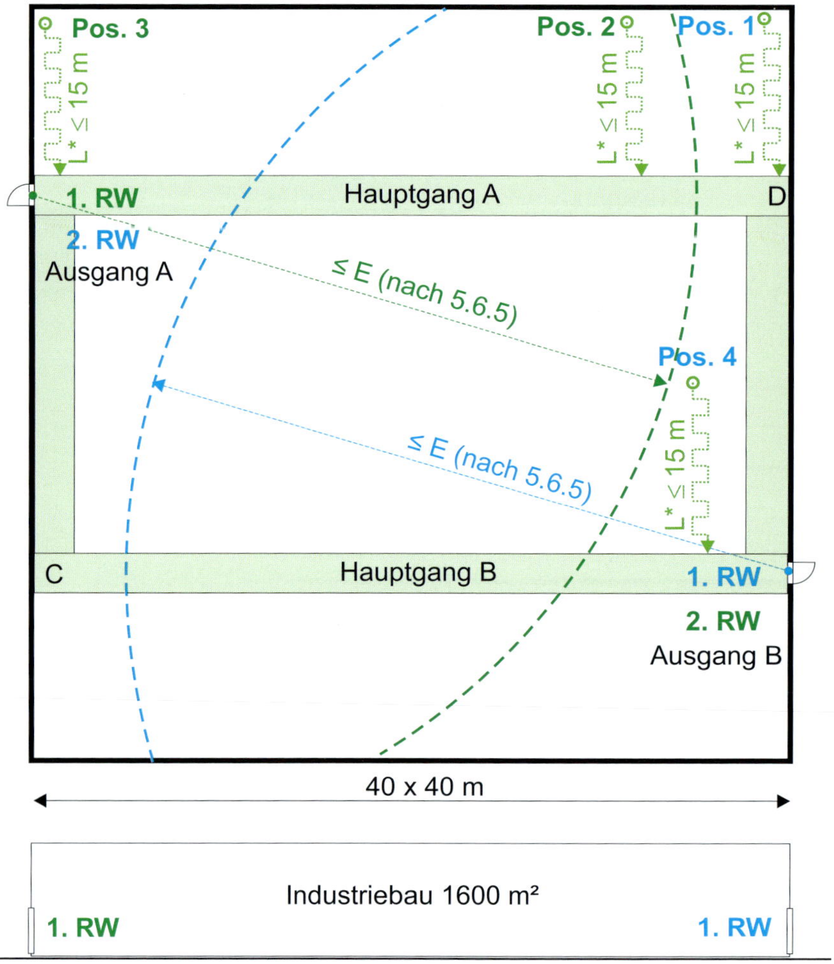

Bild 5.6.12-4: Beispiel für einen eingeschossigen Industriebau in einer Größe von 1600 m²

Sicherheitskategorie K 1, Tragwerk aus nichtbrennbaren Baustoffen ohne klassifizierte Feuerwiderstandsdauer

Hier sind alle Anforderungen der MIndBauRL eingehalten. Anstelle der beiden Verbindungshauptgänge zwischen den Hauptgängen A und B könnten auch zwei zusätzliche Außentüren (Ausgänge ins Freie) an den Stellen C und D angeordnet werden. Die tatsächliche Lauflänge nach Abschnitt 5.6.8 MIndBauRL muss eingehalten werden.

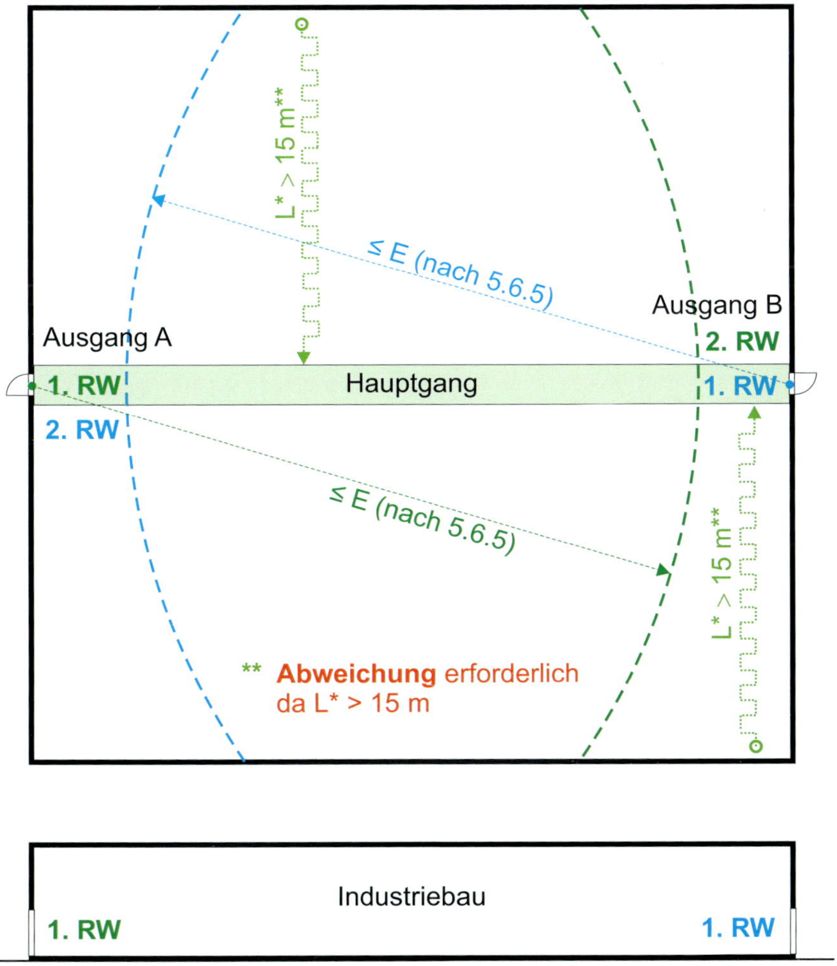

Bild 5.6.12-5: Industriebau wie in Bild 5.6.12-4, jedoch Beispiel für eine Abweichung bei einer Überschreitung der zulässigen Lauflänge von 15 m

Die maximal zulässigen Entfernungen der Ausgänge ins Freie von 35 m sind eingehalten. Es ist jedoch eine Abweichung erforderlich, da der Hauptgang nicht nach höchstens 15 m Lauflänge erreicht werden kann.

Anmerkung: Solche Situationen können im Einzelfall nach besonderer Prüfung als **Abweichung** zulässig sein, wenn sie entsprechend begründet werden und keine Bedenken wegen des Brandschutzes bestehen. Dabei ist wesentlich, dass es sich bei der 15-m-Anforderung nicht um eine Muss-, sondern um eine Soll-Anforderung handelt.

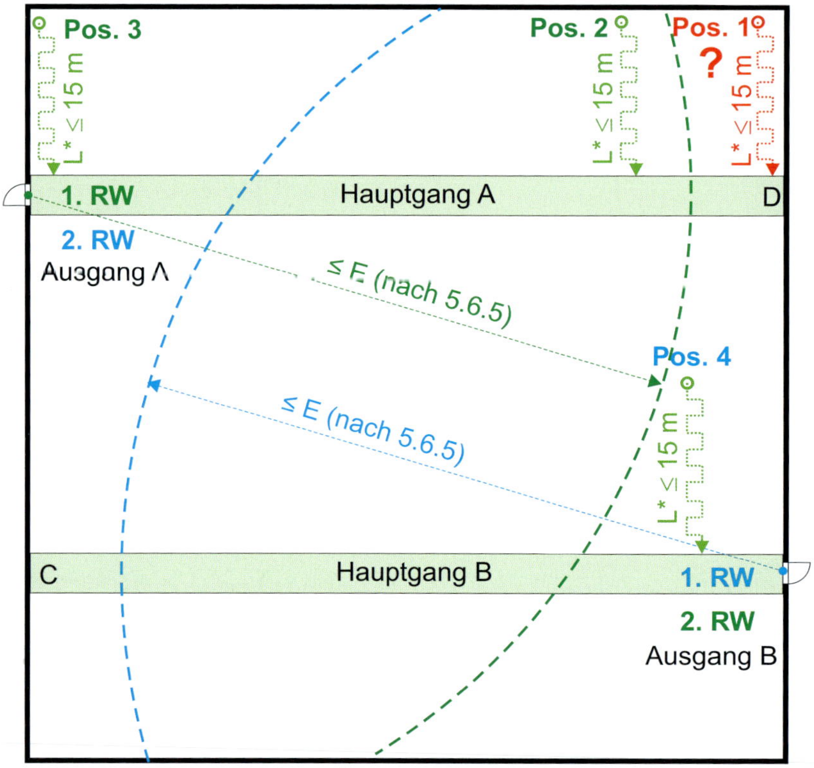

Bild 5.6.12-6: Ein Industriebau wie in Bild 5.6.12-4, jedoch ein Beispiel für eine änderungsbedürftige Ausführung

In diesem Beispiel sind zunächst lediglich die beiden Ausgänge A und B vorgesehen. Diese Hauptgänge können nach höchstens 15 m Lauflänge erreicht werden. Die Ausführung ist jedoch zunächst unzulässig, da für Position 1 der 1. RW nach Abschnitt 5.6.5 MIndBauRL nicht gewährleistet ist. Die Entfernung von Position 1 zum Ausgang A beträgt mehr als 35 m. Ausgang B würde eine Entfernung von unter 35 m aufweisen. Ausgang B ist jedoch für Position A nicht als 1. RW möglich, da er nicht über einen Hauptgang erreicht werden kann.

Abhilfe: zwei zusätzliche Ausgänge C und D

Anmerkung: Solche Situationen können im Einzelfall nach besonderer Prüfung als **Abweichung** zulässig sein, wenn sie entsprechend begründet werden und keine Bedenken wegen des Brandschutzes bestehen.

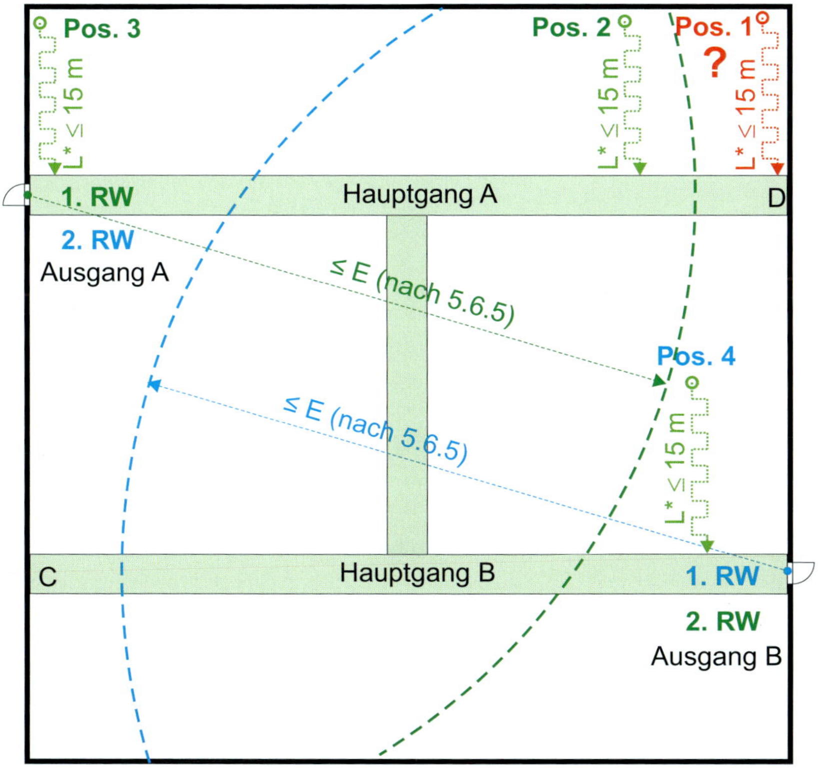

Bild 5.6.12-7: Ein Industriebau wie in Bild 5.6.12-4, jedoch ein Beispiel für eine *änderungsbedürftige* Ausführung

In diesem Beispiel sind zunächst nur die Ausgänge A und B vorgesehen. Dabei kann Ausgang B von Position 1 über Hauptgänge erreicht werden. Außerdem ist die maximal zulässige Entfernung von 35 m zwischen Position 1 und Ausgang B eingehalten. Die Ausführung ist jedoch unzulässig, da für Position 1 die maximal zulässige Lauflänge nach Abschnitt 5.6.8 MIndBauRL zu Ausgang B überschritten wird und die Entfernung zu Ausgang A mehr als 35 m beträgt.

Abhilfe: zwei zusätzliche Ausgänge C und D

Anmerkung: Solche Situationen können im Einzelfall nach besonderer Prüfung als **Abweichung** zulässig sein, wenn sie entsprechend begründet werden und keine Bedenken wegen des Brandschutzes bestehen

5.6.13 Industriebauten mit eingestellten Räumen

Zu 5.6.13: Industriebauten mit eingestellten Räumen

a) Industriebauten mit eingestellten Räumen, die keine Aufenthaltsräume sind

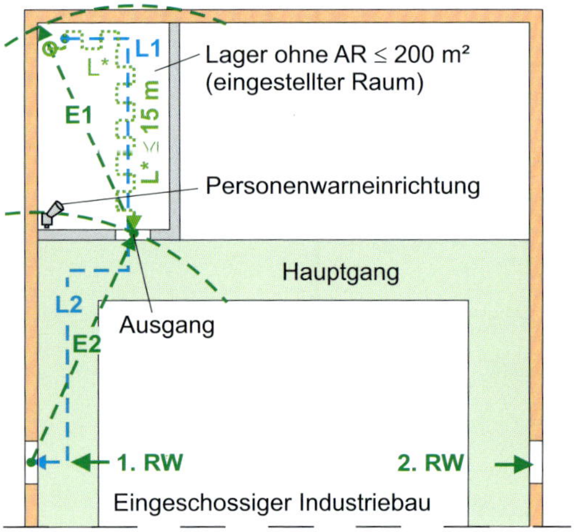

Bild 5.6.13-1: Beispiel für einen eingeschossigen Industriebau mit eingestelltem Lagerraum (kein Aufenthaltsraum) bis 200 m²

Dargestellt werden hier nur die Rettungswege aus dem Lagerraum:

Der 2. RW darf länger sein als der 1. RW. Er beginnt an der Türe des Lagerraums und führt über den Hauptgang zu einem zweiten (einem weiteren und möglichst entgegengesetzt liegenden) Ausgang aus der Halle.

Die folgende Tabelle 5.6.13-1 zeigt die wichtigsten Anforderungen.

Grundsätzlich bestehen keine besonderen Anforderungen an die Wände zwischen Räumen innerhalb des Industriebaus. Das gilt auch für Lagerräume, sofern diese nicht im Einzelfall wegen besonderer Gefahren besondere Abschottungsmaßnahmen erforderlich machen (Risikobewertung der Brandschutzplanung).

Falls die Decke des Lagers begehbar ist, handelt es sich um einen Einbau oder um eine Ebenendecke. In diesem Fall bestehen dafür ggf. weitergehende Anforderungen an die Ausführung und Rettungswegführung.

Da der Lagerraum geschlossen und größer als 20 m² ist, ist sicherzustellen, dass die dort anwesenden Personen im Brandfall rechtzeitig und in geeigneter Weise gewarnt werden.

Tabelle 5.6.13-1: Anforderungen an die in Bild 5.6.13-1 dargestellten Rettungswege

Kriterium	**Anforderungen**		**MIndBauRL**
Zul. Entfernung (E)	(E1 + E2) ≤ zul. E (zwei Zirkelschläge, da nicht durch Bauteile gemessen werden darf)		5.6.5 5.6.8
Zul. Lauflänge (L)	(L1 + L2) ≤ 1,5 × zul. E		5.6.8
Zul. Lauflänge zum Hauptgang (L*)	L* ≤ 15 m		5.6.4
Anforderungen an Geschlossenheit und Sichtverbindung	Keine besonderen Anforderungen, da keine Aufenthaltsräume (AR). Anmerkung: Falls die Decke begehbar bzw. benutzbar ist, dann Bewertung als Einbau/Ebene mit weitergehenden Anforderungen für diese Decke.		5.6.3 3.8, 3.9
Ausgänge	Grundfläche ≤ 200 m²	ein Ausgang	5.6.2
	Grundfläche > 200 m²	zwei (mehrere) Ausgänge	
Personenwarneinrichtung	Grundfläche ≤ 20 m²	keine Anforderungen	5.6.3
	Offene Räume mit einer Grundfläche > 20 m²		
	Geschlossene Räume mit einer Grundfläche > 20 m²	Anwesende Personen müssen im Brandfall rechtzeitig gewarnt werden.	

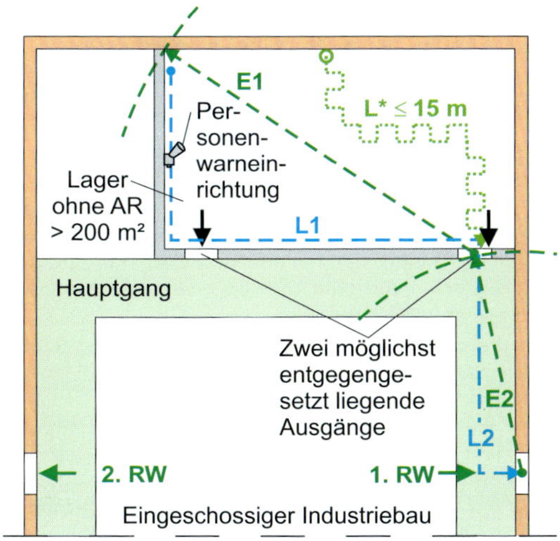

Bild 5.6.13-2: Beispiel für einen eingeschossigen Industriebau mit eingestelltem Lagerraum (kein AR) > 200 m²

Dargestellt werden hier nur die Rettungswege aus dem Lagerraum. Der 2. RW darf länger sein als der 1. RW. Er beginnt an einer der beiden Türen des Lagerraums und führt über den Hauptgang zu einem zweiten (einem weiteren und möglichst entgegengesetzt liegenden) Ausgang.

Die Anforderungen sind im Wesentlichen die gleichen wie bei Bild 5.6.13-1 (siehe dort) mit folgender Änderung: Da das Lager größer als 200 m² ist, benötigt es zwei möglichst entgegengesetzte Ausgänge. Dabei handelt es sich nicht um zwei Rettungswege, sondern lediglich um zwei Ausgänge, die zum Rettungswegsystem des Industriebaus führen. Für den Fall, dass ein Ausgang nicht mehr benutzbar ist, soll ein weiterer benutzbarer Ausgang zur Verfügung stehen.

b) Industriebauten mit betriebszugehörigen Aufenthaltsräumen mit direkter funktionaler Verbindung zum Industriebau

Hierzu zählen Aufenthaltsräume, die mit den Produktions- und Lagerabschnitten in direkter **funktionaler Verbindung** stehen und die durch entsprechende Anordnung und Ausführung (z. B. offene Ausführung oder direkte Sichtverbindung) so integriert sind, dass die sich darin aufhaltenden Personen am Geschehen in den Produktions- und Lagerabschnitten unmittelbar teilhaben.

Beispiele hierfür sind Meister-, Betriebs- und Konstruktionsbüros, Maschinenleitstände, Labor- und Messräume mit entsprechenden (ausreichend großen) Sichtverbindungen zu den Produktions- und Lagerabschnitten. Aber auch Pausenräume können dazu gehören, vorausgesetzt sie weisen in Nutzung und Ausführung einen direkten **funktionalen Zusammenhang** zu den Produktionsabschnitten auf.

Für derartige Räume gilt der Grundsatz, dass für Personen, die sich dort aufhalten, mindestens die gleiche Sicherheit gewährleistet sein muss wie für Personen in den eigentlichen Produktions- und Lagerräumen. Dies wird gemäß den Regelungen in Abschnitt 5.6.3 durch eine offene Bauweise erreicht oder durch ausreichende Sichtverbindungen zur Halle. Bei geschlossenen Räumen mit einer Grundfläche von mehr als 20 m² müssen unabhängig von einer Sichtverbindung geeignete Maßnahmen zur Personenwarnung ergriffen werden. Dabei handelt es sich meist um betrieblich organisatorische Maßnahmen und nicht um anlagentechnische Einrichtungen.

Die genannten Räume können in die Gesamtbetrachtung des Industriebaus einbezogen werden und bilden dann zusammen mit den Produktions- und Lagerabschnitten eine große Nutzungseinheit. Sie können deshalb bezüglich ihrer Rettungswege zusammen mit den Produktions- und Lagerräumen als Einheit behandelt werden, wobei sich die erforderlichen Rettungswege nach dem Rettungswegsystem der MIndBauRL ergeben.

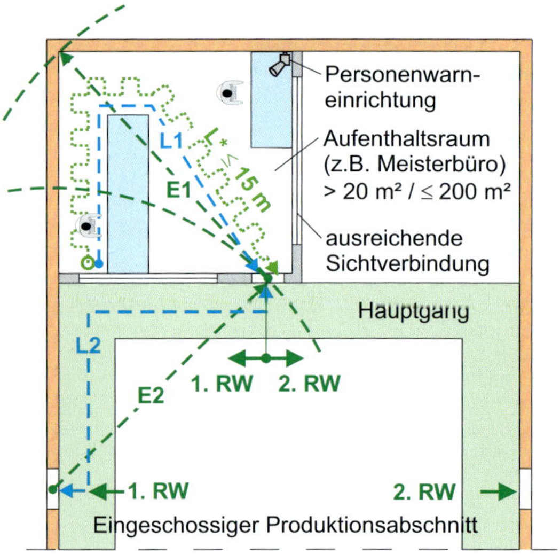

Bild 5.6.13-3: Beispiel für einen eingeschossigen Industriebau mit eingestelltem offenem Aufenthaltsraum ≤ 200 m²; Rettungswege über das Rettungswegsystem des Industriebaus

Dargestellt werden nur die Rettungswege aus dem Aufenthaltsraum.

Der 2. RW darf länger sein als der 1. RW. Er beginnt an der Tür des Aufenthaltsraums und führt über den Hauptgang zu einem zweiten (weiteren und möglichst entgegengesetzt liegenden) Ausgang. Die folgende Tabelle zeigt die wichtigsten Anforderungen.

Der Aufenthaltsraum ist geschlossen. Deshalb benötigt er eine ausreichende Sichtverbindung zum Industriebau. Trotz dieser Sichtverbindung ist eine geeignete Personenwarneinrichtung erforderlich (da es sich um einen geschlossenen Raum > 20 m² handelt).

Als Alternative könnte der Raum offen ausgeführt werden (z. B. ohne Decke). In diesem Fall ist weder eine Sichtverbindung noch eine Personenwarnanlage erforderlich.

Tabelle 5.6.13-2: Anforderungen an die in Bild 5.6.13-3 dargestellten Rettungswege

Kriterium	**Anforderungen**		**MIndBauRL**
Zul. Entfernung (E)	(E1 + E2) ≤ zul. E (zwei Zirkelschläge, da nicht durch Bauteile gemessen werden darf)		5.6.5 5.6.8
Zul. Lauflänge (L)	(L1 + L2) ≤ 1,5 × zul. E		5.6.8
Zul. Lauflänge zum Hauptgang (L*)	L* ≤ 15 m		5.6.4
Anforderungen an Geschlossenheit und Sichtverbindung	Entweder offene Ausführung oder Abtrennung durch Wände mit ausreichender Sichtverbindung		5.6.3
Ausgänge	Grundfläche ≤ 200 m²	ein Ausgang	5.6.2
	Grundfläche > 200 m²	zwei (mehrere) Ausgänge	
Personenwarneinrichtung	Grundfläche ≤ 20 m²	keine Anforderungen	5.6.3
	Offene Räume mit einer Grundfläche > 20 m²		
	Geschlossene Räume mit einer Grundfläche > 20 m²	Anwesende Personen müssen im Brandfall rechtzeitig gewarnt werden.	

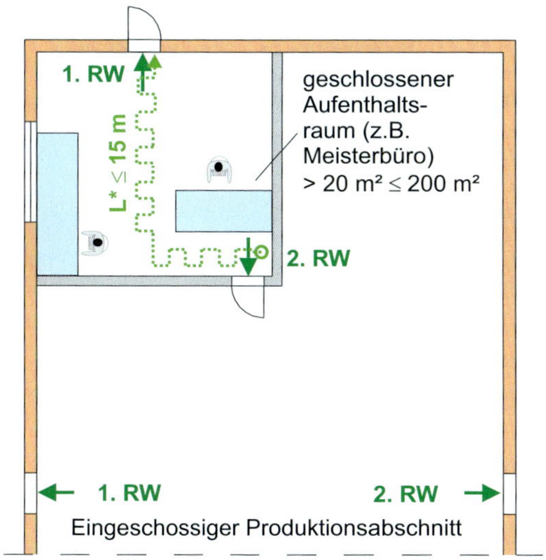

Bild 5.6.13-4: Beispiel für einen eingestellten geschlossenen Aufenthaltsraum ≤ 200 m² mit eigenem Rettungsweg ins Freie

Dargestellt werden nur die Rettungswege aus dem Aufenthaltsraum.

In diesem Beispiel ist es möglich, den Aufenthaltsraum geschlossen, ohne Sichtverbindung und auch ohne Warneinrichtung auszuführen, da der 1. RW unabhängig vom Industriebau nachgewiesen wird. Der 2. RW kann dann über den Industriebau geführt werden.

Die maximale Lauflänge von 15 m zum 1. RW gilt auch für diese Situation.

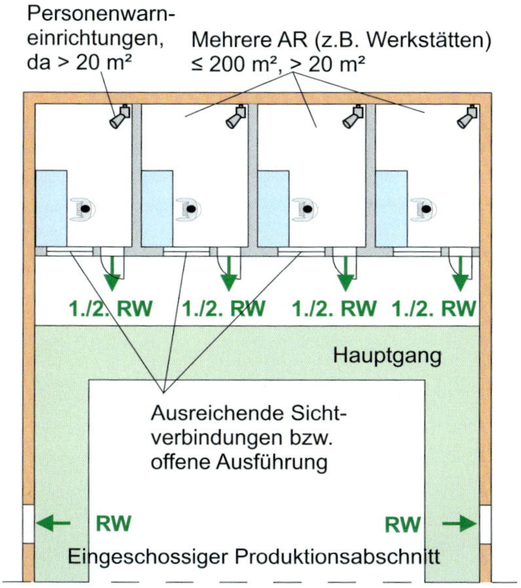

Bild 5.6.13-5: Beispiel für eine Situation mit mehreren eingestellten geschlossenen Aufenthaltsräumen ≤ 200 m², > 20 m² (z. B. Werkstätten)

Detaillierter Nachweis und Anforderungen der Rettungswege aus den einzelnen Räumen siehe sinngemäß in Bild 5.6.13-3 und der zugehörigen Tabelle.

Da die Grundfläche der einzelnen Werkstätten jeweils größer als 20 m² Grundfläche ist, muss zusätzlich sichergestellt werden, dass die dort anwesenden Personen im Brandfall rechtzeitig in geeigneter Weise gewarnt werden.

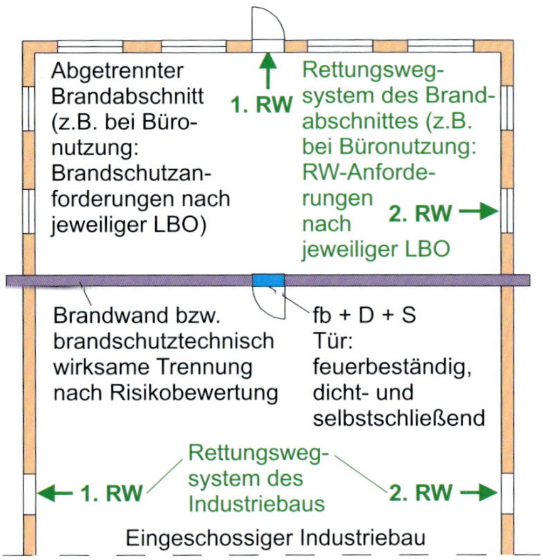

Bild 5.6.13-6: Beispiel für einen eingeschossigen Industriebau mit einer brandschutztechnisch abgetrennten Büro- und Verwaltungsnutzung

In diesem Beispiel wurde die Büronutzung brandschutztechnisch wirksam vom Industriebau abgetrennt (Brandwand).

Damit entstehen zwei BA und die Rettungswege müssen in jedem BA entsprechend den zugehörigen bauaufsichtlichen Anforderungen ausgeführt werden (bei Industriebauten: MIndBauRL, bei Bürobauten: jeweilige LBO).

5.6.14 Industriebauten mit Einbauten

Zu 5.6.14 Industriebauten mit Einbauten

a) Industriebauten mit Einbauten ohne Räume

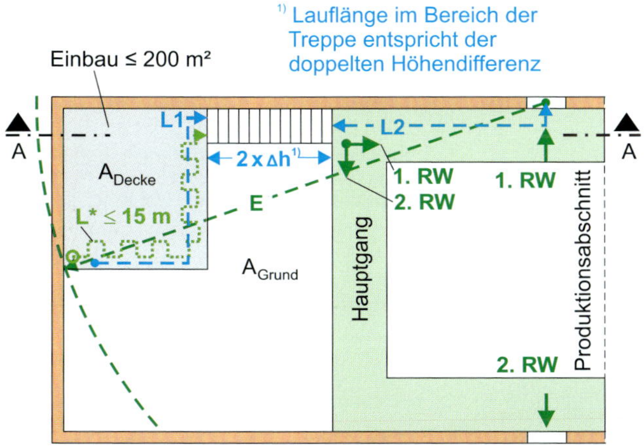

Bild 5.6.14-1: Beispiel für einen Einbau ≤ 200 m² – ohne Räume und ohne Hauptgang auf dem Einbau

Dargestellt werden hier nur die Rettungswege des Einbaus ≤ 200 m².

Beide Rettungswege führen zunächst auf dem Einbau bis zum Treppenkopf. Von dort führt der 1. RW über die Treppe und die Hauptgänge auf kürzestem Weg zum nächsten sicheren Ausgang.

Der 2. RW darf länger sein. Er führt über andere Hauptgänge zu einem zweiten (weiteren und möglichst entgegengesetzt liegenden) sicheren Ausgang.

In diesem Beispiel kann nach 15 m Lauflänge der Treppenkopf erreicht werden. Damit sind Hauptgänge auf dem Einbau nicht erforderlich. Außerdem bestehen auch noch Anforderungen an die maximale Lauflänge auf dem Einbau nach Abschnitt 5.6.9 MIndBauRL.

Anmerkung: Die Anforderungen gelten sinngemäß auch für kleine Ebenen mit einer maximalen Grundfläche ≤ 200 m².

Tabelle 5.6.14-1: Anforderungen an die in Bild 5.6.14-1 dargestellten Rettungswege

Kriterium	**Anforderungen an Einbauten mit nur einer Treppe**		**MIndBauRL**
Zul. Größe des Einbaus	$A_{Decke} \leq 200$ m²		5.5 5.6.2
Zul. Entfernung (E)	E ≤ zul. E (Zirkelschlag, da keine Bauteile übermessen werden)		5.6.5 5.6.8
Zul. Lauflänge (L)	$(L1 + 2 \times \Delta h + L2) \leq 1{,}5 \times$ zul. E		5.6.8
Zul. Lauflänge auf Einbau bis zur Treppe (L1)	Bei Brandbelastung ≤ 15 kWh/m² im Brandbekämpfungsabschnitt	L1 ≤ 50 m	5.6.9
	Mit Alarmierungseinrichtung für Nutzer	L1 ≤ 35 m	
	im Übrigen	L1 ≤ 25 m	
Zul. Lauflänge bis zum Hauptgang (L*)	Von jeder Stelle des Einbaus	L* ≤ 15 m	5.6.4
Treppe/Abgänge zu A_{Grund}	$A_{Decke} \leq 200$ m²	eine Treppe/Abgang	5.6.2
	$A_{Decke} > 200$ m²	zwei (oder mehrere) Treppen/Abgänge	
Personenwarneinrichtung	Keine besonderen Anforderungen (da offen)		5.6.3

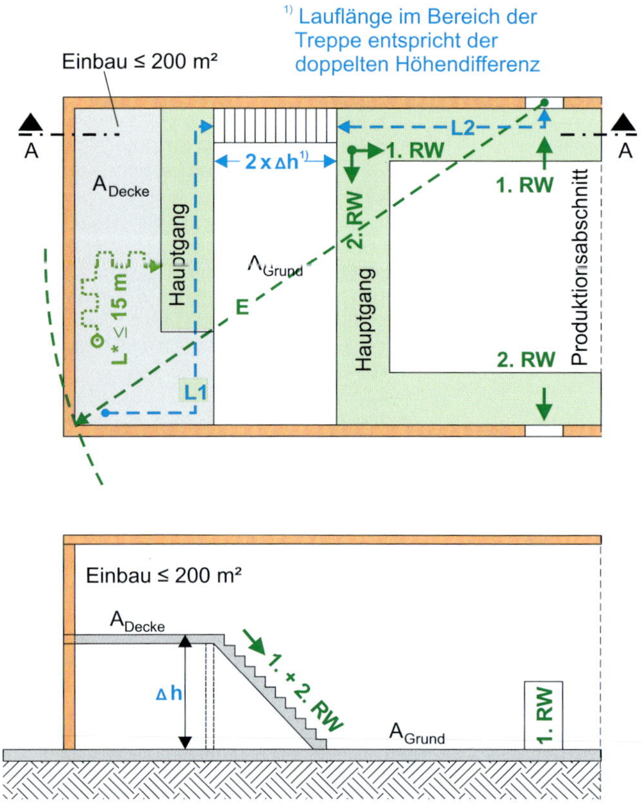

Bild 5.6.14-2: Beispiel für einen Einbau ≤ 200 m² – ohne Räume, aber mit einem Hauptgang auf dem Einbau

Dargestellt werden die Rettungswege für den Einbau.

Die Anforderungen sind im Wesentlichen die gleichen wie bei Bild 5.6.14-1 (siehe dort) mit folgender Änderung: Da nach maximal 15 m kein Treppenkopf erreicht werden kann, ist auch auf dem Einbau ein Hauptgang erforderlich.

Anmerkung: Die Anforderungen gelten sinngemäß auch für kleine Ebenen mit einer maximalen Grundfläche ≤ 200 m².

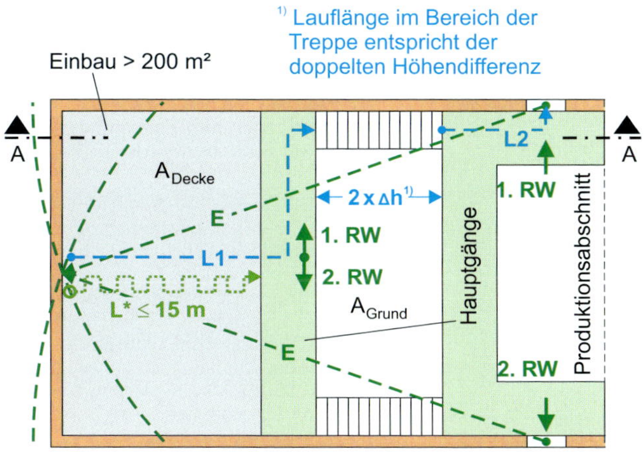

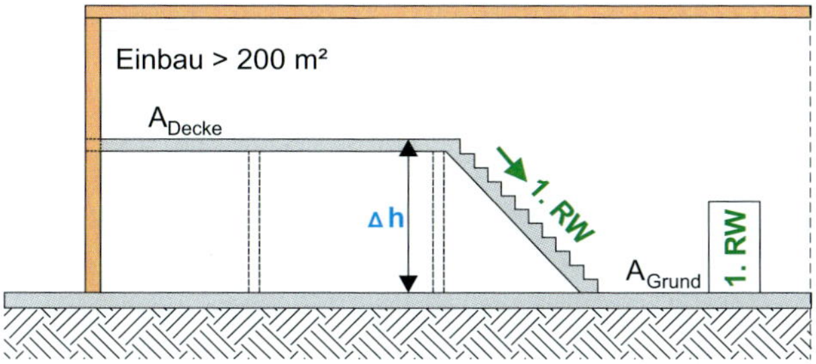

Bild 5.6.14-3: Beispiel für einen Industriebau mit einem Einbau > 200 m²

Dargestellt werden die Rettungswege für den Einbau.

Die Anforderungen sind im Wesentlichen die gleichen wie bei Bild 5.6.14-1 (siehe dort) mit folgender Änderung: Da der Einbau größer als 200 m² ist, sind zwei bauliche Rettungswege erforderlich (siehe Abschnitt 5.6.2), die jedoch bis zu einer maximalen Grundfläche nach Tabelle 1 MIndBauRL über notwendige Treppen ohne notwendigen Treppenraum geführt werden dürfen (siehe Abschnitt 5.6.9).

Anmerkung: Die Anforderungen gelten sinngemäß auch für kleine Ebenen mit einer maximalen Grundfläche nach Tabelle 1 (Abschnitt 5.5 MIndBauRL).

b) Industriebauten mit Räumen auf Einbauten

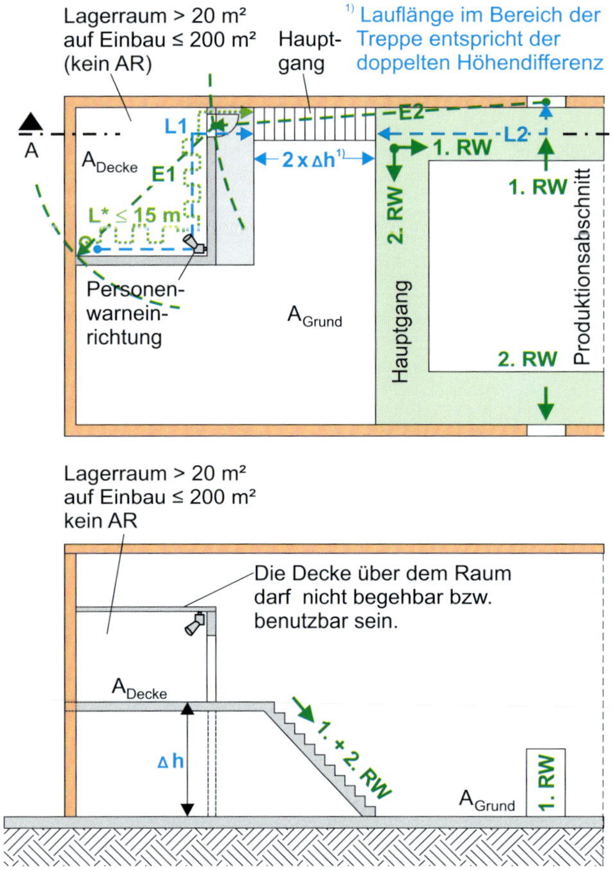

Bild 5.6.14-4: Beispiel eines Einbaus ≤ 200 m² mit Lagerraum (kein AR) > 20 m²

Dargestellt werden hier nur die Rettungswege aus dem Lagerraum. Eine grundsätzliche Beschreibung enthält sinngemäß Bild 5.6.14-1.

Wichtig: Die Decke über dem Raum darf nicht begehbar bzw. benutzbar sein. Ist sie es doch, handelt es sich zunächst um einen weiteren Einbau. Weitere Einbauten (übereinander angeordnete Einbauten) sind jedoch nicht zulässig (siehe Abschnitt 5.5 MIndBauRL); daher muss diese Decke dann als Ebenendecke eingestuft und ausgeführt werden, zumindest wenn sie genutzt werden soll. Für weitere Ebenen bestehen zusätzliche Anforderungen.

Da der Lagerraum geschlossen und seine Grundfläche größer als 20 m² ist, muss sichergestellt werden, dass die dort anwesenden Personen im Brandfall rechtzeitig in geeigneter Weise gewarnt werden.

Falls der Lagerraum in Aufenthaltsräume umgenutzt werden soll, sind diese Räume offen auszuführen. Alternativ können sie auch durch Wände mit ausreichender Sichtverbindung abgetrennt werden.

Anmerkung: Die Anforderungen gelten sinngemäß auch für Ebenen ≤ 200 m² mit einer maximalen Grundfläche nach Tabelle 1 (Abschnitt 5.5 MIndBauRL). Tabelle 5.6.14-2 zeigt die wichtigsten Anforderungen.

Tabelle 5.6.14-2: Anforderungen an die in Bild 5.6.14-4 dargestellten Rettungswege

Kriterium	**Anforderungen**		**MIndBauRL**
Zul. Größe des Einbaus	$A_{Decke} \le 200\ m^2$		5.5 5.6.2
Zul. Entfernung (E)	(E1 + E2) ≤ zul. E (zwei Zirkelschläge, da nicht durch Bauteile gemessen werden darf)		5.6.5 5.6.8
Zul. Lauflänge (L)	(L1 + 2 × Δh + L2) ≤ 1,5 × zul. E		5.6.8
Zul. Lauflänge auf Einbau bis zur Treppe (L1)	Bei Brandbelastung ≤ 15 kWh/m² im Brandbekämpfungsabschnitt	L1 ≤ 50 m	5.6.9
	Mit Alarmierungseinrichtung für Nutzer	L1 ≤ 35 m	
	im Übrigen	L1 ≤ 25 m	
Zul. Lauflänge zum Hauptgang (L*)	Von jeder Stelle des Einbaus Der Hauptgang beginnt in diesem Beispiel am Treppenkopf auf A_{Decke}.	L* ≤ 15 m	5.6.4
Treppe/Abgänge zu A_{Grund}	$A_{Decke} \le 200\ m^2$	eine Treppe/Abgang	5.6.2
	$A_{Decke} > 200\ m^2$	zwei (oder mehrere) Treppen/Abgänge	
Ausführung der Räume oder Raumgruppen ohne Aufenthaltsräume (AR)	Keine besonderen Anforderungen, da keine AR **Anmerkung:** Falls die Decke über den Räumen oder Raumgruppen begehbar bzw. benutzbar ist, Bewertung als Ebene mit weitergehenden Anforderungen		5.6.3 3.8, 3.9, 5.5, 5.6.9
Ausgänge	Grundfläche ≤ 200 m²	ein Ausgang	5.6.2
	Grundfläche > 200 m²	zwei (mehrere) Ausgänge	
Personenwarn-einrichtung	Grundfläche ≤ 20 m²	keine Anforderungen	5.6.3
	Offene Räume mit einer Grundfläche > 20 m²		
	Geschlossene Räume mit einer Grundfläche > 20 m²	Die anwesenden Personen müssen im Brandfall rechtzeitig gewarnt werden.	

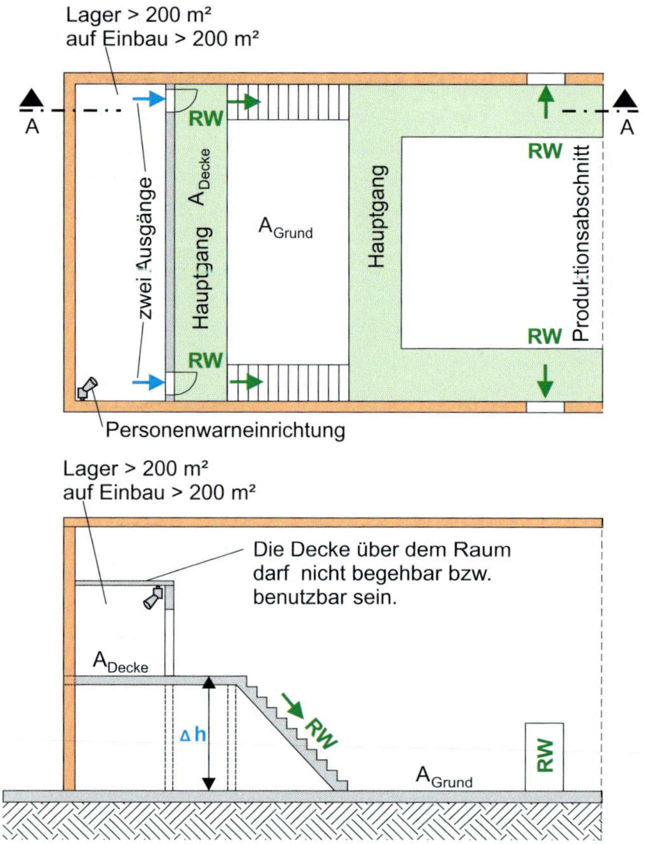

Bild 5.6.14-5: Beispiel eines Einbaus > 200 m² mit Lagerraum (keine AR)

Grundsätzliche Beschreibungen enthalten sinngemäß die Bilder 5.6.14-1 und 5.6.14-4.

Es sind zwei bauliche Rettungswege erforderlich, da der Einbau größer als 200 m² ist (siehe Abschnitt 5.6.2 MIndBauRL). Die Führung der Rettungswege über notwendige Treppen ohne notwendige Treppenräume auf das unmittelbar darunterliegende Geschoss bzw. die unmittelbar darunterliegende Ebene ist zulässig, da die maximale Grundfläche des Einbaus die Anforderungen der Tabelle 1 MIndBauRL erfüllt (siehe Abschnitt 5.5 und Regelungen in Abschnitt 5.6.9 MIndBauRL).

Das Lager benötigt zwei Ausgänge, da es eine Größe von mehr als 200 m² aufweist. Falls der Lagerraum in Aufenthaltsräume umgenutzt werden soll, sind diese offen auszuführen. Alternativ können sie auch durch Wände mit ausreichender Sichtverbindung abgetrennt werden.

Anmerkung: Die Anforderungen gelten sinngemäß auch für Ebenen mit einer maximalen Grundfläche nach Tabelle 1 (Abschnitt 5.5 MIndBauRL).

5.6.15 Industriebauten mit größeren Ebenendecken als nach Tabelle 1 MIndBauRL

Zu 5.6.15 Industriebauten mit größeren Ebenendecken als nach Tabelle 1 MIndBauRL

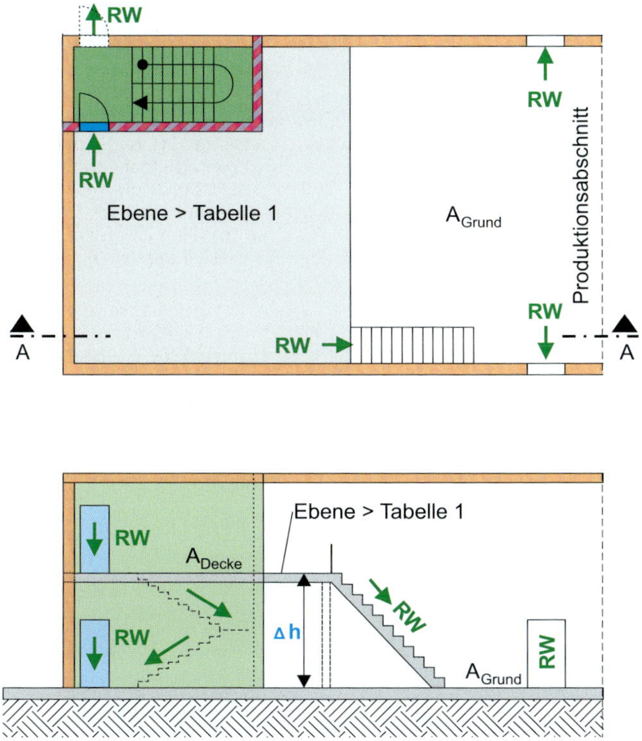

Bild 5.6.15-1: Beispiel für einen Industriebau mit Ebenendecke > Tabelle 1 – mit notwendigem Treppenraum

Grundsätzliche Anforderungen an die Rettungswege sind sinngemäß in Abschnitt 5.6.14 beschrieben.

Da die Ebenendecke größer ist als die Grundflächenangaben in Tabelle 1, gelten die Erleichterungen des Abschnittes 5.6.9 MIndBauRL nicht. Damit muss die Ebene mindestens einen sicheren baulichen Rettungsweg aufweisen (im Beispiel: eine notwendige Treppe mit notwendigem Treppenraum).

Der 2. RW darf über eine notwendige Treppe ohne notwendigen Treppenraum in eine unmittelbar darunterliegende Ebene oder ein unmittelbar darunterliegendes Geschoss führen, sofern diese Ebene oder dieses Geschoss Ausgänge in mindestens zwei sichere Bereiche hat (siehe Abschnitt 5.6.3).

Bild 5.6.15-2: Beispiel für einen Industriebau mit Ebenendecke > Tabelle 1 – mit notwendiger Außentreppe

Grundsätzliche Anforderungen an die Rettungswege sind sinngemäß in Abschnitt 5.6.14 beschrieben sowie in den Erläuterungen zu Bild 5.6.15-1 enthalten.

Einer der Rettungswege führt bei diesem Beispiel über eine sichere Außentreppe.

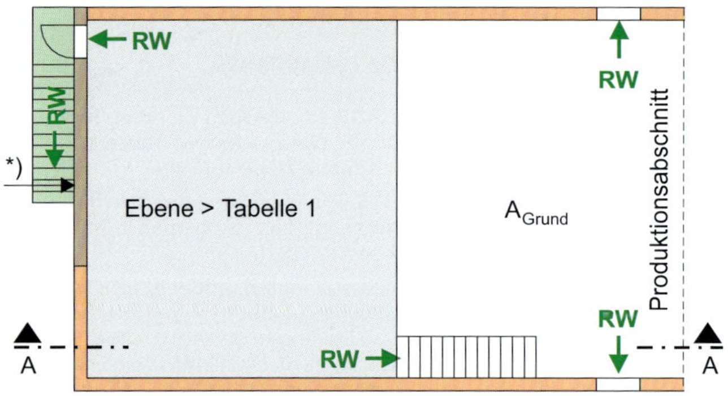

*) Im Bereich der Außentreppe:
Schutzbereich der Fassade, siehe auch Punkt 5.6.3.f und Bilder 5.6.3-1 und 5.6.3-2.

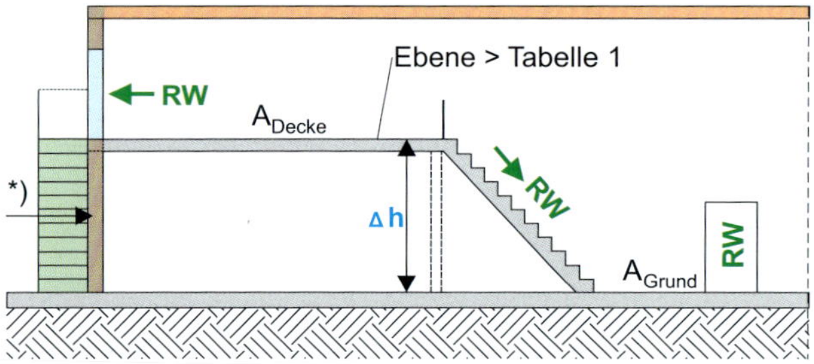

5.7 Rauchableitung

Produktions-, Lagerräume und Ebenen mit jeweils mehr als 200 m² Grundfläche müssen zur Unterstützung der Brandbekämpfung entraucht werden können.

Zu 5.7 Rauchableitung

1. *Anlass für die Überarbeitung der Regelungen für die Rauchableitung sind die Grundsätze zur Auslegung des § 14 MBO (Brandschutz) der Fachkommission Bauaufsicht vom Oktober 2008 (DIBt Mitteilungen 1/2009). Danach zielt die Rauchableitung auf die Unterstützung der Brandbekämpfung durch die Feuerwehr, wenn die grundlegenden bauordnungsrechtlichen Anforderungen – insbesondere hinsichtlich der Standsicherheit im Brandfall, der brandschutztechnischen Raumtrennung und Abschnittsbildung und der ausreichenden Bemessung, Anordnung und Ausbildung der Rettungswege erfüllt und die erforderlichen betrieblich/organisatorischen Vorkehrungen und ggf. anlagentechnischen Maßnahmen einschließlich Alarmierung vorgesehen sind.*

   Die erforderlichen bauordnungsrechtlichen Anforderungen werden durch die Bestimmungen dieser Richtlinie erfüllt.

2. *Die Anforderungen an die Rauchableitung nach Abschnitt 5.7 dienen der Unterstützung der Brandbekämpfung (Innenangriff der Feuerwehr) und sind auf andere Schutzziele nicht ausgerichtet.*

3. *Für die Anordnung und Bemessung der Einrichtungen und Anlagen für die Rauchableitung wird von Folgendem ausgegangen:*

   a. *Unter Beachtung sowohl physikalischer Modelle (Energie- und Massebilanzmodell) als auch physikalisch-strömungsmechanischer Modelle – wie sie beispielsweise auch der Normenreihe DIN 18232 zu Grunde liegen, hier wegen des geforderten Schutzziels jedoch mit modifizierten Randbedingungen – wäre z. B. bei einer natürlich wirkenden Rauchableitung rechnerisch eine aerodynamisch wirksame Rauchabzugsfläche A_W von 4 bis 5 m² in Zuordnung zu der Fläche des Raumes von A = 1600 m² ausreichend. Dabei wird ein Brandverlauf bis zum Ende der Entstehungsphase als Bemessungsszenario mit einer Brandleistung von 2 MW [übliche Brandleistung eines in der Entstehungs- und Entwicklungsphase brandlastgesteuerten Brandes und zugleich gerundeter Maximalwert des in Abstellung auf 1,5 m² wirksamer Rauchabzugsfläche A_W sich einstellenden ventilationsgesteuerten Brandes; siehe hierzu vergleichsweise auch die Gleichung (AA.1) und (BB.6) in DIN EN 1991-1-2/NA:2010-12] über einen Zeitraum von einer Stunde betrachtet. Der Feuerwehr wird zudem eine gewisse Verrauchung des Raumes, z. B. durch örtliche Verwirbelung, zugemutet.*

   b. *Bei großen Räumen (> 1600 m²) mit natürlich wirkender Rauchableitung wird eine möglichst gleichmäßige Verteilung von Rauchabzugsgeräten im oberen Raumdrittel und die Bildung von Auslösegruppen verlangt; dadurch wird auch der Verschleppung der Rauchgase über größere Entfernungen innerhalb eines Raums vorgebeugt. Daraus erfolgt die Anordnung von insgesamt 1,5 m² A_W bezogen auf jeweils höchstens 400 m² der Fläche A und die Zusammenfassung von Rauchabzugsgeräten zu Auslösegruppen für je 1600 m² der Fläche A. Die Größe der Rauchabschnitte ergibt sich aus der jeweiligen Raum- bzw. zulässigen Brandabschnittsgröße.*

   c. *In kleinen Räumen (≤ 1600 m²) genügen im oberen Raumdrittel angeordnete Wand- und/oder Dachöffnungen, die eine Rauchableitung ins Freie ermöglichen und deren geometrische Größe insgesamt mindestens 1 % der Grundfläche des Raumes beträgt.*

d. Hinsichtlich der Vorgaben für die Rauchableitung wird unterschieden zwischen „Öffnungen zur Rauchableitung“, „natürlich wirkenden Rauchabzugsanlagen“ und maschinellen Rauchabzugsanlagen. Diese Vorgaben sind als „Regel-Beispiel-Katalog“ gestaltet und lassen somit alternative Lösungen zur Erreichung des benannten Schutzziels unter Beachtung des Brandmodells nach Nr. 3 Buchst. A zu, ohne dass es einer Abweichungsentscheidung bedarf. Beispielhaft sei hier auf die Anwendung der Normenreihe DIN 18232 verwiesen. Alternative Lösungen sind mit den erforderlichen Angaben und Unterlagen im Brandschutznachweis (§ 11 Abs. 2 MBauVorlV) darzustellen.

In Abschnitt 5.7 wird daher das Schutzziel „Unterstützung der Brandbekämpfung“ benannt und verlangt, dass Produktions- und Lagerräume und Ebenen mit mehr als jeweils 200 m² Grundfläche entraucht werden müssen.

Für notwendige Treppenräume reichen die Anforderungen der MBO. Diese sind einzuhalten.

Zu 5.7: Rauchableitung

a) Vorgaben der MIndBauRL sind ein Regelbeispielkatalog

Das grundsätzliche bauaufsichtliche **Schutzziel** für die Rauchableitung wird in Abschnitt 5.7 der MIndBauRL benannt. Wie die Anforderung erfüllt und das angegebene Schutzziel erreicht werden kann, wird in den folgenden Beispielen richtungweisend aufgezeigt.

Technische Vorgaben der MIndBauRL zur Rauchableitung stellen dabei einen sogenannten **Regelbeispielkatalog** dar. Dies geht z. B. unmittelbar aus der Formulierung in der Richtlinie unter 5.7.1.1 hervor: *„Die Anforderung ist insbesondere erfüllt, wenn […]“*

Als Regelvorgaben werden Beispiele angegeben für Rauchableitungen

- *„aus Produktions- und Lagerräumen ohne Ebenen“* (Abschnitt 5.7.1),
- *„aus Brandbekämpfungsabschnitten mit Ebenen in Produktions- und Lagerräumen“* (Abschnitt 5.7.2) und
- *„in Produktions- und Lagerräumen mit selbsttätigen Feuerlöschanlagen“* (Abschnitt 5.7.3).

Die MIndBauRL gibt keine spezielle Konzeption oder gar deren technische Dimensionierung von Maßnahmen zur Rauchableitung vor, sondern legt lediglich das zu erreichende bauaufsichtliche Schutzziel als Mindestanforderung fest. Damit sind die objektspezifisch vorgesehenen Maßnahmen zur Rauchableitung grundsätzlich **ingenieurtechnisch mit den Methoden des Brandschutzingenieurwesens nach Abschnitt 4.3** bei der Brandschutzplanung nachzuweisen (siehe auch Kommentar zu Abschnitt 4.3)!

Durch die Formulierung der Maßnahmenlisten als Regelbeispiele zur Erfüllung der bauordnungsrechtlichen Anforderungen steht es dem Brandschutzplaner frei, die Anforderungen auch durch andere Maßnahmen zu erfüllen. Er ist nicht an die in den Abschnitten 5.7.1 und 5.7.3 aufgelisteten Beispiele gebunden. Allerdings werden die bauordnungsrechtlichen Anforderungen insbesondere mit den hier aufgeführten Maßnahmen erfüllt, so dass Planer und Bauherr Planungssicherheit haben, wenn sie diese Maßnahmen realisieren. Vonseiten der Genehmigungsbehörden bzw. der den Brandschutz prüfenden Stellen müssen bei abweichenden Maßnahmen grundsätzlich keine Einwände erwartet werden – zumindest nicht, wenn alle anderen Anforderungen der Richtlinie erfüllt werden.

Alternative Maßnahmen gegenüber den im Regelbeispielkatalog aufgeführten stellen **keine Abweichungen von der Richtlinie** dar und bedürfen **keiner formalen Abweichungsentscheidung** im Baugenehmigungsverfahren. Sie werden vielmehr mit einem Brandschutzkonzept als ausreichend für die Erfüllung des Schutzzieles gemäß 5.7 Satz 1 begründet. Weiteres hierzu enthält Punkt c in diesem Abschnitt.

b) MIndBauRL und DIN 18232

b.1) MIndBauRL und die MVV TB

Die MVV TB ist in Deutschland als landesspezifische Rechtsvorschrift verbindlich. Sie enthält im Anhang 14 Nr. 7 konkrete Ausführungen zu Rauchabzugsanlagen und zu Rauchabzugsgeräten.

Dort wird – insbesondere auch im Sinne der MIndBauRL – bereits einleitend klargestellt, dass Verschlüsse von „Öffnungen zur Rauchableitung" keine Rauchabzugsanlagen sind [für die die MVV TB gilt].

Andererseits gilt die MVV TB für Rauchabzugsanlagen und für Rauchabzugsgeräte, sofern diese bauaufsichtlich verlangt oder vorgesehen werden. Sowohl Rauchabzugsanlagen als auch Rauchabzugsgeräte werden in der MIndBauRL im Rahmen des Beispielregelkatalogs genannt, wobei diese Begrifflichkeiten in ihrer dortigen Verwendung mit der MVV TB korrespondieren. Übernimmt eine Brandschutzplanung oder eine Bauauflage diese Begriffe (ohne spezielle „Abweichungen"), gilt der Bezug zur VV TB des jeweiligen Bundeslandes automatisch.

b.2) MIndBauRL und DIN 18232

Die MIndBauRL ist aufgeführt in der MVV TB (Stand Januar 2021) in Tabelle A 2.2:

- A 2.2.1.15 *„Planung, Bemessung und Ausführung"*
- A.2.2.2.8 *„Garagen und Sonderbauten"* (mit Hinweis, dass § 85a Abs. 1 Satz 3 MBO nicht für TB nach Abschnitt A 2.2.2 gilt)

Entsprechend wurde die MIndBauRL in den meisten Ländern über die landesspezifische VV TB als Technische Baubestimmung eingeführt und hat damit einen verbindlichen Status.

In der MIndBauRL ist bezüglich der Dimensionierung der Entrauchung die Anwendung der Normenreihe DIN 18232 „Rauch- und Wärmefreihaltung" **nicht vorgeschrieben.** Es ist jedoch zu beachten, dass mit dem Entrauchungskonzept der MIndBauRL nur die Mindestanforderungen erfüllt werden, die aus öffentlich-rechtlicher Sicht an die Entrauchung gestellt werden.

Aus privatrechtlichen Gründen (z. B. Sachschutz bzw. Betriebs- und Produktionssicherheit) kann es sinnvoll bzw. notwendig sein, mehr zu tun, als nur diese öffentlich-rechtlichen Mindestanforderungen zu erfüllen. In solchen Fällen kann z. B. die Entrauchung nach DIN 18232-2 „Rauch- und Wärmefreihaltung – Teil 2: Natürliche Rauchabzugsanlagen" dimensioniert werden.

Deshalb ist es empfehlenswert, dass der Brandschutzfachplaner bzw. -sachverständige, der das Brandschutzkonzept erstellt, den Bauherrn ausführlich **berät und informiert.**

Im Hinblick auf die öffentlich-rechtlichen Schutzziele ist besonders darauf hinzuweisen, dass ein verbesserter Rauchabzug bzw. eine verbesserte Rauchableitung auch als **Kompensationsmaßnahme** geeignet sein kann. Hierzu sei beispielhaft auf die in der Richtlinie vorgesehenen Möglichkeiten zur Vergrößerung zulässiger Flächen von BA und von BBA hingewiesen (Tabelle 2, Fußnote 4 und Tabelle 7, Fußnote 2 MIndBauRL).

c) Bauordnungsrechtliche Schutzziele

Die bauordnungsrechtlichen Schutzziele bezüglich der Rauchableitung betreffen ausschließlich das Ermöglichen **wirksamer Löschmaßnahmen** durch die **Feuerwehr.** Aspekte der Selbst- und Fremdrettung sowie des Sachwertschutzes sind davon nicht berührt.

Die MIndBauRL ist in ihrer Gesamtheit zu sehen, so dass der Verzicht auf wirkungsvollere Maßnahmen zur Rauchableitung für andere als die genannten Schutzziele – insbesondere die Selbst- und Fremdrettung – unter der Voraussetzung der Erfüllung aller anderen in der Richtlinie vorgesehenen Brandschutzmaßnahmen zu verstehen ist.

Sofern von einzelnen der vorgeschriebenen Maßnahmen abgewichen werden soll oder wenn unübliche, d. h. sehr außergewöhnliche Gefahrenumstände und Risiken gegeben sind, kann auch für andere Schutzziele oder zur Verbesserung der Einsatzbedingungen der Feuerwehr eine Verbesserung der Rauchableitung erforderlich werden.

In diesem Zusammenhang erhält die Risikobewertung für alle bauordnungsrechtlichen Schutzziele eines Industriebaus eine besondere Bedeutung. Ggf. können Nachweise mit den Verfahren des Brandschutzingenieurwesens erforderlich werden.

d) Räume bzw. Raumteile ohne Entrauchung

Nicht entraucht werden müssen nach MIndBauRL:

- Räume (Produktions-, Lagerräume und Ebenen) unter 200 m² Grundfläche
- Raumteile, unabhängig von ihren Grundflächen, die keine Räume sind und keine Räume enthalten (insbesondere Einbauten ohne Räume)
- Räume, unabhängig von ihren Grundflächen, die nicht der Produktion und/oder Lagerung von Produkten oder Gütern – im Sinn des Abschnittes 3.1 – dienen

Aus dem Brandschutzkonzept heraus kann es sich durchaus als sinnvoll erweisen, auch für Räume eine Entrauchung vorzusehen, für die keine Entrauchung nach Abschnitt 5.7 verbindlich gefordert wird. Insbesondere kann dies bei großen Einbauten mit Räumen verschiedenster Nutzung (ggf. „mitgezogene Nebennutzung" – s. Kommentar 2.3 – neu 2_1.2 –) im Einzelfall angezeigt sein. Für solche Räume kommt dann häufig auch eine Entrauchung entweder über Fenster ins Freie oder durch Raumöffnungen in andere Gebäudeteile (s. Kommentar 5.7.1.1.b) infrage.

e) Anforderungen an die Raumbildung

Die MIndBauRL stellt keine Anforderungen an die brandschutztechnische Qualität der Umfassungsbauteile von Räumen, sofern diese Räume innerhalb größerer BA oder BBA angeordnet und die Bauteile nicht zugleich Teile der Begrenzung dieser Abschnitte sind. Die MIndBauRL konkretisiert also weder Anforderungen an die Rauchdichtheit (z. B. Anschlüsse an Decken und Dächer) noch an die Feuerwiderstandsklasse der Bauteile, die den Raum – ggf. als Rauchabschnitt – begrenzen.

Öffnungen in diesen raumbildenden, aber brandschutztechnisch nicht qualifizierten Wänden müssen nicht geschlossen werden (offene Räume). Türen und öffenbare Fenster zur Halle müssen nicht selbstschließend sein. Öffnungen in (auch in den inneren) Umfassungswänden eingestellter Räume können ggf. zur Rauchableitung aus diesen Räumen (auch in größere Hallenbereiche hinein) genutzt werden.

f) Rauchableitung und Rauchabzugsanlage

Für die Rauchableitung wird in der Richtlinie beispielhaft auf folgende Maßnahmen zur Erfüllung der bauordnungsrechtlichen Schutzziele näher eingegangen:

- (natürliche) Rauchabzugsanlagen mit Rauchabzugsgeräten (Abschnitt 5.7.4.3)
- maschinelle Rauchabzugsanlagen mit Rauchabzugsgeräten (Abschnitte 5.7.4.3 und 5.7.4.5)
- Öffnungen zur Rauchableitung
- sonstige (ggf. auch mit Abschlüssen versehene) Öffnungen, Türen und Fenster

Rauchabzugsanlagen sind im Sinn der Richtlinie Anlagen, deren Funktionalität im Anforderungsfall durch **normative Festlegungen** hinreichend gesichert ist.

Ihre Anforderungen ergeben sich aus Anhang 14 der jeweiligen landesspezifischen VV TB (TR TGA, Stand Mai 2019). Dort sind die **Rauchabzugsanlagen und Rauchabzugsgeräte** in Abschnitt 7 geregelt.

Die normativen Festlegungen beziehen sich insbesondere auf das Zusammenwirken der Einzelkomponenten sowie auf die Leistungsfähigkeit der Komponenten (insbesondere der Bauteile) unter bestimmten Bedingungen und Einwirkungen.

Wesentliche Bestandteile von Rauchabzugsanlagen sind – maschinelle oder natürliche – **Rauchabzugsgeräte.** Diese müssen DIN EN 12101-2 „Rauch- und Wärmefreihaltung – Teil 2: Natürliche Rauch- und Wärmeabzugsgeräte" genügen. Ihre mindestens erforderlichen Leistungen sind in VV TB Anhang 14, Abschnitt 7, Tabelle 5 aufgeführt.

An die Wirksamkeit und Zuverlässigkeit der Öffnungen für die Rauchableitung (Türen und Fenster) werden keine Anforderungen gestellt. Sie werden wie die *„Abschlüsse von Öffnungen zur Rauchableitung in notwendigen Treppenräumen, die nicht zur Rauchfreihaltung, sondern der Entrauchung nach Evakuierung dienen“* der jeweils landesspezifischen VV TB Teil D 2.2.3.9 beurteilt. Sie müssen damit (aus baurechtlicher Sicht auf den Brandschutz bezogen) weder Prüfanforderungen erfüllen noch über bauordnungsrechtliche Ver-/Anwendbarkeitsnachweise verfügen und müssen auch nicht sachverständig abgenommen werden.

Typische Beispiele für solche Öffnungen sind Türen, Fenster und Dachluken, ggf. auch Dachöffnungen zur Belichtung und Belüftung von Räumen. Solche Öffnungen können keine Teile von Rauchabzugsanlagen sein.

Rauchabzugsanlagen führen den Brandrauch stets ins Freie ab, nicht in andere Gebäudeteile oder andere Räume des gleichen BA, Geschosses oder der betreffenden Ebene. Allerdings kann eine Entrauchungsplanung eine **mittelbare Entrauchung** über andere Räume oder andere Raumteile auch mittels Rauchabzugsanlagen vorsehen, solange der Brandrauch letztlich ins Freie abgeführt wird.

Rauchabzugsanlagen unterliegen als sicherheitstechnisch relevante Anlagen der **Abnahme- und Prüfpflicht** durch entsprechende Sachverständige.

g) Lage der Öffnungen zur Rauchableitung

Wenn in der MIndBauRL von Öffnungen zur Rauchableitung **im oberen oder im unteren Raumdrittel** die Rede ist, sind Wand- und Deckenöffnungen gemeint, die sich in den Umfassungsbauteilen des betreffenden Raums befinden. Das gilt auch für die Einbaustellen der Einlassöffnungen von Entrauchungsschächten.

Allein mit der Vorgabe der erforderlichen Höhenlage dieser Öffnungsflächen ist für natürliche Rauchabzüge und Öffnungen zur Rauchableitung noch nicht ausgesagt, ob sie sich in Außenwänden befinden und eine unmittelbare Rauchabführung ins Freie bewirken müssen.

g.1) Öffnungen zur Rauchableitung in Dachflächen

Dachflächen als Einbauort für Öffnungen zur Rauchableitung sind explizit in folgendem Kontext vorgesehen (Regelbeispielkatalog):

- Abschnitt 5.7.1.1 (für Räume ohne Ebenen über 1600 m^2): *„Rauchabzugsgeräte von Rauchabzugsanlagen“*
- Abschnitt 5.7.2.1 (für Räume mit Ebenen über 1000 m^2 bzw. über 1600 m^2 bei Vorhandensein einer Werkfeuerwehr): *„Rauchabzugsgeräte von Rauchabzugsanlagen“*

g.2) Öffnungen zur Rauchableitung in Außenwänden

Außenwände als Einbauorte für Öffnungen zur Rauchableitung sind in der MIndBauRL explizit in folgendem Kontext vorgesehen (Regelbeispielkatalog):

- Abschnitt 5.7.1.2 (für Räume ohne Ebenen bis zu 1600 m^2): *„im oberen Drittel der Außenwände angeordnete Öffnungen, Türen oder Fenster“*
- Abschnitt 5.7.2.2 (für Ebenen mit Grundflächen bis zu 1000 m^2 bzw. 1600 m^2 bei Vorhandensein einer Werkfeuerwehr): *„Öffnungen, Türen und Fenster im oberen Drittel der Außenwand“*

Diese Regelbeispiele korrespondieren mit der Erläuterung zur MIndBauRL (Abschnitt 5.7 Punkt 3 c), wonach in kleinen Räumen ($\leq$ 1600 m^2) im oberen Raumdrittel angeordnete Wand- und/oder Dachöffnungen genügen, die eine Rauchableitung ins Freie ermöglichen.

h) Rauchableitung aus Innenräumen

h.1) Lage und Wirkung von Öffnungen zur Rauchableitung aus Innenräumen

Abweichend von den Beispielen des Regel-Beispielkatalogs und von den Erläuterungen (z. B. Ziffer 5.7-3c) können im Ausnahmefall Öffnungen zur Rauchableitung auch so eingeplant und angeordnet werden, dass sie den Rauch mittelbar ins Freie zunächst über andere Räume (über das Gebäudeinnere) ableiten. Diese spezielle Konzeption für die Rauchableitung kommt insbesondere für innenliegende Räume infrage, die weder Außenwände noch Dachflächen haben.

Für in der Praxis häufig vorkommende Innenräume, die gemäß Abschnitt 5.7 Satz 1 wegen ihrer Größe über 200 m² eine Möglichkeit zur Entrauchung haben müssen, gibt es keine andere Möglichkeit einer natürlichen Rauchableitung als über die Nachbarräume. In solchen Fällen erweist sich eine technisch mögliche Entrauchung mittels leitungsgebundener maschineller Rauchabzugsanlagen in der Regel wegen der Unwirtschaftlichkeit als unzumutbare Härte und scheidet als Planungsvariante praktisch aus.

Planungsziel ist die Unterstützung der Feuerwehr entsprechend dem Schutzziel gemäß MIndBauRL Abschnitt 5.7 Satz 1.

In diesen Fällen kommt es zu einem Raucheintrag in nicht unmittelbar vom Brand betroffene andere Räume und ggf. auch zum Raucheintrag in die Angriffs- und Rückzugswege der Feuerwehreinsatzkräfte. Ferner wird der Sachschaden selbst bei beherrschbaren Bränden weitere Gebäudebereiche über den Brandraum hinaus betreffen. Dies ist bei solchen Lösungen entsprechend zu berücksichtigen.

Die Rauchabführung über andere Räume ist grundsätzlich zweistufig: In einem ersten Schritt wird der Brandrauch aus dem Brandraum in einen Nachbarraum geführt und in einem zweiten Schritt von diesem Nachbarraum ins Freie. Mit dieser Zweistufigkeit der Rauchableitung ist grundsätzlich keine Kopplung der Gesamtheit der erforderlichen Komponenten/Einzelmaßnahmen verbunden: Die Maßnahmen der Stufe 1 sind anlagentechnisch (nicht jedoch konzeptionell) von den Maßnahmen der Stufe 2 entkoppelt – auch wenn für den Erfolg der Rauchableitung beide Stufen miteinander funktionieren müssen. Die Komponenten der Stufe 1 werden nicht zwangsläufig zu Komponenten der Stufe 2 und nicht zu Teilen einer „gemeinsamen Rauchabzugsanlage".

h.2) Öffnungen in Decken von Innenräumen zur Rauchableitung

Die oberen Raumabschlüsse von Räumen innerhalb von Brandabschnitten, Brandbekämpfungsabschnitten, Geschossen und Ebenen sowie von Räumen auf Einbauten sind i. d. R. keine Dächer im Sinne der MIndBauRL. Öffnungen in solchen Raumdecken werden als **„Öffnungen an oberster Stelle"** der betreffenden Räume bezeichnet und leisten eine Rauchableitung zunächst in andere Räume des Industriebaus (in der Regel in die „größere Halle" – also in das Geschoss, in den Brandabschnitt oder in den Brandbekämpfungsabschnitt).

In diesem Zusammenhang ist von Bedeutung, dass eine Rauchausbreitung innerhalb des Industriebaus nicht zwingend auf solche Räume begrenzt werden muss und dass grundsätzlich der ganze BA oder BBA bzw. ein Geschoss auch als **Rauchabschnitt** gilt (offizielle Erläuterungen zu Abschnitt 5.7 Punkt 3 b).

h.3) Öffnungen in Innenwänden zur Rauchableitung aus Innenräumen

Dass auch Öffnungen in Innenwänden zur Rauchableitung aus Räumen verwendet werden „dürfen", lässt sich in der MIndBauRL und in den Erläuterungen nicht unmittelbar nachlesen.

Die „Zulässigkeit" von Entrauchungskonzeptionen mit einer Rauchführung durch Innentüren und durch Fenster zwischen Räumen ist im Brandschutzkonzept zu begründen (Hinweis: abweichende Planung gegenüber den Regelbeispielen; hier ggf. dem Ansatz von 5.7.1.2 für Öffnungen an höchster Stelle folgend).

Diese Türen und Fenster sind dann als „Öffnungen zur Rauchableitung" zu bewerten (siehe hierzu die Erläuterung zu 5.7.1.2).

h.4) Beispiele für eine mittelbare Rauchableitung ins Freie über andere Räume

h.4.1) Kühl- und Tiefkühlräume

Kühl- und Tiefkühlräume werden in der Regel für die Lagerung von Nahrungsmitteln genutzt. Sie können gerade auch bei Zentrallagern deutlich größer als 1600 m² sein, und sie werden von hochwärmegedämmten Wänden und Decken umschlossen. Kühl- und Tiefkühlräume werden daher regelmäßig als Raum-in-Raum Systeme hergestellt, die dann meist keine „eigenen“ Dach- und Außenwandflächen haben. Diese Räume müssen besondere Anforderungen an die Hygiene erfüllen.

Spezielle Anforderungen an die Hygiene – insbesondere in der Kombination mit den tiefen Innenraumtemperaturen bei Tiefkühlräumen – können von Rauchabzugsgeräten „herkömmlicher Bauart“ nach DIN EN 12101-2 i. d. R. nicht ohne Weiteres erfüllt werden.

Eine Rauchabführung über die Decken dieser Raumsysteme leitet den Rauch zunächst in das Volumen des wesentlich größeren Gebäudes, in dem diese Räume angeordnet sind. Wenn diese Kühlräume quasi das ganze Gebäude ausfüllen, wird der Brandrauch über die Kühlraumdecke (in der Bauart einer raumabschließenden Hygiene-Unterdecke) in den Deckenzwischenraum des Gebäudes geleitet und von dort über herkömmliche Rauchabzugsanlagen ins Freie abgeführt.

Da die kalten Luftmassen der Kühlräume beim Öffnen von Decken- und Wandöffnungen zunächst die kalte Raumluft nach unten aus dem Raum drücken und dabei den Brandrauch auf diesem Wege mitnehmen werden (Verrauchungsgefahr für den gesamten Kühlraum), sollte zur Erreichung der Schutzziele zunächst an eine maschinelle Luftführung gedacht werden. Dafür können sich gegebenenfalls insbesondere Ventilatoren eignen, die „kalte“ Frischluft von außen in die Kühlräume einbringen (Zuluft). Für das Abströmen der Raumluft und des Brandrauchs ggf. in andere Räume des Industriebaus können dann auch Deckenöffnungen in den Kühlräumen als „Öffnungen zur Rauchableitung“ vorgesehen werden, die vorzugsweise die speziellen Anforderungen aus der Nutzung erfüllen, aber unter den klimatischen Gegebenheiten der Kühl- und Tiefkühlräume eine Öffenbarkeit hinreichend zuverlässig gewährleisten, damit ein spezielles Entrauchungskonzept die Gesamtheit aller vorzusehenden Komponenten aufeinander abstimmen kann. Das gilt insbesondere für solche Kühlräume in Verbindung mit maschinellen Lüftungstechniken, die bei ungeeigneter Konzeption zu unzulässigen bzw. schadenträchtigen Druckverhältnissen im Kühlraum führen können.

Die Planung einer solchen Kühlraumentrauchung ist in der Regel eine besondere Planung, die sich von den Regelbeispielen der MIndBauRL weitgehend lösen und spezielle Konzepte vorsehen wird. Gerade bei Tiefkühlräumen werden wohl Nachweise mit den Methoden des Brandschutzingenieurwesens geführt werden müssen (s. Abschnitt 4.3), um die Strömungsverhältnisse und die Ausbreitung des Brandrauchs realitätsnah beurteilen zu können. Die „Bemessungsziele“ einer solchen Konzeption werden für solche Fälle wohl jeweils speziell festzulegen sein und sich auch von denen für Räume mit „Normaltemperatur“ unterscheiden.

i) Zuluftflächen für die „natürliche“ Rauchableitung

i.1) Anordnung von Zuluftflächen

Die Lage und Anordnung von **Zuluftflächen** erfolgen grundsätzlich in den Außenwänden – und zwar im unteren Drittel der betreffenden Räume.

Für Räume ohne Ebenen bis zu 1600 m² wird dies konkret in den offiziellen Erläuterungen zu Abschnitt 5.7.1.2 untermauert. Dort werden direkt als Öffnungsflächen und für die Zuluftflächen die freien Querschnitte von Öffnungen in Außenwänden oder in Dächern genannt.

Für die Entrauchung innenliegender Räume kann die Nachströmung der Zuluft auch aus anderen Räumen des Industriebaus erfolgen. In diesen Fällen wird die Zuluft von außen über Öffnungen in den Außenwänden in den Industriebau nachgeführt und von dort über die **Zuluftöffnungen der betreffenden Räume** zur Funktion der Rauchableitung in diese Räume geleitet. Die Zuluftnachströmung kann also auch indirekt über andere Räume des gleichen BA bzw. BBA erfolgen.

Insbesondere für die Entrauchung von Ebenen ist vorgesehen, dass die Zuluft auch durch die Deckenöffnungen der Ebenendecken (also im unteren Raumdrittel gelegene Nachströmöff-

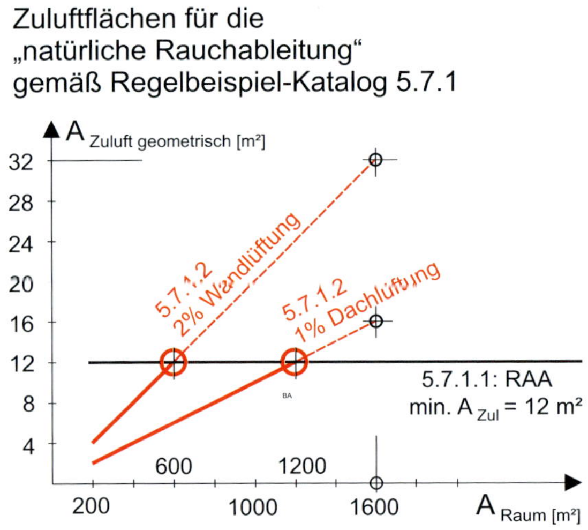

Bild 5.7-1: Vorgesehene geometrische Mindest-Zuluftflächen nach den Regelbeispielen zur natürlichen Rauchableitung (MIndBauRL 5.7.1.1 und 5.7.1.2)

nungen im Fußboden) nachgeführt wird. Dazu ist erforderlich, dass in die tieferen Ebenen ebenfalls Zuluft nachströmen kann – ggf. über Öffnungen in deren unteren Ebenendecken oder über Öffnungen in deren unteren Außenwanddritteln.

Näheres zu den Zuluftflächen ist in den Abschnitten 5.7.4.2 und 5.7.4.3 geregelt – dies sind allerdings keine Regelbeispiele.

i.2) Größe von Zuluftflächen

Die Regelbeispiele zur „natürlichen Rauchableitung“ sehen unterschiedliche Mindestgrößen für die Zuluftflächen vor – je nach der Art der gewählten Rauchableitung:

Die Regelbeispiele bilden einen Katalog standardmäßig „anerkannter Maßnahmen“ für eine bauaufsichtlich ausreichende Rauchableitung. Dafür sind die oben dargestellten Zuluftflächen vorgesehen:

Für Konzepte mit Rauchabzugsanlagen sind mindestens 12 m² vorgesehen und für Konzepte mit Öffnungen für die Rauchableitung Zuluftflächen in der gleichen Größe wie die Öffnungen für die Rauchableitung. Maximal sind nach den Regelbeispielen lediglich 12 m² erforderlich; größere Zuluftflächen sind allerdings ohne Weiteres zulässig. Bei den Zuluftöffnungen handelt es sich jeweils um geometrisch freie Flächen.

Sofern – gerade für kleine Räume – die in der Richtlinie vorgesehenen Zuluftflächen nicht zur Verfügung gestellt werden können, kann ggf. eine alternative Lösung ingenieurtechnisch nach Abschnitt 4.3 begründet oder nachgewiesen werden.

j) Übersicht über Regelbeispiele (zu materiellen Anforderungen siehe Abschnitt 5.7.5.)

Tabelle 5.7-1: Übersicht über die Regelbeispiele zur Dimensionierung der Rauchableitung

Regelbeispiele für die Rauchableitung nach Abschnitt 5.7 MIndBauRL		
Rauchableitung aus	**Grundfläche**	**Regelbeispiele**
Produktions-, Lagerräume und Ebenen	jeweils ≤ 200 m^2	keine besonderen Anforderungen
Brandabschnitte (BA) oder Brandbekämpfungsabschnitte (BBA) mit Produktions- und Lagerräumen **ohne Ebenen** (größer als 200 m^2)	**Öffnungen zur Rauchableitung**	
	> 200 m^2 ≤ 1600 m^2	• entweder an oberster Stelle Öffnungen zur Rauchableitung mit freiem Querschnitt 1 % der Grundfläche • oder im oberen Drittel der Außenwände angeordnete Öffnungen, Türen oder Fenster mit freiem Querschnitt 2 % der Grundfläche sowie im unteren Raumdrittel angeordnete Zuluftflächen in insgesamt gleicher Größe jedoch ≤ 12 m^2 freier Querschnitt
	Natürliche Rauchabzugsanlagen	
	> 200 m^2 (in der Regel größer als 1600 m^2)	• Rauchabzugsanlagen, bei denen je ≤ 400 m^2 Grundfläche mindestens ein Rauchabzugsgerät im Dach oder oberen Raumdrittel angeordnet wird • aerodynamisch wirksame Fläche dieser Anlagen insgesamt ≥ 1,5 m^2 je 400 m^2 Grundfläche • je ≤ 1600 m^2 Grundfläche mindestens eine Auslösegruppe für die Rauchabzugsgeräte • Zuluftflächen im unteren Raumdrittel von insgesamt ≥ 12 m^2 freiem Querschnitt
	Maschinelle Rauchabzugsanlagen	
	> 200 m^2 ≤ 1600 m^2	maschinelle Rauchabzugsanlagen, bei denen je ≤ 400 m^2 Grundfläche mindestens ein Rauchabzugsgerät oder eine Absaugstelle mit Luftvolumenstrom von 10.000 m^3/h im oberen Raumdrittel angeordnet werden. **Zuluftflächen** sind im unteren Raumdrittel in solcher Größe und so anzuordnen, dass eine maximale Strömungsgeschwindigkeit von 3 m/s nicht überschritten wird.
	> 1600 m^2	• entweder zu dem Luftvolumenstrom von 40.000 m^3/h für die Grundfläche von 1600 m^2 ein zusätzlicher Luftvolumenstrom von 5000 m^3/h je angefangene weitere 400 m^2 Grundfläche; der sich ergebende Gesamtvolumenstrom je Raum ist gleichmäßig auf die nach vorstehender Zeile anzuordnenden Absaugstellen oder Rauchabzugsgeräte zu verteilen • oder ein Luftvolumenstrom von mindestens 40.000 m^3/h je Raum, wenn sichergestellt ist, dass dieser Luftvolumenstrom im Bereich der Brandstelle auf einer Grundfläche von höchstens 1600 m^2 von den nach vorstehender Zeile anzuordnenden Absaugstellen oder Rauchabzugsgeräte gleichmäßig gefördert werden kann. **Zuluftflächen** siehe vorstehende Zeile.

Fortsetzung von Tabelle 5.7-1: Übersicht über die Regelbeispiele zur Dimensionierung der Rauchableitung

Regelbeispiele für die Rauchableitung nach Abschnitt 5.7 MIndBauRL		
Rauchableitung aus	**Grundfläche**	**Regelbeispiele**
Brandbekämpfungsabschnitte (BBA) mit Ebenen in Produktions- und Lagerräumen	**Natürliche Rauchabzugsanlagen**	
	> 200 m² (in der Regel größer als 1600 m²)	• Rauchabzugsanlagen, bei denen je ≤ 400 m² der Dachfläche mindestens ein Rauchabzugsgerät im Dach angeordnet wird • aerodynamisch wirksame Fläche dieser Geräte insgesamt ≥ 1,5 m² je 400 m² BBA-Fläche • je ≤ 1600 m² Dachfläche mindestens eine Auslösegruppe • Unterteilung der BBA in Rauchabschnitte je < 5000 m² BBA-Fläche • Der freie Querschnitt aller Öffnungsflächen im Dach muss in allen Ebenen sowie als Zuluftfläche in der untersten Ebene vorhanden sein. Es dürfen nur Öffnungen in Ebenen mit einem freien Querschnitt von ≥ 1 m² angerechnet werden.
Ebenen ohne Werkfeuerwehr	jeweils ≤ 1000 m²	• Die Räume müssen in den Außenwänden Öffnungen, Türen oder Fenster mit einem freien Querschnitt von insgesamt 2 % der Grundfläche der jeweiligen Ebene haben; die Öffnungen, Türen oder Fenster müssen im oberen Drittel der Außenwand angeordnet sein. • Zuluftflächen in insgesamt gleicher Größe müssen im unteren Raumdrittel oder in den darunter liegenden Ebenen vorhanden sein. Es dürfen nur Öffnungen in Ebenen mit einem freien Querschnitt von ≥ 1 m² angerechnet werden.
Ebenen mit Werkfeuerwehr	jeweils ≤ 1600 m²	
Produktions- und Lagerräume mit selbsttätigen **Feuerlöschanlagen**	**Lüftungsanlagen in Verbindung mit selbsttätigen Feuerlöschanlagen**	
	> 200 m² (in der Regel größer als 1600 m²)	• Die in diesen Räumen vorhandenen Lüftungsanlagen müssen automatisch bei Auslösen der selbsttätigen Feuerlöschanlagen so betrieben werden, dass sie nur entlüften und die Luftvolumenströme einschließlich Zuluft nach 5.7.1.3 erreicht werden, soweit es die Zweckbestimmung der Absperrvorrichtungen gegen Brandübertragung zulässt. • In Leitungen zum Zweck der Entlüftung dürfen Absperrvorrichtungen nur thermische Auslöser haben. • Abweichend von Satz 1 muss bei Vorhandensein einer automatischen Brandmeldeanlage der Sicherheitskategorien K 2 bis K 3.4 die Lüftungsanlage mit Auslösen der Brandmeldeanlage so betrieben werden. • Auf die automatische Ansteuerung der Lüftungsanlage kann mit Zustimmung der Brandschutzdienststelle verzichtet werden.
Produktions-, Lagerräume und Ebenen	**Grundsätze für alle Beispiele**	
	> 200 m²	Grundsätzlich gilt: Alle vorstehenden Lösungen sind als Regelbeispielkatalog gestaltet. Damit sind auch alternative Lösungen zur Erreichung des in der IndBauRL angegebenen Schutzziels (unter Beachtung des Brandmodells Nr. 3 a, siehe Erläuterungen zur IndBauRL Punkt 5.7) möglich, ohne dass es einer Abweichungsentscheidung bedarf.

5.7.1 Rauchableitung aus Produktions- und Lagerräumen ohne Ebenen

5.7.1.1

Die Anforderung ist insbesondere erfüllt, wenn

- diese Räume Rauchabzugsanlagen haben, bei denen je höchstens 400 m² der Grundfläche mindestens ein Rauchabzugsgerät im Dach oder im oberen Raumdrittel angeordnet wird,
- die aerodynamisch wirksame Fläche dieser Rauchabzugsgeräte insgesamt mindestens 1,5 m² je 400 m² Grundfläche beträgt,
- je höchstens 1600 m² Grundfläche mindestens eine Auslösegruppe für die Rauchabzugsgeräte gebildet wird sowie
- Zuluftflächen im unteren Raumdrittel von insgesamt mindestens 12 m² freiem Querschnitt vorhanden sind.

Zu 5.7.1 Rauchableitung aus Produktions- und Lagerräumen ohne Ebenen

Die Regelungen gelten gleichermaßen für Räume in Brandabschnitten oder in Brandbekämpfungsabschnitten.

Zu 5.7.1.1

Für Produktions- und Lagerräume ohne Ebenen kann das Schutzziel durch natürlich wirkende Rauchabzugsanlagen erfüllt werden. Für die Rauchabzugsanlagen werden feste Bemessungsregeln für die Mindestgröße der aerodynamisch wirksamen Flächen der Rauchabzugsgeräte – bezogen auf eine maximale Raumgrundfläche und damit auch die Verteilung der Geräte – vorgegeben. Eine Interpolation bezogen auf die Flächen der jeweiligen Räume ist nicht zulässig. Es sind Rauchabzugsgeräte nach DIN EN 12101-2 zu verwenden.

Für natürlich wirkende Rauchabzugsgeräte sind im Brandschutznachweis unter Berücksichtigung des vorgebenden Brandmodells (siehe oben) und des Standortes des Gebäudes (hinsichtlich der Einwirkungen auf die Geräte durch Wind, Schnee, Umgebungstemperatur u. a.) mindestens die notwendigen Leistungsanforderungen und Klassen gemäß Abschnitt 7 der DIN EN 12101-2 festzulegen (ggf. auch mit dem Hinweis auf eine vorgesehene Lüftungsfunktion der Geräte). Durch die im Brandschutznachweis erforderlichen Angaben zur Anordnung der Geräte in Wand oder Dach ist keine Anpassung der notwendigen aerodynamisch wirksamen Öffnungsflächen erforderlich, da gemäß DIN EN 12101-2 die Bestimmung der vorhanden aerodynamisch wirksamen Öffnungsfläche A_a der Geräte in Abhängigkeit von der Einbaulage erfolgt.

Die Zuluftfläche wird nur einmal in einer Gesamtgröße von 12 m² verlangt, auch wenn mehrere Auslösegruppen erforderlich werden; der Planer hat somit nur die erforderlichen Öffnungsflächen für die Zuluft vorzusehen. Die Gesamtfläche für die Zuluft kann auf verschiedene Öffnungen verteilt werden.

Rauchabzugsanlagen nach Abschnitt 5.7.1.1 können auch für Räume nach Abschnitt 5.7.1.2 verwendet werden.

Zu 5.7.1.1: Rauchableitung aus Produktions- und Lagerräumen ohne Ebenen > 1600 m^2 (in der Regel)

a) Regelbeispiele

Die **beispielhaft** beschriebenen Maßnahmen reichen aus, um die bauordnungsrechtlichen Mindestschutzziele zu erreichen. Alternative Lösungen sind möglich und zulässig (siehe Abschnitt 5.7 a in diesem Werk).

b) Rauchableitung über Wandöffnungen

Eine Rauchableitung über Wandöffnungen ist möglich und zulässig. Der Regelbeispielkatalog beschreibt hier eine Lösung mithilfe von Rauchabzugsanlagen.

b.1) RA-Anlagen im Dach oder im oberen Raumdrittel

In diesem Abschnitt 5.7.1.1 werden dafür Rauchabzugsgeräte *„im oberen Raumdrittel"* benannt – also nicht zwingend im oberen Drittel von Außenwänden.

Das typische Regelbeispiel ist auf eine „Geschoss-Entrauchung" abgestellt und sieht eine Rauchableitung ins Freie über Rauchabzugsanlagen für die Geschosse vor. In den unteren Geschossen sind jeweils Rauchabzugsgeräte in den Außenwänden vorgesehen, die in den oberen Dritteln der jeweiligen Geschosse (Räume) anzuordnen sind. Dabei ist die Raumhöhe nicht gleich der Höhe der Außenwand, die sich über die gesamte Gebäudehöhe bzw. Brandabschnittshöhe erstreckt.

b.2) Öffnungen zur Rauchableitung im Dach oder in den Außenwänden nach 5.7.1.2

Die Beschreibung der Lage der Wandöffnungen nach 5.7.1.1 ist nicht identisch mit der Beschreibung der Lage von Wandöffnungen im Abschnitt 5.7.1.2 für Räume bis zu 1600 m^2: Dort wird ein Beispiel beschrieben, bei dem die Wandöffnungen zur Rauchableitung im oberen Drittel von Außenwänden angeordnet sind (5.7.1.1 bezieht sich auf das obere Drittel des Raumes).

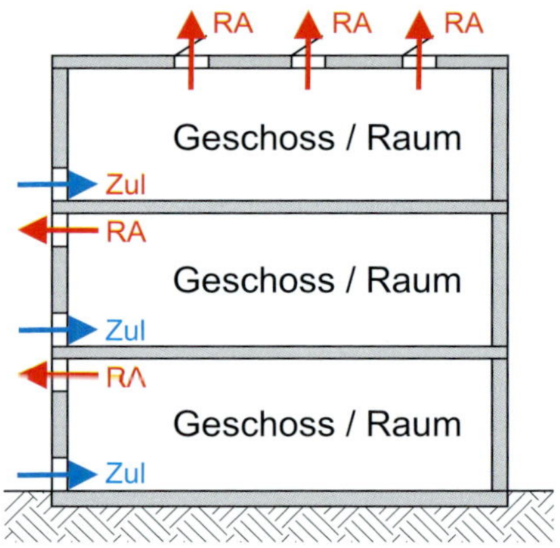

RA = Teile von Rauchabzugsanlagen gem. MIndBauRL 5.7.4.3

Bild 5.7.1-1: Regelbeispiel nach MIndBauRL Abschnitt 5.7.1.1

Beispiel für typischen Fall mit Räumen ohne Ebenen

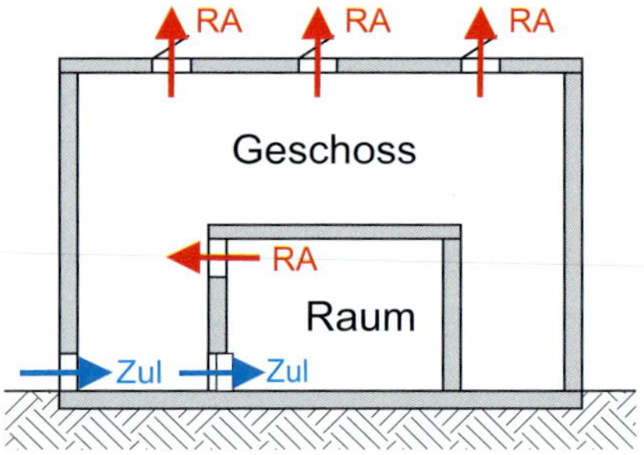

RA = Teile von Rauchabzugsanlagen gem. MIndBauRL 5.7.4.3

Bild 5.7.1-2: Regelbeispiel für Räume ohne Ebenen nach MIndBauRL Abschnitt 5.7.1

Beispiel für „untypischen" Fall mit eingestelltem Raum.

Hier reichen u. U. auch Wandöffnungen von **natürlichen Rauchabzugsanlagen** aus, die nicht in Außenwänden angeordnet werden und die den Rauch über Öffnungen in Innenwänden von betroffenen Räumen in andere Räume (des gleichen BA oder BBA) abführen.

Hier kommt es lediglich darauf an, den Brandrauch aus dem Brandraum hinauszuleiten, um eine Brandbekämpfung innerhalb des Brandraums zu unterstützen, auch wenn der Angriffsweg über die anderen Räume dadurch ggf. mit dem abgeführten Brandrauch belastet wird.

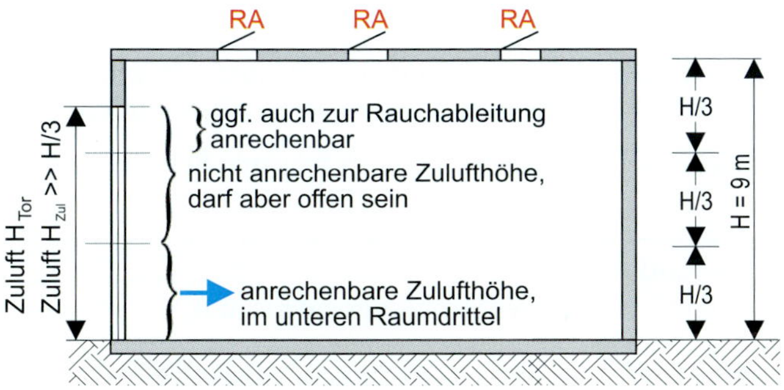

RA = Teile von Rauchabzugsanlagen gem. MIndBauRL 5.7.4.3

Bild 5.7.1-3: Regelbeispiel für Zuluft im unteren Raumdrittel nach MIndBauRL Abschnitt 5.7.1 und 5.7.2.
Erläuterungen siehe Text.

b.3) Beispiel für die Rauchableitung aus eingestellten Räumen

Die Rauchableitung aus eingestellten Räumen (A.Raum > 200 m^2) mit eigenen Rauchabzugsanlagen ist mit diesem Regelbeispiel für die Anwendung von Rauchabzugs**anlagen** ebenfalls erfasst. In diesem Fall ist der Regelungstext zunächst auf die eingestellten Räume zu beziehen; die **Rauchabzugsgeräte** können im oberen Drittel der Höhe des eingestellten Raums angeordnet werden.

Diese Raumentrauchung über die Geschosse wird typischerweise mit Rauchabzugsanlagen für die zugehörigen Geschosse kombiniert. Für die Geschossentrauchung kann insbesondere ein anderes Entrauchungskonzept greifen, wenn die Raumentrauchung über die Fassade unmittelbar ins Freie erfolgt.

b.4) Zuluft im unteren Raumdrittel (5.7.1.1 und 5.7.1.2)

Das Regelbeispiel sieht vor, dass – bezogen auf den jeweils zu entrauchenden Raum – die Luftnachströmung über Zuluftöffnungen geschieht; diese Zuluftöffnungen sind im unteren Raumdrittel vorzusehen.

In der Praxis kommen dafür auch hohe Tore zur Anwendung, deren lichte Öffnungsfläche eine größere Höhe hat, als dem unteren Raumdrittel entspricht (z. B. beträgt die Raumhöhe 9 m und die lichte Torhöhe weist ein Maß von 4 m (> 9/3 = 3 m) auf.

In solchen Fällen soll nur die lichte Öffnungsfläche als Zuluftfläche angerechnet werden, die sich im unteren Raumdrittel befindet; darüber liegende Öffnungsflächen sollen nicht als Zuluftfläche berücksichtigt werden.
Es ist in keinem Fall erforderlich, bei Anrechnung solcher „Zulufttore" deren Öffnungshöhe in irgendeiner Weise durch technische Maßnahmen so zu beschränken, dass sie sich nur bis zur Höhe des unteren Raumdrittels öffnen lassen: Über der „Grenzhöhe" von 1/3 H.Raum werden tatsächlich vorhandene Öffnungsflächen lediglich nicht angerechnet – aber nicht verhindert!

Reichen Öffnungsflächen allerdings auch bis in das obere Raumdrittel hinein, bestehen Möglichkeiten, diese als Rauchabzugsflächen anzurechnen. Im Regelbeispiel von Nr. 5.7.1.1 muss es sich dann aber um Flächen von Rauchabzugsgeräten nach Abschnitt 5.7.4.3 handeln.

Sofern diese Öffnungsflächen die Geräteanforderungen nach Abschnitt 5.7.4.3 nicht erfüllen, bestehen ggf. Möglichkeiten der Anrechenbarkeit nach dem Regelbeispiel von Nr. 5.7.1.2 (Räume mit Flächen bis zu 1600 m^2).

c) Anwendung für Räume unter 1600 m²

Die Erleichterungen gemäß Regelbeispiel in Abschnitt 5.7.1.2 müssen nicht in Anspruch genommen werden. Rauchabzugsanlagen können auch für Räume unter 1600 m² vorgesehen werden.

Für den Grenzfall eines Raums mit einer Fläche von 1600 m² ergeben sich folgende **Beispiellösungen:**

Beispiellösung gemäß 5.7.1.1 (Rauchabzugsanlage):
erf $A_w = 4 \times 1{,}5\ m^2 = 6\ m^2 \rightarrow A_g = 6/0{,}6 = 10\ m^2$ – wegen des Strömungswiderstands
erf $a_w = 6/1600 = 0{,}375\ \%$
erf $A_{Z,geom} \geq 12\ m^2 \rightarrow$ gewählt $A_{Z,geom} = 12\ m^2$

Beispiellösung gemäß 5.7.1.2 (Erleichterung, Öffnungen für die Rauchableitung):
erf $A_{geo} = 1\ \%$ (von 1600 m²) = 16 m² Dachöffnungen oder
erf $A_{geo} = 2\ \%$ (von 1600 m²) = 32 m² Wandöffnungen im oberen Drittel
erf $A_{Z,geo}$ = erf A_{geo} = 16 m²
bzw. 32 m² > 12 m²; aber max. erf $A_{Z,geo} \leq 12\ m^2$ im unteren Raumdrittel (mehr ist erlaubt)

Vergleich der verschiedenen Zuluftanforderungen

- **Beispiellösung gemäß Abschnitt 5.7.1.1**
  Die Rauchabzugsanlage erzeugt mit anerkannten Geräten beim Bemessungsbrand **raucharme Schichten** und ist zuverlässig. Die Zuluftfläche entspricht mit gewählten 12 m² der erforderlichen geometrischen Rauchabzugsfläche der Rauchabzugsgeräte – unter Berücksichtigung der jeweiligen strömungstechnischen Eigenschaften der Geräte.
- **Beispiellösung gemäß Abschnitt 5.7.1.2**
  Die Öffnungen zur Rauchableitung schaffen **keine raucharmen Schichten** und sind wegen fehlender Anforderungen an die Qualität der Öffnungsverschlüsse auch weniger zuverlässig. Die erforderliche Zuluftfläche ist so groß wie die Öffnungsflächen für die Rauchableitung.
  Die geometrische Zuluftfläche muss dabei allerdings nicht größer sein als 12 m² im unteren Raumdrittel (mehr ist jedoch zulässig).
  Für die Beispiellösung ist mit der Regelung von Abschnitt 5.7.1.2 **nicht** gemeint, dass als Zuluftflächen
  a) insg. 16 m², davon unten 12 m² bzw.
  b) insg. 32 m², davon unten 12 m²
  erforderlich sind.
- **Vergleich**
  Sofern auf die Erleichterungen gemäß Abschnitt 5.7.1.2 verzichtet und stattdessen eine Rauchabzugsanlage gemäß Abschnitt 5.7.1.1 vorgesehen wird, ergeben sich größere Flächen sowohl für die Rauchableitung als auch für die Zuluft. Dafür erhält man dann jedoch eine bessere Qualität und höhere Leistungsfähigkeit.

d) Gemeinsame Zuluft für Hallenbereiche mit mehreren Auslösegruppen

Die Rauchabzugsanlage soll für größere Räume über 1600 m² im Brandfall nur über denjenigen Flächen geöffnet werden, die als **brandherdnah** angesehen werden können. Damit wird erreicht, dass keine Zuluft über Rauchabzugsgeräte in den Brandrauch nachströmt und eine – nicht explizit geforderte, aber dennoch für die Bemessungsfälle erwartete – Rauchschichtbildung erheblich stört. Daher wird die Rauchabzugsanlage bei großen Räumen in **Auslösegruppen von maximal 1600 m²** unterteilt.

Das Nachströmen der **Zuluft** von außen wird über Zuluftflächen vorgesehen, die im unteren Raumdrittel (i. d. R. als Türen und Tore in den Fassaden) vorgesehen werden. Innerhalb solch großer Räume kann vorausgesetzt werden, dass die nachströmende Zuluft dem ganzen Raum –

also auch der Fläche unter der **Auslösegruppe** – zur Verfügung steht.

Wird der große Raum allerdings durch Wände in Hallenbereiche gegliedert, die das Nachströmen der Zuluft in die Bereiche der Auslösegruppen verhindern, müssen Öffnungen für die Luftnachströmung zur Verfügung gestellt werden – entweder in diesen Wänden oder in den Fassaden der betreffenden Auslösegruppen.

Das manuelle Öffnen von Türen in den Zwischenwänden durch die Feuerwehr zur Gewährleistung der Zuluftnachströmung kann im Brandschutzkonzept ggf. vorgesehen und festgelegt werden – ebenso wie das manuelle Öffnen von Zuluftöffnungen in den Fassaden.

Insbesondere bei sehr verschachtelten Raumsituationen kann das Heranführen von ausreichenden Zuluftmengen über mehrere „andere Räume“ ggf. nicht mehr zweckmäßig sein und außerdem die Leistungsfähigkeit der Feuerwehr wegen des Öffnens der Wandöffnungen überfordern. Gerade in solchen Fällen ist im Brandschutzkonzept eine angemessene Planung der Rauchableitung vorzusehen, die dann auch mit der zuständigen Brandschutzdienststelle besprochen werden sollte. Dabei ist dann die Beachtung des Charakters der betreffenden Ausführungen der MIndBauRL als Regelbeispiel i. d. R. zielführend (siehe Kommentar zu Abschnitt 5.7).

5.7.1.2

Die Anforderung ist insbesondere erfüllt für Produktions- und Lagerräume mit nicht mehr als 1600 m² Grundfläche, wenn

- diese Räume entweder an der obersten Stelle Öffnungen zur Rauchableitung mit einem freien Querschnitt von insgesamt 1 v. H. der Grundfläche oder
- im oberen Drittel der Außenwände angeordnete Öffnungen, Türen oder Fenster mit einem freien Querschnitt von insgesamt 2 v. H. der Grundfläche haben

sowie Zuluftflächen in insgesamt gleicher Größe jedoch mit nicht mehr als 12 m² freiem Querschnitt vorhanden sind, die im unteren Raumdrittel angeordnet werden sollen.

Zu 5.7.1.2

Für die Produktions- und Lagerräume ohne Ebenen mit nicht mehr 1600 m² Grundfläche wird eine Möglichkeit zur Erfüllung des Schutzzieles ohne Rauchabzugsanlage aufgezeigt. Je nach Lage der vorgesehenen Öffnungen zur Rauchableitung ist eine prozentual nach der Grundfläche des Raumes bestimmte Gesamtöffnungsfläche anzuordnen. Sie beträgt mindestens 1 v. H. der Grundfläche.

Bei der Anordnung von Öffnungen zur Rauchableitung in Wänden (z. B. Fenster) wird eine Gesamtöffnungsfläche von mindestens 2 v. H. der Grundfläche verlangt, da eine Rauchableitung über Außenwandöffnungen schwieriger ist, als über oberste Stellen eines Raumes, z. B. im Dach. Die Größe der Öffnungen für die Zuluft, die sogenannten „Zuluftflächen", richtet sich nach der erforderlichen Gesamtöffnungsfläche für die Rauchableitung; für einen Raum genügen aber Zuluftflächen – wie auch bei Rauchabzugsanlagen – von insgesamt 12 m². Als Öffnungsflächen und Zuluftflächen gelten die freien Querschnitte von Öffnungen in Außenwänden oder Dächern.

Grundsätzlich soll der im Brandfall entstehende Rauch ins Freie abgeleitet werden. Die MIndBauRL 2000 sah dies in Abschnitt 5.6.1 entsprechend vor. Dies gilt in der MIndBauRL 2014 jedoch nicht für in Produktions- oder Lagerräumen eingestellte Räume von mehr als 200 m² bis max. 1600 m² Grundfläche, die im Verhältnis zur Größe des Produktions- oder Lagerraumes nur eine untergeordnete Fläche einnehmen. Da Räume dieser Größe häufig an zentralen Stellen des Industriebaus und somit nicht an Außenwänden liegen, wäre die Forderung nach einer Rauchableitung ins Freie unverhältnismäßig hoch. Solche Räume müssen, soweit sie nicht offen sind, ausreichende Sichtverbindungen haben und ggfs. über geeignete Vorkehrungen zur Warnung der Nutzer verfügen (siehe Abschnitt 5.6.3). Hier reicht es aus, wenn Rauch über die vorhandenen Öffnungen der Räume (Türen und Fenster) in der nach Abschnitt 5.7.1.2 geforderten Größe in die Produktions- oder Lagerhalle abgeleitet wird. Dies gilt auch für eingestellte Räume in Ebenen oder auf Einbauten.

Diese Regelung wird insbesondere bei großen Industriebauten, die i. d. R. nach Abschnitt 7 beurteilt werden, zur Anwendung kommen. Bei kleinen Industriebauten mit mehreren Räumen ist i. d. R. eine Rauchableitung über die Außenwände ins Freie möglich. Eingestellte Räume von mehr als 1600 m² sind unter dem Aspekt der Rauchableitung nicht mehr als untergeordnet anzusehen, bei eingestellten Räumen dieser Größenordnung sollte eine Rauchableitung ins Freie erfolgen.

Werden Öffnungen verschlossen, brauchen solche Verschlüsse keinen Verwendbarkeitsnachweis. Solche Verschlüsse sind auch nicht Bestandteil von Rauchabzugsanlagen und somit auch nicht prüfpflichtig nach der Muster-Verordnung über Prüfungen von technischen Anlagen nach Bauordnungsrecht – MPrüfVO (Muster-Prüfverordnung).

Zu 5.7.1.2: Rauchableitung aus Produktions- und Lagerräumen ohne Ebenen ≤ 1600 m²

a) Öffnungen zur Rauchableitung an oberster Stelle

Die Anordnung der Öffnungen zur Rauchableitung nach diesem Regelbeispiel ist vorgesehen

- in den Dachflächen dieser Räume oder
- im oberen Drittel der Außenwände.

b) Öffnungen zur Rauchableitung in Außenwänden

Zunächst geht aus diesem Regelbeispiel hervor, dass eine „Wandentrauchung" über Außenwände ins Freie gemeint ist. Da auch Windwirkungen auf diese Außenwandöffnungen dabei berücksichtigt sind, wird eine im Vergleich mit Öffnungsflächen für eine „Dachentrauchung" doppelt so große Öffnungsfläche angegeben.

Sofern konzeptionell eine Raumentrauchung für eingestellte Räume über Innenwände vorgesehen wird, handelt es sich um eine – hier nicht unmittelbar beschriebene – andere Entrauchung, die von diesem Regelbeispiel abweicht. In solchen Fällen muss insbesondere eine Windwirkung auf die Wandöffnungen nicht berücksichtigt werden. Jedoch soll das horizontale Abströmen heißer Brandgase durch Wandöffnungen im Vergleich zum vertikalen Abströmen durch Decken- bzw. Dachöffnungen beurteilt und angemessen berücksichtigt werden. Grundsätzlich sind dafür „argumentative Nachweisführungen" nach DIN 18009-1 ausreichend.

c) Zuluftflächen

c.1) Zuluftöffnungen ≤ 12 m²

Die Formulierung der Anforderung an die Fläche von Zuluftöffnungen *„[...] jedoch mit nicht mehr als 12 m² freiem Querschnitt [...]"* begrenzt die Anforderung *„[...] in insgesamt gleicher Größe [...]"* (wie die Öffnungen zur Rauchableitung bzw. Öffnungen, Türen oder Fenster) nach oben.

Anrechenbar sind dabei Öffnungsflächen im unteren Höhendrittel der Halle.

Maßgebend ist zunächst der freie Querschnitt der Öffnungen zur Rauchableitung, der allerdings nur bis zu 12 m² maßgeblich ist.

Mit der Formulierung „jedoch mit nicht mehr als 12 m²" soll in der Richtlinie zum Ausdruck gebracht werden, dass nicht mehr als 12 m² Zuluftfläche erforderlich sind, um das Schutzziel zu erreichen. Die Formulierung der Richtlinie soll keinesfalls dazu führen, dass vorhandene oder vorgesehene Zuluftflächen von mehr als 12 m² als hinderlich bewertet werden und in der Folge als „nicht zulässig" ggf. sogar behördlich untersagt werden (wie es leider bereits des Öfteren vorgekommen ist).

c.2) Zuluftöffnungen > 12 m²

Die o. g. Formulierung verbietet nicht, dass Zuluftöffnungen mit freien Querschnitten (einzeln oder in der Summe) von mehr als 12 m² vorhanden sind und geöffnet werden.

Der Nachweis ausreichender Zuluftflächen muss für nicht mehr als für maximal 12 m² anrechenbarer Öffnungsflächen im unteren Höhendrittel geführt werden.

Weitere Öffnungsteile können darüber sowohl im unteren Drittel als auch in anderen Höhenbereichen vorhanden sein.

Größere Zuluftflächen als 12 m² fördern die Schutzzielerreichung über das vorgeschriebene Mindestmaß hinaus – sind aber nicht zwingend erforderlich und sollen daher nicht gefordert werden.

c.3) Anrechenbarkeit von sehr hohen Zuluftöffnungen

Zuluftöffnungen, deren freie Öffnungsflächen die Höhe des unteren Raumdrittels überschreiten, sollen nur bis zur Höhe des unteren Raumdrittels angerechnet werden. Weitere Details dazu können dem Kommentar 5.7.1.1_b.3 entnommen werden.

5.7.1.3

Die Anforderung ist insbesondere auch erfüllt, wenn maschinelle Rauchabzugsanlagen vorhanden sind, bei denen je höchstens 400 m² der Grundfläche der Räume mindestens ein Rauchabzugsgerät oder eine Absaugstelle mit einem Luftvolumenstrom von 10.000 m³/h im oberen Raumdrittel angeordnet werden. Bei Räumen mit mehr als 1600 m² Grundfläche genügt

- zu dem Luftvolumenstrom von 40.000 m³/h für die Grundfläche von 1600 m² ein zusätzlicher Luftvolumenstrom von 5000 m³/h je angefangene weitere 400 m² Grundfläche; der sich ergebende Gesamtvolumenstrom je Raum ist gleichmäßig auf die nach Satz 1 anzuordnenden Absaugstellen oder Rauchabzugsgeräte zu verteilen, oder
- ein Luftvolumenstrom von mindestens 40.000 m³/h je Raum, wenn sichergestellt ist, dass dieser Luftvolumenstrom im Bereich der Brandstelle auf einer Grundfläche von höchstens 1600 m² von den nach Satz 1 anzuordnenden Absaugstellen oder Rauchabzugsgeräte gleichmäßig gefördert werden kann.

Die Zuluftflächen müssen im unteren Raumdrittel in solcher Größe und so angeordnet werden, dass eine maximale Strömungsgeschwindigkeit von 3 m/s nicht überschritten wird.

Zu 5.7.1.3

Für Produktions- und Lagerräume ohne Ebenen nach den Abschnitten 5.7.1.1 und 5.7.1.2 wird als weitere Möglichkeit eine Rauchableitung über maschinelle Rauchabzugsanlagen geschaffen.

Dabei werden in Satz 1 und 2 Nr. 1 Mindestluftvolumenströme für eine maximale Raumgrundfläche und damit auch die flächenmäßige Verteilung von Rauchabzugsgeräten oder Absaugstellen in einem Raum festgelegt. Eine Interpolation der Mindestvolumenströme bezogen auf die Grundflächen der jeweiligen Räume ist nicht zulässig. Die nachfolgende Tabelle vermittelt dazu eine grundlegende Übersicht für bestimmte Raumgrößen:

Übersicht Nr. 2

Grundfläche Raum [m²]	*Anzahl der Geräte/Stellen im Raum*	*Luftvolumenstrom gesamt [m³/h]*	*Luftvolumenstrom (gerundet) je Gerät/Stelle [m³/h]*
≤ 400	*1*	*10.000*	*10.000*
≤ 800	*2*	*20.000*	*10.000*
≤ 1.200	*3*	*30.000*	*10.000*
≤ 1.600	*4*	*40.000*	*10.000*
≤ 2.000	*5*	*45.000*	*9.000*
≤ 2.400	*6*	*50.000*	*8.300*
≤ 2.800	*7*	*55.000*	*7.800*
≤ 3.200	*8*	*60.000*	*7.500*
≤ 3.600			

Die Regelung in Satz 2 Nr. 2 ermöglicht auch eine Lösung zur Erfüllung des Schutzzieles mit einem konstanten Luftvolumenstrom von insgesamt 40.000 m³/h, wenn gewährleistet ist, dass der Bereich des Brandes automatisch erkannt wird und der gesamte Luftvolumenstrom auf einer Fläche von höchstens 1600 m² im Bereich des Brandes mit entsprechend Satz 1 verteilten Rauchabzugsgeräten oder Absaugstellen in diesem Bereich abgeleitet werden kann; für die Zuluft gilt Satz 3 entsprechend. Für diese An-

lagenvariante sind die erforderlichen Angaben, insbesondere zur adäquaten Steuerung des Systems, im Brandschutznachweis darzustellen.

Bei beiden Varianten soll die Zuluft spätestens mit dem Anlaufen der maschinellen Rauchabzugsanlage zur Verfügung stehen (siehe Abschnitt 5.7.4.3), damit sich die Türen der Ausgänge des Raumes problemlos öffnen lassen. Damit es nicht zu erheblichen Verwirbelungen kommt, wird in Satz 3 die Strömungsgeschwindigkeit der Zuluft begrenzt. Unter Beachtung der zulässigen Strömungsgeschwindigkeit sind die notwendigen Zuluftflächen, abgestimmt auf jeweilige maschinelle Rauchabzugsanlage des Raumes, zu ermitteln und entsprechend anzuordnen.

Zu 5.7.1.3: Rauchableitung über maschinelle Rauchabzugsanlagen

a) Regellösung

Das Regelbeispiel beschreibt ein Verfahren zur Dimensionierung der Anlage. Dabei wird eine stufenweise Steigerung der erforderlichen Absaugleistung in Schritten von je 400 m² Raumfläche vorgesehen. Eine Interpolation zwischen den Stufen soll nicht vorgenommen werden, weil dadurch die der MIndBauRL zugrunde gelegte Gesamtabsaugleistung unterschritten wird und sich daraus ggf. Einschränkungen für die Unterstützung der Brandbekämpfung durch die Feuerwehr ergeben könnten.

b) Beispiel für eine geeignete alternative Lösung

Das Regelbeispiel zeigt eine Musterlösung mit dem Ziel einer über die Raumfläche verteilten Rauchabsaugung mit einem Mindestvolumenstrom für die Absaugung. Beispielsweise werden für einen Raum mit 1600 m² Grundfläche vier Absaugstellen mit je mindestens 10.000 m³/h als Richtwert benannt; diese Absaugstellen sollen im oberen Raumdrittel angeordnet sein.

Ausgehend von dieser Musterlösung kann ohne „Abweichung von der Richtlinie" (siehe Komm. zu 5.7.a) eine gleichwertige Alternativlösung gefunden werden.

Beispielsweise könnte für einen etwa 1.200 m² großen Raum diese Alternativlösung (anstelle von drei Absaugstellen mit je 10.000 m³/h für je 400 m³/h) vier Absaugstellen mit je 8.000 m³/h für je 300 m² vorsehen. Die Gesamtabsaugung in dieser Alternative ist mit 32.000 m³/h größer als der Richtwert des Regelbeispiels, und eine Gleichverteilung der Gesamtabsaugung ist

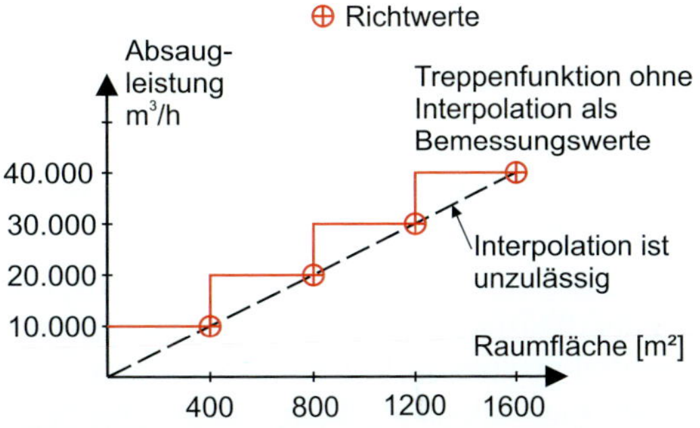

Bild 5.7.1-4: Beispiel für stufenweise Erhöhung der Absaugleistung von MRA gemäß Regelbeispiel nach MIndBauRL Abschnitt 5.7.1.3 für Räume bis zu 1600 m²

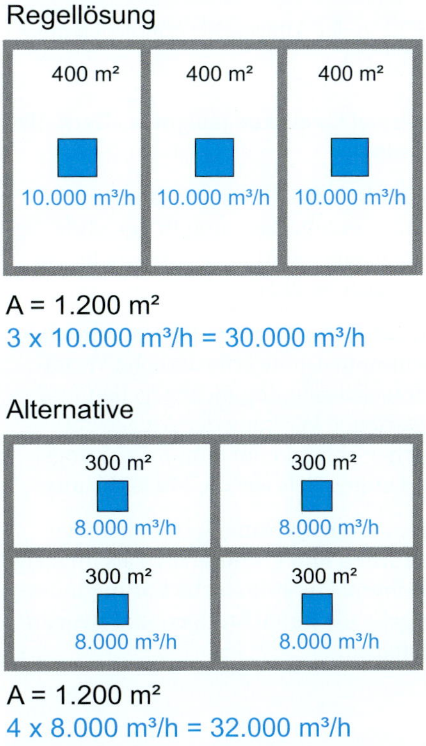

Bild 5.7.1-5: Beispiel für alternative Auslegung einer MRA für einen 1200 m² großen Raum nach MIndBauRL Abschnitt 5.7.1.3

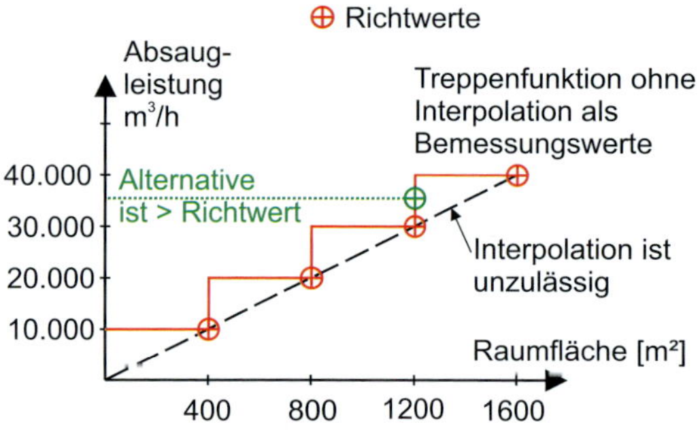

Bild 5.7.1-6: Beispiel für Bewertung einer Alternative für die Auslegung einer MRA für einen 1200 m² großen Raum

ebenfalls besser gegeben (eine Absaugung je 300 m² anstelle von je 400 m²).

Für diese Alternative kann eine Gleichwertigkeit mit dem Musterbeispiel in der konzeptionellen Brandschutzplanung begründet werden, weil die Wirksamkeit dieser Anlage der des Musters in etwa gleichkommt, obwohl die Absaugleistung an jeder Absaugstelle geringer ist als beim Muster.

Die Bewertung der Alternative ergibt sich aus dem Bild 5.7.1-4.

c) Beispiel für eine ungeeignete alternative Lösung

Eine formal ähnliche Alternativplanung konzentriert die Gesamtabsaugung in der Mitte des Raums. Auch dabei wird die erforderliche Gesamtabsaugleistung überschritten.

Aufgrund der Konzentration der Absaugstellen in der Raummitte ist die erforderliche Verteilung der Rauchabsaugung nicht gegeben und die zu erwartende Wirkung der Anlage entspricht vorhersehbar kaum dem Erreichungsgrad des Planungsziels wie die Musterlösung.

Eine solche Alternativplanung ist daher eher kritisch zu sehen und grundsätzlich als ungeeignet zu bewerten. Für eine solche Lösung müssten weitergehende Betrachtungen und Begründungen erfolgen.

Ungeeignete Alternativ-Auslegung einer MRA für einen 1200 m² großen Raum

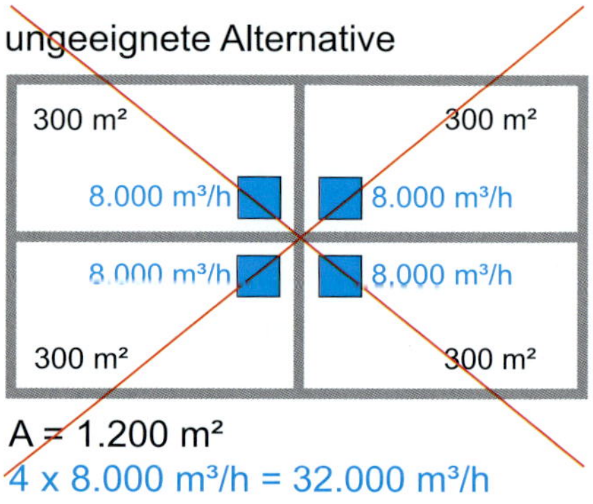

Bild 5.7.1-7: Beispiel für eine ungeeignete Alternativauslegung einer MRA für einen 1200 m² großen Raum nach MIndBauRL Abschnitt 5.7.1.3

5.7.2 Rauchableitung aus Brandbekämpfungsabschnitten mit Ebenen in Produktions- und Lagerräumen

5.7.2.1

Die Anforderung ist insbesondere erfüllt, wenn

- diese Räume Rauchabzugsanlagen haben, bei denen je höchstens 400 m² der Dachfläche mindestens ein Rauchabzugsgerät im Dach angeordnet wird,
- die aerodynamisch wirksame Fläche dieser Rauchabzugsgeräte insgesamt mindestens 1,5 m² je 400 m² Brandbekämpfungsabschnittsfläche beträgt,
- je höchstens 1600 m² Dachfläche mindestens eine Auslösegruppe für die Rauchabzugsgeräte gebildet wird,
- die Brandbekämpfungsabschnitte in Rauchabschnitte je < 5000 m² Brandbekämpfungsabschnittsfläche unterteilt werden sowie
- der freie Querschnitt aller Öffnungsflächen im Dach in allen Ebenen sowie als Zuluftfläche in der untersten Ebene vorhanden ist. Es dürfen nur Öffnungen in Ebenen mit einem freien Querschnitt von mindestens 1 m² angerechnet werden.

Zu 5.7.2 Rauchableitung aus Brandbekämpfungsabschnitten mit Ebenen in Produktions- und Lagerräumen

Die Regelung ist ausschließlich für Brandbekämpfungsabschnitte anwendbar, denn nur dort sind in Produktions- und Lagerräumen Ebenen zulässig. Für diese besondere Raumgeometrie werden im Interesse einer einfachen Handhabung Regelungen getroffen, um nicht in jedem Einzelfall eine ingenieurmäßige Berechnung erforderlich zu machen.

Zu 5.7.2.1

Für Produktions- oder Lagerräume mit Ebenen wird eine Möglichkeit zur Erfüllung des Schutzzieles unter Verwendung von natürlich wirkenden Rauchabzugsanlagen geschaffen, bei der sich für die Anlagen die Anforderungen an die Verteilung der Rauchabzugsgeräte auf die Grundfläche der Dachfläche, und an deren aerodynamisch wirksamen Querschnitt auf die Fläche des Brandbekämpfungsabschnitts (also die Fläche aller Ebenen und Geschosse) beziehen. Die Größe der Auslösegruppen wird wiederum mit je höchstens 1600 m² Dachfläche vorgegeben. Um strömungstechnischen Effekten gerecht zu werden, ist eine Unterteilung in Rauchabschnitte < 5000 m² Brandbekämpfungsabschnittsfläche erforderlich, ebenso wird für die Zuluftführung vorgegeben, dass der geometrische Querschnitt aller Öffnungsflächen der Rauchabzugsanlage im Dach in allen Decken der Ebenen sowie als Zuluftfläche in der untersten Ebene vorhanden ist. Die ggfs. erforderliche Rauchabschnittsbildung im Brandbekämpfungsabschnitt ist dauerhaft auszubilden. Mit dem Mindestquerschnitt von 1 m² für die Anrechnung der Öffnung der Decken der Ebenen soll vermieden werden, dass „Kleinstöffnungen“ z. B. um Leitungsdurchführungen etc. angesetzt werden können, die für die Zuluftnachströmung nur bedingt wirksam wären. Es sind Rauchabzugsgeräte nach DIN EN 12101-2 zu verwenden. Hinsichtlich der notwendigen Angaben zu den Klassen nach DIN EN 12101-2 und weiterer Angaben im Brandschutznachweis wird auf die Erläuterungen zu Abschnitt 5.7.1.1 verwiesen.

Zu 5.7.2: Rauchableitung aus Brandbekämpfungsabschnitten mit Ebenen in Produktions- und Lagerräumen

Zu 5.7.2.1: Brandbekämpfungsabschnitte mit Rauchabzugsanlagen

a) Bildung von Rauchabschnitten

Die Art der Bildung von Rauchabschnitten ist in der Richtlinie nicht so konkret vorgegeben, dass bestimmte Lösungen und Bauarten eindeutig geregelt wären.

Da raumbildende Bauteile zur Rauchabschnittsbildung grundsätzlich nicht gewünscht werden – bzw. in den großen Industriehallen nur schwer realisierbar sind – müssen hier Einzelfalllösungen gefunden werden. Diese erfordern i. d. R. den Einsatz der Methoden des Brandschutzingenieurwesens.

Bevorzugt werden zur Rauchabschnittsbildung Rauchschürzen (ggf. bewegliche) eingebaut und lüftungstechnische Maßnahmen angewendet.

b) Ziele der Rauchabschnittsbildung

Mit der Rauchabschnittsbildung bei mehrebenigen Brandbekämpfungsabschnitten und „natürlicher Rauchableitung“ soll das Erreichen des Brandherdes für die Feuerwehr „zusätzlich“ unterstützt werden, damit die Zielsetzung gemäß Abschnitt 5.7 Satz 1 erreicht wird. Im Regelfall wird eine Wirkung vorgesehener Maßnahmen auf der Basis eines Zwei-MW-Brandes zu betrachten sein. Die Dauer der Brandentwicklung ist nach den örtlichen Verhältnissen mit dem zu erwartenden Eintreffen der Feuerwehr verknüpft.

Der sicherheitstechnisch relevante Zeitraum zur Beurteilung der Auslegung der Rauchabschnittsbildung ist also in etwa auf die Zeitdauer bis zum Ergreifen der ersten wirksamen Löscharbeiten abzustellen.

Das Schutzziel der Rauchabschnittsbildung ist auf das Erreichen des Brandherdes während einer frühen Brandphase abgestellt.

Im Wesentlichen sollen die Teile der Angriffswege innerhalb des Gebäudes vor einer uneingeschränkten Rauchbelastung geschützt werden.

Die Rauchabführung soll vorwiegend aus dem betroffenen Rauchabschnitt nach oben in darüberliegende Rauchabschnitte erfolgen; ein gewisser Raucheintrag/eine Rauchverschleppung auch in andere Rauchabschnitte ist allerdings zu akzeptieren. Damit sind keine „rauchfreien“ oder „raucharmen“ Schichten im engeren Sinne gemeint, aber doch eine Schichtung der Luftmassen und eine Ausbildung von Heißgasschichten zur Ausprägung von Luftbewegungen durch Öffnungen zur Rauchableitung in höhere Ebenen und aus dem Gebäude hinaus ins Freie.

Die im Regelbeispiel verlangte Rauchabschnittsbildung erweist sich insbesondere für den Standardfall eines mehrebenigen Brandbekämpfungsabschnitts mit Deckenfeldern als sinnvoll, die sich grundsätzlich über die gesamte Grundfläche des BBA erstrecken und lediglich Einzelöffnungen haben, über die der Brandrauch in die nächsthöhere Ebene abströmen kann. In solchen Fällen von Brandbekämpfungsabschnittsflächen mit deutlich mehr als 5000 m² liegen grundsätzlich komplexe Strömungsverhältnisse für die Brandrauchabführung vor. Um eine „einfache“ Brandschutzplanung zu ermöglichen, die nach den Kriterien der MIndBauRL den Feuerwehren eine ausreichende Unterstützung für die Brandbekämpfung zukommen lässt, wird eine Zonierung der Luftmassen (Konzentration des Brandrauchs) mit folgenden Eigenschaften angestrebt:

- In der Brandebene ergibt sich eine stark ausgeprägte Zonenbildung auf „kleiner Rauchabschnittsteilfläche“, die ein Abströmen nach oben über die Deckenöffnungen stark unterstützt.
- In den höheren Ebenen bilden sich ebenfalls Heißgasschichten im betreffenden Rauchabschnitt aus, die eine Weiterleitung der Brandgase in die nächsthöhere Ebene unterstützen und letztlich auch eine Rauchableitung ins Freie über das Dach bewirken.
- Eine effektive Verhinderung der seitlichen Ausbreitung von Brandrauch in andere Rauchabschnitte wird für keine der Ebenen erwartet. Es ist insbesondere in den höheren Ebenen mit einer Ausbreitung von Brandrauch durch Rauchverschleppung in diese anderen Rauchabschnitte zu rechnen.

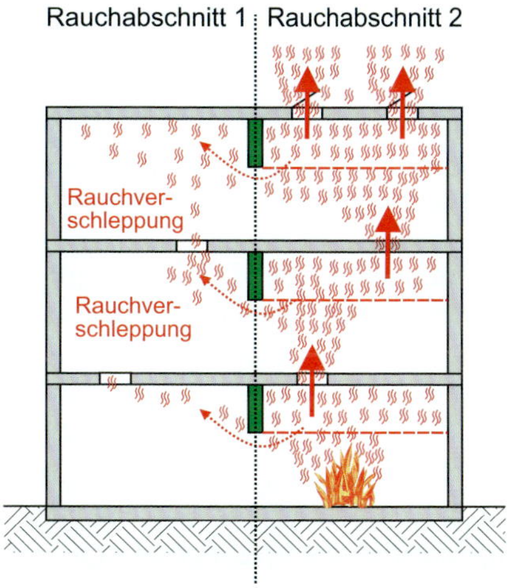

Bild 5.7.2-1: Beispiel für die mögliche Verrauchung und Rauchverschleppung eines mehrebenigen Brandbekämpfungsabschnitts mit Deckenfeldern.
Erläuterungen siehe Text.

Auch wenn keine konkreten Leistungsanforderungen an die Verhinderung des Eindringens von Brandrauch in andere Rauchabschnitte bestehen (Stichwort „Rauchfreihaltung“), sollen doch „heiße Brandgase“ im unmittelbar betroffenen Rauchabschnitt so weit zurückgehalten werden, dass sich die für die Rauchableitung nach oben erforderlichen thermodynamischen Heißgasschichten ausbilden können. Dazu werden i. d. R. Untersuchungen mit den Methoden des Brandschutzingenieurwesens (Brandsimulationen; z. B. Anhang 1 bzw. DIN 18009) erforderlich, mit denen beispielsweise die erforderliche Höhe von Rauchschürzen oder Details anderer Maßnahmen zur Rauchabschnittsbildung im Hinblick auf diese Wirkung beurteilt werden können.

Mehrebenige Brandbekämpfungsabschnitte mit Ebenendecken, die sich nur über untergeordnete Teile der Grundfläche des BBA erstrecken und ansonsten sehr großflächige Deckenöffnungen haben, entsprechen strömungstechnisch nicht diesem Grundfall. Für diese Fallgestaltungen wird die Brandschutzplanung die Wirkung der vorgesehenen natürlichen Rauchabführung wohl häufig ohne „herkömmliche Rauchabschnittsbildungen“ abschätzen.

Im Übrigen ist in diesem Zusammenhang darauf hinzuweisen, dass die Beurteilung des weiteren Brandgeschehens in Bezug auf die Bauteile (äquivalente Branddauer nach DIN 18230) von Vollbrandszenarien ausgeht und von im Wesentlichen homogenen Verteilungen der Heißgase im gesamten Gebäudeabschnitt – also auch über die Räume der Ebenen und Rauchabschnitte hinaus. Auf die Bewertung ungleichmäßig verteilter Brandwärme wird im Kommentar zu Abschnitt 7.6 eingegangen.

Ferner sei hier darauf verwiesen, dass im Fall einer sprinklergeschützten Situation das Regelbeispiel des Abschnitts 5.7.3 greift, das keine Rauchabschnittsbildung vorsieht.

5.7.2.2

Die Anforderung ist insbesondere erfüllt für Ebenen mit Grundflächen von jeweils nicht mehr als 1000 m² bzw. 1600 m² bei Vorhandensein einer Werkfeuerwehr, wenn

- die Räume in den Außenwänden Öffnungen, Türen oder Fenster mit einem freien Querschnitt von insgesamt 2 v. H. der Grundfläche der jeweiligen Ebene haben und die Öffnungen, Türen oder Fenster im oberen Drittel der Außenwand angeordnet sind sowie
- Zuluftflächen in insgesamt gleicher Größe im unteren Raumdrittel oder in den darunter liegenden Ebenen vorhanden sind. Es dürfen nur Öffnungen in Ebenen mit einem freien Querschnitt von mindestens 1 m² angerechnet werden.

Zu 5.7.2.2

Die Regelung definiert eine Erleichterung für Ebenen mit Grundflächen von jeweils nicht mehr als 1000 m² und gibt einen Mindestquerschnitt von 2 v. H. der Grundfläche der jeweiligen Ebene im oberen Drittel der Außenwand vor. Für die Zuluftführung ist entweder darüber hinaus der gleiche Querschnitt im unteren Raumdrittel jeder Ebene nachzuweisen, oder aus der darunter liegenden Ebene, das heißt mit dem entsprechenden Querschnitt als Öffnung in der Decke und in der Außenwand der darunter liegenden Ebene. Mit dem Mindestquerschnitt von 1 m² für die Anrechnung der Öffnung der Decken der Ebenen soll auch hier vermieden werden, dass „Kleinstöffnungen" angesetzt werden, die für die Zuluftnachströmung nur bedingt wirksam wären. Bei Vorhandensein einer Werkfeuerwehr greifen die Regelungen analog bis zu einer Grundfläche der Ebenen von maximal 1600 m².

Zu 5.7.2.2: Ebenen mit Grundflächen von jeweils nicht mehr als 1000 m² bzw. 1600 m²

a) Entrauchung über Öffnungen in Außenwänden

Die Entrauchung über Öffnungen in den Außenwänden stellt für Ebenen den Regelfall dar.

Günstig ist die Anordnung von Entrauchungsöffnungen in gegenüberliegenden Fassaden zur Querlüftung. Eine Querlüftung ist allerdings nicht zwingend vorgesehen. Die Räume müssen grundsätzlich nur jeweils an einer Außenwand liegen.

Es reicht aus, die zu entrauchenden Räume mit einer Umfassungswand als Außenwand mit Öffnungen vorzusehen. Dies wird insbesondere für Ebenen, deren Grundflächen keine Anbindung an alle Fassaden haben, regelmäßig der Fall sein.

Falls im Brandfall Wind auf die entsprechende Außenwand drückt und über deren Wandöffnungen eine Rauchableitung ins Freie nicht zu erwarten ist, gilt dieser Fall als akzeptiertes Restrisiko der MIndBauRL und nicht als Planungsfehler des Industriebaus in Bezug auf die öffentlich-rechtlichen Schutzziele.

5.7.3 Rauchableitung in Produktions- und Lagerräumen mit selbsttätigen Feuerlöschanlagen

Die Anforderung ist auch erfüllt in Produktions- und Lagerräumen mit selbsttätigen Feuerlöschanlagen nach 5.8.1, wenn in diesen Räumen vorhandene Lüftungsanlagen automatisch bei Auslösen der selbsttätigen Feuerlöschanlagen so betrieben werden, dass sie nur entlüften und die Luftvolumenströme einschließlich Zuluft nach 5.7.1.3 erreicht werden, soweit es die Zweckbestimmung der Absperrvorrichtungen gegen Brandübertragung zulässt; in Leitungen zum Zweck der Entlüftung dürfen Absperrvorrichtungen nur thermische Auslöser haben. Abweichend von Satz 1 muss bei Vorhandensein einer automatischen Brandmeldeanlage der Sicherheitskategorien K 2 bis K 3.4 die Lüftungsanlage mit Auslösen der Brandmeldeanlage so betrieben werden. Auf die automatische Ansteuerung der Lüftungsanlage kann mit Zustimmung der Brandschutzdienststelle verzichtet werden.

Zu 5.7.3 Rauchableitung in Produktions- und Lagerräumen mit selbsttätigen Feuerlöschanlagen

Mit der Regelung wird für Produktions- und Lagerräume mit selbsttätigen Feuerlöschanlagen gemäß Abschnitt 5.8.1 die Möglichkeit der Rauchableitung über vorhandene Lüftungsanlagen fortgeführt. Einen wesentlichen Beitrag zur Brandbekämpfung leistet hier bereits die selbsttätige Feuerlöschanlage. Daher wird das Schutzziel auch erfüllt, wenn in diesen Räumen eine Lüftungsanlage vorhanden ist, die im Brandfall automatisch so betrieben wird, dass sie nur entlüftet und dafür der nach Abschnitt 5.7.1.3 Sätze 1 und 2 zu ermittelnde Volumenstrom gewährleistet ist (soweit es die Zweckbestimmung der Absperrvorrichtungen gegen Brandübertragung zulässt). Ein definierter Zeitraum für eine wirksame Rauchableitung ist mit diesen Vorgaben jedoch nicht verbunden. Die Lüftungsanlage muss auch nicht die Anforderungen an eine maschinelle Rauchabzugsanlage im Sinne von Abschnitt 5.7.4.5 erfüllen. Die Umschaltung der Lüftungsanlage auf die Entlüftungsfunktion muss in Räumen, für die eine Brandmeldeanlage vorgeschrieben ist, bereits bei Auslösen dieser Anlage erfolgen; ist in den Räumen eine Brandmeldeanlage nicht vorgeschrieben, muss die Umschaltung bei Auslösen der Sprinkleranlage erfolgen. Die Regelung kommt nur für Lüftungsanlagen in Betracht, bei denen notwendige Brandschutzklappen in den für die Rauchableitung genutzten Entlüftungsleitungen ausschließlich durch thermische Auslöseeinrichtungen, wie z. B. Schmelzlot, geschlossen werden. Für die besondere Betriebsart „Entlüftung" muss die entsprechende Zuluft gewährleistet sein. Für diese Lüftungsanlagen sind die erforderlichen Angaben, insbesondere zur adäquaten Steuerung des Systems und der Zuluftzuführung, im Brandschutznachweis darzustellen.

Soll auf die automatische Ansteuerung mit Zustimmung der Brandschutzdienststelle gemäß Satz 2 verzichtet werden, ist mindestens an zentraler Stelle eine Möglichkeit zur manuellen Ansteuerung („Rauchabzugstableau"), z. B. im Raum der Brandmeldezentrale, grundsätzlich notwendig, an die die Anforderungen gemäß Abschnitt 5.7.4.4 zu stellen sind. Eine alleinige Ansteuerungsmöglichkeit durch Eingreifen in die Lüftungsanlage ist Feuerwehren nicht zumutbar und auch durch Feuerwehren nicht umsetzbar.

Zu 5.7.3: Rauchableitung in Produktions- und Lagerräumen mit selbsttätigen Feuerlöschanlagen

a) Allgemeine Hinweise

Lüftungsanlagen, die im Brandfall so betrieben werden, dass sie nur entlüften, werden als **Ersatz** für Anlagen und Einrichtungen zur Rauchableitung angesehen, wenn die betreffenden Gebäudebereiche (BA bzw. BBA) mit flächendeckenden **Feuerlöschanlagen** ausgestattet sind.

Diese Lüftungsanlagen sind **keine** maschinellen Rauchabzugsanlagen und nehmen auch nicht die Funktion von Rauchabzugsanlagen wahr. Ihr Vorhandensein in Verbindung mit Feuerlöschanlagen wird aber als ausreichend bewertet, um das Schutzziel **Brandbekämpfung durch die Feuerwehr im Innenangriff** zu erreichen, wenn die betreffenden Räume mit automatischen Feuerlöschanlagen geschützt sind.

Voraussetzungen für diese Bewertung einer Lüftungsanlage sind insbesondere, dass

- sie die Volumenströme fördern, die auch für maschinelle Rauchabzugsanlagen gefordert werden (Abschnitt 5.7.1.3),
- ein gleichgroßer Zuluftvolumenstrom zeitgleich mit der Umschaltung der Lüftungsanlage auf Fortluftbetrieb erfolgt,
- Brandschutzklappen im Zuge der Lüftungsleitungen nicht über Rauchmelder, sondern nur thermisch auslösen.

Das thermische Schließen der Brandschutzklappen stellt die Anrechenbarkeit der Lüftungsanlage als **Ersatz für die Rauchableitung** nicht infrage.

Ebenso werden insbesondere an die Heißgasfestigkeit von Ventilatoren oder an deren Stromversorgung (elektrische Leitungsanlagen und Ersatzstromversorgung) keine Anforderungen gestellt.

Das thermische Schließen der Brandschutzklappen dient dem primären bauordnungsrechtlichen Schutzziel der Abschnittsbildung und der Abschottung. Das im Brandfall zeitlich bzw. auf bestimmte Szenarien begrenzte Offenhalten von Brandschutzklappen zur Rauchableitung ist demgegenüber deutlich nachgeordnet.

a.1) Anordnung von Ansaugstellen

Für die Anordnung von Ansaugstellen der Abluft bestehen keine Anforderungen bzw. werden keine Mustervorgaben gemacht – insbesondere müssen die Ansaugstellen weder gleichmäßig in den Räumen verteilt noch über Spitzenbrandlasten konzentriert angeordnet sein.

Es wird davon ausgegangen, dass die Lüftungsanlage den betrieblichen Erfordernissen entsprechend ausgelegt ist und dass diese Auslegung auch für das Erreichen der Schutzziele genügt. Allerdings wurden bei den Beratungen näherungsweise gleichmäßig verteilt angeordnete Ansaugstellen besprochen, woraus aber keine derartige Anforderung abgeleitet werden sollte:

Mit der Anrechenbarkeit von betrieblichen Lüftungsanlagen als Ersatzmaßnahme zur Rauchableitung soll **möglichst** eine den betrieblichen Anforderungen genügende Lüftungsanlage ausreichen, ohne dass spezielle oder zusätzliche Brandschutzanforderungen zu erfüllen wären. Spezielle Eigenschaften anrechenbarer Lüftungsanlagen betreffen insbesondere die Ansteuerung von Brandschutzklappen und die Wechselwirkung mit der Zuluft im Brandfall.

b) Rauchmeldergesteuerte Brandschutzklappen

Über Brandmelder angesteuerte Brandschutzklappen sind grundsätzlich in Lüftungsanlagen nicht vorzusehen, die gemäß Abschnitt 5.7.3 mit einer gewissen Funktion zur Rauchableitung konzeptionell vorgesehen werden! Werden solche Brandschutzklappen installiert, können die Lüftungsanlagen grundsätzlich nicht zur Rauchableitung herangezogen werden, weil sie ja bereits in der Frühphase der Brandentwicklung für den Brandraum planmäßig außer Funktion gesetzt werden.

Befinden sich in Bestandsgebäuden bereits über Brandmelder angesteuerte Brandschutzklappen, dann hat bei einer Konzeptumstellung für diese Gebäude zunächst die abschottende Funktion Vorrang vor der rauchabführenden Funktion. Das nachträgliche Einbinden der Lüftungsanlage in das „Entrauchungskonzept“ erfordert eine Anpassung der Klappensteuerung an die Vorgaben des Abschnitts 5.7.3 und die Umstellung auf thermische Auslösungen.

Brandmeldeanlagen werden jn der Regel (aber nicht zwangsläufig) vorgesehen zur Aktivierung bzw. Umstellung des Lüftungsbetriebs auf „Entlüftungsbetrieb“ der Lüftungsanlage – jedenfalls nicht zum Schließen der Brandschutzklappen. Gegebenenfalls müssen dafür aber auch bestimmte Klappen angesteuert werden.

Sofern bei einer „unklaren Gesamtplanung“ Zielkonflikte zwischen Rauchableitung und Abschnittsbildung auftreten, sind diese konzeptionell aufzulösen! Grundsätzlich verlangen Konzepte mit einer maschinellen Rauchableitung – unabhängig von der Art der maschinellen Technik – eine konzeptionelle Festlegung der Brandfallsteuerung.

Im Zweifel hat die Abschnittsbildung Vorrang. Das gilt insbesondere für Fragen des Funktionserhalts von Leitungsanlagen: Diese Brandschutzklappen sind keine Entrauchungsklappen und fügen sich in ein ggf. nur zeitlich befristetes Entrauchungskonzept ein. Das gilt auch für folgende Problematik/Praxisfrage zum Funktionserhalt:

Brandschutzklappen, die bei Raucherkennung automatisch schließen, werden i. d. R. elektrisch offen gehalten und schließen bei einer Unterbrechung bzw. beim Versagen der Stromversorgung automatisch.

Wenn die Stromversorgung der Brandschutzklappen innerhalb des Brandraums verlegt ist, kann deren brandbedingtes Versagen – auch in Brandräumen mit Feuerlöschanlagen – zum Schließen der Brandschutzklappen führen (z. B. wenn der Brandherd in der Nähe der Elektroleitungen liegt und das Feuer diese schädigt, bevor die Löschanlage den Brand wirksam bekämpfen kann).

Das brandbedingte Schließen der Brandschutzklappen ist in jedem Fall wichtiger als deren Offenhalten zur Rauchableitung. Besondere Schutzmaßnahmen zum Funktionserhalt elektrischer Versorgungsleitungen für Brandschutzklappen ist speziell für das Offenhalten dieser Absperrvorrichtungen zur Rauchableitung nicht erforderlich.

c) Brandschutzklappen in Umfassungsbauteilen von Lüftungszentralen

Das Auslösen von Brandschutzklappen in Umfassungsbauteilen von Lüftungszentralen ist in Abschnitt 6.4.4 Nr. 3 M-LüAR (Fassung September 2005, zuletzt geändert September 2020) insbesondere auch für solche Fälle geregelt, in denen Lüftungsleitungen mit brennbaren Baustoffen (z. B. für Dämmungen) verwendet werden.

Danach müssen diese Brandschutzklappen (in den Umfassungsbauteilen von Lüftungszentralen) mit Rauchauslöseeinrichtungen ausgestattet sein. Die zuverlässige Verhinderung einer Brandausbreitung hat auch in diesen Fällen Vorrang vor der Sicherstellung einer Möglichkeit zur Rauchableitung.

d) Umstellen der Lüftungsanlage auf Entrauchungsbetrieb

Das Umstellen der Lüftungsanlage auf den Entrauchungsbetrieb muss grundsätzlich automatisch über vorhandene Brandmeldeanlagen erfolgen.

Die im Satz 2 des Abschnittes 5.7.3 MIndBauRL angesprochenen Sicherheitskategorien beziehen sich auf BA und BBA mit anrechenbaren Brandmeldeanlagen, die nicht nach den Brandsicherheitskategorien klassifiziert werden.

Aus der Richtlinie lässt sich nicht ableiten, dass zusätzlich zur vorausgesetzten Feuerlöschanlage eine Brandmeldeanlage installiert werden muss.

Über diese kann jedoch die Entrauchungsfunktion der Lüftungsanlage i. d. R. wesentlich früher aktiviert werden als durch die Feuerlöschanlage.

Bis zum Einsetzen der Löschwirkung der Feuerlöschanlage werden in diesen Fällen aus den Raumbereichen nahe dem Brandherd heiße Brandgase in die Lüftungsanlage eingeführt. Die Gefahren für die Funktionssicherheit der Lüftungsanlage während der Zeitspanne bis zur Aktivierung der Feuerlöschanlage werden als akzeptabel angesehen, weil währenddessen in den Sammelkanälen die Mischlufttemperatur als ausreichend gering eingeschätzt wird.

Lüftungsventilatoren, die ohne Lüftungsleitungen in Dachflächen installiert werden, können in Einzelfällen von den sich entwickelnden Bränden bis zur Aktivierung der Feuerlöschanlagen ggf. stärker geschädigt werden. Die Wahrscheinlichkeit solcher Versagensszenarien und deren Auswirkungen werden durch die MIndBauRL akzeptiert und es werden keine speziellen zusätzlichen Vorkehrungen oder Schutzmaßnahmen gefordert.

Auf die automatische Ansteuerung (Umschaltung) der Lüftungsanlage durch die vorhandene Brandmeldeanlage kann – im Einvernehmen mit der Brandschutzdienststelle bzw. der den Brandschutz prüfenden Stelle – auch verzichtet werden. Dies gilt sowohl für die automatische Ansteuerung durch die Feuerlöschanlage als auch für die Ansteuerung durch die Brandmeldeanlage.

5.7.4 Weitere Anforderungen an die Rauchableitung aus Produktions- und Lagerräumen

5.7.4.1 Rauchableitung über Schächte

5.7.4.1 Anstelle von Öffnungen zur Rauchableitung ist die Rauchableitung über Schächte mit strömungstechnisch äquivalenten Querschnitten zulässig, wenn die Wände der Schächte raumabschließend und so feuerwiderstandsfähig wie die durchdrungenen Bauteile, mindestens jedoch feuerhemmend sowie aus nichtbrennbaren Baustoffen sind.

Zu 5.7.4 Weitere Anforderungen an die Rauchableitung aus Produktions- und Lagerräumen

Es werden weitere allgemeine Anforderungen an die Rauchableitung bzw. an die dafür notwendigen Einrichtungen oder Anlagen zur Rauchableitung aus Produktions- und Lagerräumen gestellt.

Zu 5.7.4.1

Mit der Regelung wird die Möglichkeit der Rauchableitung über Schächte aufgezeigt. Die Schächte müssen bestimmte Querschnitte aufweisen, die nach den sonst notwendigen Öffnungsflächen der Abschnitte 5.7.1.2 und 5.7.2.2 strömungstechnisch äquivalent zu bestimmensind. Die Schachtwände müssen raumabschließend sein sowie eine bestimmte Feuerwiderstandsfähigkeit haben.

Zu 5.7.4: Weitere Anforderungen an die Rauchableitung aus Produktions- und Lagerräumen

In Einzelfällen soll Brandrauch aus einem Raum zunächst in einen Zwischendeckenbereich (auch von Geschossen und Ebenen) und von dort über Öffnungen zur Rauchableitung oder über Rauchabzugsanlagen ins Freie abgeführt werden.

Für die Beurteilung bzw. Begründung solcher Entrauchungskonzepte sollten grundsätzlich Analysen mit den Methoden des Brandschutzingenieurwesens angewendet werden.

Zu 5.7.4.1: Rauchableitung über Schächte

Für die Rauchableitung aus der Halle über Zwischendeckenbereiche könnte eine Verbindung des Raums mit dem Dach durch die **Zwischendecke über Entrauchungsschächte** vorgesehen werden.

Die Bestimmung der **strömungstechnischen Äquivalenz** (Gleichwertigkeit) der Schachtquerschnitte ist dabei plausibel herzuleiten. Hierfür ist die Anwendung ingenieurtechnischer Methoden sinnvoll.

5.7.4.2 Anforderungen an Öffnungen zur Rauchableitung

5.7.4.2 Fenster, Türen und mit Abschlüssen versehene Öffnungen zur Rauchableitung nach 5.7.1.2 und 5.7.2.2 müssen Vorrichtungen zum Öffnen haben, die von jederzeit zugänglichen Stellen aus leicht von Hand bedient werden können; sie können an einer jederzeit zugänglichen Stelle zusammengeführt werden. Geschlossene Öffnungen, die als Zuluftflächen dienen, müssen leicht geöffnet werden können. Dies gilt z. B. als erfüllt für Toranlagen, die in der Nähe einer Zugangstür liegen und auch bei Stromausfall, z. B. über Kettenzug, geöffnet werden können.

Zu 5.7.4.2

Für die in den Abschnitten 5.7.1.2 und 5.7.2.2 genannten Fenster, Türen und Abschlüsse von Öffnungen zur Rauchableitung werden Vorrichtungen zum Öffnen verlangt und gefordert, dass sie von bestimmten, jederzeit zugänglichen Stellen im Raum oder auch außerhalb des Raumes leicht von Hand bedient werden können. Auch Abschlüsse von Zuluftflächen müssen leicht geöffnet werden können. Satz 3 zeigt beispielhaft eine Möglichkeit für ein leichtes Öffnen einer Zuluftfläche. Da es sich bei Fenster, Türen und Öffnungen zur Rauchableitung nicht um Rauchabzugsanlagen handelt, stellt die Muster-Leitungsanlagenrichtlinie keine Anforderungen an den Funktionserhalt dieser Teile und der von Hand bedienbaren Vorrichtungen zum Öffnen; dies gilt auch für geschlossene Zuluftflächen, soweit sie nicht bei maschinellen Rauchabzugsanlagen nach Abschnitt 5.7.4.3 automatisch öffnen müssen.

Ein gewaltfreier Zugang, wie er nach Anhang 2 für Wärmeabzugsflächen vorgesehen ist, ist für die Bedienung von Öffnungen für die Rauchableitung nicht erforderlich.

Zu 5.7.4.2: Anforderungen an Öffnungen zur Rauchableitung

a) Öffenbarkeit der Rauchableitungsöffnungen

Die Öffnungen zur Rauchableitung müssen Vorrichtungen zum Öffnen haben, die von jederzeit zugänglichen Stellen aus leicht von Hand bedient werden können (siehe auch Abschnitt 5.7.4.4 zu Bedienungsstellen für Rauchabzugsanlagen).

Die hier geregelten Bedienungsstellen für die Rauchableitungsöffnungen müssen jederzeit zugänglich sein, wie auch die manuellen Auslösestellen für Rauchabzugsanlagen (siehe Abschnitt 5.7.4.3).

Die Rauchableitungsöffnungen müssen über Vorrichtungen verfügen, die zum Öffnen geeignet sind. Anforderungen an die Verfügbarkeit und Zuverlässigkeit des jeweiligen Öffnungsmechanismus werden hierbei nicht gestellt. Insbesondere bei der Installation von z. B. elektrischen Komponenten müssen keine Anforderungen an die Beschaffenheit (Funktionserhalt) oder an die Verlegung der Leitungen erfüllt werden. Für die Öffnungsmechanik muss kein Verwendbarkeitsnachweis vorliegen. Es kommt allein darauf an, dass diese Bedienungsstellen erreichbar sind und die Vorrichtungen zum Öffnen unter nutzungstypischen Bedingungen ihren Zweck erfüllen.

Auf welche Weise diese Bedienstellen jederzeit erreichbar sein müssen, wird in der Richtlinie nicht näher bestimmt. Es wird allerdings ein Unterschied gemacht zwischen der Erreichbarkeit der Bedienstellen für Öffnungsflächen und der Erreichbarkeit von Auslösestellen für Rauchabzugsanlagen (siehe Abschnitt 5.7.4.3).

Die Bedienstellen dieser Öffnungen müssen jederzeit zugänglich und leicht bedienbar sein; die jederzeitige Zugänglichkeit kann allerdings auch ein gewisses Maß von Gewaltanwendung erfordern.

b) Öffenbarkeit der Zuluftflächen

Geschlossene Öffnungen, die als Zuluftflächen dienen, müssen (von Hand) leicht geöffnet werden können.

Für elektrisch betriebene Toranlagen ist es ausreichend, dass sie auch von Hand über Kettenzüge von innen bedient werden können, wenn sich in deren Nähe eine Zugangstür befindet. Der Feuerwehr wird zugemutet, auch im Brandfall diese Öffnungen manuell von innen (ggf. also auch aus dem Brandraum) zu öffnen.

Diese Regelung zur manuellen Öffenbarkeit der Zuluftflächen gilt sowohl für Zuluftflächen, die im Zusammenhang mit den Öffnungen zur Rauchableitung benötigt werden (siehe Abschnitt 5.7.4.2), als auch in Verbindung mit natürlichen Rauchabzugsanlagen.

Im Zusammenhang mit maschinellen Rauchabzugsanlagen und mit Lüftungsanlagen anstelle von Rauchabzugsanlagen (siehe Abschnitt 5.7.3) muss die Zuluftnachführung zeitgleich mit der Aktivierung der Rauchabzugsanlage bzw. mit der Brandfallsteuerung der Lüftungsanlage gegeben sein.

c) Erreichbarkeit und Bedienbarkeit von Zuluftöffnungen

Grundsätzlich stellt die MIndBauRL an die Erreichbarkeit von Zuluftflächen für Entrauchungskonzepte mit Öffnungen zur Rauchableitung die gleichen Anforderungen wie für Entrauchungskonzepte mit natürlichen Rauchabzugsanlagen (siehe Kommentar zu 5.7.4.3). Diese Anforderungen werden in den Erläuterungen zur MIndBauRL weiter beschrieben.

Weil die Wirksamkeit und die Zuverlässigkeit einer Entrauchung mit Öffnungen zur Rauchableitung geringer sein dürfen als bei einer Entrauchung mit Rauchabzugsanlagen, wirkt sich dies auch auf die Anforderungen an die Art und Anordnung von Bedienstellen für deren Zuluftflächen aus:

- Das weitestgehend gewaltfreie Öffnen dieser Flächen muss über geeignete Vorrichtungen möglich sein. Besondere Anforderungen an die Beschaffenheit dieser Vorrichtungen werden nicht gestellt; sie sollen aber grundsätzlich manuell betätigt werden können und nicht ausschließlich auf elektrischen Strom angewiesen sein.
- Da die Bedienstellen der Öffnungen zur Rauchableitung auch innerhalb der betreffenden (Brand-)Räume liegen dürfen, gilt dies gleichermaßen auch für die Bedienstellen für die Zuluftflächen.
  Dies ist für die Anordnung von Bedienstellen für die Zuluftflächen von Rauchabzugsanlagen nicht im gleichen Maße vorgesehen!

d) Brennbarkeit und Anordnung von Öffnungen zur Rauchableitung im Dach

Hinsichtlich der Brennbarkeit und Anordnung von Öffnungen zur Rauchableitung in Dachflächen wird auf den Kommentar zu Abschnitt 5.13 verwiesen.

5.7.4.3 Anforderungen an natürliche Rauchabzugsanlagen

5.7.4.3 Rauchabzugsanlagen müssen automatisch auslösen und von Hand von einer jederzeit zugänglichen Stelle ausgelöst werden können. Geschlossene Öffnungen, die als Zuluftflächen dienen, müssen bei natürlichen Rauchabzugsanlagen leicht geöffnet werden können; Nr. 5.7.4.2 Satz 3 gilt entsprechend. Bei maschinellen Rauchabzugsanlagen muss die Zuluftführung durch automatische Ansteuerung spätestens gleichzeitig mit Inbetriebnahme der Anlage erfolgen.

Zu 5.7.4.3

Mit der Regelung wird für natürlich wirkende und maschinelle Rauchabzugsanlagen neben der Auslösung von Hand auch eine automatische Auslösung verlangt – bei natürlich wirkenden Rauchabzugsanlagen mindestens ein Gerät –, damit in großen Räumen die Rauchableitung möglichst früh eingeleitet wird, um die Brandbekämpfung zu erleichtern. Ein manuelles Auslösen von Auslösegruppen muss aber gewährleistet bleiben. Für natürlich wirkende Rauchabzugsanlagen ergibt sich daraus nicht, dass die Auslösung zwingend durch Rauchmelder erfolgen muss. Es genügen automatische Auslöseelemente nach DIN EN 12101-2.

Satz 3 soll gewährleisten, dass bei laufenden Anlagen die Türen der Räume benutzbar bleiben.

Zu 5.7.4.3: Anforderungen an natürliche Rauchabzugsanlagen

a) Allgemeine Hinweise

Natürliche Rauchabzugsanlagen erfordern Rauchabzugsgeräte nach DIN EN 12101-2 (landesspezifische VV TB Anhang 14 Punkt 7).

Konzeptionelle Details der Anlagenplanung werden bei der Brandschutzplanung im entsprechenden Brandschutzkonzept festgelegt. Technische Einzelheiten werden in der anschließenden Ausführungsplanung (unter Beachtung des einschlägigen technischen Regelwerkes für die Bauteile und Komponenten) ergänzend festgelegt.

Zu den konzeptionell festzulegenden Details zählen insbesondere Angaben zu folgenden Leistungsmerkmalen:

- Funktionssicherheit
- Öffnungsmöglichkeit bei Schneelast
- niedrige Temperaturen
- Windlast
- Wärmebeständigkeit

An den Geräten müssen neben der obligatorischen CE-Kennzeichnung die im Brandschutzkonzept bzw. -nachweis festgelegten Leistungsklassen angegeben sein. Außerdem sind die in der landesspezifische VV TB Anhang 14 Punkt 7.5.3 **besonderen Bestimmungen für die Verwendung und Ausführung** zu beachten.

b) Automatische Auslösung

Eine automatische Auslösung der Rauchabzugsanlage ist gegeben, wenn die Rauchabzugsgeräte einzeln automatisch aktiviert werden. Einer anlagentechnischen Kopplung mehrerer Rauchabzugsgeräte bedarf es dafür nicht. Es wird auch nicht verlangt, dass alle Rauchabzugsgeräte einer Auslösegruppe aktiviert werden, wenn an dem Rauchabzugsgerät einer Auslösegruppe das Auslösekriterium erreicht wird.

c) Manuelle Auslösung

Die Auslösung von Hand bezieht sich auf die in den Abschnitten 5.7.1.1 und 5.7.2.1 vorgesehenen **Auslösegruppen.**

Mit der Bildung der Auslösegruppen wird erreicht, dass bei sehr großen Räumen nicht alle Rauchabzugsgeräte gleichzeitig geöffnet werden. Damit wird insbesondere verhindert, dass durch diese Geräte außerhalb des Brandbereichs Frischluft nachströmt, in die sich bildenden Rauchschichten eindringt und damit eine Schichtung der heißen Rauchgase stört.

Die **manuellen Auslösestellen** können – müssen aber nicht – an zentralen Stellen zusammengeführt werden.

In der MIndBauRL werden keine Sicherheitseinrichtungen (insbesondere für die Auslösestellen) wie Feuerwehrtableaus vorgeschrieben.

In Einzelfällen können sich diese allerdings als sehr zweckdienlich erweisen und werden von den Feuerwehren oft gewünscht.

d) Anordnung der manuellen Auslösestellen

Die manuellen Auslösestellen für Rauchabzugsanlagen müssen an **jederzeit zugänglichen Stellen** angeordnet werden. Diese Anforderung bezieht sich ausschließlich auf die Rauchabzugsanlagen, nicht aber auf die manuell öffenbaren Flächen zur Rauchableitung (z. B. Türen und Fenster), obwohl im Abschnitt 5.7.4.4 MIndBauRL auch dafür weitergehende Anforderungen gestellt werden (siehe Abschnitt 5.7.4.2).

Jederzeit zugänglich ist eine Auslösestelle, wenn sie am Ort ihrer Installation ohne weitere Hilfsmittel erreicht und manuell bedient werden kann. Die Bedienung dieser Vorkehrungen (Einrichtungen) darf nicht durch die sie umgebende Nutzung erschwert oder gar verhindert werden.

An die Zugänglichkeit von Auslösestellen der Rauch- und Wärmeabzugsanlagen (RWA) werden höhere Anforderungen gestellt als an die Zugänglichkeit von Bedienstellen von Öffnungen zur Rauchableitung.

Insbesondere müssen die Auslösestellen für die **Einsatzkräfte der Feuerwehr,** die konzeptionell für deren Betätigung vorgesehen ist, erreichbar bzw. zugänglich sein. Im Einzelfall können ggf. auch die Nutzer des Gebäudes konzeptionell für die Bedienung der Auslösestellen vorgesehen werden. Dies erfordert allerdings eine entsprechende Brandschutzplanung im Brandschutzkonzept, die für die tägliche Praxis auch in einer entsprechenden Brandschutzordnung umgesetzt werden muss.

Es ist nicht Sinn der Regelungen über die Zugänglichkeit bzw. Erreichbarkeit, Anforderungen an z. B. die Zugangstüren zu den Räumen zu formulieren, in denen die Auslösestellen installiert sind. Wie diese Räume betreten werden und wie die Zugänge gesichert bzw. geöffnet werden können, ist nicht Gegenstand dieser Regelung.

e) Zuluftflächen

e.1) Öffenbarkeit von Zuluftflächen

Ergänzend zu diversen technischen Anforderungen des Abschnitts 5.7.1.1 werden hier spezielle Vorgaben für die konzeptionelle Planung von natürlichen Rauchabzugsanlagen im Hinblick auf die Öffenbarkeit der Zuluftflächen beschrieben. Deren konkrete Umsetzung soll in den Brandschutzplanungen objektspezifisch erfolgen.

Grundsätzlich sollen diese Flächen durch die Einsatzkräfte der Feuerwehr geöffnet werden.

- Dass mit dieser „ggf. späten" Öffnung auch eine Verzögerung der realen Wirkung der Rauchabzugsanlage verbunden sein kann, entspricht dem Konzept und der erwarteten Schutzzielerreichung für diese Anlagen im Sinne der MIndBauRL.
- Die Brandschutzplanung ist allerdings darauf abzustellen, dass der Feuerwehr das Öffnen dieser Flächen auch in dem Maße zugemutet werden kann, dass das Schutzziel der MIndBauRL hinreichend zuverlässig erreicht werden kann.
  Übliche einsatztaktische Tätigkeiten der Feuerwehr, die zu einer Verzögerung des Öffnens dieser Flächen führen, sind im Konzept der MIndBauRL bereits berücksichtigt. Umstände, die die Einsatzkräfte für das Öffnen dieser Flächen jedoch in besondere und außergewöhnliche Gefahrensituationen bringen können, sind für den Zweck der Rauchableitung den Feuerwehren nicht zuzumuten und insofern durch die MIndBauRL nicht gedeckt.

e.2) Leichte Öffenbarkeit von Zuluftflächen

Eine Zuluftfläche kann als „leicht" öffenbar gelten, wenn insbesondere folgende Bedingungen gegeben sind:

- Die Bedienstelle für das Öffnen ist von einer für die Feuerwehr begehbaren Fläche/Decke aus erreichbar (angemessene Höhenlage).
- Das Erreichen der Bedienstelle ist durch das Brandereignis nicht besonders erschwert und birgt für die Einsatzkräfte keine besonderen und für den Zweck der Rauchableitung unzu-

mutbaren Gefährdungen („sichere Erreichbarkeit“).
Auf diesbezügliche Kommentare zu den „Öffnungen zur Rauchableitung“ wird hingewiesen.
- Zerstörende bzw. beschädigende Handlungen zum Öffnen dieser Flächen sind durch geeignete Bedienelemente gering zu halten. Beispielhaft wird auf Kettenzüge für Hubtore hingewiesen.
- Bedienelemente sollen von einer Stromversorgung grundsätzlich unabhängig sein.

Diese Kriterien gelten zunächst für die Bedienung durch öffentliche Feuerwehren. Gegebenenfalls kann für Objekte mit Werkfeuerwehr von einzelnen dieser Kriterien abgewichen werden; dann können ggf. in Abstimmung mit den betreffenden Werkfeuerwehren auch erschwerte Bedingungen als ausreichend bewertet werden und in die Brandschutzplanung einfließen.

Im Übrigen wird auf den entsprechenden Kommentar zu Abschnitt 5.7.4.2 und auf die entsprechenden Kommentare zu den Abschnitten 5.7.1.1 und 5.7.1.2 verwiesen.

Die Erläuterungen der MIndBauRL zu Abschnitt 5.7.4.2 gelten in diesem Zusammenhang nicht nur für die Planung von „Öffnungen zur Rauchableitung“, sondern i. S. von Abschnitt 5.7.4.3 auch für die Planung von Rauchabzugsanlagen. Wichtig ist dabei die Abgrenzung zur Planung von lüftungstechnischen, maschinellen Konzepten zur Rauchableitung, die auch im Abschnitt 5.7.4.3 geregelt sind.

- Die Erläuterungen zu 5.7.4.2 stellen klar, dass für die elektrisch betriebenen Komponenten von „Öffnungen zur Rauchableitung“ nach der MLAR keine Anforderungen an deren Funktionserhalt im Brandfall zu erfüllen sind.
- Sofern die MLAR an die Rauchabzugsanlagen entsprechende Anforderungen stellt (dort im Abschnitt 5.2.2), gelten diese Anforderungen nicht für elektrische Komponenten von Zuluftflächen (z. B. für Elektroantriebe von Toren). Für solche Fälle sind deshalb manuell zu betätigende Bedienelemente (Vorkehrungen) vorzusehen.

e.3) Fassadenöffnungen als Zuluftöffnungen zur Geschossentrauchung

Im Bild 5.7.1-1 ist das Grundschema einer Geschossentrauchung dargestellt, wobei sowohl die Rauchabführung als auch die Zuluftnachströmung über Fassadenöffnungen vorgesehen ist.

Das Öffnen von Zuluftflächen soll grundsätzlich von den Einsatzkräften durchgeführt werden (siehe Kommentar zu 5.7.4.2). Wenn im Geschossbau eine Rauchableitung in Verbindung mit einer Zuluftnachführung über Fassadenöffnungen vorgesehen wird, ist zu bedenken, dass es im Regelfall den Einsatzkräften kaum zugemutet werden kann, dafür aus dem Brandraum heraus (Fenster-)Öffnungen für die Zuluftnachführung manuell zu öffnen. Ein zerstörendes Öffnen solcher Flächen von außen – ggf. sogar über die Leitern der Feuerwehr – entspricht ebenfalls nicht dem Sinn des Regelbeispiels Nr. 5.7.1.1.

Für die Realisierung der Zuluftnachführung müssen in solchen Fällen konzeptionell Lösungen gefunden werden, die dem Zweck der Rauchableitung ausreichend dienen und die den Einsatzkräften zugemutet werden können. Regellösungen können dafür nicht „allgemeingültig“ angegeben werden.

Ggf. ist für eine Geschossentrauchung anstelle einer „natürlichen Entrauchung“ auf maschinelle Maßnahmen/Gerätschaften zurückzugreifen.

e.4) Innenraumöffnungen als Zuluftöffnungen zur Raumentrauchung über andere Räume

Werden Innenräume über andere Räume entraucht, so können beispielsweise die Zugangstüren zu diesen zu entrauchenden Räumen auch als Zuluftöffnungen vorgesehen werden. Das Öffnen dieser Flächen durch die Feuerwehr geschieht dann aus einem anderen Raum als dem Brandraum, und zwar von einer von der Feuerwehr begangenen Decke aus (siehe Bild 5.7.1-2). Das Öffnen solcher Flächen ist der Feuerwehr grundsätzlich zuzumuten.

5.7.4.4 Kennzeichnung der manuellen Bedienungs- und Auslösestellen

5.7.4.4 Manuelle Bedienungs- und Auslösestellen sind mit einem Hinweisschild mit der Bezeichnung „RAUCHABZUG“ und der Angabe des jeweiligen Raumes zu versehen. An den Stellen muss die Betriebsstellung der jeweiligen Anlage, der Fenster, Türen oder des Abschlusses erkennbar sein.

Zu 5.7.4.4

Die Anforderungen stellen sicher, dass die Bedienstellen für Öffnungsvorrichtungen oder Auslösestellen für Rauchabzugsanlagen schnell gefunden werden können und dass die jeweilige Betriebsstellung (Auslösegruppe manuell ausgelöst oder nicht) insbesondere für die Feuerwehr erkennbar ist.

Zu 5.7.4.4 Kennzeichnung der manuellen Bedienungs- und Auslösestellen

a) Geltungsbereich der Kennzeichnungspflicht

Die Forderung nach einer Kennzeichnung von Bedien- und Auslösestellen richtet sich zunächst unmittelbar nur an solche Stellen zur Betätigung von Rauchabzugsanlagen, nicht aber an solche Stellen von Öffnungen zur Rauchableitung (siehe Erläuterung).

Es ist allerdings nicht im Sinne einer vernünftigen Brandschutzplanung, vorgesehene Maßnahmen ggf. ihrer Zweckerfüllung zu entziehen und sie dadurch letztlich wirkungslos zu machen, dass sie im Anforderungsfall nicht gefunden oder nicht als solche erkannt werden. In diesem Sinne sollten die Brandschutzplanungen regelmäßig auch für die Bedienstellen von „Öffnungen zur Rauchableitung“ zweckdienliche Kennzeichnung vorsehen. Es macht aber dabei auch Sinn, einer Verwechselung mit Rauchabzugsanlagen vorzubeugen und nicht den für Rauchabzugsanlagen vorgesehenen Text „Rauchabzug“ zu verwenden – ggf. den Text „Öffnungen zur Rauchableitung“. Damit können den Einsatzkräften der grundsätzlich diesbezüglich fachkundigen Feuerwehr ggf. für den weiteren Einsatz wertvolle Hinweise gegeben werden.

5.7.4.5 Maschinelle Rauchabzugs- und Lüftungsanlagen

5.7.4.5 Maschinelle Rauchabzugsanlagen sind für eine Betriebszeit von 30 Minuten bei einer Rauchgastemperatur von 600 °C auszulegen. Die Auslegung kann mit einer Rauchgastemperatur von 300 °C erfolgen, wenn der ermittelte Luftvolumenstrom mindestens 40.000 m³/h je Raum beträgt. Maschinelle Lüftungsanlagen können als maschinelle Rauchabzugsanlagen betrieben werden, wenn sie die an diese gestellten Anforderungen erfüllen.

Zu 5.7.4.5

Mit der Regelung soll erreicht werden, dass über maschinelle Rauchabzugsanlagen für einen bestimmten Zeitraum nach Auslösung die Förderung heißer Rauchgase möglich und ein vorzeitiger Ausfall der Rauchabzugsgeräte oder anderer Anlagenteile nicht zu befürchten ist. Bei einem Luftvolumenstrom von mindestens 40.000 m³/h, also bei größeren Räumen, darf die zu berücksichtigende Rauchgastemperatur gemäß Satz 2 abgemindert werden. Satz 3 stellt klar, dass maschinelle Lüftungsanlagen als maschinelle Rauchabzugsanlagen betrieben werden können, wenn diese Lüftungsanlagen die Anforderungen des Satzes 1 erfüllen. Satz 3 gilt nicht für die Lüftungsanlagen nach Abschnitt 5.7.3. Hinsichtlich des notwendigen Funktionserhaltes von Leitungsanlagen wird auf die einschlägige Technische Baubestimmung (Muster-Leitungsanlagenrichtlinie) verwiesen.

Zu 5.7.4.5: Maschinelle Rauchabzugsanlagen und Lüftungsanlagen

a) Allgemeine Hinweise

Für maschinelle Rauchabzugsanlagen ist insbesondere MVV TB Anhang 14.7 zu beachten. Die nachfolgenden technischen Hinweise (insbesondere die Tabellenangaben) gelten insofern zunächst als Kommentar der Zweckbestimmung der MIndBauRL.

Die Auslegung maschineller Rauchabzugsanlagen erfolgt auf der Basis der Bemessungsbrände, die in den offiziellen Erläuterungen zur MIndBauRL in Abschnitt 5.7 Nr. 3 a konkretisiert sind (Stichwort „2 MW Wärmefreisetzungsrate").

In maschinellen Rauchabzugsanlagen werden bis zum Erreichen der Ventilatoren Luftmengen mit höherer und geringerer Temperatur gemischt. Für die Sicherstellung der Funktionssicherheit der Ventilatoren im Brandfall werden Heißgastemperaturen von 600 °C unterstellt, die sich allerdings als Mischtemperatur bei diesem Bemessungsszenarium kaum ergeben können.

Für die geforderte Auslegung der Ventilatoren wird bemessungsrelevant berücksichtigt, dass

- sich der Brandort in der Nähe der Entrauchungsleitungen befindet,
- nur kurze Leitungswege bis zum Ventilator zu überbrücken sind und
- (in kleinen Räumen) nur geringe Luftmengen mit **kalter Luft** zugemischt werden.

Die Ausführungen zur maschinellen Rauchabzugsanlage sind als Anforderungen formuliert (nicht als Regelbeispiel) und betreffen die gesamte Anlage, nicht etwa nur die Ventilatoren. Die zulässige Abminderung der Auslegungstemperatur für die Anlagenteile auf 300 °C berücksichtigt eine ggf. anzunehmende geringere Mischtemperatur beispielsweise bei großflächigen Räumen. Ob insbesondere auch Entrauchungsleitungen für bestimmte Brandeinwirkungen ausgelegt werden und ggf. sogar Anforderungen an eine Feuerwiderstandsfähigkeit haben müssen, richtet sich nach der objektspezifischen Konzeption für diese Anlagen jeweils im Einzelfall.

b) Lüftungsanlagen in der Funktion maschineller Rauchabzugsanlagen

Lüftungsanlagen in der Funktion maschineller Rauchabzugsanlagen sind unter bestimmten Bedingungen zulässig. Damit können auch Lüftungsanlagen zur Rauchabführung eingesetzt werden – insbesondere im Zusammenhang mit der Beispiellösung des Abschnittes 5.7.1.3 MIndBauRL.

Diese Möglichkeit zur Rauchableitung **unterscheidet** sich erheblich von der im Abschnitt 5.7.3 beschriebenen Verwendung von Lüftungsanlagen in sprinklergeschützten Räumen und darf mit dieser nicht verwechselt werden.

Lüftungsanlagen in der Funktion maschineller Rauchabzugsanlagen müssen insbesondere folgende Anforderungen erfüllen:

- Luftvolumenströme gemäß Abschnitt 5.7.1.3 MIndBauRL
- Betriebszeit: mind. 30 Min.
- Rauchgastemperatur: 600/300 °C
- Funktionserhalt der Leitungsanlagen gemäß LAR

Der Aufbau dieser Lüftungsanlagen muss grundsätzlich für die Abführung von Brandrauch geeignet sein. Damit ist insbesondere verbunden, dass Komponenten der Lüftungsanlage den Transport und das Abführen von Brandrauch nicht beeinträchtigen dürfen (z. B. durch Filteranlagen). Es darf kein Umluftbetrieb stattfinden und für ausreichende Luftnachströmung muss gesorgt sein.

Ob ggf. die Lüftungsleitungen als Entrauchungsleitungen hergestellt werden müssen, ist darüber hinaus im Einzelfall zu entscheiden.

5.7.5 Zusammenstellung materieller Anforderungen an die Rauchableitung

Dies sind keine Gliederungspunkt der MIndBauRL, sondern ergänzende Erläuterungen zur Rauchableitung.

In den folgenden Tabellen sind die Absichten bei der Regelsetzung (zuletzt besprochen für die Richtlinien-Fassung 2014) wiedergegeben. Bei deren Anwendung ist jedoch stets das aktuell geltende Recht zu beachten – insbesondere die MVV TB und deren Anhang 14.7!

Technische Anforderungen an die Rauchableitung gemäß Abschnitt 5.7 MIndBauRL 2019

Im Folgenden sind die materiellen Anforderungen der MIndBauRL an die Rauchableitung für die im Abschnitt 5.7 beispielhaft aufgeführten Entrauchungskonzepte tabellarisch zusammengestellt. Die Belange der Dimensionierung sind in der Richtlinie ausreichend klar formuliert. Deshalb wird hier speziell auf die Anforderungen an die Komponenten eingegangen und nicht konkret auf die beispielhaften Dimensionierungen.

Hinweis:
In den folgenden Tabellen werden exemplarisch bauordnungsrechtliche Regelungen des Landes NRW ergänzend zur MIndBauRL einbezogen. Sie bedürfen deshalb bei der Anwendung für Bauvorhaben in anderen Bundesländern ggf. einer gewissen Anpassung.

Tabelle 5.7.5-1: Übersicht über die technischen Möglichkeiten zur Rauchableitung

Technische Möglichkeiten zur Rauchableitung	
A	natürliche Rauchabzugsanlage
B	Öffnungen zur Rauchableitung
C	maschinelle Rauchabzugsanlage sowie Lüftungsanlage, die die Anforderungen an eine maschinelle Rauchabzugsanlage erfüllt
D	betriebliche Lüftungsanlage in Verbindung mit einer automatischen Feuerlöschanlage

Tabelle 5.7.5-2: Abkürzungen

Abk.	Erläuterung
aBMA	automatische Brandmeldeanlage
BMA	Brandmeldeanlage
BSK	Brandschutzkonzept
FE	Funktionserhalt (elektrischer Leitungsanlagen)
k.A.	keine Anforderungen
LAR	Leitungsanlagen-Richtlinie
NRWG	natürliches Rauch- und Wärmeabzugsgerät
PrüfVO	Prüfverordnung (des Landes NRW)
RBK	Regelbeispielkatalog
SiStr	Sicherheitsstromversorgung (Ersatz für den Ausfall der allgemeinen Stromversorgung)
WFw	Werkfeuerwehr (anrechenbar gemäß Abschnitt 3.13 IndBauRL

Tabelle 5.7.5-3: Möglichkeit A: Technische Anforderungen an natürliche Rauchabzugsanlagen

Technische Anforderungen an natürliche Rauchabzugsanlagen		
Kriterium	**Anforderung an die Abluft**	**Anforderungen an die Zuluft**
Bemessung	keine Regelanforderungen[1], aber Regelbeispiel: Ziff. 5.7.1.1 bzw. mit Ebenen Ziff. 5.7.2.1 *Alternative:* Festlegung auf der Basis objektbezogener Leistungskriterien im Brandschutzkonzept	keine Regelanforderungen; aber Regelbeispiel: Ziff. 5.7.1.1 bzw. mit Ebenen Ziff. 5.7.2.1 *Alternative:* Festlegung auf der Basis objektbezogener Leistungskriterien im Brandschutzkonzept
Anordnung	keine Regelanforderungen[2], aber Regelbeispiel: Ziff. 5.7.1.1 bzw. mit Ebenen Ziff. 5.7.2.1[3] *Alternative:* Festlegung auf der Basis objektbezogener Leistungskriterien im Brandschutzkonzept	keine Regelanforderungen; aber Regelbeispiel: Ziff. 5.7.1.1 bzw. mit Ebenen Ziff. 5.7.2.1, 5.7.2.2 *Alternative:* Festlegung auf der Basis objektbezogener Leistungskriterien im Brandschutzkonzept
Wirkung auf die Rauchausbreitung/ -verteilung im (Brand-)Raum	keine Regelanforderungen für RBK *Alternative Planung:* Brandschutzkonzept mit Festlegung von Leistungskriterien	keine Regelanforderungen für RBK, aber Luftmassenaustausch durch Luftnachführung *Alternative Planung:* Brandschutzkonzept mit Festlegung von Leistungskriterien
Rauchabschnitte	k. A., aber Regelbeispiel für Ebenen Ziff. 5.7.2.1 zur Begrenzung horizontaler Rauchausbreitung	k. A., aber Regelbeispiel für Ebenen Ziff. 5.7.2.1 zur Begrenzung horizontaler Rauchausbreitung
Verfügbarkeit	durch Geräteanforderungen erfüllt	gemäß 5.7.4.3: leicht manuell zu öffnen

Fortsetzung von Tabelle 5.7.5-3: Möglichkeit A: Technische Anforderungen an natürliche Rauchabzugsanlagen

Technische Anforderungen an natürliche Rauchabzugsanlagen		
Kriterium	**Anforderung an die Abluft**	**Anforderungen an die Zuluft**
Geräte-anforderungen	gemäß Bauregelliste: DIN EN 12101-2 Leistungsanforderungen und Klassifizierung gemäß DIN EN 12101-2 Abschnitt 7	gemäß 5.7.4.3: leicht manuell zu öffnen
Verwendbar-keitsnachweis	Rauchabzugsgeräte gemäß Bauregelliste: CE-Kennzeichnung mit Leistungsklassen gemäß BSK	k. A. ggf. für elektrische Antriebe von Toren, Türen und Fenstern gemäß 5.7.4.2 manuell öffenbar
Anordnung der Ansteuer-/ Auslösestelle	Ziff. 5.7.4.3: eine jederzeit zugängliche Stelle (zentral)[4] je natürliche Rauchabzugsanlage	Ziff. 5.7.4.3 → Ziff. 5.7.4.2 k. A.
Öffnung/ Aktivierung	Ziff. 5.7.4.3: automatisch und manuell an den Auslösestellen	Ziff. 5.7.4.3: leicht zu öffnen (insbes. auch bei Stromausfall) Regelbeispiel von 5.7.4.2: Kettenzüge für elektrische Toranlagen in der Nähe von Zugangstüren
Funktionserhalt und Stromver-sorgung	FE: gemäß LAR SiStrom: k. A.	FE: Ziff. 5.7.4.3: gemäß LAR für rein elektrische Antriebe[5] SiStrom: k. A.
Prüfanforderun-gen für die Wirksamkeit gemäß PrüfVO NRW	aerodynamisch wirksame Querschnittsflächen der NRWG[6] → Prüfung gemäß PrüfVO	Existenz einer Zuluftöffnung mit konzeptionell festgelegtem, geometrisch freiem Querschnitt → Prüfung gemäß PrüfVO
Prüfanforde-rung für die Betriebssicher-heit gemäß PrüfVO NRW	Verwendbarkeitsnachweis der NRWG Funktionserhalt elektrischer Leitungsanlagen für NRWG gemäß LAR Anforderung an Auslösestelle → Prüfung gemäß PrüfVO	Funktionserhalt elektrischer Leitungsanlagen gemäß LAR für rein elektrisch betriebene Öffnungsverschlüsse → Prüfung gemäß PrüfVO

1) Feste Bemessungsregeln (siehe Erläuterungen zu 5.7.1.1) – auch ohne Interpolationsmöglichkeiten – gelten für das Regelbeispiel von 5.7.1.1: Dafür gilt das Brandmodell der off. Erläuterungen (Nr. 3 a) und als erforderliches Leistungskriterium eine ausreichende raucharme Schicht.

2) Feste Bemessungsregeln (siehe Erläuterungen zu 5.7.1.1) – auch ohne Interpolationsmöglichkeiten – gelten für das Regelbeispiel von 5.7.1.1: Dafür gilt das Brandmodell der off. Erläuterungen (Nr. 3 a) und als erforderliches Leistungskriterium eine ausreichende raucharme Schicht.

3) Hinweis bezüglich der Anordnung der NRWG lediglich im Dach; kein Hinweis auf Anordnung im oberen Drittel

4) Gemeinsame Auslösestelle je Raum, da dieser als Bezugssystem jeweils eine natürliche Rauchabzugsanlage beinhaltet; zentrale Anordnung aller Auslösestellen der einzelnen Auslösegruppen eines Raumes an einer Stelle; Lage entsprechend Abstimmung mit Brandschutzdienststelle

5) Alternativ: bei in unmittelbarer Nähe befindlichen Zugangstüren manuelle Öffenbarkeit über Kettenzüge

6) Windeinflüsse auf Wände sind nicht zu beachten!

Tabelle 5.7.5-4: Möglichkeit B: Technische Anforderungen an Öffnungen zur Rauchableitung

Technische Anforderungen an Öffnungen zur Rauchableitung		
Kriterium	**Anforderung an die Abluft**	**Anforderungen an die Zuluft**
Bemessung[7)]	keine Regelanforderungen, aber Regelbeispiel: ohne Ebenen Ziff. 5.7.1.2 bis 1600 m^2 bzw. mit Ebenen Ziff. 5.7.2.2 bis 1000 m^2 bzw. bis 1600 m^2 mit WFw	keine Regelanforderungen, aber Regelbeispiel: ohne Ebenen Ziff. 5.7.1.2 bis 1600 m^2 bzw. mit Ebenen Ziff. 5.7.2.2 bis 1000 m^2 bzw. bis 1600 m^2 mit WFw
Anordnung[8)]	keine Regelanforderungen, aber Regelbeispiel: ohne Ebenen Ziff. 5.7.1.2 bis 1600 m^2 bzw. mit Ebenen Ziff. 5.7.2.2 bis 1000 m^2 bzw. bis 1600 m^2 mit WF	keine Regelanforderungen, aber Regelbeispiel: ohne Ebenen Ziff. 5.7.1.2 bis 1600 m^2 bzw. mit Ebenen Ziff. 5.7.2.2 bis 1000 m^2 bzw. bis 1600 m^2 mit WF
Wirkung auf die Rauchausbreitung/-verteilung im (Brand-) Raum	k. A.	k. A. Ermöglichungen eines Luftmassenaustauschs
Rauchabschnitte	k. A.	k. A.
Verfügbarkeit	jederzeit manuell öffenbar *Alternative* für rein elektrische Öffnungen: Festlegungen im BSK – grundsätzlich k. A.	Ziff. 5.7.4.2: jederzeit – auch bei Ausfall der allg. Stromversorgung – öffenbar
Geräteanforderungen	siehe Verfügbarkeit	siehe Verfügbarkeit
Verwendbarkeitsnachweis	k. A.: gemäß BRL → Teil C[9)]	k. A.
Anordnung der Ansteuer-/ Auslösestelle	Ziff. 5.7.4.2: an jederzeit zugänglichen Stellen (dezentral) für die Regelbeispiele; Option der zentralen Ansteuerung	k. A.
Öffnung/ Aktivierung	Ziff. 5.7.4.2: leicht von Hand öffenbar für die Regelbeispiele	Ziff. 5.7.4.2: manuell leicht zu öffnen (insbes. auch bei Stromausfall)
Funktionserhalt und Stromversorgung	FE: k. A. SiStrom: k. A. auch bei Ausführung rein elektrischer Öffnungsantriebe	Ziff. 5.7.4.2: k. A.
Prüfanforderungen für die Wirksamkeit	→ keine Prüfung gemäß PrüfVO erforderlich	→ keine Prüfung gemäß PrüfVO erforderlich
Prüfanforderung für die Betriebssicherheit	→ keine Prüfung gemäß PrüfVO erforderlich	→ keine Prüfung gemäß PrüfVO erforderlich

7) Flächenwerte haben den Status von Regelbeispielen – nicht von starren Regelanforderungen

8) Flächenwerte haben den Status von Regelbeispielen – nicht von starren Regelanforderungen

9) Siehe auch Erläuterungen zu IndBauRL NRW

Tabelle 5.7.5-5: Möglichkeit C: Technische Anforderungen an maschinelle Rauchabzugsanlagen[10)]

Technische Anforderungen an maschinelle Rauchabzugsanlagen		
Kriterium	**Anforderung an die Abluft**	**Anforderungen an die Zuluft**
Bemessung	keine Regelanforderung, aber Regelbeispiel für Räume ohne Ebenen: Ziff. 5.7.1.3 *Alternative:* Festlegung auf der Basis objektbezogener Leistungskriterien im Brandschutzkonzept kein Regelbeispiel für Ebenen; stets Festlegung im BSK erforderlich	keine Regelanforderung; für das Regelbeispiel: Ziff. 5.7.1.3: max. v = 3 m/s *Alternative:* Festlegung (Öffnungsfläche, Zuluftvolumenstrom oder max. Geschwindigkeit) auf der Basis objektbezogener Leistungskriterien im Brandschutzkonzept
Anordnung	keine Regelanforderung, aber Regelbeispiel für Räume ohne Ebenen: Ziff. 5.7.1.3[11)] *Alternative:* Festlegung auf der Basis objektbezogener Leistungskriterien im Brandschutzkonzept	keine Regelanforderung, aber Regelbeispiel für Räume ohne Ebenen: Ziff. 5.7.1.3[12)]: im unteren Raumdrittel *Alternative:* Festlegung auf der Basis objektbezogener Leistungskriterien im Brandschutzkonzept
Wirkung auf die Rauchausbreitung/-verteilung im (Brand-) Raum	keine Regelanforderungen für RBK *Alternative Planung:* Brandschutzkonzept mit Festlegung von Leistungskriterien	keine Regelanforderungen für RBK, aber Ermöglichung eines Luftmassenaustauschs durch Luftnachführung *Alternative Planung:* Brandschutzkonzept mit Festlegung von Leistungskriterien
Rauchabschnitte	k. A.	k. A.
Verfügbarkeit	durch Geräteanforderungen erfüllt	Funktionserhalt: gemäß LAR
Geräteanforderungen	gemäß Bauregelliste → u.a. DIN EN 12101 Teil 3, Teil 7 und Teil 8 Ziff. 5.7.4.5: Betriebszeit ≥ 30 min, Rauchgastemp. > 600 °C/300 °C	Ziff. 5.7.4.3: jederzeit – spätestens gleichzeitig mit der Inbetriebnahme der Anlage – automatisch öffenbar
Verwendbarkeitsnachweis	gemäß Bauregelliste	k. A. ggf. für elektrische Antriebe von Tore, Türen und Fenster
Anordnung der Ansteuer-/Auslösestelle	Ziff. 5.7.4.3: eine jederzeit zugängliche Stelle (zentral)[13)] für jede maschinelle Rauchabzugsanlage	Ziff. 5.7.4.3: automatische Ansteuerung mit Abluftseite; keine separate Auslösestelle
Öffnung/Aktivierung	Ziff. 5.7.4.3: automatisch und von Hand; automatisch mindestens einzelne Branderkennungselemente, deren Art und Anordnung im BSK festgelegt werden (aber auch vorh. aBMA). Bedingung: nur wenn Zuluft gesichert offen ist	Ziff. 5.7.4.3: automatische Ansteuerung, spätestens gleichzeitig mit der Aktivierung der Abluft
Funktionserhalt und Stromversorgung	FE: gemäß LAR SiStrom: k. A.	FE: gemäß LAR SiStrom: k. A.

Fortsetzung von Tabelle 5.7.5-5: Möglichkeit C: Technische Anforderungen an maschinelle Rauchabzugsanlagen[10)]

Technische Anforderungen an maschinelle Rauchabzugsanlagen		
Kriterium	**Anforderung an die Abluft**	**Anforderungen an die Zuluft**
Prüfanforderungen für die Wirksamkeit PrüfVO NRW	→ Prüfung gemäß PrüfVO Volumenstrom gemäß Festlegung im Brandschutzkonzept	→ Prüfung gemäß PrüfVO Existenz einer ausreichenden Zuluftnachführung mit entsprechender Ansteuerung, Ziff. 5.7.4.3
Prüfanforderung für die Betriebssicherheit PrüfVO NRW	→ Prüfung gemäß PrüfVO Verwendbarkeitsnachweise der Anlagenteile und -komponenten Funktionserhalt elektrischer Leitungsanlagen gemäß LAR Anforderung an automatische Auslösung[14)] und manuelle Auslösestelle	→ Prüfung gemäß PrüfVO ggf. Verwendbarkeit für elektrische Antriebe von Tore, Türen und Fenster Funktionserhalt elektrischer Leitungsanlagen gemäß LAR

10) Diese Kommentierung umfasst auch die in Abschnitt 5.7.4.5 besonders aufgeführten Maschinellen Lüftungsanlagen, die die Anforderungen an maschinelle Rauchabzugsanlagen erfüllen.

Bei der Anwendung dieser Kommentare auf solche Lüftungsanlagen ist insbesondere Folgendes zu beachten:

Die Öffnung/Aktivierung dieser Lüftungsanlage als Rauchabzugsanlage kann es im Einzelfall erforderlich machen, dass szenarienabhängig die Umschaltung von einem Lüftungsbetrieb (auch Ruhebetrieb) auf den Entrauchungsbetrieb einschließlich der hierfür erforderlichen Steuerung von Lüftungs- und Brandschutzklappen und planerisch vorgesehen und technisch ermöglicht wird.

Dies kann ggf. zu komplexen, anspruchsvollen Gesamtplanungen der Lüftungstechnik unter Berücksichtigung von Schnittstellen mit der sonstigen Brandschutzplanung führen.

11) kein Regelbeispiel für Ebenen

12) kein Regelbeispiel für Ebenen

13) Gemeinsame Auslösestelle je Raum, da dieser als Bezugssystem jeweils eine natürliche Rauchabzugsanlage beinhaltet; zentrale Anordnung aller Auslösestellen der einzelnen Auslösegruppen eines Raumes an einer Stelle; Lage entsprechend Abstimmung mit Brandschutzdienststelle

14) Keine Ausrüstung mit einer automatischen Brandmeldeanlage nach a. a. R. d. T. erforderlich; Detektion über lokale Branderkennungselemente möglich; Art der Branderkennungselemente, Geräteanforderungen und z. B. Dichte der Anordnung von Auslöseelementen werden im Brandschutzkonzept festgelegt.

Grundsätzlich besteht keine Prüfpflicht dieser Einzelelemente (Rauchschalter) zur Auslösung der Rauchabzugsanlage im Sinne der PrüfVO, kann aber im Brandschutzkonzept oder in der Baugenehmigung gefordert werden.

Tabelle 5.7.5-6: Möglichkeit D: Technische Anforderungen an betriebliche Lüftungsanlagen in Verbindung mit einer automatischen Feuerlöschanlage

Technische Anforderungen an betriebliche Lüftungsanlagen in Verbindung mit einer automatischen Feuerlöschanlage		
Kriterium	**Anforderung an die Abluft**	**Anforderungen an die Zuluft**
Bemessung	keine Regelanforderungen nur Regelbeispiel: Ziff. 5.7.3 mit Volumenströmen entsprechend Ziff. 5.7.1.3	keine Regelanforderungen Ausgleich der Massenbilanz mit der Abluftleistung
Anordnung	k. A. nur Regelbeispiel Verweis auf Ziff. 5.7.1.3	k. A.[15]
Wirkung auf die Rauchausbreitung/-verteilung im (Brand-) Raum	k. A.	k. A.
Rauchabschnitte	k. A.	k. A.
Verfügbarkeit	gegeben durch Geräteanforderungen an Lüftungsanlagen, Brandmeldeanlagen und Feuerlöschanlagen	k. A.[16]
Geräteanforderungen	a. a. R. d. T. für Lüftungsanlagen Brandschutzklappen: gemäß BRL und Ziff. 5.7.3; nur thermisch auslösend	ingenieurtechnischer Grundsatz: Jederzeit mit Aktivierung der Abluft automatische Aktivierung der Brandschutzklappen in Zuluftleitungen; müssen gleichzeitig mit den Abluftklappen schließen oder die maschinelle Zuluftführung dann stoppen, damit die Brandräume nicht aufgepumpt werden.[17]
Verwendbarkeitsnachweis	gemäß aaRdT für Lüftungsanlagen	k. A. Ggf. a. a. R. d. T. für Lüftungsanlagen bei maschineller Zuluftführung, ggf. für elektrische Antriebe von Toren, Türen und Fenstern
Anordnung der Ansteuer-/Auslösestelle	keine manuelle Ansteuerung vorgesehen außer bei Zustimmung der Feuerwehr Regelbeispiel: gemäß Ziff. 5.7.3; dann an zentraler Stelle über Rauchabzugstableau[18]	keine manuelle Ansteuerung vorgesehen außer bei Zustimmung der Feuerwehr Regelbeispiel: gemäß Ziff. 5.7.3; dann an zentraler Stelle über Rauchabzugstableau[19]
Öffnung/ Aktivierung	ingenieurtechnischer Grundsatz: nur, wenn Zuluft ausreichend gegeben ist, sonst gemäß Regelbeispiel Ziff. 5.7.3: automatisch bei Auslösen der automatischen Feuerlöschanlage und bei Vorhandensein einer aBMA durch die BMA[20] Auf die automatische Aktivierung kann mit Zustimmung der Feuerwehr verzichtet werden, Regelbeispiel gemäß Ziff. 5.7.3	ingenieurtechnischer Grundsatz: nur, wenn Zuluft ausreichend gegeben ist, um Gefahr von Unterdruck zu verhindern; z. B. in Anlehnung an Ziff. 5.7.4.3: automatische Ansteuerung, spätestens gleichzeitig mit der Aktivierung der Abluft
Funktionserhalt und Stromversorgung	FE: k. A. SiStrom: k. A.	FE: k. A. SiStrom: k. A.

Fortsetzung von Tabelle 5.7.5-6: Möglichkeit D: Technische Anforderungen an betriebliche Lüftungsanlagen in Verbindung mit einer automatischen Feuerlöschanlage

Technische Anforderungen an betriebliche Lüftungsanlagen in Verbindung mit einer automatischen Feuerlöschanlage		
Kriterium	**Anforderung an die Abluft**	**Anforderungen an die Zuluft**
Prüfanforderungen für die Wirksamkeit PrüfVO NRW	→ Prüfung gemäß PrüfVO bzw. gemäß Festlegungen im BSK – insbesondere zum Zusammenwirken der Komponenten: Volumenstrom gemäß Festlegung im Brandschutzkonzept[21)] Zusammenwirken für das Funktionsprinzip Fortluft	→ Prüfung gemäß PrüfVO bzw. gemäß Festlegungen im BSK – insbesondere zum Zusammenwirken der Komponenten: Existenz einer ausreichenden Zuluftnachführung siehe Fortluft Zusammenwirken für das Funktionsprinzip Zuluft
Prüfanforderung für die Betriebssicherheit PrüfVO NRW	→ Prüfung gemäß PrüfVO bzw. gemäß Festlegungen im BSK – insbesondere zum Zusammenwirken der Komponenten: Verwendbarkeitsnachweise der Anlagenteile und -komponenten Anforderung an automatische Auslösung bzw. zentrale Auslösestelle (Rauchabzugstableau)	→ Prüfung gemäß PrüfVO bzw. gemäß Festlegungen im BSK – insbesondere zum Zusammenwirken der Komponenten: gesicherte Ansteuerung der Zuluftnachführung (kein Überdruck oder Unterdruck); ggf. a. a. R. d. T. für Lüftungsanlagen bei maschineller Zuluftführung; ggf. für elektrische Antriebe von Toren, Türen und Fenstern

15) Entsprechend den Erläuterungen MIndBauRL zu Ziff. 5.7.3 bezieht sich die Anforderung nur auf die Sätze 1 und 2 der Ziff. 5.7.1.3 und somit nicht auf die Einbringstelle der Zuluft.

16) Keine Anforderung an die Öffnung von Zuluftflächen oder an den Betrieb einer maschinellen Zuluftführung bezüglich des Funktionserhaltes, da die Lüftungsanlage abluftseitig auch über die allgemeine Stromversorgung gespeist wird

17) Wie wird die Anlage gesteuert, wenn mehr als nur ein Abluftkanal aus einem Brandraum führt? Aufwendige Steuerung der Lüftungsanlage erforderlich?

18) Siehe Erläuterungen MIndBauRL zu Ziff. 5.7.3

19) Siehe Erläuterungen MIndBauRL zu Ziff. 5.7.3

20) Eine abgeschaltete Lüftungsanlage (z. B. außerhalb der Betriebszeiten) muss im Anforderungsfall automatisch in den Entrauchungsbetrieb hochfahren und die vorgesehenen Leistungsdaten erreichen.

21) Aufgrund der Anforderungen bezüglich der Lüftungsleistung und Ansteuerung im Brandfall müssen die Anforderungen auch über die gesamte Nutzungsdauer, auch bei Umbau bzw. Erneuerung der Lüftungstechnik, gewährleistet sein. Diese Anlage zählt somit – für ihre Entrauchungsfunktionalität – nicht zu den technischen Anlagen, für die grundsätzlich Abnahmen und wiederkehrende Prüfungen durch technische Sachverständige erforderlich sind!

5.8 Feuerlöschanlagen

Zu 5.8 Feuerlöschanlagen

Feuerlöschanlagen dienen vorrangig der Ablöschung oder mindestens Begrenzung von Entstehungsbränden und der Ermöglichung wirksamer (Nach-)Löscharbeiten; sie verringern die Brandeinwirkungen auf Bauteile und Gebäudeinhalte. Sie sind grundsätzlich nach den allgemein anerkannten Regeln der Technik zu bemessen.

Zu 5.8: Feuerlöschanlagen

a) Grundanforderungen an die Beschaffenheit von Feuerlöschanlagen

Die hier behandelten Feuerlöschanlagen sind sicherheitstechnisch relevante Anlagen, deren Planung und Installation (neben anderen Aspekten) gemäß den a. a. R. d. T. zu erfolgen haben, z. B. gemäß VdS CEA 4001 und DIN EN 12845 (siehe auch Abschnitt 5.8.2 Punkt b)). Im Übrigen gelten die Festlegungen der MVV TB Anhang 14.

Das gilt sowohl für die selbsttätigen Feuerlöschanlagen (Abschnitt 5.8.1) als auch für die halbstationären Feuerlöschanlagen (Abschnitt 5.8.2).

Abweichungen von den a. a. R. d. T. können sich objektspezifisch als sinnvoll erweisen. Diese werden bauordnungsrechtlich behandelt, wie in Abschnitt 0 c) des Kommentars beschrieben.

b) Arten von Feuerlöschanlagen

Die MIndBauRL nimmt grundsätzlich Bezug auf flächendeckend (im Sinne des Technischen Regelwerks) angeordnete Feuerlöschanlagen; dabei dürfen/müssen die Bauart und das Löschmittel entsprechend den objektspezifischen Gegebenheiten ausgewählt und an diese angepasst werden.

Allerdings sind sowohl über die DIN 18230 (im Rahmen der Brandlastberechnungen) als auch z. B. nach Abschnitt 7.6 („übergroße Brandbekämpfungsabschnitte") auch kleinflächige Objektschutzanlagen mit der MIndBauRL erfasst. Im Zusammenhang mit der DIN 18230 werden spezifisch für Industriebauten erforderliche Mindestwerte für deren Zuverlässigkeit (Versagenswahrscheinlichkeit im Anforderungsfall) verlangt; für die Basisanforderungen der MIndBauRL ergeben sich die Zuverlässigkeitswerte mittelbar aus den verwendeten a. a. R. d. T.

5.8.1 Selbsttätige Feuerlöschanlagen

Es dürfen nur selbsttätige, für das vorhandene Brandgut geeignete flächendeckende Feuerlöschanlagen in den Fällen der Abschnitte 5.6.5, 5.7.3, 7.6 sowie in der Sicherheitskategorie K 4 berücksichtigt werden.

Zu 5.8.1 Selbsttätige Feuerlöschanlagen

Um eine selbsttätige Feuerlöschanlage zu bemessen sind technische Regelwerke zu verwenden. Hiervon kann abgewichen werden, z. B. mit einer geringeren Wasserbevorratung, wenn die Wirksamkeit der abweichend bemessenen Anlagen nachgewiesen wird, z. B. durch Löschversuche. Mithilfe dieser Bemessung wäre der Nachweis zu erbringen, dass im Einzelfall von der Bemessungsnorm abgewichen werden kann und mit der anderen technischen Lösung im gleichen Maße die Anforderungen des Abschnittes 5.8 erfüllt werden kann.

Nur solche Einrichtungen, die flächendeckend nach der Kategorie „Vollschutz" ausgelegt sind, dürfen berücksichtigt werden. In den jeweiligen technischen Regelwerken können bei flächendeckenden Feuerlöschanlagen auch einzelne Bereiche ausgenommen werden. Die DIN 18230-1 sieht auch den Einsatz nicht flächendeckend angeordneter selbsttätiger Löschanlagen vor (Einrichtungsschutzmaßnahmen, Teilflächenschutz). Da solche Anlagen ausschließlich Einfluss auf die Berechnung der Brandlast nach DIN 18230-1 haben und im Verfahren nach Abschnitt 6 nicht berücksichtigt werden dürfen, muss eine Regelung in der MIndBauRL nicht erfolgen.

Selbsttätige Feuerlöschanlagen müssen auf eine ständig besetzte Stelle aufgeschaltet sein. Dies muss nicht zwingend die zuständige Feuerwehr sein, es kann auch eine andere, auch vom Objekt örtlich abgesetzte, ständig besetzte Stelle sein. Eine ständige besetzte Stelle darf in diesem Zusammenhang nur berücksichtigt werden, wenn

- *sie an allen Tagen des Jahres 24 Stunden am Tag zur Verfügung steht,*
- *eine umgehende Alarmierung der Feuerwehr sichergestellt ist.*

Zu 5.8.1: Selbsttätige Feuerlöschanlagen

a) Flächendeckend und lokal angeordnete Feuerlöschanlagen

Selbsttätige Feuerlöschanlagen im Sinn dieses Abschnittes sind stets flächendeckend angeordnete Anlagen bzw. (als Abweichungsfall) Anlagen mit flächendeckender Wirkung. Bei letzterer Anlagentechnik kann es sich beispielsweise um automatisch aktivierbare „Löschkanonen" handeln, die zwar lokal an wenigen Stellen platziert sind, die aber an jeder Stelle des geschützten Bereichs die vorgesehene Wirkung erzielen können.

Diese Grundanforderung bezieht sich speziell auf folgende Aspekte der Brandschutzplanung:

3.12: Einstufung des BBA in eine Sicherheitskategorie (K 4) bzw. Erhöhung anderer Sicherheitskategorien durch eine halbstationäre FLA

5.6.5: Verlängerung der zulässigen Rettungsweglängen

5.7.3: Rauchableitung durch Lüftungsanlagen aus Räumen mit einer FLA

7.6: Konzepte für übergroße Brandbekämpfungsabschnitte

b) Nicht flächendeckend angeordnete und halbstationäre Feuerlöschanlagen

Nicht flächendeckend angeordnete, selbsttätige Feuerlöschanlagen können für Industriebauten – unabhängig von einer unmittelbaren Anrechenbarkeit in der MIndBauRL – vorgesehen und über die DIN 18230-1 dort auch „angerechnet" werden. In den Abschnitten 6.4.6 (Einrichtungsschutz) und 6.4.7 (Teilflächenschutz) legt DIN 18230-1 konkrete Anforderungen und Anrechenbarkeiten (auf die zu berücksichtigende Größe der geschützten Brandlasten) fest. Dies führt zu geringeren anzunehmenden Brandwir-

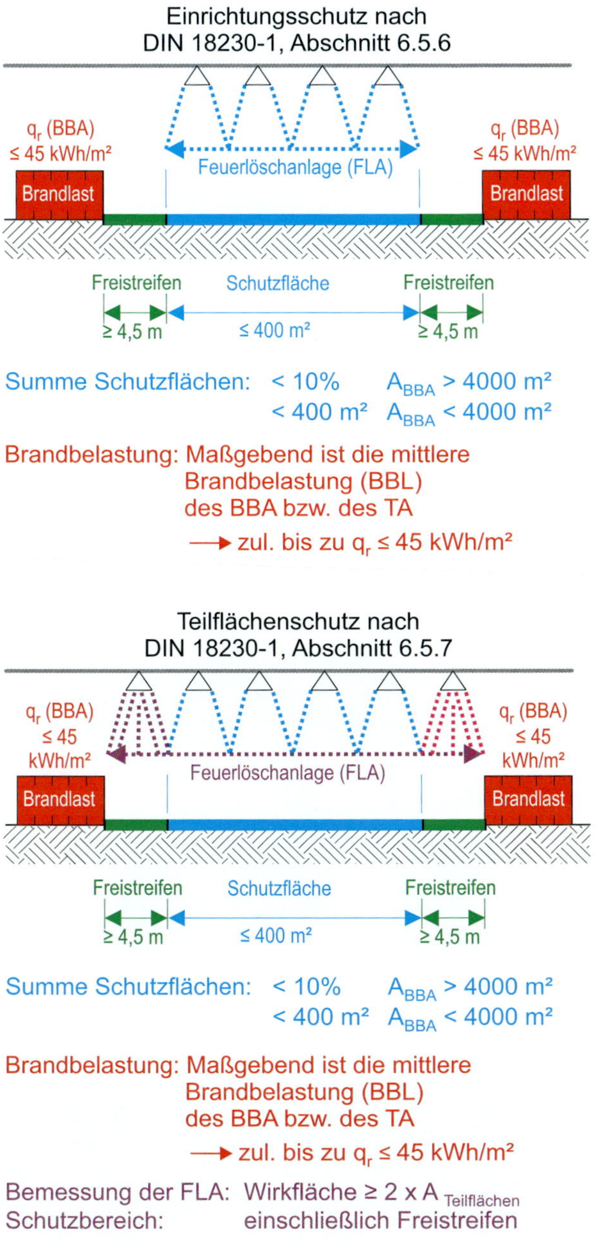

Bild 5.8.1-1: Anforderungen an nicht flächendeckend angeordnete Löschanlagen nach DIN 18230 Abschnitte 6.4.6 und 6.4.7. Erläuterungen siehe Text.

kungen und somit zu Abminderungen bei den sonstigen Brandschutzmaßnahmen infolge dieser Berechnungen.

Wichtig für die Planung solcher nicht flächendeckenden Feuerlöschanlagen sind nach den Festlegungen der DIN 18230-1 insbesondere folgende Aspekte:

- Eignung für das Brandgut und Planung nach a. a. R. d. T.
- Abnahme als Sicherheitseinrichtung/-anlage
- wirksame Abtrennung des geschützten Teilbereichs von Brandlasten außerhalb des Schutzbereichs durch Freistreifen nach DIN 18230-1 Tab. A.1

Da keine flächendeckenden Feuerlöschanlagen vorhanden sind, gelten folgende Regelungen für die wirksame Abtrennung der ungeschützten Brandlasten:

a. ohne Werkfeuerwehr:
   zul. Brandbelastung ≤ 45 kWh/m²;
   Freistreifenbreite ≥ 4,5 m
b. mit Werkfeuerwehr:
   zul. Brandbelastung ≤ 45 kWh/m²;
   Freistreifenbreite ≥ 3,5 m
   zul. Brandbelastung ≤ 100 kWh/m²;
   Freistreifenbreite ≥ 4,5 m.
c. mit Wänden und/oder Trennwänden nach DIN 18230-1 Abschnitt 6.4.7.

Dabei sind Gefährdungen durch „Außenanlagerungen" im Fall angrenzender Fassadenwände zu berücksichtigen (Hinweis: Außenlagerungen werden in der MIndBauRL auch im Abschnitt 5.12 behandelt).

b.1) Selbsttätige Feuerlöschanlagen mit Teilflächenschutz

Bei nicht begrenzten Brandbelastungen und bei Brandbelastungen über 100 kWh/m² im Brandbekämpfungsabschnitt sind diese Lösungen nicht vorgesehen.

c) Funkenlöschanlagen und Objektschutz-Feuerlöschanlagen

Insbesondere Funkenlöschanlagen fallen nicht in die Kategorie der selbsttätigen Feuerlöschanlagen für die Anwendung im Zusammenhang mit den im Abschnitt 5.8.1 genannten Abschnitten der Richtlinie, weil diese sich in aller Regel – als reine Objektschutz-Feuerlöschanlagen – nur auf einzelne Einrichtungen (Maschinen) beziehen.

5.8.2 Halbstationäre Feuerlöschanlagen

Halbstationäre Feuerlöschanlagen können angerechnet werden. Es dürfen flächendeckende halbstationäre Feuerlöschanlagen nur in Verbindung mit einer Werkfeuerwehr bei der Ermittlung der Sicherheitskategorien K 3.1 bis K 3.3 gemäß 3.12 berücksichtigt werden, wenn diese unter Beachtung der allgemein anerkannten Regeln der Technik ausgelegt sind. Sie dürfen ferner nur in Ansatz gebracht werden, wenn eine automatische Branderkennung und -meldung nach Abschnitt 5.9 Absatz 1 vorhanden sind und eine Weiterleitung an eine ständig besetzte Stelle gegeben ist.

Zu 5.8.2 Halbstationäre Feuerlöschanlagen

Unter den genannten Voraussetzungen dürfen auch flächendeckende halbstationäre Feuerlöschanlagen verwendet werden. Dies gilt sowohl für Verfahren nach Abschnitt 6 als auch nach Abschnitt 7. Da halbstationäre Feuerlöschanlagen aber nur bei Vorhaltung einer Werkfeuerwehr gemäß Abschnitt 3.13 MIndBauRL in Ansatz gebracht werden dürfen, können sie nur in den Sicherheitskategorien K 3.1 bis K 3.3 berücksichtigt werden. In Abschnitt 3.12 Sicherheitskategorien wurde in Folge dessen ein neuer Satz aufgenommen, dass als Erleichterung bei Vorhaltung einer halbstationären Feuerlöschanlage die jeweils nächst höhere Kategorie angesetzt werden darf. In der Sicherheitskategorie K 4 dürfen solche Anlagen anstelle der selbsttätigen Feuerlöschanlagen damit nicht angewendet und auch nicht zusätzlich zur selbsttätigen Feuerlöschanlage angerechnet werden.

Halbstationäre Feuerlöschanlagen sind Feuerlöschanlagen i. S. von § 2 Abs. 1 Nr. 5 der Muster-Prüfverordnung.

Halbstationäre Feuerlöschanlagen müssen für das vorhandene Brandgut geeignet sein und dementsprechend ausgelegt werden. Im Einzelfall (Abweichung von der MIndBauRL) können auch im Anwendungsbereich des Abschnittes 6 Einrichtungsschutz- bzw. Teilflächenschutzmaßnahmen akzeptiert werden.

Zu 5.8.2: Halbstationäre Feuerlöschanlagen

a) Grundanforderungen und Anwendung/Berücksichtigung

Diese Regelung der MIndBauRL betrifft **flächendeckend** angeordnete halbstationäre Feuerlöschanlagen.

Die Anrechnung der halbstationären Feuerlöschanlagen erfolgt in der MIndBauRL ausschließlich im Abschnitt 3.12 bei der Festlegung der Sicherheitskategorie für Industriebauten mit Werkfeuerwehr.

Diese Anrechnung führt zu einer Erhöhung der Sicherheitskategorie um eine Klasse – ohne dass dadurch die Gruppenklasse der Werkfeuerwehren (K 3) verlassen werden darf. Dementsprechend ist die **Anrechenbarkeit** von halbstationären Feuerlöschanlagen auf solche Industriebauten **begrenzt,** die mit Werkfeuerwehren ausgestattet sind und ohne halbstationäre Feuerlöschanlagen in die Sicherheitskategorie K 3.1 bis K 3.3 fallen. Die höchste erreichbare Sicherheitskategorie durch Anrechnung einer halbstationären Feuerlöschanlage ist demnach K 3.4.

Mit den Regelungen der MIndBauRL sind vorzugsweise solche halbstationären Feuerlöschanlagen gemeint, die als **Wasserlöschanlagen** betrieben werden. Darunter fallen auch Schaumlöschanlagen.

Insbesondere Gaslöschanlagen, die ggf. in **halbstationärer** Bauart installiert werden können, sind mit der Regelung der MIndBauRL **nicht gemeint.** Inwieweit auch solche Feuerlöschanlagen in einem speziellen Fall sinnvoll und technisch möglich sind, bleibt der jeweiligen Einzelfallentscheidung vorbehalten.

Im Sonderfall können auch – als Abweichung – halbstationäre Anlagen mit flächendeckender Wirkung (ohne flächendeckende Anordnung) angerechnet werden. Bei letzterer Anlagentechnik kann es sich beispielsweise um manuell aktivierbare „Löschkanonen“ handeln, die zwar lokal an wenigen Stellen platziert sind, die aber an jeder Stelle des geschützten Bereichs die vorgesehene Wirkung erzielen können.

b) Halbstationäre Löschanlagen für Teilflächen und Objekte

Im Gegensatz zur MIndBauRL kennt die DIN 18230-1 (Abschnitt 6.4.7) auch halbstationäre Feuerlöschanlagen, die für erhöhte Brandlasten auf Teilflächen vorgesehen sind.

Für diese nach DIN 18230-1 (2010-09) für den Teilflächenschutz ggf. einsetzbaren halbstationären Feuerlöschanlagen bestehen in der MIndBauRL zunächst keine unmittelbar vorgesehenen Anwendungen – bis auf die bauordnungsrechtliche Akzeptanz ihrer Berücksichtigung im Rahmen der Nachweisführung über DIN 18230-1 (und ggf. auch über Nachweise mit den Ingenieurmethoden nach Abschnitt 4.3 und Anhang 1 der MIndBauRL).

Grundsätzlich sind für diese halbstationären Feuerlöschanlagen die Erläuterungen der MIndBauRL zu nicht flächendeckend angeordneten (stationären) Feuerlöschanlagen sinngemäß anzuwenden.

Für eine anrechenbare Wirksamkeit solcher Feuerlöschanlagen gibt DIN 18230-1 im Abschnitt 6.4.7 Randbedingungen vor, die insbesondere auch für nicht flächendeckende halbstationäre Feuerlöschanlagen gelten. Im Übrigen wird auf DIN 18230-1 Abschnitt 10.5 und auf die Richtlinie VdS 2395 als a. a. R. d. T. (und hier auf den Kommentar zur MIndBauRL 5.8.1) hingewiesen.

5.9 Brandmeldeanlagen

Es dürfen nur flächendeckende Brandmeldeanlagen mit automatischen Brandmeldern berücksichtigt werden, die mit technischen Maßnahmen zur Vermeidung von Falschalarmen ausgeführt und betrieben werden (automatische Brandmeldeanlagen). Brandmeldungen sind unmittelbar zur zuständigen Feuerwehralarmierungsstelle zu übertragen. Brandmeldeanlagen können ohne besondere Maßnahmen zur Vermeidung von Falschalarmen ausgeführt werden, wenn die Brandmeldeanlage unmittelbar auf die Leitstelle der zuständigen Werkfeuerwehr aufgeschaltet ist.

In Brandabschnitten oder Brandbekämpfungsabschnitten, in denen durch ständige Personalbesetzung eine sofortige Brandentdeckung und Weitermeldung an die zuständige Feuerwehralarmierungsstelle sichergestellt ist, kann dies hinsichtlich der Branderkennung und -meldung einer automatischen Brandmeldeanlage gleichgesetzt werden. Dies gilt nicht, wenn eine automatische Brandmeldeanlage als Voraussetzung zur Verlängerung der Rettungswege nach 5.6.5 erforderlich ist.

Zu 5.9 Brandmeldeanlagen

Brandmeldeanlagen müssen entsprechend dem technischen Regelwerk ausgeführt werden (z. B. DIN 14675). Zusätzlich sind sie mit technischen Maßnahmen zur Vermeidung von Falschalarmen (z. B. nach DIN VDE 0833-2) auszuführen. „Zuständige Feuerwehralarmierungsstelle“ ist die nach Landesrecht zuständige Stelle zur Alarmierung der Feuerwehr.

Räume, die nicht durch ständig anwesendes Personal besetzt sind, müssen durch automatische Brandmeldeanlagen überwacht werden. Durch die ständige Personalbesetzung muss gewährleistet sein, dass eine mit der Brandmeldeanlage vergleichbare Überwachung des Raumes oder der Räume erfolgt.

Zu 5.9: Brandmeldeanlagen

a) Technische Anforderungen

Bei den hier behandelten Brandmeldeanlagen (BMA) handelt es sich um sicherheitstechnisch relevante Anlagen, deren Planung und Installation (neben anderen Aspekten) gemäß den a. a. R. d. T. zu erfolgen haben.

Die MIndBauRL verlangt für automatische BMA eine Konformität mit den technischen Regelwerken und somit insbesondere mit der DIN 14675 sowie der DIN VDE 0833-2. Im Übrigen gelten die Festlegungen von Anhang 14 MVV TB.

Außerdem wird die **Betriebsart TM** (Technische Maßnahmen zur Vermeidung von Fehlalarmen) vorausgesetzt. Die Betriebsart OM (ohne besondere Maßnahmen zur Vermeidung von Fehlalarmen) wird in der MIndBauRL nur bei vorhandener anrechenbarer Werkfeuerwehr zugestanden. Ferner muss eine anrechenbare BMA auf die zuständige Feuerwehralarmierungsstelle aufgeschaltet sein.

Die hohen Anforderungen an die Fehlalarmsicherheit und die Aufschaltung auf die Feuerwehralarmierungsstelle ergeben eine hohe Qualität der Branderkennung und Alarmierung.

Durch diese günstigen Voraussetzungen ist auch das Anforderungsspektrum der MIndBauRL im Zusammenhang mit dem System der Sicherheitskategorien zu verstehen, wonach BMA erhebliche Erleichterungen in Bezug auf die zulässige Abschnittsgröße und die brandschutztechnischen Auslegungen von Bauteilen zulassen.

Die **Fehlalarmsicherheit** ist erforderlich, um unnötige Einsätze der öffentlichen Feuerwehren durch Fehlalarme zu vermeiden. Bei einer Aufschaltung auf eine Werkfeuerwehr liegt es im Ermessen des Betreibers, inwieweit er hier Fehlalarmeinsätze toleriert bzw. in Kauf nimmt.

Allgemein ist bekannt, dass Fehlalarme das Vertrauen in eine BMA stark verringern und damit auch die Einsätze der Feuerwehren vor Ort negativ beeinflussen können. Dies sollte bei der

Auslegung einer BMA auch in Verbindung mit einer Werkfeuerwehr berücksichtigt werden.

Die Formulierung **flächendeckende Brandmeldeanlagen mit automatischen Brandmeldern** klärt den Bezug zur DIN 14675 „Brandmeldeanlagen – Aufbau und Betrieb", ohne sich unmittelbar auf diese Norm zu beziehen. In dieser Norm werden BMA für unterschiedliche Ausführungsarten von einfach bis komplex geregelt: *„Diese Norm gilt für den Aufbau und Betrieb von Anlagen, welche von einfachen Anlagen, z. B. solchen mit einem Handfeuermelder oder zwei Handfeuermeldern, bis zu Installationen mit automatischen Brandmeldern, Handfeuermeldern und Anschluss an die öffentliche Feuerwehr usw. reichen."*

Der Begriff Brandmeldeanlage bedeutet nicht, dass automatische Brandmelder vorhanden sind. Er beschreibt zunächst eine Anlage mit Handfeuermeldern und einer Brandmeldezentrale (BMZ).

Bei möglichen Abweichungen von den Regelanforderungen des Abschnittes 5.9 MIndBauRL ist insbesondere zu berücksichtigen, in welchem Maße die BMA für die Ermittlung der Sicherheitskategorie (nach Abschnitt 3.12) oder für die Festlegung der zulässigen Rettungsweglänge (nach Abschnitt 5.6.5) in Verbindung mit einer Alarmierungseinrichtung herangezogen wird.

b) Anforderungen an automatische BMA bei vorhandener selbsttätiger Feuerlöschanlage

Sofern durch eine entsprechend ausgebildete selbsttätige Feuerlöschanlage der Industriebau in die Sicherheitskategorie K 4 eingestuft werden kann, bestehen im Allgemeinen keine besonderen Anforderungen an eine ggf. zusätzlich zu installierende automatische BMA. In solchen Fällen ist allein die Qualität der automatischen Feuerlöschanlage wesentlich für die Einstufung des Industriebaus in diese Sicherheitskategorie. Besondere Vorgaben für freiwillig und zusätzlich installierte automatische BMA können aus der MIndBauRL nicht abgeleitet werden.

Allerdings muss beachtet werden, dass eine automatische Feuerlöschanlage nach den einschlägigen technischen Regeln im Allgemeinen eine Brandmeldung an die zuständige Feuerwehr erfordert, z. B. nach

- VdS CEA 4001 „VdS CEA-Richtlinien für Sprinkleranlagen – Planung und Einbau" Abschnitt 14.3 „Alarmübertragungseinrichtungen zu ständig besetzten Stellen" sowie
- DIN EN 12845 2016: „Ortsfeste Brandbekämpfungsanlagen – Automatische Sprinkleranlagen – Planung, Installation und Instandhaltung" in Abschnitt 16 „Alarmmeldungen und Alarmierungseinrichtungen" und Anhang I „Alarmübertragung".

Sofern dies die Feuerwehralarmierungsstelle ist, sind die entsprechenden Anforderungen an die Hauptmelder und an den Übertragungsweg der Meldungen sowie an die Anschlussbedingungen der Feuerwehren zu beachten.

c) Branderkennungsfunktion durch Sprinkleranlagen

Sprinkleranlagen, die nach den a. a. R. d. T. geplant und errichtet werden, werden über Übertragungsleitungen einer BMZ auf eine **ständig besetzte Stelle** aufgeschaltet.

Über die BMZ können daher auch bei einer **Branderkennung durch eine Sprinkleranlage** Alarmierungsfunktionen aktiviert werden, die unabhängig von den Alarmierungselementen der Sprinkleranlage (z. B. Sprinklerglocke) sind.

Sprinkleranlagen und deren Sprinklerköpfe reagieren auf die Brandwärme i. d. R. wesentlich träger als die nach DIN EN 54 geprüften Wärmemelder, die in BMA verwendet werden. Daher werden Sprinkleranlagen grundsätzlich nicht als Teile einer BMA anerkannt, die als Brandfrüherkennungsanlage verlangt und vorgesehen wird.

Die Branderkennungsfunktionen von Sprinkleranlagen und anderen selbsttätigen Feuerlöschanlagen werden in der Richtlinie insbesondere für folgende Funktion **vorgesehen und akzeptiert:**

Zur **Ansteuerung von Lüftungsanlagen** gemäß Abschnitt 5.7.3 MIndBauRL, sofern keine automatische BMA vorhanden ist. Lüftungsanlagen werden bei Auslösen der Feuerlöschanlagen automatisch so betrieben, dass sie nur entlüften und die erforderlichen Zuluftvolumenströme erreicht werden.

Die Branderkennungsfunktionen von Sprinkleranlagen und anderen selbsttätigen Feuerlöschanlagen werden in der Richtlinie insbesondere für folgende Funktion **nicht vorgesehen und nicht akzeptiert:**

Als **Teil der brandschutztechnischen Infrastruktur,** die gemäß Abschnitt 5.6.5 zu einer Verlängerung von Rettungswegen führt. Hierfür ist es erforderlich, bereits kleine Brände ausreichend zuverlässig zu erkennen, so dass eine Alarmierungseinrichtung zur Warnung der Mitarbeiter/Nutzer des Gebäudes frühzeitig aktiviert bzw. betätigt werden kann. Die Richtlinie verlangt in solchen Fällen, dass die Alarmierungseinrichtung auch manuell über Handauslösestellen aktiviert werden kann.

d) Anforderungen an automatische BMA zur Verlängerung zulässiger Rettungswege

Die Rettungswegregelungen in Abschnitt 5.6 MIndBauRL gestatten eine Vergrößerung der zulässigen Entfernungen, wenn eine automatische Alarmierungseinrichtung für einen Internalarm vorhanden ist, die von einer automatischen BMA ausgelöst wird.

Bei dieser automatischen BMA kommt es entscheidend auf das automatische Zusammenwirken mit der Alarmierungseinrichtung (Hausalarmanlage, Internalarm) an, um den Nutzern ein frühzeitiges Verlassen (Selbstrettung) des Gebäudes zu ermöglichen. Von einer Aufschaltung auf die Feuerwehr ist in diesem Zusammenhang nicht die Rede.

Die Frage, ob ggf. auf die grundsätzlich erwartete Aufschaltung der BMA auf die zuständige Feuerwehrmeldestelle verzichtet werden kann, ist wegen der Funktion der Rettungswege auch als Angriffswege der Feuerwehr als Abweichung von der MIndBauRL zu bewerten und als solche bei der Brandschutzplanung im Brandschutzkonzept zu behandeln. Für solche „alternativen" Planungen können im Einzelfall ggf. gute Gründe bestehen, die allerdings mit den Belangen des abwehrenden Brandschutzes im BSK als „zielorientierter Gesamtbewertung des vorbeugenden und des abwehrenden Brandschutzes" abgeglichen und abgestimmt werden müssen. Grundsätzlich sollte auf die Aufschaltung der BMA nicht verzichtet werden; allerdings stehen mancherorts die Aufschaltbedingungen einer Aufschaltung einer BMA im Sinne einer sehr speziellen Brandschutzplanung entgegen. Nicht jede BMA im Sinne eines Brandschutzkonzepts kann die Aufschaltbedingungen erfüllen.

Fehlalarme einer möglicherweise in der Betriebsart OM ausgeführten BMA sind in diesem Anwendungsfall nicht von öffentlich-rechtlichem Interesse, da die Fehlalarme eine Räumung der überwachten Abschnitte veranlassen und somit ein sicherer Zustand im Gebäude vorhanden ist.

Insofern sind die unter Abschnitt 5.6.5 MIndBauRL genannten BMA nicht in vollem Umfang von den erhöhten Anforderungen des Abschnittes 5.9 betroffen. Sie müssen allerdings den einschlägigen technischen Regelwerken entsprechen. Auf die Wirkung von Fehlalarmen wird auch hier hingewiesen.

Falls eine automatische BMA in der Betriebsart OM ausgeführt wird, z. B. um die zulässigen Entfernungen nach Abschnitt 5.6.8 zu vergrößern, ist eine entsprechende Abweichung erforderlich und muss beantragt werden.

e) Ständige Personalbesetzung als Alternative zur flächendeckenden automatischen BMA

Eine **ständige Personalbesetzung** als Alternative zur automatischen BMA ist als Ausnahmemöglichkeit für Sonderfälle in der MIndBauRL vorgesehen.

Zur Anrechenbarkeit müssen alle Räume personell besetzt sein (entsprechend den einschlägigen a. a. R. d. T. für BMA). Der Überwachungsumfang muss zudem mit demjenigen der technischen BMA vergleichbar sein. Damit ist eine gewisse Belegungsdichte der so überwachten Räume gemeint (Personen pro Fläche).

Die hierfür erforderlichen Personen müssen an allen Tagen des Jahres und jederzeit (also ganzjährig und „rund um die Uhr“) in den zu überwachenden Räumen anwesend sein und zudem über geeignete Kommunikationsmittel verfügen, mit denen sie Alarmmeldungen an die geforderte Stelle (Feuerwehr-Alarmierungsstelle) absetzen können. Eine ständige Personalbesetzung ist jedoch nicht als Begründung zur Verlängerung von Rettungswegen vorgesehen.

f) Regelmäßige Abschaltung von installierten automatischen Brandmeldeanlagen als Maßnahme zur Vermeidung von Falschalarmen

Einige Betriebe schalten regelmäßig installierte automatische Brandmeldeanlagen während der Betriebszeiten ab und lassen diese Anlagen lediglich außerhalb der Betriebszeiten aktiv. Sie verweisen in diesem Zusammenhang auf die Regelungen der MIndBauRL, wonach eine ständige Personalbesetzung (während der Betriebszeiten) als gleichwertiger Ersatz für die BMA gewertet wird.

In diesem Zusammenhang wird zunächst auf den Kommentar 5.9.e verwiesen und klargestellt, dass die ggf. genehmigte „Verlängerung“ der Rettungswege in solchen Fällen unterlaufen wird und der Betrieb der Anlage nicht der Genehmigungslage entspricht.

Das Technische Regelwerk über Brandmeldeanlagen kennt allerdings auch eine sogenannte Tag/Nacht-Schaltung, bei der Brandmeldeanlagen temporär manuell außer Betrieb genommen werden (und zwar regelmäßig und nicht nur während besonderer Ereignisse wie bei Bauarbeiten). Solche bedingt zulässigen Schaltungen erfordern allerdings eine automatische Wiedereinschaltung nach bestimmten Zeitdauern oder zu bestimmten Zeitpunkten. Das manuelle Wiedereinschalten der Brandmeldeanlagen ist nicht regelkonform; es kann zu leicht vergessen werden und unterbleiben.

Im Übrigen sollte in solchen Fällen überprüft werden, ob die installierte Brandmeldeanlage überhaupt in Anbetracht der örtlichen Verhältnisse sachgerecht geplant und eingebaut worden ist.

5.10 Brandwände und Wände zur Trennung von Brandbekämpfungsabschnitten

Zu 5.10: Brandwände und Wände zur Trennung von Brandbekämpfungsabschnitten

a) Grundsätzliches

Dieser Abschnitt regelt besondere Anforderungen an Brandwände (BW) und BBA-Trennwände, die teilweise über die Anforderungen der MBO bzw. der jeweiligen LBO hinausgehen.

> **Wichtig:**
> Soweit in der MIndBauRL keine höheren Anforderungen gestellt werden, **gelten die Anforderungen der jeweiligen LBO** (siehe dazu auch Kapitel 6.2.2 im Brandschutzatlas).

Nach dem Sicherheitskonzept der MIndBauRL werden BA und BBA voneinander gleichermaßen zuverlässig getrennt. BW und BBA-Trennwände müssen für die zu erwartende maximale Brandeinwirkung ausgelegt sein und auch mechanischen Einwirkungen widerstehen können (z. B. Stoßbeanspruchung gemäß DIN 4102-3 bzw. Klasse M gemäß DIN EN 13501-2).

Bei BW geht das Bauordnungsrecht davon aus, dass auch bei unbegrenzten Brandlasten keine längere Feuerwiderstandsdauer als 90 Minuten erforderlich ist, um das Schutzziel im Sinne des BOR ausreichend zu erfüllen. Damit ist auch eine gewisse Versagenswahrscheinlichkeit sowohl erkannt als auch akzeptiert.

Demgegenüber können aus versicherungstechnischen Gründen privatrechtlich höhere Anforderungen bestehen bzw. gestellt werden, z. B. von den Feuerversicherern bei Komplextrennwänden mit einer höheren Standard-Stoßbeanspruchung, einer Feuerwiderstandsdauer von 180 Minuten und weiteren Anforderungen.

Bei BBA-Trennwänden wird wie bei BW auch von einer maximalen Brandeinwirkung ausgegangen. Eine Berechenbarkeit der erforderlichen Feuerwiderstandsdauer von BBA-Trennwänden – wie noch in der Richtlinie von 2000 vorgesehen – besteht nach den Richtlinien von 2014 und 2019 nicht mehr!

Der große Vorteil der Berechnung nach DIN 18230-1 ergibt sich aus den vergrößerten BBA und der risikogerechten brandschutztechnischen Auslegung der Bauteile innerhalb der einzelnen BBA.

b) Schutzziel und Bewertungskriterien des Erreichungsgrads

Brandwände und Brandbekämpfungsabschnittstrennwände haben nach bauordnungsrechtlichen Schutzzielen die Aufgabe (funktionale Anforderung), bei einer einseitigen Vollbrandeinwirkung die Brandausbreitung auf einen angrenzenden anderen Brandabschnitt bzw. Brandbekämpfungsabschnitt wirksam zu behindern. Dabei wird anstelle des zu erwartenden Naturbrandes stets – normkonform – eine ETK-Brandwirkung von 90 Minuten Dauer unterstellt.

Insofern ist die Annahme von wirksamen Brandbekämpfungsmaßnahmen (der Feuerwehr im Innenangriff oder von Feuerlöschanlagen) nicht anzusetzen! Ggf. vorhandene Feuerlöschanlagen oder andere anlagentechnischen Brandschutzmaßnahmen, die im Innenbereich von Brandabschnitten und von Brandbekämpfungsabschnitten wirken sollen, haben demnach im Zuge der Brandentwicklung bis zum Standardbrand (Vollbrandbedingungen) keine ausreichende Wirkung gezeigt.

Während der Brandentwicklung können andere Bauteile des betroffenen Brandabschnitts/ Brandbekämpfungsabschnitts (aber auch Teile der Betriebseinrichtungen wie Regale oder Maschinen) versagen und zusätzlich zu der Brandbeanspruchung auch dynamische mechanische Einwirkungen auf diese Trennwände ausüben. Wegen der besonderen Bedeutung dieser Trennwände werden diese „Stoßbeanspruchungen" als zusätzliche Regelbeanspruchung in einem in DIN 4102-3 normativ festgelegten Maße der Bemessung und der regelkonformen Verwendbarkeit als Brandwand bzw. Brandbekämpfungsabschnittswand zugrunde gelegt.

Die erwartete Schutzwirkung dieser Wände muss allein durch bauliche Maßnahmen erreicht werden. Eine Anrechnung geringer Brandlasten innerhalb des Gebäudes kann seit der Fassung der MIndBauRL von 2014 nicht mehr regelmäßig berücksichtigt werden, und eine Berechenbarkeit der erforderlichen Feuerwiderstandsdauer für diese Trennwände mit DIN 18230 (aus einer Gesamtbewertung des Brandbekämpfungsabschnitts) ist zurückgenommen worden. Diese Rücknahme erfolgte, weil im Nahbereich der Brandwände häufig Brandlastanhäufungen (wie Lagerbereiche, oft auch mit Regalen) angeordnet werden und weil in den Brandschutznachweisen mit DIN 18230 die – zusätzlich zu den Regelungen der DIN 18230 – in der MIndBauRL (Fassung von 2000, Abschnitt 7.4.6) geforderten Teilflächennachweise in der Praxis nicht durchgeführt worden sind und/oder weil die Rechenannahmen für diese Teilflächennachweise den Sicherheitsanforderungen an Brandwände nicht genügten. Lokal erhöhte Brandbeanspruchungen können für die Leistungsfähigkeit der Brandwände entscheidend sein, was bei einer „globalen“ Betrachtung von Brandwirkungen nicht ausreichend beurteilt werden kann.

Brandwände und BBA-Trennwände sollen ihre abschottenden Wirkungen grundsätzlich als „Stand-alone“-Maßnahmen eigenständig erreichen. Wegen deren feuerbeständiger Bauart muss ihre Feuerwiderstandsfähigkeit aber nicht in allen Fällen dafür ausreichen, womit ein akzeptiertes (Rest-)Risiko als zulässige Versagenswahrscheinlichkeit (zusätzlich zu der Versagenswahrscheinlichkeit im Zusammenhang mit dem Prüfverfahren der DIN 4102-3) verbunden ist. Dieses Risiko kann von der Gesellschaft auch deshalb getragen werden, weil in solchen Fällen von einem massiven Einsatz der Feuerwehr ausgegangen werden kann, die von außerhalb des betroffenen Brandabschnitts wirksame unterstützende, abwehrende Maßnahmen durchführen kann. Es wirken dann (planmäßig) bauliche und abwehrende Brandschutzmaßnahmen zusammen! Für die Anrechenbarkeit des abwehrenden Brandschutzes im Rahmen dieser Risikobewertung sind allerdings hinreichend zuverlässige Einsatzvoraussetzungen erforderlich, insbesondere die Erreichbarkeit besonders gefährdeter Stellen der Brandabschnittstrennung. Beispiele für Situationen, bei denen von abwehrenden Maßnahmen zur Unterstützung der Brandabschnittstrennung ausgegangen sind, enthält die MIndBauRL u. a. im Abschnitt 5.10.3 (Fassadenanschluss an Brandwände).

In Einzelfällen können ggf. unter Wahrung ingenieurtechnischer Grundsätze (nach DIN 18009) im Rahmen einer Abweichungsbegründung auch Ausführungsdetails der Brandwandbauart abweichend von den Regelvorgaben dargestellt werden. Das bezieht sich grundsätzlich nicht auf die vorgeschriebene Bauart von Brand- und Brandbekämpfungsabschnittswänden, sondern auf Detailbewertungen besonderer Ausführungsdetails in speziellen baulichen Situationen (z. B. Brandwand-Fassaden-Anschluss oder Brandwand-Dach-Anschluss). Ähnlich diesen Sonderregelungen können für spezielle Situationen in einer baulichen Anlage ggf. mit Zustimmung der Genehmigungsbehörden im Detail abweichende Lösungen gefunden und begründet werden, sofern dabei weder auf die brandschutztechnische Infrastruktur des Gebäudes noch auf „geringe Brandlasten“ zurückgegriffen werden soll. Allerdings kann ggf. die unmittelbare (Voll-)Brandeinwirkung auf die geschwächten Konstruktionsdetails durch ergänzende bauliche Schutzmaßnahmen gemindert werden und somit zur Zulässigkeitsbegründung „abweichender Lösungen“ herangezogen werden.

c) Berechenbarkeit der erforderlichen Feuerwiderstandsfähigkeit

Grundsätzlich war und ist eine Berechenbarkeit der erforderlichen Feuerwiderstandsfähigkeit von Brand- und Brandbekämpfungsabschnittstrennwänden anhand der Brandentwicklung allerdings sinnvoll und zielführend! Eine solche Berechnung muss allerdings auf das zu beherrschende Brandszenario korrekt eingehen: Sie muss Vollbrände in einem Brandabschnitt bzw. Brandbekämpfungsabschnitt als Bemessungsbrände verwenden und darüber hinaus ggf. lokal erhöhte Brandwirkungen auf die Brandwand. Eine Anrechenbarkeit von

Brandschutzmaßnahmen, die bei kleineren Brandszenarien innerhalb des betroffenen Brandabschnitts bzw. Brandbekämpfungsabschnitts wirken (sollten), ist für diesen „Lastfall Brand“ dann nicht mehr möglich: Der Zweck von Brandwänden besteht ja gerade darin, genau im Versagensfall des „inneren Brandschutzes“ ihre abschottende Wirkung zu entfalten und den zu erwartenden kritischen Brandszenarien zu widerstehen. Einer „angemessenen Berechnung“ der erforderlichen Feuerwiderstandsfähigkeit solcher besonderen Trennwände steht daher grundsätzlich nichts entgegen (wenn man denn zusätzlich zur reinen Brandbeanspruchung auch mechanische Stoßeinwirkungen berücksichtigen kann).

Die Bemessungsregeln älterer Regelwerke wurden ja i.W. wegen der nicht regelkonformen Anwendungen in der Praxis aufgehoben – nicht wegen eines „falschen Bemessungskonzepts“. Dabei durften anlagetechnische Brandschutzmaßnahmen auch bis max. zur Größe des Sicherheitsbeiwerts angerechnet werden, sodass erf. t_F mindestens $t_ä$ entsprach. Im Übrigen sei darauf hingewiesen, dass Brandwandbauarten mit einer Feuerwiderstandsdauer von weniger als 90 Minuten gegenüber der ETK nicht nachgewiesen worden sind.

d) Ersatz für Brandwände

Als „Ersatz für Brandwände“ werden in der Praxis häufig auch Freistreifen – ggf. in Kombination mit lokalen Feuerlöschtechniken – planerisch vorgesehen. Solche Ansätze wurden als Lösungen mit sogenannten „Luftbrandwänden“ zeitweise ernsthaft in der Fachwelt diskutiert und tatsächlich auch in Einzelfällen umgesetzt. Lösungen auf der Basis von Freistreifen können für den (erd- bzw. eingeschossigen) Industriebau durchaus angewendet werden; das bezieht sich allerdings ausdrücklich nicht auf eine „Ersatzlösung für Brandwände“ (und für Brandbekämpfungsabschnittstrennwände), sondern kommt als technische Maßnahme zur Vergrößerung eingeschossiger Brandbekämpfungsabschnitte im Zusammenhang mit einer Nachweisführung über DIN 18230 (MIndBauRL Abschnitt 7) mithilfe von Teilabschnittsnachweisen in Betracht. Die mit der Teilabschnittsbildung verbundene Brandschutzstrategie entspricht nicht dem Abschottungsprinzip des Bauordnungsrechts durch Bildung von Brand- und Brandbekämpfungsabschnitten.

Für eine Brandabschnittstrennung existieren die beiden folgenden Möglichkeiten:

a. Bau innerer und äußerer Brandwände nach bauordnungsrechtlichen Vorgaben (oder i. E. nach Berechnung für Vollbrände bei den anzunehmenden Brandlasten gemäß MIndBauRL Abschnitt 4.3 (Anh. 1)/Brandschutzingenieurwesen).
b. Brandabschnittsbildende Abstände nach bauordnungsrechtlichen Vorgaben zu anderen Gebäuden in Verbindung mit dem Einsatz der Feuerwehr zur Stärkung der abschnittsbildenden (relativ geringen) Abstände.
c. Entfall der Abschottung von Brandabschnitten bzw. Brandbekämpfungsabschnitten und Zulassung übergroßer Flächen (als Abweichung), wenn nachweislich aufgrund verlässlicher Maßnahmen innerhalb der übergroßen Fläche mit einer Brandausbreitung zu Vollbränden nach menschlichem Ermessen nicht gerechnet werden muss. Dabei ist jedoch zwingend zu beachten, dass die regelkonforme Begrenzung von Brandabschnitten als Risikobegrenzung zu Recht als „Heilige Kuh“ der Brandschutzplanung sehr sorgfältig beachtet werden muss und dass Abweichungen von diesen Begrenzungen stets mit sehr umfassenden und systematischen Risikobeurteilungen zu allen Schutzzielaspekten einhergehen müssen.
   Für eine Vergrößerung von maximalen Regel-Brandabschnittsflächen ist die Restwahrscheinlichkeit einer Vollbrandentstehung durch „außerordentliche Zuverlässigkeitsanforderungen und Verfügbarkeitsanforderungen“ an die vorgesehenen Brandschutzmaßnahmen extrem gering zu halten. Die dafür maßgeblichen Wahrscheinlichkeits- und Zuverlässigkeitswerte müssen sich sehr deutlich (Zehnerpotenzen) von den üblichen Werten einer „regelkonformen“ Standardbemessung unterscheiden!

Dies führt praktisch zu einer objektspezifischen Entwicklung und Festlegung einer neuen, höherwertigen Sicherheitskategorie „K5.Objekt“ (siehe Abschnitt 3.12) und zu einer Brandschutzstrategie auf der Basis von „lokal entwickelten Bränden“ anstelle von Vollbränden. Dies stellt eine sehr wesentliche Abweichung vom bauordnungsrechtlichen Abschottungsprinzip und von den Grundlagen typischer bauordnungsrechtlicher Regelanforderungen dar und ist besonders mit den zuständigen Genehmigungsbehörden abzustimmen!

c1. Mit einer Brandschutzstrategie gemäß c.) ist ein Paradigmenwechsel für die Brandschutzplanung verbunden!
Sicherheitstechnisch spricht nichts gegen eine „alternative Brandschutzplanung“ ohne Bildung von begrenzten Brandabschnittsflächen, wenn eine Brandausbreitung zu Vollbrandszenarien nahezu vollständig ausgeschlossen werden kann.
Die Bedingungen für derart streng anzusetzende Annahmen bedürfen allerdings besonderer Überlegungen und spezieller Abstimmungen mit den dafür zuständigen Stellen und Behörden. Technisch wären wohl erhebliche Redundanzen in der Sollwirkung der Brandschutzmaßnahmen (voneinander technisch unabhängige Maßnahmen mit gleicher Sollwirkung; z. B. mehrere Feuerlöschanlagen) vorzusehen, und das Zusammenwirken von Brandschutzmaßnahmen unterschiedlicher Schutzwirkungen wäre bestens aufeinander abzustimmen.

c2. Mit dem Ersatz von Brand- bzw. von Brandbekämpfungsabschnittstrennwänden durch „Luftbrandwände“ (Freistreifen auch mit dort angeordneten lokalen Feuerlöschtechniken) innerhalb übergroßer Gebäudeteile kann das Schutzziel von Brandabschnittsbildungen grundsätzlich nicht ohne Beachtung von c1) ausreichend erreicht werden.

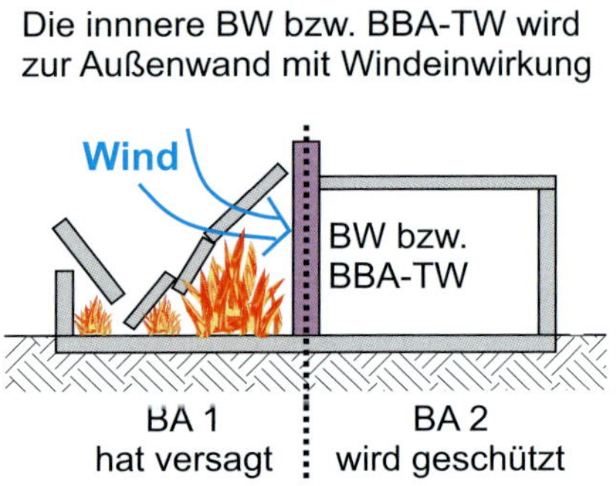

Bild 5.10-1: Beispiel für eine innere Brandwand, die nach dem Versagen eines Brandabschnitts den Einwirkungen von Wind ausgesetzt ist.
Erläuterungen siehe Text.

e) Spezielle Standsicherheitsaspekte: Windwirkungen

Die Brandschutzanforderungen beziehen sich ausschließlich auf einen Zeitraum (Branddauer), der mit der Feuerwiderstandsdauer konkretisiert ist (also auf eine Branddauer von 90 Minuten nach ETK bzw. bei Naturbrandbemessungen im Abweichungsfall über die gesamte Branddauer gemäß DIN EN 1991-1-2 in Verbindung mit DIN EN 1991-1-2/NA und MVV TB Anlage A 1.2.1/3).

Aus diesen konkreten Brandschutzvorschriften geht nicht unmittelbar hervor, ob und welche Anforderungen eine Brandwand im Rahmen einer bautechnischen Gesamtbetrachtung erfüllen muss/soll, nachdem diese Branddauer überschritten ist. Es ergeben sich aus den bauordnungsrechtlichen Anforderungsprofilen zunächst keine offensichtlichen, unmittelbar ablesbaren weiteren Anforderungen.

Dem Zweck der Brandwand entsprechend soll sie zunächst „nur“ die Brandausbreitung ausreichend zuverlässig „verhindern“. Dazu muss sie ausreichend standsicher sein. Das gilt grundsätzlich auch dann, wenn einer der voneinander zu trennenden Baukörper brandbedingt versagt hat. In diesem Fall wird eine innenliegende Brandwand zur Außenwand und ist u. a. den

Einwirkungen von Wind ausgesetzt. Damit sind starke Horizontalkräfte verbunden.

Windkräfte wirken auf innere Brandwände nach Versagen eines BAs ein

Eine Bemessung der innenliegenden Brandwände für Horizontalkräfte aus Windeinwirkungen wird nicht unmittelbar gefordert. Sachlich liegen entsprechende Kommentare vor, z. B. von Temme[1)] und von der vpi[2)].

Temme bezieht sich (noch) auf die Lastannahmen gemäß DIN 1055 (inzwischen ersetzt durch die Regelungen der Eurocodes) und verneint eine Notwendigkeit zur Windbemessung von inneren Brandwänden.

Die vpi erkennt, dass auf innere Brandwände grundsätzlich keine Windlasten einwirken. Sie dehnt ihre Überlegungen aber auf Brandfälle so aus, dass auch Zeiten nach der unmittelbaren Brandeinwirkung mitbetrachtet werden (also insbesondere Zeiten nach dem Brandereignis). Für diese Situationen empfiehlt die vpi:

- eine Horizontalbelastung als Windsog- bzw. auch als Winddruckkräfte zu berücksichtigen,
- in einer Größenordnung von 70 % der Standardwerte für Windeinwirkungen auf Außenwände;
- mit einem Vorschlag für ein Sicherheitskonzept für die Standsicherheit mit
  - $\gamma_Q = 1{,}0$ für die außergewöhnliche Kombination;
    dieser Wert führt zu einem abgeminderten Geschwindigkeitsdruck gemäß DIN EN 1991-1-4/NA (Tab. NA-B.5, Spalte 4).

Da es der Zweckbestimmung der Brandwände entspricht, den vom Brand nicht zerstörten Gebäudeteil (Brandabschnitt) „zu retten", ist eine Begrenzung des Betrachtungszeitraums für die Standsicherheit auf die Branddauer zwar in Bezug auf die „eigentlichen Ziele des Brandschutzes" korrekt, aber für die letztlich angestrebte „Gesamtwirkung" nur zum Teil zielführend. Die Empfehlung der vpi erscheint dem Kommentator also sehr einleuchtend und sinnvoll. Dort wird ferner darauf hingewiesen, dass nach dem Brand eine Überprüfung der betreffenden Bauteile erforderlich ist, woraus sich spezielle Maßnahmen ergeben können.

Auch wenn es sich bei solchen Fragen der Gebäudestatik einer Brandwand zunächst um Fragen des Brandschutzes zu handeln scheint, stehen dabei doch Aspekte im Vordergrund, die über die reinen brandschutztechnischen Schutzziele und Planungsgrundsätze hinausgehen und eher in das Aufgabenfeld der Gebäudestatik fallen als in das der eigentlichen Brandschutzplanung. Sie sollten auch dort behandelt werden.

1) Gädtke, Temme, Heintz, Czepuck: „BauO NRW – Kommentar, 11. Auflage 2008; Werner Verlag. Hier: zu § 33 Abs. 1; Rdn. 6
2) Vereinigung der Prüfingenieure für Bautechnik – Landesvereinigung Baden-Württemberg e.V.; Kurzinformation Nr. 115 vom 09.04.2014 (https://www.vpi-bw.com/ingenieur-box/kurzinformationen/)

5.10.1 Feuerwiderstandsdauer und mechanische Beanspruchung der Brandwände

5.10.1

§ 30 Abs. 3 Satz 2 MBO ist nicht anzuwenden.

Zu 5.10.1

Dadurch, dass § 30 Abs. 3 MBO für Industriebauten nicht anzuwenden ist, müssen Brandwände und Wände zur Trennung von Brandbekämpfungsabschnitten immer auch unter zusätzlicher mechanischer Beanspruchung feuerbeständig sein und aus nichtbrennbaren Baustoffen bestehen. Dies ist wegen der Versagenswahrscheinlichkeit von selbsttätigen Löschanlagen und Brandmeldeanlagen, aber auch wegen der Wahrscheinlichkeit hoher Brandlasten in der Nähe der trennenden Wände erforderlich.

Zu 5.10.1: Feuerwiderstandsdauer und mechanische Beanspruchung der Brandwände

Die MIndBauRL bestimmt, dass § 30 Abs. 3 Satz 2 MBO nicht anzuwenden ist. Darin lässt die MBO anstelle von Brandwänden auch andere Trennwände zu, insbesondere

- „*Wände, die auch unter zusätzlicher mechanischer Beanspruchung hochfeuerhemmend sind*" für Gebäude der GK 4,
- „*hochfeuerhemmende Wände*" für Gebäude der GK 1 bis 3,
- „*Gebäudeabschlusswände, die jeweils von innen nach außen die Feuerwiderstandsfähigkeit der tragenden und aussteifenden Teile des Gebäudes, mindestens jedoch feuerhemmende Bauteile, und von außen nach innen die Feuerwiderstandsfähigkeit feuerbeständiger Bauteile haben*" für Gebäude der GK 1 bis 3.

Diese in der MBO und entsprechend auch in den LBOs vorgesehenen Erleichterungen für Gebäude der GK 1 bis GK 4 sind demnach für Gebäude, die nach der MIndBauRL geplant und gebaut werden, nicht zulässig. Brandwände von Industriebauten müssen stets auch unter zusätzlicher mechanischer Beanspruchung feuerbeständig sein und aus nichtbrennbaren Baustoffen bestehen.

5.10.2 Überdachführung und eingreifende Bauteile

5.10.2

Brandwände und Wände zur Trennung von Brandbekämpfungsabschnitten sind mindestens 0,5 m über Dach zu führen; darüber dürfen brennbare Teile nicht hinweggeführt werden. Bauteile mit brennbaren Baustoffen dürfen in diese Wände nur so weit eingreifen, dass der verbleibende Wandquerschnitt die erforderliche Feuerwiderstandsklasse aufweist. Für Leitungen, Leitungsschlitze und Schornsteine gilt Satz 2 entsprechend.

Zu 5.10.2: Überdachführung und eingreifende Bauteile

a) Grundsätzliche Anforderungen

Brandwände müssen **stets mindestens 50 cm über das Dach** geführt werden. Diese Anforderung gilt gleichermaßen für BBA-Trennwände. Die Anforderung gilt auch unabhängig davon, ob die BW zwischen zwei BA eines Industriebaus oder zwischen BA eingebaut wird, von denen nur einer zu einem Industriebau gehört und der weitere einem Gebäude mit einer anderen Nutzung dient (kein Industriebau).

BBA-Trennwände müssen stets in der Bauart von BW ausgeführt werden (siehe Abschnitt 7.3.2 MIndBauRL). Auch diese Trennwände müssen mindestens 50 cm über die Dachhaut geführt werden.

b) Abweichungen

Von der geforderten Überdachführung kann nur mit einer Abweichung abgesehen werden, wenn der Gefahr einer Brandausbreitung über das Dach auf anderem Wege sicher vorgebeugt wird.

Als Ersatz für eine Überdachführung kann insbesondere eine Dachausbildung als feuerbeständiges Dach aus nichtbrennbaren Baustoffen (wie Stahlbeton) infrage kommen.

Grundsätzlich nicht als Ersatz geeignet sind auskragende Plattenstreifen – auch wenn sie feuerbeständig und wesentlich breiter sind als auf jeder Seite 50 cm (siehe § 30 Abs. 5 MBO).

Ggf. können beidseitige Plattenstreifen mit einer Mindestbreite von etwa 5 m auf jeder Seite eine Alternative darstellen, wenn über sie keine brennbaren Baustoffe hinweggeführt werden.

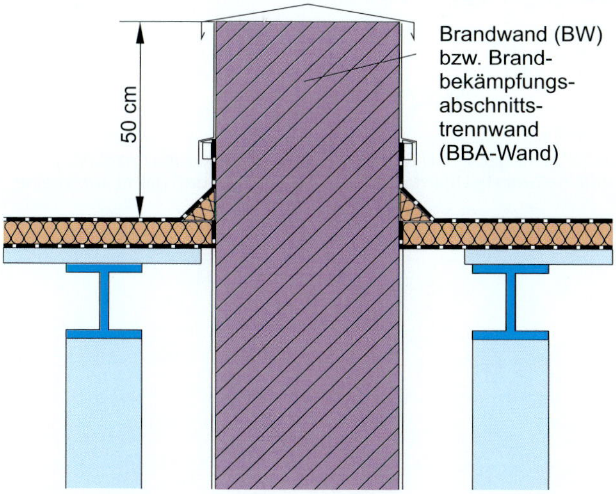

Bild 5.10.2-1: BW und BBA-Trennwände sind nach MIndBauRL mindestens 50 cm über Dach zu führen

Darüber dürfen brennbare Teile nicht hinweggeführt werden.

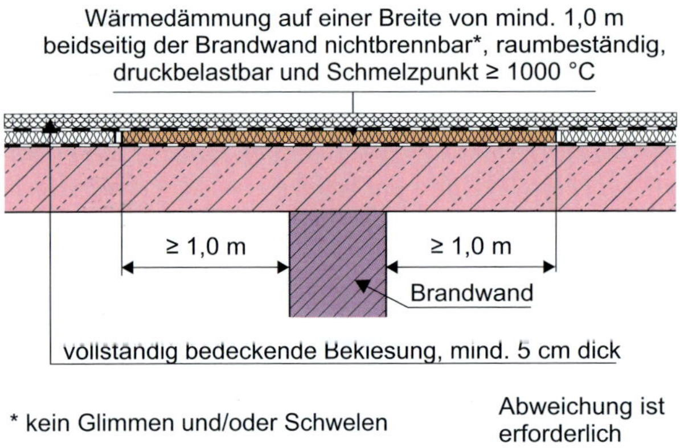

Bild 5.10.2-2: Beispiel einer Abweichung für eine BW, die nicht über Dach geführt wird

Hier bestehen keine Bedenken wegen des Brandschutzes, weil die BW direkt an ein feuerbeständiges und öffnungsloses Dach anschließt. Zur Verhinderung der Brandweiterleitung oberhalb der Stahlbetondecke ist die Wärmedämmung der Bedachung auf einer Breite von mindestens 1 m zu beiden Seiten der Brandwand raumbeständig und nichtbrennbar (kein Glimmen und/oder Schwelen) ausgeführt. Außerdem weist die Bedachung auf der gesamten Fläche eine mindestens 5 cm dicke **vollständig bedeckende Bekiesung** auf.

Mit diesen Maßnahmen ist eine Brandweiterleitung über das Dach nicht zu befürchten. Dafür ist eine entsprechende Abweichung erforderlich, da die BW nicht 50 cm über Dach geführt wurde und die brennbare Dachabdichtung und Dampfsperre über die BW führt.

Wichtig: Bei dieser Abweichung dürfen auf jeder Seite auf etwa 5 m Breite in der feuerbeständigen Stahlbetondecke keine ungeschützten Öffnungen vorhanden sein.

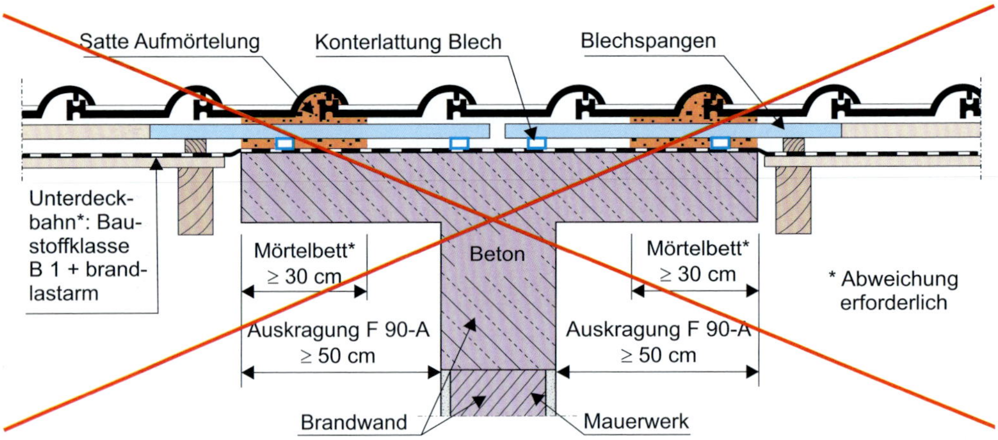

Bild 5.10.2-3: Beispiel für eine unzulässige Ausführung

Die dargestellte Kragplattenlösung ist zwar nach den LBOs möglich; nach der MIndBauRL ist sie jedoch unzulässig. Deshalb ist sie auch kein Ersatz für die nach MIndBauRL geforderte Überdachführung von 50 cm und damit auch keine Kompensationsmöglichkeit für eine Abweichung.

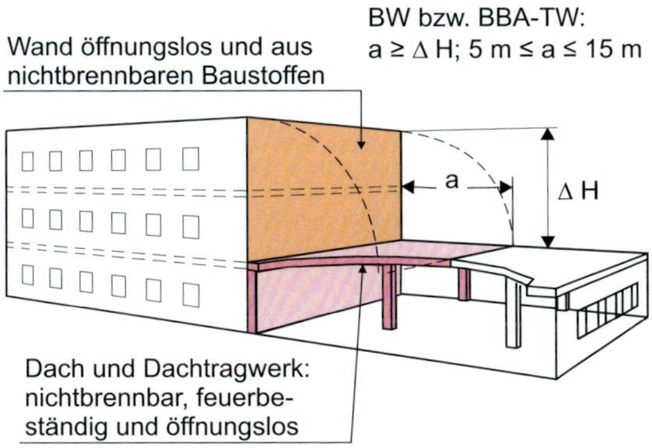

Bild 5.10.2-4: Beispiel für eine gleichwertige Alternative zur Überdachführung der Brandwand bei Gebäuden mit unterschiedlichen Höhen.

Maßnahmen am niedrigeren Gebäudeteil.

Eine andere bewährte Alternative besteht in der Anordnung der Brandabschnittstrennung im niedrigeren Gebäudeteil. Der erforderliche Abstand der Brandabschnittstrennung vom höheren Brandabschnitt sollte in etwa dem Höhenunterschied entsprechen.

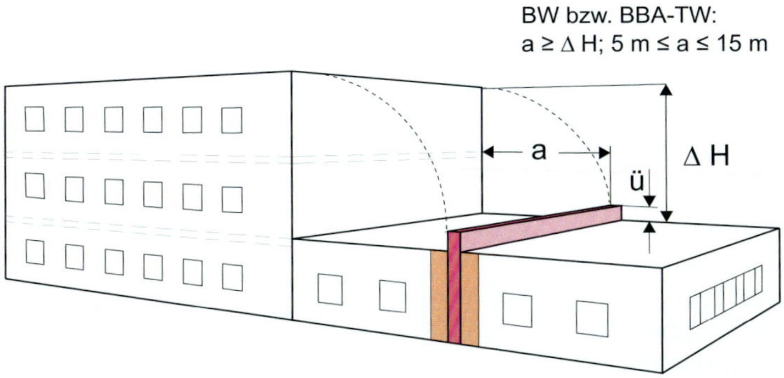

Bild 5.10.2-5: Beispiel für eine gleichwertige Alternative zur Überdachführung der Brandwand bei Gebäuden mit unterschiedlichen Höhen.

Errichtung der Brandwand im niedrigeren Gebäudeteil mit ausreichend großem Abstand zum höheren Gebäude.

c) Überdachführung bei Brandabschnitten unterschiedlicher Höhe

Wenn Brandabschnitte mit deutlich unterschiedlichen Höhen voneinander getrennt werden müssen, erscheint die Ausführung einer BW bzw. BBA-TW bis über das Dach des höheren Gebäudes in der Praxis oft technisch zu aufwendig und unangemessen. In solchen Fällen wird nach einer gleichwertigen Alternative gesucht, die allerdings jeweils im Rahmen von Abweichungen besonders zu begründen ist.

In der Praxis führen Höhenunterschiede bis zu etwa 2 m in der Regel nicht zur Suche nach Alternativen; die BW bzw. die BBA-TW wird über die Dachfläche des höheren Gebäudeteils hinaus realisiert.

Als gleichwertige Alternative zur regelkonformen Lösung wird häufig eine Abtrennung gewählt – und sowohl behördlich als auch von den Sachversicherern[1)] akzeptiert –, die anstelle der Bauart der Fassade als Brandwand des höheren Gebäudeteils oberhalb des Dachs des niedrigeren Gebäudeteils eine entsprechende Abtrennung im Dach des niedrigeren Gebäudeteils vorsieht.

- Diese Dachfläche ist dann einschließlich der sie tragenden Bauteile feuerbeständig und aus nichtbrennbaren Baustoffen herzustellen. In diesem Teil der abtrennenden Dachfläche dürfen keine Öffnungen angeordnet werden.
- Die aufgehende Fassade muss aus nichtbrennbaren Baustoffen bestehen und darf ebenfalls keine Öffnungen besitzen.

Der feuerbeständige Dachbereich ist grundsätzlich bis zur nächsten Stützenreihe – jedoch mindestens 5 m breit – vorzusehen. Bei sehr großen Höhenunterschieden sollte die Breite dieses Dachbereichs größer sein und etwa diesem Höhenunterschied entsprechen; Dachstreifen in dieser Bauart mit Breiten von mehr als 15 m werden in der Praxis nicht vorgesehen.

1) VdS 2234: „Brand- und Komplextrennwände. Merkblatt für die Anordnung und Ausführung"; 2012; Gesamtverband der Deutschen Versicherungswirtschaft e.V. (GDV); Verlag: VdS Schadenverhütung GmbH; Köln

d) Eingreifende Bauteile aus brennbaren und nichtbrennbaren Baustoffen

Die Regelung über „eingreifende Bauteile“ bezieht sich ausdrücklich nur auf den Fall, dass Bauteile mit brennbaren Baustoffen in Brand- und Brandbekämpfungsabschnitte eingreifen sollen. Bauteile mit nichtbrennbaren Bauteilen werden von dem Wortlaut der Regelung nicht erfasst.

Die Regelung beschreibt allerdings auch das verlangte Schutzziel: Die erforderliche Feuerwiderstandsklasse der Brand- und Brandbekämpfungsabschnitte darf durch „eingreifende Bauteile“ auch an den Stellen, an denen diese Bauteile in die Wände eingreifen, nicht unterschritten werden. Auf den Widerstand gegen Stoßbeanspruchung kann in diesen Fällen jedoch lokal verzichtet werden.

Sofern aufgrund des Eingreifens von Bauteilen ohne brennbare Baustoffe (zum Beispiel durch ungeschützte Stahlträger) die erforderliche Feuerwiderstandsklasse der Brand- und Brandbekämpfungsabschnitte nicht erreicht wird, muss die Brandschutzplanung auf den Erhalt der erforderlichen Feuerwiderstandsklasse dieser Wände abgestellt werden. Eine lokale Schwächung dieser Wände mit der Folge, dass die erforderliche Feuerwiderstandsklasse nicht mehr erreicht wird, sieht die MIndBauRL auch für eingreifende Bauteile aus nichtbrennbaren Baustoffen nicht vor.

5.10.3 An- bzw. Abschluss bei Außenwänden

5.10.3

Im Bereich der Außenwände ist durch geeignete Maßnahmen eine Brandübertragung auf andere Brandabschnitte und Brandbekämpfungsabschnitte zu behindern.

Geeignete Maßnahmen sind z. B.:

- Ein mindestens 0,5 m vor der Außenwand vorstehender Teil der Brandwand oder der Wand, die Brandbekämpfungsabschnitte trennt, der einschließlich seiner Bekleidung aus nichtbrennbaren Baustoffen besteht,
- ein im Bereich der Brandwand oder der Wand, die Brandbekämpfungsabschnitte trennt, angeordneter Außenwandabschnitt mit einer Breite von mindestens 1,0 m, der einschließlich seiner Bekleidung aus nichtbrennbaren Baustoffen besteht.

Sofern die Außenwandbekleidung aus brennbaren Baustoffen durchlaufend angeordnet wird, gilt als geeignete Maßnahme eine auf beiden Seiten der Brandwand oder der Wand, die Brandbekämpfungsabschnitte trennt, auf einer Länge von jeweils 1,0 m angeordnete Wand in der Feuerwiderstandsklasse der trennenden Wand.

Zu 5.10.3

Die Anforderungen dienen der Behinderung der Brandausbreitung im Bereich der Außenwände. Die Anforderungen wurden aufgrund der geregelten Flächengrößen der Brandabschnitte und Brandbekämpfungsabschnitte erforderlich.

Zu 5.10.3: An- bzw. Abschluss bei Außenwänden

Die Regelungen der MIndBauRL sollen im Bereich der Außenwände bzw. Fassade den horizontalen Brandüberschlag in andere BA und BBA erschweren.

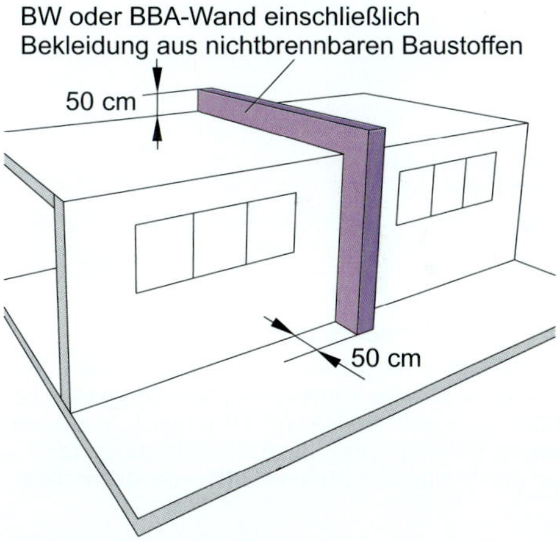

Bild 5.10.3-1: Beispiel für eine geeignete Maßnahme, um im Bereich der Außenwand eine Brandübertragung auf andere BA und BBA zu verhindern

Die BW bzw. BBA-Wand steht mindestens 50 cm über die Außenwand vor und besteht einschließlich ihrer Bekleidung aus nichtbrennbaren Baustoffen.

Bilder 5.10.3-2 bis 5.10.3-5: Beispiele für geeignete Maßnahmen, eine Brandübertragung auf andere BA und BBA im Bereich der Außenwände zu verhindern

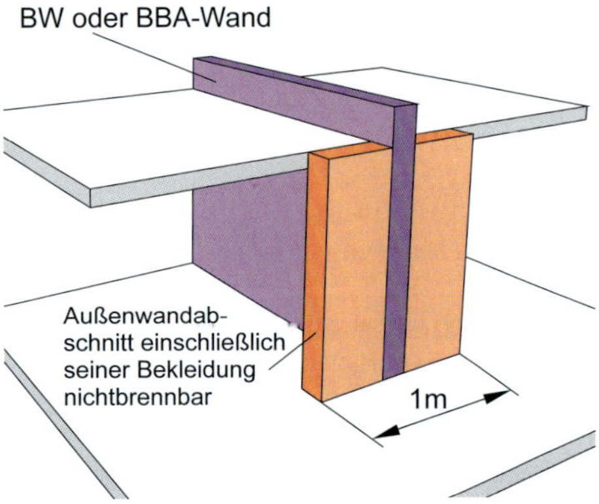

Bild 5.10.3-2: Anordnung eines Außenwandabschnittes mit einer Breite von 1 m, der einschließlich seiner Bekleidung aus nichtbrennbaren Baustoffen besteht

In diesem Beispiel wurde die BW bzw. BBA-Wand bis zur Außenkante geführt, was aus Sicht des Brandschutzes die beste Lösung darstellt.

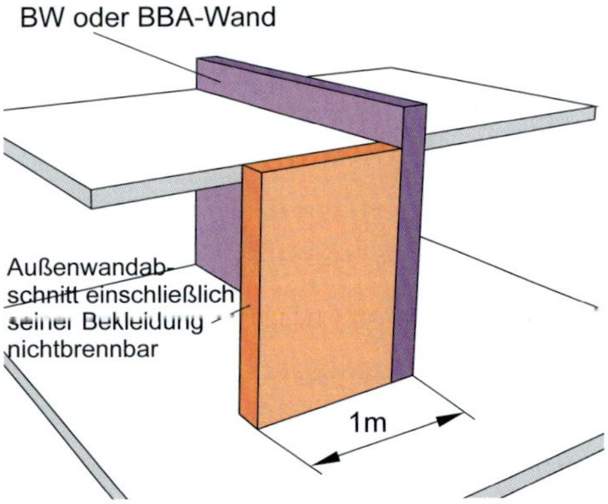

Bild 5.10.3-3: Alternative zu Bild 5.10.3-2

Der 1 m breite Außenwandabschnitt kann auch nur an einer Seite angeordnet werden

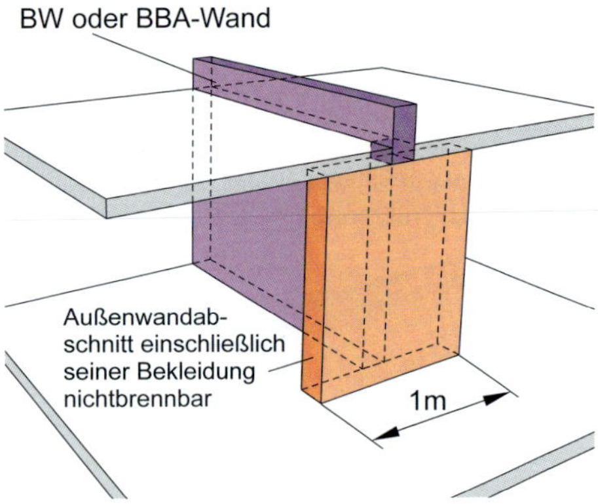

Bild 5.10.3-4: Alternative zu Bild 5.10.3-2

Es ist auch möglich, die BW nur bis zur Innenseite des 1 m breiten Außenwandabschnittes zu führen. Sinngemäß ist diese Alternative auch zu Bild 5.10.3-3 möglich. In diesem Fall muss die BW-Stirnseite jedoch auf volle Stirnseitenbreite an den 1 m breiten Außenwandabschnitt anschließen.

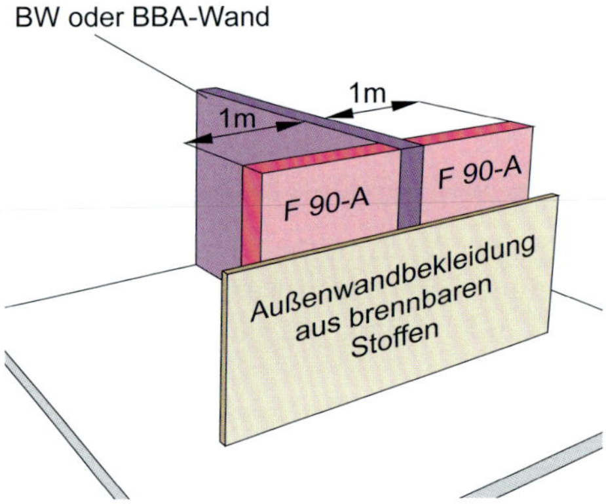

Bild 5.10.3-5: Beispiel für eine als geeignet angesehene Maßnahme bei einer durchlaufenden Außenwandbekleidung aus brennbaren Baustoffen

Der Schutzwert dieser Ausführung hängt von der Bauart der brennbaren Außenwandbekleidung ab. Obwohl hier mindestens ein Außenwandabschnitt auf beiden Seiten der BW oder BBA-Wand auf einer Länge von jeweils 1 m die Feuerwiderstandsklasse der trennenden Wand aufweist, besteht die Gefahr, dass der Brand diesen geschützten Außenwandstreifen wegen der durchlaufenden brennbaren Außenwandbekleidung überlaufen und in den anderen Abschnitt eindringen kann.

Diese Variante ist auch deshalb nicht optimal, weil von außen die Trennung der Abschnitte nicht erkennbar ist und Brandbekämpfungsmaßnahmen der Feuerwehr diese besondere Stelle nicht entsprechend schützen können.

5.10.4 Gegenüberliegende feuerbeständige und nichtbrennbare Wände anstelle einer Brandwand

5.10.4

Anstelle einer inneren Brandwand sind zwei sich gegenüberstehende raumabschließende, feuerbeständige Wände aus nichtbrennbaren Baustoffen zulässig. Sie müssen voneinander unabhängig standsicher sein. Die diese Wände unterstützenden oder aussteifenden Bauteile sind mit der gleichen Feuerwiderstandsdauer auszuführen wie die tragenden Bauteile des zugeordneten Brandabschnitts.

Zu 5.10.4

Anstelle einer Brandwand werden zwei sich gegenüberstehende raumabschließende, feuerbeständige Wände aus nichtbrennbaren Baustoffen für Industriebauten gleichwertig zugelassen. Damit wird dem Wunsch der Industrie, flexiblere Lösungen zu realisieren, nachgekommen. Eine dieser Wände muss 0,50 m über Dach geführt werden.

Die Wände müssen mindestens so viel Abstand voneinander haben, dass sie im Brandfall nicht durch Einsturz oder thermisch bedingte Ausdehnung der jeweils aussteifenden Bauteile gefährdet werden. Alternativ können die beiden Wände konstruktiv so ausgebildet werden, z. B. durch Anordnung einer Sollbruchstelle, dass durch das Versagen einer der Wände im Brandfall die gegenüberliegende Wand in ihrer Funktion nicht beeinträchtig wird. Der Zwischenraum zwischen den beiden Wänden ist von brennbaren Baustoffen freizuhalten und darf nicht genutzt werden. Für Bauteile (z. B. Feuerschutztüren oder -tore, Brandschutzverglasungen, Kabel- und Rohrabschottungen usw.), die Öffnungen in diesen Wänden schützen, muss die brandschutztechnische Eignung nachgewiesen sein.

Gegenüberliegende Gebäudeaußenwände, die zusammen die Schutzfunktionen einer Brandwand erfüllen, können wie Wände anstelle von Brandwänden betrachtet und ausgeführt werden.

Zu 5.10.4: Gegenüberliegende feuerbeständige und nichtbrennbare Wände anstelle einer Brandwand

a) Gleichwertigkeit der Brandabschnittstrennung mit zwei feuerbeständigen Wänden

Als gleichwertiger Ersatz für eine innere BW wird die Anordnung von zwei sich gegenüberstehenden feuerbeständigen Wänden aus nichtbrennbaren Baustoffen geregelt (BBA-Trennwände fallen formal zunächst nicht unter diese Regelungen, siehe Abschnitt 7.3 MIndBauRL).

Die feuerbeständigen Wände können als Wände zur Trennung sowohl von BA als auch von BBA eingesetzt werden. Wenigstens eine dieser feuerbeständigen Trennwände muss dabei mindestens 50 cm über die Dachhaut geführt werden, um eine Brandausbreitung über die Dachfläche hinweg ausreichend zuverlässig zu unterbinden.

Diese Alternativmaßnahme zur Trennung von Brand- und Brandbekämpfungsabschnitten enthält folgende Kompensationen:

- Der Verzicht auf den Widerstand gegen mechanische Stoßeinwirkungen, den Brand- und BBA-Trennwände aufweisen müssen, wird durch eine zweite feuerbeständige Trennwand kompensiert. Dabei ist sicherzustellen, dass beim Versagen einer dieser Trennwände nicht auch die andere so weit geschädigt wird, dass eine Übertragung von Feuer und Rauch zu befürchten ist.
  Dazu sind brandlastfreie Mindestabstände zwischen den beiden Trennwänden erforderlich sowie geeignete Aussteifungen in den jeweils zugeordneten Brand- bzw. Brandbekämpfungsabschnitten.

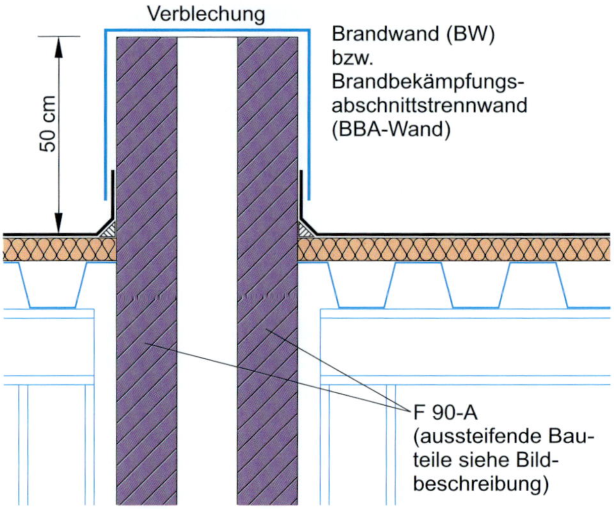

Bild 5.10.4-1: Beispiel für die Ausführung gegenüberstehender F-90-A-Trennwände anstelle einer BW bzw. einer BBA-Wand

Falls für den zugeordneten BA bzw. BBA keine klassifizierte Feuerwiderstandsdauer des Tragwerkes vorgeschrieben ist, können auch die aussteifenden Bauteile der F-90-A-Trennwände ohne klassifizierte Feuerwiderstandsdauer ausgeführt werden. Trotzdem wird das Schutzziel erreicht, da bei dem Versagen eines Abschnittes die gegenüberstehende Trennwand von der dem Feuer abgewandten Seite ausgesteift wird.

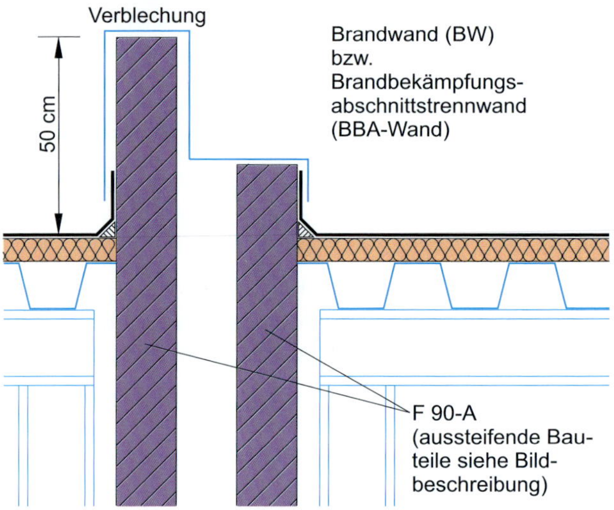

Bild 5.10.4-2: Beispiel für gegenüberstehende F-90-A-Trennwände mit nur einer Überdachführung

Grundsätzliche Anforderungen enthält Bild 5.10.4-1. Es genügt auch, wenn nur eine der beiden Trennwände 50 cm über Dach geführt wird. Voraussetzung hierfür ist jedoch, dass damit das Schutzziel, eine Brandausbreitung im Dachbereich zu verhindern, gewährleistet wird.

- Anstelle von feuerbeständigen, dicht- und selbstschließenden Abschlüssen von notwendigen Öffnungen (es dürfen nur notwendige Öffnungen vorgesehen werden) dürfen auch andere Öffnungsverschlüsse eingesetzt werden, wenn deren Eignung nachgewiesen ist.

Die beiden feuerbeständigen Trennwände werden jeweils wie „Wände anstelle von Brandwänden" bewertet.

b) Schutz von Öffnungen in diesen „Doppeltrennwänden"

Zur Verhinderung der Ausbreitung von Feuer und Rauch müssen auch bei einem anzunehmenden Versagen/Einsturz einer der beiden Trennwände die Öffnungen von Türen, Toren und Durchführungen von Leitungs- und Lüftungsanlagen ausreichend geschützt sein. Daher müssen diese Öffnungen

a. entweder in jeder der Wände geschützt werden,
b. oder diese Öffnungen benötigen je eine gemeinsame Schutzmaßnahme in Verbindung mit einer zugeordneten Teilkonstruktion, die beim Versagen einer Wand weiterhin standsicher und raumabschließend bleibt und die die Einbauvoraussetzungen für diese Schutzmaßnahmen erfüllt.

Schutzmaßnahmen, die in jeder Wand getroffen werden, können feuerhemmend sein. Gemeinsame Schutzmaßnahmen müssen inklusive der Wandteile, in denen sie eingebaut werden, feuerbeständig sein, auch wenn eine der beiden Wände versagt. Dafür sind dann in der Regel Sonderkonstruktionen im Bereich der Öffnungen erforderlich, die diese Einbauvoraussetzungen erfüllen.

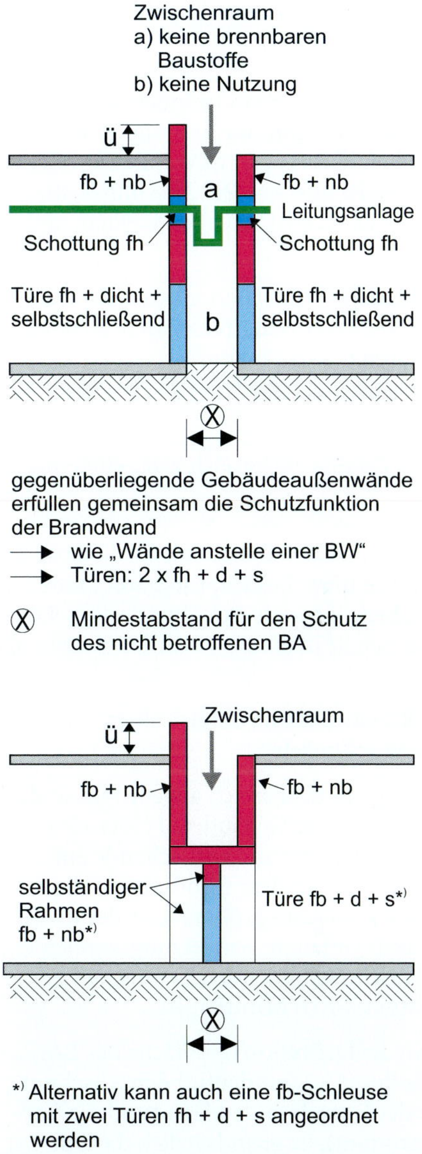

Bild 5.10.4-3: Systematik für Verschlüsse von Öffnungen bei der Alternativlösung für Brandwände und Brandbekämpfungsabschnittstrennwände.
Erläuterungen siehe Text.

5.10.5 Öffnungen in inneren Brandwänden

5.10.5

Öffnungen in inneren Brandwänden sind zulässig, wenn sie auf die für die Nutzung erforderliche Zahl und Größe beschränkt sind und wenn sie feuerbeständige, dicht- und selbstschließende Abschlüsse haben. Öffnungen in Wänden zur Trennung von Brandbekämpfungsabschnitten sind nach Tabelle 6 zu verschließen. Die Abschlüsse, die aus betrieblichen Gründen offenzuhalten sind, müssen mit Feststellanlagen versehen werden, die bei Raucheinwirkung ein selbsttätiges Schließen bewirken.

Lichtdurchlässige Teilflächen müssen als Brandschutzverglasungen mindestens die Feuerwiderstandsfähigkeit wie die angrenzenden Wände haben und sich auf die für die Nutzung erforderliche Zahl und Größe beschränken.

5.10.6 Brandwände im Bereich eines einspringenden Winkels

5.10.6

Müssen Gebäude oder Gebäudeteile, die über Eck zusammenstoßen, durch eine Brandwand oder eine Wand, die Brandbekämpfungsabschnitte trennt, abgeschlossen oder unterteilt werden, so muss die Wand über die innere Ecke mindestens 5,0 m hinausragen. Dies gilt nicht, wenn die Gebäude oder Gebäudeteile in einem Winkel von mehr als 120° über Eck zusammenstoßen.

Zu 5.10.6: Brandwände im Bereich eines einspringenden Winkels

Vordächer, die im Eckbereich angeordnet sind, führen dazu, dass der Gebäudeteil (BA), dem sie zuzurechnen sind, erst am Vordachende aufhört. Dies ist insbesondere zu beachten, wenn die Tiefe des Vordaches größer ist als der in diesem Abschnitt verlangte Fortsetzungsbereich der brandabschnittsbildenden Trennwand gemäß Abschnitt 5.10.6 MIndBauRL.

Auch wenn die Definition der Fläche des BA gemäß Abschnitt 3.2 (eindeutig) den Abschnitt bereits an der Fassade enden lässt (und die Vordächer ausnimmt), ist grundsätzlich das Vordach **dem BA zuzurechnen.**

Das Schutzziel – nämlich die Verhinderung der Brandausbreitung übereck in einen anderen BA – muss erreicht werden. Gerade wenn die Fassaden der **Vordachwand** nicht brandschutztechnisch raumabschließend sind, wird ein Brand im Gebäudeinneren auch den Bereich unter dem Vordach betreffen und den übereck angrenzenden anderen BA gefährden.

In solchen Fällen müssen im Brandschutzkonzept geeignete Maßnahmen zur Erreichung des Schutzzieles formuliert werden, die ggf. auch Alternativen zur Regelbauweise darstellen können.

5.11 Feuerüberschlagsweg

Im Bereich der Außenwand ist eine vertikale Brandübertragung zwischen versetzt übereinander angeordneten Brandabschnitten nach Abschnitt 6 und zwischen Brandbekämpfungsabschnitten nach Abschnitt 7 durch geeignete Vorkehrungen zu behindern. Geeignete Vorkehrungen hierfür können sein:

- Mindestens 1,5 m weit auskragende ausreichend feuerwiderstandsfähige Bauteile,
- ausreichend feuerwiderstandsfähige Bauteile mit einer Höhe von mindestens 1,5 m zwischen Öffnungen.

Bei Brandabschnitten und Brandbekämpfungsabschnitten der Sicherheitskategorien K 3.1, K 3.2, K 3.3, K 3.4 und K 4 können die vorstehenden Werte auf 1,0 m reduziert werden.

Ausreichend feuerwiderstandsfähig sind Bauteile, wenn sie der Feuerwiderstandsfähigkeit der Decke entsprechen und einschließlich der Wärmedämmung aus nichtbrennbaren Baustoffen bestehen.

Zu 5.11 Feuerüberschlagsweg

Die Reduzierung des Feuerüberschlagswegs von 1,5 m auf 1 m ist möglich bei Vorhandensein einer

- *Werkfeuerwehr, da diese i. d. R. frühzeitig eine Brandbekämpfung einleitet und bei betroffenen Brandabschnitten und Brandbekämpfungsabschnitten rechtzeitig entsprechend Maßnahmen zur Behinderung der vertikalen Brandausbreitung ergreifen kann.*
- *selbsttätigen Feuerlöschanlage, welche die übereinander angeordneten Geschosse vollflächig schützt, da sie einen Brand i. d. R. frühzeitig bekämpft und hierdurch eine Ausbreitung des Feuers aufgrund dessen geringer Größe in darüberliegende Brandabschnitte und Brandbekämpfungsabschnitte unwahrscheinlich ist.*

Zu 5.11: Feuerüberschlagsweg

Bilder 5.11-1 und 5.11-2: Beispiele für die Sicherung des Feuerüberschlagsweges zwischen versetzt angeordneten BA bzw. BBA

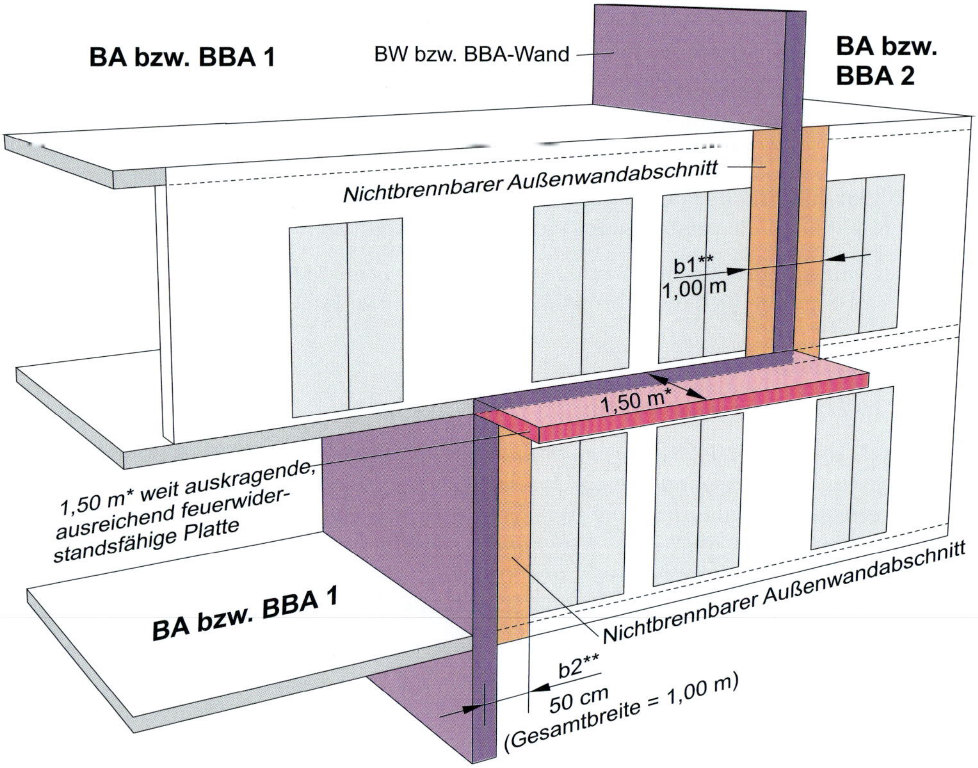

* Bei Brandabschnitten und Brandbekämpfungsabschnitten der Sicherheitskategorien K 3.1, K 3.2, K 3.3, K 3.4 und K 4 kann der Wert auf 1,0 m reduziert werden.

** Behinderung der Brandübertragung gemäß Abschnitt 5.10.3.

Bild 5.11-1: Sicherung durch eine mindestens 1,50 m weit auskragende ausreichend feuerwiderstandsfähige Platte

Bei BA und BBA der Sicherheitskategorien K 3.1 bis K 3.4 und K 4 kann der o.g. Wert auf 1 m reduziert werden.

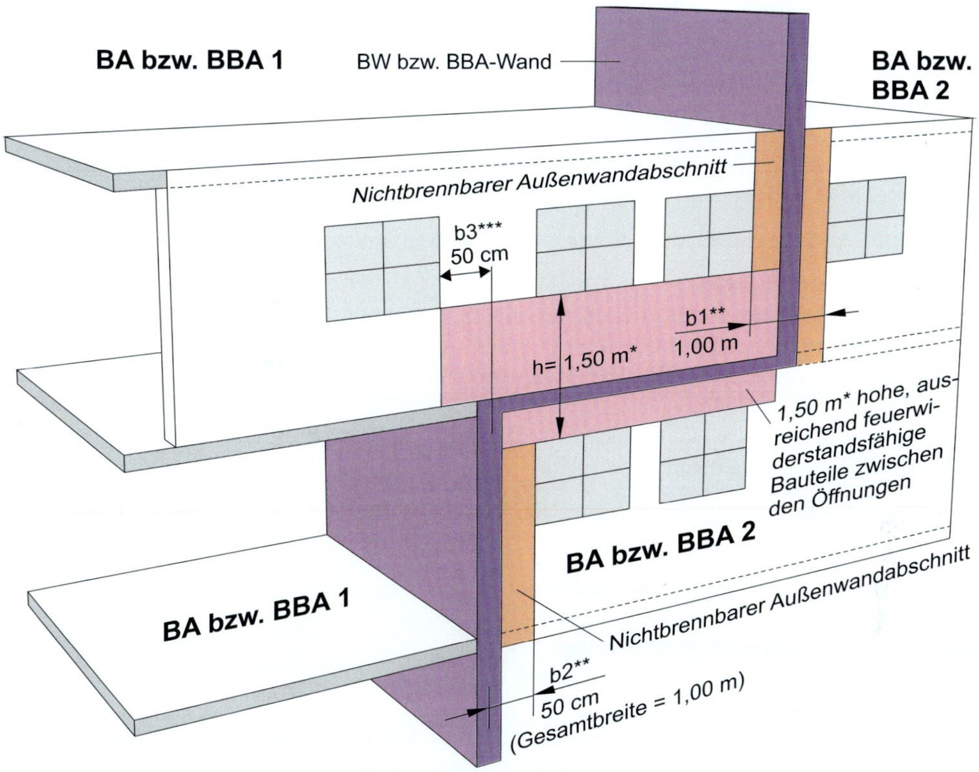

* Bei Brandabschnitten und Brandbekämpfungsabschnitten der Sicherheitskategorien K 3.1, K 3.2, K 3.3, K 3.4 und K 4 kann der Wert auf 1,0 m reduziert werden.
** Behinderung der Brandübertragung gemäß Abschnitt 5.10.3.
*** Empfehlung

Bild 5.11-2: Sicherung durch mindestens 1,50 m hohe ausreichend feuerwiderstandsfähige Bauteile zwischen den Öffnungen

Bei BA und BBA der Sicherheitskategorien K 3.1 bis K 3.4 und K 4 kann der o.g. Wert auf 1 m reduziert werden. In der MIndBauRL werden keine seitlichen Sicherungsmaßnahmen (z. B. ein seitlicher Überstand) gefordert.

Anmerkung: Grundsätzlich kann davon ausgegangen werden, dass die in Abschnitt 5.11 (zweiter Spiegelstrich) angegebenen und in diesem Bild dargestellten Maßnahmen zur Behinderung einer Brandübertragung im Außenwandbereich bauordnungsrechtlich zwar ausreichend sind, brandschutztechnisch jedoch wohl kaum.

5.12 Außenwände und Außenwandbekleidungen

5.12.1 Grundsätzliche Anforderungen

5.12.1 Nichttragende Außenwände, Oberflächen von Außenwänden und Außenwandbekleidungen einschließlich der Dämmstoffe und Unterkonstruktionen sind so auszubilden, dass eine Brandausbreitung auf und in diesen Bauteilen begrenzt ist. Dies gilt als erfüllt, wenn sie den Anforderungen des § 28 Abs. 2 bis 4 MBO entsprechen. § 28 Abs. 5 MBO ist nicht anzuwenden.

Nichttragende Außenwände dürfen aus schwerentflammbaren Baustoffen bestehen bei

- eingeschossigen Industriebauten,
- Brandbekämpfungsabschnitten mit Ebenen mit einem Ausbreitungsfaktor $F_A = 1{,}7$ (Tabelle 4),
- Brandbekämpfungsabschnitten mit Ebenen mit einem Ausbreitungsfaktor $F_A < 1{,}0$ (Tabelle 4), wenn gegen die Brandausbreitung über die Außenwand besondere Vorkehrungen getroffen sind oder
- Brandabschnitten mit mehreren Geschossen, wenn gegen die Brandausbreitung über die Außenwand besondere Vorkehrungen getroffen sind.

Über § 28 Abs. 3 MBO hinaus, dürfen schwerentflammbare Baustoffe nicht brennend abfallen oder abtropfen.

Diese Anforderungen gelten nicht für planmäßig als Wärmeabzugsflächen eingesetzte Bauteile.

Zu 5.12 Außenwände und Außenwandbekleidungen

Zu 5.12.1

Eine besondere Bedeutung mit Blick auf die Brandausbreitung kommt bei ausgedehnten Bauten den großflächigen Bauteilen wie Wänden und Decken zu. Im Satz 1 wird zunächst das Schutzziel beschrieben. Die Wände sollen die Brandausbreitung in beide Richtungen begrenzen. Die Anforderungen orientieren sich am Sicherheitsniveau der MBO.

Nach Satz 2 gilt das Schutzziel gilt als erfüllt, wenn Außenwände den Anforderungen von § 28 Abs. 2 bis 4 MBO entsprechen. Nichttragende Außenwände und nichttragende Teile tragender Außenwände müssen aus nichtbrennbaren Baustoffen bestehen oder sie müssen als raumabschließende Bauteile feuerhemmend sein; die Oberflächen von Außenwänden sowie Außenwandbekleidungen müssen einschließlich der Dämmstoffe und Unterkonstruktionen schwerentflammbar sein. Da für Brandwände und Wände zur Trennung von Brandbekämpfungsabschnitten § 30 Abs. 3 Satz 2 MBO nicht gilt (sogenannte Brandwandersatzwände), ist für Industriebauten grundsätzlich ein ausreichender Schutz vor einer Brandausbreitung gegeben. Bei Wärmedämmverbundsystemen wird über den Verwendbarkeitsnachweis, bei hinterlüfteten Außenwänden über die DIN 18516 ein ausreichender Schutz, bezogen auf das Brandszenarium des Feuerüberschlags aus einem darunter liegenden Brandraum über ein Fenster, gewährleistet.

Bei feuerhemmenden Außenwänden sind Öffnungen feuerhemmend zu verschließen.

Nach Satz 4 dürfen in den dort genannten Fällen nichttragende Außenwände auch aus schwerentflammbaren Baustoffen bestehen. Zusätzlich wird nach Satz 5 gefordert, dass in den Fällen des Satzes 4 schwerentflammbare Baustoffe nicht brennend abfallen oder abtropfen dürfen.

Die Anforderungen des Abschnitts 5.12.1 gelten nach Satz 6 nicht für planmäßig als Wärmeabzugsflächen eingesetzte Bauteile.

Zu 5.12: Außenwände und Außenwandbekleidungen

Zu 5.12.1: Grundsätzliche Anforderungen

a) Anforderung an das nicht brennende Abfallen/Abtropfen

Da zunehmend europäisch harmonisierte und klassifizierte Bauprodukte verwendet werden, kommt der Beachtung der Klassifizierungsdetails **schwer entflammbarer** Baustoffe besondere Bedeutung zu.

Hier ist auf die europäische Klasse d (engl. *droplets* = brennendes Abfallen/Abtropfen) zu achten, da z. B. bei den Außenwänden und Außenwandbekleidungen (ausgenommen planmäßig als Wärmeabzugsflächen eingesetzte Bauteile) gemäß MIndBauRL schwer entflammbare Baustoffe nur nicht brennend abfallen oder abtropfen dürfen.

Werden schwer entflammbare Baustoffe nach nationaler Klassifizierung verwendet, gelten diese **automatisch als nicht brennend abfallend oder abtropfend,** wenn dies im Verwendbarkeitsnachweis (meist abP) nicht anders angeben ist.

Nach europäischer Klassifizierung muss jedoch das nicht brennende Abfallen/Abtropfen über die o.g. eigene Klasse d **gesondert nachgewiesen** werden: Baustoffe, die europäisch klassifiziert sind, müssen im vorliegenden Fall immer auch die **Klasse d0** (kein brennendes Abfallen/Abtropfen) haben.

Beispiel: Die europäische Baustoffklasse A 2 – s1, d1 erfüllt zwar die bauaufsichtliche Anforderung schwer entflammbar, jedoch nicht die Anforderung nicht brennend abtropfend. Sie kann deshalb in den Fällen, in denen nach Baurecht nicht brennend abfallend/abtropfend verlangt wird, nicht verwendet werden.

b) Lichtbänder aus brennbaren Baustoffen

Die MIndBauRL lässt zu, dass Lichtbänder für den Wärmeabzug aus brennbaren Baustoffen hergestellt werden. Einschränkungen im Hinblick auf deren Größe werden nicht festgelegt.

Die Gefahren durch brennbare Lichtbänder werden in der MIndBauRL für lokale Brände weniger stark bewertet als deren Vorteile durch den Wärmeabzug, die sie bei einem Vollbrand leisten.

Die brennbaren Baustoffe solcher Wärmeabzüge dürfen auch brennend abfallen.

Damit sind alle Lichtbänder erfasst, die in der Brandschutzplanung zum Wärmeabzug vorgesehen bzw. auf diesen angerechnet werden. Die Brandschutzplanung ist dabei nicht an Grenzwerte gebunden. Allerdings sollten die vorgesehenen **Wärmeabzugsflächen** dann auch unmittelbar für den Zweck des Wärmeabzuges geplant werden und diesem Zweck nicht nur wegen der Zulässigkeit brennend abtropfender Baustoffe formal zugeordnet werden.

Im Zweifelsfall kann die Wärmeabzugswirkung rechnerisch mit den Methoden des Brandschutzingenieurwesens belegt werden. In Tabelle 2 Abschnitt 6 MIndBauRL wird z. B. verlangt, dass Wärmeabzüge mindestens 5 % der Größe der jeweiligen Brandabschnittsfläche betragen sollen. Damit ist keine Maximalgröße für brennbare Lichtbänder vorgegeben; die Brandschutzplanung kann objektspezifisch auch deutlich größere Wärmeabzüge als Lichtbänder vorsehen.

5.12.2 Außenwandabstand zur Grundstücksgrenze < 5 m

5.12.2

Wenn der Abstand der Außenwand zur Nachbargrenze weniger als 5 m beträgt, muss die Außenwand aus nichtbrennbaren Baustoffen bestehen.

Zu 5.12.2

Außenwände, die einen Abstand von weniger als 5 m zu einer Nachbargrenze haben, müssen aus nichtbrennbaren Baustoffen bestehen, da nicht auszuschließen ist, dass auf Nachbargrundstücken brennbare Materialien an der Grenze gelagert werden. Dies gilt auch für Außenwände mit tragenden Teilen aus Holz und nichtbrennbarer Ausfachung und Oberfläche (z. B. Holzständerwand). Damit soll der Gefahr der Brandweiterleitung vorgebeugt werden. Die Nachbargrenze ist eine Linie, die ein Grundstück von anderen Grundstücken trennt, die keine öffentlichen Verkehrs-, Grün- oder Wasserflächen sind. Deshalb müssen Außenwände mit brennbaren Baustoffen keinen Abstand beispielsweise zu öffentlichen Verkehrsflächen einhalten.

Unter den in Satz 4 genannten Voraussetzungen dürfen nichttragende Außenwände auch aus schwerentflammbaren Baustoffen bestehen. Für eingeschossige Industriebauten gilt dies uneingeschränkt ebenso wie für Brandbekämpfungsabschnitten mit Ebenen mit einem Ausbreitungsfaktor $F_A = 1{,}7$ (Öffnungen ohne Verschlüsse), da hier eine Brandausbreitung bereits innerhalb des Gebäudes zu befürchten ist. In Brandabschnitten bzw. Brandbekämpfungsabschnitten, in denen Öffnungen in Decken entsprechend verschlossen sind, ist bei der nunmehr vorgesehenen Verwendung von schwer entflammbaren Außenwänden bei einem Brandereignis von Innen die Brandweiterleitung über die Außenwand in andere Geschosse oder Ebenen zu begrenzen. Dazu sind in solchen Fällen besondere Vorkehrungen zu treffen (Vermeidung von Kantenbeflammung).

Zu 5.12.2:

a) Abstandsregel zu Nachbargrundstücken

Es wird klargestellt, dass die besonderen Anforderungen an die Brennbarkeit von Außenwänden lediglich in Bezug zur Nachbargrenzen gelten – nicht aber in Bezug zu öffentlichen Verkehrsflächen und zu anderen Flächen mit äquivalentem Risiko und Gefahrenpotenzial.

Insbesondere ist wichtig, dass diese Abstandsregeln auch dann gelten, wenn die Außenwände stabförmige Bauteile aus brennbaren Baustoffen enthalten, im Übrigen aber aus nichtbrennbaren Baustoffen bestehen. In solchen Fällen können die brennbaren Baustoffe der Außenwandkonstruktionen von außen nicht erkennbar sein.

b) Risikobeurteilung für die Festlegungen zum Brandverhalten der Baustoffe

Anstelle aus nichtbrennbaren Baustoffen dürfen die Außenwände ggf. auch aus schwerentflammbaren Baustoffen bestehen. Diese Bedingungen sind unter 5.12.1 MIndBauRL benannt; lediglich die Erläuterungen dazu wurden dem Abschnitt 5.12.2 zugeordnet.

Mit diesen Regelungen werden grundsätzlich an das Brandverhalten der Baustoffe der Außenwand geringere Anforderungen gestellt, wenn wegen der sonstigen Ausbreitungsmöglichkeiten eines Brandes innerhalb des Industriebaus höhere Anforderungen nicht greifen und als unverhältnismäßig empfunden werden.

Bei den typischen Geschossbauten mit geschlossenen Geschossdecken, die nach Abschnitt 6 MIndBauRL bewertet werden, sind dementsprechend die höheren Anforderungen zur Erreichung des Schutzziels gerechtfertigt, während bei Industriebauten in Ebenenbauweise mit Deckenöffnungen nach Abschnitt 7 die Brandausbreitung im Gebäudeinneren die Schutzwirkung höherer Fassadenanforderungen überläuft.

c) Öffnungen in Außenwänden zur Nachbargrenze

Die Regelanforderungen hinsichtlich der Nichtbrennbarkeit von Baustoffen der Außenwand (sofern sie keine Gebäudeabschlusswand ist) schließen nicht aus, dass insbesondere Bauteile wie Fenster oder Türen auch aus brennbaren Baustoffen bestehen dürfen.

Planmäßig als Wärmeabzüge vorgesehene Flächen in diesen nichtbrennbaren Fassaden an der Grundstücksgrenze (mit Grenzabständen unter 5 m) würden den Sinn der Regel konterkarieren; sie sind bei Fassaden mit einem Grenzabstand von weniger als 5 m nicht vorzusehen. Wärmeabzugsflächen werden gerade dafür vorgesehen, dass aus ihnen Feuer und Wärme ins Freie (in diesen Fällen also direkt zum Nachbarn) aus dem brennenden Gebäude abgeleitet werden.

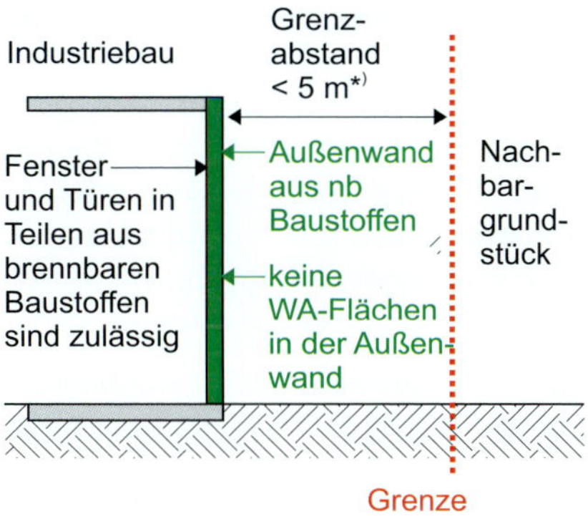

*) Bei Unterschreitung des Grenzabstandes gem. MBO § 30 sind grundsätzlich Gebäudeabschlusswände erforderlich

Bild 5.12.2-1: Nichtbrennbare Außenwände mit einem Grenzabstand unter 5 m dürfen Fenster, Türen und Tore mit brennbaren Teilen aufweisen, aber keine planmäßig als Wärmeabzüge vorgesehenen Flächen.

5.12.3 Lager und Lagerung brennbarer Stoffe im Bereich von Außenwänden

5.12.3

Um im Brandfall eine Übertragung von Feuer ins Gebäude, entlang der Außenwände oder über eine Brandwand hinweg in den benachbarten Abschnitt hinreichend lang zu verhindern, ist die Lagerung brennbarer Stoffe, z. B. Paletten, Verpackungsmaterial, Abfälle und Abfallbehälter, an Außenwänden und deren Öffnungen, etwa auf Rampen oder unter Vordächern, nur zulässig, wenn folgende Mindestabstände eingehalten werden:

- 6 m, wenn die Außenwand aus mindestens schwerentflammbaren Baustoffen besteht, und
- 3 m, wenn die Außenwand aus nichtbrennbaren Baustoffen besteht.

Darüber hinaus ist die Lagerung brennbarer Stoffe vor Außenwänden ohne Abstand zulässig, wenn

a. die Außenwand einschließlich ihrer Öffnungsverschlüsse mindestens feuerbeständig und aus nichtbrennbaren Baustoffen ausgebildet ist oder
b. die bewertete Lagerfläche vor den Außenwänden von Industriebauten
   - im Verfahren nach Abschnitt 6 von der zulässigen Brandabschnittsfläche nach Tabelle 2,
   - im Verfahren nach Abschnitt 7.4 mit Bemessung der Bauteile von der zulässigen bewerteten Brandbekämpfungsabschnittsfläche oder
   - im Verfahren nach Abschnitt 7.5.2 ohne Bemessung der Bauteile von der zulässigen Brandbekämpfungsabschnittsfläche abgezogen wird.

Zur Ermittlung der bewerteten Lagerfläche ist bei eingeschossigen Industriebauten der Sicherheitskategorie K 1 die Grundfläche der Lagerung mit

- mindestens feuerhemmenden Außenwänden einschließlich ihrer Öffnungsverschlüsse aus nichtbrennbaren Baustoffen mit dem Faktor 0,2,
- nichtbrennbaren Außenwänden mit dem Faktor 0,5,
- schwerentflammbaren Außenwänden mit dem Faktor 1

zu multiplizieren.

Bei mehrgeschossigen Industriebauten oder Industriebauten mit mehr als einer Ebene ist der jeweilige Faktor zu verdoppeln.

Die nach b) zu ermittelnde bewertete Lagerfläche ist bei Industriebauten der Sicherheitskategorien K 2 – K 4 um die Hälfte zu reduzieren.

Zu 5.12.3

Anforderungen an die Lagerung vor Außenwänden werden erforderlich, weil bei Außenwänden die Anforderungen in Hinblick auf die Verwendung brennbarer Dämmstoffe erleichtert worden sind. Im Übrigen liegen Erkenntnisse von Feuerwehren aus Brandeinsätzen vor, dass bei Bränden von vor Außenwänden abgestellten Materialien durch die Wärmestrahlung eine Brandausbreitung in das Gebäude stattgefunden hat.

Die Abstände können jedoch nur auf dem eigenen Grundstück gefordert oder nachgewiesen werden. Der Abstand einer „brennbaren“ Außenwand zu Lagerplätzen oder baulichen Anlagen auf dem Nachbargrundstück wird durch die §§ 6 und 30 MBO geregelt. Zur Harmonisierung mit diesen Anforderungen wurden die Abstände auf 6 m und 3 m festgelegt. Brandschutztechnisch haben sich Mindestabstände von jeweils 10 m bzw. 5 m bewährt.

Unter Lagerung ist das Abstellen über einen Zeitraum von mindestens 24 Stunden zu verstehen. Das Parken von PKW oder das Abstellen von LKW zum Zwecke des Be- und Endladens fällt somit nicht unter den Begriff des Lagerns. Werden LKW über längere Zeit im Bereich der Außenwand abgestellt, z. B. über ein Wochenende, würde dies unter den Begriff der Lagerung fallen.

Nach § 2 Abs. 1 Satz 2 Nr. 2 MBO sind Lager- und Abstellplätze bauliche Anlagen. Dabei kommt es nicht darauf an, dass die entsprechenden Grundstücksflächen mit Bauprodukten befestigt und in sonstiger Weise baulich gestaltet sind. Auf eine dauernde Nutzung der Fläche zu diesen Zwecken kommt es nicht an. Bei den meisten Industriebauten dürfte die Lagerung vor Außenwänden auf Dauer angelegt sein, womit es sich um einen Lager- oder Abstellplatz und folglich um eine bauliche Anlage handelt, die in den Bauvorlagen entsprechend darzustellen ist.

Eine Berücksichtigung der Brandlasten im Rahmen des Nachweises des Industriebaus nach DIN 18230-1 ist wegen der günstigen Wärmeabzugsbedingungen und der Tatsache, dass Brandlasten im Verfahren nach Abschnitt 6 nicht ermittelt werden, nicht erforderlich.

Zu 5.12.3: Lager und Lagerung brennbarer Stoffe im Bereich von Außenwänden

a) Anwendungsbereich

Beim ersten Begriff **Lager** sind Stoffe wie Paletten und Verpackungsmaterial, aber auch brennbare Güter wie Produkte und Betriebsmittel gemeint. Die Regelung bezieht sich ausdrücklich auf das Lagern vor den Außenwänden und erfasst kein zeitlich begrenztes Abstellen.

Als **Lagerung** gilt jedoch das Abstellen über Zeiträume von mindestens 24 Stunden. Dabei kommt es nicht darauf an, ob die einzelnen Güter während des Abstell-Zeitraums von über 24 Stunden wechseln: Es kommt auf die zusammenhängend für Abstellzwecke genutzte Verweildauer an und nicht auf die jeweilige Abstelldauer einzelner Güter auf diesen Flächen.

Die Regelungen von Abschnitt 5.12.3 verlangen eine bestimme Beschaffenheit von Außenwänden in Verbindung mit der Bewertung von Außenlagerungen brennbarer Stoffe.

Da die Außenlagerflächen als solche planerisch festgelegt werden müssen, sind die Bereiche von Außenwänden bekannt, die einer besonderen brandschutztechnischen Auslegung bedürfen, um die Schutzziele zu erreichen. Insofern können die Anforderungen der Richtlinie an die Beschaffenheit der Außenwände auch auf die betroffenen Teile der Außenwände angewendet werden und nicht zwingend auf die Außenwände in deren gesamten Längen. Dabei ist jedoch Folgendes zu beachten:

- Die „verbesserten" Außenwandbereiche müssen über die festgelegten Außenlagerbereiche hinausgehen, um auch der Wärmestrahlung einen ausreichenden Widerstand entgegensetzen zu können.
- Angrenzend an die Außenlagerung sollen keine „Abstellplätze" für brennbare Stoffe vorgesehen werden, die den begrenzten Schutz aufheben können (Abstellplätze sind Flächen für das „kurzzeitige Abstellen" von Gegenständen für bis zu 24 Stunden).
- Die Einhaltung der Flächenbegrenzung der Außenlagerflächen wird wirksam betrieblich überwacht.

b) Bewertung von Stellplätzen

Stellplätze, insbesondere für KFZ und für LKW, fallen nicht unter die von der MIndBauRL erfassten brennbaren Stoffe. Sollen PKW oder LKW jedoch an den Außenwänden länger als 24 Stunden abgestellt werden, erfüllt dies den Tatbestand der Lagerung. In solchen Fällen gelten die Regelungen des Abschnittes 5.12.3 auch für diese Abstellplätze. Das trifft regelmäßig zu, wenn z. B. LKW über ganze Wochenenden oder an Feiertagen unmittelbar am Gebäude abgestellt werden.

Tabelle 5.12.3-1: Anwendung der Regel b

→ abgeminderte, zulässige BA-Fläche bzw. BBA-Fläche	=	zulässige BA-Fläche (Tabelle 2 IndBauRL) bzw. BBA-Fläche (Tabelle 5 bzw. 7 IndBauRL) minus bewertete Außenlagerfläche gemäß der Regel b

Tabelle 5.12.3-2: Anrechnungsfaktoren zur Ermittlung der bewerteten Lagerfläche

Außenwand	**bei K 1 erdgeschossig K 2 bis K 4 mehrgeschossig**	**bei K 1 mehrgeschossig**	**bei K 2 bis K 4 erdgeschossig**
feuerhemmend	0,2	0,4	0,1
nichtbrennbar	0,5	1,0	0,25
schwer entflammbar	1,0	2,0	0,5

Tabelle 5.12.3-3: Beispiel für zulässige BA-Fläche gemäß Abschnitt 6 Tabelle 2 MIndBauRL

Zulässige Brandabschnittsfläche AB in K 1, erdgeschossig, nichtbrennbare Baustoffe ohne Feuerwiderstandsklasse	
ohne Außenlagerung	zul. $A_B = 1800\ m^2$
mit Außenlagerung brennbarer Stoffe: $A = 300\ m^2$	zul. $A_B = 1800 - 0{,}5 \cdot 300 = 1650\ m^2$

c) Anwendung der Regel b) in diesem Abschnitt der MIndBauRL

Die Regel b) in diesem Abschnitt bezweckt eine **Anrechnung** des Brandrisikos der Außenlagerungen auf den BA bzw. BBA des entsprechenden Gebäudes. Dabei soll von den zulässigen Flächen der BA bzw. BBA die nach Regel b) bewertete Außenlagerfläche abgezogen werden, so dass ggf. das Gebäude kleiner werden muss, wenn Außenlagerflächen für brennbare Stoffe unmittelbar an das Gebäude (ohne feuerbeständige und in den wesentlichen Teilen nichtbrennbare Außenwände) heranreichen (siehe Tabelle 5.12.3-1).

In der Fassung von 2019 wurde in der Richtlinie klargestellt, dass die Flächenabminderung eine Reduzierung der zulässigen Fläche des betrachteten BA bzw. BBA ist. Die Fassung von 2014 enthielt die – falsche – Formulierung, wonach es sich um die Reduzierung der jeweiligen Realflächen des BA bzw. des BBA handele.

d) Anrechnungsfaktoren zur Ermittlung der bewerteten Lagerfläche

Die auf die zulässige Fläche der BA gemäß Tabelle 2 (Abschnitt 6) bzw. auf die als zulässig bewertete Fläche der BBA gemäß Tabelle 5 (Abschnitt 7) anzurechnenden Teile der Außenlagerung werden in Abhängigkeit von der brandschutztechnischen Infrastruktur innerhalb der Gebäude bestimmt sowie von der Beschaffenheit der Fassaden, vor denen die Außenlagerung besteht. Die Anrechnungsfaktoren liegen zwischen 0,1 und 2,0 (siehe Tabelle 5.12.3-2).

e) Berücksichtigung der Brandlasten von Außenlagerungen

Außenlagerungen befinden sich sowohl in der Diktion der MIndBauRL als auch der DIN 18230 außerhalb des BA bzw. des BBA und werden bei der Brandlastberechnung nach DIN 18230 nicht mitgewertet!

5.13 Dächer

a) Grundanforderungen an Bedachungen

An die Dächer werden grundsätzlich auch bei Industriebauten die Anforderungen nach MBO § 32 gestellt („harte Bedachungen"). Diese Grundanforderungen werden durch die speziellen Anforderungen bzw. Regelungen der MIndBauRL modifiziert und ergänzt – für zusammenhängende Dachflächen ab 2500 m².

Daraus folgt, dass jede Bedachung als „harte Bedachung" ausgeführt werden muss (siehe auch Abschnitt 5.13.4). Dachflächen mit mehr als 2500 m² müssen zusätzlich die Anforderungen von Abschnitt 5.13 erfüllen; zum Beispiel müssen sie auch eine Brandweiterleitung über das Dach bei einer Brandbeanspruchung von innen ausreichend behindern (siehe 5.13.1).

Gem. MBO § 32 werden beispielsweise folgende Ausnahmen von der Forderung nach einer harten Bedachung genannt:

- lichtdurchlässige Bedachungen aus nichtbrennbaren Baustoffen,
  brennbare Fugendichtungen und brennbare Dämmstoffe in nichtbrennbaren Profilen
- Eingangsüberdachungen und Vordächer aus nichtbrennbaren Baustoffen

Darüber hinaus sind abweichend von der Grundforderung ebenfalls zulässig:

- lichtdurchlässige Teilflächen aus brennbaren Baustoffen in „harten Bedachungen",
- begrünte Bedachungen,

wenn eine Brandentstehung bei einer Brandbeanspruchung von außen durch Flugfeuer und strahlende Wärme nicht zu befürchten ist oder dagegen Vorkehrungen getroffen werden.

Damit sind wichtige Randbedingungen und Schutzziele insbesondere für die Verwendung von brennbaren Verschlüssen von Wärmeabzügen festgelegt, die in Brandschutzkonzepten für Industriebauten regelmäßig zum Einsatz kommen (siehe auch Kommentar zu Anhang 2). Dabei ist abzuwägen, ob das Schutzziel von § 32 MBO bezüglich der Leistungsfähigkeit von Bedachungen bei „kleinen Brandangriffen von außen" ggf. wichtiger ist als eine verlässliche Wärmeableitung aus dem Gebäude bei Vollbränden im Gebäudeinneren zur Absicherung der Standsicherheit des Industriebaus im Vollbrandfall.

Dächer von Anbauten, die an Außenwände mit Öffnungen oder ohne Feuerwiderstandsfähigkeit anschließen, müssen innerhalb eines Abstands von 5 m von diesen Wänden als raumabschließende Bauteile für eine Brandbeanspruchung von innen nach außen einschließlich der sie tragenden und aussteifenden Bauteile die Feuerwiderstandsfähigkeit der Decken des Gebäudeteils haben, an den sie angebaut werden.

b) Hinweise zur Bauart der „harten Bedachungen"

Die Anforderung „harte Bedachung" wird an den Gesamtdachaufbau gestellt und kann nicht durch einzelne Komponenten der Bedachung erfüllt werden. Das in Deutschland gültige Prüfverfahren ist in DIN 4102-7 standardisiert.

Entsprechend diesem deutschen Prüfverfahren besteht auch die Möglichkeit, die Bedachung/den Dachaufbau nach DIN EN 1187 prüfen zu lassen; die Bewertung der Prüfergebnisse wird bei diesem „europäischen Verfahren" mit DIN EN 13501-5 durchgeführt. Das Prüfergebnis bezieht sich jeweils auf den gesamten Dachaufbau.

Es sind Produkte auf dem Markt, deren Kennzeichnung auf DIN EN 1187 verweist und die die Bezeichnung „harte Bedachung – B_{Roof} (t1)" tragen. Der Zusatz (t1) verweist auf eine Variante der Prüfvorschrift, die dem deutschen Prüfverfahren nach DIN 4102-7 entspricht. Sofern beispielsweise derartige Produktkennzeichnungen für die Verwendbarkeit der Produkte zu interpretieren sind, muss klar sein, dass solche Produkte nur gemeinsam mit den sonstigen Teilen des geprüften Dachaufbaus zu einer „harten Bedachung" verbaut werden können. Wenn beispielsweise eine Dachabdichtungsfolie mit „harte Bedachung – B_{Roof} (t1)" gekennzeichnet ist, führt ihre Verwendung in Verbindung mit anderen Dachaufbauten, die nicht dem Prüfdachaufbau entsprechen, nicht zu einer harten Beda-

Bild 5.13-1: Beispiel für ein Prüffeuer der Standardprüfung von Bedachungen nach DIN 4102-7.
(Quelle: © MPA NRW)

chung. Man kann also nicht „irgendwelche Dachaufbauten" mit solchen Dachabdichtungsbahnen so schützen, dass letztlich das Schutzniveau einer „harten Bedachung" bei der entsprechenden Brandeinwirkung von oben erreicht wird.

c) Aspekte einer Risikobewertung von Industriedächern bezüglich der Gefährdung durch Flugfeuer und strahlende Wärme

Insbesondere im Zusammenhang mit Dacheinbauten aus brennbaren Baustoffen (wie brennbaren Wärmeabzügen) kann es wichtig sein zu beurteilen, inwieweit die Schutzzielerreichung einer „harten Bedachung" unterlaufen wird.

Bezüglich der Gefahren durch Flugfeuer und strahlende Wärme werden zunächst folgende Hinweise zur Gefährdungsbeschreibung wiedergegeben:

- **Flugfeuer:** Mit dem Begriff **Flugfeuer** bezeichnet man brennende Gegenstände, die durch die thermische Aufwärtsbewegung aufgewirbelt werden, an anderer Stelle niederfallen und damit zur Ausbreitung von Bränden beitragen. Im Unterschied zum Funkenflug sind die Teile und damit auch die Gefahr neuer Brände größer. Beispiele sind brennendes Papier oder Holzspäne, aber auch Laub. Flugfeuer ist eine häufige Ursache der Brandausbreitung, z. B. bei Waldbränden. Es können Abstände von mehr als 100 Metern überwunden werden.
  Das Bauordnungsrecht begrenzt die maßgeblichen Gefahren bzw. Szenarien auf brennende Gegenstände, die von anderen baulichen Anlagen auf die zu beurteilende Dachfläche herabfallen können (MVV TB; A 2.1.9); insofern werden Szenarien wie Waldbrände oder andere Gefährdungslagen in den Hintergrund geschoben.
- **Strahlende Wärme:** Bezüglich der Einwirkung durch strahlende Wärme ist auf MVV TB A 2.1.9 zu verweisen, die als relevante Brandeinwirkung „andere bauliche Anlagen" (also insbesondere andere Gebäude oder andere Brandabschnitte desselben Gebäudes) benennt.
- **Prüffeuer:** Die für die Klassifizierung einer Bedachung als „harte Bedachung" erforderliche normative Prüfung nach DIN 4102-7 oder nach DIN EN 1187 sieht eine Brandeinwirkung auf die obere Dachfläche vor, die sich aus einem mit 600 g Holzwolle gefüllten Drahtkorb mit den Abmessungen 300 mm × 300 mm × 200 mm ergibt. Es wird sowohl die Branddauer dieser Brandlast beobachtet (über 30 Minuten) als auch eine 30-minütige Nachbrennphase zur Bewertung ob und inwieweit der Brand auch das Innere des Dachaufbaus betroffen hat.

- **Besondere Gefahren für Industriedächer:**
  Aus der großen Schadenerfahrung der Sachversicherer wird im Merkblatt VdS 2216[1] die Gefahrenlage aus „Flugfeuer und strahlende Wärme“ eher am Rande vermerkt. Vorrangig werden folgende Gefährdungen genannt:

  - Sanierungsarbeiten unter Verwendung offener Flammen;
    Brände durch Feuerarbeiten auf der Dachfläche
  - Brände im Gebäudeinneren
  - Brände in der Nachbarschaft mit dem Risiko eines Feuerüberschlags auf brennbare Teile des Industriedachs über unzureichende Abtrennungen hinweg.

Bei sehr großflächigen Industriebauten und insbesondere bei solchen, die wegen großer zusammenhängender Dachflächen über 2500 m² zusätzliche Anforderungen an das Brandverhalten von Bedachungen erfüllen müssen, ist die Wahrscheinlichkeit geringer als bei Standardgebäuden in Gebieten mit enger nachbarlicher Bebauung, dass von anderen Gebäuden Brandwirkungen im Sinne der Bedachungsprüfung gemäß DIN 4102-7 auftreten und dann insbesondere „kleinere“ Dachflächen aus brennbaren Baustoffen gefährden.

1) VdS 2216: „Brandschutzmaßnahmen für Dächer“ (Stand 2001-08); Gesamtverband der Deutschen Versicherungswirtschaft e.V. (GDV); Verlag: VdS Schadenverhütung GmbH; Köln

5.13.1 Dachflächen > 2500 m²

5.13.1

Zusammenhängende Dachflächen von mehr als 2500 m² sind so auszubilden, dass eine Brandweiterleitung innerhalb eines Brandabschnitts oder eines Brandbekämpfungsabschnitts über das Dach behindert wird. Dies gilt im Sinne dieser Richtlinie z. B. als erfüllt bei Dächern

- nach DIN 18234-1/DIN 18234-2 (Verzeichnis von Dächern),
- mit tragender Dachschale aus mineralischen Baustoffen (z. B. Stahl- und Porenbeton) oder
- aus geschlossenen Stahltrapezprofilen mit einer Mindestblechdicke t_N = 0,75 mm und harter Bedachung aus nicht bituminöser Dampfsperre, nicht brennbaren Dämmstoffen und Kunststoff-Dachbahnen.

Zu 5.13 Dächer

Zu 5.13.1

Ziel dieser Regelung ist, innerhalb eines großen Brandabschnitts oder Brandbekämpfungsabschnitts eine Brandausbreitung über die Bedachung zu behindern. Sie ergänzt die Anforderungen des § 32 Abs. 1 MBO (harte Bedachung). Die Regelung gilt ab Dachflächen von mehr als 2500 m². Die Anforderungen an das Haupttragwerk des Daches sind dem Abschnitt 6.1.2 sowie der Tabelle 8 in Verbindung mit den Abschnitten 7.2.1 bis 7.2.3 zu entnehmen. Bei der Aufzählung in Satz 2 handelt es sich um einen Regel-Beispielkatalog. Mit jedem der hier aufgeführten Beispiele wird das in Satz 1 beschriebene Schutzziel erfüllt. Insofern kommen auch weitere Dachkonstruktionen in Betracht, soweit die Einhaltung des Schutzziels nachgewiesen werden kann.

Es ist immer das gesamte Dach eines Brandabschnitts oder Brandbekämpfungsabschnitts zu betrachten. Mit einer schachbrettartigen Aufteilung des Daches in Bereiche unter 2500 m² ist das Schutzziel in der Regel nicht zu erfüllen. Mehrfach zusammengebaute Sattel- oder Sheddächer sind dagegen keine zusammenhängenden Dachflächen i. S. dieser Richtlinie.

Zu 5.13.1: Dachflächen > 2500 m²

a) Schutzziel und Regelbeispielkatalog

Das Schutzziel der MIndBauRL, das mit den gegenüber den Regelforderungen der MBO erhöhten Anforderungen an die Bauart großflächiger Dächer erreicht werden soll, ist die ausreichend zuverlässige Behinderung einer großflächigen Brandausbreitung über und durch Dachflächen bei **Initialbränden,** die für die Feuerwehr noch beherrschbar sind.

Die Maßnahmen, die im Abschnitt 5.13.1 aufgelistet sind, sind **Beispiellösungen** eines bauordnungsrechtlichen **Regelbeispielkatalogs** und können durch andere – d. h. in ähnlicher Funktionalität gleichwertige Lösungen – ersetzt werden (siehe hierzu auch die grundsätzlichen erweiterten Erläuterungen zum Regelbeispielkatalog in Abschnitt 3.14 a)).

Der Umgang mit dem Regel-Beispielkatalog zu den großflächigen Industriedächern stellt den Brandschutzingenieur i. d. R. vor die Aufgabe zu bewerten und zu entscheiden, inwieweit eine praxisübliche Bedachung/Dachausbildung die Schutzziele der MIndBauRL erreicht, wenn sie nicht exakt einem der gelisteten Beispiele entspricht (und das ist in sehr vielen Industriebauten der Fall). Insbesondere bei geringen Brandlasten oder gar bei sprinklergeschützten Industriebauten werden durchweg risikomindernde Aspekte gesehen, die für derartige Bewertungen im Einzelfall herangezogen werden können. Dabei wird Bezug genommen auf das Prüfszenario der DIN 18234, das sehr hohe Feuer- bzw. Temperatureinwirkungen von innen auf die Dachbauteile darstellt. Die nicht exakte Erfüllung der Regel-Beispiele ist kein Abweichungstatbestand im Sinne des Bauordnungsrechts; die Eignung der Maßnahme muss sich aus der gesamten Brandschutzplanung/aus dem Brandschutzkonzept ergeben.

Zur Bewertung der großen Industriedächer legte die MVV TB (2017/1: A.2.1.20 „Anforderungen an Sonderbauten") zunächst fest, dass deren Eignung dann gegeben ist, wenn sie bei einer Brandeinwirkung nach DIN 18234-1:2003-09 kein Versagen aufweisen und die (dortigen) Kriterien erfüllen. Jüngere MVV TBs (z. B. 2019/1: A.2.1.18 „Anforderungen an Sonderbauten") enthalten diese Anforderung nicht mehr; im Übrigen liegt inzwischen die DIN 18234-1: 2018-05 ebenfalls in einer fortgeschriebenen, jüngeren Fassung vor.

Bei der Anwendung des Regel-Beispielkatalogs entstanden in der Praxis regelmäßig Schwierigkeiten mit dem Beispiel Nr. 3 der Musterfassung von 2014: Darin wurde auf „Bedachungen aus nichtbrennbaren Baustoffen" hingewiesen. Eine Bauweise von Bedachungen vollständig aus nichtbrennbaren Baustoffen ist aber in der Praxis zumindest nicht üblich – wenn überhaupt bauphysikalisch bzw. wirtschaftlich machbar. Eine vollständige Umsetzung dieser Beispiellösung fand daher in der Praxis auch nicht statt, was im Zusammenhang mit Genehmigungsfragen grundsätzlich auf teils erhebliche Schwierigkeiten stieß.

Als ein „äquivalentes" Regel-Beispiel wurde ab der Richtlinienfassung von 2019 auf Erkenntnisse aus der Normung von DIN 18234 zurückgegriffen und eine Bauweise der Bedachung aus gedämmten Stahltrapezprofilen beschrieben:

Regel-Beispiel 3:

„… Dächer aus geschlossenen Stahltrapezprofilen mit einer Mindestdicke $t_N = 0{,}75$ mm und harter Bedachung aus nicht bituminöser Dampfsperre, nicht brennbaren Dämmstoffen und Kunststoff-Dachbahnen".

Diese Bauweise ist hinreichend praxisgerecht, sodass es bei der Anwendung der MIndBauRL leichter fallen sollte, die im Einzelfall vorgesehene Bedachung zu konzipieren und ggf. vorgesehene Abweichungen von diesem Regel-Beispiel zu bewerten.

Die Regelanforderung, dass Bedachungen als **harte Bedachungen** gegen Flugfeuer und strahlende Wärme ausreichend widerstandsfähig sein müssen (siehe § 32 Abs. 1 MBO), gilt zusätzlich zu den speziellen Anforderungen der MIndBauRL auch für Dächer von Industriebauten.

b) Brandabschnitte bzw. Brandbekämpfungsabschnitte bis 2500 m²

Werden Dachflächen durch die Gebäudegliederung in BA oder BBA von weniger als 2500 m² aufgeteilt, müssen die höheren Regelanforderungen, die für größere zusammenhängende Dachflächen von mehr als 2500 m² gelten, nicht eingehalten werden. In diesen Fällen wird durch die Überdachführung der BW bzw. BBA-Trennwände das zu erwartende maximale Ausmaß des Schadens auf einen Abschnitt begrenzt.

Der Zusammenhang von Dachflächen eines BA bzw. BBA kann ggf. aufgelöst werden durch einen entsprechend hohen und konstruktiv gestalteten Höhenversatz einzelner Dachflächen. Im Brandschutzkonzept ist in solchen Fällen zu beurteilen und festzulegen, wie diese Dachflächenunterteilung zu gestalten ist. Als Orientierungswert für erforderliche Höhenunterschiede kann wohl der Wert von 1 m angenommen werden.

Eine Aufteilung von Brand- und Brandbekämpfungsabschnitten im Inneren durch raumbildende Wände, die ggf. auch bis unter die Dachhaut reichen, führt in der Regel nicht dazu, die Dachfläche des Brand- bzw. Brandbekämpfungsabschnitts so aufzuteilen, dass die erhöhten Anforderungen an die Beschaffenheit von Dächern nicht relevant sind. Dazu wird auf den Kommentar 7.2.e hingewiesen, wonach die MIndBauRL grundsätzlich keine Trennwände innerhalb von BA und BBA verlangt. Von anderen Wänden als von Trennwänden kann eine anrechenbar trennende Wirkung für die wirksame Behinderung der Brandweiterleitung über das Dach ohnehin kaum erwartet werden.

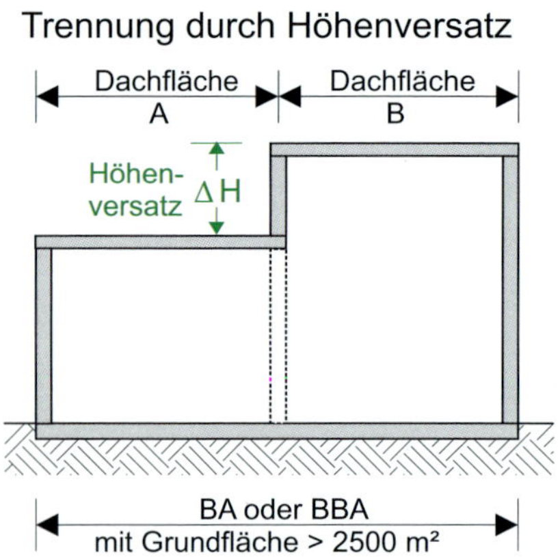

Bild 5.13.1-1: Beispiel für eine Trennung der Dachflächen durch Höhenversatz.
Erläuterungen siehe Text.

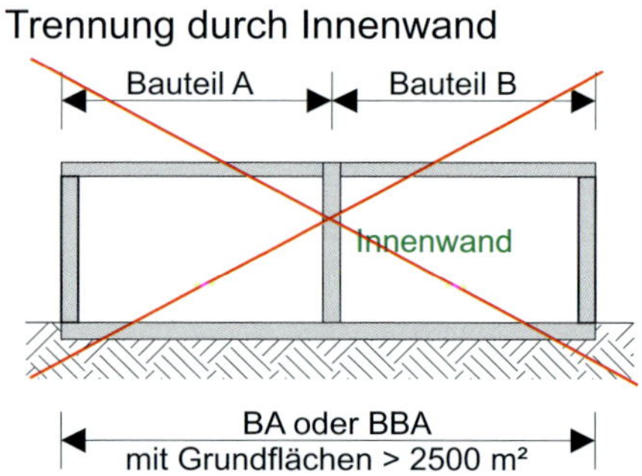

Bild 5.13.1-2: Beispiel für eine ungeeignete Dachflächengliederung.
Erläuterungen siehe Text.

Eine Beurteilung der Brandausbreitung über freiliegende brennbare Wärmedämmungen, die unterseitig am Dachaufbau auf der Rauminnenseite angebracht sind, ist gelegentlich für ältere, kleinere Bestandsbauten im Rahmen von Brandschutzkonzepten erforderlich. In solchen Fällen werden häufig an bestehende Baukörper (Hallen) weitere Brandabschnittsflächen angebaut, und die bestehenden Fassaden bilden dann oft als „Innenwände" bezeichnete Raumstrukturen für den über 2500 m² hinausgehend erweiterten BA. In solchen Fällen kommt es letztlich wohl regelmäßig zu unterschiedlichen Dachkonstruktionen mit unterschiedlichen Baustoffen, wobei im Neubauteil die Baustoffe nach der aktuellen Regelung ausgewählt werden sollen, um das bestehene Risiko nicht weiter zu erhöhen.

c) Vordächer

Auch Vordächer müssen als **harte Bedachung** gemäß § 32 Abs. 1 MBO ausgeführt werden.

Vordächer liegen nach Abschnitt 3.3 und 3.6 MIndBauRL regelmäßig außerhalb der Flächen von BA und BBA und sind dennoch Teile des Industriebaus. Ihre Flächen werden bei der Messung der **zusammenhängenden** Dachflächen der Hallen häufig nicht mitgezählt.

Das Brandrisiko ergibt sich jedoch aus der Gesamtfläche **zusammenhängender** Dächer, was je nach Einbindung der Vordächer in die Gesamt-Dachfläche (Höhenunterschiede, Fassade zwischen Vordach und Dach bei Dachflächen in unterschiedlichen Höhen) zu einer Mitanrechnung der Vordächer führen kann.

Vordächer können allerdings selbst so großflächig sein (auch größer als 2500 m²), dass die Anforderungen des Abschnittes 5.13.1 MIndBauRL auch unmittelbar für deren Bauart gelten.

Die Tiefen von Vordächern müssen bei der Auslegung und Bewertung des Rettungswegsystems beachtet werden: Sie können die Rettungsweglängen vergrößern (siehe Abschnitt 5.6.5).

Wenn Vordächer gegenüberstehender Gebäude voneinander einen **Abstand von weniger als 5 m** haben, führt dies dazu, dass die beiden Gebäude zu einem Gebäude zusammengefasst werden müssen.

In diesen Fällen vergrößern sich die Flächen der BA und BBA entsprechend oder es müssen Trennwände hergestellt werden. Dann zählen diese Dachflächen auch zu den Dachflächen des Gebäudes im Sinn des Abschnittes 5.13.1 MIndBauRL. Solche Fälle können sich insbesondere bei Überdachungen von Durchfahrten ergeben.

Die Tragwerke von Vordächern zählen grundsätzlich nicht mit zu den Tragwerken der Brand- bzw. Brandbekämpfungsabschnitte (der Hallen). Einstufungskriterien für die Beurteilung der Bauteile hinsichtlich ihrer Relevanz für die Stabilität der baulichen Anlagen im Brandfall sind zunächst im Abschnitt 7.2 vorgegeben und in vereinfachter Form auch für das „vereinfachte Verfahren" des Abschnitts 6 vereinfachend angepasst und übernommen worden. Bauteile außerhalb der Fläche von Brand- und Brandbekämpfungsabschnitten sind von diesen Einstufungen nicht unmittelbar erfasst.

Brandschutztechnisch unbemessene Vordächer tragen zunächst das Risiko, dass sie bei einem Brand versagen, der unterhalb der Vordachfläche stattfindet. Durch den zu erwartenden Einsturz der Vordächer soll allerdings die Standsicherheit der Hallenbauteile nicht ernsthaft gefährdet werden!

Bei der Risikobewertung hinsichtlich der Standsicherheit von Vordächern ist insbesondere zu berücksichtigen, dass bei ihnen wegen der zum Freien hin offenen Seiten ein besonders wirksamer Wärmeabzug gegeben ist, der zur Wärmeentlastung dieser Bauteile beiträgt. Im Übrigen werden die Brandlasten unter den Vordächern bei den Bemessungen der „Hallen" nicht berücksichtigt. Die Wechselwirkungen zwischen den Brandlasten innerhalb der „Hallen" und den Brandlasten unter den Vordächern werden bereits durch die Regelungen des Abschnitts 5.12 bewertet und führen zu den dort genannten Konsequenzen für die Brandschutzplanung des Industriebaus einschließlich der Lagerflächen außerhalb der „Hallen".

d) Lagerung von brennbaren Stoffen unter Vordächern

Die Lagerung brennbarer Stoffe unter Vordächern können erhebliche Brandeinwirkungen auf die Fassaden verursachen, insbesondere, da die Brandwärme mit den heißen Brandgasen nicht frei nach oben abströmen kann. Die Brandwärme kann sich in solchen Fällen unter der Vordachkonstruktion horizontal ausbreiten und auf die Fassade einwirken.

Die Abstandregelungen des Abschnittes 5.12.3 MIndBauRL berücksichtigen die Strömungsverhältnisse unter Vordächern nicht vollständig. Sie wurden aus Überlegungen und Risikobewertungen abgeleitet, die sich für Freilager ohne Überdachungen ergeben.

5.13.2 Dachdurchdringungen

5.13.2

Im Bereich von Dachdurchdringungen ist bei Dächern nach 5.13.1 durch konstruktive Maßnahmen eine Brandweiterleitung bei einer Einwirkung eines Entstehungsbrandes von unten zu behindern. Dies gilt z. B. als erfüllt bei Dächern nach DIN 18234-1 und -2, wenn die Durchdringungen nach DIN 18234-3/DIN 18234-4 (Verzeichnis von Durchdringungen) ausgebildet werden.

Zu 5.13.2

Ziel dieser Regelung ist es, eine Brandausbreitung über Dachdurchdringungen (wie z. B. Aufsetzkränze, Rohr- sowie Leitungsdurchführungen) vom Inneren eines Gebäudes in die Bedachung oder umgekehrt zu behindern. Anforderungen an konstruktive Ausführungen, die eine Brandübertragung bei Dachdurchdringungen ausreichend behindern, sind z. B. in DIN 18234 erläutert.

Die Anlage A 2.2.1.3/1 der MVV TB Ausgabe 2017/1 zu Abschnitt 11.4 der DIN 4102-4 enthält Regelungen zur Verwendung von lichtdurchlässigen Teilflächen, die auch auf Dächer von Industriebauten anzuwenden sind.

Zu 5.13.2: Dachdurchdringungen

a) Schutz von Dachdurchdringungen nach DIN 18234

Dachdurchdringungen – wie bei Fallleitungen innerhalb des Gebäudes – können das Schutzziel der MIndBauRL erheblich gefährden. Deshalb sind im Bereich von Dachdurchdringungen bestimmte Maßnahmen erforderlich, die eine Brandübertragung vom Gebäudeinneren in die Bedachung und umgekehrt verhindern.

Diese erfordern eine entsprechende brandschutztechnische Planung. Es wird diesbezüglich auf Musterlösungen im Sinn eines Regelbeispielkatalogs (wie in der Normenreihe DIN 18234) hingewiesen.

Mit dem Hinweis auf die Normenreihe DIN 18234 erhält der Planer eine Hilfestellung zur Planung und Ausführung wirksamer Schutzmaßnahmen. Die Anwendung der Norm ist nicht zwingend. Von diesen Normvorschlägen kann auch abgewichen werden. Die Erläuterungen zur MIndBauRL weisen lediglich auf die Norm hin, d. h., es sind auch andere Maßnahmen möglich, vorausgesetzt, sie bieten die gleiche Sicherheit. Ein Vorteil bei der Anwendung der Norm besteht jedoch darin, dass der Anwender bei der Planung der Möglichkeiten, die eine solche Norm bietet, auf der sicheren Seite liegt.

Anlage A 2.2.1.3/1 der MVV TB in der Fassung 2017/1 wurde bezüglich der lichtdurchlässigen Dachteile nicht in jüngere Fassungen der MVV TB übernommen. Durch Bezug der Erläuterungen auf eine datierte Fassung der MVV TB Fassung 2017/1 kommt aber zum Ausdruck, dass die Regelungen eben jener Fassung gemeint sind und auch nach den Beratungen zur Richtlinien-Fassung von 2019 zur Risikobewertung für Industriebauten weiter beachtet werden sollen.

b) Schutz von Dachdurchdringungen nach DIN 18234

Das Schutzniveau der „Standard-Schutzmaßnahmen“ für Dachdurchdringungen nach DIN 18234 ist auf eine voraussehbar sehr heftige, intensive Brandeinwirkung aus dem Brandraum ausgelegt.

Lässt sich für ein Bauvorhaben vorhersehen, dass insbesondere wegen großer Höhenabstände zwischen „geringen“ Brandlasten innerhalb einer Halle und der Dachfläche oder wegen eines wirksamen Sprinklerschutzes die zu erwartende Brandeinwirkung auf die Dachdurchdringungen wesentlich geringer ausfallen wird als nach der Standard-Brandeinwirkung gemäß DIN 18234, dann sind ggf. auch andere Schutzmaßnahmen ausreichend. Gegebenenfalls kann in solchen Fällen auch gänzlich auf spezielle

Schutzmaßnahmen für die Dachdurchdringungen verzichtet werden. Dafür sind jedoch in jedem Einzelfall entsprechende Risikobeurteilungen durchzuführen.

c) Oberlichter mit Flächenbegrenzungen und Abstandsvorgaben

Die Erläuterungen zu Abschnitt 5.13.2 verweisen auf „die Anlage 3.1/8 zur DIN 4102 Teil 4" und verlangen die Beachtung dieser Anlage auch für Industriedächer.

Gemeint ist die Anlage 3.1/x zur DIN 4102-4 (Fassung 1994) entsprechend der Liste der Eingeführten Technischen Baubestimmungen. In den verschiedenen Fassungen dieser Liste trägt die entsprechende Anlage verschiedene Nummern (z. B. eine „2" oder auch eine „8").

Regelungsinhalt dieser Anlage ist beispielsweise, dass „harte Bedachungen nach DIN 4102-4 Abschnitt 8.7" lichtdurchlässige Teilflächen aus brennbaren Baustoffen aufweisen dürfen, wenn

- die Summe der Teilflächen höchstens 30 % der Dachfläche beträgt,
- die Teilflächen einen Abstand von mindestens 5 m zu Brandwänden unmittelbar angrenzender höherer Gebäude oder Gebäudeteile haben,
- die Teilflächen als Lichtbänder höchstens 2 m breit und maximal 20 m lang sind sowie untereinander und zu den Dachrändern einen Abstand von mindestens 2 m haben oder
- als Lichtkuppeln eine Fläche von nicht mehr als je 6 m^2, untereinander und von den Dachrändern einen Abstand von mindestens 1 m und von Lichtbändern aus brennbaren Baustoffen einen Abstand von 2 m haben.

Diese Forderung gilt grundsätzlich zur Sicherstellung der Eigenschaft der „harten Bedachung" auch für Industriedächer und betrifft zunächst alle lichtdurchlässigen Teilflächen aus brennbaren Baustoffen. Im Weiteren wird allerdings im Abschnitt 5.13.4 der MIndBauRL eine Ausnahme von dieser Regel formuliert: Danach gelten die Anforderungen an eine „harte Bedachung" nicht für solche Dachteile/Dachflächen, die planmäßig für die Ableitung von Brandrauch und/oder von Brandwärme vorgesehen sind (Rauch- und Wärmeabzugsflächen).

Lichtdurchlässige Teilflächen aus brennbaren Baustoffen, die in der Brandschutzplanung nicht planmäßig für die Ableitung von Rauch und Brandwärme vorgesehen werden, müssen demnach die o.g. Anforderungen erfüllen.

Die MVV TB greift die o.g. Regelungen auf und benennt sie im Abschnitt A.2.1.9 sinnentsprechend.

Auf den Kommentar zum Abschnitt 5.13.4 wird hingewiesen.

5.13.3 Eingeschossige Lagerhallen ≤ 3000 m² mit nichtbrennbarem Lagergut

5.13.3

Die Anforderungen des Abschnitts 5.13.1 gelten nicht für eingeschossige Lagerhallen mit einer Dachfläche bis zu 3000 m², wenn im Lager ausschließlich nichtbrennbare Stoffe oder Waren (z. B. Sand, Salz, Klinker, Stahl) unverpackt oder so gelagert sind, dass die Verpackung und/oder die Lager-/Transporthilfsmittel (z. B. Paletten) nicht zur Brandausbreitung beitragen.

Zu 5.13.3

Keine besonderen Anforderungen werden an Dächer mit einer Fläche bis 3000 m² gestellt, wenn unterhalb dieser Dächer nur Materialien (Stoffe und Waren) gelagert werden, die einschließlich ihrer Verpackungen nicht zu einer Brandausbreitung unter dem Dach beitragen. Nicht zur Brandausbreitung tragen solche Verpackungen und Lager-/Transporthilfsmittel bei, die nichtbrennbar sind oder die nur schwer entflammt werden können und dann nur bei anhaltender Wärmezufuhr mit geringer Geschwindigkeit weiterbrennen. Dabei ist das System aus Lagerhilfsmittel, Packmittel, Packungsform und Zuordnung der Packung zum Packgut zu beachten. Zur Brandausbreitung tragen z. B. nicht bei: Kannen und Kanister aus Metall, Glasflaschen, Metallgitterboxen, Blechcontainer, rieselfähige, nichtbrennbare Stoffe in Kunststoff- oder Papiersäcken, anorganische Säuren und Laugen in Kunststoffbehältnissen.

Für die Holzwirtschaft werden Bedachungen aus Holz oder Holzwerkstoffen in eingeschossigen Produktions- oder Lagerhallen des konstruktiven Holzbaus mit einer Fläche bis zu 3000 m² zugelassen, da dort traditionell Dächer aus brennbaren Baustoffen verwendet werden. Diese Regelung ist nur für Nutzungen zulässig, in denen mit einer langsamen Brandausbreitung zu rechnen ist. Ausgeschlossen sind Betriebe wie z. B. der Möbelherstellung und andere Betriebe der Holzwirtschaft, in denen mit einer nicht langsamen Brandausbreitung zu rechnen ist.

Zu 5.13.3: Eingeschossige Lagerhallen ≤ 3000 m² mit nichtbrennbarem Lagergut

a) Grundsätzliche Anforderungen

Im Lager dürfen ausschließlich nichtbrennbare Stoffe oder Waren unverpackt gelagert sein. Falls diese verpackt sind, müssen sie so gelagert werden, dass die Verpackung und/oder die Lager- und Transporthilfsmittel (z. B. Paletten) nicht zur Brandausbreitung beitragen.

Durch diese Anforderung sind die Anwendungsmöglichkeiten dieser Erleichterung sehr begrenzt. Eine Lagerhalle, in der nichtbrennbares Lagergut auf Paletten und in Kartons bzw. Folien verpackt und geschützt wird, fällt damit nicht unter diese Erleichterung, da in diesem Fall mit einer Brandausbreitung über die Verpackungen zu rechnen ist.

b) Abweichung für Bedachungen von Gebäuden der holzverarbeitenden Industrie

Aus Abschnitt 5.13.3 MIndBauRL und den zugehörigen Erläuterungen ergibt sich, dass an das Brandverhalten von Dächern, unter denen nur nichtbrennbare Materialien gelagert werden, erst ab einer Fläche von mehr als 3000 m² besondere Anforderungen gestellt werden und nicht bereits, wie bei anderen Nutzungen, ab einer Fläche von mehr als 2500 m².

Die Projektgruppe „Brandschutz im Industriebau" war sich (bereits für die Regelungen der Fassung der Richtlinie von 2000) darin einig, dass eine ähnliche Sonderregelung auch für Betriebe der holzbe- und -verarbeitenden Industrie möglich sein sollte. Diese Betriebe, deren Flächengrößen in aller Regel 3000 m² nicht überschreiten, werden seit alters her aus dem Baustoff errichtet, der dort be- und verarbeitet wird, nämlich aus Holz.

Der Projektgruppe erschien es seinerzeit unangemessen, z. B. für ein Sägewerk ein Dach nach der Normenreihe DIN 18234 oder aus nichtbrennbaren Baustoffen zu verlangen. Einer Sonderregelung für solche Betriebe konnte die ARGEBAU jedoch nicht zustimmen, insbesondere weil eine Sonderbehandlung ausgewählter Industriezweige in der vorgesehenen Weise als nicht regelungsfähig angesehen wurde. Man war jedoch der Auffassung, dass bei diesen Betrieben als **Abweichung im Einzelfall** auch Holzdächer möglich seien, sofern das gesamte Brandschutzkonzept die erforderliche Sicherheit des gesamten Betriebs auf dem Niveau der MIndBauRL erreicht.

Allerdings sollte bei derartigen Überlegungen immer auch berücksichtigt werden, dass sich bestimmte Dachkonstruktionen aus brennbaren Baustoffen brandschutztechnisch so ungünstig verhalten können, dass sich ein Brandfall schnell zu einem Totalschaden entwickeln kann, z. B. wenn Holznagelbinder verwendet und durch untergehängte Decken größere unzugängliche Hohlräume im Dachbereich geschaffen werden.

Die Beurteilung des Brandverhaltens massiver Holzbauteile unterscheidet sich erheblich von der für filigrane oder flächige Bauteile aus Holzwerkstoffen!

c) Anwendung dieser Regelung im Verfahren nach Abschnitt 6

Nutzungseinschränkungen – insbesondere hinsichtlich brennbarer Stoffe als Brandlasten – sind im Verfahren nach Abschnitt 6 MIndBauRL nicht vorgesehen. Damit kann diese Regelung, die auf entsprechenden Nutzungseinschränkungen beruht, nur im Verfahren nach Abschnitt 7 angewendet werden.

Da für Hallen über 2500 m² ohne brennbare Inhalte i. d. R. eine Bauweise ohne klassifizierten Feuerwiderstand der Konstruktion gewünscht wird, ist ohnehin für solche Fälle die Anwendung des Verfahrens nach Abschnitt 7 üblich.

5.13.4 Rauch- und Wärmeabzugsflächen

5.13.4

Die Anforderung nach § 32 Abs. 1 MBO (harte Bedachung) gilt nicht für erforderliche Rauch- und Wärmeabzugsflächen.

Zu 5.13.4 Rauch- und Wärmeabzugsflächen

a) „Notwendigkeit“ von Wärmeabzugsflächen im Dach

Abschnitt 5.13.4 stellt bei der Befreiung von Wärmeabzugsflächen von der Generalforderung nach einer „harten Bedachung“ auf das Erfordernis von Rauch- und Wärmeabzugsflächen ab. Andere als „erforderliche“ Rauch- und Wärmeabzugsanlagen müssen die Anforderungen an „harte Bedachungen“ erfüllen. Somit stellt sich in der Praxis die Frage, wann welche Rauch- und Wärmeabzugsanlagen erforderlich sind.

Die Einschränkung der Befreiung von RWA-Flächen von der Anforderung an „harte Bedachungen“ dient genau dazu, insbesondere seitens der Bauherrschaft vorgesehene Lichtöffnungen grundsätzlich nicht von der Generalforderung nach einer „harten Bedachung“ auszunehmen. Nur der Sonderfall, dass solche Dachflächen aus „höherwertigen Schutzzielen“ (in diesem Fall wegen der Funktion als erforderliche Rauch- und Wärmeabzugsfläche) erforderlich sind, kann dazu führen, dass sie auch in anderer Bauart errichtet werden dürfen.

Grundsätzlich sind in diesem Sinne alle im Brandschutzkonzept vorgesehenen Rauch- und Wärmeabzugsflächen als erforderlich anzusehen. Ob die Planung des Brandschutzkonzepts „richtig“ ist, wird geprüft. Öffnungen im Dach zur Wärmeableitung können ggf. sogar schon im Sinne einer nachhaltigen Planung – zur Berücksichtigung späterer Brandlaststeigerungen – vorsorglich in ein Gebäude eingeplant werden, für die auf der Basis der aktuellen Gegebenheiten ein geringerer Flächenanteil für den Wärmeabzug ausreicht.

Andererseits sind Gebäudeplanungen, die weitgehend ohne Wärmeabzugsflächen auskommen (beispielsweise Planungen nach Abschnitt 6 und Tabelle 2), auch bei späteren Brandlaststeigerungen weiterhin ohne Wärmeabzugsflächen nach diesen Regeln zulässig. In solchen Fällen vorgesehene Dachöffnungsflächen lassen sich wohl schwer als „erforderliche Wärmeabzugsflächen“ darstellen.

b) Brennbarkeit und Anordnung von Öffnungen zur Rauchableitung im Dach

Bei der Beurteilung von Öffnungen in Dachflächen (insbesondere Lichtkuppeln, Oberlichte und ähnliche Bauteile) sind grundsätzlich zwei Szenarien mit ihren jeweiligen Schutzzielen zu beurteilen:

1. Es brennt im Innenraum, und der Brand soll nicht über die Dachöffnungen auf Bereiche außerhalb dieses Raums übergreifen, insbesondere nicht auf andere Geschosse oder Brandabschnitte.
2. Es brennt außerhalb, und Flugfeuer und strahlende Wärme beanspruchen diese abgedeckten Öffnungsflächen; der Brand soll nicht über diese Abdeckungen in das Gebäude oder in die Dachkonstruktion eindringen.

Sofern solche Bauteile aus nichtbrennbaren Baustoffen (normalentflammbar oder schwerentflammbar, nicht jedoch leicht entflammbar) bestehen, müssen sie die Regelanforderung „harte Bedachung“ nicht erfüllen. Brennbare Bauteile müssen so beschaffen sein und angeordnet werden, dass keine Bedenken wegen des Brandschutzes bestehen:

Für die Beurteilung von „Lichtkuppeln aus brennbaren Baustoffen in Dächern mit harter Bedachung“ können beispielsweise folgende Beurteilungsgrundsätze für Bauteile ohne Bauteilnachweis der „harten Bedachung“ (bezogen auf das jeweilige Landesrecht) angewendet werden, die in der MVV TB Abschn. A2.1.9 formuliert sind:

- Die Summe der Teilflächen beträgt höchstens 30 % der Dachfläche,

- die Teilflächen weisen einen Abstand von mindestens 5 m zu Brandwänden unmittelbar angrenzender höherer Gebäude oder Gebäudeteile auf,

und die Teilflächen

- sind als Lichtbänder höchstens 2 m breit und maximal 20 m lang
  und haben untereinander und zu den Dachrändern einen Abstand von mindestens 2 m

oder haben

- als Lichtkuppeln eine Fläche von nicht mehr als je 6 m^2,
  untereinander und von den Dachrändern einen Abstand von mindestens 1 m und
  von Lichtbändern aus brennbaren Baustoffen einen Abstand von 2 m.

Außerdem sollten diese brennbaren Lichtkuppeln auch im Brandfall nicht brennbar abtropfen, damit bei lokalen Brandszenarien im Innenraum keine Brandweiterleitung über brennend abtropfendes Material in vom Brandherd entfernte Raumbereiche zu befürchten ist.

5.14 Sonstige Brandschutzmaßnahmen, Gefahrenverhütung

5.14.1 Feuerlöscher und Wandhydranten

5.14.1 Abhängig von der Art oder Nutzung des Betriebes müssen in Industriebauten geeignete Feuerlöscher und in Räumen, die einzeln eine Grundfläche von mehr als 1600 m² haben, Wandhydranten für die Feuerwehr (Typ F) in ausreichender Zahl vorhanden sowie gut sichtbar und leicht zugänglich angeordnet sein. Auf Wandhydranten kann mit Zustimmung mit der Brandschutzdienststelle aus einsatztaktischen Gründen der Feuerwehr verzichtet werden. Statt Wandhydranten können in Brandabschnitten oder in Brandbekämpfungsabschnitten der Sicherheitskategorien K 3.1 bis K 3.4 und K 4 auch trockene Löschwasserleitungen zugelassen werden, wenn die Brandschutzdienststelle zustimmt. Neben der erforderlichen Löschwasserversorgung kann das Vorhalten anderer Löschmittel, wie Schaummittel oder Pulver, verlangt werden.

Werden Rettungs- und/oder Angriffswege über offene Gänge und/oder über begehbare Dächer auf das Grundstück geführt, sind Wandhydranten oder Entnahmestellen trockener Löschwasserleitungen an diesen Ausgängen vorzusehen.

An Einspeisestellen müssen Bewegungsflächen für Fahrzeuge der Feuerwehr vorgesehen werden, die nicht mehr als 15 m von der Einspeisestelle entfernt sein dürfen.

Zu 5.14 Sonstige Brandschutzmaßnahmen, Gefahrenverhütung

Die Regelungen für brandschutztechnische Einrichtungen und betrieblichen Brandschutz wurden hier zusammengefasst. Gerade der betriebliche Brandschutz leistet einen wesentlichen Beitrag zur Vermeidung von Bränden.

Zu 5.14.1

Durch die Ergänzung „für die Feuerwehr“ in Satz 1 wird klargestellt, welche Wandhydranten zu verwenden sind. Aufgrund der Anforderungen an Trinkwasser ist der Einbau von Wandhydranten erschwert worden. Sätze 2 und 3 sehen daher Erleichterungen vor, wenn diese im Einklang mit der Einsatztaktik der Feuerwehr stehen.

Ein Verzicht auf Wandhydranten ist bei guten Voraussetzungen für die Zugänglichkeit der Feuerwehr möglich, zum Beispiel dann, wenn bei einem schmalen, lang gezogenen Gebäude mit Feuerwehrumfahrung der Löschangriff vom Fahrzeug aus auf kurzen Wegen mit geringen Eindringtiefen im Brandraum schnell aufgebaut werden kann.

In den Sicherheitskategorien K 3.1 bis K 3.4 und K 4 ergeben sich weitere Erleichterungen nach Satz 3.

Zu 5.14.1: Feuerlöscher und Wandhydranten

a) Allgemeines

Wandhydranten können insbesondere im Industriebau ein gut geeignetes Hilfsmittel zur Erstbrandbekämpfung durch die Gebäudenutzer sein. Die Vorteile ergeben sich aus der quasi unerschöpflichen Verfügbarkeit des Löschmittels und aus der grundsätzlichen Vertrautheit im Umgang mit einem solchen Löschgerät.

Da sich durch die Anordnung geradliniger Hauptgänge innerhalb der Räume auch gute Voraussetzungen für das Verlegen der Schläuche bis zum Brandherd ergeben, können Wandhydranten gerade für den brandschutztechnischen Laien häufig besser für die Brandbekämpfung geeignet sein als einzelne Feuerlöscher mit begrenztem Löschmittelvorrat (siehe aber Punkt c)).

Wandhydranten (Bauart Typ F) bieten sich insbesondere an, wenn auch Löschwasserentnahmestellen für die Feuerwehr innerhalb der Räume angeordnet werden.

In diesem Abschnitt der MIndBauRL werden Wandhydranten unmittelbar angesprochen und mittelbar im Abschnitt 7.5 als Zusatzanforderung für BBA über 60.000 m^2, weil hier eine Mindestlöschwassermenge innerhalb des BBA verlangt wird. Das tatsächliche Erfordernis der Installation von Wandhydranten und die Details für deren Anordnung sind im Einzelfall im Einklang mit der vorgesehenen Einsatztaktik der Feuerwehr festzulegen.

b) Wandhydranten-Typ

Die Arten der erforderlichen Wandhydranten sind in der MIndBauRL als **Wandhydranten für die Feuerwehr (Typ F)** klar festgelegt.

Diese Benennung stellt keine neue Regelung dar, sondern konkretisiert lediglich die Bauart. Das gilt im Übrigen für alle in bauordnungsrechtlichen Regelwerken geforderten Wandhydranten und nicht nur für Industriebauten nach der MIndBauRL.

Für die Erstbrandbekämpfung durch die Nutzer/Mitarbeiter sind in der MIndBauRL ausschließlich Feuerlöscher (tragbare oder auch fahrbare – nicht Wandhydranten) vorgesehen!

Ältere Bestandsbauten wurden ggf. nach den Fassungen der MIndBauRL von 2000 oder bereits nach dem Entwurf von 1985 geplant und mit Wandhydranten ausgerüstet. In den damaligen Richtlinienfassungen wurde die Forderung nach Wandhydranten folgendermaßen formuliert:

E-1985: „*Industriebauten müssen abhängig von der Art oder Nutzung des Betriebes Geräte und Einrichtungen (z. B. Feuerlöscher, Wandhydranten) zur Bekämpfung von Entstehungsbränden haben.*“

2000: „*Abhängig von der Art oder Nutzung des Betriebes müssen in Industriebauten geeignete Feuerlöscher und in Produktions- oder Lagerräumen, die einzeln eine Fläche von mehr als 1600 m^2 haben; geeignete Wandhydranten in ausreichender Zahl vorhanden sowie gut sichtbar und leicht zugänglich angeordnet sein. Neben der erforderlichen Löschwasserversorgung kann das Vorhalten anderer Löschmittel, wie Schaummittel oder Pulver, verlangt werden.*“

Seinerzeit wurden in der Regel diese Formulierungen in der Praxis – gerade auch wegen des engen Zusammenhangs mit den Feuerlöschern – als Selbsthilfeeinrichtungen für die Brandbekämpfung durch die Nutzer/Mitarbeiter gesehen und entsprechend geplant. In der Folge finden sich in vielen Bestandsgebäuden auch Wandhydranten Typ S, die dann wegen der wesentlich geringeren Anforderungen im Vergleich zu den Anforderungen an Wandhydranten vom Typ F ggf. auch ohne Druckerhöhungsanlagen und ohne Sicherheitsstromversorgung auskommen. Sie sind häufig unmittelbar an das öffentliche Trinkwassernetz angeschlossen worden. Zudem wurden solche Wandhydranten zur Reduktion der erforderlichen Zahl von Feuerlöschern angerechnet.

Diese Bestandshydranten Typ S können die Anforderungen der MIndBauRL ab Fassung 2014 nicht erfüllen. Ferner ist in der Praxis der Hygieneschutz für das öffentliche Trinkwassernetz zu beachten! Ob solche Bestandsanlagen bei Fortschreibungen der Brandschutzplanung weiterhin als erforderlich bewertet und ggf. technisch ertüchtigt werden, sollte insbesondere aus solchen technischen Gründen in jedem Einzelfall überdacht werden.

Die Bewertung einer Brandbekämpfung mit Wandhydranten durch die Nutzer hat sich in den letzten Jahren aus bauordnungsrechtlicher Sicht grundsätzlich geändert (s. anderen Kommentar zu 5.14.1).

c) Wandhydranten zur Erstbrandbekämpfung durch Nutzer/Mitarbeiter

Wandhydranten zur Erstbrandbekämpfung durch die Nutzer/Mitarbeiter (Typ S) sieht die MIndBauRL ausdrücklich nicht vor.

Trotz des Vorteils durch die **unerschöpfliche Wasserversorgung** und der aus dem Lebensalltag bekannten Handhabung von Wasserschläuchen sind mit der quasi zeitlich unbegrenzten Nutzbarkeit von Wandhydranten durch Mitarbeiter auch folgende Risiken zu berücksichtigen:

- Mitarbeiter können die tatsächlichen Gefahren im Brandfall nicht so gut einschätzen, dass sie über längere Zeit in die aktive Brandbekämpfung eingebunden werden sollten.

- Gefahren für die Sicherheit der Mitarbeiter während der manuellen Brandbekämpfung ergeben sich aus der zunehmenden Verrauchung durch den Brand und der damit ggf. schnell zunehmenden Gesundheitsgefährdung.
- Der Brandherd kann Brandrauch quasi aus der **Heißgasschicht** ansaugen und somit hinter dem Rücken der brandbekämpfenden Mitarbeiter bodennah zum Brandgeschehen und somit zum Aufenthaltsort der Mitarbeiter leiten.

Die Personensicherheit der Mitarbeiter hat Vorrang vor der Brandbekämpfung – auch nach den Sicherheitszielen des Arbeitsstättenrechts.

d) Verzicht auf Wandhydranten

Ein Verzicht auf Wandhydranten ist grundsätzlich möglich, wenn die zuständige Feuerwehr diese aus einsatztaktischen Gründen nicht benötigt. Der Verzicht ist daher an die Zustimmung der Brandschutzdienststelle gebunden. Die Kriterien für einen Verzicht lassen sich nicht allgemeingültig festschreiben und ergeben sich objektspezifisch und entsprechend der Einsatztaktik der örtlichen Feuerwehr.

Die MIndBauRL benennt für das Erfordernis von Wandhydranten drei Kategorien:

1. **Grundsatzanforderung:** für Räume mit Grundflächen ab 1600 m^2
2. **Verzicht mit Zustimmung der Brandschutzdienststelle:** für Industriebauten der Sicherheitskategorien K 1 und K 2
3. **Ersatz durch trockene Löschwasserleitungen:** für Industriebauten der Sicherheitskategorien K 3 und K 4 – mit Zustimmung der Brandschutzdienststelle möglich

Bei der Erarbeitung der Richtlinie wurde eher davon ausgegangen, dass insbesondere bei erd- bzw. eingeschossigen Industriebauten (speziell bei Gebäuden ohne Kellergeschosse) die Brandschutzdienststelle aus einsatztaktischen Gründen weder Wandhydranten noch andere Löschwasserleitungen innerhalb der Hallen verlangen wird. Ein genereller Verzicht auf Wandhydranten in Abstimmung mit der Brandschutzdienststelle ist daher in den Regelungstext aufgenommen worden! Dabei wurden typische Einsätze auch in Gebäuden ohne Feuerlöschanlagen und ohne Werkfeuerwehr besprochen. Aus Gründen der Sicherheit der Einsatzkräfte sollten danach Innenangriffe generell vorrangig mit „Wasser am Rohr“ eingeleitet werden.

Anstelle eines Verzichts auf Wandhydranten (o. g. Kategorie 2) kann in besonderen Einzelfällen aufgrund besonderer Brandgefahren bzw. besonderer Einsatzplanungen seitens der Brandschutzdienststelle auch eine trockene Löschwasserleitung mit Entnahmestellen innerhalb der Halle anstelle der Wandhydranten als erforderlich bzw. ausreichend gewünscht/verlangt werden. Dies kann insbesondere bei sehr ausgedehnten Räumen der Fall sein, wenn im Zuge der Brandbekämpfung mehrere Wasserversorgungen gleichzeitig benötigt werden und wenn „nachrückende Kräfte“ nicht weitere Schlauchleitungen von außerhalb des Gebäudes aus verlegen sollen.

Bei übergroßen erd- bzw. eingeschossigen Brandbekämpfungsabschnitten gemäß Abschnitt 7.5_2014 bzw. 7.6_2019 soll auf Wasserentnahmestellen innerhalb der Brandbekämpfungsabschnitte jedoch nicht verzichtet werden (siehe auch Kommentar Nr. 7.6.d). Während gemäß der Richtlinie 2014 noch eine Löschwassermenge von 192 m^3/h über zwei Stunden vorgesehen war, ergibt sich diese (zusätzliche) Löschwassermenge nach der Richtlinie 2019 aus einer Abstimmung mit der Brandschutzdienststelle in jedem Einzelfall. Im Rahmen dieser Abstimmung wird auch die Art der Bereitstellung festgelegt: Dabei können ggf. ein Anschluss an eine Sprinkleranlage vorgesehen werden oder auch trockene Löschwasserleitungen mit normkonformen Entnahmestellen.

Für trockene Löschwasserleitungen ist ggf. (nach den Empfehlungen gemäß der Niederschrift der 83. Sitzung des AK/VB der AGBF aus dem Jahr 2010) ein feuerwiderstandsfähiger Leitungsschutz erforderlich, wenn diese Leitungen durch Räume ohne automatische Feuerlöschanlagen, aber mit Brandlasten geführt werden. Dies soll verhindern, dass eine Vorerwärmung der Leitungen durch das Brandgeschehen vor deren Verwendung und Befüllung erfolgt, die dann bei einer Leitungsfüllung das Wasser zu stark erhitzen und die Feuerwehrleute (beispielsweise in der Nähe der Einspeisestellen) gefährden kann. Auch solche Belange sollten im Zuge der Abstimmungen – unter den konkreten Bedingungen des Einzelfalls – besprochen werden.

e) Ausstattung mit Feuerlöschern

Die Richtlinie verlangt die gut sichtbare und jederzeit leicht zugängliche Anordnung von Feuerlöschern. Weitere konkrete Detailfestlegungen ergeben sich zunächst nicht aus bauordnungsrechtlichen Regelungen, sondern insbesondere aus dem Arbeitsstättenrecht für den Gesundheitsschutz der im Betrieb beschäftigen Mitarbeiter.

Erfordernis von Feuerlöschern und deren Bedeutung im Konzept der MIndBauRL

Die Muster-Industriebau-Richtlinie setzt die Ausstattung von Betrieben mit Feuerlöschern voraus. Das kommt durch die Festlegung im Abschnitt 5.14.1 zum Ausdruck. Aber sie macht keine konkreten Vorgaben für die Art und an die Zahl erforderlicher Feuerlöscher – nur an deren Erreichbarkeit.

- Das Vorhandensein von nutzbaren Feuerlöschern ist eine Grundlage der sicherheitstechnischen Risikobewertungen, die den Anforderungen der Richtlinie zugrunde liegen: Zusammen mit dem Rechenwert für die „Ausfallwahrscheinlichkeit wirksamer Löscharbeiten der öffentlichen Feuerwehr" wird die „Ausfallwahrscheinlichkeit der Erstbrandbekämpfung durch die Nutzer" im Sicherheitskonzept der DIN 18230-1 zahlenmäßig mit $p_2 = 0{,}1$ definiert (Wahrscheinlichkeit, dass sich ein „Entstehungsbrand" zu einem „Schadenfeuer" entwickelt)[1]. Dabei wird eine „angemessen typische" Ausstattung der Industriebauten mit Feuerlöschern vorausgesetzt.
- Ebenso wenig wie die MIndBauRL die Kräfte und die Ausrüstung der öffentlichen Feuerwehr bestimmen kann, nimmt sie direkten Einfluss auf die Ausstattung der Betriebe mit Feuerlöschern. Sie geht davon aus, dass seitens der Betreiber diese Bemessung den Betriebsgefahren angemessen erfolgt und im Mittel den Annahmen des Sicherheitskonzepts der DIN 18230-1 entspricht.

Bemessung der erforderlichen Feuerlöscher und Planungsaufgabe nach MIndBauRL

Die Auswahl geeigneter Feuerlöscher und die Festlegung ihrer Zahl muss grundsätzlich unter Berücksichtigung von Art und Nutzung des Betriebs – also angepasst an die Brandgefahren der jeweiligen Arbeitsplätze – durch den **Betreiber zur Erfüllung der Arbeitsstättenverordnung** zum unmittelbaren Schutz seiner Mitarbeiter erfolgen.

- Der Arbeitgeber wird im Regelfall für die Ausstattung seines Betriebs das gängige Regelwerk anwenden – insbesondere die ASR A 2.2 (Maßnahmen gegen Brände).
  Die Arbeitsstättenrichtlinien (ASR) gestatten grundsätzlich auch von den Standardanforderungen abweichende Lösungen, wenn damit die gleiche Sicherheit und der gleiche Gesundheitsschutz für die Beschäftigten erreicht werden können. Von dieser Möglichkeit wird insbesondere für Räume in der Größenordnung, wie sie nach der MIndBauRL regelmäßig vorkommen, häufig Gebrauch gemacht. Zur Begründung der „abweichenden Ausstattung" der Betriebe mit Feuerlöschern fertigt der Betreiber dann eine Gefährdungsbeurteilung – bezogen auf den Schutz seiner Beschäftigten – an.
- Für eine von der ASR A 2.2 abweichende Ausstattung der Betriebe mit Feuerlöschern wird dann häufig auf andere Ausarbeitungen zurückgegriffen, beispielsweise auf das Protokoll über das Sitzungsergebnis Nr. 6/2002 der AGBF vom April 2002.

1) Siehe DIN 18230-1; Erläuterungen zum Sicherheitskonzept und sonstige Fachliteratur: z. B.: vfdb-Leitfaden – Ingenieurmethoden des Brandschutzes

Grundsätzlich ergibt sich aus den obigen Ausführungen, dass die Ausstattung von Betrieben bzw. Industriebauten mit Feuerlöschern keine primäre Planungsaufgabe für den Brandschutz nach bauordnungsrechtlichen Anforderungen ist.
Vielmehr darf in der Brandschutzplanung nach der MIndBauRL von einer risikogerechten Ausstattung ausgegangen werden, was als Bedingung und Voraussetzung für solche Brandschutzplanungen allerdings gemäß Abschnitt 5.14.1 in die Brandschutzkonzepte einfließen muss.

f) Einspeisestellen für trockene Löschwasserleitungen

Die Einspeisestellen für trockene Löschwasserleitungen müssen von Bewegungsflächen der Feuerwehr in einer Entfernung von maximal 15 m erreichbar sein. Insofern ist die Planung der Ersatzmaßnahme für Wandhydranten sowohl im Hinblick auf die technischen Aspekte als auch auf die Fragen der äußeren Erschließung des Industriebaus zu beachten.

5.14.2 Feuerwehrpläne

5.14.2

Im Einvernehmen mit der Brandschutzdienststelle sind für Industriebauten mit einer Summe der Grundflächen der Geschosse aller Brandabschnitte bzw. aller Brandbekämpfungsabschnittsflächen von insgesamt mehr als 2000 m² Feuerwehrpläne anzufertigen und fortzuschreiben. In den Feuerwehrplänen ist die Feuerwiderstandsfähigkeit der tragenden und aussteifenden Bauteile darzustellen. Die Feuerwehrpläne sind der Feuerwehr zur Verfügung zu stellen.

Zu 5.14.2

Für Industriebauten mit einer Summe der Grundflächen der Geschosse aller Brandabschnitte bzw. aller Brandbekämpfungsabschnittsflächen von insgesamt mehr als 2000 m² werden Feuerwehrpläne gefordert. Auch bei Brandabschnitten/Brandbekämpfungsabschnitten bis zu 2000 m² kann die Erstellung von Feuerwehrplänen im Einzelfall in Betracht kommen. Zur Erfüllung baurechtlicher Schutzziele können Vorkehrungen auch bei kleineren Geschossflächen/Gebäuden erforderlich sein.

Zu 5.14.2: Feuerwehrpläne

Feuerwehrpläne dienen der raschen Orientierung und der Beurteilung der Lage durch die Feuerwehr. DIN 14095 zur Erstellung von Feuerwehrplänen wurde mit dem Ziel erarbeitet, die von der Feuerwehr für bestimmte bauliche und technische Anlagen benötigten Pläne zu vereinheitlichen. Sie wurde allerdings nicht in die MVV TB als Technische Baubestimmung aufgenommen.

Feuerwehrpläne nach DIN 14095 bestehen i. d. R. aus einem Lageplan und aus Plänen der entsprechenden Gebäude bzw. Gebäudeteile. Sie werden mit einem Raster und Nordpfeil versehen.

Die Feuerwehrpläne sollten immer mit der zuständigen Feuerwehr abgestimmt werden. Sie enthalten in der Regel folgende Mindestangaben:

- Bezeichnung des Objektes
- Art der Gebäudenutzung
- Bezeichnung des Geschosses bzw. der Ebene
- BW bzw. BBA-Wände
- feuerwiderstandsfähige, raumabschließende Wände
- Öffnungen in Decken und Wänden
- Zugänge und Notausgänge
- Treppen und Treppenräume
- notwendige Flure, Hauptgänge, begehbare Flächen
- Angriffswege und Rettungswege
- Aufzüge
- Bedienstellen brandschutztechnischer Anlagen
- Löschwasserleitungen und Löschanlagen
- besondere Angaben wie Art und Menge feuergefährlicher Stoffe, besondere Brandgefahren, kritische bzw. gefährliche Bereiche, Gefahrstoffe

Feuerwehrpläne werden häufig von Ingenieur- und Brandschutzbüros in enger Abstimmung mit den Brandschutzdienststellen oder den zuständigen Feuerwehren als Dienstleistung ausgeführt. Oft gibt es von den Feuerwehren besondere Vorgaben, die sich von Ort zu Ort deutlich unterscheiden können.

Feuerwehrpläne dürfen auch zusätzliche Angaben für das taktische Vorgehen der Feuerwehr enthalten. In diesem Fall werden sie als Feuerwehreinsatzpläne bezeichnet.

5.14.3 Brandschutzbeauftragter

5.14.3

Der Betreiber eines Industriebaus mit einer Summe der Grundflächen der Geschosse aller Brandabschnitte bzw. aller Brandbekämpfungsabschnittsflächen von insgesamt mehr als 5000 m^2 hat einen geeigneten Brandschutzbeauftragten zu bestellen.

Der Brandschutzbeauftragte hat die Aufgabe, die Einhaltung des genehmigten Brandschutzkonzeptes und der sich daraus ergebenden betrieblichen Brandschutzanforderungen zu überwachen und dem Betreiber festgestellte Mängel zu melden. Die Aufgaben des Brandschutzbeauftragten sind im Einzelnen schriftlich festzulegen.

Der Name des Brandschutzbeauftragten und jeder Wechsel sind der Brandschutzdienststelle auf Verlangen mitzuteilen.

Zu 5.14.3

Der Brandschutzbeauftragte muss kein Betriebsangehöriger sein.

Zu 5.14.3: Brandschutzbeauftragter

a) Grundsätze

Der Brandschutzbeauftragte wird vom Betreiber (Nutzer) bestellt. Seine Aufgabe ist, diesen in Fragen des Brandschutzes zu unterstützen und zu beraten. Damit kann der Arbeitgeber seiner Verantwortung für den Brandschutz (gemäß § 3 ArbSchG, § 618 Abs. 1 BGB, § 62 Abs. 1 HGB) nachkommen und Aufgaben, die er selbst nicht entsprechend den Vorgaben wahrnehmen kann, an den Brandschutzbeauftragten delegieren.

Der Brandschutzbeauftragte muss für seine vielfältigen Aufgaben persönlich und fachlich geeignet sein, denn er muss den verantwortlichen Betreiber/Arbeitgeber in allen Fragen des vorbeugenden organisatorischen und abwehrenden Brandschutzes beraten.

Hierzu können z. B. folgende Aufgaben gehören:

- Aufstellung bzw. Aktualisierung der Brandschutzordnung
- Aufstellung bzw. Aktualisierung der Feuerwehrpläne
- Zusammenarbeit mit der Brandschutzbehörde und der Feuerwehr
- Überwachung der Instandhaltung brandschutztechnischer Einrichtungen im Betrieb
- Veranlassung und Kontrolle der Beseitigung brandschutztechnischer Mängel im Betrieb
- brandschutztechnische Beratung bei der Planung, Ausführung und Unterhaltung von Betriebsanlagen
- brandschutztechnische Beratung bei der Gestaltung von Arbeitsverfahren und dem Einsatz von Arbeitsstoffen
- Ermittlung von Brand- und Explosionsgefahren
- Ausbildung und Beratung der Mitarbeiter, z. B. der Brandschutzhelfer, der unterwiesenen Personen

Damit der Brandschutzbeauftragte seine vielfältigen und verantwortungsvollen Aufgaben fachgerecht erfüllen kann, benötigt er eine entsprechende Ausbildung und Qualifikation.

Allerdings ist der Umfang des fachlichen Wissens eines Brandschutzbeauftragten nicht gesetzlich festgelegt. Die genannten beispielhaft aufgeführten Aufgaben zeigen jedoch, wie wichtig es ist, dass der Brandschutzbeauftragte ausreichend ausgebildet ist.

Der Brandschutzbeauftragte muss kein Betriebsangehöriger sein. Es ist auch möglich, dessen Funktionen, z. B. sinnvollerweise mit denen der Sicherheitsfachkraft zu koppeln.

b) Spezielle Aufgaben des Brandschutzbeauftragten für Industriebauten

Da die Brandschutzplanungen/Brandschutzkonzepte nach der Industriebaurichtlinie ggf. sehr speziell auf die jeweiligen Betriebsrisiken abgestellt werden, muss seitens der Betreiber bzw. Bauherren dafür Sorge getragen werden, dass die Annahmen und Voraussetzung dieser objektspezifischen Planungen in der Realität eingehalten werden.
Dazu werden in der Regel dem Brandschutzbeauftragten (durch betriebsinterne Anweisungen) spezielle Aufgaben übertragen, zum Beispiel:

- Kontrolle der Umsetzung des genehmigten Brandschutzkonzepts während der Bauzeit, insbesondere:
  - Lage und Beschaffenheit von Flächen, die als Wärmeabzugsflächen angesetzt sind
  - Wärmedämmeigenschaften von Umfassungsbauteilen, soweit sie bei Berechnungen nach DIN 18230 „günstig bewertet" worden sind
- Kontrolle der Einhaltung von genehmigten Obergrenzen für die Brandbelastung bei Nachweisen mit DIN 18230 – und Einhaltung von maximal zulässigen Lagerhöhen
- Kontrolle der Einhaltung von freizuhaltenden Flächen für Hauptgänge, Lagerabständen, Abständen zwischen Einbauten usw.
- Kontrolle der angemessenen Ausstattung des Betriebs mit Feuerlöschern

Auf folgende Ausführungen im Vorwort der DIN 18230-1 wird in diesem Zusammenhang hingewiesen:

„Vorgaben und Festlegungen für den brandschutztechnischen Nachweis im Zuge des Genehmigungsverfahrens, z. B. Brandlasten, sind vom Brandschutzfachplaner vollständig zu dokumentieren und an Bauherrn und Betreiber zu übergeben. Weiterhin wird darauf hingewiesen, dass der Betreiber verpflichtet ist, durch eine auf der Grundlage der Planungsunterlage und Baudokumentation erstellte Betriebsanleitung dafür zu sorgen, dass die für die Bemessung nach dieser Norm festgelegte höchstzulässige bewertete Brandbelastung nicht überschritten wird. Das Anbringen eines entsprechenden Hinweisschildes am Hauptzugang zum Brandbekämpfungsabschnitt mit Angaben der zulässigen Brandbelastung – ggf. auch in Verbindung mit objekttypischer Art von Brandlasten – ist zweckmäßig".

5.14.4 Brandschutzordnung

5.14.4

Der Betreiber eines Industriebaus hat im Einvernehmen mit der Brandschutzdienststelle in Abhängigkeit von der Art oder Nutzung des Betriebes, stets jedoch bei Industriebauten mit einer Summe der Grundflächen der Geschosse aller Brandabschnitte bzw. aller Brandbekämpfungsabschnittsflächen von insgesamt mehr als 2000 m², eine Brandschutzordnung aufzustellen.

Zu 5.14.4: Brandschutzordnung

a) Grundsätze

Die Brandschutzordnung bildet den Rahmen für diverse Einzelplanungen und damit schließlich auch für die Brandsicherheit im Betrieb. Darin wird auf die einschlägigen Elemente des für den jeweiligen Betrieb erforderlichen organisatorischen Planungsumfangs eingegangen. Ggf. wird hier auf spezielle Ausarbeitungen und Anweisungen verwiesen.

Mithilfe der Brandschutzordnung werden gesetzliche und behördliche Auflagen umgesetzt. Sie ist daher auch auf der Grundlage der Bau- und Betriebsgenehmigungen einschließlich deren Nebenbestimmungen und Auflagen zu erstellen. Außerdem sind in der Brandschutzordnung die Brandschutzkonzepte umzusetzen, die für die Baugenehmigungen verwendet wurden. Weitere Einflüsse resultieren aus der Firmenpolitik zu brandschutztechnischen Aspekten und aus dem betrieblichen Sicherheitsbedürfnis, soweit es über die gesetzlichen Mindestanforderungen hinausgeht.

In der Brandschutzordnung wird zusammengestellt, welche betriebstechnischen und organisatorischen Belange für die Brandsicherheit des Betriebs einschließlich seiner Gebäude und Anlagen von Bedeutung sind. Der Detaillierungsgrad reicht je nach Erfordernis von der Beschreibung der möglichen Brandszenarien und der Schutzziele bis zu konkreten Handlungsanweisungen für einzelne Personen, Stellen oder Funktionsträger. Da sich Handlungsanweisungen entsprechend den aktuellen Bedingungen häufig ändern, sind sie als Anhänge zur Brandschutzordnung in den Teilen B und C unter enger Einbeziehung der Betroffenen zu gestalten.

Die Brandschutzordnung besteht im Wesentlichen aus einer Zusammenstellung der notwendigen betrieblichen Brandschutzmaßnahmen. Sie kann grundsätzlich nach DIN 14096 erstellt werden. Falls komplexe Betriebsstrukturen und differenzierte Auflagen eine abweichende Gestaltung der Brandschutzordnung erforderlich machen, kann von der Norm entsprechend abgewichen werden.

Nach DIN 14096 wird die Brandschutzordnung zielgruppengerecht in verschiedene Teile gegliedert (siehe Tabelle 5.12.4-1).

Die Gliederungspunkte der DIN 14096 decken den allgemeinen Bereich und Umfang der zu regelnden Brandschutzaspekte bereits gut ab. In jedem Einzelfall ist allerdings zu prüfen, inwieweit sich die betriebsspezifischen Brandschutzregelungen in die standardisierte Gliederung einbinden lassen und ob die normativ vorgeschlagene Gliederung für die spezielle Brandschutzordnung tatsächlich geeignet ist.

Eine bauaufsichtlich geforderte Brandschutzordnung soll spätestens mit dem Wirksamwerden der Bau- und Betriebsgenehmigung aufgestellt und von der Betriebsleitung in Kraft gesetzt sein. Sie ist ständig (ggf. vom Brandschutzbeauftragten) auf dem aktuellen Stand zu halten.

Tabelle 5.14.4-1: Gliederungsschema einer Brandschutzordnung nach DIN 14096

Teil der Brandschutzordnung	Zielgruppe	Inhalt
A	alle Mitarbeiter und betriebsfremden Personen	Aushang: Verhalten im Brandfall
B	alle Mitarbeiter	Maßnahmen zur Verhütung von Bränden Hinweise zum Verhalten im Brandfall
C	Mitarbeiter mit besonderen Aufgaben im Brandfall	Struktur der Brandschutzorganisation bis zu den Handlungsanweisungen für Personen und Stellen bzw. Organe mit besonderen Aufgaben im Brandfall

b) Abstimmungen mit der Brandschutzdienststelle

Der Text der MIndBauRL verlangt eine Aufstellung der Brandschutzordnung im Einvernehmen mit der Brandschutzdienststelle.

Da der Betreiber in seiner Brandschutzordnung in der Regel auch Aspekte regelt, die weit über die Belange des abwehrenden Brandschutzes hinausgehen, beschränkt sich das verlangte Einvernehmen mit der Brandschutzdienststelle auf die **Belange des abwehrenden Brandschutzes.**

5.14.5 Belehrung der Betriebsangehörigen

5.14.5

Die Betriebsangehörigen sind bei Beginn des Arbeitsverhältnisses und danach in Abständen von höchstens zwei Jahren über die Lage und die Bedienung der Feuerlöschgeräte, der Brandmelde- und Feuerlöscheinrichtungen sowie über die Brandschutzordnung zu belehren.

Zu 5.14.5

Eine regelmäßige Unterweisung von Betriebsangehörigen ist durch Umsetzen der Sicherheitsunterweisung nach § 12 des Arbeitsschutzgesetzes gegeben.

Zu 5.14.5 Belehrung der Betriebsangehörigen

a) Grund für die Herausstellung einzelner Regelanforderungen des Arbeitsschutzgesetzes

Für die Erreichung des bauordnungsrechtlich erforderlichen Sicherheitsniveaus ist es insbesondere notwendig, dass neben der Existenz insbesondere auch die Bedienung der Brandschutzanlagen – insbesondere der Feuerlöscheinrichtungen und der tragbaren Feuerlöscher – durch die Betriebsangehörigen wie vorgesehen sichergestellt ist:

Das Sicherheitsniveau der MIndBauRL basiert u. a. auf dem Sicherheitskonzept der DIN 18230-1. Dort werden u. a. bereits im Vorwort die „allgemein erforderlichen Brandschutzmaßnahmen zur Brandbekämpfung" herausgestellt und deren Verknüpfung mit dem Sicherheitskonzept benannt. Diese „Brandschutzmaßnahmen zur Brandbekämpfung" führen letztlich dazu, dass im Industriebau mit einer bestimmten normativ festgelegten Wahrscheinlichkeit für das Eintreten gefährlicher Brände gerechnet werden kann, die sich sowohl in der brandschutztechnischen Auslegung der Bauteile als auch in der Festlegung der zulässigen Flächen der Brand- und Brandbekämpfungsabschnitte auswirkt.

Beispielsweise wird in der Standardregelung der DIN 18230-1 für die Sicherheitsbeiwerte eine 90-prozentige Wahrscheinlichkeit für die erfolgreiche Brandbekämpfung von Entstehungs- und Kleinbränden angesetzt, wenn eine öffentliche Feuerwehr vorhanden ist. Bei dieser sehr hohen Erfolgsquote der Brandbekämpfung durch die öffentliche Feuerwehr ist allerdings bereits mit berücksichtigt, dass ca. 50 % aller Entstehungsbrände im Industriebau von den Betriebsangehörigen unter Verwendung tragbarer Feuerlöscher oder anderer Hilfsmittel zur Brandbekämpfung gelöscht werden.

Um die Auslegungsgrundlagen für das Brandschutzniveau nach der MIndBauRL in der betrieblichen Praxis zu festigen, werden insbesondere diese ausgewählten, maßgeblichen Parameter in der MIndBauRL selbst nochmals aufgeführt, auch wenn sie sich bereits aus anderen Regelwerken ergeben.

5.14.6 Funkkommunikation der Feuerwehr

5.14.6

In Industriebauten mit einer Brandbekämpfungsabschnittsfläche von insgesamt mehr als 30.000 m^2 sind im Einvernehmen mit der Brandschutzdienststelle Vorkehrungen zu treffen, die eine Funkkommunikation der Feuerwehr ermöglichen.

Zu 5.14.6

Die negativen Erfahrungen bei Brandfällen in ausgedehnten Gebäuden im Bereich der Funkkommunikation führt für Industriebauten mit einer Brandbekämpfungsabschnittsfläche von mehr als 30.000 m^2 zu der Forderung, Vorkehrungen zu treffen, die eine Funkkommunikation der Feuerwehr ermöglichen.

Zu 5.14.6: Funkkommunikation der Feuerwehr

Die MIndBauRL verlangt für Industriebauten mit einer Brandbekämpfungsabschnittsfläche von **insgesamt mehr als 30.000 m^2** Vorkehrungen zur Funkkommunikation mit der Feuerwehr. Das tatsächliche Erfordernis ist im Einzelfall mit der Brandschutzdienststelle abzustimmen.

Diese Regelung bezieht sich ausschließlich auf Industriebauten mit BBA – also auf Industriebauten, die nach Abschnitt 7 beurteilt werden – und nicht mehr wie in der Fassung von 2000 auch auf Industriebauten mit Brandabschnittsflächen von zusammen mehr als 30.000 m^2, die nach Abschnitt 6 beurteilt werden.

Der Regeländerung liegt die modifizierte Risikobewertung zugrunde, dass für BA nach Abschnitt 6 eine Funkkommunikation entweder als ausreichend zuverlässig gegeben angenommen werden kann oder als nicht in dem Maße als erforderlich bewertet wird, dass zusätzliche technische Anlagen (wie BOS-Funkanlagen) aus öffentlich-rechtlicher Sicht regelmäßig vorgesehen werden müssten.

Dies schließt nicht aus, dass im begründeten Einzelfall auch weitergehende Maßnahmen als die in der Richtlinie geforderten Mindestmaßnahmen angezeigt sein können.

Da BBA stets Teile von – ggf. übergroßen – BA sind, sind die zugehörenden BA stets mindestens so groß wie ein BBA. Die Bezugnahme dieser Regel auf eine BBA-Fläche (eines BA) ist bewusst so getroffen worden – und nicht auf die gesamte BA-Fläche.

5.14.7 Freihaltung der Rettungswege

5.14.7

In notwendigen Treppenräumen, in Räumen zwischen Treppenräumen und Ausgängen ins Freie, in notwendigen Fluren sowie innerhalb der erforderlichen Breite von Hauptgängen dürfen keine Gegenstände abgestellt werden.

Zu 5.14.7 Freihaltung der Rettungswege

a) Grundsätze zur Freihaltung von Hauptgängen

Die Mindestbreite (lichte Breite) der Hauptgänge wurde mit 2 m festgelegt (Abschnitt 5.6.4). Diese Mindestbreite muss ständig gegeben sein; dafür sind entsprechend geeignete betriebliche Kontrollmaßnahmen festzulegen und regelmäßig durchzuführen. Die erforderliche Freihaltung bezieht sich im engeren Sinne auf das Verbot, auf Rettungswegen Gegenstände abzustellen – nicht jedoch auf andere betriebstypische Nutzungen, die im Bedarfsfall die Nutzbarkeit der Hauptgänge für die Flucht und Brandbekämpfung nicht erheblich einschränken.

Die festgelegte Mindestbreite erfüllt insbesondere die bauordnungsrechtlichen Standardanforderungen an die Benutzbarkeit durch die Mitarbeiter für die Selbstrettung (Flucht). Kommentare zur „Fluchtwegbreite“ sind im Abschnitt 5.6, insbesondere im Abschnitt 5.6.4 enthalten. Sofern wegen sehr großer Personenzahlen größere Breiten erforderlich werden, gilt die 2-m-Anforderung als Mindestbreite und ist angemessen zu vergrößern.

Sofern aus anderen betrieblichen Gründen (z. B. Betriebsnutzung durch mobile Transportgeräte wie Gabelstapler) größere Verkehrswegbreiten erforderlich werden, sind die Hauptgänge ggf. von der Gesamtwegbreite durch dauerhafte Kennzeichnungen deutlich abzugrenzen. In diesen Fällen liegt eine Mischnutzung der betrieblichen Verkehrswege vor, die einerseits dem Personenverkehr zugeordnet ist und die Hauptgänge aufnimmt und die andererseits dem Verkehr von Betriebseinrichtungen wie Gabelstaplern und Ähnlichem vorbehalten ist.

Bild 5.14.7-1: Beispiel für in der Regel in Hauptgängen kurzfristig zulässige mobile Betriebseinrichtungen (Quelle: iStock, prill)

Es kann grundsätzlich davon ausgegangen werden, dass die innerbetrieblichen Verkehrswege auch als Hauptgänge nutzbar sind und für den typischen Betriebsbedarf auch mit Transportmitteln genutzt werden dürfen. Bei Bedarf dürfen dann auf den Hauptgängen beispielsweise kurzzeitig vorhandene „Hindernisse auf Rollen“ (wie leichte, rollbare Werktische, Rollcontainer oder Rollwagen) für **kurzzeitige Arbeiten** vorhanden sein. Im Bedarfsfall können diese schnell und leicht weggeschoben werden und behindern Flucht und Brandbekämpfung nicht wesentlich. Allerdings dürfen die Hauptgänge nicht selbst zu Arbeitsplätzen umfunktioniert werden – sie sind stets Verkehrswege, die freizuhalten sind.

Bild 5.14.7-2: Beispiel für das nur in Sonderfällen zulässige, kurzzeitige Abstellen von Gegenständen: Grundsätzlich müssen separate Abstellplätze festgelegt werden
(Quelle: iStock, Morsa Images)

Bild 5.14.7-3: Beispiel für das in der Regel nicht zulässige Einengen von Rettungswegen durch ständig vorhandene Betriebseinrichtungen: Aufstellung außerhalb der Hauptgänge
(Quelle: Adobe Stock, Wisarut)

Über gewisse geringfügige Einschränkungen der Freihaltung von Hauptgängen ist im Rahmen von Gefährdungsbeurteilungen durch den Arbeitgeber für die Sicherheit der Mitarbeiter zu entscheiden, da diese Hauptgänge auch Fluchtwege i. S. des Arbeitsstättenrechts sind (siehe Kommentar zu Abschnitt 5.6.4). Hindernisse, die sich bei Bedarf allerdings nur sehr schwer oder mit weiteren technischen Hilfsmitteln aus den Hauptgängen entfernen lassen, dürfen dort grundsätzlich nicht abgestellt werden. Das gilt für fest installierte Betriebseinrichtungen (wie Spinde und Schaltschränke) erst recht.

Neben den Aspekten der Fluchtwegplanung und -verfügbarkeit sind auch die Anforderungen des abwehrenden Brandschutzes – Einsatzbedingungen der Feuerwehr für wirksame Löschmaßnahmen im Innenangriff – zu beachten. Über diese Aspekte kann der Arbeitgeber nicht selbst entscheiden! Die Beurteilung der Möglichkeiten der Feuerwehr erfordert die enge Abstimmung mit der zuständigen Brandschutzdienststelle, die ggf. ihre Einsatzplanung auf bestimmte Details der Gebäudenutzung und des Rettungswegekonzepts abstimmen muss.

b) Einengungen von Hauptgängen durch betriebliche Nutzungen

Lokale Einengungen durch Bauteile des Gebäudes und durch Teile von Betriebseinrichtungen sind grundsätzlich zu vermeiden, können im Rahmen von Brandschutzkonzepten allerdings ggf. auch als Abweichung von einer a. a. R. d. T. begründbar sein.

Mit der Anordnung von Betriebseinrichtungen (Maschinenaufstellplan) sollen auch die entsprechenden Arbeitsräume für diese Maschinen bedacht werden. Dabei sollen die Arbeitsräume grundsätzlich nicht in die Hauptgänge eingreifen, da mit diesen Arbeitsvorgängen in der Regel auch der Umgang mit Gütern und Arbeitsmitteln verbunden ist, die zumindest zeitweise in diesen Arbeitsräumen abgelegt werden müssen.

Sofern allerdings Teile der Arbeitsräume für die Bedienung der Betriebseinrichtungen nur „gelegentlich“ vom Bedienpersonal betreten werden müssen, können solche Teile der Arbeitsräume auch in die Hauptgänge eingreifen. Allerdings sind bei derartigen Planungen für die Maschinenaufstellungen die Kriterien der Nutzbarkeit der Hauptgänge für innerbetriebliche Nutzungen (als Verkehrsflächen) zu beachten, sodass durch die Bedienung der Maschinen keine störenden Beeinträchtigungen der sonstigen Betriebsabläufe hervorgerufen werden. Im Gefahrenfall stört dieses Bedienpersonal nicht, weil es bei der Räumung des Gebäudes diese Stelle verlässt.

Bild 5.14.7-4: Beispiel für das Eingreifen von Arbeitsräumen in die Hauptgänge.

Erläuterungen siehe Text.

5.14.8 Schutzmaßnahmen zur Vorbeugung einer Brandentstehung

5.14.8

Zu brennbaren Baustoffen müssen Betriebsanlagen und -einrichtungen sowie Installationen der Gebäudetechnik ausreichende Abstände einhalten oder es müssen geeignete Vorkehrungen getroffen werden, um einer Brandentstehung vorzubeugen. Dies gilt auch für Arbeitsverfahren mit offener Flamme oder mit Funkenflug.

Zu 5.14.8

Die erforderlichen Abstände oder sonstige Schutzmaßnahmen können sich ergeben z. B. aus der MfeuVO, MeltBauVO oder weiteren einschlägigen Regelwerken (wie BetrSichV, Maschinenrichtlinie oder Produktsicherheitsgesetz).

Die im Abschnitt 5.14.8 genannten Schutzmaßnahmen zur Vorbeugung der Brandentstehung gelten auch für Baustellen. Insbesondere ist zu berücksichtigen, dass sicherheitstechnische Anlagen und Einrichtungen wie z. B. Löschanlagen noch nicht wirksam sind.

Zu 5.14.8: Schutzmaßnahmen zur Vorbeugung einer Brandentstehung

Die Anforderungen des Abschnitts 5.14.8 MIndBauRL wurden mit der Fassung von 2019 neu erhoben. Grund dafür ist die verstärkte Verwendung von brennbaren Baustoffen im Innenbereich von Industriebauten, die sehr häufig mit normalentflammbaren Baustoffen realisiert wird. Das betrifft insbesondere auch Bauweisen von Einbauten und deren Tragwerken. Mit dieser Abstandsregel soll einer Entzündung dieser brennbaren Baustoffe insbesondere durch Arbeitsverfahren, aber auch bei Bauarbeiten vorgebeugt werden.

5.14.9 Robustheitsanforderungen des Tragwerks

5.14.9

Industriebauten – insbesondere solche mit Tragwerken ohne klassifiziertem Feuerwiderstand – müssen statisch konstruktiv so errichtet werden, dass bei Versagen von Bauteilen bei lokal begrenzten Bränden nicht ein plötzlicher Einsturz des Haupttragwerkes außerhalb des betroffenen Brandbereichs durch z. B. Bildung einer kinematischen Kette angenommen werden muss. Aus der Feuerwiderstandsfähigkeit nach Tabellen 2 und 6 ergeben sich die Feuerwiderstandsklassen oder Klassen entsprechend der Zuordnung in der MVV TB, lfd. Nr. A 2.2.1.2 Abschnitt 4.1. Aus der Anforderung zum Brandverhalten nach Tabellen 2 und 6 ergeben sich entsprechend der Zuordnung in der MVV TB, lfd. Nr. A 2.2.1.2 Abschnitt 1.2 die Baustoffklassen bzw. entsprechend der Zuordnung in der MVV TB, lfd. Nr. A 2.2.1.2 Abschnitt 1.3, für nichtbrennbares oder schwerentflammbares Brandverhalten auch unter Beachtung der Anforderungen gemäß MVV TB, lfd. Nr. A 2.1.2.2 oder A 2.1.1.2, die Klassen.

Zu 5.14.9

Bei der Planung von Konstruktionen aller Bauarten sind auch die Robustheitsanforderungen zu beachten, die ihren Ursprung in der Europäischen Norm DIN EN 1990:2010-12 „Eurocode: Grundlagen der Tragwerksplanung“, Abschnitt 2.1 haben. Aus den Anforderungen ergibt sich unter anderem, dass es nicht bereits im Falle einer lokalen Schädigung zum (großflächigen) Einsturz der Konstruktionen kommen darf. Dies gilt auch für Konstruktionen, bei denen keine spezifizierten Anforderungen an die Feuerwiderstandsfähigkeit vorliegen, während der Entstehungsphase eines Brandereignisses.

Bauteile – auch die des Haupttragwerkes – für die der Nachweis einer Feuerwiderstandsklasse nicht verlangt wird (z. B. Tab. 2 Spalte 1) dürfen im Vollbrand mit einer erheblich höheren Wahrscheinlichkeit versagen als Bauteile, für die der Nachweis einer Feuerwiderstandsklasse erforderlich ist. Allerdings muss die Sicherheit der Einsatzkräfte insofern gewahrt sein, dass bei den vorgesehenen Brandbekämpfungsmaßnahmen im Innenangriff die Rückzugswege außerhalb des Brandherdes nicht durch einstürzende Konstruktionsbauteile gefährdet werden. Aufwendige Brandsimulationen und Bauteilberechnungen sind damit in der Regel nicht verbunden.

Die Folgen eines zunächst anzunehmenden Teileinsturzes in Brandherdnähe für die Standsicherheit von Bauwerksteilen abseits des Brandherdes sollen vom Statiker, aus dem statischen System und aus dem daraus unmittelbar ableitbaren Tragverhalten der Gesamtkonstruktion abgeschätzt und beschrieben werden. Dabei ist festzustellen, dass im Brandfall bei lokal begrenzten Bränden bis zu ca. 400 m^2 Brandfläche höchstwahrscheinlich außerhalb des Brandherdes Bauteile des Haupttragwerkes (SK_b3) weder unmittelbar versagen noch durch Verformungen oder durch Zwangkräfte infolge behinderter Verformungen zum Einsturz gebracht werden. Eine brandschutztechnische Bemessung und Ausrüstung von Bauteilen soll sich aus diesen Betrachtungen nicht ergeben. Die verlangte Standsicherheit soll durch geeignete statische Systeme (beispielsweise statisch unbestimmte und weitgehend unverschiebliche Systeme oder Systeme mit mehreren Aussteifungsverbänden, jeweils ebenfalls ohne brandschutztechnische Bemessung) erreicht werden.

Einer Kennzeichnung solcher baulichen Anlagen z. B. als „F 0“ Gebäude bedarf es deshalb grundsätzlich nicht.

Zu 5.14.9: Robustheitsanforderungen des Tragwerks

a) Grundsätzliches

Die Erläuterungen der MIndBauRL (2019) beziehen sich auf die MVV TB Fassung 2017/1.

Da die MIndBauRL auch brandschutztechnisch nicht bemessene Bauteile sowohl im Verfahren nach Abschnitt 6 (Tabelle 2, Spalte 2) als auch im Verfahren nach Abschnitt 7 (Tabelle 7) zulässt, wurden die Anforderungen an die Standsicherheit im Brandfall für solche Industriebauten mit der Fassung von 2019 im Abschnitt 5.14 gebündelt. Damit entfallen die entsprechenden Festlegungen der Anforderungen und die Erläuterungen der Fassung von 2014 in den dortigen Abschnitten 6 und 7.

> **Anmerkung:**
> Die nachfolgenden Kommentare b) bis c.4) beziehen sich auf die Richtlinie in der Fassung von 2014.

b) Anforderungen an brandschutztechnisch unbemessene Bauteile des Haupttragwerkes

Für eingeschossige Industriebauten dürfen gemäß Tabelle 2 (Abschnitt 6.2) auch Tragwerke ohne klassifizierten Feuerwiderstand errichtet werden. Gleiches gilt für Abschnitt 7.5.2 und Tabelle 7.

In diesen Fällen muss der Nachweis erbracht werden, dass die Haupttragwerke im Brandfall – trotz des zulässigen Versagens von Teilen dieser Tragwerke – nicht bereits bei lokal begrenzten Bränden plötzlich (also ohne Vorankündigung) in ihrer Gänze versagen.

Abseits des Brandherdes eingesetzte Feuerwehreinsatzkräfte dürfen durch einstürzende Gebäudeteile weder innerhalb (beim Innenangriff und während des Rückzuges) noch außerhalb des Brandraums (auf den Aufstell- und Bewegungsflächen) gefährdet werden. Die Möglichkeit zur Brandbekämpfung und zum Rückzug müssen für die Einsatzkräfte über einen ausreichend langen Zeitraum gewährleistet sein.

In der MIndBauRL wird beispielhaft auf den Versagensmechanismus sogenannter **kinematischer Ketten** verwiesen.

Die Nachweisführung der Verhinderung kinematischer Ketten soll nicht zu einer **Standard-Heißbemessung** führen, wie sie für die Bauteile mit Anforderungen an einen klassifizierten Feuerwiderstand erforderlich ist. Grundsätzlich sollen auch keine besonderen Brandschutzmaßnahmen ausgeführt werden müssen.

Zweckdienlich ist eine Ausfall-/Folgenabschätzung des Tragwerksplaners unter besonderer Berücksichtigung des statischen Systems des Haupttragwerkes.

Dabei soll festgestellt und abgeschätzt werden, dass größere Gebäudebereiche außerhalb des lokalen Brandherdes selbst beim Versagen aller unmittelbar brandbeaufschlagten Bauteile nicht zwangsläufig und unmittelbar ebenfalls sofort einstürzen und das Gebäude im Ganzen versagt.

c) Nachweis der Stabilität unbemessener Haupttragwerke bei lokalen Bränden

c.1) Lokale Brandflächen für die Nachweisführung der Verhinderung eines progressiven Gesamtversagens des Haupttragwerkes bei lokaler Brandeinwirkung

Die lokale Brandgröße (Brandherd) ist für eine maximal von der Feuerwehr im Innenangriff beherrschbare Brandgröße abzuschätzen. Dabei müssen für die Einsatzkräfte noch angemessene Einsatzbedingungen herrschen.

Als beherrschbare Brandherdgrößen wurden von der Projektgruppe der ARGEBAU folgende Werte für den Innenangriff in größeren Hallen diskutiert:

- bei erschwerten Bedingungen: Brandherd = 200 m²
- bei durchschnittlichen Bedingungen: Brandherd = 400 m²
- bei günstigen Bedingungen: Brandherd = 600 m²

In den Erläuterungen wird hierzu ausgeführt: *„[…] Dabei ist festzustellen, dass im Brandfall bei lokal begrenzten Bränden bis zu ca. 400 m² Brandfläche höchstwahrscheinlich außerhalb des Brandherdes Bauteile des Haupttragwerkes (SK_b3) weder unmittelbar versagen noch durch Verformungen oder durch Zwangkräfte infolge behinderter Verformungen zum Einsturz gebracht werden. Eine brandschutztechnische Bemessung und Ausrüstung von Bauteilen soll sich aus diesen Betrachtungen nicht ergeben […]“*

Damit wird in den Erläuterungen auf durchschnittliche Bedingungen abgestellt und zunächst eine im Innenangriff bekämpfbare Brandfläche von 400 m² benannt.

c.2) Prinzipielle Maßnahmen zur Verhinderung eines progressiven Gebäudeversagens bei brandschutztechnisch unbemessenem Haupttragwerk

Außerhalb des lokalen Brandherdes sind die Bauteile und deren Standsicherheit nicht bzw. nur indirekt von einer Brandeinwirkung betroffen.

Sie müssen ggf. über einen gewissen Zeitraum auch die Kräfte ohne Versagen abtragen können, die aus den stark erwärmten und versagenden Bauteilen im Brandherd herrühren (Kraftumlenkungen, Zwangskräfte).

Für die Verzögerung des zulässigen Bauteilversagens außerhalb des Brandbereichs ist die Wahl statisch unbestimmter und unverschiebbarer Tragsysteme sowie die Anordnung redundanter Aussteifungen unmittelbar zielführend.

c.3) Grundfall für statische Stabilitätsbetrachtungen ohne Berücksichtigung der Brandwirkungen auf Bauteile außerhalb lokaler Brandflächen

Grundsätzlich müssen für den Nachweis der vorübergehenden Standsicherheit brandschutztechnisch unbemessener Bauteile außerhalb lokaler Brandflächen keine Brandwirkungen angenommen werden. Sie werden als im kalten Bereich befindliche Gebäudeteile angesehen und bewertet.

Der **Brandbereich von 400 m²** ist innerhalb des Gebäudes an kritischen Stellen anzusetzen.

Dabei ist anzunehmen, dass innerhalb des lokalen Brandbereichs alle tragenden und aussteifenden Bauteile versagt haben.

c.4) Hinweise zu statischen Stabilitätsbetrachtungen unter Berücksichtigung der Brandwirkungen auf Bauteile außerhalb lokaler Brandflächen im Einzelfall

In besonderen Ausnahmefällen können auch Wärmeeinwirkungen lokaler Brände auf außerhalb des Brandherdes angeordnete Bauteile betrachtet werden. Dies kann in besonderen Fällen sogar für Bauteile von Betriebseinrichtungen – an die keine bauordnungsrechtlichen Anforderungen der MIndBauRL gestellt werden – bei extremer Installationsdichte für eine ergänzende Risikobetrachtung vorgesehen werden.

Die statischen Lasten für diese Bauteile ergeben sich wie für die kalte Statik. Grundsätzlich können aber auch begünstigend Lastabminderungen angerechnet werden, die für die Heißbemessung für den Katastrophen-Lastfall Brand zulässig sind.

Kraftumlagerungen und thermische Zwangswirkungen aus dem Gesamtsystem müssen ggf. abgeschätzt bzw. rechnerisch berücksichtigt werden.

Vereinfachter Ansatz für eine Bemessung

Als Ersatz-Brandeinwirkung auf die kalten Bauteile wird eine Lufttemperatur auf der Basis der Grenzbedingungen abgeschätzt, die für Feuerwehreinsatzkräfte – kurzzeitig – noch erträglich ist.

Nach entsprechenden Regelungen (z. B. des technischen Regelwerkes des Auslandes) hat der Australasian Fire and Emergency Authorities Council (AFAC Ltd.) Grenzbedingungen für die für Einsatzkräfte ertragbare Raumtemperatur festgelegt (siehe Tabelle 5.14.9-1).

Tabelle 5.14.9-1: Maximal erträgliche Brandwirkungen für Einsatzkräfte der Feuerwehr

Maximal erträgliche Temperatur in °C	100	120	160	235
Maximal erträgliche Wärmestrahlung in kW/m²	1	3	4–4,5	> 10
Maximale Einsatzdauer in Minuten	25	10	1	< 1
Einsatzbedingungen	Standard	gefährlich	extrem	kritisch

Der Wärmeübergang der Raumlufttemperatur auf die Bauteile wird als ideal, also auf der sicheren Seite, angenommen und insofern vernachlässigt. Die Bauteilerwärmung – von Stahlbauteilen – wird als abgeschlossen angesehen und die Querschnittserwärmung als gleichmäßig angenommen: Die Bauteil-Querschnittstemperatur wird der angenommenen Ersatz-Raumtemperatur gleichgesetzt.

Bewertung des Bemessungsvorschlags

Sofern solche Sondernachweise durchgeführt werden, wird für die Bauteile außerhalb des Brandherdes im kalten Gebäudeteil von Bauteiltemperaturen zwischen etwa 150 und 200 °C auszugehen sein (Einsatzdauer am Brandherd: mind. 1 bis 10 Min.).

Da eine Bemessung der betreffenden Bauteile für den Brandfall grundsätzlich nicht erforderlich ist, handelt es sich bei diesem Auslegungsvorschlag um eine konservative Vorgehensweise.

Die Annahme einer Bauteiltemperatur in Temperaturwerten für die Umgebungsluft, die Feuerwehreinsatzkräfte kurzzeitig ertragen können, ist ebenfalls sehr konservativ.

Diese Annahme vermeidet – auf der sehr sicheren Seite stehend – die Berechnung von Bauteilerwärmungen in Abhängigkeit von anzunehmenden Brandgrößen und vermeidet Brandsimulationen sowie die Berücksichtigung konvektiver und radiativer Wärmeströme.

6 Anforderungen an Baustoffe und Bauteile sowie an die Größe der Brandabschnitte im Verfahren ohne Brandlastermittlung

6.1 Grundsätze des Nachweises

Zu 6.1 Grundsätze des Nachweises

Sofern die Brandbelastung nicht durch objektspezifische Festlegungen im Rahmen eines Brandschutzkonzeptes und durch bauaufsichtliche Auflagen begrenzt wird, muss sich die Festlegung der zulässigen Flächen an die Regelungen der MBO anbinden; dies betrifft insbesondere die mehrgeschossigen Gebäude. Dies spiegelt sich beispielsweise in der zulässigen Fläche von 1500 m² für viergeschossige Industriebauten der Sicherheitskategorie K 1 wider.

Die Festlegungen zulässiger Brandabschnittsflächen gehen harmonisch in das Sicherheitskonzept der DIN 18230-1 über, für das als Grenzwert zulässige Brandbekämpfungsabschnitte eingeschossiger Gebäude mit einem flächendeckenden Sprinklerschutz in der Größe von 10.000 m² nachgewiesen worden sind.

Die Regelungen des Abschnitts 6 sind als „Vereinfachtes Verfahren" aus dem Standardverfahren des Abschnitts 7 entwickelt worden, um für „einfache Fälle" mit vergleichsweise „geringen Brandrisiken" auf die Anwendung des Rechenverfahrens nach DIN 18230 verzichten zu können und um dem Bauherrn in den Grenzen dieses Verfahrens eine Beschränkung der Brandlasten zu ersparen.

Dieses Verfahren nach Abschnitt 6 stellt insofern ein „Sonderkonzept für einfache Fälle" dar und darf auch innerhalb der Richtlinienanwendung nicht ohne Weiteres mit Teilen des Standardverfahrens nach Abschnitt 7 gemischt werden.

Auch von den Regelungen des Abschnitts 6 sind im Einzelfall Abweichungen denkbar (siehe Kommentar zu 1.c), die dann allerdings an die besonderen Voraussetzungen für dieses vereinfachte Verfahren gebunden sind. Im Übrigen sollte grundsätzlich das Standardverfahren angewendet werden, wenn weitergehende Erleichterungen vorgesehen werden. Das gilt insbesondere für die Begründung größerer Abschnittsflächen (siehe Kommentar 6.2.a und b) und vermehrter Verwendung brennbarer Baustoffe.

6.1.1 Allgemeines

Die Größe der Brandabschnitte und die Anforderungen an Bauteile und Baustoffe werden auf der Grundlage von Tabellenwerten ermittelt (vereinfachtes Verfahren).

Zu 6.1.1 Allgemeines

Es wird klargestellt, dass anders als beim Verfahren nach Abschnitt 7 kein Rechenverfahren zur Ermittlung der Größe der Brandabschnitte und der Anforderungen an Bauteile und Baustoffe erfolgt, sondern hierfür Tabellenwerte (siehe Tabelle 2) zur Verfügung stehen.

Zu 6.1.1: Allgemeines

Die meisten Brandschutzanforderungen der MIndBauRL sind (wie in anderen Sonderbauvorschriften auch) nicht in Abhängigkeit von den zulässigen Flächen oder von der brandschutztechnischen Infrastruktur der Gebäude geregelt (siehe Abschnitt 5). Zudem erfordern sie keine speziellen Kenntnisse oder gar besondere Festlegungen bzw. Begrenzungen der Nutzung (wie der Art und Menge der brennbaren Stoffe).

Auch die brandschutztechnischen Anforderungen an die Baustoffe und Bauteile sowie die maximal zulässigen Flächen von BA lassen sich im Regelfall für die meisten Industriebauten ohne eine ingenieurgemäße Risikobeurteilung und ohne Brandlasterhebungen erfüllen, wenn das Tabellenwerk des hier kommentierten Abschnittes 6 der MIndBauRL verwendet wird.

Diese tabellarischen Festlegungen berücksichtigen hohe Brandlasten und Brandszenarien, bei denen sich eine Wärmebeanspruchung für die Bauteile von 90 Minuten und mehr entsprechend der Normbrandbeanspruchung für Bauteile, der Einheitstemperaturzeitkurve (ETK) nach DIN 4102, ergeben kann.

Der große Vorteil des vereinfachten Verfahrens nach Abschnitt 6 MIndBauRL besteht darin, dass sich sowohl die Größe der BA als auch die brandschutztechnischen Anforderungen an die Baustoffe und Bauteile auf einfache Weise ermitteln lassen. Eine Berechnung bzw. Festlegung der Brandbelastung, z. B. nach DIN 18230-1, ist hierzu nicht erforderlich.

Das „vereinfachte Verfahren" des Abschnitts 6 ist für Industriebauten mit relativ „geringem Brandrisiko" vorgesehen (siehe auch Kommentar zu Abschnitt 4). Dafür ist der Anwendungsbereich dieses Verfahrens auf für Industriebauten relativ stark begrenzte Brandabschnittsflächen begrenzt. Bis auf Ausnahmen werden dafür Bauweisen mit nichtbrennbaren Baustoffen verlangt.

Allerdings weichen die Anforderungen der MIndBauRL an die Ausführung bestimmter Bauteile teilweise erheblich von den Regelungen der einzelnen LBOs ab.

So müssen z. B. Brandwände nach MIndBauRL 50 cm über Dach führen und es sind besondere Sicherungsmaßnahmen im Fassadenanschlussbereich erforderlich (siehe Abschnitt 5.10). Andererseits lässt Tabelle 2 in Abschnitt 6.2 z. B. bei eingeschossigen Industriebauten mit feuerhemmendem Tragwerk auch Brandabschnittsgrößen bis zu 3000 m² zu.

Bei dem hier geregelten vereinfachten Verfahren ergeben sich neben der jeweils zulässigen Größe der Brandabschnittsflächen weitere Anforderungen an

- Feuerwiderstandsdauer und Baustoffklasse der tragenden und aussteifenden Bauteile,
- Feuerwiderstandsdauer und Baustoffklasse des Haupttragwerkes des Daches,
- Baustoffklasse von Unterdecken und Deckenbekleidungen einschließlich ihrer Dämmstoffe, Unterkonstruktionen und Befestigungen,
- Wärmeabzugsflächen (bei Unterbemessung der Bauteile),
- max. zulässige Breite bei eingeschossigen Industriebauten von max. 40 m (bei Unterbemessung der Bauteile),
- weitere Anforderungen, wenn anstelle von Konstruktionen aus nichtbrennbaren Baustoffen Holzkonstruktionen ausgeführt werden (Fußnote 5 in Tabelle 2 Spalte 2).

So müssen z. B. die tragenden und aussteifenden Bauteile und das Haupttragwerk des Daches die gleichen Anforderungen erfüllen und bei mehrgeschossigen Industriebauten grundsätzlich aus nichtbrennbaren Baustoffen bestehen. Unterdecken und Deckenbekleidungen einschließlich ihrer Dämmstoffe, Unterkonstruktionen und Befestigungen müssen immer aus nichtbrennbaren Baustoffen bestehen. Das „vereinfachte Verfahren" lässt auch in begrenztem Umfang Industriebauten in Holzbauweise zu: gem. Tabelle 2 für feuerhemmende Bauteile in erd- und eingeschossigen Brandabschnitten von Industriebauten.

Für mehrgeschossige Industriebauten sieht die MIndBauRL grundsätzlich eine feuerbeständige Bauweise (aus nichtbrennbaren Baustoffen) vor. Eine geringere Feuerwiderstandsklasse ist nur bei zwei- und dreigeschossigen Industriebauten als brandschutztechnische Unterbemessung möglich, wenn die Größe der Brandabschnittsflächen deutlich reduziert wird. So ergibt sich z. B. bei einem zweigeschossigen Industriebau mit feuerhemmendem Tragwerk in der Sicherheitskategorie K 1 eine zulässige Fläche des BA von nur 800 m^2. Bei einer Beurteilung nach den LBOs wäre für ein Gebäude der GK 3 ein feuerhemmendes Tragwerk und eine zulässige Brandabschnittsgröße von bis zu 40 m × 40 m zulässig.

Neu gegenüber der MIndBauRL 2014 wird in der Fassung von 2019 geregelt, dass bei eingeschossigen Industriebauten anstelle von Konstruktionen aus nichtbrennbaren Baustoffen auch Holzkonstruktionen zulässig sind, wenn diese die in Fußnote 5 der Tabelle 2 angegebenen Anforderungen erfüllen.

Falls sich bei bestimmten Gebäuden (z. B. Gebäuden mit sehr geringen Brandlasten) bei einer Behandlung nach Abschnitt 6 aus Sicht des Bauherrn zu ungünstige Anforderungen ergeben, kann auch ein genauerer Nachweis nach Abschnitt 7 geführt werden. In diesem Fall erfolgt als Grundlage eine Brandlastberechnung nach DIN 18230-1.

Allerdings ist dabei zu beachten, dass das Verfahren nach dem hier kommentierten Abschnitt 6 MIndBauRL auch dann greift, wenn ein genauerer Nachweis der Brandbelastung nach Abschnitt 7 zu einer erforderlichen Feuerwiderstandsdauer für das Haupttragwerk von mehr als 90 Minuten führt.

Grundsätzlich können auch Methoden des Brandschutzingenieurwesens eingesetzt werden (siehe auch Abschnitt 4.3 MIndBauRL).

6.1.2 Geschosse mit Ebenen

Für Geschosse mit Ebenen kann der Brandschutz im Verfahren ohne Brandlastermittlung nicht nachgewiesen werden.

Zu 6.1.2 Geschosse mit Ebenen

Innerhalb von Geschossen sind Einbauten nach Abschnitt 5.5 zulässig. Die Errichtung von Ebenen ist im Anwendungsbereich von Abschnitt 6 unzulässig, weil zwischen Geschossen zwingend Geschossdecken zu errichten sind.

Zu 6.1.2: Geschosse mit Ebenen

Eine Anwendung des Verfahrens ohne Brandlastermittlung nach Abschnitt 6 MIndBauRL (Tabelle 2) ist nicht möglich. Definitionen von Ebenen und Einbauten enthalten die Abschnitte 3.8 und 3.9 MIndBauRL.

6.2 Zulässige Größe der Brandabschnittsfläche

Die zulässigen Größen der Brandabschnittsflächen bestimmen sich in Abhängigkeit von den Sicherheitskategorien K 1 bis K 4, von der Feuerwiderstandsfähigkeit der tragenden und aussteifenden Bauteile sowie von der Zahl der oberirdischen Geschosse nach Tabelle 2.

Tabelle 2: Zulässige Größe der Brandabschnittsflächen in m²

	Sicherheitskategorie	Anzahl der oberirdischen Geschosse								
		1		2			3		4	5
		Feuerwiderstandsfähigkeit und Brandverhalten von Baustoffen der tragenden und aussteifenden Bauteile								
	1	2	3	4	5	6	7	8	9	10
1		aus nichtbrennbaren Baustoffen[5]	Feuerhemmend	Feuerhemmend	Hochfeuerhemmend und aus nichtbrennbaren Baustoffen	Feuerbeständig und aus nichtbrennbaren Baustoffen	Hochfeuerhemmend und aus nichtbrennbaren Baustoffen	Feuerbeständig und aus nichtbrennbaren Baustoffen	Feuerbeständig und aus nichtbrennbaren Baustoffen	Feuerbeständig und aus nichtbrennbaren Baustoffen
2	K 1	1.800[1]	3.000	800[2,3]	1.600[2]	2.400	1.200[2,3]	1.800	1.500	1.200
3	K 2	2.700[1,4]	4.500[4]	1.200[2,3]	2.400[2]	3.600	1.800[2]	2.700	2.300	1.800
4	K 3.1	3.200[1]	5.400	1.400[2,3]	2.900[2]	4.300	2.100[2]	3.200	2.700	2.200
5	K 3.2	3.600[1]	6.000	1.600[2]	3.200[2]	4.800	2.400[2]	3.600	3.000	2.400
6	K 3.3	4.200[1]	7.000	1.800[2]	3.600[2]	5.500	2.800[2]	4.100	3.500	2.800
7	K 3.4	4.500[1]	7.500	2.000[2]	4.000[2]	6.000	3.000[2]	4.500	3.800	3.000
8	K 8	10.000	10.000	8.500	8.500	8.500	6.500	6.500	5.000	4.000

1) Breite des Industriebaus ≤ 40 m und Wärmeabzugsfläche ≥ 5 % (siehe Anhang 2).
2) Wärmeabzugsfläche ≥ 5 % (siehe Anhang 2).
3) Für Gebäude der Gebäudeklassen 3 und 4 ergibt sich nach § 27 Abs. 1 Satz 2 Nr. 2 und 3 i. V. m. § 30 Abs. 2 Nr. 2 MBO eine zulässige Größe von 1.600 m².
4) Die zulässige Größe darf um 10 % überschritten werden, wenn in dem Brandabschnitt die Produktions- und Lagerräume Rauchabzugsanlagen haben, bei denen
- je höchstens 200 m² der Grundfläche ein oder mehrere Rauchabzugsgeräte mit insgesamt mindestens 1,5 m² aerodynamisch wirksamer Fläche im Dach angeordnet wird,
- je höchstens 1.600 m² Grundfläche mindestens eine Auslösegruppe für die Rauchabzugsgeräte gebildet wird,
- Zuluftflächen mit einem freien Querschnitt von mindestens 36 m² im unteren Raumdrittel vorhanden sind sowie
- die Anforderungen der Nrn. 5.7.4.3 und 5.7.4.4 erfüllt sind.

5) Anstelle von Konstruktionen aus nicht brennbaren Baustoffen sind Holzkonstruktionen zulässig, wenn
- die Konstruktion nach DIN EN 1995-1-1 bemessen ist,
- die Holzbauteile im Falle von reinen Biegeträgern und Zugstäben eine Mindestquerschnittsabmessung von 10 cm × 10 cm und in allen Fällen eine Mindestquerschnittsabmessung von 12 cm × 12 cm aufweisen und
- die Knotenpunkte als Holz-Holz-Verbindungen mit Verbindungsmitteln nach Tabelle 6.1 der DIN EN 1995-1-2 oder mindestens zweischnittige Stahl-Holz-Verbindungen mit eingeschlitzten Blechen verwendet werden.

Zu 6.2 Zulässige Größe der Brandabschnittsfläche

Die Flächen wurden unter dem Grundsatz festgelegt, dass in Übereinstimmung mit den Regelungen der MBO eingeschossige Industriebauten mindestens eine feuerhemmende und mehrgeschossige Industriebauten mindestens eine feuerbeständige Konstruktion aufweisen müssen.

Die Tabellenwerte ergeben sich aus der Anwendung des Verfahrens nach Abschnitt 7 MIndBauRL Fassung März 2000 unter folgenden Annahmen:

F1 gemäß Tabelle 3 = 1,0 ($t_ä \geq 90$ min)

F2 gemäß Tabelle 4

F3 gemäß Tabelle 5 = 1,0 (eingeschossige Gebäude)

F4 gemäß Tabelle 6

F5 gemäß Tabelle 7 = 1,0 (klassifizierte Geschossdecken mit klassifizierten Abschlüssen bzw. Abschottungen)

Eine Unterbemessung der erforderlichen Feuerwiderstandsfähigkeit der tragenden und aussteifenden Bauteile für mehrgeschossige (feuerbeständig) und für eingeschossige Gebäude (feuerhemmend) wird durch Reduzierung auf die Größen der Brandabschnittsflächen gemäß Tabelle 2 ermöglicht. Demgegenüber führt eine Erhöhung der sonst erforderlichen Feuerwiderstandsfähigkeit nicht zu einer Sicherheitssteigerung, die größere Flächen zulassen würde.

Die Anforderungen der Tabelle 2 beziehen sich auf einzelne Brandabschnitte. Hat ein Industriebau mehrere Brandabschnitte, sollen sich für die Brandabschnitte des gleichen Industriebaus unterschiedliche zulässige Größen aus Tabelle 2 ergeben können. Ein Industriebau kann auch Brandabschnitte mit unterschiedlicher Geschossigkeit haben, so dass Brandabschnitte auch in Bezug auf ihre Geschossigkeit individuell nach Tabelle 2 bewertet werden können. Dass die Geschossigkeit des Gebäudes (größte Anzahl der Geschosse) maßgeblich für die Feuerwiderstandsfähigkeit der tragenden und aussteifenden Bauteile auch von Brandabschnitten des Gebäudes mit geringerer Zahl von Geschossen ist, ist aus Brandschutzgründen nicht erforderlich, weil nach Abschnitt 5.10 – anders als nach § 30 Abs. 3 Satz 2 MBO – zur Trennung der Brandabschnitte nur feuerbeständige Brandwände zulässig sind.

Die Fußnote 3) in Tabelle 2 gestattet in diesen Fällen eine Größe von Brandabschnittsflächen, die sich aus den höchstzulässigen Abständen von Brandwänden gemäß der MBO ergibt.

Nach Fußnote 4) in Tabelle 2 kann für Industriebauten mit verbesserter Rauchableitung in der Sicherheitskategorie K 2 ein Flächenbonus gewährt werden.

Nach Fußnote 5) in Tabelle 2 sind die tragenden und aussteifenden Bauteile eingeschossiger Industriebauten auch in Holzbauweise möglich. Dies ist das Ergebnis des „Untersuchungsbericht zu Hallen in Holzbauweise nach MIndBauRL". In diesem Untersuchungsbericht wurde zunächst nach den Kriterien der DIN 18230-1 eine Bewertung zum Abbrandverhalten von typischen Holzkonstruktionen durchgeführt. Im Sinne der geforderten „Robustheit" wurden nicht für den Brandfall bemessene, tragende und aussteifende Bauteile hinsichtlich ihrer Standsicherheit und Stabilität unter Brandbeanspruchung untersucht und im Hinblick auf eine „einfache Praxisregelung" beurteilt. Die Untersuchungen zeigen, dass alleine aufgrund der kalten Bemessung einer Tragkonstruktion aus Holz grundsätzlich von einer brandschutztechnisch robusten Konstruktion auszugehen ist. Dies ergibt sich aus den für den Brandfall abzumindernden Lasten und aus der geringen Abbrandgeschwindigkeit des Holzes, die eine vergleichsweise langsame Schwächung der Tragfähigkeit hervorruft im Vergleich zur Tragfähigkeitsschwächung von Stahlbauteilen durch die Erwärmung. Das gilt zumindest für Industriebauten mit üblichen Höhen und Achsabständen.

Allerdings dürfen die Querschnittsabmessungen für reine Biegeträger und Zugstäbe 10 cm und in allen anderen Fällen 12 cm nicht unterschritten werden, da robuste Konstruktionen nicht wie filigrane Nagelplattenbinder im Brandfall frühzeitig und umfangreich versagen dürfen. Weiterhin sind aus diesem Grunde nur bestimmte Verbindungen als zulässig vorgesehen. Unter diesen Voraussetzungen sind Industriebauten in Holzbauweise sogenannte „robuste" Konstruktionen, die ohne brandschutztechnische Bemessung ähnlich sicher wie unbemessene, ungeschützte Stahlkonstruktionen.

Für Verbindungsmittel nach Tabelle 6.1 DIN EN 1995-1-2 gilt Nachfolgendes:

***Tabelle 6.1** – Feuerwiderstandsdauer ungeschützter Verbindungen mit Seitenteilen aus Holz*

Verbindungsmittel	Feuerwiderstandsdauer $t_{d,fi}$ min	Voraussetzung[a]
Nägel	15	$d \geq 2{,}8$ mm
Schrauben	15	$d \geq 3{,}5$ mm
Bolzen	15	$t_1 \geq 45$ mm
Dübel	20	$t_1 \geq 45$ mm
Verbindungsmittel entsprechend EN 912	15	$t_1 \geq 45$ mm
[a] d ist der Durchmesser des Verbindungsmittels und t_1 ist die Dicke des Seitenteils.		

Darüber hinaus sind andere technische Lösungen für eine „robuste Konstruktion" möglich, wenn diese über ingenieurmäßige Nachweise, Anwendbarkeits- oder Verwendbarkeitsnachweise begründet werden.

Zu 6.2: Zulässige Größe der Brandabschnittsfläche

a) Hinweise zu den Fußnoten der Tabelle 2

Fußnoten 1 und 2:

Mit der Fußnote 1 wird für eingeschossige Brandabschnitte auch die zulässige Breite vorgegeben. Hier wird (versehentlich) noch wie es früher für erdgeschossige Industriebauten angemessen war auf die Breite des gesamten Industriebaus verwiesen, was mit der aktuellen Fassung von 2019 und für eingeschossige Brandabschnitte nicht mehr zutreffend ist.

Mit den Fußnoten 1 und 2 der Tabelle 2 der MIndBauRL werden Wärmeabzugsflächen zur teilweisen Kompensation brandschutztechnischer Unterbemessungen von Bauteilen herangezogen. Welche Öffnungen und Öffnungsverschlüsse als Wärmeabzugsflächen anrechenbar sind, ist unmittelbar dem **Anhang 2 MIndBauRL** zu entnehmen. Dort werden alle Flächen aufgeführt, die auch in DIN 18230-1 als Wärmeabzugsflächen infrage kommen. Auf eine differenzierte Bewertung wie in DIN 18230-1 in Abhängigkeit von der Lage dieser Flächen, von der berechneten äquivalenten Branddauer oder vom Vorhandensein einer anrechenbaren Werkfeuerwehr mit geeigneter Ausrüstung wird hierbei verzichtet.

Fußnote 3:

Mit Fußnote 3 wird darauf hingewiesen, dass für Brandabschnitte mit brandschutztechnischer Unterbemessung der Bauteile die hier zulässigen BA-Flächen kleiner sind als 1600 m² und somit kleiner als die Flächen der Regelbrandabschnitte gemäß MBO.

Dieser Hinweis dient als Argumentationshilfe für Brandschutzplanungen mit entsprechend größeren BA-Flächen bis zu Werten, die sich aus den maximal zulässigen Abständen von Brandwänden gemäß MBO errechnen. In einzelnen Bundesländern können diese Abstände gegenüber den Regelungen der MBO größer sein; in diesen Fällen kann die Fußnote 3 auch sinngemäß für andere Tabellenwerte angewendet werden.

Fußnote 4:

Mit Fußnote 4 wird eine Vergrößerung der zulässigen BA-Fläche gestattet, wenn gegenüber den Mindestanforderungen an die Rauchableitung gemäß Abschnitt 5.7 MIndBauRL verbesserte Rauchableitungsmaßnahmen vorgesehen werden. In diesem Sinn sind nur Rauchabzugsanlagen vorgesehen.

Die Anforderungen der Fußnote 4 enthalten insbesondere auch Mindestvorgaben für die Zuluftöffnungen: Es müssen mindestens 36 m² Zuluftöffnungen als „geometrisch freie Flächen" nachgewiesen werden. Diese Vorgabe ergibt sich aus folgenden Überlegungen:

Die gem. Fußnote 4 zulässige Brandabschnittsfläche beträgt mindestens ca. 3000 m² und stellt gleichzeitig einen Rauchabschnitt dar. Dafür sind je 200 m² Grundfläche mindestens 1,5 m² aerodynamisch wirksame Öffnungsfläche einer RWA-Anlage erforderlich; das sind zusammen 18 m² Aw.

Nach üblichen Grundsätzen (z. B. nach DIN 18232-2: 2007) soll etwa das 1,5-Fache von A_w als „wirksame" Zuluftfläche installiert werden: das sind 1,5 × 18 m² = 27 m². Bei Türen und Toren sind allerdings aus strömungstechnischen Gründen lediglich ca. 70 % der geometrischen Öffnungsfläche als „wirksame Zuluftfläche" anrechenbar, sodass danach etwa 27 m²/0,7 = 38,6 m² lichter Tür- bzw. Torfläche verbaut werden müssten. Man hat sich letztlich in Erwartung von Zuluftbauteilen in Form von Tür- und Toröffnungen auf einen Standardwert gem. Fußnote 4 von 36 m² normativ verständigt, was dem Doppelten von erf. A_w entspricht.

Es wird aus dieser Überlegung auch klar, dass diese Sonderregelung der Fußnote 4 auf einem Schutzkonzept mit „raucharmen Schichten" beruht und insofern von den Regelungen und Erwartungen in Abschnitt 5.7 deutlich abweicht. Im Übrigen bildet diese Überlegung auch die Grundlage für entsprechende Regelungen i.V.m. Tabelle 7, wobei auch dort von einem Rauchabschnitt bzw. Bemessungsrauchabschnitt von 3000 m² ausgegangen worden ist.

Gleichzeitig begrenzt diese Fußnotenregelung die Vergrößerung von BA-Flächen auf maximal 10 % der jeweiligen Tabellenwerte. Damit ist auch ein Maßstab gegeben für die Anrechnung anderer Verbesserungen des Brandschutzes bei ggf. planerisch vorgesehenen Vergrößerungen von BA, die als Abweichungen von der Richtlinie in den jeweiligen Brandschutzkonzepten begründet werden können.

Als Abweichung von der MIndBauRL lassen sich – insbesondere auf der Basis dieser Fußnote 4 – ggf. auch andere Randbedingungen zur Vergrößerung zulässiger BA-Flächen mit ingenieurgemäßen Brandschutznachweisen begründen. Auch andere Bezugsflächen als die geforderten 200 m² können ggf. für die Anordnung von Rauchabzugsgeräten zur Erreichung des Schutzzieles führen oder auch andere Zuluftflächen als die geforderten 36 m² im unteren Raumdrittel.

Ebenfalls als Abweichung von Fußnote 4 kann mit dem Verfahren nach Abschnitt 4.3 (Anwendung der Methoden des Brandschutzingenieurwesens) ggf. nachgewiesen werden, dass sich mit maschinellen Rauchabzugsanlagen die gleichen Wirkungen erzielen lassen wie mit den Regelvorgaben für natürliche Rauchabzugsanlagen.
Bei dieser Nachweisführung ist zu beachten, dass bei der Regel der Fußnote 4 von „raucharmen Schichten" ausgegangen wird, deren erforderliche Leistungsfähigkeit bezogen auf den Einzelfall bei der erforderlichen Nachweisführung für die alternative maschinelle Rauchabzugsanlage aus den Regelvorgaben für die natürliche Rauchabzugsanlagen ermittelt und als Akzeptanzkriterium herangezogen werden sollte.

Für die Begründung solcher Abweichungen von der MIndBauRL mit ingenieurtechnischen Mitteln kann beispielhaft auf den Untersuchungsbericht[1] verwiesen werden, der der Projektgruppe „Industriebaurichtlinie" als Entscheidungshilfe zur Verfügung stand.

Fußnote 5:

Gemäß MIndBauRL 2019 sind für eingeschossige Industriebauten ohne klassifizierte Feuerwiderstandsdauer (Tabelle 2 Spalte 2) anstelle von Konstruktionen aus nichtbrennbaren Baustoffen auch stabförmige Holzkonstruktionen zulässig, wenn diese nach DIN EN 1995-1-1 bemessen sind und die weiteren Anforderungen der Fußnote 5 erfüllen (siehe auch die grün markierten Erläuterungen zu Abschnitt 6.2).

b) Ermittlung der zulässigen BA-Flächen

Die zulässigen BA-Flächen ergeben sich aus Tabelle 2. Die Anwendung dieser Tabelle ist auf den ersten Blick sehr einfach. Jedoch ist darauf zu achten, dass alle von der MIndBauRL vorgegebenen **Randbedingungen** eingehalten werden. Insbesondere ist auf die **Geschossigkeit und die Anordnung des Gebäudes im Gelände** zu achten.

Ebenso sind die Regelungen über **Lage und Zugänglichkeit** sowie für **zweigeschossige Industriebauten und Geschosse unter der Geländeoberfläche** zu berücksichtigen (Abschnitte 5.2 bis 5.4), da sich auch hieraus besondere Anforderungen, aber auch Erleichterungen ergeben können.

Schließlich sind auch die zahlreichen sonstigen Rahmenbedingungen (z. B. in Abschnitt 5 oder die Fußnoten zur Tabelle 2) zu beachten. So ist es nach Tabelle 2 in der Sicherheitskategorie K 2 zwar möglich, einen eingeschossigen, oberirdischen Industriebau-BA mit einer Größe von 2700 m² ohne besondere Anforderungen an die Feuerwiderstandsklasse des Tragwerkes zu errichten. Alle sonstigen Anforderungen der MIndBauRL müssen jedoch eingehalten werden, z. B. die Rauchableitung nach Abschnitt 5.7 sowie Wärmeabzüge und eine maximale Breite von 40 m nach Fußnote 1 der Tabelle 2.

c) Maximale Breite von Industriebauten mit mehreren BA

Nach Tabelle 2 können auch die Flächen einzelner BA innerhalb eines größeren Industriebaus (mit mehreren BA) ermittelt werden. Allerdings ist gemäß Fußnote 1 zur Tabelle 2 die Breite eines eingeschossigen Industriebaus **ohne Anforderungen** auf 40 m begrenzt.

Formal lässt die Bezugnahme der Richtlinie 2014 mit der Fußnote 1 auf „erdgeschossige" Industriebauten grundsätzlich keine durch „innere Brandwände" abgetrennten anderen Brandabschnitte im selben Industriebau zu (siehe Begriff Nr. 3.10 „erdgeschossiger Industriebau"). Allerdings war entgegen einer so strengen Auslegung des Richtlinienwortlauts eine als „erdgeschossig" vorgesehene Industriebauplanung mit mehreren „erdgeschossigen Brandabschnitten" innerhalb eines Industriebaus stets akzeptiert. Solche Fälle erforderten die Begründung einer entsprechenden Abweichung von der o.g. Regelanforderung für erdgeschossige Industriebauten.

Ein Ensemble mit anderen Nutzungsarten oder mit mehreren Geschossen sollte aber nicht vorgesehen werden – auch nicht, wenn diese durch innere Brandwände voneinander innerhalb desselben Gebäudes getrennt werden.

Damit ist es z. B. möglich, einen eingeschossigen Industriebau der Sicherheitskategorie K 1 zu errichten, der drei BA von je 1800 m² Größe enthält und somit insgesamt 5400 m² groß ist (siehe Bild 6.2-1).

Jeder der dargestellten rechteckigen BA darf z. B. ohne klassifizierten Feuerwiderstand der Baukonstruktion 60 m lang sein und dabei eine Breite von 30 m haben. Die größere Seite wird als Länge und die andere Seite als Breite angesehen. Damit entspricht der Begriff **Breite** auch dem Begriff der **Tiefe.**

Die Begrenzung der **zulässigen Breite** bei brandschutztechnisch nicht ausgelegten (Teilen von) Gebäuden nach Fußnote 1 der Tabelle 2

1) Kersken + Kirchner GmbH (München): „ Einfluss des Rauchabzugs auf zulässige Flächen im Industriebau – Bemessungsvorschlag"; 28.01.2011 (unveröffentlicht)
siehe auch: Kersken-Bradley, M.: „Brandabschnittsflächen im Industriebau", vfdb-Zeitschrift, Heft 2 /2010

Bilder 6.2-1 bis 6.2-3: Beispiele für die Verwendung der Begriffe Länge und Breite von Industriebauten nach Fußnote 1 der Tabelle 2 MIndBauRL

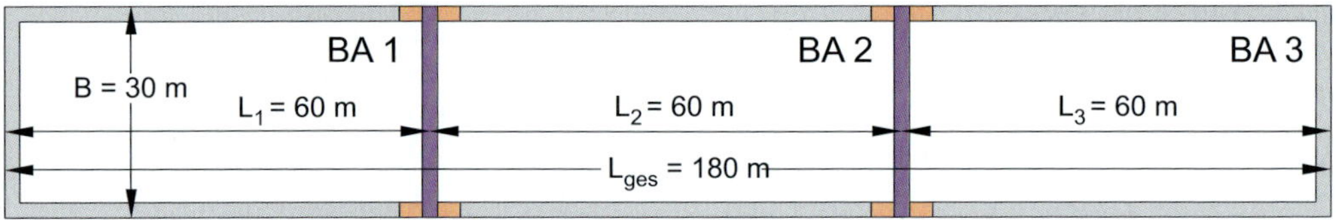

Bild 6.2-1: Industriebau mit drei rechteckigen BA von je 1800 m² Größe

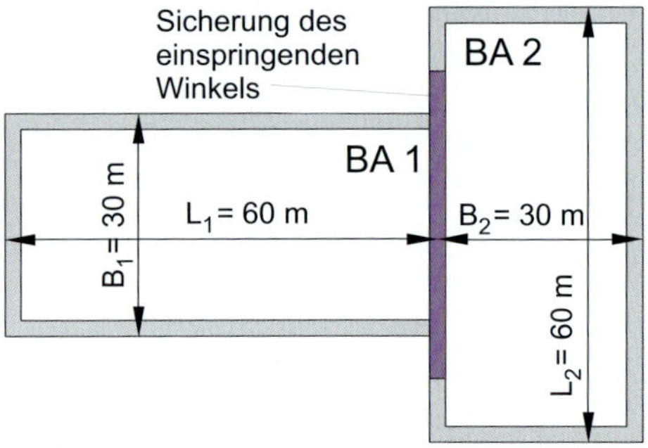

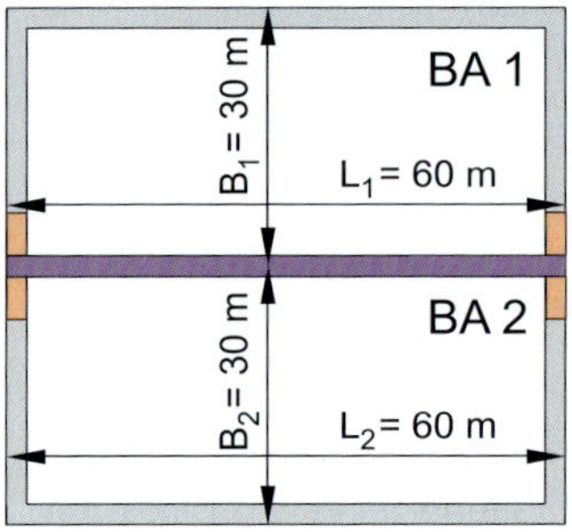

Bilder 6.2-2 und 6.2-3: Obwohl die Gebäude in ihren Gesamtabmessungen jeweils breiter sind als 40 m, kann davon ausgegangen werden, dass der Begriff **Breite** für die jeweiligen BA gilt und somit die Anforderungen der Fußnote 1 eingehalten wurden.

dient vorrangig einer wirksamen Brandbekämpfung. Deshalb kann davon ausgegangen werden, dass diese Fußnote auch für die einzelnen BA gilt, wobei konsequent auf die Zugänglichkeit für die Feuerwehr zu achten ist.

d) Wärmeabzugsflächen

Für eingeschossige Gebäude ohne Sprinkleranlage und bestimmte mehrgeschossige Gebäude mit der Feuerwiderstandsfähigkeit feuerhemmend bzw. hochfeuerhemmend und aus nichtbrennbaren Baustoffen wird nach Fußnote 1 bzw. 2 zur Tabelle 2 eine Wärmeabzugsfläche nach Anhang 2 verlangt, die mindestens 5 % der Fläche des BA betragen muss.

Diese Gebäude dürfen mit dem Verfahren nach Abschnitt 6 errichtet werden, ohne dass die tatsächlich vorhandene Brandlast berücksichtigt wird und die Bauteile und Konstruktionen entsprechend für den Brandfall bemessen werden. Deshalb soll diese Anforderung zumindest für eine bestimmte qualifizierte Wärmeentlastung sorgen. Ausgenommen davon sind Industriebauten mit flächendeckenden selbsttätigen Feuerlöschanlagen, da durch diese eine ausreichende Sicherheit besteht.

Die Wärmeabzüge müssen nach Anhang 2 MIndBauRL ausgeführt werden. Bei eingeschossigen Gebäuden können sie als Dach- und Wandöffnungen hergestellt werden. Im Geschossbau sind diese Flächen i. d. R. als Wandöffnungen für die jeweiligen Geschosse nachzuweisen.

Die Anforderungen an Wärmeabzugsflächen sehen zunächst leicht erfüllbar aus. Deren Planung und Ausführung kann jedoch bei bestimmten Gebäuden durchaus problematisch werden. Für eine eingeschossige Industriehalle in einer Größe von 1800 m² in der Sicherheitskategorie K 1 ist immerhin eine Wärmeabzugsfläche von 90 m² erforderlich. Diese lässt sich meist einfach ausführen, da z. B. auch ausschmelzbare Wärmeabzugsflächen im Dach angeordnet werden können.

Bei einem zweigeschossigen Industriebau in hochfeuerhemmender Ausführung aus nichtbrennbaren Baustoffen in einer Größe von 1600 m² in der Sicherheitskategorie K 1 beträgt die erforderliche Wärmeabzugsfläche in beiden Geschossen je 80 m². Dies kann im Erdgeschoss (EG) durchaus problematisch werden, da hierzu nur die Wandöffnungen verwendet werden können.

Falls es in diesem Fall im EG nicht möglich ist, die geforderten 5 % für Wärmeabzugsflächen einzuhalten, bestehen zwei Möglichkeiten: Entweder wird das Gebäude feuerbeständig und aus nichtbrennbaren Baustoffen errichtet (in der Feuerwiderstandsfähigkeit der tragenden und aussteifenden Bauteile) oder es erfolgt ein Nachweis gemäß DIN 18230-1 in Verbindung mit dem Verfahren nach Abschnitt 7 MIndBauRL.

e) Geschosszahl

Die Geschossigkeit des BA ist ein wesentlicher Faktor bei der Ermittlung der zulässigen BA-Flächen nach Tabelle 2. Es handelt sich dabei um oberirdische Geschosse des betreffenden BA, die durch Geschossdecken mit einer klassifizierten Feuerwiderstandsdauer (nach Tabelle 2) und mit klassifizierten Abschottungen und Abschlüssen voneinander abgetrennt sind.

Gänge (Wartungsgänge), die lediglich zur Revision und Wartung technischer Einrichtungen vorgesehen sind, zählen bei der Berechnung der Flächen nicht mit.

Die beiden Spalten „erdgeschossig“ in Tabelle 2 gelten gem. den Regelungen von Abschnitt 6.2 für „erdgeschossige Brandabschnitte“ von Industriebauten und nicht nur für „erdgeschossige Industriebauten“ gem. Abschnitt 3.10.

> **Hinweis:**
> Auf die Kommentare zu den Begriffen „Kellergeschoss“ und „erdgeschossiger Brandabschnitt“ im Abschnitt 3.14 dieses Kommentars wird hingewiesen.

f) Brandabschnitte mit unterschiedlichen „Geschosszahlen“: Tabellenwert-Interpolation

f.1) Grundsätzliche Betrachtungen

Relativ häufig wird seitens der Planer innerhalb eines Brandabschnitts eine Kubatur vorgesehen, die als „Mischbauweise mit unterschiedlichen Geschosszahlen“ bezeichnet wird. In diesen Fällen handelt es sich meist um Gebäudegliederungen, wie sie in den Bildern 5.6.1 und 5.6.2 beispielhaft dargestellt sind.

Derartige Fragestellungen im Zusammenhang mit „erdgeschossigen Industriebauten“ bzw. *„erdgeschossigen Brandabschnitten“* sind bereits im Abschnitt 3.10.e kommentiert. Der dortige Kommentar schlägt eine „Interpolationsregel“ vor und verlangt eine spezielle **Abweichung von der Richtlinie,** die nur bei hinreichend konservativer Vorgehensweise entwickelt und begründet werden kann. Insbesondere ist bei *„erdgeschossigen Brandabschnitten“* zu beachten, dass für diese Fälle ein gegenüber den mehrgeschossigen Brandabschnitten stark abgemindertes Sicherheitskonzept in den zulässigen Flächen berücksichtigt worden ist.

Eine allgemein anerkannte oder hinreichend oft angewendete und bauaufsichtlich akzeptierte Interpolationsformel ist dem Verfasser bislang nicht bekannt! In einer Reihe von Einzelfällen konnte jedoch in der Vergangenheit (insbesondere auf der Basis der Richtlinienfassung von 2000) bereits mit einer derartigen „Interpolation“ eine bauaufsichtlich akzeptierte Brandschutzplanung abweichend von den Werten der Tabelle 2 gefunden und begründet werden. Entsprechende Erfahrungen liegen mit der Richtlinienfassung von 2014 noch nicht vor.

Eine grundsätzliche Vermeidung der Anwendung des Verfahrens nach Abschnitt 7 kann und soll mit diesen speziellen Abweichungen nicht erreicht werden, weil genau für solche Gebäudeformen das Verfahren des Abschnitts 7 weiterentwickelt und auf das bauaufsichtliche Sicherheitsniveau kalibriert worden ist. Das Verfahren nach Abschnitt 7 gilt sowohl für Geschossbildungen als auch für Ebenenbildungen innerhalb von Brandabschnitten.

Gerade bei relativ kleinen Brandabschnitten kann die Anwendung des Abschnitts 7 jedoch zu besonderen Härten für den Bauherrn führen, wenn dabei keine Abweichungen von der MIndBauRL vorgesehen werden. Im Rahmen einer brandschutztechnischen Risikobetrachtung unter Einbeziehung der Schutzziele und des Sicherheitskonzepts der MIndBauRL (siehe Kommentar Abschnitt 0 „Vorbemerkungen") kann jedoch im Einzelfall eine derartige spezielle Abweichung sinnvoll sein und als akzeptabel begründet werden. In einem solchen Fall wäre zu überprüfen, ob und inwieweit solche Industrie- bzw. Gewerbebauten als „Industriebauten mit geringeren Brandgefahren" gem. Abschnitt 2 der Richtlinie eingestuft werden können, für die spezielle Erleichterungen gestattet werden können.

f.2) Beispiel für eine Interpolationsregel

Wenn zwei Abschnitte eines Brandabschnitts durch eine feuerbeständige Trennwand voneinander getrennt werden und wenn die Geschosse der jeweiligen Teilabschnitte dieses Brandabschnitts Geschossdecken i. S. der Begriffsbestimmung von Abschnitt 3.7 haben, dann kann bei ausreichend sichererer Zugänglichkeit beider Abschnitte für die Feuerwehr beispielhaft folgende Interpolationsregel angewendet werden:

Zunächst wird der Abschnitt mit der größeren Geschosszahl betrachtet. Gemäß Tabellle 2 wird der dafür benötigte/vorgesehene Teil des Brandabschnitts den entsprechend zulässigen Brandabschnittsflächen gegenübergestellt und der so „verbrauchte" Flächenanteil ermittelt:

Flächenanteil mit der größeren Geschosszahl:
Anteil = vorh. A.BA/zu. A.BA (Tab. 2)
z. B.: Anteil = 1000 m^2/2400 m^2 (K 1, nG = 2; fb)
= 0,417

Für den Abschnitt mit der geringeren Geschosszahl verbleibt dann nur noch der entsprechende Restanteil gem. Tabelle 2:
Restanteil = 1 – 0,417 = 0,588

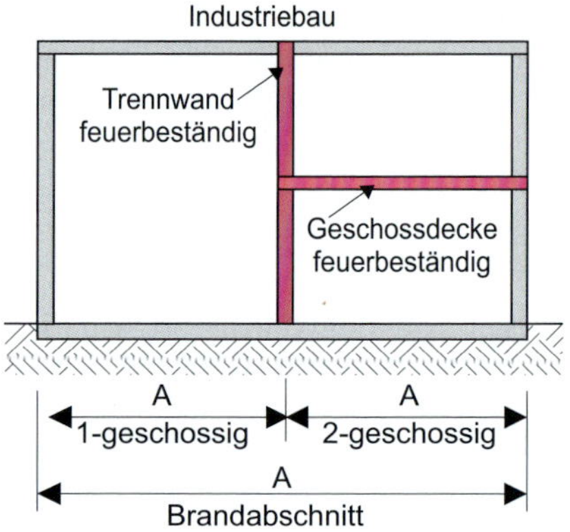

Bild 6.2-4: Beispiel für eine Interpolationsregel.
Erläuterungen siehe Text.

Entsprechend den Planungsgrößen für diesen anderen Abschnitt (Geschosszahl, K-Klasse und F-Klasse) bestimmt sich die zulässige, verbleibende Abschnittsgröße folgendermaßen aus dem noch verfügbaren Restanteil des Brandabschnitts:

Beispiel für die Planungsgrößen dieses Abschnitts zur Ablesung aus Tabelle 2:
nG = 1 erdgeschossig; F0, K1
Ablesung: zul A.BA = 1800 m^2
Restanteil daraus = 0,588 × 1800 m^2 = 1050 m^2

Insgesamt würde der Brandabschnitt – bestehend aus den beiden feuerbeständig voneinander abgetrennten Teilabschnitten – also 1000 m^2 + 1050 m^2 = 2050 m^2 groß werden dürfen.

Somit sind nach diesen Gedankengängen auch Brandabschnitte denkbar, die größer sind als der kleinere Bezugswert gem. Tabelle 2 entsprechend den jeweiligen Planungsgrößen (Geschosszahl, K-Klasse und F-Klasse). Dem kann in der Regel gefolgt werden, weil durch die feuerbeständige Trennung der beiden Abschnitte entsprechende, qualifizierte Raumabschlüsse die Ausbreitung von Feuer und Rauch innerhalb des Brandabschnitts erheblich behindern. Die unterschiedliche Ausprägung des Sicherheitskonzeptes für ein- und mehrgeschossige Industriebauten kann dabei zumeist unberücksichtigt bleiben.

Beispiel 1 (siehe Text):

Flächeninterpolation bei Abschnitten mit unterschiedlicher Geschosszahl in einem BA					
			zu TaB-2		
Abschnitt mit größerer Geschosszahl	vorh nG =	2			
	vorh A.G [m²] =	**1000**			
aus Tab-2:	zul A.G [m²] =	2400	K1, fb	Anteil =	0,417
Abschnittstrennung: Trennwand fb					
Abschnitt mit kleinerer Geschosszahl	vorh nG =	1			
aus Tab-2:	vorh A.G [m²] =	1800	K1, F0		
zul. Restflächen aus Interpolation:	**zul A.G [m²] =**	**1050**		zul. Restanteil	0,583
zul. Gesamtfläche/Grundfläche	**zul A.BA [m²] =**	**2050**	bei dieser Aufteilung und Abtrennung		
Hinweis: Die zulässige BA.Fläche ist größer als die zulässige BA.Fläche für die geringere Geschosszahl. Begründung: Abtrennung fb und Geschossdecken: Fx (Tab-2, s. o.).					

Beispiel 2:

			zu TaB-2		
Abschnitt mit größerer Geschosszahl	vorh nG =	2			
	vorh A.G [m²] =	**1000**			
aus Tab-2:	zul A.G [m²] =	2400	K1, fb	Anteil =	0,417
Abschnittstrennung: Trennwand fb					
Abschnitt mit kleinerer Geschosszahl	vorh nG =	1			
aus Tab-2:	vorh A.G [m²] =	3000	K1, F30		
zul. Restflächen aus Interpolation:	**zul A.G [m²] =**	**1750**		zul. Restanteil	0,583
zul. Gesamtfläche/Grundfläche	**zul A.BA [m²] =**	**2750**	bei dieser Aufteilung und Abtrennung		
Hinweis: Die zulässige BA.Fläche ist größer als die zulässige BA.Fläche für die geringere Geschosszahl. Begründung: Abtrennung fb und Geschossdecken: Fx (Tab-2, s. o.).					

Beispiel 3:

			zu TaB-2		
Abschnitt mit größerer Geschosszahl	vorh nG =	3			
	vorh A.G [m²] =	**1000**			
aus Tab-2:	zul A.G [m²] =	6500	K4, fb	Anteil =	0,154
Abschnittstrennung: Trennwand fb					
Abschnitt mit kleinerer Geschosszahl	vorh nG =	2			
aus Tab-2:	vorh A.G [m²] =	8500	K4, F60		
zul. Restflächen aus Interpolation:	**zul A.G [m²] =**	**7192**		zul. Restanteil	0,846
zul. Gesamtfläche/Grundfläche	**zul A.BA [m²] =**	**8192**	bei dieser Aufteilung und Abtrennung		
Hinweis: Die zulässige BA.Fläche ist größer als die zulässige BA.Fläche für die größere Geschosszahl. Begründung: Abtrennung fb und Geschossdecken: Fx (Tab-2, s. o.).					

g) Überschreitung der zulässigen Brandabschnittsflächen von Tabelle 2

Grundsätzlich dürfen die zulässigen Brandabschnittsflächen der Tabelle 2 im Verfahren nach Abschnitt 6 nicht überschritten werden. Diese Flächenwerte wurden als Grenzwerte aus dem Verfahren nach Abschnitt 7 festgelegt, die sich für Fälle mit typischen fb-Anforderungen ergeben.

Diesen Grenzwertbetrachtungen lag allerdings eine Bewertung der brandschutztechnischen Infrastruktur entsprechend den K-Klassen für die Sicherheitskategorie (in den älteren Fassungen der MIndBauRL für die Flächenbemessung ausgedrückt und festgelegt durch den damaligen Faktor F2 für die brandschutztechnische Infrastruktur) zugrunde, die ggf. vorhandene höherwertige Maßnahmen nicht berücksichtigen kann.

Tabelle 4: Faktor F2 zur Berücksichtigung der brandschutztechnischen Infrastruktur

Sicherheitskategorie	K 1	K 2	K 3.1	K 3.2	K 3.3	K 3.4	K 4
F2	1,0	1,5	1,8	2,0	2,3	2,5	3,5

Tabelle 4 aus MindBauRL, Fassung 2000–2014: Faktor F2 für die Bestimmung der zulässigen BBA-Flächen im Verfahren nach Abschnitt 7, die auch für die Festlegung der zulässigen BA-Flächen im Verfahren nach Abschnitt 6 Anwendung fanden.

Wenn also mit den Verfahren des Brandschutzingenieurwesens nachgewiesen werden kann, dass höherwertige Brandschutzmaßnahmen vorliegen, dann kann ggf. im Zuge einer **Abweichung von der Richtlinie** auch im Verfahren nach Abschnitt 6 eine gewisse Extrapolation der zulässigen Flächenwerte – zurückhaltend – vorgenommen werden.

Im Zuge der Richtlinienfortschreibungen wurden in diesem Sinne bereits „nachträglich" die halbstationären Feuerlöschanlagen (siehe Abschnitt 3.12) und eine „höherwertige" Rauchableitung (siehe Fußnote 4) zur Vergrößerung der Brandabschnitte angerechnet.

Insbesondere ist jedoch nur die „höchstwertige" Brandschutzmaßnahme anrechenbar, deren flächenwirksamer Schutzwert gegebenenfalls verbessert werden kann. Eine Anrechnung mehrerer Schutzmaßnahmen (z. B. Redundanzen oder Kombinationen wie Sprinkleranlage mit Werkfeuerwehr) ist jedoch noch nicht verallgemeinerbar nachgewiesen. Man geht grundsätzlich davon aus, dass die höchstwertige Brandschutz-

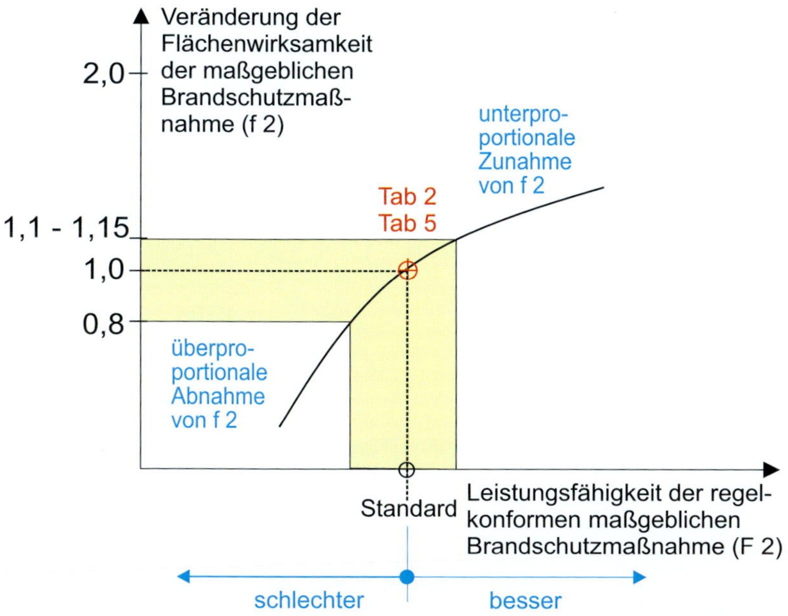

Bild 6.2-5: Bewertungsschema zur Beurteilung der Verbesserung der Flächenwirksamkeit der maßgeblichen Brandschutzmaßnahme durch Maßnahmenkombinationen.

Erläuterungen siehe Text.

maßnahme den flächenwirksamen Schutzwert der Gesamtmaßnahmen so weit dominiert, dass eine Anrechenbarkeit mehrerer Brandschutzmaßnahmen (bei der Definition und Verwendung der K-Klassen) nicht vorgesehen werden konnte.

Sollte sich jedoch in besonderen Einzelfällen durch die zuverlässige Kombination mehrerer sehr wirksamer Brandschutzmaßnahmen der flächenwirksame Schutzwert erheblich steigern lassen, kann ggf. mit ingenieurtechnischen Nachweisen (siehe Abschnitt 4.3) deren Schutzwertsteigerung anrechenbar sein. Für solche Nachweisführungen dürfen allerdings nicht die jeweiligen anzunehmenden Versagenswahrscheinlichkeiten der Einzelmaßnahmen ausschließlich miteinander multipliziert werden. Es ist mindestens zu beachten, dass der flächenwirksame Schutzwert mit steigender Gesamtwirksamkeit aller Brandschutzmaßnahmen unterproportional steigt – aber bei Schwächung der Maßnahmen überproportional abnimmt!

Im folgenden Bild 6.2-5 soll eine solche Bewertungsart veranschaulicht werden: Die regelkonforme Leistungsfähigkeit der brandschutztechnischen Infrastruktur wird mit dem Standardwert für den Faktor F2 (siehe oben) für die maßgebliche Brandschutzmaßnahme festgelegt. Dieser Standardwert kann nun modifiziert werden, wenn die Leistungsfähigkeit dieser Brandschutzmaßnahme durch weitere Brandschutzmaßnahmen zuverlässig erhöht wird (als Änderung der Flächenwirksamkeit dieser maßgeblichen Brandschutzmaßnahme f2). Der Wert für f2 kann dann alternativ der Flächenbewertung zugrunde gelegt werden; der Standardwert der Richtlinie kann also mit f2 multipliziert werden.

Das Bild zeigt, dass für eine bestimmte Steigerung der Leistungsfähigkeit der anrechenbaren Brandschutzmaßnahmen lediglich **ein relativ geringer Zuwachs** der zulässigen Flächen erwartet werden kann, dass aber bei einer entsprechend großen Abnahme der Leistungsfähigkeit der Brandschutzmaßnahmen **eine sehr viel größere Reduktion** der zulässigen Fläche vorzusehen ist. Daraus geht hervor, dass mit solchen Betrachtungen lediglich eher moderate Steigerungen der zulässigen Flächen argumentiert werden sollten. Diese Vorgehensweise kann in Abstimmung mit den zuständigen Prüfstellen im Verfahren nach Abschnitt 6 und auch nach Abschnitt 7 (durch Anwendung auf die Tabelle 5 der aktuellen Richtlinie) herangezogen werden. Aus dieser Betrachtungsweise ergeben sich dann

Flächensteigerungen ggf. in Größenordnungen um die 10 % bis 15 % (für f2 = 1,1 bis 1,15); solche Werte sind vom Brandschutzingenieur konservativ zu schätzen und zu begründen; wesentlich wirksamer ist eine erhebliche Verbesserung der Leistungsfähigkeit der maßgeblichen, wirkungsvollsten Einzelbrandschutzmaßnahme!

6.3 Anforderungen an die Baustoffe und Bauteile

Zu 6.3 Anforderungen an die Baustoffe und Bauteile

Industriebauten dürfen unter der Voraussetzung, dass ihre tragenden und aussteifenden Bauteile nicht brennbar sind, oder der Fußnote 5) von Tabelle 2 entsprechen, ohne Bemessung der Baukonstruktion errichtet werden. Dies gilt nur, wenn es sich um eingeschossige Gebäude handelt, deren Breite maximal 40 m beträgt, um der Feuerwehr wirksame Löschmaßnahmen zu ermöglichen, und sie Wärmeabzugsflächen von mindestens 5 v. H. der Brandabschnittsfläche besitzen, um bei der nicht limitierten, also als hoch anzunehmenden Brandbelastung für eine qualifizierte Wärmeentlastung zu sorgen. Maximal anrechenbar als erforderliche Wärmeabzugsflächen sind 25 v. H. der Brandabschnittsfläche, da über diesen Anteil hinaus kein verbessernder Einfluss auf die Temperaturentlastung der Bauteile zu erwarten ist. Ausgenommen von der Forderung an die Breite des Industriebaus und an Wärmeabzugsflächen sind Industriebauten mit flächendeckender selbsttätiger Feuerlöschanlage.

Ziel dieser erleichternden Regelungen für eingeschossige Industriebauten ist es einerseits, im Brandfall hinreichend gute Bedingungen für die Brandbekämpfung zu schaffen, und andererseits für den Fall eines möglichen Totalschadens keine nicht mehr sicherheitsrelevanten und damit überzogenen Anforderungen an die Tragfähigkeit der Konstruktion zu stellen. Dabei wird in Rechnung gestellt, dass auch Bauteile und Konstruktionen, die nicht speziell für den Brandfall bemessen werden, einen gewissen Feuerwiderstand aufweisen, der unter den geregelten Randbedingungen im allgemeinen für das Erreichen der bauaufsichtlichen Schutzziele ausreicht.

Für mehrgeschossige Industriebauten kann auf eine Feuerwiderstandsfähigkeit nicht verzichtet werden, wohl aber wird eine Reduzierung der Feuerwiderstandsfähigkeit für zwei- und dreigeschossige Gebäude in genau festgelegten Grenzen berücksichtigt: Das Risiko sinkt, wenn die zulässige Fläche kleiner wird, demzufolge ist auch eine risikogerechte Abminderung der erforderlichen Feuerwiderstandsfähigkeit des Tragwerks erfolgt. Hinsichtlich der Feuerwiderstandsfähigkeit unterbemessener zwei- und dreigeschossiger Industriebauten werden entsprechend reduzierte Brandabschnittsflächen zugeordnet.

Durch die Auflistung von Flächen im Anhang 2, die ohne weiteren Nachweis als Wärmeabzugsflächen angesetzt werden dürfen, wird die Anwendung des Abschnittes 6, Tabelle 2, ohne Rückgriff auf die DIN 18230-1 ermöglicht. Im Geschossbau sind diese Flächen in der Regel als Wandöffnungen nachzuweisen. In Anbetracht der Bedeutung der Erleichterungen erscheint eine Mindestgröße von 5 v. H. bei der Größenordnung der betreffenden Flächen für Gebäude ohne Nachweis der Brandbelastung angemessen und auch realisierbar.

Die Anforderung zu 6.3.2 dient der Behinderung der Brandweiterleitung innerhalb eines Brandabschnittes oder Brandbekämpfungsabschnittes. Sie wurde insbesondere für den Fall nachträglicher Wärmedämmung unter Dächern ergänzt, um eine Brandausbreitung analog zu Unterdecken zu behindern. Sie gilt für alle Bedachungen, unabhängig von der Größe der Dachflächen.

6.3.1 Feuerwiderstandsfähigkeit und Brandverhalten der Bauteile

6.3.1

Tragende und aussteifende Bauteile, Geschossdecken, Verschlüsse von Öffnungen in Geschossdecken sowie das Haupttragwerk des Daches (z. B. Binder) sind mit der Feuerwiderstandsfähigkeit und dem Brandverhalten der Baustoffe nach Tabelle 2 herzustellen.

Zu 6.3.1: Feuerwiderstandsfähigkeit und Brandverhalten der Bauteile

a) Regelanforderungen an Bauteile

a.1) Regelanforderungen an tragende und aussteifende Bauteile

In Tabelle 2 MIndBauRL (siehe Abschnitt 6.2) sind neben der zulässigen Größe der Brandabschnittsflächen auch die Anforderungen an die erforderliche Feuerwiderstandsfähigkeit der tragenden und aussteifenden Bauteile (z. B. tragende Wände, Pfeiler, Stützen, Unterzüge und Geschosstrenndecken) sowie an das Brandverhalten der Baustoffe festgelegt.

Welche Bauteile zu den „tragenden und aussteifenden Bauteilen" gehören, an die Anforderungen hinsichtlich ihrer Feuerwiderstandsfähigkeit gestellt werden, kann unter Berücksichtigung folgender Überlegungen und Kriterien überprüft werden[1]: Die Forderung nach einer bestimmten Feuerwiderstandsfähigkeit der tragenden und aussteifenden Bauteile soll im Brandfall die tragende Substanz des Gebäudes für bestimmte Zeiten erhalten, damit die bauordnungsrechtlichen Ziele des Brandschutzes erreicht werden können (insbesondere die Rettung von Personen sowie die Ermöglichung wirksamer Löscharbeiten und bei mehrgeschossigen Industriebauten auch besonders der Schutz angrenzender Flächen und Anlagen vor einstürzenden Bauteilen). Bei diesen Bauteilen handelt es sich grundsätzlich um solche Bauteile, die in das Konzept des Standsicherheitsnachweises nicht nur allein durch ihr Eigengewicht eingehen, sondern die auch zur Aufnahme und Weiterleitung von Kräften unverzichtbar bestimmt sind und die **Standsicherheit der baulichen Anlage insgesamt** sichern. Die Anforderungen an die Standsicherheit im Brandfall treffen insbesondere solche Bauteile, die andere Bauteile tragen oder aussteifen, an die ihrerseits hinsichtlich ihrer Feuerwiderstandsfähigkeit Anforderungen (nach den vorgenannten Kriterien) gestellt werden.

Dabei wird nicht unterschieden nach der Bedeutung einzelner Bauteile für die Gesamtstandsicherheit des Industriebaus. Die Anforderungen gelten auch für das Haupttragwerk des Daches!

Es werden allerdings brandschutztechnische Unterbemessungen gestattet und geregelt, die für eingeschossige Industriebauten auch brandschutztechnisch unbemessene Bauteile – sogar des Haupttragwerkes – gestatten.

Für eingeschossige Gebäude, die nach Tabelle 2 Spalte 2 ohne Anforderungen an die Feuerwiderstandsfähigkeit möglich sind, müssen die tragenden und aussteifenden Bauteile sowie das Haupttragwerk des Daches zunächst aus nichtbrennbaren Baustoffen bestehen. Allerdings sind ab der Richtlinie von 2019 **anstelle** von Konstruktionen aus nichtbrennbaren Baustoffen auch **stabförmige Holzkonstruktionen** zulässig, wenn die Anforderungen der Fußnote 5 in Tabelle 2 eingehalten werden.

Damit werden im vereinfachten Verfahren nach Abschnitt 6 MIndBauRL z. B. neben Stahlhallen auch Hallen in Holzkonstruktion (bei Einhaltung der Fußnote 5) ohne qualifizierten Feuerwiderstand zulässig.

Weitergehende Erleichterungen (z. B. Verwendbarkeit brennbarer Baustoffe bei tragenden und aussteifenden Bauteilen ohne Feuerwiderstand) erfordern einen genaueren Nachweis. Dieser kann z. B. über das Verfahren nach Abschnitt 7 geführt werden. Hierbei besteht die Möglichkeit, nicht klassifiziert feuerwiderstandsfähige Konstruktionen aus brennbaren Baustoffen zu errichten.

a.2) Regelanforderungen an sonstige Bauteile

Neben den Bauteilen, die von Tabelle 2 unmittelbar erfasst sind, besteht ein Industriebau auch aus weiteren Bauteilen, von denen einige unmittelbar die Regelungen im Abschnitt 5 erfüllen müssen. Für weitere Bauteile gelten die Anforderungen der Landesbauordnungen unmittelbar, sofern die MIndBauRL keine speziellen Anforderungen stellt (beispielsweise für Einbauten; siehe dazu auch den Kommentar zu Abschnitt 7.6.2).

---

1) Siehe hierzu insbesondere: Gädtke, Temme, Heintz, Czepuk: „BauO NRW – Kommentar", Werner Verlag, 11. Auflage, 2008 (§ 29, Rdn. 4ff)

b) Standsicherheitsnachweis

Der Nachweis der Standsicherheit und der Erfüllung der erforderlichen Feuerwiderstandsfähigkeit wird durch die brandschutztechnische Bauteilbemessung erbracht. Hierfür steht aktuell insbesondere das technische Regelwerk der Eurocodes mit den nationalen Anhängen zur Verfügung:

- Im Nachweisverfahren nach Abschnitt 6 sind nur Nachweise von Feuerwiderstandsklassen auf der Basis der Einheitstemperaturzeitkurve (ETK) als Brandeinwirkung zulässig.
- Sollen wegen der anzunehmenden Verhältnisse (Brandlasten, Wärmeabzugsflächen) rechnerisch kleinere Feuerwiderstandsfähigkeiten als ausreichend ermittelt werden, sind zur Beurteilung der Naturbrandeinwirkung zunächst das Rechenverfahren nach DIN 18230-1 und das Nachweisverfahren des Abschnittes 7 MIndBauRL anzuwenden.

c) Anforderungen an brandschutztechnisch unbemessene Bauteile des Haupttragwerkes

c.1) Grundsätze

Auch für brandschutztechnisch nicht bemessene Bauteile des Gebäudes muss im Brandfall eine gewisse Standsicherheit gegeben sein, selbst wenn keine Feuerwiderstandsklasse gefordert wird. Solche Bauteile weisen gegenüber Brandangriffen eine **brandschutztechnische Robustheit** auf. Für Industriebauten mit solchen nicht brandschutztechnisch bemessenen Haupttragwerken muss auch als Ganzes ihre Robustheit gegenüber lokalen Bränden nachgewiesen werden (kinematische Kette). Siehe dazu auch die Erläuterungen zu Abschnitt 5.14.9 MIndBauRL.

c.2) Allgemeine Hinweise für statische Anforderungen an „unbemessene" Bauteile

Im deutschen Technischen Regelwerk waren bzw. sind u. a. folgende Grundsätze verankert, die insbesondere auch für den Brandschutz im Zusammenhang mit sogenannten „brandschutztechnisch unbemessenen Bauteilen" greifen:

In der DIN 1055-100:2001-03 (Einwirkungen auf Tragwerke – Teil 100: Grundlagen der Tragwerksplanung – Sicherheitskonzept und Bemessungsregeln; zurückgezogen und ersetzt durch DIN EN 1990:2010-12) wurden folgende Grundsätze festgelegt:

„Abschnitt 4.1 ‚Grundlegende Anforderungen'

(1) Ein Bauwerk muss derart entworfen und ausgeführt sein, dass die während der Errichtung und Nutzung möglichen Einwirkungen mit angemessener Zuverlässigkeit keines der nachstehenden Ereignisse zur Folge haben:

- *Einsturz des gesamten Bauwerks oder eines Teils,*
- *größere Verformung in unzulässigem Umfang,*
- *Beschädigungen anderer Bauteile oder Einrichtungen und Ausstattungen infolge zu großer Verformungen des Tragwerks,*
- *Beschädigungen durch ein Ereignis in einem zur ursprünglichen Ursache unverhältnismäßig großen Ausmaß.*

(2) Ein Tragwerk muss so bemessen werden, dass seine Tragfähigkeit, Gebrauchstauglichkeit und Dauerhaftigkeit während der vorgesehenen Nutzungsdauer den in Absatz (1) vorgegebenen Bedingungen genügen.

(3) Die mögliche Schädigung muss durch die angemessene Wahl einer oder mehrerer der folgenden Maßnahmen begrenzt oder vermieden werden:

- *Verhinderung, Ausschaltung oder Minderung der Gefährdung, denen das Tragwerk ausgesetzt ist,*
- *Wahl eines Tragsystems, das eine geringere Anfälligkeit gegen die hier betrachteten Gefährdungen aufweist,*
- *Wahl eines Systems oder einer baulichen Durchbildung derart, dass der zufällige Ausfall eines einzelnen Bauteils oder eines begrenzten Teils des Tragwerks bzw. das Auftreten hinnehmbarer örtlicher Schädigungen nicht zum Versagen des Gesamttragwerks führt,*
- *Anwendung von Tragsystemen, die mit Vorankündigung versagen,*
- *Herstellung tragfähiger Verbindungen der Bauteile untereinander.*

(4) Die genannten Anforderungen müssen durch die Wahl geeigneter Baustoffe, einer zutreffenden Bemessung und einer zweckmäßigen baulichen Durchbildung sowie die Festlegung von Überwachungsverfahren für den Entwurf, die Ausführung und die Nutzung des jeweiligen Gesamtbauwerks erreicht werden."

In den nachfolgenden, entsprechenden Regelungen der DIN EN 1990:2010-12 heißt es dazu auszugsweise im Abschnitt 2.1:

„(5) Die mögliche Schädigung ist durch die angemessene Wahl einer oder mehrerer der folgenden Maßnahmen zu begrenzen oder zu vermeiden:

- *Wahl der Art des Tragsystems so, dass die Anfälligkeit gegen die hier betrachteten Gefährdungen gering bleibt;*
- *Wahl der Art des Tragsystems und seiner baulichen Durchbildung derart, dass mit dem schädigungsbedingten Ausfall eines einzelnen Bauteils oder eines begrenzten Teils des Tragwerks oder mit sonstigen in Kauf genommenen lokalen Schäden kein Totalversagen des Gesamttragwerks auftritt;*
- *wenn möglich, Vermeidung von Tragsystemen, die ohne Vorankündigung total versagen können;*
- *Kopplung von Tragelementen.*

(6) Die grundlegenden Anforderungen sind durch

- *die Wahl geeigneter Baustoffe,*
- *durch zweckmäßigen Entwurf und Bemessung und geeignete bauliche Durchbildung sowie durch … zu erfüllen.*

(7) Die Festlegungen in Abschnitt 2 setzen voraus, dass der Entwurf und die Berechnung nach dem anerkannten Stand der Technik mit der für das Projekt erforderlichen Befähigung und Sorgfalt durchgeführt werden."

Bild 6.3.1-1: Unsinniges und fehlleitendes Warnschild für brandschutztechnisch nicht bemessene Stahlhallen: Alle Industriebauten sind für die Innenangriffe der Feuerwehr ausreichend standsicher (siehe Abschnitt 5.14.9)!

c.2) Fehlinterpretation der Standsicherheit brandschutztechnisch unbemessener Bauteile

Teile der Bauaufsichtsbehörden und Feuerwehren fordern Warnhinweise für die Feuerwehren für brandschutztechnisch nicht bemessene Konstruktionen von Industriebauten in Form von Schildern, die außen an solchen Industriebauten angebracht werden sollen, oder auch als Einträge in die Feuerwehrpläne (Abschnitt 5.14.2). Seitens des Autors wird vermutet, dass Negativerfahrungen bei Feuerwehreinsätzen mit Nagelplattenbindern dafür ursächlich sind.

Für Industriebauten sorgen die – seit der Richtlinienfassung von 2014 klaren – Regelungen der MIndBauRL für eine ausreichende Standsicherheit dieser Industriebauten auch im Brandfall, sodass entsprechende Sorgen weitgehend nicht gerechtfertigt sind und das Anbringen von Warnschildern übertrieben ist.

- Auch sogenannte „F0-Hallen" müssen sicher für die Feuerwehren sein, damit sie Innenangriffe durchführen können und dafür sichere Angriffs- und Rückzugswege haben.
- Selbst bei größeren Brandherden von mehreren hundert Quadratmetern sollen Feuerwehren den Innenangriff erwägen und versuchen. Das hängt von einer Reihe feuerwehrspezifischer Aspekte ab – aber eben nicht von der Standsicherheit der Baukonstruktion, weil das Gebäude in den „brandherdfernen Bereichen" in allen „lokalen Brandszenarien" stets für die Feuerwehr ausreichend standsicher hergestellt werden muss.

Mit besonderen Warnhinweisen für die Feuerwehr vor dem Betreten solcher Industriebauten

- werden die Maßnahmen der Bauherren zur Sicherstellung einer ausreichenden Standsicherheit konterkariert: Diese vorgeschriebenen Maßnahmen laufen ins Leere und verfehlen ihren Zweck,
- werden Investitionen der Bauherren für den Brandschutz (hier Standsicherheit) als „Wegwerfleistungen" zunächst gefordert und anschließend behandelt,
- wird die Versagenswahrscheinlichkeit solcher Gebäude erheblich vergrößert, weil der von der MIndBauRL unterstellte Innenangriff mit einer bestimmten Erfolgswahrscheinlichkeit infrage zu stellen ist (Sicherheitskonzept/Sicherheitsniveau) – und die privatrechtlichen Risiken der Bauherren werden durch solche Behördenforderungen nach Warnhinweisen vergrößert,
- werden Bedenken und negative Risikobewertungen seitens der Versicherungsgesellschaften verstärkt, was sich in den Versicherungskosten ausdrücken kann.

Auch verfahrensrechtlich sind einige Aspekte als kritisch zu betrachten:

- Wie kann eine Bauaufsichtsbehörde in den Nebenbestimmungen solche Schilder fordern, die in den bauordnungsrechtlichen Vorschriften nicht verlangt und vorgesehen werden?
- Wie müssten derartige Behördenforderungen argumentiert oder begründet werden?
- Welche Abweichungen und von welchen Einzelanforderungen könnten bei der gegebenen Fassung der MIndBauRL vorliegen, um solche Schilder mit den o.g. Auswirkungen verlangen zu können?

d) Verschlüsse von Öffnungen in Geschossdecken

Der Definition des Geschossbegriffs (siehe Abschnitt 3.7 MIndBauRL) und der Forderung eines Raumabschlusses für Geschossdecken folgend, müssen gemäß Abschnitt 6.3.1 auch die Öffnungen in Geschossdecken Verschlüsse in der Feuerwiderstandsfähigkeit der jeweiligen Decken haben. Dies war so in der MIndBauRL von 2000 nicht geregelt, da deren Geschossdecken-Definition auch ungeschützte Öffnungen zugelassen hat.

Der in diesem Abschnitt verwendete Begriff Verschlüsse von Öffnungen korrespondiert mit dem Begriff Abschlüsse von Öffnungen in Tabelle 6 (siehe Abschnitt 7 MIndBauRL).

Die Anforderungen gelten (entsprechend Tabelle 6, Zeile 1, Spalten 3 und 4) aber auch für

- die erforderliche Feuerwiderstandsfähigkeit von Lüftungsleitungen, Installationsschächten und -kanälen und
- Vorkehrungen gegen Brandübertragung bei Leitungen, Lüftungsleitungen, Installationsschächten und -kanälen ohne Feuerwiderstandsfähigkeit, die Geschossdecken mit einer Feuerwiderstandsfähigkeit überbrücken.

Somit werden z. B. die entsprechenden Regelanforderungen der MLAR und der M-LüAR an die Feuerwiderstandsfähigkeit von Leitungs- und Lüftungsanlagen im Industriebau durch die Anforderungen der MIndBauRL ersetzt.

6.3.2 Unterdecken und Deckenbekleidungen

6.3.2

Unterdecken einschließlich ihrer Aufhängungen sowie Decken- und unterseitige Dachbekleidungen einschließlich ihrer Dämmstoffe und Unterkonstruktionen müssen aus nichtbrennbaren Baustoffen bestehen.

6.4 Besondere Anforderungen an Lagergebäude und an Gebäude mit zusammenhängenden Lagerbereichen

Zu 6.4: Besondere Anforderungen an Lagergebäude und an Gebäude mit zusammenhängenden Lagerbereichen

a) Anwendungsbereich

Der Anwendungsbereich dieser Regelungen ist auf Gebäude und BA beschränkt, die nach Abschnitt 6 beurteilt werden – sie gelten also nicht für eine Lagerflächenbeurteilung im Verfahren nach Abschnitt 7. Das ergibt sich aus der Anordnung der Regelungen in diesem Abschnitt.

Die Regelung bezieht sich auf die Nutzungsart **Lagerung** innerhalb von **Industriebauten.**

Lagerflächen sind Flächen, die planmäßig für Lagerzwecke vorgesehen sind. Unter Lagerung wird das Abstellen (insbesondere von Gütern) über einen Zeitraum von mindestens 24 Stunden verstanden.

Bereitstellungsflächen und Flächen zur Kommissionierung von Waren, auf denen Güter nur kurzfristig abgestellt werden, zählen nicht zu den Lagerflächen. Solche Flächen sind wie Produktionsflächen zu bewerten.

b) Größere begehbare Regalanlagen (keine Hochregallager)

Für größere begehbare Regalanlagen (die keine Hochregallager sind), die den Nutzungscharakter des Industriebaus weitgehend bestimmen, ist i. d. R. der hier kommentierte Abschnitt 6.4 MIndBauRL anzuwenden.

b.1) Bewertung von Regallagern im Verfahren nach Abschnitt 7

Die in Regalanlagen vorhandenen Mengen brennbarer Stoffe werden in den überwiegenden Fällen dazu führen, dass das Verfahren nach Abschnitt 7 MIndBauRL nicht angewendet werden kann.

Teilflächen innerhalb großer BA und BBA, auf denen Regallager mit brennbaren Gütern aufgestellt werden, können ggf. nicht von den Festlegungen in Abschnitt 6.4 betroffen sein, wenn sich aus dem **globalen Nachweis** nach DIN 18230-1 die Anwendbarkeit des Verfahrens nach Abschnitt 7 ergibt. Dann fallen diese Lagerbereiche auch aus dem unmittelbaren Anwendungsbereich des Abschnittes 6.4 heraus.

Für die entsprechenden Bauteile des Gebäudes sind in solchen Fällen regelmäßig **Teilflächennachweise** für den Nachweis der Standsicherheit im Brandfall zu führen. Daraus können sich dann auch Rechenwerte für erf t_F ergeben, die über 90 Minuten liegen und deren Realisierung sich aus den Bemessungsregeln der MIndBauRL ergeben (also keine Feuerwiderstandsdauer über 90 Minuten erforderlich).

c) Hochregallager

Hochregallager, die in den Anwendungsbereich der MIndBauRL fallen, werden nach diesen Festlegungen beurteilt. Sie können grundsätzlich nicht nach Abschnitt 7 beurteilt werden, weil BBA mit Lagerguthöhen von mehr als 9 m nicht mehr nach DIN 18230-1 regelkonform bewertet werden können. Der Anwendungsbereich des m-Faktors zur Bewertung des Abbrandverhaltens brennbarer Stoffe ist auf eine Lagerguthöhe von maximal 9 m begrenzt.

6.4.1 Bildung von Lagerabschnitten

6.4.1

Bei Lagergebäuden und bei Gebäuden mit Lagerbereichen ohne selbsttätige Feuerlöschanlage ist in jedem Geschoss die Fläche jedes Brandabschnitts oder Lagerbereichs durch Freiflächen in Lagerabschnitte von höchstens 1200 m² zu unterteilen. Die Freiflächen müssen bei einer Lagerguthöhe (Oberkante) von bis zu 4,5 m eine Breite von mindestens 3,5 m und bei einer Lagerguthöhe (Oberkante Lagergut) von 7,5 m eine Breite von mindestens 5,0 m haben. Die Mindestbreiten der Freiflächen bei Lagerguthöhen zwischen 4,5 m und 7,5 m ergeben sich durch Interpolation.

Zu 6.4 Besondere Anforderungen an Lagergebäude und an Gebäude mit zusammenhängenden Lagerbereichen

Durch eine Unterteilung der Lagergebäude ohne selbsttätige Feuerlöschanlage in Lagerabschnitte von höchstens 1200 m² soll die Brandausbreitung behindert und für die Feuerwehr eine Möglichkeit für die Brandbekämpfung geschaffen werden. Eine Unterteilung in Lagerabschnitte ist aber nur bei Gebäuden mit zusammenhängenden Lagerbereichen erforderlich. Die Anforderung gilt nicht für Bereitstellungsflächen (punktuelle Lagerung).

Bild Nr. 7

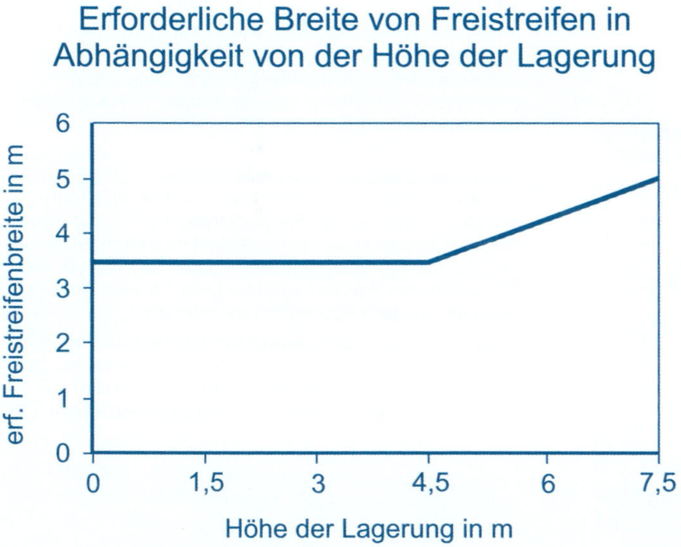

Zu 6.4.1: Bildung von Lagerabschnitten

a) Allgemeines

Die Regelungen des Abschnittes 6.4 MIndBauRL haben das Ziel, bei Lagerrisiken wirksame Löscharbeiten zu ermöglichen oder mindestens zu begünstigen. Es geht dabei weder um die Sicherung der Rettungswege noch um die Standsicherheit des Gebäudes bzw. der Lagerhilfen (z. B. der Regale) oder Bedienebenen. Diese Regelungen ergänzen die sonstigen Anforderungen der MIndBauRL für Lagerbereiche, wenn diese im vereinfachten Verfahren nach Abschnitt 6 beurteilt werden.

Bei der brandschutztechnischen Beurteilung der Lager in der MIndBauRL wurde im Wesentlichen von den in den Bildern 6.4.1-1 bis 6.4.1-3 dargestellten Lagertypen ausgegangen.

Erdgeschossiges Lagergebäude

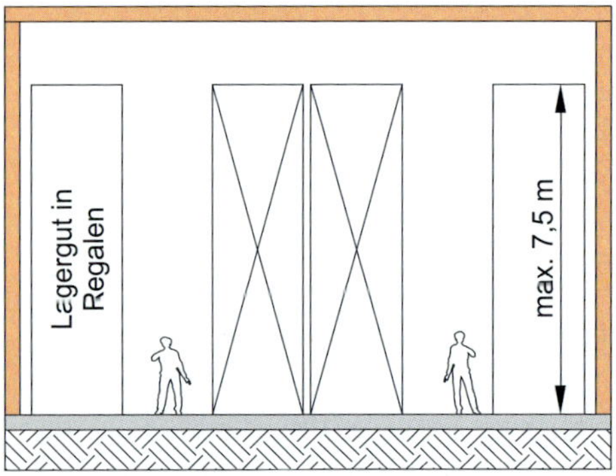

Bild 6.4.1-1: Beispiel für Lagertyp 1

Die Lagergüter sind auf dem Boden des hier betrachteten BA angeordnet. Die Beschickung des Lagers erfolgt vom Boden dieses BA (EG) oder von einer feuerbeständigen, öffnungslosen Geschossdecke eines BA bei mehreren klassischen Geschossen (OG) aus.

Mehrgeschossiges (dreigeschossiges) Lagergebäude mit tragenden Ebenendecken

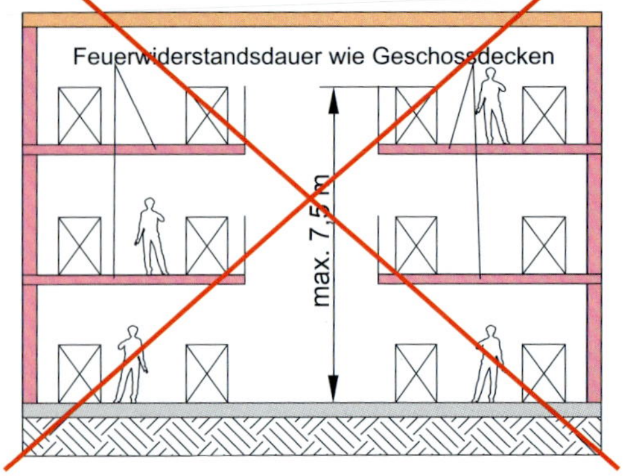

Im Verfahren nach Abschnitt 6 **nicht zulässig**. Bewertung im Verfahren nach Abschnitt 7 (mit Ebenendecken) möglich.

Bild 6.4.1-3: Beispiel für Lagertyp 2

Die Lagergüter sind sowohl auf dem Boden des hier betrachteten BA als auch auf höheren Decken (Ebenendecken) innerhalb dieses BA angeordnet. Diese Decken werden durch das Eigengewicht des Lagers statisch beansprucht. Die Beschickung des Lagers erfolgt von dort.

Derartige Lager mit mehreren übereinander angeordneten Decken erfordern eine Ausbildung der Decken als **Ebenendecken** und sind im Verfahren nach Abschnitt 6 somit **nicht zulässig,** sondern nach Abschnitt 7 zu behandeln.

Erdgeschossiges Lagergebäude mit Lagerung auf Einbauten

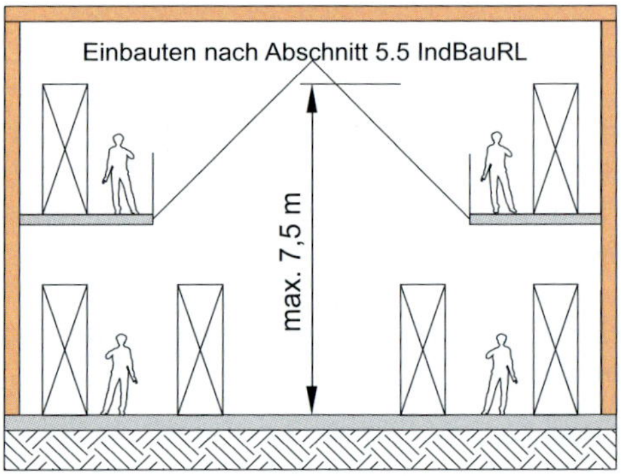

Bild 6.4.1-2: Beispiel für Lagertyp 1 mit Einbauten

Die Lagergüter sind sowohl auf dem Boden des hier betrachteten BA als auch auf den höheren Flächen von Einbauten innerhalb dieses BA angeordnet. Diese Flächen werden durch das Eigengewicht des Lagers statisch beansprucht. Auch die Beschickung des Lagers erfolgt von dort.

Im Verfahren nach Abschnitt 6 MIndBauRL ist diese Lagerung auf erhöhten Flächen von Einbauten zulässig. Jedoch dürfen die Einbaudecken nicht übereinander angeordnet werden und müssen zudem die **Flächenbegrenzungen** gemäß Abschnitt 5.5 erfüllen.

Außerdem sind die Einbauten so anzuordnen, dass die Feuerwehr geeignete Löschmaßnahmen von einem sicheren Standort aus vornehmen kann. Die Ermöglichung wirksamer Maßnahmen zur Brandbekämpfung kann bei einer flächendeckend vorhandenen Feuerlöschanlage als gegeben bewertet werden. Bei Gesamt-Lagerhöhen ab 7,5 m ist dieser Typ der Lagerung grundsätzlich für eine Behandlung nach Abschnitt 6 vorgesehen.

In anderen Fällen sollte eine Lösung gemeinsam mit der Feuerwehr erarbeitet werden. Dabei ist zu bewerten, bei welchen Szenarien die Einsatzkräfte die Einbauten zur Brandbekämpfung betreten können (siehe Abschnitt 5.5).

b) Erfordernis von Freiflächen zur Bildung von Lagerabschnitten

Abschnitt 6.4.1 MIndBauRL fordert für Lager und Lagerflächen, die nicht durch selbsttätige Feuerlöschanlagen geschützt sind, die Bildung von **Lagerabschnitten von max. 1200 m² Grundfläche** durch Freiflächen (brandlastarme Streifen). Die Mindestbreiten der Freiflächen ergeben sich aus der Lagerguthöhe.

Mit den Freiflächen sollen insbesondere folgende Schutzziele erreicht bzw. unterstützt werden:

- Erreichbarkeit der Lagergüter für die Feuerwehr zur Brandbekämpfung
- Behinderung der Brandausbreitung innerhalb der Lagerbereiche an den Freiflächen

Da eine Behinderung der Brandausbreitung durch Freiflächen im vorgesehenen Maße (erforderliche Breite) an Grenzen stößt, wird die Freiflächenregelung in Abhängigkeit von der Lagerhöhe festgelegt und ab einer Lagerhöhe von mehr als 7,5 m durch Feuerlöschanlagen ergänzt.

Aus den a. a. R. d. T. für Feuerlöschanlagen ergeben sich meist weitere Anforderungen an die Lagerhaltung. Insbesondere können auch weitergehende Freiflächen innerhalb der Lagerabschnitte erforderlich werden, die dann auch innerhalb des Sprinklerschutzes liegen.

Bei einer Abweichung von den technischen Regeln für die Feuerlöschanlagen, z. B. indem alternativ mit Methoden des Brandschutzingenieurwesens gleichwertige Feuerlöschanlagenkonzepte nachgewiesen werden (siehe Erläuterungen zu Abschnitt 5.8.1 MIndBauRL), müssen ebenfalls Festlegungen bezüglich der erforderlichen Freiflächen erfolgen.

Aus den genannten Gründen werden in der MIndBauRL bei Lagerbereichen, die nach Abschnitt 6 durch selbsttätige Feuerlöschanlagen geschützt sind, keine speziellen Anforderungen an die Freiflächen festgelegt. Hier kann generell auf die Freiflächenregelungen des technischen Regelwerkes der verwendeten selbsttätigen Feuerlöschanlagen verwiesen werden.

Bei größeren Brandabschnitten oder Geschossen können ggf. hohe Lagerbereiche bzw. Regalanlagen vorgesehen werden, die einen Schutz durch eine geeignete Feuerlöschanlage benötigen, ohne dass die anderen Bereiche dieser Brandabschnitte oder Geschosse so geschützt werden müssten. In solchen Fällen kann in einem entsprechenden Brandschutzkonzept auch allein der Schutz dieser Lagerbereiche begründet werden, wenn nur dort die manuelle Brandbekämpfung eine anlagentechnische Unterstützung benötigt. Bei der Auslegung solcher Feuerlöschanlagen sind dann aber insbesondere auch die Freistreifen zu den anderen Flächen und das technische Regelwerk zu beachten; ggf. ist eine spezielle Bemessung und Konzeption dieser Feuerlöschanlagen erforderlich und im BSK darzustellen.

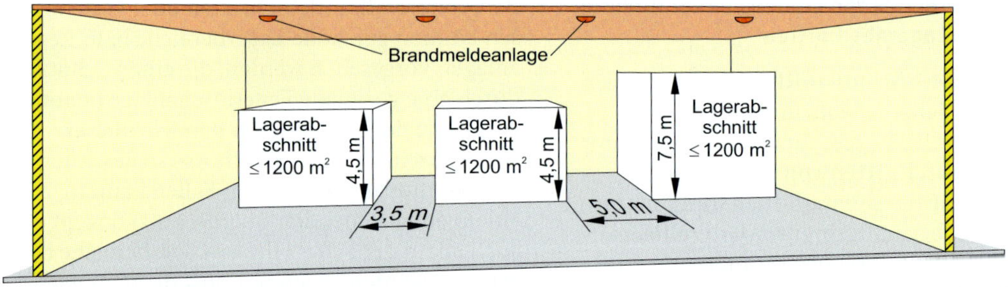

Bild 6.4.1-4: Beispiel für die Anordnung von Lagerabschnitten durch Freiflächen in einem Industriegebäude (Bemessungsgruppe K 2, fh, A ≤ 4500 m²)

Die max. Lagerguthöhe beträgt 7,5 m, da das Lager keine automatische Löschanlage aufweist.

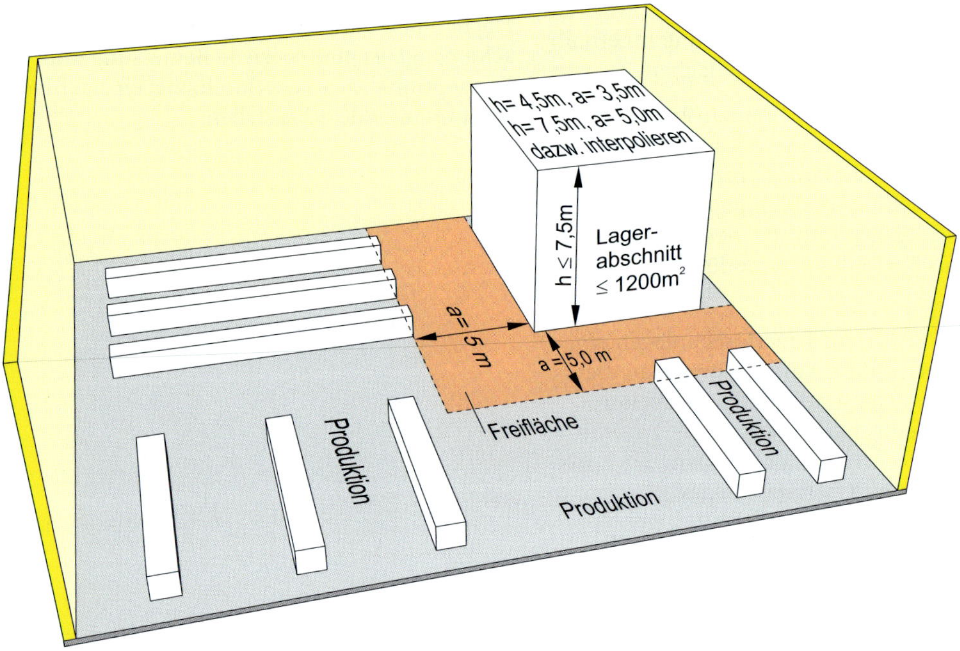

Bild 6.4.1-5: Beispiel für Produktionsflächen mit Lagerbereich

Zwischen dem Lagerbereich und der Produktion sind die Freiflächen gemäß Abschnitt 6.4.1 MIndBauRL einzuhalten.

c) Größe der Lagerabschnitte

Die Größe eines Lagerabschnittes ergibt sich aus der betreffenden Lagerfläche innerhalb des Lagerabschnittes – zuzüglich der halben erforderlichen Breite der Freiflächen.

Wenn ein Lagerabschnitt an eine Produktionsfläche grenzt, ist die gleiche Freifläche erforderlich wie zu anderen Lagerabschnitten. Die Höhe des Lagerabschnittes gilt als maßgeblich für die Bemessung der erforderlichen Breite der Freifläche.

Die **Maximalfläche der Lagerabschnitte** ist auf 1200 m² begrenzt. Dieser Richtwert von 1200 m² basiert auf folgender Risikobewertung:

- Es wird eine Beurteilungsfläche in der Maximalgröße eines bauordnungsrechtlichen Regel-BA – als Risiko-Vergleichswert – betrachtet aus den Abmessungen von 40 m × 40 m; A.BA = 1600 m² = A.Risiko
  - In dieser Risiko-Vergleichsfläche sollen die Flächen des Lagerabschnitts (Lagerflächen inklusive innerer Freistreifen/Gänge) sowie mit Anteilen der umgebenden Freistreifen (entsprechend der halben Freistreifenbreite) enthalten sein.
- Mit folgender Betrachtung wurde die zulässige Größe des Lagerabschnitts als Lagerfläche festgelegt:
  - Abmessungen des angenommenen Lagerabschnitts: L/B = 40/30 m ⇒ A.LA = 1200 m²
  - Breite des Freistreifens zu anderen Lagerabschnitten und zu sonstigen Flächen B.F = 5 m
  - Beurteilungsfläche des Lagerabschnitts inklusive der halben Freistreifen – als Risiko-Vergleichsfläche:
    - A.Risiko = (40 + 2 × 5/2) × (30 + 2 × 5/2) = 45 m × 35 m = 1575 m²
    - = ca. 1600 m² für A.LA = 1200 m²
- Als Richtwert für die zulässige Fläche der Lagerabschnitte wurden daraufhin 1200 m² festgelegt.
- In der Lagerabschnittsfläche sind auch deren innere Gänge, aber nicht Teile der umgebenden Freistreifen enthalten.

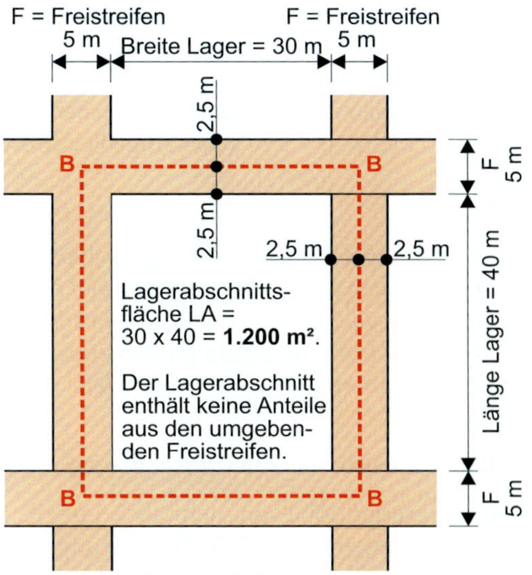

Bild 6.4.1-6: Kennwerte der Risikobetrachtung für die Festlegung der zulässigen Lagerabschnittsfläche von 1200 m²

d) Lagerabschnitte in kleinen Lagergebäuden

Das Erfordernis von Lagerabschnitten in **kleinen Lagergebäuden** wird in der Praxis häufig hinterfragt. Unter kleinen Lagergebäuden werden dabei Lagerhallen verstanden, deren Flächen zwischen 1200 und 2400 m² groß sind.

Die MIndBauRL macht für das Erfordernis von Lagerabschnitten keinen Unterschied zwischen kleinen und größeren Hallen. Da diese Regelung des Abschnittes 6.4.1 allerdings mit zulässigen Flächen von BA nach Tabelle 2 (siehe Abschnitt 6.2) verbunden ist, kommen für Industriebauten der Sicherheitskategorien K 1 und K 2 (als eingeschossige Hallen) nur BA bis zu 4500 m² (4950 m² bei verbessertem Rauchabzug) für Lagerhallen infrage.

Aus der Ableitung des Richtwertes für die zulässige Lagerabschnittsgröße ergibt sich, dass die Freiflächenregelung insbesondere auch für **kleinere** Hallen gedacht ist und dort angewendet werden soll.

Abweichungen von Festlegungen der MIndBauRL können in begründeten Fällen in den jeweiligen Brandschutzkonzepten sinnvoll sein.

6.4.2 Erfordernis von Feuerlöschanlagen

6.4.2

In Lagergebäuden und Gebäuden mit Lagerbereichen müssen bei Lagerguthöhen (Oberkante Lagergut) von mehr als 7,5 m selbsttätige Feuerlöschanlagen angeordnet werden.

Zu 6.4.2

Nach Abschnitt 6.4.2 müssen bei Lagerguthöhen (Oberkante Lagergut) von mehr als 7,5 m selbsttätige Feuerlöschanlagen angeordnet werden, weil in Abschnitt 6 die Brandbelastung nicht ermittelt wird. Dagegen kann auf Basis einer Brandlastermittlung im Verfahren nach Abschnitt 7 (unter Beachtung des erhöhten Abbrandfaktors m im Rechenverfahren nach DIN 18230-1) nachgewiesen werden, dass selbsttätige Löschanlagen erst ab einer Höhe von mehr als 9,0 m erforderlich werden.

Zu 6.4.2: Erfordernis von Feuerlöschanlagen

Bei einer Lagerguthöhe von mehr als 7,5 m gilt für Lagerflächen grundsätzlich die Leistungsfähigkeit der Brandbekämpfung durch die Feuerwehr als erreicht bzw. als überschritten. In diesen Fällen sind für den Nachweis einer **Ermöglichung wirksamer Löschmaßnahmen** automatische Feuerlöschanlagen einzusetzen.

Diese Forderung nach Feuerlöschanlagen ist eine Konsequenz aus der nicht festgelegten und nicht begrenzten Brandbelastung in den Brandabschnitten von Industriebauten, die nach Abschnitt 6 beurteilt werden.

Bei Lagerflächen in diesen Industriebauten ist stets mit **unbegrenzter** Brandbelastung zu rechnen. Deshalb gilt diese Regelung nur für eine Beurteilung von Industriebauten nach Abschnitt 6 MIndBauRL und nicht für eine Behandlung nach Abschnitt 7.

Allerdings erklären sich die zulässigen, gegenüber der Regel-Brandabschnittsfläche der MBO vergrößerten Flächen gemäß Tabelle 2 aus den durchschnittlichen, für Produktionsnutzungen im Industriebau **üblichen** Brandbelastungen und aus einem Abgleich mit sonstigen Verhältnissen im Regelbau.

Mit den Anforderungen des Abschnittes 6.4 wird der überdurchschnittlich hohen Brandbelastung auf Lagerflächen Rechnung getragen, auch für Industriebauten, die ohne Begrenzung der Brandlasten nach Abschnitt 6 beurteilt werden.

Lagerbereiche, die nach Abschnitt 7 MIndBauRL im Zusammenhang mit einer Brandlast- und Risikobewertung beurteilt werden, können nach den dortigen Regelungen selbst bei Lagerguthöhen über 7,5 m ohne eine automatische Feuerlöschanlage zulässig sein, wenn der rechnerische Nachweis nach DIN 18230-1 gelingt.

Das Gleiche gilt sinngemäß auch für geeignete Nachweise mit Methoden des Brandschutzingenieurwesens.

Diese Begünstigung erfordert allerdings als **Nutzungseinschränkung** die Festlegung der zu erwartenden Brandlasten für die Lagerflächen. Bei üblichen Lagernutzungen ist dabei zu prüfen, ob dies praxisgerecht und handhabbar ist.

Sofern bei größeren Lagerguthöhen als 7,5 m auf eine automatische Feuerlöschanlage verzichtet werden soll, muss mit geeigneten Nachweisen (dem Verfahren nach Abschnitt 7 oder den Methoden des Brandschutzingenieurwesens) belegt werden, dass die zu erwartende Brandentwicklung in Verbindung mit den technischen und personellen Möglichkeiten der zuständigen Feuerwehr sowie den installierten sonstigen Brandschutzanlagen eine wirksame Brandbekämpfung erwarten lässt. Dabei kommt den anzunehmenden Bemessungsbrandszenarien und den Bemessungsbränden eine besondere Bedeutung zu.

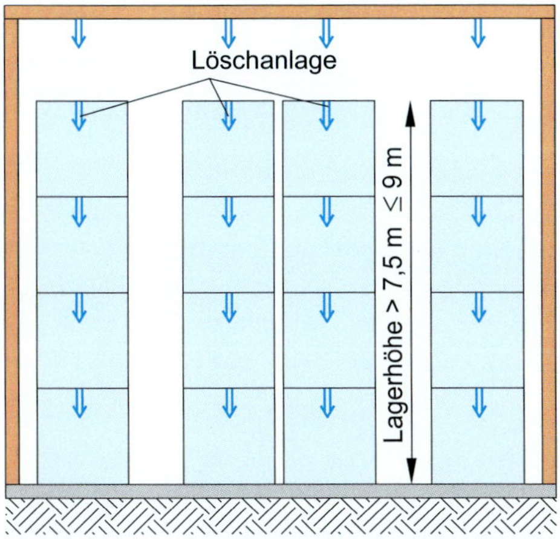

Bild 6.4.2-1: Ab einer Lagerguthöhe (Oberkante Lagergut) von mehr als 7,5 m muss eine selbsttätige Löschanlage angeordnet werden.

Nach Abschnitt 2 MIndBauRL können z. B. für Regallager mit brennbarem Lagergut und einer Oberkante der Lagerguthöhe von mehr als 9 m besondere Anforderungen gestellt werden.

7 Anforderungen an Baustoffe und Bauteile sowie an die Größe der Brandbekämpfungsabschnitte unter Verwendung des Rechenverfahrens nach DIN 18230-1

7.1 Grundsätze des Nachweises

7.1.a Nachweisverfahren

Auf der Grundlage der ermittelten Brandlasten und der bewerteten Wärmeabzugsflächen wird durch Rechenverfahren nach DIN 18230-1 aus dem globalen Nachweis oder aus dem Teilabschnittsnachweis

- die äquivalente Branddauer $t_ä$ insbesondere zur Bestimmung der zulässigen Fläche des Brandbekämpfungsabschnitts und
- die rechnerisch erforderliche Feuerwiderstandsdauer erf t_F zur Bestimmung der Anforderungen an die erforderliche Feuerwiderstandsfähigkeit der Bauteile entsprechend ihrer brandschutztechnischen Bedeutung gemäß ihrer Zuordnung zu den Brandsicherheitsklassen nach Abschnitt 7.2

für jeden Brandbekämpfungsabschnitt ermittelt.

7.1.b Anwendungsbereich und Anwendungsgrenzen

Ergibt sich aus dem globalen Nachweis oder aus dem Teilabschnittsnachweis nach DIN 18230-1 für die Brandsicherheitsklasse SK_b3 eine höhere rechnerisch erforderliche Feuerwiderstandsdauer erf t_F als 90 Minuten, so darf nicht nach Abschnitt 7 verfahren werden.

7.1.c Erforderliche Feuerwiderstandsfähigkeit der Bauteile

Die Feuerwiderstandsfähigkeit der Bauteile (Tabelle 6) muss im jeweiligen Brandbekämpfungsabschnitt mindestens der rechnerisch erforderlichen Feuerwiderstandsdauer erf t_F entsprechen. Eingeschossige Industriebauten sind ohne Anforderungen an die Feuerwiderstandsfähigkeit der tragenden und aussteifenden Bauteile zulässig, wenn sie den Anforderungen nach Abschnitt 7.5.1 oder 7.5.2 entsprechen.

7.1.d Industriebauten mit Tragwerken ohne klassifiziertem Feuerwiderstand

Die Regelungen zu *Industriebauten mit Tragwerken ohne klassifiziertem Feuerwiderstand* wurden mit der RL-Fassung von 2019 in den Abschnitt 5.14.9 verschoben.

Zu 7 Anforderungen an Baustoffe und Bauteile sowie Größe der Brandbekämpfungsabschnitte im Rechenverfahren nach DIN 18230-1

Zu 7.1 Grundsätze des Nachweises

zu 7.1.a Nachweisverfahren

Für Industriebauten sind gemäß folgender Systematik getrennte Nachweise erforderlich für die Ermittlung der zulässigen Flächen und die Ermittlung der erforderlichen Feuerwiderstandsfähigkeit von Bauteilen:

- *Die Beurteilung von Fragen der Standsicherheit erfolgt im Rahmen der DIN 18230-1 mit den dortigen Festlegungen von Sicherheitsfaktoren und einer speziellen Bewertung der brandschutztechnischen Infrastruktur.*
- *Die Festlegung zulässiger Flächen baut auf dem „physikalischen Teil" der DIN 18230-1 auf, der mit der Ermittlung der äquivalenten Branddauer endet. Darauf wird das Sicherheitskonzept der MIndBauRL aufgesetzt, das z. B. die Wirkung der brandschutztechnischen Infrastruktur teilweise stärker (also höherwertig) berücksichtigt.*

zu 7.1.b Anwendungsbereich und Anwendungsgrenzen

Bei erforderlichen Feuerwiderstandsdauern erf t_F von mehr als 90 min kann das Verfahren nach Abschnitt 7 nicht angewendet werden, weil das Bemessungsverfahren auf eine rechnerische Brandbelastung abgestellt ist, die zu einer erforderlichen Feuerwiderstandsdauer von höchstens 90 min führt. In diesen Fällen können die brandschutztechnischen Nachweise über das Verfahren nach Abschnitt 6 oder mit Methoden des Brandschutzingenieurwesens geführt werden.

zu 7.1.c Erforderliche Feuerwiderstandsfähigkeit der Bauteile

Wie bereits in der Fassung März 2000 ist es zulässig, Maßnahmen der brandschutztechnischen Infrastruktur sowohl bei der Bemessung der Bauteile nach DIN 18230-1 als auch bei dem Brandschutzkonzept nach MIndBauRL – bei der Festlegung der zulässigen Flächen – zu berücksichtigen.

auch zu 7.1.a Nachweisverfahren

Für die Ermittlung der zulässigen Flächen ist die thermische Belastung des Tragwerkes, die äquivalente Branddauer $t_ä$ nach DIN 18230-1, maßgebend. Die brandschutztechnische Infrastruktur geht hierbei durch die Sicherheitskategorie in Tabelle 5 zu Abschnitt 7.4 ein.

auch zu 7.1.c Erforderliche Feuerwiderstandsfähigkeit der Bauteile

Die Bemessung der Bauteile des Brandbekämpfungsabschnitts ist zunächst nach DIN 18230-1 zu führen. Auf dieser Grundlage ist die erforderliche Feuerwiderstandsfähigkeit der Bauteile unter Berücksichtigung ihrer Brandsicherheitsklasse nach Tabelle 6 zu ermitteln.

Aus den Nachweisen für Teilflächen eines Brandbekämpfungsabschnitts können sich höhere Anforderungen als aus dem globalen Nachweis ergeben.

zu 7.1.d Industriebauten mit Tragwerken ohne klassifiziertem Feuerwiderstand

Eingeschossige Industriebauten ohne brandschutztechnische Bemessung der Bauteile nach Abschnitt 7.6.2 sollen statisch konstruktiv so errichtet werden, dass im Brandfall bei Versagen eines Bauteiles nicht ein plötzlicher Einsturz des gesamten Haupttragwerkes durch z. B. Bildung einer kinematischen Kette angenommen werden muss.

auch zu 7.1.a Nachweisverfahren

Teilabschnittsnachweise für Industriebauten sind nach DIN 18230-1 nur für Industriebauten mit einem oberirdischen Geschoss ohne Geschosse unter der Geländeoberfläche und ohne Ebenen (nach DIN 18230-1 als „erdgeschossige Gebäude" bzw. „erdgeschossige Brandbekämpfungsabschnitte" bezeichnet) möglich.

Zu 7.1: Grundsätze des Nachweises

a) Nachweisverfahren

a.1) Ziele und Grundlagen der Nachweisführung

Das gesamte Verfahren nach Abschnitt 7 ist – entsprechend der ursprünglichen Zielsetzung der MIndBauRL – für die Begründung von Erleichterungen gegenüber den Regelanforderungen der jeweiligen Landesbauordnung konzipiert. Dabei spielen die Größe der Brandlasten und die Maßnahmen der brandschutztechnischen Infrastruktur die wesentlichen Rollen. Dieses Nachweisverfahren ist das ursprüngliche Standardverfahren für die Nachweisführung für Industriebauten im Sinne der MIndBauRL! Das „vereinfachte" Verfahren des Abschnitts 6 wurde erst wesentlich später (für die Richtlinienfassung von 2000) entwickelt und ergänzend in die MIndBauRL eingebunden (quasi als Grenzfallregelung für das heutige „Abschnitt-7-Verfahren").

Mit diesem (gegenüber dem Nachweis gemäß Abschnitt 6) genaueren Nachweisverfahren nach Abschnitt 7 MIndBauRL ist eine gezielte brandschutztechnische Auslegung des Industriebaus entsprechend dem dort vorhandenen Brandrisiko möglich (bewertet nach DIN 18230-1, siehe auch Kapitel 9.2 in diesem Werk). Dabei wird das Brandrisiko an der Gefährdung der Bauteilstandsicherheit im Brandfall unter Vollbrandbedingungen bewertet.

Insbesondere für den Fall, dass ein Industriebau nur eine relativ geringe Brandgefahr aufweist (z. B. wegen geringer Brandlasten) und sich nach dem **vereinfachten** (pauschalierten) Verfahren nach Abschnitt 6 eine Einstufung ergibt, die im Verhältnis zu den tatsächlich vorhandenen Brandgefahren „zu ungünstig" ist, steht zu einer genaueren Ermittlung des erforderlichen Brandschutzes das Nachweisverfahren nach Abschnitt 7 zur Verfügung. Hierbei erfolgt der Nachweis mit dem Rechenverfahren der DIN 18230-1. Dabei kann über die Beurteilung des wahrscheinlich heftigsten anzunehmenden Brandereignisses mit der höchsten Brandeinwirkung auf die Bauteile der **Naturbrand** als Vollbrand auf den **Normbrand** nach ETK zurückgeführt werden.

Somit lassen sich die im Einzelfall anzunehmenden **Bemessungsbrände** im Vergleich mit den genormten Brandbeanspruchungen – auf der Basis der ETK – für die in Deutschland bauordnungsrechtlich verbindlich eingeführten Feuerwiderstandsklassen einheitlich beurteilen. Die erforderliche lückenlose Anbindung der kritischen Naturbrandverläufe an die Normbrandkurve ist damit erreicht.

Sofern Nachweise mit dem Verfahren der DIN 18230-1 zu keinem (den tatsächlichen Risikoverhältnissen entsprechenden) Ergebnis mit den erwarteten Erleichterungen führen, können zum Nachweis der ausreichenden Brandsicherheit auch genauere Verfahren des Brandschutzingenieurwesens verwendet werden (siehe Abschnitt 4.3). Ob diese Nachweise allerdings die **gewünschten Erleichterungen** begründen können, ist nicht in jedem Fall sichergestellt.

> **Hinweis:**
> Ein Nachweis nach Abschnitt 7 MIndBauRL ist nur zielführend, wenn die Brandlast im Gebäude bzw. im Gebäudeteil festlegbar ist und auf absehbare Zeit innerhalb der festgelegten Grenzen erhalten bleibt.

Grundsätzlich wird im Rahmen einer Baugenehmigung auf der Basis eines so geführten Nachweises die zulässige Brandlast bzw. Brandbelastung als Auflage festgelegt und begrenzt somit die Nutzbarkeit des Industriebaus. Überschreitungen dieser Brandbelastung kann eine Überprüfung des Brandschutzkonzeptes bzw. des Brandschutznachweises zur Folge haben und ggf. bauordnungsrechtliche Konsequenzen nach sich ziehen (siehe dazu auch Abschnitt 9). In diesem Zusammenhang ist auf Abschnitt 9 der MIndBauRL hinzuweisen, der dem Betreiber die Pflicht zur Einhaltung der Brandlastgrenzen auferlegt.

a.2) Grundsätzliche Handhabung der verschiedenen Nachweisverfahren der DIN 18230

Absatz 1 des Abschnitts 7.1 benennt ausdrücklich den „globalen Nachweis“ und den „Teilabschnittsnachweis“ zur Bestimmung sowohl der äquivalenten Branddauer als auch der erforderlichen Feuerwiderstandsdauer. Die DIN 18230 Teil 1 kennt darüber hinaus auch Teilflächennachweise und Ebenennachweise (ggf. als Geschossnachweise anzuwenden) und Teilflächennachweise bei stark ungleichmäßiger Verteilung von Brandlasten bzw. von horizontalen Wärmeabzugsflächen im Dach.

Wichtig zu wissen ist, dass

- zur Ermittlung der zulässigen Flächen die äquivalente Branddauer aus dem globalen Nachweis bzw. als Mittelwert aus den Teilabschnittsnachweisen zu verwenden ist

und dass

- zur Ermittlung der erforderlichen Feuerwiderstandsfähigkeit der Bauteile der jeweils größte Wert aus den zugehörigen Berechnungen
  - für den Brandbekämpfungsabschnitt bzw. Teilabschnitt,
  - für das Geschoss bzw. für die Ebene oder
  - für die Teilfläche

  zu verwenden ist – auch wenn dies nicht unmittelbar sofort aus dem Text der Richtlinie erkennbar ist.
  Es wird darauf hingewiesen, dass gemäß der aktuellen DIN 18230-1 (Fassung 09.2010) im Vergleich zur vorherigen Normfassung Teilflächennachweise aufgrund ungleichförmig verteilter Brandlasten wesentlich häufiger aufgestellt werden müssen. Damit ist allerdings noch nicht ausgesagt, dass allein deshalb auch wesentlich häufiger lokal höhere Bemessungswerte für die Bauteilauslegung bestimmt werden.
  Auch in diesem Zusammenhang gilt, dass die Brandlasten für Nachweise mit diesem Verfahren „festgelegt“ werden müssen. Lokale Brandlastspitzen müssen also verortet (hinsichtlich ihrer Lage im Gebäude festgelegt) werden, wenn sie nicht „grundsätzlich an jeder Stelle des Industriebaus“ als Grundlage zur Bauteilbemessung herangezogen werden sollen.

b) Anwendungsbereich und Anwendungsgrenzen

b.1) Rechnerisch erforderliche Feuerwiderstandsdauer als Kriterium

Für den zweckentsprechenden Nachweis von Erleichterungen (Ziel der Richtlinie) müssen die Nachweise belegen, dass objektspezifisch die Untersuchungsergebnisse erforderliche Feuerwiderstandsdauern unterhalb der „üblichen Standardanforderungen“ (feuerbeständig für mehrgeschossige und feuerhemmend für eingeschossige Industriebauten) ausweisen. Dabei wird zunächst das Haupttragwerk betrachtet – und zwar hinsichtlich der zu erwartenden Brandeinwirkung (Brandbekämpfungsabschnitt) als Mittelwert! Das schließt bewusst nicht aus, dass lokal stärkere Brandeinwirkungen auf die Bauteile erwartet werden können.

Als Maßstab für eine typische Obergrenze bauordnungsrechtlicher Anforderungen an den Brandschutz wurden Anforderungen an die Feuerwiderstandsfähigkeit der Bauteile des Haupttragwerks (Bauteile der Brandsicherheitsklasse SK_b3) herangezogen und mit der „Feuerbeständigkeit“ festgelegt. Daraus erschließt sich, dass bei einem Untersuchungsergebnis aus dem „globalen Nachweis“ (alternativ aus dem Teilabschnittsnachweis) für die Brandeinwirkungen auf die Bauteile (im Mittel) von mehr als 90 Minuten entsprechend der ETK das Verfahren nicht mehr angewendet werden soll. Dabei betrachtet man die rechnerisch erforderliche Feuerwiderstandsdauer (erf t_F) unter normativer Berücksichtigung der erwarteten Wirksamkeit aller anrechenbaren Brandschutzmaßnahmen.

Sofern diese Nachweise (hier mit dem Rechenverfahren der DIN 18230) zeigen, dass diese hohe „Referenz-Feuerwiderstandsfähigkeit“ wegen der Nutzung und der Bauart des betreffenden Industriebaus (bzw. des betrachteten Brandbekämpfungsabschnitts) nicht erforderlich ist, können Erleichterungen gegenüber dem Referenzfall begründet werden.

Sofern sich aber aus den „globalen" Nachweisen ergibt, dass sogar Anforderungen zur Erreichung der Schutzziele (Standsicherheit im Brandfall) erforderlich sind, die die o. g. „Referenz-Feuerwiderstandsfähigkeit" überschreiten, ergeben sich keine Möglichkeiten für Erleichterungen nach diesem Verfahren für diese Bereiche. In solchen Fällen verzichtet die MIndBauRL auf höhere Anforderungen, lässt aber die Anwendung dieses Verfahrens (nach Abschnitt 7) nicht mehr zu. Dann kommt eine Umplanung in Betracht (Gebäude oder Nutzung) oder die Anwendung des Verfahrens nach Abschnitt 6 für die dort vorgesehenen Anwendungsgrenzen – insbesondere im Hinblick auf die zulässigen Abschnittsflächen als Brandabschnittsflächen. Alternativ können auch je nach konkreter Planungsaufgabe Lösungen mit den Methoden des Brandschutzingenieurwesens gefunden werden, die ggf. die zu erwartenden Brandlasten einer „genaueren" Beurteilung zuführen können.

Es sei an dieser Stelle bereits darauf hingewiesen, dass für einen Industriebau mit erf t_F < 90 Minuten aus dem globalen Nachweis auch für Geschosse, Ebenen oder Teilflächen durchaus Rechenwerte für erf t_F > 90 Minuten bestimmt werden können und für die weitere Brandschutzplanung zulässig sind. Die Bemessungsregel für diese Bauteile ist auch im Abschnitt 7.5 festgelegt.

Bauteile von Teilflächen in eingeschossigen Industriebauten, die nach Tabelle 7 bewertet werden, müssen dagegen nicht einer Heißbemessung mit Anforderungen an eine Feuerwiderstandsdauer unterzogen werden, das gilt insbesondere auch für solche mit einer rechnerisch erforderlichen Feuerwiderstandsdauer erf t_F > 90 Minuten!

Die typische Vorgehensweise bei der Brandschutzplanung mit dem Verfahren nach Abschnitt 7 für Objekte mit hohen Brandlasten ist die Einplanung von Flächen in den Umfassungsbauteilen (Dach und Fassaden), die im Brandfall Öffnungen entstehen lassen, durch die die Brandwärme ins Freie abströmen kann (Wärmeabzugsflächen).

Andere Vorgehensweisen bestehen in der Reduzierung der Brandlasten (wobei Vorsicht im Hinblick auf die Nachhaltigkeit der Brandschutzplanung bezüglich späterer Nutzungsänderungen/Nutzungsintensivierungen geboten ist) oder in der Ausstattung der baulichen Anlage mit anrechenbaren Maßnahmen einer wirkungsvollen brandschutztechnischen Infrastruktur, die ausgehend von dem physikalischen Wert der „äquivalenten Branddauer" zu den sicherheitstechnisch bewerteten (geringeren) Bemessungswerten der „erforderlichen Feuerwiderstandsdauer" führt.

c) Erforderliche Feuerwiderstandsfähigkeit der Bauteile

c.1) Grundsätze für die Heißbemessung der Bauteile

Die erforderliche „Heißbemessung" der tragenden und aussteifenden Bauteile setzt auf der physikalischen Bewertung der Brandwirkung von Vollbrandszenarien zunächst ohne Berücksichtigung der vorgesehenen brandschutztechnischen Infrastruktur auf. Diese wird zunächst als „äquivalente Branddauer" $t_ä$ mit dem „globalen Nachweis" für den gesamten Brandbekämpfungsabschnitt oder ggf. mit „Teilabschnittsnachweisen" für einzelne Teilabschnitte eingeschossiger Brandbekämpfungsabschnitte mit dem Rechenverfahren der DIN 18230-1 ermittelt.

Die so ermittelte äquivalente Branddauer gilt zunächst als Richtwert für den gesamten Brandbekämpfungsabschnitt; kleinere Brandeinwirkungen dürfen nur bei mehrgeschossigen bzw. mehrebenigen Industriebauten für die Geschosse bzw. Ebenen unter dem Dach angesetzt werden.

Grundsätzlich ist mit weiteren Nachweisen zu kontrollieren, ob sich im Industriebau Räume oder Raumteile finden lassen, für die eine lokal höhere Brandwirkung für die Heißbemessung der dortigen Bauteile erforderlich ist als nach der Mittelwertbestimmung der vorgenannten globalen Verfahrensweisen. Die dafür erforderlichen Nachweise (Geschossnachweise, Ebenennachweise, Teilflächennachweise) bewerten lokale Effekte im Vollbrandszenario des gesamten

Brandbekämpfungsabschnitts. Es müssen zunächst alle Geschosse und alle Ebenen separat untersucht werden („Ebenennachweise" nach DIN 18230 Abschnitte 4.1.4, 5.3, 8.6, Anhang B und andere).

Sofern sich aus diesen speziellen (lokalen) Nachweisen eine höhere Brandeinwirkung erf t_F auf die Bauteile ergibt als 90 Minuten ETK-Einwirkung, kann das Nachweisverfahren des Abschnitts 7 in diesem Sinne weiterverwendet werden und muss nicht wie beim „globalen Nachweis" für den gesamten BBA abgebrochen werden. Die sich daraus ergebenden Konsequenzen für die Bauteilbemessung ergeben sich letztlich aus den Regelungen des Abschnitts 7.5.

Für eher kleine Flächen (Teilflächen) innerhalb von Geschossen und Ebenen können sich auch erhöhte Brandeinwirkungen wegen deutlich über dem Mittel liegender rechnerischer Brandbelastungen (gem. DIN 18230-1 Abschnitte 4.1.5, 5.4, 8.7 und andere) ergeben. Auch eine lokal deutliche Unterschreitung der mittleren horizontalen Wärmeabzugswirkung (horizontale WA-Flächen) kann zu solchen erhöhten Brandeinwirkungen auf die Bauteile führen. Lokal stark erhöhte Brandeinwirkungen machen dann einen sog. „Teilflächennachweis" für die Heißbemessung der dortigen Bauteile ggf. erforderlich (siehe Abschnitt 5.4.2 der DIN 18230).

c.2) Teilflächennachweis zur Bauteilbemessung

c.2.1) Grundzüge des Teilflächennachweises bei ungleichmäßig verteilter Brandbelastung

Mit dem Teilflächennachweis wird untersucht, ob und ggf. inwieweit erhöhte Brandwirkungen für Bauteile, die in Räumen und Raumteilen mit stark überdurchschnittlicher rechnerischer Brandbelastung ($q_{r,t} > 1{,}6 \cdot q_r$) angeordnet sind, tatsächlich bemessungsrelevant sind.

Diese spezielle Nachweispflicht stellt formal zunächst auf lokale Spitzenbrandlasten ab. Die Ermittlung der maßgeblichen Teilfläche ist in DIN 18230-1 geregelt.

Für die Nachweisführung sind die Teilflächen grundsätzlich mit ihren realen Flächen und die Brandbelastung ist mit dem festgestellten Rechenwert anzusetzen. Dabei sind weder Freistreifen noch besondere Abtrennungen zu anderen Flächen erforderlich. Die reale Teilfläche darf ggf. innere Freistreifen bzw. Freiflächen vollständig und am Rande mit Anrechnung der halben Streifenbreiten enthalten.

Aus der „reinen Teilflächenbetrachtung der Brandlast" sollten sich zunächst erhöhte Rechenwerte ergeben, die allerdings im weiteren Rechengang bei diesen Teilflächennachweisen infolge von Abminderungen des „w-Faktors" nach den Festlegungen des Anhangs C der Norm reduziert werden können. Dies ist möglich, wenn ein seitliches Abströmen der Brandwärme aus diesen stark belasteten Bereichen in angrenzende Bereiche angerechnet werden darf. Dafür muss die jeweilige Teilfläche an mindestens zwei Seiten mit diesen anderen Bereichen offen in Verbindung stehen, und diese seitlichen Öffnungen müssen zusammen mindestens so groß wie 25 % der Teilfläche sein (bei 1000 m² Teilflächengrundfläche müssen also zwei Seiten vertikale Öffnungen von zusammen mindestens 250 m² aufweisen).

Sofern über solchen Teilflächen mit stark überdurchschnittlicher Brandbelastung zusätzliche horizontale Wärmeabzugsflächen angeordnet werden, dürfen diese über den „Teilflächennachweis bei ungleichmäßig verteilten horizontalen Wärmeabzugsöffnungen" gesondert berücksichtigt werden ($a_{h,T} = A_{h,T}/A_T$). Dabei kommt dann die Abminderung des w-Faktors nach Anhang C der Norm allerdings nicht mehr zur Anwendung.

Für alle Bauteile innerhalb der realen Teilfläche sind die ggf. höheren Bemessungswerte der Heißbemessung zugrunde zu legen.

c2.2) Hinweise zur Anwendung des Teilflächennachweises für lokal stark erhöhte Brandlasten

Die Brandlasten auf Teilflächen sind entsprechend ihren realen Flächengrößen A_T zu berücksichtigen: $q_{r,t} = Q_r/A_T$.

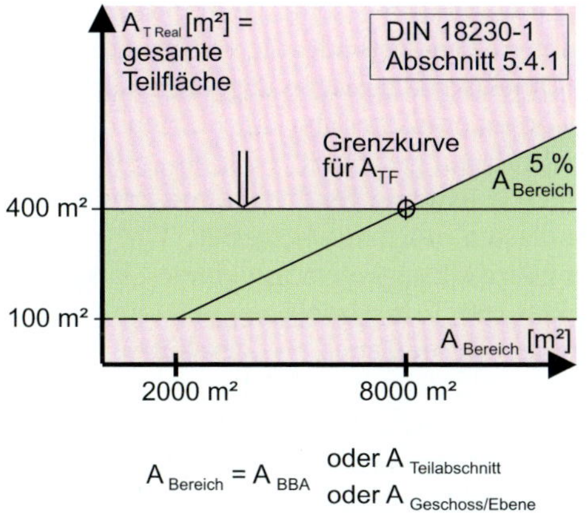

Bild 7.1-1: Festlegung der für die Nachweisführung maßgeblichen Größe der Teilfläche.
Erläuterungen siehe Text.

Der Teilflächennachweis wird mit dem lokal festgestellten Rechenwert der Brandbelastung durchgeführt. Bei der Festlegung des c-Faktors werden die „offenen Seitenflächen" mit $c = 0{,}15$ [min · m²/kWh] bewertet.

Die rechnerische Teilfläche A_T darf stets auf den größeren Wert von entweder 5 % der Bezugsfläche A_B oder auf 400 m² begrenzt werden.

Als rechnerische Teilfläche A_T ist die reale Teilfläche mit ihrer realen Größe zu verwenden, wenn sie unter dem größeren Wert von a) 5 % der Bezugsfläche A_B liegt oder b) 400 m² groß ist.

Die rechnerische Teilfläche A_T ist stets mindestens mit 100 m² anzusetzen, was einer rechnerischen Vergrößerung von sehr kleinen „Punkbrandlast-Grundflächen" entspricht.

c2.3) Teilflächennachweise für lokal sehr geringe horizontale Wärmeabzugsflächen

Wenn sich nach den Kriterien der Norm (dort Abschnitt 5.4.2) für Teilflächen $A_T > 25$ % der Bezugsfläche A_B geringere horizontale Wärmeabzugsflächen ergeben als 50 % des Wertes für die gesamte Bezugsfläche, ist von lokal stark reduziertem Wärmeabzug (also Wärmeentlastung der Bauteile) auszugehen, als die anderen Nachweise unterstellen und berücksichtigen. Damit ist dann eine Unterschätzung der Brandeinwirkungen mit den anderen Nachweisen verbunden, und es werden Teilflächennachweise aufgrund dieser schlechteren Wärmeabzugswirkungen erforderlich.

Bei diesen Teilflächennachweisen sind die Brandlasten zu berücksichtigen, die sich auf der entsprechenden Teilfläche A_T befinden.

d) Industriebauten mit Tragwerken ohne klassifiziertem Feuerwiderstand

An dieser Stelle wird auf die Kommentare zu Abschnitt 5.14.9 der MIndBauRL verwiesen.

e) Spezielle Hinweise zur Bewertung von Brandlasten

e.1) Hinweise zur Brandlastermittlung

Die Ermittlung der objektspezifischen Brandlasten muss durch Erhebung für den Einzelfall erfolgen. Dabei kommen Aufnahmen vorhandener Brandlasten in „Parallelbetrieben" (z. B. für Veränderungen des Gebäudes oder seiner Nutzung bei Bestandsbauten) oder Betriebsplanungen des Nutzers infrage.

Der Rückgriff auf Standardwerte für bestimmte Betriebsarten oder Nutzungsarten ist dagegen nicht zielführend, weil die Streuungen festgestellter Brandbelastungen für Betriebsarten (Benennung von Betriebsarten nach einem Betriebsartenkatalog) so groß sind, dass eine auf der sicheren Seite liegende Brandschutzplanung unter Berücksichtigung dieser Streuungen den Vorteil des Rechenverfahrens nach DIN 18230 in der Regel aufheben würde: Es müssten Brandlastannahmen in Rechnung gestellt werden, die von der übergroßen Mehrzahl solcher Betriebe nicht überschritten werden (beispielsweise für 90 % oder 95 % derartiger Betriebe). Damit würden für die meisten Betriebe wesentlich zu hohe Rechenwerte als Bewertungsgrundlage verwendet, und die Brandschutzauslegungen würden zu konservativ – und damit unwirtschaftlich.

Allerdings können veröffentlichte Brandbelastungskataloge für bestimmte Nutzungsarten für die (Plausibilitäts-)Kontrolle vorgelegter Nachweise nach DIN 18230 hilfsweise – bis zu einem gewissen Status der Prüfung – sinnvolle Informationen bereitstellen: Die zu erwartende Größenordnung der Brandbelastung kann somit in etwa abgeschätzt werden.

Die Brandlasterhebungen sollten dringend berücksichtigen, dass sich während der Nutzungsdauer Veränderungen einstellen können, und entsprechende (durchaus hohe) „Zukunftszuschläge“ vorsehen. Auf die Kontrollpflichten des Betreibers/Bauherrn wird im Abschnitt 9 eingegangen.

e.2) Erfassung der Brandlasten

Die Brandlasten bestehen grundsätzlich aus den brennbaren Teilen der Baukonstruktion und aus den brennbaren Inhalten der Industriebauten. Da die in Rechnung gestellten Brandlasten Grundlage des Bemessungsverfahrens der DIN 18230 sind, müssen sie für die Dauer der angestrebten Gültigkeit der Nachweise (also für die vorgesehene Gültigkeit von Baugenehmigungen, die auf diese Nachweise abgestellt werden) entsprechend festgelegt werden.

Die DIN 18230-1 kennt insbesondere folgende Besonderheiten bei der Brandlasterfassung und -bewertung:

- Brandlasten, die unberücksichtigt bleiben, sind solche brennbaren Stoffe, die sich bei den zu beurteilenden Vollbrandszenarien nur vernachlässigbar gering an dem für die Bauteile relevanten Brandgeschehen beteiligen.
  Diese Brandlasten sind in DIN 18230-1 gelistet; dazu zählen z. B. „wassernasse“ Stoffe oder Stahltrapezblechdächer nach DIN 18234 mit brennbaren Baustoffen.
- Brandlasten, die teilweise unberücksichtigt bleiben, sind insbesondere brennbare Fassadenteile oder auch Dachaufbauten mit brennbaren Baustoffen, soweit sie nicht gänzlich unberücksichtigt bleiben können.
- Geschützte Brandlasten in geschlossenen Systemen, die wegen der „Schutzsysteme“ keinen oder nur einen untergeordneten Beitrag zum Brandgeschehen leisten können.
  Der Schutzwert der geschlossenen Systeme wird mit einem normativ festgelegten Faktor – dem Kombinationsfaktor ψ – bewertet.
- Mit Löschanlagen geschützte Brandlasten sind brennbare Gegenstände, die im Schutzbereich von Objektschutzanlagen angeordnet sind. Sie werden entweder als „mit Einrichtungsschutzanlagen geschützt“ oder als „mit Löschanlagen geschützte Teilflächen mit erhöhten Brandlasten“ normativ bewertet.
- Brennbare Flüssigkeiten mit einem Flammpunkt > 100 °C in Maschinen und ähnlichen Systemen werden auch als „geschützte Brandlasten“ behandelt.
- Gasförmige Betriebsmittel in Leitungen zählen zu den Brandlasten, die unberücksichtigt bleiben, sofern die Leitungen ein kurzfristiges Abschiebern außerhalb des BBA zulassen.

Das Sicherheitskonzept der DIN 18230-1 ist u. a. auf die 90-%-Fraktile der äquivalenten Branddauer bezogen bei einer angenommenen Streuung (Variationskoeffizient) von 25 %. Daraus lässt sich ableiten, dass die in Rechnung zu stellenden Werte für die rechnerische Brandbelastung ebenfalls die 90-%-Fraktile mit den entsprechenden Streuungen abbilden müssen. Es sind also nicht die anzunehmenden Maximalwerte für ein kurzzeitiges Brandlastaufkommen der Nachweisführung zugrunde zu legen, sondern solche Brandbelastungen, die mit 90%iger Wahrscheinlichkeit im Vollbrandfall vorhanden sein werden.

Mit anderen Worten: Die den Nachweisen zugrunde zu legenden Brandlastdaten sind für ca. 90 % der angestrebten Nutzungsdauer repräsentativ – und werden eben für etwa 10 % der Nutzungsdauer ggf. übertroffen. Allerdings dürfen die Zeiten mit erhöhten Brandbelastungen nicht etwa zusammenhängend planerisch vorgesehen werden – beispielsweise zur Begründung von absehbaren „Restnutzungsdauern“ eines Industriebaus bis zur Betriebsumstellung oder zur brandschutztechnischen Ertüchtigung/Anpassung an veränderte/erhöhte Brandbelastungen.

Praktisch werden aus Planungsdaten oder aus singulären Brandlasterhebungen für die angestrebte Gültigkeitsdauer der Brandschutzplanung diese 90-%-Fraktilwerte abgeleitet, indem vom Sachverständigen nach einer Einzelfallbewertung entsprechende Zuschläge auf die Erhebungsdaten angewendet werden.

e.3) Bewertung des Brandverhaltens der brennbaren Stoffe

Das Rechenverfahren der DIN 18230 verwendet zur Bewertung des Abbrandverhaltens der brennbaren Stoffe (Brandlasten) ausschließlich den sogenannten Abbrandfaktor m.

Mit dem Versuchs- bzw. Prüfverfahren nach DIN 18230-2 wurden für die Berechnung normativ „m-Faktoren" bestimmt und in DIN 18230-3 tabellarisch zusammengestellt. Da im Regelfall für die zu bewertenden Stoffe, Güter und Waren in ihrer stofflichen Zusammensetzung und Lagerungsdichte die zutreffenden „m-Faktoren" nicht unmittelbar aus der DIN 18230-3 ablesbar sind, enthält DIN 18230-3 ein normativ festgelegtes Schätzverfahren. Mit diesem Schätzverfahren soll der nachweisführende Sachverständige auf der Basis der veröffentlichten „m-Faktoren" die jeweils zutreffenden Rechenwerte ermitteln und im Rechengang dokumentieren.

Zunächst ist die beantragte/genehmigte Lagerhöhe zu berücksichtigen und bei Lagerhöhen über 4,5 m eine normative Erhöhung der „m-Faktoren" vorzunehmen. Auch aus diesen Erhöhungsregelungen geht hervor, dass eine Anwendung der „m-Faktoren" und somit des gesamten Rechenverfahrens der DIN 18230 (für den normativ vorgesehenen Anwendungsfall) nur bis zu Lagerguthöhen von 9,0 m zulässig ist.

Andere Bezugswerte als die in DIN 18230-3 gelisteten Bezugswerte für die Ermittlung von „m-Faktoren" sind für die Anwendung der DIN 18230-1 nicht vorgesehen und grundsätzlich nicht zulässig!

Obwohl der „m-Faktor" als Abbrandfaktor bezeichnet wird, leistet er viel mehr als nur eine Quantifizierung des realen Abbrandverhaltens unter bestimmten normativ festgelegten Brandbedingungen im Versuchsofen: Der „m-Faktor" selbst, das spezielle Prüfverfahren mit seiner Kalibrierung auf die Brandwirkung von Holzkrippen auf Bauteile und die Auswertung der Messwerte sind konkret für das Rechenverfahren der DIN 18230-1 und die Ermittlung der „äquivalenten Branddauer" entwickelt und darauf abgestimmt worden. Dabei spielen neben den konkreten stofflichen Kennwerten der Brandlasten auch deren Lagerungsdichte und weitere Parameter entscheidende Rollen. Ganz wesentlich wurde an verschiedenen Stellen im Verfahren zur Festlegung des „m-Faktors" der Bezug zum Referenzbauteil, dessen Erwärmung während der Versuchsdauer und der Bezug zur Einheitstemperatur-Zeitkurve berücksichtigt und erfasst. Solche Gründe führen dazu, dass sich mehr oder weniger simple Übertragungen von Abbrandwerten aus anderen Versuchen für die Ermittlung von „m-Faktoren" zunächst grundsätzlich nicht eignen.

Für die praktische Anwendung der DIN 18230-1 ist man auf das geregelte Schätzverfahren auf der Basis der in DIN 18230-3 gelisteten „m-Faktoren" angewiesen. Dabei können Ergebnisse anderer Versuchsdurchführungen zum Abbrand und zur Brandwirkung von brennbaren Stoffen allerdings im Einzelfall hilfreich sein, wenn sie einen Vergleich mit den gelisteten Stoffen oder mit Holzkrippen (m = 1,0) ermöglichen.

e.4) Festlegung und Kontrolle der zulässigen Brandbelastung

Für die Festlegung der zulässigen Brandbelastung wird durch den Sachverständigen eine Brandlasterhebung durchgeführt und nachvollziehbar dokumentiert. Die Grunddaten dafür werden entweder von bereits in Betrieb genommenen Objekten direkt durch Zählungen und Messungen erhoben oder bei Erstplanungen aufgrund von Plandaten der Betriebsplanungen.

Für die Festlegung der normgerechten Rechenwerte sollen insbesondere folgende Aspekte berücksichtigt werden:

a. Abschätzen und Ausgleich von Schwächen bei der Erfassung der (aktuellen) Grunddaten

b. Abschätzen und Berücksichtigung der künftigen Entwicklung der Grunddaten durch wahrscheinliche Änderung der Nutzung durch Produktionsumstellungen und/oder Produktivitätssteigerungen und Erhöhung der Mengengerüste bzw. Stoffarten (wird von DIN 18230 bereits im Vorwort ausdrücklich verlangt)

c. Abschätzen und Berücksichtigung von Brandlastschwankungen während der üblichen Nutzungsart durch Bewertung der Häufigkeitsverteilung (z. B. Tagesgänge, Monatsgänge) zur Abschätzung der 90-%-Fraktile.

Mit einer bestimmten Genauigkeit lassen sich die oben genannten Einflüsse auf die Brandlastfestlegung nicht angeben. Bewährte Vorgehensweisen fassen alle derartigen Ungenauigkeiten und Schwankungen/Streuungen zusammen und addieren zu den zunächst festgestellten Brandlastwerten einen Zuschlag (in der Praxis häufig in der Größenordnung von etwa 10–20 %), wobei aus der Berücksichtigung der tatsächlichen Vorgehensweise und der Erkenntnisse der objektspezifischen Details sowohl kleinere als auch größere Zuschläge zur Anwendung kommen.

Wichtig ist, dass die Festlegung der zulässigen Brandlastwerte entsprechend den in DIN 18230-1 vorgesehenen Nachweisarten erfolgt; also für

- den gesamten BBA als pauschaler Wert (für den „globalen Nachweis"),
- jedes Geschoss und für jede Ebene,
- Teilflächen, auf denen stark überdurchschnittlich viel brennbare Stoffe angeordnet werden. Sofern von „lokalen Spitzenbrandlasten" nur deren wahrscheinliche Existenz und Größe bekannt ist, nicht aber deren Verortung, müssen diese Brandlastwerte als sogenannte „wandernde Brandlasten" an jeder Stelle des Industriebaus angenommen werden, für die sie vorstellbar sind.
- Teilflächen, über denen stark unterdurchschnittlich große horizontale Deckenöffnungen zur Wärmeentlastung anrechenbar sind,
- jeden Teilabschnitt bei Anwendung von Teilabschnittsnachweisen.

Darüber hinaus ist wegen der Regelungen zum Abbrandfaktor auch die zulässige Lagerungshöhe festzulegen.

Betrieblich sind wirksame Vorkehrungen zu treffen, mit denen insbesondere die vorstehend genannten Festlegungen kontrolliert werden können und sollen. Dazu sieht die MIndBauRL u. a. folgende Maßnahmen vor:

5.14.3 Bestellung eines Brandschutzbeauftragten,
der bei einer Nachweisführung nach Abschnitt 7 der MIndBauRL ggf. auch schon bei Industriebauten mit BBA-Flächen von weniger als 5000 m² zweckmäßig ist.

5.14.4 Aufstellung und Inkraftsetzung einer Brandschutzordnung,
in der insbesondere auch die zulässigen Obergrenzen der festgelegten Brandbelastungen und die vorgesehenen Maßnahmen zur Kontrolle und Einhaltung dieser Werte festgelegt werden.

In der Regel können auf diese Weise „schleichende Nutzungsänderungen" wirksam von den Betrieben verhindert werden, weil Änderungen des Betriebsablaufs rechtzeitig erkannt und bei den entsprechenden Planungen seitens der Betriebsführung berücksichtigt werden können.

Auch aus Sicht von Genehmigungsbehörden macht eine gelegentliche Kontrolle der Einhaltung genehmigter Brandlastobergrenzen Sinn. Beispielsweise können bei den „wiederkehrenden Prüfungen" wenigstens die Hauptelemente der Brandlastdokumentation im Hinblick auf einen aktuellen Bezug auf die vorhandenen Stoffe und Güter in Art und Menge grob kontrolliert werden.

f) Spezielle Hinweise zu sonstigen Praxisfällen

f.1) Nachweisführung bei „separaten Baukörpern" innerhalb eines Brandbekämpfungsabschnitts

Bei Brandbekämpfungsabschnitten mit mehreren Baukörpern (nebeneinander angeordneten Hallen), deren Anordnung eine gleichmäßige Ausbreitung und „homogene Vermischung" der Brandwärme innerhalb des gesamten BBA nicht erwarten lässt, vermittelt ein formal normkonformer „globaler Nachweis" unter Einbeziehung aller Baukörper keinen realitätsnahen Eindruck von dem zu erwartenden Brandgeschehen und insbesondere von dessen Brandwirkungen unter Vollbrandbedingungen. Die Verhältnisse ähneln

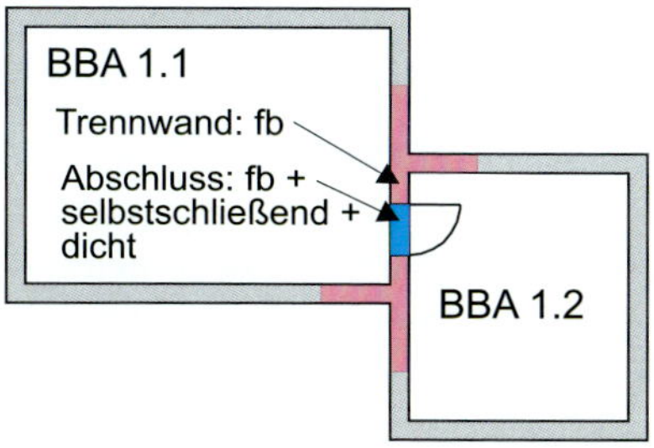

Bild 7.1-2: Beispiel für Nachweisführung bei „separaten Baukörpern" eines Brandbekämpfungsabschnitts in Analogie zur Geschossbildung bzw. zum Geschossnachweis.

Erläuterungen siehe Text.

denen von Geschossen eines mehrgeschossigen Industriebaus.

Auch bei der Annahme eines Vollbrandes, der alle Baukörper des BBA erfasst, ist von einer stark unterschiedlichen Brandwirkung in den einzelnen Baukörpern auszugehen. Für solche BBA ist das Rechenverfahren der DIN 18230 nicht unmittelbar vorgesehen und nicht nachgewiesen bzw. kalibriert; es stellt auf Räume mit näherungsweise homogenen Raumtemperaturen ab.

In solchen Fällen liegen zum Teil ähnliche Verhältnisse vor wie im Geschossbau, dessen Geschosse jeweils mit speziellen Geschossnachweisen (bzw. Ebenennachweisen) bezüglich ihrer Standsicherheit nachgewiesen werden müssen. Für die Bewertung von Geschossbauten wird beim globalen Nachweis sehr konservativ davon ausgegangen, dass die Geschosstrennungen/Geschossdecken versagen (können) und dass dann eine vertikale Brandausbreitung über die Geschossdecken hinweg **innerhalb des Gebäudes/** innerhalb des BBAs stattfindet. Im Unterschied zu den Geschossen zieht die Brandwärme aus nebeneinander angeordneten Baukörpern allerdings **vorwiegend ins Freie** ab und nicht innerhalb des Brandbekämpfungsabschnitts in benachbarte andere Baukörper desselben BBA.

In solchen Fällen, besonders wenn sogar zwischen verschiedenen Baukörpern Trennwände mit einer gewissen Feuerwiderstandsfähigkeit vorgesehen werden, ist von einer Brandwirkung primär im jeweiligen Baukörper auszugehen. Die Nachweisführung muss dieser Realität ausreichend Rechnung tragen und sich auf die jeweiligen Baukörper konzentrieren:

Der **Nachweis der Feuerwiderstandsfähigkeit** ergibt sich für die Baukörper ähnlich wie für Geschosse eines mehrgeschossigen BBA: Flächen, Brandlasten und Wärmeabzugsflächen müssen jeweils den einzelnen Baukörpern entsprechend gewählt werden. Allerdings kann auf den Einzelnachweis solcher Baukörper in feuerbeständiger Bauweise ggf. sogar ganz verzichtet werden (siehe Tab. 6 für erf $t_F > 90$ Minuten). In anderen Fällen kann sich die brandschutztechnische Bemessung der Bauteile aus einer ingenieurgemäßen Risikobewertung im Verfahren nach Abschnitt 4.3 und Anhang 1 ergeben.

Solche „auf die Hallen bezogenen" Nachweise entsprechen dann in etwa den Teilflächennachweisen, die dann unmittelbar für die brandschutztechnische Auslegung der Baukörper herangezogen werden können.

DIN 18230-1 lässt es unter Abschnitt 6.4.2 zu, bei der Brandlastermittlung brennbare Stoffe in feuerbeständig abgetrennten und ausreichend standsicheren Räumen außer Acht zu lassen. Das ist für die Bewertung stark gegliederter BBA in erweiterter Form auch möglich, wenn diese Brandlasten in größeren – quasi selbstständigen – Baukörpern des BBAs für die Standsicherheit/Feuerwiderstandsfähigkeit der Bauteile dieser Teile der baulichen Anlage/des BBA bemessungsrelevant bleiben.

Wie aus solchen Einzelnachweisen für die Standsicherheit letztlich auch auf eine **zulässige Gesamtfläche des BBA** zu schließen ist, muss dabei ebenfalls **ingenieurtechnisch** im Einzelfall nach Abschnitt 4.3 festgelegt werden. In jedem Fall ist allerdings die Gesamtfläche des BBA für alle Baukörper des BBA nachzuweisen bzw. zu begründen. Gegebenenfalls könnte man hilfsweise eine flächengewichtete Mittelwertbildung der äquivalenten Branddauern der Teilflächen als Entscheidungshilfe verwenden und mit diesem Anhaltswert – bei einheitlicher brandschutztechnischer Infrastruktur aller Teilflächen – ins „übliche Verfahren" für die Flächenbewertung nach Abschnitt 7 einsteigen:

$$t_{ä,gl} = t_{ä,m} = \frac{\Sigma(t_{ä,i} \cdot A_i)}{\Sigma A_i}$$

7.2 Brandsicherheitsklassen

Entsprechend ihrer brandschutztechnischen Bedeutung werden an die einzelnen Bauteile unterschiedliche Anforderungen gestellt. Dazu werden die Bauteile einer der nachfolgenden Brandsicherheitsklassen (SK_b3 bis SK_b1) zugeordnet.

Eine Zuordnung von Bauteilen ohne brandschutztechnische Bedeutung zu den Brandsicherheitsklassen (z. B. innere nichttragende Trennwände; Bauteile, die ausschließlich unmittelbar die Dachhaut tragen) ist im Rahmen dieses Nachweisverfahrens nicht erforderlich.

Zu 7.2 Brandsicherheitsklassen

Die Bestimmungen dieses Abschnittes sind maßgebend für die Bemessung der erforderlichen Feuerwiderstandsfähigkeit der Bauteile.

Klargestellt wird, dass an untergeordnete Bauteile, wie z. B. nichttragende Trennwände, Bauteile, die ausschließlich die Dachhaut tragen, und nichttragende Außenwände keine Anforderungen gestellt werden.

An die Feuerwiderstandsfähigkeit der Dachkonstruktion werden Anforderungen gestellt, weil im Industriebau üblicherweise große Flächen vorliegen können und der Einsturz der Dachkonstruktion ein zu berücksichtigendes Risiko darstellen kann. Bei diesen großen Dachflächen kann auch ein Feuerwehreinsatz von der Dachfläche vorgetragen werden (z. B. Photovoltaikanlagen, technische Anlagen auf dem Dach). Daher werden an untergeordnete Bauteile brandschutztechnische Anforderungen durch Einstufung in die Brandsicherheitsklasse SK_b1 gestellt. Wenn von einem derartigen Feuerwehreinsatz im Benehmen mit der zuständigen Brandschutzdienststelle nicht ausgegangen werden muss, brauchen keine Anforderungen an diese Bauteile gestellt werden.

Zu 7.2: Brandsicherheitsklassen

a) Zusammenwirken der Einzelbauteile

Die Brandsicherheitsklassen sind **Klassierungsstufen** der Einzelbauteile für die Bewertungen im Verfahren nach Abschnitt 7 MIndBauRL. Das Zusammenwirken dieser Einzelbauteile in Tragwerken wird damit nicht abschließend bewertet.

Die konkreten Anforderungen an die Feuerwiderstandsfähigkeit der Bauteile werden in der Tabelle 6 in Abschnitt 7.6 MIndBauRL festgelegt.

Die Anforderungen an die Standsicherheit von Bauteilen verschiedener Brandsicherheitsklassen (SK_b) sind im Wesentlichen in den unterschiedlichen Sicherheitsbeiwerten der DIN 18230-1 ausgedrückt.

Damit ergeben sich für gleiche **äquivalente Branddauern** sehr unterschiedliche **erforderliche Feuerwiderstandsdauern,** die als Eingangswerte für die Bauteilbemessung gemäß Tabelle 6 MIndBauRL maßgeblich sind.

b) Trennwände und -decken zur Trennung von BBA sowie sonstige Trennwände

Brandabschnitte und Brandbekämpfungsabschnitte werden als Nutzungseinheiten gewertet, auch wenn sie ggf. von unterschiedlichen Nutzern genutzt werden (siehe Kommentar zu Abschnitt 3.1, Ziffer c) „Mehrherrigkeit" und Kommentar zu Abschnitt 2, Ziffer a.3.3) „mitgezogene Nebennutzungen").

Innerhalb von Brandabschnitten und von Brandbekämpfungsabschnitten werden keine weiteren brandschutztechnischen Unterteilungen verlangt. Eine Ausnahme bilden die Geschossdecken, an die sowohl im Verfahren nach Abschnitt 6 als auch im Verfahren nach Abschnitt 7 Anforderungen u. a. an den Raumabschluss gestellt werden.

Die Muster-Industriebau-Richtlinie verlangt keine Trennwände.

b.1) Trennwände zur Trennung von BBA

Trennwände zur Trennung von Brandbekämpfungsabschnitten und ihrer Unterstützungen werden der SK_b3 zugeordnet. Sie selbst werden aber in Tabelle 6 in Abschnitt 7.6 nicht mehr aufgeführt, da sie im Abschnitt 7.3.2 als Trennwände in der **Bauart von Brandwänden** verlangt werden. Die sie unterstützenden Bauteile müssen dem entsprechend feuerbeständig sein. Das gilt grundsätzlich auch für die aussteifenden Bauteile, es sei denn, sie sind redundant in zwei Brandbekämpfungsabschnitten angeordnet (siehe Abschnitt 7.3.).

b.2) Decken zur Trennung von BBA

Decken zur Trennung von BBA dürfen im Gegensatz zu den BBA-Trennwänden auf die zu erwartende maßgebliche Brandeinwirkung hin gemäß Tabelle 6 nach den Untersuchungen mit DIN 18230 bemessen werden.

Sie müssen nicht den für Brandwände und für Brandbekämpfungsabschnittstrennwände vorgesehenen zusätzlichen Stoßbeanspruchungen (Trümmerlasten) standhalten. Sie müssen aber von entsprechend standsicheren Bauteilen getragen werden; sie müssen also grundsätzlich auf erf t_F bemessen werden. Allerdings darf eine Abminderung insofern erfolgen, als die anrechenbare brandschutztechnische Infrastruktur bis zur „Aufzehrung" des Sicherheitsbeiwerts der DIN 18230 angerechnet werden kann – also bis zum Grenzfall erf $t_F = t_ä$ (siehe Abschnitt 7.3).

b.3) Sonstige Trennwände

b.3.1) Grundsatz

Sonstige Trennwände verlangt die MIndBauRL nicht, da der BBA grundsätzlich als eine Nutzungseinheit – mit all seinen Räumen und Raumbereichen – angesehen wird.

Es sind im Übrigen auch dann grundsätzlich keine Trennwände erforderlich, wenn **mitgezogene Nebennutzungen** in den Gesamtbereich des BBA aufgenommen werden sollen und dafür Räume bilden.

b.3.2) Trennwände aufgrund von anderen Regelwerken

Abtrennungen mit Trennwänden sind jedoch erforderlich von Räumen, die wegen spezieller Regelungen **brandschutztechnisch abgetrennt** werden müssen; das ist in der Praxis insbesondere für bestimmte Technikräume regelmäßig der Fall.

b.3.3) Trennwände zur rechnerischen Sonderbewertung hoher Brandlasten

Im Nachweisverfahren nach DIN 18230 kann ein Teil der Brandlasten für die Beurteilung der Gesamtfläche unberücksichtigt bleiben, wenn dessen Flächen **ausreichend raumabschließend** von den übrigen Flächen durch **Trennwände** abgetrennt werden. Sie sind (gemäß Abschnitt 7.2.1) der Brandsicherheitsklasse SK_b3 zuzuordnen und gemäß Abschnitt 7.5 zu bemessen.

Gleiches gilt für die Decken solcher Räume.

b.3.4) Trennwände infolge spezieller Brandschutzplanungen

Es kommt in der Praxis nicht selten vor, dass im Zusammenhang mit der Begründung von beabsichtigten Abweichungen von Regelanforderungen der Richtlinie bestimmte Räume durch brandschutztechnisch wirksame Trennwände (und zugehörige Decken und Öffnungsverschlüsse sowie ggf. Rettungswege) von der sonstigen Brandbekämpfungsabschnittsfläche abgetrennt werden sollen.

Im Bild 7.2-1 ist eine Situation dargestellt, bei der eine Einbaunutzung weiterentwickelt wird, die mit den Regeln der Richtlinie nicht mehr ohne Abweichungen begründet/gerechtfertigt werden kann (in diesem Fall beispielsweise: Anordnung von Nutzungsbereichen ohne ausreichenden „funktionalen Zusammenhang" mit der Hauptnutzung der Halle ohne ausreichende Erschließung/Rettungswegführung gemeinsam mit der Halle). Ein Weg der Brandschutzplanung kann mit einer Risikobewertung gefunden werden, die diese Raumsituation quasi einer „eingeschobenen Nutzungseinheit" gleichstellt.

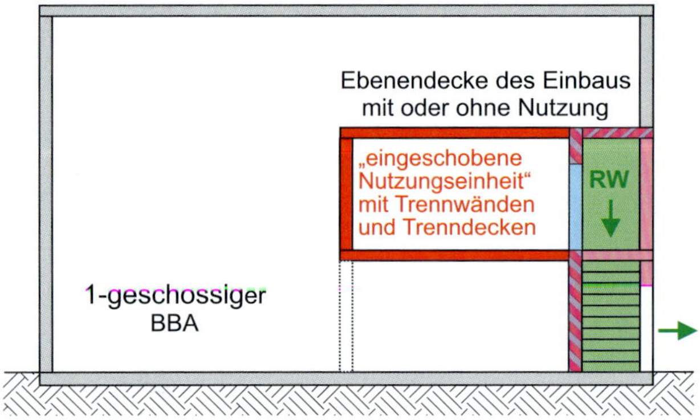

Bild 7.2-1: Beispiel für die feuerwiderstandsfähige Abtrennung von Räumen in Analogie zur Geschossbildung/zum Geschossnachweis zur Begründung einer Abweichung.

Beispiel für einen Abweichungsfall: Räume auf einer im Planungsgang/in einer Baugenehmigung ursprünglich als Einbau vorgesehenen Decke werden als „aufgeständerte, eingeschobene Nutzungseinheit“ umgeplant/entwickelt:

Diese Räume haben zur Abtrennung entsprechende raumabschließende Decken und Trennwände mit ausreichendem Feuerwiderstand und hier zudem auch speziell gesicherte Rettungswege.

Wie die als oberer Raumabschluss dienende Decke genutzt und eingestuft werden soll, ist eine andere Frage: Ebenendecke mit Nutzung; Einbaudecke mit oder ohne Nutzung; Decke mit Nutzungsuntersagung.

Dafür sind dann ausreichend feuerwiderstandsfähige Umfassungsbauteile und Tragwerksteile vorzusehen.

Die Abtrennung dieser Raumgruppe schafft mit deren oberem Raumabschluss (Decke) dann das Problem ihrer bauordnungsrechtlichen Zuordnung, Nutzbarkeit und Erschließung. Da in der Praxis solche Situationen häufig auftreten, auch und gerade in Verbindung mit der Anwendung des Abschnitts 6, ist die Zuordnung dieser Decke als Ebenendecke nicht gewünscht – mit der typischen Folge, dass der obere Raumabschluss als Einbau(decke) mit Nutzungsuntersagung festgelegt wird.

Speziell auch Räume, von denen für den Betrieb eine „erhöhte Brandgefahr“ ausgeht, können im Brandschutzkonzept der Brandschutzplanung objektspezifisch einen besonderen Schutz erfordern.

Derartige Gründe für die Anordnung von Trennwänden innerhalb eines Brandbekämpfungsabschnitts sieht die Richtlinie nicht vor, weil sie keine generellen Spezialvorgaben für die Begründung von Abweichungen oder zur Erreichung nicht öffentlich-rechtlicher Schutzziele machen kann. Grundsätzlich wird in solchen Fällen allerdings empfohlen, die Trennwände mindestens der SK_b2 zuzuordnen und entsprechend zu bemessen.

Da allerdings „Abweichungen von der Richtlinie“ quasi zu deren Standardanwendungen gehören, zählen auch solche vom Bauantragsteller selbst gewählten und selbst eingeplanten Trennwände zur Standardanwendung der Richtlinie.

c) Decken von Geschossen und Ebenen

c.1) Grundsatz

Zu den Bauteilen von Geschossen und Ebenen zählen die Decken (als Fußböden und als obere „Raumabschlüsse) sowie die sonstigen Tragwerksteile innerhalb der Geschosse und Ebenen (zwischen den Decken).

Die Decken werden jeweils nach der höheren Anforderung bemessen, die sich für die Räume oberhalb und unterhalb der Decken durch Berechnungen nach DIN 18230-1 ergeben.

Die Tragwerksteile innerhalb der Geschosse und Ebenen werden nach den Rechenergebnissen für die jeweiligen Geschosse und Ebenen bemessen, in denen sie angeordnet sind.

Aus den Berechnungen nach DIN 18230 können sich aus den (Geschoss- und) Ebenennachweisen jeweils unterschiedliche Anforderungen an die Feuerwiderstandsfähigkeit ergeben. Das schließt auch die Möglichkeit ein, dass über Geschossen und Ebenen mit geringen Feuerwiderstandanforderungen solche mit höheren Anforderungen angeordnet sind.

Bauteile wie Stützen, die durch Lufträume mehrerer Ebenen geführt sind, müssen in solchen Fällen die höchste Anforderung „auf ganzer

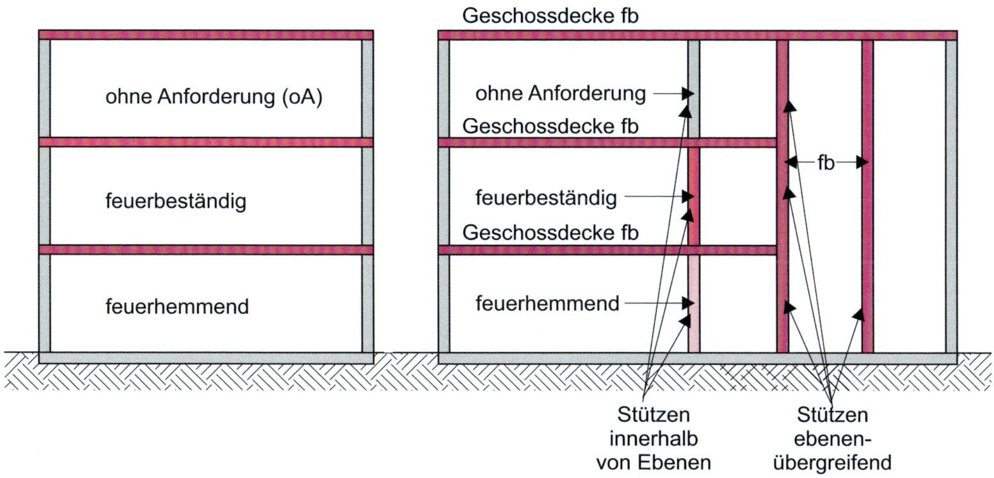

Bild 7.2-2: Beispiel für unterschiedliche Anforderungen an Bauteile innerhalb von Geschossen und Ebenen aus den Geschoss- bzw. Ebenennachweisen und für ebenenübergreifende Stützen

Länge" erfüllen. Zwischen den Decken kann die Feuerwiderstandsfähigkeit von Stützen entsprechend der Anforderungen gestaffelt werden, wobei bautechnische Anschluss- und Lagerungsbedingungen ggf. zu beachten sind.

c.2) Decken von Geschossen

Geschossdecken sind für den Brandfall ausreichend standsicher zu bemessen und raumabschließend auszuführen. Sie gelten stets auch als aussteifende Bauteile des Bauwerks.

Sie werden der SK_b3 zugeordnet.

c.3) Decken von Ebenen

Die hohen Anforderungen der SK_b3 werden auch an Decken von Ebenen gestellt.

Sofern sie jedoch nicht zur Aussteifung des Gebäudes herangezogen werden (gemäß dem statischen Nachweis für die Gesamtkonstruktion des Industriebaus), werden die Ebenendecken der Brandsicherheitsklasse SK_b2 zugeordnet und müssen somit erheblich geringere Anforderungen an die Standsicherheit im Brandfall erfüllen als aussteifende SK_b3-Ebenendecken.

Ebenendecken, die nur **untergeordnete Bereiche** eines Geschosses bzw. einer anderen Ebene überdecken, werden i. d. R. keinen wesentlichen Beitrag zur Gesamtstabilität des betreffenden Gebäudeabschnittes (des Geschosses oder BBA) leisten können. Solche nichtaussteifenden Decken werden der Brandsicherheitsklasse SK_b2 zugeordnet. Der Beitrag solcher Decken zur Gesamtstabilität muss im Zweifel für die Zuordnung zu einer Brandsicherheitsklasse vom Statiker beschrieben werden.

Für kleine Ebenendecken (einzeln oder mehrere zusammen von weniger als 50% der Raumgrundfläche) kann ggf. eine Einstufung gemäß DIN 18230-1 Abschnitt 5.3 als „nicht selbstständig nutzbare Ebenendecke" vorgenommen werden. Daraus resultieren dann vereinfachte Ebenennachweise und ggf. sogar praxisgerechte Lösungsmöglichkeiten für Planungsaufgaben, die eigentlich (unzulässige) übereinander angeordnete Einbauten vorgesehen haben nach Einstufung übereinander angeordneter nicht selbstständig nutzbarer, kleiner Ebenendecken.

d) Standsicherheit von Einbauten

An die Standsicherheit von Einbauten werden keine klassifizierten Anforderungen gestellt (siehe Abschnitt 7.2.6 MIndBauRL). Sie werden daher keiner Brandsicherheitsklasse (SK_b) zugeordnet.

Wenn Einbauten statisch konstruktiv mit dem Gebäudetragwerk verbunden werden, sind deren Kraft- und Verformungswirkungen im Brandfall ggf. auch bei der Beurteilung der Standsicherheit der Gebäudeteile zu berücksichtigen und zu begrenzen, siehe hierzu auch Abschnitt 5.14.9. Das zulässige Versagen von Einbauten darf die erforderliche Standsicherheit der sonstigen Gebäudekonstruktion nicht gefährden.

7.2.1 Brandsicherheitsklasse SK_b3

Entsprechend ihrer brandschutztechnischen Bedeutung werden an die nachfolgend genannten Bauteile hohe Anforderungen gestellt:

a. Wände und Decken, die Brandbekämpfungsabschnitte zu den Seiten, nach oben und nach unten von anderen Brandbekämpfungsabschnitten trennen, Geschossdecken und Decken von Ebenen;
b. Trennwände und Decken zur Abtrennung von Brandlasten nach DIN 18230-1 einschließlich ihrer Tragwerke;
c. Tragende und aussteifende Bauteile, deren Versagen zum Einsturz der tragenden Konstruktion (Tragwerk, Gesamtkonstruktion) oder der Konstruktion des Brandbekämpfungsabschnitts führen kann;
d. Lüftungsleitungen und dergleichen, die Brandbekämpfungsabschnitte überbrücken, einschließlich Brandschutzklappen;
e. Installationsschächte und -kanäle, die Brandbekämpfungsabschnitte überbrücken;
f. Feuerschutzabschlüsse, Rohrabschottungen, Kabelabschottungen und dergleichen in Bauteilen, die Brandbekämpfungsabschnitte trennen;
g. Stützkonstruktion von Behältern mit $\Psi < 1$.

7.2.2 Brandsicherheitsklasse SK_b2

Entsprechend ihrer brandschutztechnischen Bedeutung werden an die nachfolgend genannten Bauteile mittlere Anforderungen gestellt:

a. Bauteile, deren Versagen nicht zum Einsturz der tragenden Konstruktion (Tragwerk, Gesamtkonstruktion) oder der Konstruktion des Brandbekämpfungsabschnitts führen kann, wie nicht aussteifende Decken von Ebenen; dies gilt nicht für raumabschließende Bauteile wie Geschossdecken und Trennwände;
b. Bauteile des Dachtragwerkes, deren Versagen zum Einsturz der übrigen Dachkonstruktion des Brandbekämpfungsabschnitts führen kann, einschließlich ihrer Unterstützungen; dies gilt nicht für Bauteile des Dachtragwerks, wenn ihr Versagen zum Einsturz der tragenden Konstruktion oder der Konstruktion des Brandbekämpfungsabschnitts führt;
c. Lüftungsleitungen und dergleichen, die Bauteile mit geforderter Feuerwiderstandsfähigkeit überbrücken, einschließlich Brandschutzklappen;
d. Installationsschächte und -kanäle, die Bauteile mit geforderter Feuerwiderstandsfähigkeit überbrücken;
e. Feuerschutzabschlüsse, Rohrabschottungen, Kabelabschottungen und dergleichen in trennenden Bauteilen mit geforderter Feuerwiderstandsfähigkeit.

7.2.3 Brandsicherheitsklasse SK_b1

Entsprechend ihrer brandschutztechnischen Bedeutung werden an Bauteile des Dachtragwerkes, sofern das Versagen einzelner Bauteile nicht zum Einsturz der übrigen Dachkonstruktion des Brandbekämpfungsabschnitts führt, geringe Anforderungen gestellt.

Zu 7.2.1 – 7.2.3: Brandsicherheitsklassen für Dächer

a) SK_b-Einstufung wegen der Begehbarkeit des Dachs zur Brandbekämpfung

Die Berücksichtigung der Brandbekämpfung von Dachflächen aus durch die Feuerwehr führt zur Einstufung der „untergeordneten Dachbauteile“ in SKb-Klassen. Darauf wies bereits die Erläuterung der MIndBauRL (Fassung 2000) damals unter 7.1 hin:

„An die Feuerwiderstandsfähigkeit der Dachkonstruktion werden Anforderungen gestellt, weil im Industriebau üblicherweise große Flächen vorliegen können und der Einsturz der Dachkonstruktion ein zu berücksichtigendes Risiko darstellen kann. Bei diesen großen Dachflächen kann auch ein Feuerwehreinsatz von der Dachfläche vorgetragen werden. ***Daher*** *werden an untergeordnete Bauteile brandschutztechnische Anforderungen durch Einstufung in die Brandsicherheitsklasse* ***SK_b1*** *gestellt. Wenn von einem derartigen Feuerwehreinsatz* ***im Benehmen mit der zuständigen Brandschutzdienststelle*** *nicht ausgegangen werden muss, brauchen* ***keine Anforderungen*** *gestellt zu werden.“*

Dass die Einstufung des Dachtragwerks und seiner unterstützenden Teile als untergeordnete Bauteile aufgrund der Nutzung der Dachfläche zur Brandbekämpfung in die Brandsicherheitsklasse SK_b1 von der Art der Brandbekämpfung abhängt, geht aus der Richtlinie an dieser Stelle selbst nicht hervor – hat sich aber seit der Fassung der Richtlinie von 2000 nicht geändert. Die heute noch unmittelbar nachvollziehbare Argumentation ergibt sich aus Abschnitt 7.2.4.

7.2.4 Dachtragwerk ohne Brandsicherheitsklasse

7.2.4

Bauteile des Dachtragwerkes, deren Versagen nicht zum Einsturz der übrigen Dachkonstruktion des Brandbekämpfungsabschnitts führt, werden keiner Brandsicherheitsklasse zugeordnet, sofern das Dach zur Brandbekämpfung nicht begangen werden muss.

Zu 7.2.4: Dachtragwerk ohne Brandsicherheitsklasse

a) Begrenzter Dacheinsturz

Da übliche Dachtragwerke dazu konzipiert sind, das Dach selbst zu tragen und die Dachlasten in das Tragwerk des Gebäudes einzuleiten, werden die Dachtragwerke meist unabhängig von den Gebäudetragwerken beurteilt werden können (Ausnahmen sind immer dann gegeben, wenn Dachtragwerke mit den Gebäudetragwerken zusammen – beispielsweise als Rahmenkonstruktionen – als Gesamttragwerk des Gebäudes wirken; siehe Abschnitt 7.2.1 Ziffer c und Abschnitt 7.2.2 Ziffer b unter Berücksichtigung der Unterstützungen).

Auch die Zuordnung des Dachtragwerks zur SK_b1 erfordert die Berücksichtigung der unterstützenden Bauteile im Versagensfall.

b) Begehbarkeit des Dachs zur Brandbekämpfung

Die Einstufung von Dachtragwerken als derart untergeordnete Bauteile, die eine Einstufung in eine SK_b-Klasse nicht erfordern, hängt davon ab, ob die Dachfläche – im Einvernehmen mit der zuständigen Brandschutzdienststelle – für die Brandbekämpfung durch die Feuerwehr nicht betreten werden muss.

7.2.5 Dachtragwerk mit Geschossdecke SK_b3

7.2.5

Eine brandschutztechnische Bemessung der Bauteile des Dachtragwerkes ist nicht erforderlich, wenn es vom übrigen Brandbekämpfungsabschnitt durch eine Geschossdecke (SK_b3) brandschutztechnisch abgetrennt ist und außer dem Dachtragwerk keine zusätzlichen Brandlasten vorhanden sind.

Zu 7.2.5: Dachtragwerk mit Geschossdecke SK_b3

a) Allgemeines

Die hier behandelte Bauweise betrifft ein Dachgeschoss, dessen oberer Abschluss eine raumabschließende Geschossdecke als Teil des Industriebaus ist. Oberhalb dieses Dachgeschosses befindet sich dann noch „das eigentliche Dach", das dann quasi außerhalb des Industriebaus angeordnet ist.

Ein Versagen des Dachs einschließlich seines Tragwerks oberhalb der obersten Geschossdecke kann in diesem Fall akzeptiert werden. Das Brandszenarium eines Dachbrandes ist dann unabhängig vom Inneren des Industriebaus. Es sollte lediglich durch den Abbrand von ggf. brennbaren Baustoffen des dort befindlichen (Rest-)Dachtragwerks genährt werden.

7.2.6 Einbauten

7.2.6

Eine brandschutztechnische Bemessung für Einbauten ist nicht erforderlich.

Zu 7.2.6: Genereller Verzicht auf eine brandschutztechnische Bemessung von Einbauten

a) Verweis auf andere Kommentare

Zu Einbauten finden sich Kommentare insbesondere zu den Abschnitten 3.9 und 5.5. Diese Kommentare gelten unverändert auch im Zusammenhang mit dem Abschnitt 7.2.6.

7.3 Anforderungen an Bauteile zur Trennung von Brandbekämpfungsabschnitten

Die nachfolgenden Anforderungen gelten für obere, seitliche und untere Bauteile, die Brandbekämpfungsabschnitte voneinander trennen und für Bauteile, die diese trennenden Bauteile tragen, aussteifen oder überbrücken.

Zu 7.3 Anforderungen an Bauteile zur Trennung von Brandbekämpfungsabschnitten

Abschnitt 7.3 wurde neu strukturiert nach Bauteilen, die Brandbekämpfungsabschnitte

- *bilden*
- *unterstützen*
- *aussteifen*
- *überbrücken,*

weil sich aus der Anforderung an die Brandbekämpfungstrennwände (in der Bauart von Brandwänden) auch unterschiedliche Anforderungen an die aussteifenden und unterstützenden Bauteile für Wände und Decken ergeben.

Zu 7.3: Anforderungen an Bauteile zur Trennung von Brandbekämpfungsabschnitten

a) Allgemeines

Besondere Anforderungen werden sowohl an die trennenden Wände (BBA-Trennwände) und Decken (BBA-Trenndecken) als auch an die Bauteile, die diese tragen und aussteifen, gestellt.

Des Weiteren werden Anforderungen an Bauteile gestellt, die diese Trennungen überbrücken und durchdringen. Darunter fallen insbesondere auch Leitungs- und Lüftungsanlagen.

b) Standsicherheit der trennenden Bauteile

Die Standsicherheit der trennenden Bauteile muss auch **unter Stoßeinwirkung** gegeben sein.

Diese Anforderung wird bei den Trennwänden durch ihre Verwendbarkeitsnachweise belegt. Eine Stoßeinwirkung wird bei den Decken nicht geprüft – sie wird im Sinn der MIndBauRL als **ausreichend gegeben** angenommen, wenn die normativen Anforderungen an die erforderliche Feuerwiderstandsfähigkeit erfüllt sind. Die entsprechenden (Rest-)Risiken werden bauordnungsrechtlich akzeptiert.

c) Auslegung der Decken, die BBA trennen

Der **Raumabschluss** muss für die erforderliche Branddauer gegeben sein.

Für die Auslegung der Decken ist die maximal erforderliche Feuerwiderstandsdauer aus den beiden angrenzenden BBA maßgebend. Dabei sind insbesondere im Geschossbau auch die lokalen Werte zu beachten, die sich aus den Geschossnachweisen sowie den Teilflächennachweisen gemäß DIN 18230-1 ergeben.

Bei lokal stark erhöhten Brandeinwirkungen auf die Trenndecken sind ggf. die Nachweise nach DIN 18230-1 allein nicht ausreichend aussagekräftig (siehe Erläuterungen E.5 zur DIN 18230-1). In diesen Fällen sollten den Auslegungen zusätzliche Überlegungen bzw. Nachweise zugrunde gelegt werden.

7.3.1 Standsicherheit der Bauteile zur Trennung von Brandbekämpfungsabschnitten

7.3.1

Bauteile zur Trennung von Brandbekämpfungsabschnitten müssen so beschaffen sein, dass sie bei einem Brand ihre Standsicherheit nicht verlieren und die Ausbreitung von Feuer und Rauch auf andere Brandbekämpfungsabschnitte ausreichend lang verhindern.

Bauteile, die trennende Bauteile unterstützen und/oder aussteifen, müssen so beschaffen sein, dass sie bei einem Brand ihre Standsicherheit nicht verlieren.

Bauteile, die trennende Bauteile überbrücken, müssen so beschaffen sein, dass durch sie bei einem Brand eine Ausbreitung von Feuer und Rauch auf andere Brandbekämpfungsabschnitte verhindert wird.

Zu 7.3.1

Bauteile zur Trennung von Brandbekämpfungsabschnitten müssen einschließlich ihrer Unterstützungen insbesondere auch bei einer brandschutztechnischen Infrastruktur, die zu einem $\alpha_L < 1$ (nach DIN 18230-1) führt, mindestens für die äquivalente Branddauer $t_ä$ ausgelegt werden. Eine Abminderung durch α_L bei der Ermittlung von erf t_F darf nur so weit in Ansatz gebracht werden, dass erf t_F nicht kleiner als $t_ä$ wird.

Für die Beschaffenheit von Bauteilen zur Trennung von Brandbekämpfungsabschnitten gelten im Übrigen die Anforderungen von Abschnitt 5.10.

Zu 7.3.1: Anforderungen an Bauteile zur Trennung von Brandbekämpfungsabschnitten

a) Schutzziele

In diesem Abschnitt wird die funktionale Anforderung an die bauliche Trennung von BBA beschrieben. Der sicherheitstechnisch relevante Zeitraum, für den die Trennung der BBA wirksam sein soll, wird zunächst mit „ausreichend lang“ angegeben.

Es gilt allerdings grundsätzlich, dass damit eine Standsicherheit über den gesamten Brandverlauf einschließlich der Vollbrandphase und der Abkühlphase gemeint ist (ohne Anrechnung irgendwelcher Löschmaßnahmen oder anderer Einwirkungen auf den Brandverlauf). Dieses Grundziel darf allerdings durch eine gewisse Anrechnung wirksamer Brandschutzmaßnahmen zum Teil abgemindert werden:

Aus den Erläuterungen wird deutlich, dass dafür die Ergebnisse der Berechnungen nach DIN 18230 für erf t_F maßgeblich sind, wobei die physikalische Wirkung der brandschutztechnischen Infrastruktur nur zu einem bestimmten Teil angesetzt werden darf. Dieser anrechenbare Teil ist begrenzt durch den Sicherheitsbeiwert γ, der gemäß DIN 18230 für SK_b3-Bauteile zur Anwendung kam: Das Produkt aus γ und α_L darf nicht kleiner sein als 1,0!

Diese Regel gilt allerdings nicht (mehr) für die Wände, die BBA voneinander trennen – die Brandbekämpfungsabschnittstrennwände (BBA-TW).

b) Bemessung für den Brandfall

Für die brandschutztechnische Auslegung der Bauteile zur Trennung von BBA und für deren Unterstützungen sind folgende Kategorien zu beachten (siehe auch Abschnitt 7.3.2 MIndBauRL):

- **Trennwände zur Trennung von BBA** müssen gemäß Abschnitt 5.10 geplant werden und die Anforderungen von Abschnitt 7.3.2 erfüllen; sie sind demnach stets in der Bauart von Brandwänden zu errichten – eine Abminderung nach Abschnitt 7.3.1 kommt für diese Trennwände **nicht** in Betracht.

- **Decken zur Trennung von BBA** können hinsichtlich ihrer erforderlichen Feuerwiderstandsfähigkeit nach Tabelle 6 mit der Abminderung gemäß Abschnitt 7.3.1 bemessen werden.
- **Bauteile zur Unterstützung von BBA-Trennwänden und BBA-Trenndecken** werden nach Tabelle 7 Spalte 2 bemessen. Ihre erforderliche Feuerwiderstandsfähigkeit darf nach Abschnitt 7.3.1 abgemindert werden.
- **Bauteile zur Aussteifung von BBA-Trennwänden** werden nach Tabelle 7 Spalte 2 bemessen. Ihre erforderliche Feuerwiderstandsfähigkeit darf nach Abschnitt 7.3.1 abgemindert werden. Für die Aussteifung von BBA-Trennwänden kommen ggf. auch brandschutztechnisch unbemessene Bauteile in Betracht, wenn sie in einem vom betrachteten Brandszenarium nicht betroffenen anderen BBA oder BA angeordnet sind.

7.3.2 Wände zur Trennung von Brandbekämpfungsabschnitten

7.3.2

Wände zur Trennung von Brandbekämpfungsabschnitten müssen in der Bauart von Brandwänden errichtet werden. Bauteile, die eine Trennwand zwischen Brandbekämpfungsabschnitten aussteifen, unterstützen oder überbrücken, müssen feuerbeständig sein. Dies ist nicht erforderlich für aussteifende Bauteile, wenn sie redundant in beiden angrenzenden Brandbekämpfungsabschnitten vorhanden sind und die Funktionsfähigkeit der Trennwand beim Versagen der Aussteifung auf der brandbeanspruchten Seite durch konstruktive Maßnahmen gewährleistet ist.

Zu 7.3.2

Trennwände, die der geforderten Stoßbeanspruchung genügen, sind feuerbeständig. Trennwände mit geringerer Feuerwiderstandsfähigkeit, die der geforderten Stoßbeanspruchung genügen, werden auf dem Markt nicht angeboten. Der in der MIndBauRL Fassung März 2000 im Abschnitt 7.4.6 verlangte „Zusatznachweis" als Teilflächennachweis mit DIN 18230-1 für einen Bereich von 10 m um die trennenden Bauteile wurde in der Vergangenheit nicht geführt. Auch mit der DIN 18230-1 Fassung 09.2010 ist dies – nach deren Erläuterung E 5 – nicht ausreichend möglich bzw. nicht zulässig, weil das Rechenverfahren der Norm eine derartige Bauteilauslegung nicht ausreichend zuverlässig ermöglicht. Es wären weitergehende Maßnahmen erforderlich (z. B. Feuerlöschanlagen). Eine solche Bemessung könnte folglich nur ingenieurmäßig erfolgen. Deshalb wird als Wand zur Trennung von Brandbekämpfungsabschnittwänden ausschließlich eine Wand in der Bauart einer Brandwand (feuerbeständig, mechanische Beanspruchung, 0,50 m über Dach) gefordert. Die Anforderungen an die übrigen Bauteile, speziell Türen, bleiben bestehen.

Zu 7.3.2: Wände zur Trennung von Brandbekämpfungsabschnitten

a) Bauartvorschriften für BBA-Trennwände

Die hier geforderten Wände in der Bauart von Brandwänden sind feuerbeständige Trennwände aus nichtbrennbaren Baustoffen, die auch den Stoßbeanspruchungen wie Brandwände widerstehen können müssen. Im Gegensatz zu den Brandwänden dürfen diese Trennwände jedoch

- Öffnungen haben, deren Feuerwiderstandsfähigkeit nach Tabelle 6 zu bemessen ist.

Diese BBA-Trennwände müssen grundsätzlich (Abschnitt 5.10.2) mindestens 50 cm über das Dach des höheren Gebäudes geführt werden.

Insbesondere gilt in diesem Zusammenhang für die BBA-Trennwände, dass gemäß Abschnitt 5.10.1 MBO § 30 Abs. 3 Satz 2 nicht angewendet werden darf. Somit sind Trennwandbauarten geringerer Feuerwiderstandsfähigkeit als feuerbeständig nicht zulässig.

b) Unterstützende und aussteifende Bauteile für BBA-Trennwände

Unterstützende und aussteifende Bauteile für BBA-Trennwände sind grundsätzlich für die Brandbeanspruchung zu bemessen, in denen sie angeordnet sind. Die MindBauRL verlangt allerdings für diese Bauteile eine feuerbeständige Bauart, ohne dass Erkenntnisse aus den Berechnungen mit DIN 18230-1 über die wahrscheinlichen Brandeinwirkungen berücksichtigt werden. Diese Bauteile sollen den gleichen Feuerwiderstand haben wie die BBA-Trennwände; allerdings müssen sie nicht der Stoßbeanspruchung widerstehen können.

Eine Bemessung nach Tabelle 6. Ist für diese Bauteile nicht vorgesehen.

Gleiches gilt für Bauteile, die die BBA-Trennwände überbrücken.

c) Spezielle Aussteifungskonzepte für BBA-Trennwände

Da das bemessungsrelevante Brandereignis nur in einem der beiden BBA stattfindet, die durch die BBA-Trennwand voneinander abgetrennt werden, werden Bauteile im nicht unmittelbar vom Brand betroffenen, „anderen“ BBA auch nicht vom Brand thermisch beansprucht.

Werden die BBA-Trennwände also in beiden BBA ausgesteift, dann kann die Aussteifung im brandbeaufschlagten BBA ausfallen und die Aussteifung wird von den Aussteifungsbauteilen des „anderen“ – nicht brandbeaufschlagten – BBA übernommen. Für dieses Aussteifungskonzept muss allerdings durch konstruktive Maßnahmen sichergestellt sein, dass Verformungen der Bauteile des brandbeaufschlagten BBA die Standsicherheit und den Raumabschluss der BBA-Trennwand nicht unzulässig gefährden können.

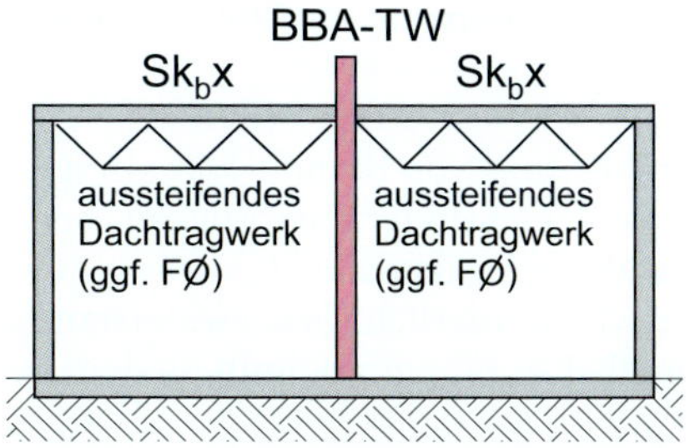

Bild 7.3.2-1: Beispiel für das Konzept einer Brandabschnittstrennung mit BBA-Trennwänden, die in beiden BBA durch nicht feuerbeständige Aussteifungen gehalten werden.

In solchen Konzepten benötigen die aussteifenden Bauteile keinen klassifizierten Feuerwiderstand.

7.3.3 Decken zur Trennung von Brandbekämpfungsabschnitten

7.3.3

Decken zur Trennung von Brandbekämpfungsabschnitten und Bauteile, die diese Decken unterstützen, aussteifen und/oder überbrücken, sind nach Tabelle 6, Spalte 2 zu bemessen. Ihre erforderliche Feuerwiderstandsdauer erf t_F muss mindestens der äquivalenten Branddauer $t_ä$ entsprechen. Die rechnerisch erforderliche Feuerwiderstandsdauer erf t_F für unterstützende Bauteile ergibt sich für den Brandbekämpfungsabschnitt, in dem sie eingebaut sind.

7.4 Zulässige Größen von Brandbekämpfungsabschnittsflächen bis 60.000 m²

7.4.0 Grundlagen der Flächenregelungen

Zu den Grundlagen der Flächenregelungen enthält die Richtlinie keinen Text.

7.4.1 Maßstäbe der Flächenbewertung

Die zulässige Größe von Brandbekämpfungsabschnittsflächen ergibt sich in Abhängigkeit der Sicherheitskategorie K 1 bis K 4 und der äquivalenten Branddauer $t_ä$ aus der zulässigen Summe der bewerteten Grundflächen der einzelnen Geschosse und Ebenen.

Hierzu sind die Grundflächen der einzelnen Geschosse und Ebenen A_i mit den Faktoren F_H und F_A zu bewerten. Dabei bewertet der Faktor F_H die Höhe der Grundfläche A_i über dem Bezugsniveau gemäß Tabelle 3. Der Faktor F_A berücksichtigt die Gefahr der vertikalen Brandausbreitung gemäß Tabelle 4 in Abhängigkeit der Ausführung von Öffnungen in den Grundflächen der Ebenen.

7.4.2 Maximal zulässige Summe der bewerteten Grundflächen

Die Summe der bewerteten Grundflächen der einzelnen Geschosse und Ebenen A_i darf den Wert zul A_{bew} gemäß Tabelle 5 nicht überschreiten.

$$\text{zul } A_{bew} > A_G \cdot F_{H1} \cdot F_{A1} + \sum_{i=2}^{n} A_{Ei} \cdot F_{Hi} \cdot F_{Ai}$$

mit A_G = Grundfläche des Brandbekämpfungsabschnitts
mit A_{Ei} = Grundfläche des Geschosses i oder der Ebene i
mit i = Laufindex für weitere Geschosse und Ebenen
mit n = Anzahl der Geschosse und Ebenen

Zwischenwerte in den Tabellen 3 und 5 dürfen linear interpoliert werden.

7.4.3 Bewertung der Höhenlage von Ebenen- und Geschossdecken

Tabelle 3: Faktor F_H zur Bewertung der Grundflächen der Geschosse bzw. Ebenen oberhalb des Bezugsniveaus

Abstand zum Bezugsniveau	0 m	5 m	10 m	15 m	20 m
Faktor F_H Über oder gleich Bezugsniveau	1,0	1,1	1,2	1,3	1,4

Als Bezugsniveau ist dabei die Geländeoberfläche an dem Gebäudezugang anzusetzen, von dem aus die Feuerwehr die Brandbekämpfung durchführt. Liegen Brandbekämpfungsabschnitte vollständig unter der Geländeoberfläche, so gilt Abschnitt 5.4. Bei Höhenversätzen in der Grundfläche des Brandbekämpfungsabschnitts ist F_{H1} als gewichtetes Mittel zu ermitteln. Liegt der Fußboden der Ebene oder des Geschosses unterhalb des Bezugsniveaus, ist jeweils das Doppelte des Wertes nach Tabelle 3 anzusetzen.

7.4.4 Bewertung der Art von Öffnungsverschlüssen in Ebenen- und Geschossdecken

Tabelle 4: Faktoren F_A zur Berücksichtigung der Art des Öffnungsverschlusses der jeweiligen Ebene

Öffnungen	durch Bauteile nach SK_b3 geschlossen	durch Bauteile mit nichtbrennbaren Baustoffen geschlossen	ohne Verschluss
Faktor F_A	0,4	0,7*	1,7

* Sofern der Anteil der mit nichtbrennbaren Bauteilen geschlossenen Flächen den Wert von 10 % der jeweiligen Ebene überschreitet, ist der Faktor $F_A = 1{,}7$ anzusetzen.

Bei der Bewertung der Flächen ist die Grundfläche des Brandbekämpfungsabschnitts mit dem Faktor $F_{A1} = 1{,}0$ anzusetzen.

Ist die Ebene mit der größten Ausdehnung nicht die Grundfläche des Brandbekämpfungsabschnitts, ist stattdessen der Faktor $F_{Ai} = 1{,}0$ für die Ebene mit der größten Ausdehnung anzusetzen.

noch 7.4.2 Maximal zulässige Summe der bewerteten Grundflächen

Tabelle 5: Zulässige Summe der bewerteten Grundflächen der Geschosse und Ebenen eines Brandbekämpfungsabschnitts zul A_{bew} in m²

Sicherheitskategorie	äquivalente Branddauer $t_ä$ in Minuten				
	0	15	30	60	≥ 90
K 1	40.000	20.000	12.000	6000	4000
K 2	60.000	30.000	18.000	9000	6000
K 3.1	72.000	36.000	21.600	10.800	7200
K 3.2	80.000	40.000	24.000	12.000	8000
K 3.3	92.000	46.000	27.600	13.800	9200
K 3.4	100.000	50.000	30.000	15.000	10.000
K 4	140.000	70.000	42.000	21.000	14.000

Die tatsächliche Grundfläche jedes einzelnen Geschosses oder jeder einzelnen Ebene darf 75 % des Wertes zul A_{bew} nicht überschreiten und die Brandbekämpfungsabschnittsfläche von 60.000 m² darf nicht überschritten werden.

Zu 7.4 Zulässige Größen von Brandbekämpfungsabschnittsflächen bis 60.000 m²

zu 7.4.0 Grundlagen der Flächenregelungen

Die Regelungen über zulässige Größen von Brandbekämpfungsabschnitten wurden gegenüber der MIndBauRL Fassung März 2000 in ein neues System gefasst, da sich das sog. „F-Faktoren-Verfahren" in der Praxis als zu starr für die vielfältigen Gestaltungsgeometrien im Industriebau gezeigt hat und insbesondere einer risikogerechten Bewertung der neu definierten Ebenen nicht gerecht würde. Hier führte insbesondere die missbräuchliche Interpretation der Geschossdefinition im Abschnitt 3.5 der Richtlinie in der Fassung März 2000 zu brandschutztechnisch nicht vertretbaren Verhältnissen mit „Galerien und Emporen" auf der Hälfte der Fläche des Raumes.

Mit der Neufassung wird das Sicherheitsniveau insgesamt nicht verändert, sondern lediglich klarer ablesbar formuliert.

zu 7.4.1 Maßstäbe der Flächenbewertung

Unverändert beruhen die Nachweise nach den Regelungen des Abschnittes 7 auf der Bewertung der vorhandenen oder vorgesehenen Brandbelastung mit einer abschließenden Festlegung der zulässigen Brandbelastung. Die festgelegte zulässige Brandbelastung ist für die Bau- und Betriebsgenehmigung eine bedeutende Grundlage; Überschreitungen dieser Werte können zu einem neuen Genehmigungsverfahren und zu weitergehenden Brandschutzmaßnahmen führen. Nutzungsänderungen erfordern in der Regel (schon allein zur Prüfung im Hinblick auf eine höhere Brandbelastung) eine Neubewertung mit dem Rechenverfahren.

Das Verfahren verlangt grundsätzlich, dass die Bauteile entsprechend der nach DIN 18230-1 ermittelten erforderlichen Feuerwiderstandsdauer erf t_F bemessen werden und legt unter dieser Prämisse die Flächenregelungen fest. Die Regelungen des Abschnitts 7 berücksichtigen daher als primäres Risikomerkmal die bewertete Brandbelastung – ausgedrückt in der äquivalenten Branddauer nach DIN 18230-1 – als Maßstab für die mögliche Brandentwicklung bzw. für die Brandeinwirkung auf die Konstruktion. Eine höhere Beanspruchung führt konsequenter Weise zu einer Verringerung der zulässigen Größen von Brandbekämpfungsabschnitten.

Darüber hinaus wird die brandschutztechnische Infrastruktur (ausgedrückt in der Sicherheitskategorie) berücksichtigt und zu einer Vergrößerung der zulässigen Größen von Brandbekämpfungsabschnitten herangezogen.

Nunmehr haben alle Tabellen den systematisch gleichen Aufbau, so dass die brandschutztechnische Infrastruktur jeweils den Tabellenzeilen zugeordnet ist.

zu 7.4.2 Maximal zulässige Summe der bewerteten Grundflächen

Die Flächenermittlung in Abschnitt 7 bezieht sich auf den gesamten Brandbekämpfungsabschnitt, also die aufaddierten bewerteten Grundflächen der Geschosse und Ebenen. Sie unterscheidet sich somit gegenüber der Fassung März 2000, welche die Grenzwerte je Geschoss ausgewiesen hat.

Für die Ermittlung zulässiger Flächen, kommt insbesondere den Interventionsmöglichkeiten der Feuerwehr im Hinblick auf die Zugänglichkeit/Erreichbarkeit des potentiellen Brandortes und den Risiken einer vertikalen Brandausbreitung besondere Bedeutung zu.

In der neuen Systematik wird für die Bewertung der einzelnen Geschosse bzw. Ebenen herangezogen:

- *die tatsächliche Höhenlage über dem Bezugsniveau (definiert als von der Feuerwehr erreichbares Zugangsniveau) mit dem Faktor F_H nach Tabelle 3*
- *die Art des Öffnungsverschlusses in der jeweiligen Ebene als F_A nach Tabelle 4.*

Zu 7.4.3 Bewertung der Höhenlage von Ebenen- und Geschossdecken

Dabei sind die Faktoren F_H aus den Festlegungen zum Faktor F3 der Fassung März 2000 abgeleitet, nicht jedoch auf den Fußboden des untersten Geschosses des jeweiligen Brandbekämpfungsabschnitts, sondern auf die jeweilige Ebenen/Geschosse bezogen worden.

Zu 7.4.4 Bewertung der Art von Öffnungsverschlüssen in Ebenen- und Geschossdecken

Die Faktoren F_A zur Berücksichtigung der Brandausbreitung wurden aus der Wahrscheinlichkeit für eine Brandentstehung und Ausbreitung über Ebenen/Geschosse in Relation zu einem Brandbekämpfungsabschnitt mit nur einem Geschoss abgeleitet. So darf z. B. die Fläche eines Brandbekämpfungsabschnitts mit zwei Geschossen mit $A_G = A_{E2}$ insgesamt die 1,4-fache Fläche des eingeschossigen Brandbekämpfungsabschnitts aufweisen (sofern man die Höhenlage mit dem Faktor F_H außer Acht lässt). Der Faktor $F_A = 0{,}4 > 0$ berücksichtigt die Auftretenswahrscheinlichkeit von Bränden in den Geschossflächen $A_G + A_{E2}$. Er kann näherungsweise dahingehend interpretiert werden, dass er – wegen fehlendem Feuerüberschlagsweg – die Brandausbreitung über die Fassade abdeckt. Wollte man die 2-fache Fläche erreichen, wären beide Geschosse als getrennte Brandbekämpfungsabschnitte auszubilden (wiederum unter Vernachlässigung des Höheneinflusses mit Faktor F_H).

Der Faktor F_A bewertet die Öffnungen einer Ebene zu der darunter und darüber liegenden Ebene. Sind die auszuwählenden Faktoren für die Öffnungen nicht identisch, ist der jeweils höhere Faktor maßgeblich. Für die Grundfläche des Brandbekämpfungsabschnitts, also die unterste Ebene, ist der Faktor $F_{A1} = 1{,}0$ anzusetzen. Ist die Ebene mit der größten Ausdehnung nicht die Grundfläche des Brandbekämpfungsabschnitts und wäre diese Ebene mit $F_A < 1{,}0$ zu bewerten, dann ist stattdessen der Faktor $F_{A1} = 1{,}0$ für die Ebene mit der größten Ausdehnung anzusetzen. Dafür wird die Grundfläche des Brandbekämpfungsabschnitts mit dem Faktor der „getauschten" Ebene bewertet. Vereinfachend darf dieser Ansatz auch dann angewendet werden, wenn die Ebene mit der größten Ausdehnung mit $F_A > 1{,}0$ zu bewerten ist.

Noch zu 7.4.2 Maximal zulässige Summe der bewerteten Grundflächen

Mit dieser Systematik ist der frühere Faktor F4 der Fassung März 2000 zur Berücksichtigung der Anzahl der Geschosse des Brandbekämpfungsabschnitts entbehrlich.

Noch zu 7.4.3 Bewertung der Höhenlage von Ebenen- und Geschossdecken

Da die Grundfläche des Brandbekämpfungsabschnitts nach Abschnitt 3.5 am höchsten Punkt der Bodenplatte anzusetzen ist, können Teile der Grundfläche auch unterhalb dieses Niveaus liegen. Deshalb wird eine gewichtete Höhenberechnung erforderlich.

noch zu 7.4.4 Bewertung der Art von Öffnungsverschlüssen in Ebenen- und Geschossdecken

Der Faktor F_A ist in Fällen höhenversetzter Grundflächen von Brandbekämpfungsabschnitten dagegen immer 1,0.

Noch zu 7.4.3 Bewertung der Höhenlage von Ebenen- und Geschossdecken

Liegt der Fußboden der Ebene oder des Geschosses unterhalb des Bezugsniveaus, ist jeweils das Doppelte des Wertes nach Tabelle 3 anzusetzen. Diese Regelung ist mit der erschwerten Zugänglichkeit und damit schlechteren Einsatzbedingungen für die Feuerwehr begründet.

zu 7.4.3 Beispiel

Beispiel zur Ermittlung der zulässigen Größe eines Brandbekämpfungsabschnitts:

Anhand des im Bild 4 dargestellten Gebäudeschnittes wird im Folgenden ein Beispiel zur Ermittlung der zulässigen Größe (bewertete Fläche) eines Brandbekämpfungsabschnitts dargestellt:

Bild Nr. 8

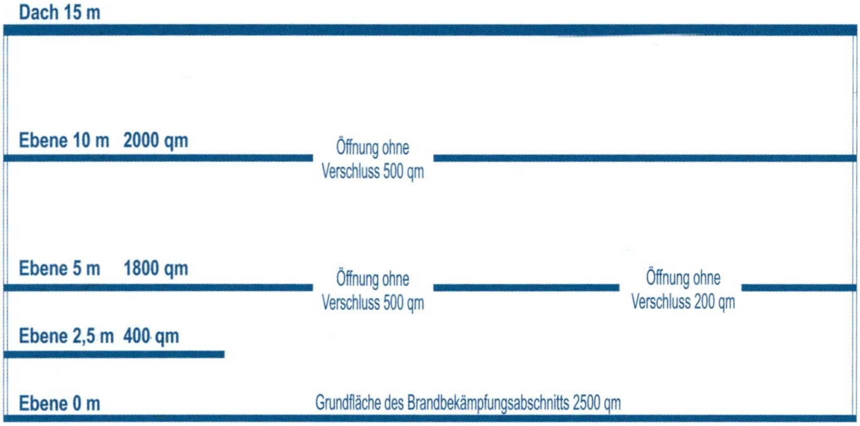

Der Schnitt stellt einen eingeschossigen Brandbekämpfungsabschnitt dar, der in 3 Ebenen gegliedert ist und zudem über der Ebene 1 (Grundfläche) einen Einbau aufnimmt. Die Bewertung der einzelnen Ebenenflächen ist mit den Faktoren F_H sowie F_A wie folgt vorzunehmen:

Grundfläche:	$2500\ m^2 \times 1{,}0 \times 1{,}0$	$= 2500\ m^2$
Ebene 5 m:	$1800\ m^2 \times 1{,}1 \times 1{,}7$	$= 3366\ m^2$
Ebene 10 m:	$2000\ m^2 \times 1{,}2 \times 1{,}7$	$= 4080\ m^2$
Gesamt A_{bew}:		$= 9946\ m^2$

Der Einbau wird bei der Bewertung der Brandbekämpfungsabschnittsfläche nicht berücksichtigt. Es ist lediglich zu prüfen, ob dessen Fläche kleiner ist als die maximale Grundflächen gemäß Tabelle 1 der Richtlinie und ob seine Fläche kleiner ist als 25 % der realen Grundfläche, über der er angeordnet ist (hier: Grundfläche des Einbaus = $400\ m^2 < 25\ \%$ von $2500\ m^2$).

Die Grundfläche des Brandbekämpfungsabschnitts (Grundfläche der Ebene 1) wird mit 1,0 für F_A bewertet, weil für die Grundfläche des Brandbekämpfungsabschnitts eine Sonderregelung gilt. Ungeschützte Öffnungen in der Decke oberhalb der Grundfläche des Brandbekämpfungsabschnitts werden für diese Ebene 1 nicht mit $F_A = 1{,}7$ angerechnet.

Die Ebene 5 m weist sowohl in ihrer Fußboden-Decke als auch in ihrem oberen Raumabschluss ungeschützte Öffnungen auf. Es kommt der Wert $F_A = 1{,}7$ zur Anwendung, da es unerheblich ist, ob die ungeschützte Öffnung in der unteren oder in der oberen Decke vorhanden ist.

Die Ebene 10 m besitzt als oberen Abschluss das Dach, dessen Öffnungen nicht zu erhöhten F_A-Werten führen. Die ungeschützten Deckenöffnungen in der „Fußbodendecke" der Ebene 3 begründen die Anwendung des Faktors $F_A = 1{,}7$.

Die bewertete Brandbekämpfungsabschnittsfläche ergibt sich aus der Summe der bewerteten Ebenenflächen im Beispiel zu $9946\ m^2$. Diese ist also größer als die Grundfläche der Ebene mit $2500\ m^2 + 1800\ m^2 + 2000\ m^2 = 6300\ m^2$.

Diese vorhandene Größe des Brandbekämpfungsabschnitts ist in Anwendung Tabelle 5 in Abhängigkeit der Sicherheitskategorie und der ermittelten äquivalenten Branddauer $t_ä$ wie folgt zu bewerten. Beispielsweise wäre zulässig:

- *bei ermittelt $t_ä < 30$ Minuten: Ausführung in Sicherheitskategorie K 1 mit $zul_{Abew} = 12.000\ m^2$,*
- *bei ermittelt $t_ä = 55$ Minuten: Sicherheitskategorie K 2 mit $zul_{Abew} = 10.500\ m^2$, (interpoliert),*
- *bei ermittelt $t_ä = 60$ Minuten: Kategorie K 3.1 mit $zul_{Abew} = 10.800\ m^2$.*

Die Werte zul A_{bew} sind also größer als vorhanden A_{bew} $9946\ m^2$.

Tabelle 7.4-1: Zulässige BBA-Flächen nach dem „Kalanag-Ansatz" von 1985 für mehrgeschossige Brandbekämpfungsabschnitte

Zahl der Geschosse des BBA	Erforderliche Feuerwiderstandsdauer [min] für SK_b3-Bauteile					
	15	30	45	60	75	90
1	20.000	10.000	6.667	5.000	4.000	3.333
2	10.000	5.000	3.333	2.500	2.000	1.667
3	6.667	3.333	2.222	1.667	1.333	1.111
4	5.000	2.500	1.667	1.250	1.000	833
5	4.000	2.000	1.333	1.000	800	667

Zu 7.4: Zulässige Größen von Brandbekämpfungsabschnitten

zu 7.4.0 Grundlagen der Flächenregelungen

a) Ursprung und Grundsätze der Flächenregelung

Die Regelungen für die Zulässigkeit von Brandbekämpfungsabschnittsflächen wurden i. W. bis Mitte der 1980er entwickelt und erstmals in einer Entwurfsfassung der MIndBauRL 1985 veröffentlicht[1)]. Dieser Entwurf enthielt u. a. Tabellenwerte für zulässige Brandbekämpfungsabschnittsflächen. Die Grundlagen für diese Tabellenwerte wurden in DIN V 18230 Teil 1 (September 1987) unter der Überschrift „Hinweise zur Verknüpfung dieser Vornorm mit bauaufsichtlichen Vorschriften und der vorgesehenen Industriebaurichtlinie" erläutert.

Für mehrgeschossige Industriebauten wurde unter der Voraussetzung einer ausreichenden brandschutztechnischen Bemessung der Bauteile die (sogenannte Kalanag[2)]-)Formel als Rechenansatz zur Festlegung der **zulässigen Geschossfläche mehrgeschossiger Brandbekämpfungsabschnitte** entwickelt (nach DIN V 18230 Teil 1, 1989-09):

Bei Gebäuden mit brandschutztechnischer Bemessung der Bauteile liefert die empirische Formel

$$max\,A = \frac{300.000}{\text{erf}\,t_F\,\sqrt{n_g}\,\sqrt{n_{gj}}}$$

zulässige Geschossflächen für Brandbekämpfungsabschnitte in ein- oder mehrgeschossigen Gebäuden.

Darin bedeuten:

erf t_F erforderliche Feuerwiderstandsdauer von Bauteilen der SK_b3
n_g Zahl der Vollgeschosse der Gebäude
n_{gj} Zahl der Vollgeschosse des Brandbekämpfungsabschnittes

Für den Fall, dass der Industriebau nur aus einem mehrgeschossigen Brandbekämpfungsabschnitt besteht, ist $n_{gi} = n_g$. Dann vereinfacht sich dieser empirische Ansatz zu:

$$max\,A\ [\text{m}^2] = \frac{300.000}{\text{erf}\,t_F \times n_g}$$

mit erf t_F in Minuten; für SK_b3-Bauteile.

Daraus ergaben sich unmittelbar für solche mehrgeschossigen Brandbekämpfungsabschnitte zulässige Geschossflächen (Tabelle 7.4-1).

1) Baulicher Brandschutz im Industriebau; Bauaufsichtliche Behandlung von Industriebauten.
Muster eines Einführungserlasses – Fassung Januar 1985
Muster einer Richtlinie über den baulichen Brandschutz im Industriebau (Industriebaurichtlinie – IndBauR) – Fassung Januar 1985

2) Kalanag (1903 bis 1963) war seit etwa 1947 als deutscher Artist und Zauberkünstler/Großillusionist aktiv tätig.

Für die Praxis waren insbesondere mehrgeschossige Industriebauten mit eingeschossigen Brandbekämpfungsabschnitten interessant, die voneinander durch entsprechend geeignete Decken zwischen den Brandbekämpfungsabschnitten brandschutztechnisch zuverlässig getrennt worden waren.

Später wurde der „Kalanag-Ansatz" durch einen „*k*-Faktor" erweitert, der die Anrechenbarkeit der brandschutztechnischen Infrastruktur in die Bewertung einbrachte. Aus diesen Rechenansätzen wurden dann Festlegungen als bauordnungsrechtliche Maßstäbe zur Genehmigung von Geschossen in Brandbekämpfungsabschnitten entwickelt, die zum Teil vom Kalibrierungsansatz nach der „Kalanag-Formel" deutlich abwichen.

b) Geltungsbereich der Flächenregelungen

Die Regelungen des Abschnitts 7.4 für die Ermittlung der zulässigen Brandbekämpfungsabschnittsflächen gelten für den Fall, dass die Bauteile brandschutztechnisch nach Abschnitt 7.5 bemessen werden.

Die maximal zulässigen „bewerteten" Brandbekämpfungsabschnittsflächen ergeben sich aus Tabelle 5, wobei einzelne Geschossdecken (reale Flächen) und die Grundflächen einzelner Ebenendecken (reale Flächen) nicht größer sein dürfen als 75 % der jeweiligen Tabellenwerte.

Der Flächenansatz des Abschnitts 7.4 ist begrenzt:

- für erd- und eingeschossige Brandbekämpfungsabschnitte ohne Ebenen
  auf maximal zulässige Brandbekämpfungsabschnittsflächen A_{BBA} (reale Flächen) von 60.000 m²;
  unmittelbar aus dem festgelegten Geltungsbereich dieses Abschnitts.
- für mehrgeschossige und mehrebenige Brandbekämpfungsabschnitte
  auf maximal zulässige Brandbekämpfungsabschnittsflächen A_{BBA} (reale Flächen) von 30.000 m²,
  weil für solche Brandbekämpfungsabschnitte in DIN 18230-1 Sicherheitsbeiwerte zur Gewährleistung des „deutschen Sicherheitsniveaus" nur bis zu einer realen Brandbekämpfungsabschnittsfläche von maximal 30.000 m² festgelegt sind.
- In beiden Fällen gilt gemäß Abschnitt 7.4, dass maximal 75 % der jeweils zulässigen „bewerteten BBA-Fläche" gemäß Tabelle 5 als reale Geschoss- bzw. Ebenengrundfläche zulässig sind.

Für eingeschossige Brandbekämpfungsabschnitte über 60.000 m² enthält die Muster-Industriebau-Richtlinie ein spezielles Nachweisverfahren im Abschnitt 7.6.

Den Flächenregelungen der Abschnitte 7.4 und 7.6 liegen unterschiedliche Risikobewertungen und Sicherheitskonzepte zugrunde. Daher gehen diese Regelungen auch nicht nahtlos ineinander über.

c) Jüngere Entwicklung/Fortschreibung des Flächenansatzes

Das Bemessungssystem der Fassungen 2014 und 2019 der MIndBauRL für die zulässige BBA-Fläche wurde aus den bewährten Festlegungen der Fassung von 2000 entwickelt.

Es fasst die seinerzeitigen Faktoren *F1* und *F2* in der Tabelle 5 zusammen und stellt damit für eingeschossige (bzw. erdgeschossige) Industriebauten eine Darstellung bereit, die sich hinsichtlich ihrer Handhabung sehr an die Brandabschnittstabelle des Abschnittes 6 (Tabelle 2) anlehnt.

Die Faktoren *F3* bis *F5* wurden zusammengefasst in die Faktoren F_H zur Bewertung der Erreichbarkeit in Abhängigkeit von der Höhenlage jeder Ebene und F_A zur Bewertung der vertikalen Brandausbreitung durch Öffnungen in Decken.[1)]

1) Die überarbeiteten Regelungen gehen zurück auf Kersken-Bradley, Marita: Brandabschnittsflächen im Industriebau – Ein Bemessungsvorschlag für Brandbekämpfungsabschnitte mit mehreren Ebenen; Ausarbeitung für die ARGEBAU-Projektgruppe „Brandschutz im Industriebau", 22.03.2010

zu 7.4.1 Maßstäbe der Flächenbewertung

a) Nachweis mit DIN 18230-1 für die Bestimmung der zulässigen BBA-Fläche

Für den Nachweis der zulässigen BBA-Fläche ist als Bemessungswert die äquivalente Branddauer nach DIN 18230-1 für den gesamten Brandbekämpfungsabschnitt zu ermitteln, entweder mit dem **globalen Nachweis** oder für eingeschossige Brandbekämpfungsabschnitte mit dem **Teilabschnittsnachweis.** Daraus ergibt sich für den gesamten BBA lediglich ein einziger Wert für die **äquivalente Branddauer:** $t_{ä,global}$

Bei der Berechnung dieses einen Werts werden Geschosse und Ebenen sowie Teilabschnitte (nicht aber Teilflächen) berücksichtigt.

Wenn für einen eingeschossigen Industriebau Teilabschnittsnachweise geführt werden (DIN 18230-1 Abschnitt 4.1.3), ergibt sich die maßgebliche äquivalente Branddauer für den gesamten Brandbekämpfungsabschnitt aus diesen Teilabschnittsnachweisen als flächenmäßig gewichtetes Mittel der äquivalenten Branddauern $t_{ä,i}$ aller Teilabschnittsflächen $A_{A,i}$:

$$t_ä = \frac{\Sigma(t_{ä,i} \times A_{A,i})}{\Sigma A_{A,i}}$$

Ein **typischer** globaler Nachweis für den BBA **als Ganzes** kann dann entfallen.

zu 7.4.2 Maximal zulässige Summe der bewerteten Grundflächen

a) Grundlagen der Flächenformel

Die Grundregelung zur Ermittlung der zulässigen maximalen BBA-Fläche wurde gegenüber der Regelung der Richtlinienfassung von 2000 grundlegend überarbeitet und erstmals mit der Richtlinienfassung von 2014 in Kraft gesetzt.

Das Grundprinzip ist nun, dass ein Maximalwert für die gesamte BBA-Fläche festgesetzt wird und nicht wie zuvor ein Maximal für die einzelnen Geschosse. Somit wird der Bauherrschaft deutlich mehr Planungsfreiheit eingeräumt, weil sie die zulässige Gesamtfläche nach den eigenen Bedürfnissen auf Deckenflächen in verschiedenen Höhenlagen und räumlichen Anordnungen als Geschoss- oder Ebenendecken vorsehen kann, ohne dabei an starre Geschossgrenzen gebunden zu sein. Früher – nach dem Formelwerk der Richtlinienfassung von 2000 – konnten die in einem Geschoss nicht ausgenutzten zulässigen Flächen wegen der Geschossflächenbegrenzung nicht einem anderen Geschoss zugeschlagen werden.

Der Nachweis der Zulässigkeit vorgesehener Deckenflächen erfolgt mit dem bestehenden Verfahren über Hilfsgrößen, die zu einer Risikobewertung der jeweiligen Deckenflächen verwendet werden. Das Ergebnis dieser Risikobewertung sind „bewertete Deckenflächen" für die Geschosse und Ebenen, die addiert die bewertete BBA-Fläche ergeben. Diese bewertete BBA-Fläche wird mit den Tabellenwerten der Tabelle 5 verglichen, in der die zulässigen bewerteten BBA-Flächen gelistet sind. Ist die vorgesehene bewertete BBA-Fläche kleiner oder gleich der zulässigen bewerteten BBA-Fläche, ist die vorgesehene reale BBA-Fläche zulässig.

b) Bewertung von Deckenflächen und Auswirkungen auf die zulässige reale BBA-Fläche

Der Risikobewertung einzelner Deckenflächen dienen i.W. zwei Risikoparameter:

- die Höhenlage der Geschoss- oder Ebenendecke:
  Mit der Bewertung der Höhenlage wird der besondere Aufwand der Feuerwehr berücksichtigt, der zur Brandbekämpfung im Innenangriff erforderlich wird.
- Öffnungen innerhalb der Decken:
  Sofern Decken Öffnungen aufweisen, durch die sich der Brand (Feuer und Rauch) in höhere Bereiche ausbreiten kann, wird diese Brandausbreitungsmöglichkeit risikoerhöhend bewertet.

Risikoerhöhungen der oben beschriebenen Art führen rechnerisch zu einem erhöhten Wert der „bewerteten Flächen" gegenüber den realen Deckenflächen. Sie zehren also von den zulässigen bewerteten Flächen der Tabelle 5 mehr Anteile auf, was letztlich dann zu einer reduzierten zulässigen realen BBA-Fläche führt.

c) Geltungsbereich der Flächenformel

Die Flächenformel der MIndBauRL lautet:

$$\text{zul } A_{\text{bew}} > A_G \times F_{H1} \times F_{A1} + \sum_{i=2}^{n} A_{Ei} \times F_{Hi} \times F_{Ai}$$

mit A_G = Grundfläche des BBA
mit A_{Ei} = Grundfläche des Geschosses *i* oder der Ebene *i*
mit *i* = Laufindex für weitere Geschosse und Ebenen
mit *n* = Zahl der Geschosse und Ebenen

Sie gilt für folgende BBA:

- BBA mit nur einem Geschoss – ohne Ebenen – bis zu einer BBA-Fläche von (hypothetisch für $t_ä = 0$ Min.) **maximal rechnerisch = 105.000 m²** (0,75 × 140.000 m²)
  Bei diesem **Grenzfall** handelt es sich um einen eingeschossigen BBA mit flächendeckender selbsttätiger Feuerlöschanlage bei absolut minimaler Brandbelastung ($t_ä = 0$ Min.), für den kein Höhenunterschied zwischen dem Bezugsniveau für den Feuerwehrangriff und der Geschosshöhenlage zu berücksichtigen ist.
  Die Flächenformel darf allerdings nur bis 60.000 m² ausgenutzt werden (siehe Abschnitt 7.4 MIndBauRL).
- BBA mit mehreren Geschossen oder mit mehreren Ebenen nur bis zu einer BBA-Fläche von **maximal 30.000 m²**
  Grund hierfür ist die Begrenzung der Sicherheitsbeiwerte γ der DIN 18230-1 für BBA mit mehreren Geschossen oder Ebenen.

Die Ergebnisse der Flächenformel der MIndBauRL gelten nur bis zu BBA-Flächen von **maximal 60.000 m²** (eingeschossige BBA-Flächen).

Größere BBA sind im Verfahren nach Abschnitt 7 nur für **eingeschossige BBA** erfasst (also ohne Ebenen und ohne weitere oberirdische Geschosse, siehe Abschnitt 7.6 MIndBauRL).

Die Festlegungen des Abschnittes 7.4 erweitern zum Teil die Festlegungen der Tabelle 5 mit ihrer Nebenbestimmung, dass die tatsächliche Grundfläche jedes einzelnen Geschosses oder jeder einzelnen Ebene maximal 75 % des jeweiligen Tabellenwertes für zul A_{bew} betragen darf.

d) Flächenermittlung mit Tabelle 5 für sehr kleine Brandlasten

In Tabelle 5 wurden für die Fassung von 2014 der MIndBauRL sehr bewusst Mindestwerte für $t_ä$ mit min $t_ä = 5$ Minuten festgelegt: Es erschien aus ingenieurtechnischer Sicht unmöglich, seriös mit DIN 18230 solche Werte für $t_ä < 5$ Minuten zu berechnen und den Flächenbeurteilungen zugrunde legen zu wollen.

Hintergrund für diese Regelung der Fassung von 2014 ist der ingenieurtechnisch korrekte Ansatz von DIN 18230-1 (siehe dort im Anhang E.13.2), wonach in dem Vollbrandmodell der Norm Flächen als Wärmeabzugsflächen nicht anrechenbar sind, die unter realitätsnaher Betrachtung der wahrscheinlichen Brandentwicklung nicht als Öffnungen zur Verfügung stehen (können). Bei berechneten Brandwirkungen von weniger als $t_ä = 15$ Minuten sollen erst durch Brandwirkungen (thermische Zerstörung, Ausschmelzen) entstehende Wärmeabzugsöffnungen nicht angerechnet werden.

„Daher ist für die Festlegung der Anrechenbarkeit der zu beurteilenden Öffnungen zunächst ohne Berücksichtigung dieser Öffnungsflächen eine äquivalente Branddauer zu ermitteln. Ist diese größer als 15 min oder 30 min, dann dürfen die betreffenden Öffnungen berücksichtigt werden.

Mit den ermittelten w-Faktoren muss dann die äquivalente Branddauer neu bestimmt werden. Ergeben sich dabei geringere äquivalente Branddauern als 15 Minuten oder 30 Minuten, dann dürfen diese [Öffnungen] nicht der Bemessung zugrunde gelegt werden.

Es ist in diesen Fällen mindestens die äquivalente Branddauer anzusetzen, die erforderlich ist, um im Brandfall eine Zerstörung der betreffenden Öffnungsflächen zu erreichen (d. h. 15 Minuten oder 30 Minuten). Alternativ dürfen die betreffenden Öffnungsflächen nicht auf den w-Faktor angerechnet werden.“

Aus dieser zitierten Erläuterung der DIN 18230-1 zum Rechengang und zur Bewertung von Flächen als Wärmeabzugsflächen folgt letztlich, dass Rechenwerte für $t_ä \ll 15$ Minuten (für die Bauteilbemessung) i. W. bei äußerst geringen Brandlasten im Sinne der Normansätze regelkonform ermittelt werden können.

- Diesen sehr konsequenten und stringenten Ansatz hat die DIN 18230-1 aber mit den Rechenregeln des Abschnitts 8.2 wieder „aufgeweicht" und ist damit dem politischen Ziel der gesamten Nachweisführung – für die Begründung von Erleichterungen von den Regelanforderungen der Bauordnungen – bei angemessenem Sicherheitskonzept nachgekommen: Mit den Rechenregeln des Abschnitts 8.2 der Norm werden unter den Szenarien mit sehr geringer Brandwirkung auch weniger wahrscheinlich geöffnete Wärmeabzugsöffnungen als anrechenbar definiert.
  Für zu erwartende Verhältnisse mit sehr geringer äquivalenter Branddauer ($t_ä < 15$ Minuten) dürfen anstelle der Verfahrensvorschrift gemäß E.13.2 (Zitat oben) erst bei stärkerer Brandeinwirkung freiwerdende Öffnungsflächen „zu einem reduzierten Anteil" gemäß Abschnitt 8.2 den Rechnungen pauschal zugrunde gelegt werden. Damit mindert man die Brandwirkung in solchen Fällen gegenüber der „zu erwartenden Realität" rechentechnisch erheblich ab und bemisst zunächst die erforderliche Feuerwiderstandsdauer der Bauteile auf eine rechnerische Unterschätzung der zu erwartenden Brandeinwirkung.
  Andererseits wird allen Bauteilen mit einer „Gebäudestatik" für äußere Einwirkungen eine praktisch gegebene Feuerwiderstandsdauer von ca. 15 Minuten im Verfahren zuerkannt, sodass bei einer tatsächlichen Unterschreitung dieser Feuerwiderstandsdauer (15 Minuten) durch Verformungen des Tragwerks die fraglichen Wärmeabzugsflächen geöffnet werden und die rechnerisch unterstellte Wärmeabzugswirkung ermöglicht wird.

In Tabelle 5 der Fassung von 2019 wurde (wieder, wie für die entsprechende Regelung der Fassung von 2000) auf die Flächenbewertung mit Stützstellen zur Interpolation auch für Werte von $t_ä$ bis zu 0 Minuten abgestellt: Die Untergrenze von $t_ä$ wurde von 5 Minuten (Fassung von 2014) auf 0 Minuten (Fassung von 2019) herabgesetzt und die Flächenwerte wurden als Interpolationsstützstellen entsprechend „großzügig" angepasst. Dabei wurden folgende Gedanken zugrunde gelegt:

- Die Norm DIN 18230 ist auf die Bewertung von Vollbrandszenarien ausgerichtet und gilt daher für Verhältnisse, die zu Vollbrandszenarien führen können. Verhältnisse, deren Brandlasten Vollbrandszenarien gar nicht erwarten lassen, können mit dieser Norm nicht – oder mindestens nicht mit der Qualität der sonstigen Prognosen und Bewertungen – beurteilt werden!
- Wenn die objektspezifischen Gegebenheiten keine Vollbrandszenarien erwarten lassen, sind die „strengen" Flächenregelungen über Tabelle 5 der MIndBauRL äußerst konservativ: Es können nach dem Grundmodell der Flächenbewertung auch wesentlich größere Flächen akzeptiert werden!
- Da man aber keine „unendlich großen" BBA-Flächen für Industriebauten mit sehr geringen Brandlasten „normativ festschreiben" wollte, hat man für diese „wenig risikobehafteten Fälle" auf eine mit DIN 18230 (außerhalb ihres engeren Anwendungsbereichs) ermittelte äquivalente Branddauer aufgesetzt und auch Werte für $t_ä$ weit unter 15 Minuten und sogar unter 5 Minuten als Beurteilungsgrundlage zugelassen.
  Man nimmt dabei (aufgrund der zu erwartenden Risikolage) billigend in Kauf, dass so mit der Norm berechnete $t_ä$-Werte im engeren Sinne der DIN 18230-1 „eigentlich" gar nicht zulässig sind.
  Das Rechenwerk der DIN 18230-1 ist im Abschnitt 8.2 der Norm auf solche Verhältnisse bereits eingestellt: Dort werden Rechenwerte für die normative Anrechenbarkeit auch für solche Öffnungsflächen vorgegeben, deren Existenz als Öffnungen bei geringer Wärmeeinwirkung nicht zu erwarten ist.

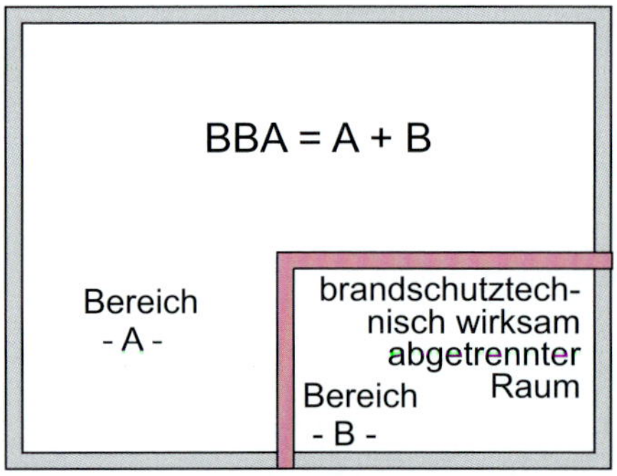

Bild 7.4.2-1: Beispiel für die Berücksichtigung und Behandlung von brandschutztechnisch wirksam abgetrennten Räumen.

Die erforderliche Feuerwiderstandsfähigkeit des abgetrennten Raums wird mit DIN 18230 für SK_b3 berechnet; sie kann ggf. aber auch „ingenieurtechnisch" ohne Berechnungen als fb geschätzt und festgelegt werden (obere bauordnungsrechtliche Grenzwertbetrachtung).

e) Berücksichtigung und Behandlung von brandschutztechnisch wirksam abgetrennten Flächen

DIN 18230 lässt es zu, Brandlasten bei der Brandlastermittlung unberücksichtigt zu lassen, wenn die entsprechenden Räume brandschutztechnisch wirksam von der sonstigen Fläche des BBA abgetrennt sind. Die für diese Abtrennung benötigten raumabschließenden Bauteile werden in der MIndBauRL gemäß Abschnitt 7.2.1 Ziffer b der Brandsicherheitsklasse SK_b3 zugeordnet.

Für den Nachweis der zulässigen BBA-Fläche (inklusive der Fläche des abgetrennten Raums/ Bereich „B") ist eine Brandlastberechnung für die anteilige BBA-Fläche (Bereich „A" – ohne die Fläche des abgetrennten Raums und dessen Brandlasten) durchzuführen. Dabei werden also weder die Fläche noch die Brandlasten des abgetrennten Raums herangezogen.

Das Ergebnis dieser Berechnungen ist zunächst die äquivalente Branddauer für den gesamten BBA. Daraus ergibt sich die zulässige BBA-Fläche auch für den gesamten BBA inklusive des brandschutztechnisch abgetrennten Raums.

Flächennachweis für BBAs mit brandschutztechnisch wirksam abgetrennten Räumen

Bei den Nachweisen für den BBA werden diese abgetrennten Flächen insofern weggelassen, als die Brandlasten vernachlässigt werden und bei den weiteren Berechnungen auf die reduzierte BBA-Fläche (A.BBA – A.Räume) bezogen werden. Die gesamte Nachweisführung bezieht sich dann auf die jeweiligen reduzierten Flächen (des BBA und ggf. der Ebenen). Lediglich die Sicherheitsbeiwerte γ werden auf die Gesamtfläche des BBA (inklusive der abgetrennten Räume) bezogen.

Wie groß diese „untergeordneten Räume" sein dürfen wird in DIN 18230 nicht exakt festgelegt. Ihre Größe soll aber so gering sein, dass eine Abminderung der Bezugsflächen (A.BBA – A. Räume) praktisch nicht relevant wird und eigentlich vernachlässigt werden könnte. Insofern wäre als „Grenzwert" für solche untergeordneten Räume eine Fläche von etwa 5–10 % der Gesamtfläche denkbar.

Sofern größere Räume bzw. Teilflächen aus brandschutztechnischen Gründen qualifiziert abgetrennt werden sollen, kann dies allerdings ebenfalls durchgeführt werden. In solchen Fällen sollte ergänzend zu den normativ geregelten Nachweisen nach DIN 18230 i. S. der MIndBauRL und ihres Sicherheitskonzepts und ihrer Nachweissystematik eine Nachweisführung mit den Methoden des Brandschutzingenieurwesens geführt werden, die diese spezielle Gebäudegliederung objektspezifisch besser beurteilen kann (siehe Abschnitt 4.3 der MIndBauRL).

f) Erweiterung der Anwendbarkeit der Flächenregelungen des Abschnitts 7.4 im Einzelfall – als Abweichung

f.1) Grundsätzliche Hinweise

Die Regelung der MIndBauRL im Verfahren des Abschnitts 7.4 zu den zulässigen Flächen gilt für ausreichend standsichere Brandbekämpfungsabschnitte bis zu 60.000 m² und basiert auf Überlegungen zur Akzeptanz von (Rest-)Risiken für die öffentliche Sicherheit und/oder Ordnung unter der Fallgestaltung, dass ein Brandabschnitt bzw. Brandbekämpfungsabschnitt vollständig ausbrennt. Für die Bewertung dieser (Rest-)Risiken werden Vollbrandbedingungen angenommen, die einen BA oder BBA in Gänze betreffen. Brandbekämpfungsmaßnahmen für diesen BA bzw. BBA haben also nicht zu einem Löscherfolg geführt.

Sollen die zulässigen Flächen gegenüber den „Regelflächen" vergrößert werden, dann müssen die maßgeblichen Brandschutzmaßnahmen (der brandschutztechnischen Infrastruktur) verbessert werden.

Schutzziel der Flächenregelungen ist es nicht nur, die Brandschäden (innerhalb) eines Brandabschnitts zu begrenzen, sondern ganz wesentlich auch, die Brandwirkungen über den betroffenen Brandbekämpfungsabschnitt hinaus bei einem Vollbrand so zu begrenzen, dass die öffentlich-rechtlichen Schutzinteressen gewahrt bleiben. Diese Schutzinteressen beziehen sich insbesondere auf eine Begrenzung der (weiteren) Brandausbreitung und die Ermöglichung wirksamer Löschmaßnahmen zum Schutz der angrenzenden Brandabschnitte/Brandbekämpfungsabschnitte bzw. Gebäude in der Nachbarschaft (auch auf demselben Betriebsgelände). Die Gefährdung der Nachbarschaft nimmt mit wachsender Brand(abschnitts)größe deutlich zu!

Bei nachweislich „sehr guten/günstigen" örtlichen Verhältnissen kann ggf. eine BA-Fläche bzw. BBA-Fläche auch über den – für Standardmaßnahmen – geregelten „Grenzwerten" ingenieurtechnisch „nachgewiesen" bzw. argumentiert werden (siehe dazu auch Abschnitt 4.3, Anhang 1 und DIN 18009-1). Dabei sind aber insbesondere folgende Aspekte zu beachten:

Formelwerk der DIN 18230-1:

- DIN 18230 ist darauf ausgerichtet, für gegebene Verhältnisse die Anforderungen an die Standsicherheit von Bauteilen im Brandfall festzulegen.
  Für die Standsicherheit spielen i. W. die Brandlasten und die brandschutztechnische Infrastruktur (die Brandschutzmaßnahmen) eine maßgebliche Rolle. Die Brandschutzmaßnahmen beeinflussen die Wahrscheinlichkeit der Entwicklung von Bränden zu den maßgeblichen Vollbränden. Insbesondere wirkt sich aber außerdem **die Fläche** von Brandabschnitten/Brandbekämpfungsabschnitten auf die **Entstehungswahrscheinlichkeit von Bränden** aus.
- Da mit dem Formelwerk und mit den Ansätzen der DIN 18230 ausschließlich die Standsicherheit (als brandschutztechnisches Schutzziel) angesprochen und bewertet wird, kann dieses Formelwerk **nicht** umgekehrt (ohne Weiteres) für die Bewertung der Zulässigkeit „übergroßer" Flächen herangezogen werden (durch Umkehrung der Bemessungsformeln – für die Sicherheitsfaktoren der Standsicherheitsbemessung)!
- Aus einem Ansatz, der die erforderliche Feuerwiderstandsfähigkeit in Abhängigkeit von der BA-Fläche bzw. von der BBA-Fläche bestimmt, kann nicht ohne Weiteres umgekehrt mit grundsätzlich den gleichen Zahlenwerten „durch Rückrechnung" ein Flächenansatz konstruiert werden, der i. W. aus der angenommenen Brandwirkung auf Bauteile innerhalb des Brandabschnitts die Zulässigkeit einer BA-Fläche als Maß für den Schutz der Umgebung und für die Brandbekämpfungsnöglichkeiten bestimmt. Dann stimmen die Schutzziele (a.) Standsicherheit und b.) Nachbarschutz und Brandbekämpfung) nicht überein.
  Auch wenn die Flächentabelle (Tabelle 5) der MIndBauRL im Abschnitt 7 grundsätzlich nach diesem Schema aufgebaut ist, handelt es sich bei den Grundlagen für diese Tabellenwerte wegen der speziellen Bewertung der brandschutztechnischen Infrastruktur um **ein anderes Sicherheitskonzept als für die Bauteilbemessung!**
  Letzteres geht insbesondere auch daraus hervor, dass im Sicherheitskonzept der DIN 18230 eine Kombination der brandschutztechnischen Maßnahmen (dort Tabelle 2) zulässig ist, während eine solche Kombination bei den Flächentabellen ausgeschlossen wird (es zählt lediglich die höchstwertige Einzelmaßnahme der brandschutztechnischen Infrastruktur).

Ingenieurtechnische Einzelfallbewertung der Flächenrisiken

- Allerdings kann es **im Einzelfall** gelingen, über **ähnliche** Überlegungen die besondere Leistungsfähigkeit der vorgesehenen brandschutztechnischen Infrastruktur zu belegen (Leistungsfähigkeit, Verfügbarkeit, Zuverlässigkeit), sodass eine im Einzelfall für die vorgenannten Schutzziele begründete „Sonder-Sicherheitskategorie" (K5) für deren spezielle Leistungsfähigkeit entwickelt und mit den zuständigen Genehmigungsbehörden abgestimmt/vereinbart werden kann. Dabei werden insbesondere die praktische **Verfügbarkeit und die Zuverlässigkeit** eine herausragende Rolle spielen (müssen).
  Ergänzend oder gar alternativ zur Verbesserung der Feuerlöschtechnik können u.U. auch Art und Menge der **betrieblichen/organisatorischen Brandschutzmaßnahmen** (insbesondere Art/Menge und Handhabung brennbarer Stoffe) angerechnet werden, wenn diese nachweislich (statistisch über einen angemessen langen Beobachtungszeitraum) eine deutliche Reduzierung der Brandentstehungswahrscheinlichkeit bewirkt haben.
  Referenzwerte für die der MIndBauRL zugrunde liegende Brandentstehungswahrscheinlichkeit können der DIN 18230 entnommen werden. Bei der Bewertung der betrieblichen Maßnahmen werden allerdings die anlagentechnischen Brandschutzmaßnahmen nicht mehr berücksichtigt, wenn sie erst nach einer Brandentstehung ihre bestimmungsgemäße Wirkung entfalten können.
  Die vorgenannten Bedingungen für eine Vergrößerung der zulässigen Fläche von Brandbekämpfungsabschnitten zielen prinzipiell darauf ab, dass „nach menschlichem Ermessen" eine Brandentwicklung zu Vollbränden nicht mehr anzunehmen ist und dass quasi alle denkbaren Brandentwicklungen im Innenangriff der örtlich zuständigen Feuerwehr (mit Unterstützung durch die Gesamtheit aller vorgesehenen Brandschutzmaßnahmen) erfolgreich auf lokale Brände begrenzt werden können. Für derart geschützte Brandbekämpfungsabschnitte muss „eigentlich" aus öffentlich-rechtlichen Schutzzielen heraus **keine Begrenzung der Brandbekämpfungsabschnittsfläche** mehr erfolgen. Entsprechend vorsichtig und konservativ müssen die Annahmen für solche Nachweise gewählt und festgelegt werden.
  Die Regelgrenze der MIndBauRL (Abschnitt 7.4) liegt bei 60.000 m^2 und für mehrgeschossige bzw. mehrebenige Brandbekämpfungsabschnitte wegen der Begrenzung des Sicherheitsfaktors der DIN 18230 bei 30.000 m^2. Sollen diese Werte für ausreichend standsichere Brandbekämpfungsabschnitte überschritten werden, müssen die dafür maßgeblichen Schutzziele (Nachbarschutz und Ermöglichung wirksamer Löschmaßnahmen) besonders nachgewiesen werden. Da die Einschränkungen der DIN 18230 hinsichtlich des Sicherheitsfaktors auf die Standsicherheit abzielen, können diese Einschränkungen bei (anders) nachgewiesener Standsicherheit für die Flächenbewertung i.W. nachrangig behandelt werden.
  Spezielle Hinweise dazu können allerdings nicht allgemeingültig angegeben werden. Dazu kann hier lediglich auf Abschnitt 4.3 und auf Anhang 1 mit dem Verweis auf DIN 18009 hingewiesen werden.

f.2) Beispiel

- Für mehrebenige und für mehrgeschossige Brandbekämpfungsabschnitte können nach Abschnitt 7.4 im Einzelfall ggf. auch größere Brandbekämpfungsabschnitte unter zusätzlicher Anwendung von Methoden des Brandschutzingenieurwesens nachgewiesen werden.
- Beispielnachweis für einen großen mehrgeschossigen Brandbekämpfungsabschnitt:
  - Beispielannahmen
    - Geschossigkeit: zweigeschossig (geschlossene Geschossdecken); gleich große Geschosse
    - Geschossflächen:
      $A_G = A_{G1} = A_{G2}$
    - Brandbekämpfungsabschnitt:
      $A_{BBA} = A_{G1} + A_{G2} = 2 \cdot A_G$
    - Höhenlagen der Geschosse:
      $H_{G1} = 0$ m; $H_{G2} = 5$ m
    - äquivalente Branddauer:
      $t_ä = 15$ Minuten

- brandschutztechnische Infrastruktur: Sprinkleranlage (K4)

o Ermittlung der zulässigen BBA-Grundfläche A_G nach Abschnitt 7.4:
- zul. bew A_{BBA} (Tabelle 5) = 70.000 m²
- $F_{H1} = 1{,}0$; $F_{H2} = 1{,}1$
- $F_{A1} = 1{,}0$; $F_{A2} = 0{,}4$
- $70.000 = A_{G1} \cdot 1{,}0 \cdot 1{,}0 + A_{G2} \cdot 0{,}4 \cdot 1{,}1$
  $= A_G \cdot (1{,}0 + 0{,}44)$
  zul $A_G = 70.000/1{,}44 = 48.611$ m²
- zunächst rechnerisch:
  zul A_{BBA} (real) = $2 \cdot 48.611 = 97.222$ m²
  wobei allerdings
  a. jedes Geschoss kleiner als $0{,}75 \cdot 70.000$ m² = 53.500 m² und
  b. zudem die Grundfläche des (ges.) BBA kleiner als 60.000 m² sein muss.
  Die Bedingung b. ist im Beispielfall nicht gegeben (97.222 m² $\gg$ 60.000 m²).

o Gesamtbeurteilung dieser Situation:
- Allein nach Abschnitt 7.4 errechnet sich aus Tabellen 3 bis 5 für die oben beschriebene zweigeschossige Planung eine A_{BBA} = 97.222 m² als „zulässig".
  Diese Rechnung kann allerdings wegen der Einschränkungen des Abschnitts 7.4 nicht angewendet bzw. **zunächst nicht akzeptiert werden,** weil der unmittelbar betroffene BAA selbst ein zu großes Brandereignis darstellt und weil dessen anzunehmende Wirkungen auf die Umgebung zu groß sind.
- Aus den Randbedingungen der DIN 18230 könnte für diesen Brandbekämpfungsabschnitt darüber hinaus formal nach Abschnitt 7 keine erforderliche Feuerwiderstandsdauer erf t_F ermittelt werden, die zur brandschutztechnischen Bemessung der Bauteile nach Abschnitt 7.5 erforderlich ist.
  Die DIN 18230-1 stellt für mehrgeschossige und für mehrebenige Brandbekämpfungsabschnitte nur Sicherheitsbeiwerte bis zu (realen) BBA-Flächen von maximal 30.000 m² zur Verfügung und ist insofern für solche Kubaturen auch nur bis zu dieser Maximalfläche anwendbar.

o Mit den **Methoden des Brandschutzingenieurwesens** müssen die Nachweise für deren Akzeptanz nachprüfbar ermittelt und dokumentiert werden. Dabei wird in aller Regel eine ausreichend standsichere Gesamtkonstruktion (beispielsweise eine feuerbeständige Konstruktion unabhängig von der Brandlast) als Voraussetzung herangezogen werden müssen.
  Für die weitere Argumentation kann die erhebliche Verbesserung der Leistungsfähigkeit der Feuerlöschanlage(n) äußerst nützlich sein. Dabei sind nicht ausschließlich die Bemessungsdetails wichtig, sondern vor allem eine **merkliche Reduzierung der anzunehmenden Versagenswahrscheinlichkeit** gegenüber einer Standardauslegung, die ja schon mit den Regelflächenwerten der MIndBauRL „abgegolten" ist. Anrechenbare Details der Löschanlagenverbesserungen wären beispielsweise Redundanzen von deren Komponenten oder von ganzen Anlagen.

zu 7.4.3 Bewertung der Höhenlage von Ebenen- und Geschossdecken

a) Werte F_H der Tabelle 3

Mit den Werten für F_H der Tabelle 3 wird die Schwierigkeit der Feuerwehr bewertet, eine höher bzw. tiefer (Verdoppelung des Wertes) gelegene Ebene (oder eines Geschosses) zu erreichen. Gemessen wird der Abstand zwischen dem Fertigfußboden der jeweiligen Decke bis zur **Geländeoberfläche als Bezugsniveau.**

Mit steigendem Höhenunterschied wird der Wert für den Faktor F_H größer. Dies gilt besonders für Ebenen unterhalb der Geländeoberfläche:

- für Ebenen über der Geländeoberfläche:

$$F_H = 1{,}0 + 0{,}02 \times \Delta H; \ (\Delta H \geq 0)$$

- für Ebenen unter der Geländeoberfläche:

$$F_H = 2{,}0 - 0{,}04 \times \Delta H; \ (\Delta H < 0)$$

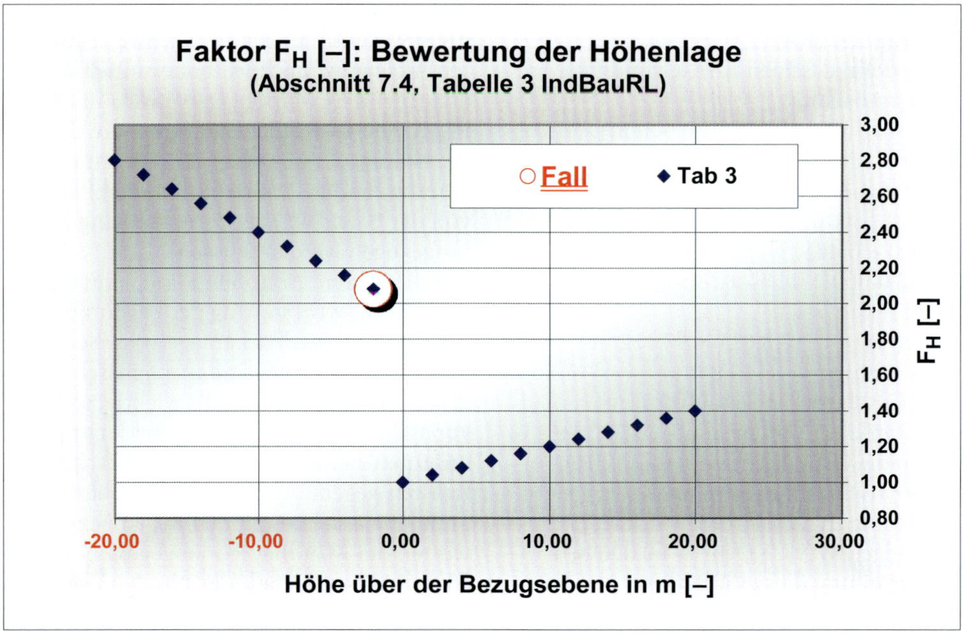

Bild 7.4.3-1: Beispiel: Höhenlage der Ebene = –2 m (unter der Geländeoberfläche); $F_H = 2{,}08$

zu 7.4.4 Bewertung der Art von Öffnungsverschlüssen in Ebenen- und Geschossdecken

a) Geschosse und Ebenen

Im Verfahren nach Abschnitt 7 werden bei der Bestimmung der zulässigen BBA-Flächen die Geschosse den Ebenen grundsätzlich gleichgestellt – und im Wesentlichen durch den Faktor F_A voneinander unterschieden.

Von den Geschossdecken sind die Decken deutlich zu unterscheiden, mit denen BBA voneinander getrennt werden.

7.5 Anforderungen an die Bauteile von Brandbekämpfungsabschnittsflächen bis 60.000 m²

7.5.1 Brandbekämpfungsabschnitte mit Bemessung der Bauteile

Die Anforderungen an die Baustoffe und Bauteile bestimmen sich nach Tabelle 6.

Tabelle 6: Anforderungen an die Baustoffe und Bauteile

	1	2	3	4
1	erf t_F nach DIN 18230-1 in Minuten	Feuerwiderstandsfähigkeit und Brandverhalten von 1. Decken, die Brandbekämpfungsabschnitte trennen und Bauteile, die diese Decken tragen, aussteifen oder überbrücken 2. Abschlüsse von Öffnungen in Bauteilen nach Nr. 1 und in Brandbekämpfungsabschnittstrennwänden 3. Lüftungsleitungen, Installationsschächten und -kanälen oder Vorkehrungen gegen Brandübertragungen bei Leitungen, Lüftungsleitungen, Installationsschächten und -kanälen ohne Feuerwiderstandsfähigkeit, die Brandbekämpfungsabschnitte überbrücken	Feuerwiderstandsfähigkeit und Brandverhalten von 1. Bauteilen in der Brandsicherheitsklasse SK_b3, die nicht in Zeile 1, Spalte 2, Nr. 1 einzuordnen sind 2. Abschlüssen von Öffnungen in Geschossdecken mit Feuerwiderstandsfähigkeit 3. Lüftungsleitungen, Installationsschächten und -kanälen oder Vorkehrungen gegen Brandübertragungen bei Leitungen, Lüftungsleitungen, Installationsschächten und -kanälen ohne Feuerwiderstandsfähigkeit, die Geschossdecken mit Feuerwiderstandsfähigkeit überbrücken	Feuerwiderstandsfähigkeit und Brandverhalten von 1. Bauteilen 2. Abschlüssen von Öffnungen in Bauteilen mit Feuerwiderstandsfähigkeit 3. Lüftungsleitungen, Installationsschächten und -kanälen oder Vorkehrungen gegen Brandübertragungen bei Leitungen, Lüftungsleitungen, Installationsschächten und -kanälen ohne Feuerwiderstandsfähigkeit, die Bauteile mit Feuerwiderstandsfähigkeit überbrücken in der Brandsicherheitsklasse SK_b2 und SK_b1
2	≤ 15	zu 1. feuerhemmend und aus nichtbrennbaren Baustoffen zu 2. feuerhemmend, dicht- und selbstschließend zu 3. feuerhemmend	keine Feuerwiderstandsfähigkeit, normalentflammbare Baustoffe[3)]	keine Feuerwiderstandsfähigkeit, normalentflammbare Baustoffe[3)]
3	> 15 bis ≤ 30	zu 1. feuerhemmend und aus nichtbrennbaren Baustoffen zu 2. feuerhemmend, dicht- und selbstschließend zu 3. feuerhemmend	zu 1. feuerhemmend und in den wesentlichen Teilen aus nichtbrennbaren Baustoffen[1)] zu 2. feuerhemmend, dicht- und selbstschließend zu 3. feuerhemmend	zu 1. feuerhemmend zu 2. feuerhemmend, dicht- und selbstschließend zu 3. feuerhemmend

4	> 30 bis ≤ 60	zu 1. hochfeuerhemmend und aus nichtbrennbaren Baustoffen zu 2. hochfeuerhemmend, dicht- und selbstschließend zu 3. hochfeuerhemmend	zu 1. hochfeuerhemmend und in den wesentlichen Teilen aus nichtbrennbaren Baustoffen[1)] zu 2. hochfeuerhemmend, dicht- und selbstschließend zu 3. hochfeuerhemmend	zu 1. hochfeuerhemmend und aus brennbaren Baustoffen zu 2. hochfeuerhemmend, dicht- und selbstschließend zu 3. hochfeuerhemmend
5	> 60	zu 1. feuerbeständig und aus nichtbrennbaren Baustoffen zu 2. feuerbeständig, dicht- und selbstschließend zu 3. feuerbeständig	zu 1. feuerbeständig zu 2. feuerbeständig, dicht- und selbstschließend zu 3. feuerbeständig	zu 1. feuerbeständig und aus brennbaren Baustoffen zu 2. feuerbeständig, dicht- und selbstschließend zu 3. feuerbeständig

1) Für Bauteile in Industriebauten bis zu 2 Geschossen oder 1 Geschoss mit maximal einer Ebene je Brandbekämpfungsabschnitt feuerhemmend bzw. hochfeuerhemmend und aus brennbaren Baustoffen zulässig; wenn in der Ermittlung erf t_F die brennbaren Baustoffe berücksichtigt sind.

2) Die Werte der Spalten 2 bis 4 gelten auch für eine rechnerisch erforderliche Feuerwiderstandsdauer erf t_F von mehr als 90 Minuten, die sich insbesondere aus einem Teilflächennachweis ergeben können.

3) Zu Zeile 1 Spalten 3 und 4 Nr. 3: Der Raum zwischen solchen Leitungen, Schächten oder Kanälen und dem umgebenden Bauteil ist jedoch mit Baustoffen aus Mineralfasern oder mit im Brandfall aufschäumenden Baustoffen vollständig zu verschließen. Der lichte Abstand zwischen solchen Leitungen, Schächten oder Kanälen und dem umgebenden Bauteil darf bei Verwendung von Baustoffen aus Mineralfasern nicht mehr als 50 mm, bei Verwendung von im Brandfall aufschäumenden Baustoffen nicht mehr als 15 mm betragen. Die Mineralfasern müssen eine Schmelztemperatur von mindestens 1000 °C aufweisen. Werden Füllrohre verwendet, müssen diese nichtbrennbar sein; Sätze 1 bis 3 gelten entsprechend.

Zu 7.5 Anforderungen an die Bauteile von Brandbekämpfungsabschnittsflächen bis 60.000 m²

Zu 7.5.1 Brandbekämpfungsabschnitte mit Bemessung der Bauteile

Die Anforderungen an die Feuerwiderstandsfähigkeit der Bauteile sind in der Tabelle 6 bestimmt.

Bei brennbaren Unterdecken, Dämmstoffen oder Unterkonstruktionen und brennbaren Bekleidungen von Dächern sind die Gefahren der Brandausbreitung konzeptionell zu berücksichtigen (u. a. Wirksamkeit von Löschanlagen, Brandbekämpfung).

Zu Fußnote 1, Tabelle 6:
Der zweite Halbsatz zielt darauf ab, dass berücksichtigt wird, dass die Neuberechnung für brennbare Bauteile auch zu einem Wechsel hinsichtlich der Spalte 1, Zeile 2 bis 4, in Tabelle 6 führen kann.

Zu Fußnote 2, Tabelle 6:
Sofern sich aus dem globalen Nachweis oder dem Teilabschnittsnachweis eine höhere rechnerisch erforderliche Feuerwiderstandsdauer erf t_F als 90 min ergibt, darf nach Abschnitt 7.1 nicht nach Abschnitt 7 verfahren werden. Im Teilflächennachweis darf erf t_F höher als 90 min sein. Dies gilt auch für den Ebenennachweis, sofern im globalen Nachweis erf $t_F \leq 90$ min ist.

Zu 7.5.1: Brandbekämpfungsabschnitte mit Bemessung der Bauteile

a) Allgemeines

Die besondere Bemessung der Bauteile für Industriebauten, die im Verfahren nach Abschnitt 7 MIndBauRL bewertet werden, ist im Regelverfahren des Abschnittes 7.5.1 zusammengefasst.

Für hier nicht aufgeführte, aber aus bauordnungsrechtlichen Gründen erforderliche Bemessungsaspekte gelten die einschlägigen bauordnungsrechtlichen **Regelungen außerhalb der MIndBauRL.**

Auf eine Bemessung der Bauteile darf – im Bemessungskonzept des Abschnittes 7.5 und den damit verbundenen Sicherheitsgrundsätzen – nur für eingeschossige Industriebauten und nur nach den **Kriterien des Abschnittes 7.5.2 MIndBauRL verzichtet** werden. Darüber hinaus kann für die übergroßen, eingeschossigen BBA, die nach Abschnitt 7.6 beurteilt werden, nach einem anderen Sicherheitskonzept auch auf die brandschutztechnische Bemessung der Bauteile verzichtet werden.

Nachweis gemäß DIN 18230-1 für die Bemessung der Bauteile

Bei näherungsweise als homogen – also über die gesamten Flächen der BBA als gleichmäßig – anzunehmenden Brandwirkungen im Vollbrand reicht zur Bemessung der Bauteile die äquivalente Branddauer aus dem **globalen Nachweis** der DIN 18230-1 aus. Dieser Wert wird auch zur Festlegung der zulässigen BBA-Fläche verwendet.

Bei nicht zu erwartender Homogenität der Brandwirkungen auf die Bauteile sind zusätzlich zum globalen Nachweis weitere Nachweise zu führen, die spezielle örtliche Verhältnisse gemäß DIN 18230-1 hinreichend genau erfassen können.

DIN 18230-1 kennt hierfür folgende Zusatznachweise:

- Teilflächennachweise für ungleichmäßig verteilte Brandlasten
- Teilflächennachweise für ungleichmäßig verteilte Wärmeabzüge
- Ebenennachweise (und Geschossnachweise)
- Teilabschnittsnachweise (für besonders große eingeschossige Industriebauten)

Unter Berücksichtigung der jeweiligen Bezugsflächen, der Geschossigkeit des Industriebaus, der Brandsicherheitsklassen der Bauteile und Sonderbauteile sowie der anrechenbaren brandschutztechnischen Infrastruktur berechnet sich aus den so ermittelten äquivalenten Branddauern die jeweils zugehörige erforderliche Feuerwiderstandsfähigkeit, die für die brandschutztechnische Bemessung der Bauteile nach Tabelle 6 MIndBauRL angewendet wird. Dabei wird Tabelle 6 jeweils für die nach Brandsicherheitsklassen bewerteten Bauteile und Sonderbauteile angewendet.

Aus Tabelle 6 ergibt sich, dass Feuerwiderstandsdauern über 90 Minuten nicht realisiert werden müssen: Ergeben sich also aus den Nachweisen zur Bauteilbemessung nach DIN 18230-1 höhere Werte für erf t_F als 90 Minuten, müssen lediglich feuerbeständige Bauteile errichtet werden! Dies betrifft die Ergebnisse von Nachweisen mit den Teilflächennachweisen und den Geschoss- bzw. Ebenennachweisen, da diese Nachweise ausschließlich zur brandschutztechnischen Bemessung der Bauteile – nicht aber zur Bestimmung zulässiger Flächen – geführt werden. Daher sind Nachweise mit den Teilabschnittsnachweisen, die als „alternative Nachweisführung“ zur Flächenermittlung geführt werden, entsprechend Abschnitt 7.1 auch auf Feuerwiderstandsfähigkeiten bis zu erf t_F von 90 Minuten beschränkt.

b) Beispiel für das Zusammenwirken von Tabelle 6 mit anderen bauaufsichtlichen Vorschriften

Als Beispiel für das Zusammenwirken der Bemessungstabelle 6 des Abschnittes 7 mit anderen bauordnungsrechtlichen Bemessungsregeln ergibt sich Folgendes aus dem Bemessungsfall für **Geschossdecken bei erf $t_F \leq 15$ Min.**

Geschossdecken sind gemäß Abschnitt 7.2.1 Bauteile der Brandsicherheitsklasse SK_b3 und werden in Spalte 3 der Tabelle 6 behandelt. Für erf $t_F \leq 15$ Min. ist dort abzulesen, dass an diese Geschossdecken und an den Verschluss von Öffnungen in diesen Decken **keine Anforderungen** zu erfüllen sind.

Die Angaben der Tabelle 6 beziehen sich ausschließlich auf die Kriterien der Standsicherheit und der Brennbarkeit der Baustoffe – nicht aber auf das Kriterium des Raumabschlusses. Dass Geschossdecken in jedem Fall raumabschließende Decken sein müssen, deren Öffnungen auch geschlossen werden können, ergibt sich bereits eindeutig und bindend aus der Begriffsbestimmung in Abschnitt 3.7 MIndBauRL.

Der erforderliche Raumabschluss von Geschossdecken ist also auch für die Fallgestaltung (erf $t_F \leq 15$ Min.) herzustellen – wenn auch nicht am Normbrand der ETK-klassifizierten Leistungsfähigkeit. Gleiches gilt für den Verschluss der Öffnungen in diesen Decken.

Solche Decken sollen mindestens den Raumabschluss gegenüber anderen Geschossen in Bezug auf die Rauchausbreitung gewährleisten. Geeignete Maßnahmen und Deckenausführungen zur Erreichung dieses Schutzzieles sind im Einzelfall im Brandschutzkonzept zu fordern und in der Ausführungsplanung festzulegen.

Hinweis:
Durch die Änderung der Begriffsbestimmung für Geschosse (Abschnitt 3.7) gegenüber der Fassung der Richtlinie von 2000 hat sich der Inhalt der (im Wesentlichen nur redaktionell der zwischenzeitlich fortgeschriebenen MBO angepassten) Tabelle 6 teilweise auch geändert:

- In der Fassung von 2000 waren insbesondere auch Zählgeschosse ohne Raumabschluss vorgesehen. Zeile 2 in Spalte 3 der Tabelle 6 besagte seinerzeit, dass auch Geschossdecken mit ungeschützten Öffnungen (jeder Art und Größe) zulässig waren.
- Die Handhabung der Tabelle 6 hat sich in einigen Teilen durch die Anpassung an die Fortschreibung der Richtlinie in anderen Abschnitten mittelbar geändert.

c) Bauteilbemessung im Abschnitt 7 und Einsatz der Verfahren der Eurocodes und des Brandschutzingenieurwesens

Im Verfahren nach Abschnitt 7 ist die erforderliche Feuerwiderstandsfähigkeit auf der Basis eines sogenannten „Naturbrandmodells“ zu ermitteln. Dafür ist die Betrachtung von **Vollbrandszenarien** vorgesehen, die mit dem Rechenverfahren der **DIN 18230** zu beurteilen sind.

Andere Brandszenarien und andere Ingenieurmodelle sind bei Verwendung des Abschnitts 7 nicht unmittelbar vorgesehen und wegen des konkreten Sicherheitskonzeptes der MIndBauRL, das unmittelbar an das Sicherheitskonzept der DIN 18230-1 gebunden ist, auch nicht ohne Weiteres zulässig.

Das Nachweisverfahren des Abschnitts 7 ist insbesondere an DIN 18230-1 gebunden. Innerhalb von DIN 18230-1 werden Möglichkeiten eröffnet, insbesondere die Wärmeabzugsfaktoren „*w*“ auch mithilfe von Brandsimulationen anders zu bestimmen als mit den normativen Festlegungen dieses Normteils. Dieser „erweiterte Anwendungsbereich“ von DIN 18230-1 ist als Nachweis auf dem Level von Abschnitt 4.3 der MIndBauRL anzusehen und entsprechend auszuführen und zu dokumentieren.

Dazu war vorgesehen, einen Normteil DIN 18230-4 **„Baulicher Brandschutz im Industriebau – Teil 4: Brandsimulation“** zu erarbeiten und zu veröffentlichen. Dieses Normvorhaben wurde zwischenzeitlich abgebrochen; während der Normungsarbeiten gewonnene Erkenntnisse zu Teilaspekten konnten jedoch in einer gleichnamigen DIN spec gesammelt und veröffentlicht werden, ohne dass diese jedoch für entsprechende Berechnungen bzw. Nachweise allein ausreichen.

Sollen andere Szenarien und/oder andere Modelle zur Beurteilung der Brandeinwirkungen auf die Bauteile verwendet werden, so sind Ingenieurverfahren im Sinne des Abschnitts 4.3 der MIndBauRL anzuwenden. Details dazu ergeben sich zunächst aus dem Anhang 1 der Richtlinie; weitere Festlegungen werden im Einzelfall auch mit den Genehmigungsbehörden zu vereinbaren sein. Für die grundlegenden Anforderungen wird hier auf Abschnitt 4.3, den Anhang 1 und auf DIN 18009 verwiesen.

Nur mit dem Rechenverfahren von DIN 18230 werden die maßgeblichen Werte für die äquivalente Branddauer $t_ä$ sowie für die daraus bestimmten Bemessungswerte für die Feuerwiderstandsfähigkeit erf t_F der Bauteile der Brandsicherheitsklassen SK_b3, SK_b2 und SK_b1 ermittelt. Dabei finden die auf das o. g. Sicherheitskonzept abgestimmten Beiwerte γ (Sicherheitsbeiwert) und α_L (Zusatzbeiwert) Verwendung. Aus der so ermittelten Feuerwiderstandsfähigkeit werden zwingend Feuerwiderstandsklassen für diese Bauteile gemäß Tabelle 6 der MIndBauRL bestimmt.

Die konkrete Bauteilbemessung erfolgt für die so ermittelten Feuerwiderstandsklassen. Die Nachweisführung für die tragenden und aussteifenden Bauteile kann mit den Eurocodes erfolgen; diese Nachweise verwenden dann das Standardfeuer gemäß der Einheitstemperaturzeitkurve (Standardvollbrand) für die vorab ermittelte Vollbranddauer.

Über die oben beschriebene Naturbrandbemessung der Bauteile hinaus können bei einer Nachweisführung mit Ingenieurverfahren nach Abschnitt 4.3 auch andere Modelle und Brandmodelle zur Anwendung kommen. In solchen Fällen ist allerdings insbesondere die Festlegung und Abstimmung mit den Genehmigungsbehörden hinsichtlich der Szenarien und eines Sicherheitskonzepts erforderlich.

d) Bemessung der Bauteile von eingeschossigen Brandbekämpfungsabschnitten im Verfahren nach Abschnitt 7

d.1) Hinweise zum Sicherheitskonzept der DIN 18230-1

Das Sicherheitskonzept der DIN 18230 lässt eine „reduzierte Heißbemessung" tragender und aussteifender Bauteile zu, wenn die „Einsturzrisiken" deutlich geringer sind als im „Normalfall" mehrgeschossiger/mehrebeniger Industriebauten. Dies ist in den Regelungen der DIN 18230-1 zum Sicherheitsbeiwert festgelegt. Darin (in der Normfassung 2010-09) wird unterschieden zwischen a. „Gebäuden mit einem Geschoss ohne Ebenen" und b. „Brandbekämpfungsabschnitten mit mehreren Geschossen oder Ebenen".

Diese Unterscheidung nach den Kategorien a. Gebäude und b. Brandbekämpfungsabschnitt öffnet formal scheinbar einen sehr praxisrelevanten Interpretationsspielraum, der vom Sicherheitskonzept der Norm allerdings nicht beabsichtigt ist:

Die MIndBauRL lässt ausdrücklich auch Bauweisen zu, bei denen mehrere Brandbekämpfungsabschnitte innerhalb eines Brandabschnitts übereinander angeordnet und durch entsprechend ausgebildete Decken voneinander getrennt werden. Dies führt in der Praxis regelkonform auch dazu, dass **mehrere (zwei und mehr) eingeschossige Brandbekämpfungsabschnitte übereinander** angeordnet werden.

d.2) Heißbemessung von Bauteilen bei übereinander angeordneten, eingeschossigen Brandbekämpfungsabschnitten

Die Bemessung von Bauteilen übereinander angeordneter, eingeschossiger Brandbekämpfungsabschnitt muss natürlich zu einem Sicherheitsniveau hinsichtlich der Standsicherheit des Gebäudes führen, das dem Sicherheitsniveau mehrgeschossiger Industriebauten gleichkommt! Dies geht insbesondere ausdrücklich aus den Vorgängerfassungen der DIN 18230-1 (siehe beispielsweise Fassung 1998-05) hervor, die eine Reduktion des Standsicherheitsniveaus ausschließlich für „eingeschossige **Gebäude**" geregelt hatten – also nicht für mehrgeschossige Gebäude mit mehreren übereinander liegenden, eingeschossigen Brandbekämpfungsabschnitten. Mit der Fortschreibung der DIN 18230-1 zur Fassung von 2010-09 sollte das Standsicherheitsniveau der Bauteile und der Industriebauten (durch die neue Berücksichtigung von „Ebenen") nicht verändert werden.

Für die Bauteilbemessung von eingeschossigen Brandbekämpfungsabschnitten gilt daher, dass die abgeminderte Standsicherheit der Bauteile

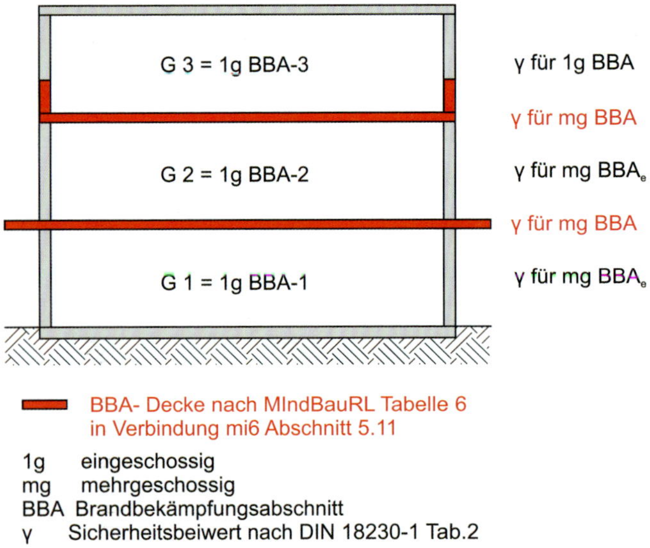

Bild 7.5.1-1: Sicherheitsanforderungen für den Nachweis der Standsicherheit der Bauteile mit DIN 18230 für einen mehrgeschossigen Industriebau, der aus mehreren eingeschossigen BBA besteht

unter Brandbeanspruchung nicht auf solche eingeschossigen Brandbekämpfungsabschnitte angewendet werden darf, über denen weitere Geschosse (insbesondere weitere Brandbekämpfungsabschnitte) angeordnet sind. Für solche eingeschossigen Brandbekämpfungsabschnitte sind bei der Nachweisführung mit DIN 18230-1 die Sicherheitsbeiwerte γ (DIN 18230-1: 2010-09) gemäß Tabelle 2 der Spalten 5 bis 7 anzuwenden, die für „Brandbekämpfungsabschnitte mit mehreren Geschossen oder Ebenen" vorgesehen sind.

Bei der Anwendung dieser Regel ist ferner zu beachten, dass für das oberste Geschoss (also den obersten eingeschossigen BBA) die Reduktion der Standsicherheit für eingeschossige Brandbekämpfungsabschnitte in Anspruch genommen werden darf. Allerdings muss die Decke zwischen diesem obersten BBA und dem darunter liegenden BBA den Anforderungen auch des unteren BBA genügen, da diese Decke ja den Brandbeanspruchungen sowohl aus dem oberen als auch aus dem unteren BBA mit der jeweils gebotenen Sicherheit standhalten muss.

d.3) Sonderfall: zweigeschossige Industriebauten mit Zufahrten gemäß MIndBauRL Abschnitt 5.3

Für zweigeschossige Brandabschnitte gemäß Abschnitt 5.3 dürfen weitgehende Erleichterungen in Anspruch genommen werden, wenn die Geschosse jeweils „auf gleicher Höhe" für die Feuerwehr erreichbar sind. Diese trennende Geschossdecke muss gemäß Abschnitt 5.3 mindestens feuerbeständig sein und aus nichtbrennbaren Baustoffen bestehen.

Um die Schutzziele des Raumabschlusses in einem Maß zu erreichen, das eine geschossbezogene Bauteilbemessung im Verfahren nach Abschnitt 7 wie für einen separaten BBA rechtfertigt, **sollen** auch die Anforderungen gemäß 5.11 bezüglich des Feuerüberschlags beachtet werden.

d.3.1) Bauteilbemessung im Verfahren nach Abschnitt 6

- Die Bauteilbemessung erfolgt als Heißbemessung nach Tabelle 2 des Abschnitts 6:
  OG (G2): Abschnitt 6: Tabelle 2, Spalten 2 und 3
  EG (G1): Abschnitt 6: Tabelle 2, Spalte 6 (für feuerbeständige Bauteile);
  diese Bauteilbemessung gilt insbesondere auch für die Geschossdecke.

d.3.2) Bauteilbemessung im Verfahren nach Abschnitt 7

d.3.2.1) Grundsätze

Für die Bauteilbemessung der beiden Geschosse gemäß Abschnitt 5.3 (und nicht zwei Ebenen eines Geschosses) sind bei Anwendung des Abschnitts 7 i. W. folgende Aspekte zu berücksichtigen:

- Zunächst gilt gemäß Abschnitt 5.3 für das untere Geschoss und für die trennende Geschossdecke eine Feuerwiderstandsdauer von 90 Minuten (feuerbeständige Bauweise). Die Bauteile des OG sollen hier gemäß Abschnitt 7 beurteilt und bemessen werden.
- Der Nachweis für das OG ist wie für einen eingeschossigen Brandbekämpfungsabschnitt – jetzt gemäß Abschnitt 5.3 eines eingeschossigen Industriebaus – zu führen. Daraus folgt zunächst, dass erf t_F (also unter Berücksichtigung der brandschutztechnischen Infrastruktur) nicht größer ist als 90 Minuten (siehe Abschnitt 7.1). Für das obere Geschoss kann – sofern seine Fläche größer ist als 60.000 m² – Abschnitt 7.6 nicht angewendet werden, da Abschnitt 7.6 ausschließlich auf eingeschossige Industriebauten ohne Ebenen ausgerichtet ist. Die Bauteile des oberen Geschosses müssen also hinsichtlich ihrer Standsicherheit im Brandfall einer Regelbemessung zugeführt werden.
- Für die Ermittlung des Sicherheitsbeiwerts der DIN 18230 ist die Geschossfläche des OG (als „Quasi-BBA-Fläche“) maßgeblich, da das untere EG vom OG unabhängig feuerbeständig bemessen werden muss und weil gemäß Abschnitt 5.3 das OG „wie ein eingeschossiger Industriebau“ behandelt werden kann. Das ermöglicht OG-Flächen bis zu 120.000 m² bei einer Heißbemessung der Bauteile. Die getrennte Betrachtungsweise der Geschosse EG und OG basiert grundsätzlich auf einer Geschosstrennung, die auch im Hinblick auf den Feuerüberschlag die Anforderungen von Abschnitt 5.11 erfüllt: Dann können beide Geschosse im Hinblick auf die Brandwirkung ($t_ä$ und erf t_F) wie eigenständige Brandbekämpfungsabschnitte bewertet werden. Aspekte der Standsicherheit des unteren Geschosses sind mit der Grundanforderung von Abschnitt 5.3 nach einer feuerbeständigen Bauweise und Abtrennung ganzheitlich abgeschlossen.

d.3.2.2) Verzicht auf die Heißbemessung der Bauteile für das obere Geschoss nach Tabelle 7

Tabelle 7 ist für ehemals erdgeschossige (jetzt eingeschossige) Industriebauten mit nur einem oberirdischen Geschoss vorgesehen. Für solche Verhältnisse kann unter den dort geregelten Bedingungen auf eine Heißbemessung der Bauteile des oberidischen Geschosses verzichtet werden (Unterbemessung).

Tabelle 7 ist grundsätzlich nicht vorgesehen für eingeschossige Brandbekämpfungsabschnitte in mehrgeschossigen Industriebauten.

Durch die Regelung des Abschnitts 5.3 wird das OG eines zweigeschossigen Industriebaus mit Zufahrten für jedes Geschoss einem eingeschossigen Industriebau formal gleichgesetzt, was zur formalen Anwendbarkeit der Tabelle 7 und zur Zulässigkeit einer brandschutztechnischen Unterbemessung für das OG herangezogen werden kann. Das EG „wirkt dann“ wie ein übliches KG. Damit sich daraus aber keine erheblichen Risikosteigerungen ergeben, sind nachfolgende Kriterien zu beachten:

- Die zulässigen Flächenwerte nach Tabelle 7 gelten ausschließlich für ein einziges oberirdisches Geschoss und schließen Auswirkungen auf andere oberirdische Geschosse aus. Industriebauten mit zwei oberirdischen Geschossen dürfen bei Anwendung der Tabelle 7 kein höheres Risiko haben als das gemäß Tabelle 7 zulässige.
- Wenn das zulässige Grenzrisiko für die zulässigen Flächen nach Tabelle 7 begrenzt ist, dann sind auch die Gesamtflächen (für das brandschutztechnisch zu bemessende EG zusammen mit dem nicht brandschutztechnisch bemessenen OG) auf diese Flächenwerte der Tabelle 7 zu begrenzen.

Auf eine Heißbemessung der Bauteile des oberen Geschosses darf sogar unter folgenden Voraussetzungen verzichtet werden:

- Die beiden Geschosse sind feuerbeständig unter Beachtung der Anforderungen von Abschnitt 5.11 voneinander baulich getrennt.
- Das Obergeschoss hat keine Ebenen (es kann aber gleichwohl die a. A. zulässigen Einbauten haben).
- Die Bauteile für das untere Geschoss werden nach einem Geschossnachweis für mehrgeschossige Industriebauten für den Brandfall bemessen.
- Die Fläche des Obergeschosses überschreitet die zulässigen Werte von Tabelle 7 nicht.
- Für das Obergeschoss wird der Nachweis geführt, dass es nicht in einem Versagensmechanismus von „kinematischen Ketten" schon bei lokalen Brandereignissen progressiv versagen kann.

d.3.2.3) Heißbemessung des oberen Geschosses bei Übergröße von mehr als 60.000 m² nach Abschnitt 7.6

Bei einer zweigeschossigen Bauweise nach Abschnitt 5.3 dürfen die Obergeschosse „wie eingeschossige Industriebauten" behandelt werden. Für sie gelten beim Verzicht auf eine brandschutztechnische Bemessung der Bauteile nach der Richtlinie von 2019 insbesondere die Regelungen der Abschnitte 7.5.2 (bis zu 30.000 m²) und 7.6 (mit Einschränkungen).

Im Abschnitt 5.3 sind keine Flächenbegrenzungen insbesondere für diese Obergeschosse vorgesehen. Die Regelungen bezüglich der Flächengrößen in anderen Abschnitten der MIndBauRL werden durch den Abschnitt 5.3 nicht eingeschränkt.

Heißbemessung der Bauteile für übergroße, eingeschossige Industriebauten der MIndBauRL von 2014

- **Erdgeschossige** Industriebauten i. S. der MIndBauRL (Fassung 2014) können bis zu BBA-Flächen von 120.000 m² gemäß Abschnitt 7.5 (Fassung 2014) errichtet werden. Deren Bauteile sind nach Abschnitt 7.6 für den Brandfall zu bemessen. Dabei kommt der Sicherheitsbeiwert für „eingeschossige Gebäude" zur Anwendung. Da solche Brandbekämpfungsabschnitte i. d. R. über Teilabschnittsnachweise nachgewiesen werden, ist die Frage nach der für den Sicherheitsbeiwert relevanten Bezugsfläche mit der gesamten BBA-Fläche zu beantworten.

Verzicht auf eine Heißbemessung der Bauteile für übergroße, eingeschossige Industriebauten der MIndBauRL von 2019

- Mit der fortgeschriebenen MIndBauRL (Fassung 2019) darf auf die Heißbemessung der Bauteile von „**eingeschossigen** Industriebauten" verzichtet werden.
  Dieser Verzicht auf eine Heißbemessung wurde für „tatsächlich" eingeschossige Industriebauten gemäß Abschnitt 3.10 – neu – ermöglicht. Dabei wurden Obergeschosse zweigeschossiger Industriebauten nach Abschnitt 5.3 zunächst nicht berücksichtigt.
- Ein Verzicht auf die Heißbemessung zweigeschossiger Industriebauten ist mit den Regelungen der Tabelle 7 für Flächen der Obergeschosse bis zu 30.000 m² begrenzt. Eine unmittelbare Anwendung des Abschnitts 7.6 für „übergroße, eingeschossige Brandbekämpfungsabschnitte" lässt sich daher nicht unmittelbar auf solche zweigeschossigen Brandbekämpfungsabschnitte und deren Obergeschosse anwenden.

Ein Verzicht auf die brandschutztechnische Bemessung von Bauteilen übergroßer Brandbekämpfungsabschnitte kann erfolgen, wenn es sich um tatsächliche eingeschossige Industriebauten i. S. von Abschnitt 3.10 (MIndBauRL 2019) handelt, aber nicht, wenn es sich um übergroße Obergeschosse von zweigeschossigen Brandbekämpfungsabschnitten nach Abschnitt 5.3 handelt. In letzterem Fall ist die Gesamtrisikobewertung des zweigeschossigen Industriebaus maßgebend und nicht eine isolierte Betrachtung des (übergroßen) Obergeschosses.

Sind in Einzelfällen dennoch übergroße Obergeschosse ohne Heißbemessung der Bauteile gewünscht, dann ist deren Zulässigkeit besonders (mit den Methoden des Brandschutzingenieurwesens nach Abschnitt 4.3 und Anhang 1) zu begründen. Dafür sollte die Wahrscheinlichkeit eines Vollbrandes auf der gesamten Geschossfläche erkennbar geringer sein, als sie bereits für die regelkonformen Teilabschnittsnachweise gemäß DIN 18230-1 vorausgesetzt und mit speziellen Brandschutzmaßnahmen erreicht wird.

7.5.2 Brandbekämpfungsabschnittsflächen ohne Bemessung der Bauteile

Eingeschossige Industriebauten ohne Ebenen sind, sofern es sich nicht bereits aus den Regelungen nach Abschnitt 7.5.1 ergibt, ohne Anforderungen an die Feuerwiderstandsfähigkeit der tragenden und aussteifenden Bauteile des oberirdischen Geschosses zulässig, wenn die tatsächliche Fläche des Brandbekämpfungsabschnitts nicht größer, die Wärmeabzugsflächen (in von 100 bezogen auf die Fläche des Brandbekämpfungsabschnitts) nicht kleiner und die Breite des Industriebaus nicht größer sind als die Werte der Tabelle 7 und bei der Berechnung nach DIN 18230-1 eine äquivalente Branddauer von weniger als 90 min berechnet wird. Dies gilt nicht für Bauteile nach Abschnitt 7.3.2.

Tabelle 7: Zulässige Größe der Brandbekämpfungsabschnittsfläche eingeschossiger Industriebauten ohne Ebenen und ohne Anforderungen an die Feuerwiderstandsfähigkeit der tragenden und aussteifenden Bauteile in m²

Sicherheitskategorie	äquivalente Branddauer $t_ä$ in Min.			
	15	30	60	90
K 1	9.000	5.500	2.700	1.800
K 2	13.500[2)]	8.000[2)]	4.000[2)]	2.700[2)]
K 3.1	16.000	10.000	5.000	3.200
K 3.2	18.000	11.000	5.400	3.600
K 3.3	20.700	12.500	6.200	4.200
K 3.4	22.500	13.500	6.800	4.500
K 4	30.000[1)]	20.000[1)]	10.000[1)]	10.000[1)]
Mindestgröße der Wärmeabzugsflächen in % nach DIN 18230-1	1	2	3	4
Zulässige Breite des Industriebaus in m	80	60	50	40

1) Die Anforderungen hinsichtlich der Wärmeabzugsflächen und der Breite des Industriebaus gelten nicht für Brandbekämpfungsabschnitte der Sicherheitskategorie K 4.
2) Die zulässige Größe darf um 10 % überschritten werden, wenn in dem Brandbekämpfungsabschnitt die Produktions- und Lagerräume Rauchabzugsanlagen haben, bei denen
- je höchstens 200 m² der Grundfläche mindestens ein oder mehrere Rauchabzugsgeräte mit mindestens insgesamt 1,5 m² aerodynamisch wirksamer Fläche im Dach angeordnet wird,
- je höchstens 1.600 m² Grundfläche mindestens eine Auslösegruppe für die Rauchabzugsgeräte gebildet wird,
- Zuluftflächen mit einem freien Querschnitt von mindestens 36 m² im unteren Raumdrittel vorhanden sind sowie
- die Anforderungen der Nrn. 5.7.4.3 und 5.7.4.4 erfüllt sind.

Zwischenwerte dürfen linear interpoliert werden.

Zu 7.5.2 Brandbekämpfungsabschnitte ohne Bemessung der Bauteile

Für eingeschossige Industriebauten, die den Anforderungen nach Abschnitt 7.6.2 entsprechen, ist die brandschutztechnische Bemessung der Bauteile nicht erforderlich. Maßgebend für die zulässigen Flächen sind die äquivalente Branddauer, die Sicherheitskategorie und die Breite des Industriebaus. Es wird davon ausgegangen, dass für den Löschangriff der Feuerwehr entweder ausreichende Sicherheit aufgrund der geringen äquivalenten Branddauer besteht oder der Löschangriff wegen der geringen Breite des Industriebaus nur von außen erfolgt.

Eine Risikobewertung für eingeschossige Industriebauten hat ergeben, dass unter bestimmten Randbedingungen auf die brandschutztechnische Bemessung der Konstruktion verzichtet werden kann und beispielsweise Industriebauten mit einer Konstruktion aus ungeschütztem Stahl weiterhin statthaft sind, auch wenn eine erforderliche Feuerwiderstandsdauer erf t_F von mehr als 15 min berechnet wird.

Wichtig für diese weitergehende Erleichterung ist neben der brandschutztechnischen Infrastruktur, ausgedrückt in der Sicherheitskategorie aber auch die Beachtung von Anforderungen hinsichtlich Wärmeabzugsflächen gemäß Tabelle 7.

Klarstellend wird festgehalten, dass sich die Regelungen nur auf „eingeschossige Industriebauten ohne Ebenen" beziehen, damit ein Löschangriff nicht oberhalb des Bezugsniveaus erforderlich ist. Einbauten sind gemäß Abschnitt 5.5 bzw. Tabelle 1 zulässig.

Als Akzeptanzkriterien für die verbleibenden Restrisiken wurden analog der Fassung März 2000 vor allem die bauaufsichtlichen Schutzziele

- *Erforderliche Standsicherheit der Konstruktion und*
- *Wirksame Brandbekämpfung*

herangezogen; Fragen des Personenschutzes sind durch die Regelungen der Rettungswege an anderer Stelle der Richtlinie bereits abschließend behandelt.

Dementsprechend sind die Zahlenwerte der zulässigen Größe der Brandbekämpfungsabschnittsfläche gegenüber der Fassung März 2000 unverändert.

Wie schon für eingeschossige Industriebauten mit Brandabschnitten (siehe Tabelle 2) wird auch für eingeschossige Industriebauten die Möglichkeit einer Vergrößerung der Brandbekämpfungsabschnittsfläche in der Sicherheitskategorie K 2 durch verbesserte Maßnahmen für die Rauchabführung in Fußnote 4 ermöglicht.

Sofern die Ermittlung der äquivalenten Branddauer $t_ä$ einen Wert < als 15 Minuten ergibt, ist für die Ermittlung der zulässigen Größe der Brandbekämpfungsabschnittsflächen der Wert von 15 Minuten anzusetzen oder der Nachweis nach Kapitel 7.4 zu führen. Sofern die Ermittlung der äquivalenten Branddauer $t_ä$ aus dem globalen Nachweis einen Wert > 90 min ergibt, kann Tabelle 7 nicht angewendet werden. Teilflächenbetrachtungen nach DIN 18230-1 haben grundsätzlich keine Auswirkungen auf die Anwendbarkeit der Tabelle 7: Selbst wenn sich aus Teilflächennachweisen eine äquivalente Branddauer von mehr als 90 Minuten ergibt, sind auch diese Bauteile ohne brandschutztechnische Bemessung zulässig.

Zu 7.5.2: Brandbekämpfungsabschnitte ohne Bemessung der Bauteile

a) Allgemeines

Eingeschossige BBA, die im Verfahren nach Abschnitt 7 beurteilt werden, dürfen ggf. auch **ohne klassifizierte Feuerwiderstandsfähigkeit** selbst dann errichtet werden, wenn die normativ berechnete erforderliche Feuerwiderstandsdauer erf $t_F \geq 15$ Min. ist.

In diesen Fällen ist – bei Eintreten des Bemessungsbrandes (Vollbrandes) – von einem **Gesamtversagen der tragenden Konstruktion** auszugehen. Es wurde rechnerisch nachgewiesen, dass diese Industriebauten den zu erwartenden Brandbeanspruchungen nicht standhalten werden.

Gerade für diese Gebäude (Anwendung der Tabelle 7 MIndBauRL) muss sichergestellt werden, dass mit dem zulässigen **Gesamtversagen keine erhöhten und unakzeptablen Personengefährdungen** – insbesondere auch für die Einsatzkräfte der Feuerwehr – verbunden sind.

Hierfür ist eine brandschutztechnische Bewertung des statischen Gesamtsystems durchzuführen, deren Ergebnis ein progressives Gesamtversagen, z. B. mit dem Mechanismus kinematischer Ketten, als sehr unwahrscheinlich bewertet.

Näheres zur Bewertung von Standsicherheitsfragen unklassifiziert feuerwiderstandsfähiger Gesamttragwerke enthalten die Kommentare in Abschnitt 5.14.9 und 6.3.1 c) in diesem Werk.

b) Geschosse, Ebenen, Höhenlage und Einbauten

Brandschutztechnisch unterbemessene Industriebauten, für die im Verfahren nach Abschnitt 7 auf eine brandschutztechnische Bemessung verzichtet werden kann, müssen eingeschossig sein. Sie dürfen **keine weiteren oberirdischen Geschosse oder Ebenen** haben und an keiner Stelle mehr als 1 m unter der Geländeoberfläche liegen. Sie dürfen aber Kellergeschosse haben, deren Flächen nicht auf die Fläche des BBA angerechnet werden und für die Abschnitt 5.4 zu beachten ist.

Einbauten und ihre regelmäßig vorgesehenen Nutzungsarten sind auch in diesen Industriebauten gemäß Abschnitt 5.5 zulässig.

c) Lagerregale

Lagerregale sind in Industriebauten nach Abschnitt 7.5.2 MIndBauRL zulässig. Regalkonstruktionen müssen grundsätzlich Anforderungen an die Standsicherheit im Brandfall erfüllen – soweit sie zum Tragwerk des Gebäudes gehören. Auch für solche Bauweisen gelten die Erleichterung dieses Abschnitts und der Entfall des Nachweises einer Feuerwiderstandsklasse.

Auf die Umsetzung dieser Grundanforderung (Heißbemessung von Bauteilen) wird für Industriebauten nach Abschnitt 7.5.2 aber gerade verzichtet – und das gilt damit natürlich auch für Regalteile, die Bestandteil des Gebäudetragwerks sind.

Die Bildung von Lagerabschnitten gemäß Abschnitt 6.4.1 ist für Regalanlagen in diesen Gebäuden nicht vorgesehen.

Es wird davon ausgegangen, dass bei größeren Regalflächen und bei sehr hohen Brandbelastungen durch die Nutzung der Regale die Anwendung des Abschnittes 7 ausgeschlossen ist. In solchen Fällen wird erf t_F für das Haupttragwerk (SK_b3-Bauteile) in den meisten Fällen wohl größer sein als 90 Minuten.

d) Wärmeabzüge

Die im Zusammenhang mit der Tabelle 7 erforderlichen Wärmeabzugsflächen (als Kompensationsmaßnahme) müssen nach den Kriterien der DIN 18230-1 bewertet werden. Für diese Gebäude ist die Anwendung des Anhangs 2 MIndBauRL nicht vorgesehen.

Vor allem bei berechneten $t_ä$-Werten unterhalb von 30 Minuten bestehen gemäß DIN 18230-1 Einschränkungen der Anrechenbarkeit, insbesondere bei Flächen, die durch thermische Einwirkungen öffnen, und dies speziell, wenn sie in Wänden eingebaut sind.

e) Brennbarkeit der Baustoffe

Bei der Auslegung von Industriebauten nach Abschnitt 7.6.2 und Tabelle 7 bestehen keine besondere Anforderungen an die Brennbarkeit der Baustoffe für die tragenden und aussteifenden Bauteile – ausgenommen sind Brand- und Brandbekämpfungsabschnittstrennwände (siehe Abschnitt 5.10).

Damit sind nach diesem Abschnitt ausgelegte Industriebauten auch in Holzbauweise zulässig, wenn für sie eine Feuerwiderstandsfähigkeit von ca. 15 Minuten angenommen werden kann und wenn sie die statisch-konstruktiven Anforderungen von Abschnitt 7.1 (letzter Absatz) erfüllen. Dabei ist eine Beurteilung des statischen Gesamtsystems erforderlich, wobei insbesondere auch die Verbindungsstellen zwischen Einzelbauteilen (z. B. Knotenpunkte zwischen Stützen und Dachbalken) und auf Zug beanspruchte, stabilisierende Tragwerksteile (z. B. Zugstangen/Unterspannung) berücksichtigt werden müssen. Beim Abbrand sehr schlanker Balkenträger können sich auch Kippprobleme ergeben oder Fragen des Biegedrillknickens auftreten.

f) Bauteilnachweise

Für erdgeschossige Industriebauten, die nach Abschnitt 7.5.2 ausgelegt werden, wird keine brandschutztechnische Bemessung der Bauteile durchgeführt.

Die Behandlung solcher Industriebauten erfolgt insbesondere nach der „äquivalenten Branddauer“, die mit dem Rechenverfahren der DIN 18230-1 entweder aus dem „globalen Nachweis“ oder aus den „Teilabschnittsnachweisen“ bestimmt wird. Dabei wird die zu erwartende Brandwirkung auf die Bauteile aus einer im maßgeblichen Bereich (gesamter Industriebau oder Teilabschnitt) näherungsweise homogen angenommenen Temperaturverteilung bestimmt.

Teilflächennachweise nach DIN 18230 bewerten lokale Effekte des Vollbrandszenarios. Sie werden im Zusammenhang mit Abschnitt 7.5.2 der MIndBauRL nicht erforderlich, da sich die Risikobewertung dieses Verfahrens aus einer Gesamtbetrachtung des erdgeschossigen Industriebaus ergibt, wobei diese lokalen Effekte in den Hintergrund treten.

Hinweis: Die Auswirkungen lokaler Brände auf die Gesamtstandsicherheit bzw. auf die zulässigen Versagensarten des Industriebaus sind hingegen zu bewerten (siehe dazu Kommentare zu 5.14.9).

7.6 Brandbekämpfungsabschnittsflächen mit einer Größe von mehr als 60.000 m²

Brandbekämpfungsabschnittsflächen, die größer als 60.000 m² sind, sind nur zulässig in eingeschossigen Industriebauten ohne Ebenen, und wenn

- ihre rechnerische Brandbelastung nicht mehr als 100 kWh/m² beträgt und
- eine Werkfeuerwehr vorhanden ist.

Dabei sind in Abhängigkeit von der Hallenhöhe folgende Flächengrößen zulässig:

- bis zu 90.000 m² bei einer lichten Raumhöhe von mehr als 7,0 m,
- bis zu 120.000 m² bei einer lichten Raumhöhe von mehr als 12,0 m.

Dabei sind folgende Anforderungen zu erfüllen:

- Bei einer rechnerischen Brandbelastung von mehr als 15 kWh/m² ist eine selbsttätige Feuerlöschanlage anzuordnen.
- Brandbekämpfungsabschnitte ohne selbsttätige Feuerlöschanlage müssen für Fahrzeuge der Feuerwehr befahrbar sein.
- Die Brandbekämpfungsabschnitte müssen durch geeignete automatische Brandmeldeanlagen überwacht sein.
- Innerhalb der Brandbekämpfungsabschnitte sind Vorkehrungen für die Alarmierung des Personals und für die Brandbekämpfung (Selbsthilfeeinrichtungen) ausreichend anzuordnen.
- Die Löschwassermenge muss mindestens 192 m³/h über einen Zeitraum von 2 Stunden betragen.
- Eine zusätzliche Löschwasserversorgung für die Entnahme im Brandbekämpfungsabschnitt, die mit der Brandschutzdienststelle abzustimmen ist, muss vorhanden sein.

Dabei sind in Brandbekämpfungsabschnitten ohne selbsttätige Feuerlöschanlagen rechnerische Brandbelastungen bis zu 45 kWh/m² zulässig, wenn die zugeordneten Flächen nicht mehr als 400 m² betragen.

In allen Brandbekämpfungsabschnitten sind zulässig:

- Konzentrierte Brandbelastungen bis zu 200 kWh/m², wenn diese sich für eine Fläche von nicht mehr als 10 m² ergeben,
- rechnerische Brandbelastungen bis zu 200 kWh/m², wenn die zugeordneten Flächen nicht mehr als 400 m² betragen und hierfür eine geeignete selbsttätige Feuerlöschanlage angeordnet ist.

Diese Flächen müssen untereinander einen Abstand von mindestens 6,0 m einhalten.

Die tragenden und aussteifenden Bauteile des oberirdischen Geschosses dieser Brandbekämpfungsabschnitte werden brandschutztechnisch nicht bemessen.

Zu 7.6 Brandbekämpfungsabschnittsflächen mit einer Größe von mehr als 60.000 m²

Der Abschnitt regelt ausschließlich für eingeschossige Industriebauten mit Werkfeuerwehr die erforderlichen Maßnahmen, um Brandbekämpfungsabschnittsgrößen von mehr als 60.000 m² zu ermöglichen. Bei der Risikobeurteilung für diese übergroßen Brandbekämpfungsabschnitte wurde davon ausgegangen, dass sich Brandszenarien auf der Fläche eines Teilabschnitts von bis zu 10.000 m² unter den genannten Maßnahmen und Voraussetzungen beherrschen lassen.

Dementsprechend kann sich der Nachweis nach DIN 18230-1 auf die Ermittlung der rechnerischen Brandbelastung unter den genannten Kriterien für 200 kWh/m², 100 kWh/m² bzw. 15 kWh/m² beschränken. Es ist somit keine Ermittlung von $t_ä$ bzw. erf t_F nach DIN 18230-1 erforderlich, ebenso wenig bedarf es einer Bemessung der Bauteile nach Abschnitt 7.5.1.

Die Löschwasserversorgung ist auch bei einer selbsttätigen Feuerlöschanlage mit mindestens 192 m³/h über einen Zeitraum von 2 Stunden erforderlich. Eine zusätzliche Versorgung und die Möglichkeiten zur Entnahme im Brandbekämpfungsabschnitt sollen mit der Brandschutzdienststelle auf Basis des Löschkonzeptes der Werkfeuerwehr abgestimmt werden.

Zu 7.6: Brandbekämpfungsabschnittsflächen mit einer Größe von mehr als 60.000 m²

a) Allgemeines

Die Festlegungen dieses Abschnittes ersetzen das Verfahren der Abschnitte 7.4 und 7.5 für die Bestimmung zulässiger BBA-Flächen und für die brandschutztechnische Bemessung der Bauteile für **übergroße eingeschossige BBA.** Mit diesem Abschnitt 7.6 ist ein eigenes, von den anderen Abschnitten der MIndBauRL abweichendes Sicherheitskonzept verbunden, das unter anderem grundsätzlich mit einer besonderen Qualität der Sauberkeit und Ordnung im Betrieb und dem Vorhandensein einer Werkfeuerwehr verbunden ist. Die Befahrbarkeit der Halle ist für die Werkfeuerwehr (nicht für die öffentliche Feuerwehr) vorgesehen.

Seine Anwendung erfordert nicht die vorherige Anwendung des Abschnittes 7.4 und erfordert grundsätzlich auch nicht die Berechnung einer äquivalenten Branddauer gemäß der DIN 18230-1. Die Norm wird beim Nachweis der zulässigen BBA-Fläche lediglich zur Bestimmung der Brandbelastung benötigt.

Damit entsteht – für die Bewertung eingeschossiger BBA über 60.000 m² – quasi ein weiteres Nachweisverfahren für die Begründung solcher Flächen. Der Nachweis der Feuerwiderstandsfähigkeit kann – seit der MIndBauRL 2019 – entfallen; es gelten aber die **Anforderungen** an eine **robuste, brandschutztechnisch nicht bemessene Bauweise,** die insbesondere die Standsicherheit des Baukörpers bei lokalen Bränden verlangt (Abschnitt 5.14). Dabei sind auch die Brandflächen der lokalen Brände der übergroßen BBA-Fläche angemessen anzupassen.

Bei eingeschossigen BBA ist der Abschnitt identisch mit dem Geschoss. Weitere Ebenen sind nicht vorgesehen und auch nach dem Verfahren in Abschnitt 7.6 grundsätzlich nicht zulässig.

Sofern in diesen übergroßen BBA, die sich i. d. R. durch sehr geringe Brandgefahren auszeichnen, im Einzelfall übergroße Einbauten (wegen ihrer Flächengröße als Ebenen zu beurteilen) installiert werden sollen, bedarf es einer **Abweichung von der Richtlinie** mit entsprechender Begründung (ingenieurtechnischer Nachweisführung).

b) BBA bis 120.000 m²

Nach Abschnitt 7.6 können eingeschossige BBA bis zu 120.000 m² (realer) BBA-Flächen zulässig sein. Auch für diese müssen Bauteilnachweise gemäß DIN 18230-1 nicht geführt werden.

c) Ebenen in eingeschossigen BBA

Sollen in eingeschossigen BBA nach Abschnitt 7.6 Ebenen eingebaut werden, so ist dies zunächst im Verfahren nach Abschnitt 7.6 nicht vorgesehen – dieser Abschnitt regelt nur eingeschossige BBA (siehe auch Abschnitt 3.10).

Die Installation von Einbauten ist nach den Festlegungen in Abschnitt 5.5 zulässig. Somit dürfen auch in den übergroßen eingeschossigen BBA Einbauten in einer Gesamtgröße bis zu 25 % der BBA-Fläche eingebaut werden. Die Maximalgröße jedes einzelnen Einbaus ist dabei zu beachten und einzuhalten (siehe Tabelle 1).

Da in der Praxis allerdings gerade für BBA von über 60.000 m² auch übergroße aufgeständerte Deckenflächen vorgesehen werden und die zulässigen Einzelgrößen von Einbauten gemäß Tabelle 1 überschritten werden sollen, sind besondere Begründungen außerhalb der festgelegten Regelungen der MIndBauRL erforderlich. Dafür bestehen grundsätzlich folgende Möglichkeiten:

- Begründung der **Abweichungen** von der MIndBauRL durch unmittelbar akzeptable Argumentationen

- Nachweis der Zulässigkeit einer **Abweichung** von Abschnitt 7.6 mit Methoden des Brandschutzingenieurwesens (siehe Abschnitt 4.3 und Anhang 1)

Bei solchen Konstruktionen handelt es sich ggf. aber nicht um Bauteile des Gebäudes, sondern um Bauteile von Betriebseinrichtungen.

d) Löschwasserbereitstellung

Die Richtlinie verlangt eine Löschwasserbereitstellung von mindestens 192 m^3/h innerhalb jedes BBA. Dabei wird ein Bezug auf Selbsthilfeeinrichtungen hergestellt. Die Erläuterungen der Richtlinie gehen auf diesen Umstand nur insofern ein, als sie die grundsätzliche Beherrschbarkeit von Brandszenarien auf Teilabschnitten konstatieren.

Bei der ursprünglichen Diskussion der „übergroßen erdgeschossigen BBA-Flächen“ dachte man insbesondere an Produktionsstätten der Automobilindustrie. Dort sind Werkfeuerwehren, automatische Brandmeldeanlagen, relativ geringe Durchschnittsbrandlasten und besonders günstige Verhältnisse in Bezug auf Sauberkeit und Ordnung sowie im Hinblick auf die Übersichtlichkeit der Rettungswege Standard.

Bereits für die Richtlinie in der Fassung von 2000 sah die Planung für solche Industriebauten insbesondere vor, dass die Werkfeuerwehr sogar **mit „kleinen Einsatzfahrzeugen“ in die Hallen zur Brandbekämpfung hineinfährt** und Löschwasser aus Wandhydranten innerhalb der Hallen entnehmen kann. An dieser Planungsgrundlage wurde im Zuge der Fortschreibung für die Fassung von 2014 nichts geändert.

Wenn die Werkfeuerwehr Brände in Teilabschnitten durch eine wirksame Brandbekämpfung im Innenangriff niederhalten und letztlich auch ablöschen soll, ist die Verfügbarkeit von Löschwasserentnahmestellen innerhalb der BBA unverzichtbar.

Die von der Richtlinie 2014 verlangte Löschwassermenge von mindestens 192 m^3/h bezog sich ausdrücklich auf die Fläche der BBA und nicht auf die Teilabschnitte (siehe auch Kommentar zu Abschnitt 5.1). Die Richtlinie 2019 gibt eine erforderliche Löschwassermenge nicht mehr konkret vor, sondern erwartet eine diesbezügliche Festlegung in Abstimmung mit der Brandschutzdienststelle (siehe Abschnitt 7.6 der Richtlinie 2019).

e) Befahrbarkeit der Brandbekämpfungsabschnitte

Die Befahrbarkeit von Freiflächen für die Werkfeuerwehr bei den „übergroßen“ BBA im Sinne von Abschnitt 7.5 wurde beibehalten.

Dagegen wurde auf eine Befahrbarkeit von Verkehrsflächen für Industriebauten, die nach Abschnitt 7.4 bewertet werden (die also Flächen bis zu 60.000 m^2 haben), gegenüber den Regelungen der Richtlinienfassung von 2000 verzichtet.

> **Hinweis:**
> In den seinerzeitigen Erläuterungen zur Richtlinienfassung von 2000 wurde noch für Abschnitt 7.4 (der damaligen Fassung) beschrieben, dass auch dann die Freiflächen mit Mindestbreiten von 5 m zur Teilabschnittsbildung **von der Feuerwehr befahren** werden sollten, wenn die BBA-Flächen im damaligen Regelverfahren des Abschnitts 7 (also mit dem F-Faktoren-Verfahren) bestimmt werden und nicht über 60.000 m^2 groß sind.
>
> Die mit der Erläuterung zur Richtlinienfassung von 2000 verbundene Brandschutzplanung und Planung der Brandbekämpfung wurde mit der Richtlinienfassung von 2014 aufgegeben. Der Regelungstext der Richtlinie selbst musste dafür nicht geändert werden, da die Befahrbarkeit dieser Verkehrsflächen als Freiflächen nur in den seinerzeitigen Erläuterungen zum Abschnitt 7.4 thematisiert worden war.
>
> Der entsprechende Richtlinientext findet sich in der Fassung von 2014 im Abschnitt 7.7.1; dort werden nunmehr nur noch „für die Feuerwehr zugängliche Verkehrswege“ verlangt.

7.7 Sonstige Anforderungen

7.7.1 Unterteilung und Erschließung übergroßer Brandbekämpfungsabschnitte

7.7.1

Brandbekämpfungsabschnitte mit einer Grundfläche von mehr als 10.000 m² sind durch für die Feuerwehr zugängliche Verkehrswege in Flächen von höchstens 10.000 m² zu unterteilen. Diese Verkehrswege müssen eine Mindestbreite von 5,0 m haben und möglichst geradlinig zu Ausgängen führen. Bei Vorhandensein einer Werkfeuerwehr, einer selbsttätigen Feuerlöschanlage und bei einer rechnerischen Brandbelastung von weniger als 100 kWh/m² beträgt die Mindestbreite 3,5 m.

Zu 7.7 Sonstige Anforderungen

Zu 7.7.1

Brandbekämpfungsabschnitte sind in Flächen von höchstens 10.000 m² durch Verkehrswege mit einer Breite von mindestens 5 m zu unterteilen. Die in früheren Fassungen der MIndBauRL vorgesehenen Verkehrswege innerhalb von Industriebauten zur Befahrung mit Feuerwehrfahrzeugen werden – mit einer Ausnahme für Brandbekämpfungsabschnittsflächen ohne selbsttätige Feuerlöschanlagen mit einer Größe von mehr als 60.000 m² nach 7.6 – nicht weiter vorgegeben.

Zur Unterteilung sind die in den Industriebetrieben für den innerbetrieblichen Transport eingerichteten Wege zulässig, wenn sie für die Feuerwehr zugänglich sind. Mit der Breite von 5 m soll eine zumindest zeitweise Verhinderung der Brandausbreitung erreicht werden.

Bei Vorhandensein einer Werkfeuerwehr, einer selbsttätigen Löschanlage und bei einer Brandbelastung bis zu 100 kWh/m² genügen Verkehrswege bzw. Unterteilungen mit mindestens 3,5 m Breite.

Zu 7.7.1: Unterteilung und Erschließung übergroßer Brandbekämpfungsabschnitte

a) Allgemeines

Die Grundfläche eines übergroßen BBA (> 10.000 m²) muss durch **Freiflächen** unterteilt werden, die für die Feuerwehr zugänglich und grundsätzlich mindestens 5 m breit sein müssen. Sie dienen der Erschließung des Gebäudes für die Einsatzkräfte der Feuerwehr; sie werden nicht von Feuerwehrfahrzeugen befahren (Ausnahme: eingeschossige Industriebauten nach Abschnitt 7.6), sondern von den Feuerwehrleuten begangen.

Diese sehr breiten Verkehrswege werden ausschließlich für die Grundfläche des BBA verlangt. In ggf. vorhandenen Obergeschossen oder auf Ebenendecken müssen sie nicht eingerichtet und nicht freigehalten werden.

Die erforderliche Breite kann auf 3,5 m reduziert werden, wenn folgende Bedingungen eingehalten werden:

- Werkfeuerwehr oder automatische Feuerlöschanlage vorhanden
- rechnerische Brandbelastung $q_R < 100$ kWh/m²

b) Zulässigkeit und Bedingungen für den Wegfall der Freiflächen

Abweichungen von der MIndBauRL beim Erfordernis der Freiflächen oder bei den **Grenzwerten** für Bereichsflächen, die mit für die Feuerwehr begehbaren verbreiterten Freiflächen unterteilt werden sollen, können **objektspezifisch** zulässig sein.

Dies ist insbesondere dadurch begründet, dass die ursprüngliche Zweckbestimmung der vorgesehenen Breiten ein Befahren mit Fahrzeugen der Feuerwehr zulassen sollte (siehe Fassung von 2000), auf die in der MIndBauRL von 2014 nicht mehr abgestellt wird. Für das Erreichen der Brandstellen zu Fuß ist das System der Hauptgänge vorgesehen und grundsätzlich auch ausreichend.

Im Übrigen sind diese verbreiterten Freiflächen auch als **Flächen für die Feuerwehr** vorgesehen, die während der Brandbekämpfung im Innenangriff abseits des Brandherdes benötigt werden. Falls solche Flächen auch in anderen Gebäudeteilen des gleichen BBA oder im Freien genutzt werden können, bestehen gute Bedingungen für den Wegfall solcher Freiflächen bzw. für eine Vergrößerung der zulässigen Größe von Bereichsflächen.

Bei BBA, die durch Wände (auch ohne klassifizierten Raumabschluss) bereits in kleinere Hallenteile mit weniger als 10.000 m² Bereichsflächen gegliedert sind und insofern eine flächige Brandausbreitung über die gesamte BBA-Fläche erschwert wird, können ggf. Gründe für einen Verzicht auf die zusätzlichen Freiflächen vorliegen, insbesondere bei relativ kleinen Brandbelastungen.

Im Übrigen können die Hauptgänge nach Abschnitt 5.6.4 MIndBauRL mit einer Mindestbreite von 2 m ebenfalls einen erheblichen Beitrag zur Verzögerung der Brandausbreitung leisten. Sie müssen dafür in einem engen Raster vorgesehen werden und die Brandbekämpfung durch die Feuerwehr mit einer automatischen Brandmeldeanlage bereits in einer frühen Brandphase bei kleinen Brandflächen wahrscheinlich sein.

Da die Freiflächen unmittelbar der Brandbekämpfung durch die Feuerwehr dienen sollen, ist deren tatsächliches Leistungsvermögen in Bezug auf die Schutzziele im Einzelfall unter den Aspekten des **abwehrenden Brandschutzes** zu beurteilen. Ihr Wegfall (bzw. Abweichungen davon) sind als Abweichungen von den Regelanforderungen der Richtlinie zu bewerten. Dabei spielen im Wesentlichen die Gesamtgröße des BBA, die Brandbelastung, die brandschutztechnische Infrastruktur, interne Wände und das System der Hauptgänge entscheidende Rollen.

7.7.2 Einbauten mit geringen Brandbelastungen

7.7.2

Für den Fall geringer Brandbelastungen von bis zu 15 kWh/m² auf Einbauten in Brandbekämpfungsabschnitten, wie z. B. bei Wartungs- und Montageflächen oder Verkehrswegen, bestehen keine Einschränkungen hinsichtlich deren Grundfläche und Anordnung.

Zu 7.7.2

Die Sonderregelungen für Kontroll- und Wartungsgänge gelten unter der Voraussetzung, dass sich dort nur eingewiesenes Personal gelegentlich aufhält. Werden diese Flächen anders genutzt, handelt es sich um Einbauten oder Ebenen. Besuchergänge oder Erschließungszonen, die regelmäßig zum Teil auch von fremden Besuchern genutzt werden, sind keine Kontroll- und Wartungsgänge i. S. dieser Vorschrift.

Bei der Anwendung der Erleichterung gemäß 7.7.2 für geringe Brandbelastungen auf Einbauten (< 15 kWh/m²) ist zu beachten, dass dies nur bei Brandbekämpfungsabschnitten nach Abschnitt 7 möglich ist. Hier sind die Gesamtbrandbelastung sowie die Brandlastverteilung durch die Baugenehmigung vorherbestimmt. Eine Übertragung der Regelung auf Einbauten in Brandabschnitten nach Abschnitt 6 ist nicht möglich. Zudem ist bei der Anwendung von 7.7.2 darauf zu achten, dass diese Flächen auch in Bezug auf die Nutzung dauerhaft eine nur geringe Brandbelastung aufweisen.

Zu 7.7.2: Einbauten mit geringen Brandbelastungen

Die Flächen von Einbauten sind gemäß Tabelle 1 Abschnitt 5.5 MIndBauRL begrenzt.

Die Regelungen des Abschnittes 5.5 werden nicht für Einbauten innerhalb von BBA angewendet (aber stets für Industriebauten, die nach Abschnitt 6 beurteilt werden), wenn auf den betrachteten Einbauten die rechnerische Brandbelastung unterhalb von 15 kWh/m² liegt.

Dieser Wert ist als Mittelwert für die betrachtete Einbaufläche festzustellen und festzulegen. Solche Flächen kommen im Industriebau z. B. als reine Verkehrs- bzw. Erschließungsflächen vor, auf denen weder Produktion noch Lagerung stattfindet.

Flächen auf größerer Einbauhöhe zeichnen sich durch große Freiflächen aus, die überwiegend zum Schutz tiefer gelegener Gebäudeteile mit Gitterrosten abgedeckt sind oder die z. B. als Verkehrsflächen für die Mitarbeiter oder für das Wartungspersonal genutzt werden. Diese Einbauten haben nur **sehr geringe Brandlasten.**

8 Zusätzliche Bauvorlagen

Die Bauvorlagen müssen, soweit erforderlich, zusätzlich zu § 11 Abs. 1 MBauVorlV*) folgende Angaben erhalten:

- zur Zuordnung des Industriebaus zu den Sicherheitskategorien
- über das gewählte Verfahren nach Abschnitt 6, 7 oder Anhang 1
- zur Gebäudefunkanlage
- Lagerbereiche unter Vordächern, vor Außenwänden und auf Freiflächen

beim Nachweis nach Abschnitt 6

- zur Größe der Brandabschnitte, Flächen und Lage von Einbauten in den Geschossen, Lage der Brandwände und zu den Freiflächen nach 6.4.1

beim Nachweis nach Abschnitt 7

- zur Berechnung nach DIN 18230-1 mit den Unterlagen zur Dokumentation mit den festgelegten Eingangsparametern, insbesondere der rechnerischen Brandbelastung nach DIN 18230-1
- Größe der Brandbekämpfungsabschnitte, Höhenlage und Flächen der Ebenen, Fläche und Lage von Einbauten innerhalb der Brandbekämpfungsabschnitte

Im Übrigen gilt § 11 Abs. 2 Sätze 1 und 3 MBauVorlV*) entsprechend.

Zu 8 Zusätzliche Bauvorlagen

Der Abschnitt 8 regelt die Bauvorlagen, die über die Bauvorlagen, die in der Musterbauvorlagenverordnung geregelt sind, hinaus zur Beurteilung eines Industriebaus erforderlich sind. Diese Bauvorlagen bzw. deren Angaben sollen als Bestandteil des Brandschutznachweises vor der Erteilung der Baugenehmigung vorgelegt werden. Abschnitt 8 unterscheidet solche Bauvorlagen,

- *die, soweit erforderlich, grundsätzlich zu erbringen sind,*
- *die Vorlagen, die beim Nachweis nach Abschnitt 6 vorzulegen sind und*
- *die Nachweise, die für den Nachweis nach Abschnitt 7 erforderlich sind.*

*) nach Landesrecht

Zu 8: Zusätzliche Bauvorlagen

a) Zitierte Auszüge der MBauVorlV

Die MIndBauRL verweist insbesondere auf die MBauVorlV (zurzeit Fassung Februar 2020-09) und darin auf § 11 (Brandschutznachweis) und insbesondere auf Abs. 2 Sätze 1 und 3. Dort heißt es:

„(2) [1]Bei Sonderbauten, Mittel- und Großgaragen müssen, soweit es für die Beurteilung erforderlich ist, zusätzlich Angaben gemacht werden insbesondere über:

1. *brandschutzrelevante Einzelheiten der Nutzung, insbesondere auch die Anzahl und Art der die bauliche Anlage nutzenden Personen sowie Explosions- oder erhöhte Brandgefahren, Brandlasten, Gefahrstoffe und Risikoanalysen,*
2. *Rettungswegbreiten und -längen, Einzelheiten der Rettungswegführung und -ausbildung einschließlich Sicherheitsbeleuchtung und -kennzeichnung,*
3. *technische Anlagen und Einrichtungen zum Brandschutz, wie Branderkennung, Brandmeldung, Alarmierung, Brandbekämpfung, Rauchableitung, Rauchfreihaltung,*
4. *die Sicherheitsstromversorgung,*
5. *die Bemessung der Löschwasserversorgung, Einrichtungen zur Löschwasserentnahme sowie die Löschwasserrückhaltung,*
6. *betriebliche und organisatorische Maßnahmen zur Brandverhütung, Brandbekämpfung und Rettung von Menschen und Tieren wie Feuerwehrplan, Brandschutzordnung, Werkfeuerwehr, Bestellung von Brandschutzbeauftragten und Selbsthilfekräften.*

[…] [3]Der Brandschutznachweis kann auch gesondert in Form eines ***objektbezogenen Brandschutzkonzeptes*** *dargestellt werden.“* [Herv. d. Verf.]

§ 11 der MBauVorlV listet im Abs. 1 zunächst Mindestinhalte von Brandschutznachweisen auf, die danach im Abs. 2 durch zusätzliche Inhalte für Sonderbauten und für Mittel- und Großgaragen ergänzt werden. Gegenüber der vorherigen Fassung von 2007 wurden die Festlegungen des § 11 nicht verändert; es finden sich sogar noch immer Verweise im Abs. 1 auf die inzwischen nicht mehr gültige Bauregelliste A.

b) Brandschutznachweis, Brandschutzkonzept, Abweichungen

Im Abschnitt 2 (Satz 2 und Satz 3) der MBauVorlV wird auf einen möglicherweise zulässigen Entfall vorgesehener Regelmaßnahmen eingegangen und eine Verbindung des Brandschutznachweises mit Brandschutzkonzepten hergestellt:

„Satz 2

Anzugeben ist auch, weshalb es der Einhaltung von Vorschriften wegen der besonderen Art oder Nutzung baulicher Anlagen oder Räume oder wegen besonderer Anforderungen ***nicht bedarf*** *(§ 51 Satz 2 MBO).*

Satz 3

Der Brandschutznachweis kann auch gesondert in Form eines ***objektbezogenen Brandschutzkonzeptes*** *dargestellt werden.“*

Aus diesen Regelungen wird zunächst deutlich, dass ein Unterschied gesehen wird zwischen Brandschutznachweisen und Brandschutzkonzepten! Diese beiden Begriffe sind also nicht synonym zu verwenden und repräsentieren unterschiedliche Inhalte.

b.1) Brandschutznachweis

Brandschutznachweise sollen darstellen, dass grundsätzlich und in welcher konkreten Art und Weise alle Regelvorgaben der einschlägigen, bauaufsichtlich zu beachtenden Regelwerke von der Bauplanung beachtet werden. Grundlage sind also die Bauvorschriften als maßnahmenorientierte, präskriptive Regelwerke.

Dabei dürfen ggf. auch einzelne der vorgegebenen Regelmaßnahmen entfallen; die Bedingungen und Begründungen für diesen Maßnahmenentfall sind im Brandschutznachweis darzustellen. Ggf. kann sich die Zulässigkeit des Entfalls einer vorgeschriebenen Regelmaßnahme auch daraus ergeben, dass sich eine andere Maßnahme – quasi kompensatorisch – als Ersatz für die wegfallende Regelmaßnahme darstellen/begründen lässt (typischer Abweichungsfall). Dann soll eine gleichwertige andere Lösung ersatzweise vorgesehen werden, wobei an den grundsätzlichen Annahmen der Standardrisikobetrachtung und der Standardschutzzielbetrachtung der Regelwerke keine Abstriche gemacht werden sollen.

Das Thema heißt in diesem Fall: **Für die unveränderte Risikolage und Schutzzielerwartung gemäß Standardregelwerk** wird eine andere, gleichwertige Lösung beschrieben.

b.2) Brandschutzkonzept

Im Brandschutzkonzept wird zunächst eine objektspezifische Risikoanalyse bezüglich der geforderten Schutzziele und ihrer zu erwartenden Erreichungsgrade vorgenommen. Damit wird die Brandschutzplanung stärker auf die Bedingungen des Einzelfalls abgestellt als mit Brandschutznachweisen.

Auf der Basis der objektspezifisch festgelegten Zielerwartungen können dann auch als Kombination aus diversen Brandschutzmaßnahmen und durch sehr speziell auf die Bedingungen des Einzelfalls abgestellte funktionale Verbindungen (Zusammenwirken) der Einzelmaßnahmen sehr spezielle Planungen erarbeitet werden. Diese können sich von den Regelmaßnahmen sehr deutlich unterscheiden und sind stets in ihrem festgelegten Zusammenwirken zu betrachten und zu bewerten.

Diese Planung ist viel aufwendiger und anspruchsvoller in der Erarbeitung als das „reine Abarbeiten" vorgegebener Regelwerke im Rahmen von Brandschutznachweisen, und die Lösungen erfordern zudem von den nachgeschalteten Fachplanern, von den Bauherren und Betreibern während der Nutzung und von den Prüfstellen bei der Abnahmeprüfung (Erstprüfung) und bei den wiederkehrenden Prüfungen (Wiederholungsprüfungen) insbesondere die Beachtung der in den Brandschutzkonzepten dargelegten Randbedingungen und Annahmen! Für die Erst- und Wiederholungsprüfungen haben die Bundesländer entsprechende Rechtsverordnungen auf der Basis der LBO erlassen.

In der BauPrüfV des Bundeslandes NRW lässt sich dies besonders gut ablesen; dort heißt es:

*„Das Brandschutzkonzept ist eine **zielorientierte Gesamtbewertung des baulichen und abwehrenden Brandschutzes** bei Sonderbauten durch den in § 54 Absatz 3 BauO NRW 2018 bestimmten Personenkreis."*

Brandschutzkonzepte können somit Teile des Standardregelwerks ersetzen oder objektspezifisch modifizieren.

b.3) Abweichungen

Dass Abweichungen sowohl von Rechtsnormen als auch von bautechnischen Normen zum Alltag der Brandschutzplanung gehören, ist auch im Zusammenhang mit der MIndBauRL in diesem Kommentar (auch bereits einleitend zum Abschnitt 1 der Richtlinie) besprochen worden. Mit der VV TB wurden für die bauaufsichtliche Behandlung solcher Abweichungen von der MIndBauRL spezielle Verfahrenswege festgelegt.

An dieser Stelle soll besonders darauf hingewiesen werden, dass die (Rand-)Bedingungen des Einzelfalls einer speziellen Bewertung unterzogen werden und somit auch für die weiteren Planungs- und Prüfschritte sowie für den nachhaltig genehmigungskonformen Betrieb bedeutsam sind. Das wird insbesondere im Zusammenhang mit dem Verfahren nach Abschnitt 4.3 (Verfahren des Brandschutzingenieurwesens gemäß Anhang 1) deutlich und bedeutsam! Die Anwendung dieser Verfahren sollte stets mit einem entsprechenden Brandschutzkonzept vorgesehen werden, das sich dieser Bedingungen und Annahmen besonders annimmt und entsprechende Festlegungen vornimmt.

9 Pflichten des Betreibers

Änderungen der brandschutztechnischen Infrastruktur sowie eine Erhöhung der Brandlast erfordern eine Überprüfung des Brandschutzkonzeptes. Ergibt sich daraus eine niedrigere Sicherheitskategorie, eine höhere äquivalente Branddauer $t_ä$ oder eine höhere rechnerisch erforderliche Feuerwiderstandsdauer erf t_F, so liegt eine Nutzungsänderung vor. Solche Nutzungsänderungen bedürfen dann eines Bauantrages und einer Baugenehmigung, wenn sich aus ihnen höhere Anforderungen ergeben. Dies gilt auch bei Änderungen und Ergänzungen des Brandschutzkonzeptes nach Erteilung der Baugenehmigung.

Zu 9 Pflichten des Betreibers

Zum Abschnitt 9 existieren keine Erläuterungen.

Zu 9: Pflichten des Betreibers

a) Allgemeines

Zu den Pflichten des Betreibers gehört grundsätzlich die Erhaltung der Funktionstüchtigkeit der Brandschutzmaßnahmen im vorgegebenen Rahmen; davon sind sowohl deren Zuverlässigkeit als auch die Funktionssicherheit betroffen. Die Gesamtheit der Brandschutzmaßnahmen (baulich, anlagentechnisch, betrieblich/organisatorisch und abwehrend) stellen die brandschutztechnische Infrastruktur der baulichen Anlage dar.

Herausgehoben von der MIndBauRL sind spezielle Brandschutzmaßnahmen, die bei den Sicherheitskategorien (Abschnitt 3.12), bei der Bewertung zulässiger Flächen oder bei den Regelungen der Rettungsweg-Bemessung bedeutsam sind. Teile der brandschutztechnischen Infrastruktur werden in Brandschutzkonzepten nach MIndBauRL in Verbindung mit der DIN 18230 bzw. im Abweichungsfall oder gar im Zusammenhang mit dem Verfahren nach Abschnitt 4.3 (Anwendung der Ingenieurverfahren) durchaus unterschiedlich gewertet und gewichtet. Auf diese Unterschiede muss bei den allfälligen Kontrollen geachtet werden; sie sind in der Regel in den Bauvorlagen und in den Genehmigungsunterlagen aufgeführt und dokumentiert.

Änderungen der brandschutztechnischen Infrastruktur (wohl ihrer Art oder ihrer Leistungsdaten) können ggf. die Leistungsfähigkeit des realisierten Brandschutzes so stark verringern, dass die Schutzziele nicht mehr ausreichend erreicht werden und dass infolge dessen die Baugenehmigung überprüft und eventuell geändert werden muss!

b) Kontrollen von Brandlasten und Nutzungsänderungen

b.1) Brandlasten

Bei Anwendung des Verfahrens nach Abschnitt 7 mit Berechnungen nach DIN 18230 muss der Betreiber/Bauherr zunächst überwachen/kontrollieren, dass die zulässigen Brandlasten nicht überschritten werden. Damit ist eine „ständige Aufgabe“ verbunden, da sich im Lauf der Betriebsdauer über Jahre hinweg leicht „schleichend Brandasterhöhungen“ einstellen können, die nur durch inventurartige Erhebungen sicher festgestellt werden können.

DIN 18230-1 äußert sich im Vorwort zu dieser Frage folgendermaßen:

„Weiterhin wird darauf hingewiesen, dass der Betreiber verpflichtet ist, durch eine auf der Grundlage der Planungsunterlage und Baudokumentation erstellte Betriebsanleitung dafür zu sorgen, dass die für die Bemessung nach dieser Norm festgelegte höchstzulässige Brandbelastung nicht überschritten wird."

Solche Brandlastaufnahmen während des Betriebs sollten etwa im Fünf-Jahres-Abstand vorgenommen werden, wenn die Einhaltung der Genehmigungsauflagen nicht offensichtlich ist.

b.2) Nutzungsänderungen

Nutzungsänderungen können sich bereits durch die Überschreitung der genehmigten Höchstwerte für die Brandbelastung ergeben. Häufig ergeben sich solche Nutzungsänderungen schleichend durch Ansammlungen von brennbarem Material oder durch Umstellungen von Produktionsverfahren oder von Betriebsmitteln bzw. der verarbeiteten Grundstoffe.

Eine Änderung der Betriebsdetails dagegen spielt in der Regel eine untergeordnete Rolle, sofern sich die sicherheitstechnisch relevanten Merkmale dadurch nicht wesentlich verschlechtern.

Häufig sind Änderungen bei der Anordnung betriebstechnischer Einrichtungen zu beobachten. Solange lediglich der Maschinenpark erneuert und die neuen Geräte an anderer Stelle aufgestellt werden sollen, handelt es sich dabei nicht um Nutzungsänderungen. Werden damit aber die Rettungswege in ihren Führungen/Anordnungen oder in ihren Dimensionen verändert, stellt dies eine bauaufsichtlich relevante Änderung dar.

In vielen Industriebetrieben herrscht die Auffassung, dass Einbauten derart „untergeordnete Bauteile" sind, dass deren Anordnung innerhalb der Brandabschnitte/Brandbekämpfungsabschnitte im freien Ermessen des Betreibers liegt. Dem ist allerdings nicht so; eine Veränderung der Lage solcher Decken greift insbesondere in das System der Rettungswege ein und beeinflusst die Möglichkeiten der Feuerwehr für die Brandbekämpfung. Diese Bauteile sind Bestandteile der Bauvorlagen und werden in der Baugenehmigung exakt danach beurteilt.

Die Benutzungsart des Industriebaus kann sich auch ändern (und er dann ggf. nicht weiter als Industriebau für die Produktion und/oder Lagerung aufgefasst werden), wenn die zuvor genehmigten „mitgezogenen Nebennutzungen" deutlich geändert werden. Solche Änderungen können sich sowohl aus der Art als auch aus der Größe (Flächenbedarf) dieser Nebennutzungen ergeben. Natürlich liegt eine Änderung der Benutzungsart grundsätzlich vor, wenn beispielsweise in einer Fabrikhalle neu eine Verkaufs- oder Versammlungsstätte eingerichtet werden soll.

c) Öffnungen ins Freie (als Öffnungen zur Rauchableitung und/oder zur Wärmeentlastung)

Eine besondere Rolle spielen Öffnungen in der Gebäudehülle, die im Brandfall zur Rauchableitung oder gar zur Wärmeentlastung der Baukonstruktion dienen.

Dass Fenster, Türen und Tore oder Lichtkuppeln und sogar „im Brandfall ausschmelzbare Flächen der Gebäudehülle" bedeutsame Brandschutzmaßnahmen und Teile der brandschutztechnischen Infrastruktur sind, ist den meisten Bauherrschaften und Betreibern nicht ausreichend bewusst. Änderungen daran im Zuge längerer Nutzungsperioden im Bestand kommen sehr häufig vor, ohne deren Funktionen und Leistungsanforderungen gemäß der genehmigten Brandschutzplanung zu beachten.

Auch um derartige unbewusste und ungewollte Schwächungen der genehmigten Brandschutzplanung weitgehend zu verhindern, verlangt die MIndBauRL (im Abschnitt 5.14.3) für etwas größere Industriebauten die Bestellung eines Brandschutzbeauftragten und legt dessen Mindestaufgaben fest.

Anhang 1
Grundsätze für die Aufstellung von Nachweisen mit Methoden des Brandschutzingenieurwesens

Auf der Grundlage von Methoden des Brandschutzingenieurwesens wird nach DIN 18009-1[1)] nachgewiesen, dass für sicherheitstechnisch erforderliche Zeiträume die fraglichen Schutzziele erfüllt sind. Das kann insbesondere erfolgen für den Nachweis, dass

- die Rettungswege benutzbar sind,
- eine wirksame Brandbekämpfung möglich ist,
- die Standsicherheit der Bauteile gewährleistet ist.

Für den betrachteten Industriebau müssen aufgrund der vorgesehenen Nutzung die Brandszenarien festlegbar sein, welche insbesondere

- der Nutzung entsprechen und
- auf der sicheren Seite liegende Brandwirkungen ergeben.

Die Sicherheitskriterien und die Zeiträume zur Einhaltung der Sicherheitskriterien sind mit den zuständigen Behörden festzulegen. Es ist nachzuweisen, dass die Sicherheitskriterien

- generell im Industriebau
- partiell in relevanten Raumbereichen

eingehalten werden.

Der Nachweis muss vollständig, nachvollziehbar und überprüfbar sein.

Zu Anhang 1

Im Anhang 1 werden Rahmenbedingungen für solche Nachweisführungen ausreichender Brandsicherheit konkretisiert, die sich auf rechnerische Brandsimulationen – insbesondere unter Verwendung der Wärmebilanztheorien – abstützen.

Über die Anwendbarkeit von Naturbrandmodellen für Standsicherheitsnachweise – insbesondere beim Verzicht auf Vollbrandszenarien – ist im Rahmen einer Abweichung nach § 67 bzw. einer Erleichterung nach § 51 MBO zu entscheiden. Dazu ist im Bauantrag oder in den Bauvorlagen anzugeben, weshalb es einer ETK-Brandbeanspruchung nicht bedarf und darzustellen, dass (und weshalb) das gewählte Brandmodell für das Vorhaben geeignet ist und wie die damit zwangsläufig verbundene eingeschränkte Nutzung der Anlage (z. B. aufgrund begrenzter Brandlasten) sichergestellt werden soll (§ 67 Abs. 1 MBO, § 11 Abs. 2 Satz 1 Nr. 1, Satz 2 MBauVorlV; vgl. Nr. 5).

---

1) DIN 18009: „Brandschutzingenieurwesen", zurzeit veröffentlicht: DIN 18009-1:2016-09 „Brandschutzingenieurwesen – Teil 1: Grundsätze und Regeln für die Anwendung"; weitere Teile sind in der Erarbeitung

Zu Anhang 1

a) Allgemeines

a.1) Ursprung und Bedeutung des Anhangs 1

Der Anhang 1 wurde erstmals formuliert im Zeitraum der Erarbeitung der MIndBauRL – Fassung 2000 – in der zweiten Hälfte der 1990er-Jahre. Er basiert insbesondere auch auf den damaligen Erfahrungen aus den Rechnungen für die DIN 18230-1 (Fassung 1998) und aus den Rechnungen für die Beurteilung von Rettungsweglängen für die Automobilindustrie sowie den Berechnungen zur Ermittlung von „raucharmen Schichten" im Zuge von Konzepten für die Rauchableitung. Seinerzeit wurden regelmäßig für solche Berechnungen Brandsimulationen nach der Wärmebilanztheorie mit Zonenmodellen durchgeführt. Eine Fülle von Fachliteratur erschien in diesem Zeitraum über die Anwendung von Brandsimulationen dieser Art zur Unterstützung der Entscheidungsfindungen im Rahmen von Brandschutzplanungen und Brandschutzbemessungen – insbesondere auch für die Auslegung von Rauch- und Wärmeabzugsanlagen.

Mit dem Anhang 1 der MIndBauRL wurde seinerzeit erstmals im Zusammenhang mit einer bauordnungsrechtlich relevanten Richtlinie (der MIndBauRL) auf konkrete Anwendungen von Ingenieurmethoden des Brandschutzes für die Brandschutzplanung eingegangen. Die Aussagen und Festlegungen dieses Anhangs strahlen insofern seither deutlich über den engen Anwendungsbereich der MIndBauRL auch auf andere Sonderbauten und Fragestellungen der Brandschutzplanung aus!

Die praktische Anwendung des Anhangs der Richtlinienfassungen von 2000 bis 2014 hat z. T. Schwächen der darin enthaltenen „Stichwortliste" offenbart. Da eine Überarbeitung der MIndBauRL bis 2014 zunächst nicht absehbar war, wurde auf der Grundlage dieses Anhangs zunächst von der „Vereinigung zur Förderung des deutschen Brandschutzes (vfdb)" eine bereinigte, modifizierte Fassung dieses Anhangs unter Mitwirkung des seinerzeitigen Obmanns der ARGEBAU-Projektgruppe für eine Anwendung zur unmittelbaren Unterstützung bauaufsichtlicher Verfahren erarbeitet und veröffentlicht (vfdb-RL 1.1 „Brandschutzkonzept"[1]).

Weitaus detaillierter geht die vfdb in ihrem „Leitfaden – Ingenieurmethoden des Brandschutzes"[2] auf die Aspekte des Brandschutzingenieurwesens ein, der etwa zeitgleich für den spezielleren Anwenderkreis der Brandschutzingenieure entwickelt worden war. Darin gilt es den Aufstellern von Nachweisen mehr Hintergrundinformationen an die Hand zu geben, um deren Entscheidungsfindung auf einen solideren und wissenschaftlich abgesicherten Boden zu stellen. Dieser Leitfaden wird entsprechend neueren Erkenntnissen in relativ kurzen Zeitabständen fortgeschrieben und aktualisiert.

Bei den jüngeren Fortschreibungen der MIndBauRL blieb der Anhang 1 bewusst zunächst unangetastet, da die darin gegebene Stichpunktliste nicht den Charakter einer konkreten „Verfahrensvorschrift" bzw. Anwendungsregel hat, sondern lediglich auf bestimmte Merkmale für eine behördliche Akzeptanz von Nachweisen mit den Methoden des Brandschutzingenieurwesens hinweist. In diesem Sinne hat sich der Anhang 1 durchaus bewährt; er wird aber nunmehr durch die zahlreichen allgemein anerkannten Regeln der Technik – insbesondere der DIN 18009 und von Normen des Auslandes – für praktische Fragestellungen ergänzt und im Wesentlichen ersetzt.

Auch um die unmittelbare Abhängigkeit von ausländischen Regelwerken für Nachweisführungen in Deutschland zu verringern, wurde eine Normenreihe DIN 18009 „Brandschutzingenieurwesen" beim Normenausschuss Bauwesen des DIN initiiert, deren erster Teil – DIN 18009-1 „Brandschutzingenieurwesen – Grundsätze und Regeln für die Anwendung" bereits im September 2016 veröffentlicht worden ist. Gleichwohl erscheint es nicht sinnvoll, gute ausländische und internationale Normen für Deutschland „neu zu erfinden", sodass jetzt DIN 18009-1 auch solche bewährten ausländischen Normen einbindet.

1) vfdb: 01/01: Brandschutzkonzept; Fassung 2008-04(2)
2) vfdb Leitfaden

a.2) DIN 18009-1

DIN 18009-1 greift die Stichpunkte des Anhangs 1 (der Richtlinienfassungen 2000 bis 2014) auf und integriert sie in eine Anwenderregel für die systematische Anwendung der Methoden des Brandschutzingenieurwesens im Rahmen der Brandschutzplanung und der Nachweisführung für eine ausreichende Schutzzielerfüllung – insbesondere auch für die Schutzziele des Bauordnungsrechts.

Diese Norm kann als – zunächst von den Fachleuten – anerkannte Regel der Technik aufgefasst werden, die in Ergänzung zur jetzt gegenüber den älteren Richtlinien verkürzten Stichpunktliste des Anhangs 1 auch für den Industriebau angewendet werden sollte. Durch die „offizielle" Einbindung von DIN 18009-1 in die bauaufsichtlich relevante MIndBauRL ist sie auch unmittelbar bauordnungsrechtlich bedeutsam geworden.

Nach wie vor strahlt der Anhang 1 der MIndBauRL (und jetzt inklusive der DIN 18009) über den engeren Anwendungsbereich der MIndBauRL aus und erfasst praktisch auch andere Sonderbauten oder spezielle Fälle von „Abweichungsbegehren" und deren Begründungen.

a.3) Nachweise für „sicherheitstechnisch erforderliche Zeiträume"

Nachweisführungen mit den Methoden/Verfahren des Brandschutzingenieurwesens sind grundsätzlich an bestimmte, festlegbare Szenarien (mit entsprechenden Randbedingungen und Annahmen) gebunden. Sie beziehen sich in aller Regel auf bestimmte Zeitspannen/Zeiträume eines vollständigen Brandverlaufs von der Brandentstehung bis zum Erlöschen des Brandes. Sie betrachten also typischerweise Ausschnitte aus dem Gesamt-Brandverlauf – je nach Zielsetzung der Nachweisführung und bezogen auf die betroffenen Schutzziele.

Es ist also äußerst wichtig, die Schutzziele und die Szenarien mit den „sicherheitstechnisch erforderlichen Zeiträumen" zusammenzuführen und in Einklang zu bringen.

b) Bemessung von Bauteilen mit Ingenieurverfahren

b.1) Sicherheitstechnische Grundanforderung

Bauteile können auch im Rahmen der MIndBauRL anstelle der Regelungen der Abschnitte 6 und 7 mit Ingenieurverfahren im Sinne von Abschnitt 4.3 und Anhang 1 brandschutztechnisch im Hinblick auf ihre Standsicherheit im Brandfall bemessen werden.

Diese Nachweise sind auf das Sicherheitskonzept der MIndBauRL – dokumentiert in der DIN 18230 – abzustellen.

b.2) Grundfall – wie der „globale Nachweis" der DIN 18230

Für den Nachweis sind zunächst Brandsimulationen erforderlich, die die Kubatur des betreffenden Gebäudeabschnitts sowie dessen Ventilationsöffnungen angemessen berücksichtigen. Dabei müssen Decken, die unter den Bedingungen des Brandszenarios standsicher sind, berücksichtigt werden. Sich erst im Brandfall öffnende Ventilationsflächen müssen konservativ mit ihren Öffnungseigenschaften berücksichtigt werden; im Zweifel sind verschiedene Öffnungsbedingungen zu variieren.

Das maßgebende Brandszenario ist ein Vollbrandgeschehen, das sich über alle Flächen (Deckenfelder) des betrachteten Gebäudeabschnitts erstreckt – also auch ggf. über mehrere Geschosse bei raumabschließenden Geschossdecken. Es darf eine Brandausbreitungsphase berücksichtigt werden, wobei grundsätzlich von einer Brandausbreitungsgeschwindigkeit von mindestens 1 m/min horizontal in alle Richtungen auszugehen ist (räumliches Brandmodell). Beim Erreichen insbesondere von Flashover-Bedingungen beschleunigt sich die Brandausbreitung jedoch sehr stark und verändert ihren Charakter erheblich (das gilt nicht nur für kleine Räume und ist auch im großflächigen Industriebau zu berücksichtigen).

Das Brandszenario ist bis zum vollständigen Ausbrand aller brennbaren Stoffe zu untersuchen; die Abkühlphase ist also zu berücksichtigen. Bei der Festlegung des Bemessungsbrandes dürfen die Brandschutzmaßnahmen zur Brand-

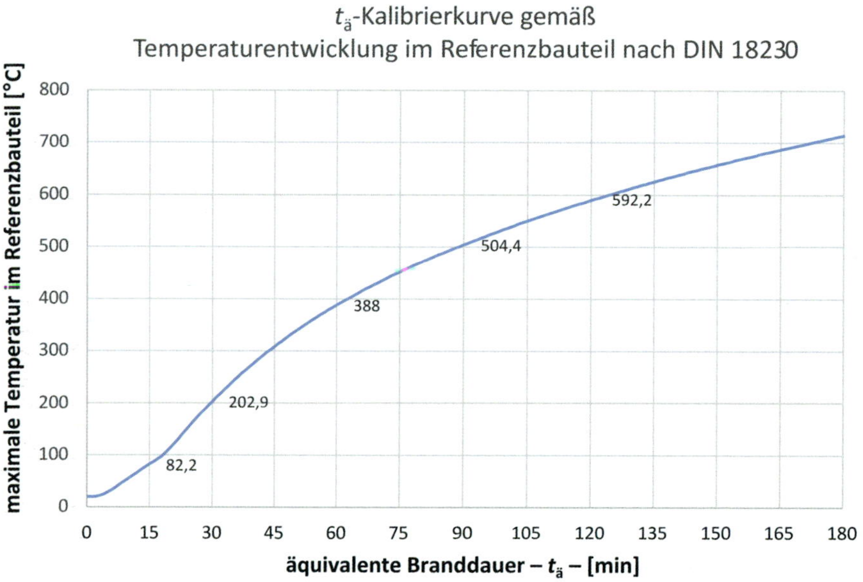

Bild 1: Kalibrierkurve zur Ermittlung der „äquivalenten Branddauer" bei Verwendung von Brandsimulationen zur Bauteilbemessung – Grundfall

bekämpfung nicht unmittelbar berücksichtigt werden (z. B.: Feuerwehrlöschangriff, Feuerlöschanlage); dies erfolgt im Rahmen der globalen Sicherheitsbetrachtungen gemäß den Festlegungen von DIN 18230-1 Tab. 3 (Zusatzbeiwert α_L).

Die Wärmefreisetzungsrate ist stoffbezogen für Vollbrandbedingungen anzusetzen, wobei das jeweilige Brandregime (ventilations- oder brandlastgesteuerter Brand) und die Stoffarten sowie der Einfluss der Lagerungsdichte angemessen zu berücksichtigen sind. Die unmittelbare Verwendung des „Abbrandfaktors m" der DIN 18230 kommt bei diesen Brandsimulationen mit sog. „Naturbrandszenarien" nicht zu Anwendung – stattdessen ist auf eine Verbrennungseffektivität der beteiligten Brandgüter abzustellen.

Als maßgeblich für die Bauteilbemessung ist im „Grundfall" die Temperatur der Heißgase unter den Decken der jeweiligen Räume des betrachteten Gebäudeabschnitts zu ermitteln. Dafür reicht eine Mittelwertbetrachtung aus; inhomogene Temperaturverteilungen innerhalb der Heißgasschicht müssen dabei noch nicht im Detail berücksichtigt werden.

Aufgrund dieser Heißgastemperatur-Zeitkurven ist die maximale Bauteilerwärmung für das Referenzbauteil nach DIN 18230-1 in der Referenzfaser des dort verwendeten Referenzbauteils zu bestimmen. Für dieses Referenzbauteil aus Stahlbeton sind die Materialkennwerte der DIN 18230 zu verwenden. Die Temperatur-Zeitkurve für die Referenzfaser des Referenzbauteils liefert das Bemessungskriterium für die Heißbemessung der Bauteile. Zur Festlegung des Bemessungswertes – der so ermittelten „äquivalenten Branddauer" – ist die Kalibrierkurve zu verwenden, die sich aus der DIN 18230-1 ergibt:

Dabei fällt als wichtige Eigenschaft der Grundlage des zu verwenden Sicherheitskonzepts auf, dass bereits sehr moderate Erwärmungen des Referenzbauteils zu nennenswerten „äquivalenten Branddauern" führen. Dabei handelt es sich in der Regel um Temperaturen, bei denen „für sich betrachtet" keine Gefahr eines Bauteilversagens angenommen werden muss!

Diese „äquivalente Branddauer" ist für die weitere Bemessung heranzuziehen, wobei die Sicherheitsfaktoren gemäß DIN 18230-1 zur Anwendung gebracht werden müssen, unterschieden nach der Bedeutung des jeweiligen

Bauteils (SK_b-Klasse) und der „Geschossigkeit" des Gebäudeabschnitts.

Im Übrigen sind für derartige Nachweisführungen die Festlegungen der DIN 18009-1 zutreffend.

Hinweis: Inzwischen ist auch (zunächst als DIN spec) eine Beschreibung im DIN-Verlag dazu erschienen, die weitere wertvolle Hinweise enthält: DIN SPEC 18230-4: 2015-09 „Baulicher Brandschutz im Industriebau – Teil: Brandsimulation"

Dieser Fachbericht wird fortgeschrieben und dann als DIN/TR mit dem gleichen Titel veröffentlicht.

b.3) Bestimmung der erforderlichen Feuerwiderstandsfähigkeit der Bauteile mit Naturbrandmodellen der Eurocodes

Die Eurocodes ermöglichen die Bemessung von Bauteilen sowohl auf der Basis des Standardvollbrandes von nominellen Temperaturzeitkurven (insbesondere der ETK) als auch auf der Basis von Naturbränden. Diese Regelungen sind im „EC 1-2" beschrieben (DIN EN 1991-1-2 und DIN EN 1991-1-1/NA).

Diese beiden Normen sind in Deutschland grundsätzlich als a. a. R. d. T. bauaufsichtlich eingeführt.

Im System der Eurocodes werden u. a. folgende Kriterien verwendet:

a Levels (Sufen, Ebenen) bezeichnen unterschiedliche Verfahrensweisen für die Berücksichtigung der statischen Systeme in Verbindung mit unterschiedlichen Graden der Nachweisführung **für die Heißbemessung**:
- a1 Level 1: Tabellenverfahren für Einzelbauteile
- a2 Level 2: vereinfachte Rechenverfahren für Einzelbauteile und für Teiltragwerke
- a3 Level 3 allgemeine Rechenverfahren für Einzelbauteile, Teiltragwerke und für Gesamttragwerke

b Arten der Brandszenarien und deren Anwendung für die Heißbemessung von Bauteilen

b1 Nominelle Brandeinwirkungen
Dabei handelt es sich um verschiedene Festlegungen der Entwicklung einer Gastemperatur, die auf die Bauteile einwirkt (Temperaturzeitkurven).

b2 Naturbrände (Naturbrandmodelle)
Sogenannte Naturbrände werden in folgenden Strukturen behandelt:

b2.1 vereinfachte Brandmodelle
Für Vollbrände und für lokale Brände sind Formelwerke festgelegt, mit denen die thermischen Einwirkungen auf die Bauteile ermittelt werden können (z. B. als Temperaturzeitkurve oder als Wärmestromdichtezeitkurve)
- A DIN EN 1991-1-2, Anhang A: Parametrische Temperaturzeitkurven
  Diese Regelungen sind in Deutschland durch den Nationalen Anhang DIN EN 1991-1-2/NA, Normativer Anhang AA, ersetzt
- B DIN EN 1991-1-2, Anhang B: Thermische Einwirkungen auf außenliegende Bauteile
  Diese Regelungen gelten in Deutschland mit speziellen Änderungen gemäß DIN EN 1991-1-2/NA (NA.2 „Nationale Festlegungen zur Anwendung von DIN EN 1991-1-2")
- C DIN EN 1991-1-2, Anhang C: Lokale Brände
  Diese Regelungen gelten in Deutschland mit speziellen Änderungen gemäß DIN EN 1991-1-2/NA (NA.2 „Nationale Festlegungen zur Anwendung von DIN EN 1991-1-2")

b2.2 allgemeine Brandmodelle
- D DIN EN 1991-1-2, Anhang D: Erweiterte Brandmodelle
  Diese Regelungen gelten in Deutschland. Sie enthalten i. W. Kurzbeschreibungen der Rechenmodelle von Ein- und Zweizonenmodellen und von CFD-Modellen.

E DIN EN 1991-1-2, Anhang E: Brandlastdichten
Diese Regelungen gelten in Deutschland nicht. Sie werden ersetzt durch DIN EN 1991-1-2/NA, Normativer Anhang BB – „Eingangsdaten für die Anwendung von Naturbrandmodellen".

F DIN EN 1991-1-2, Anhang F: Äquivalente Branddauer
Diese Regelungen gelten in Deutschland grundsätzlich nicht – DIN EN 1991-1-2/NA.
Sie werden – ausschließlich für den Industriebau – ersetzt durch die nationale Norm DIN 18230 Teil 1.

G DIN EN 1991-1-2, Anhang G: Konfigurationsfaktor
Diese Regelungen gelten in Deutschland – DIN EN 1991-1-2/NA.

Für die konkrete Anwendung der o.g. Normen gelten im bauordnungsrechtlichen Umfeld zunächst die in der MVV TB enthaltenen Bedingungen. Daraus ergeben sich zurzeit insbesondere nachfolgend grob charakterisierte Einschränkungen, die in den Bundesländern theoretisch unterschiedlich ausfallen können:

1. Es wird grundsätzlich der Tragfähigkeitsnachweis auf der Grundlage der ETK erwartet, und Nachweise über Naturbrandmodelle werden entsprechend DIN EN 1991-1-2/NA an Brandschutzkonzepte gebunden.
2. Die Anwendung von Naturbrandmodellen deckt ggf. die globalen bauaufsichtlichen Anforderungen nicht vollständig ab und erfordert daher in jedem Einzelfall die Erteilung einer Abweichung von der Verwendung feuerwiderstandsfähiger tragender und aussteifender Bauteile, deren Leistungsfähigkeit in Feuerwiderstandsklassen gefordert wird. Die Zuordnung der Feuerwiderstandsklassen zu den bauaufsichtlichen Anforderungen ist festgelegt in der MVV TB.

Anwendung von Naturbrandmodellen im Industriebau

Für die Anwendung der Naturbrandmodelle im Industriebau stehen gemäß Abschnitt 4.3 der Richtlinie grundsätzlich folgende Wege offen:

1. Die geregelten Verfahren der Eurocodes als a. a. R. d. T.
2. Ungeregelte Verfahren im Ermessen des Aufstellers

Der EC-1-2 lässt gemäß obigen Ausführungen grundsätzlich die Anwendung folgender Verfahren mit den jeweiligen bauaufsichtlichen Einschränkungen zu:

1.1 DIN EN 1991-1-2, Anh. D

1.2 DIN EN 1991-1-2, Anh. E: → NA: Anhang BB

1.3 DIN EN 1991-1-2, Anh. F → DIN 18230

Diese Regelungen führen zunächst zu Brandsimulationen mit den „erweiterten Brandmodellen" (Zonen- oder CFD-Modellen) gemäß Anhang D. Die Bemessungsbrandszenarien gehen letztlich aus dem Anhang BB des nationalen Anhangs DIN 1991-1-2/NA hervor:

1. Die grundsätzlichen Angaben über die Ermittlung der Brandlastdichte (Brandbelastung) können auch für den Industriebau angewendet werden. Spezielle Festlegungen (nach der Nutzungsart) sind für den Industriebau nicht geregelt, sodass stets eine objektspezifische Ermittlung erforderlich ist. (Angaben in DIN EN 1991-1-2 für industrielle Nutzungen gelten für Deutschland nicht.)
2. Die grundsätzlichen Angaben über die Festlegung der Brandausbreitung können auch für den Industriebau angewendet werden. Spezielle Festlegungen (nach der Nutzungsart) sind für den Industriebau nicht geregelt, sodass stets eine objektspezifische Ermittlung erforderlich ist.
3. Die Wärmefreisetzungsrate ergibt sich aus der Brandentwicklung (siehe Ziffer 2) mit Höchstwerten in Abhängigkeit von der Brandlast (brandlastgesteuerter Brand) oder

in Abhängigkeit von den Ventilationsbedingungen (ventilationsgesteuerter Brand).
Sie ist insbesondere nicht unmittelbar abhängig von der brandschutztechnischen Infrastruktur, z. B. von einer vorhandenen Sprinkleranlage (siehe Ziffer 4, Sicherheitskonzept).

4. Das Sicherheitskonzept weist Sonderbauten mit speziellen Nutzungen spezielle Sicherheitsniveaus konkret zu. Für Industriebauten sind solche Sicherheitsfestlegungen im EC 1-2 bzw. im NA nicht festgelegt und müssen bei einer Anwendung für den Industriebau entsprechend diesem System aus der Muster-Industriebau-Richtlinie bzw. aus der DIN 18230 abgeleitet und verwendet werden, um das bauordnungsrechtlich vorgesehene Sicherheitsniveau zu erreichen.
Dabei werden Maßnahmen der brandschutztechnischen Infrastruktur bei der Festlegung der Rechenwerte für die Brandlastdichte (siehe Ziffer 1) und für die Wärmefreisetzungsrate (siehe Ziffer 3) berücksichtigt.
Im Sicherheitskonzept wird außerdem die „jährliche Auftretenswahrscheinlichkeit von Entstehungsbränden (p1 [Brände/(m^2 · Jahr)]) berücksichtigt. Für Standardnutzungen werden Bemessungswerte vorgegeben, die das deutsche Sicherheitsniveau für die Bauteilbemessung festlegen. Für den Industriebau sind im Eurocode keine in Deutschland gültigen Werte angegeben. Dazu müssten die Festlegungen aus dem Sicherheitskonzept der DIN 18230-1 übernommen oder ggf. angepasst werden. Gleiches gilt für die Berücksichtigung der Wirksamkeit diverser Brandbekämpfungsmaßnahmen (durch die Nutzer, die öffentliche Feuerwehr, die Werkfeuerwehr oder durch automatische Feuerlöschanlagen).

Bei der Anwendung der geregelten Verfahren mit Naturbrandmodellen nach den Kriterien des Eurocode Nr. 1-2 (DIN EN 1991-1-2 und des Nationalen Anhangs DIN 1991-1-2/NA) sind Bemessungsbrandszenarien als sich fortentwickelnde Brände zu behandeln, deren charakteristische Eigenschaften primär mit der Brandbelastung (Brandlastdichte) und der Brandentwicklung im Sinne einer Wärmefreisetzungsrate ohne unmittelbare Berücksichtigung von etwaigen Löschmaßnahmen festzulegen sind. Löschmaßnahmen werden in diesem Verfahren (wie im Verfahren der DIN 18230-1) ausschließlich über das Sicherheitskonzept probabilistisch berücksichtigt.

c) Bemessung von Anlagen und Einrichtungen zur Rauchableitung

Sofern eine objektspezifische, schutzzielorientierte technische Auslegung von Anlagen und Einrichtungen zur Rauchableitung gewünscht oder erforderlich ist, die von den üblichen Standardbemessungen abweicht, ist auf das schrittweise Vorgehen gemäß DIN 18009-1 zu verweisen. Im Folgenden werden Brandsimulationen als Parameterstudien unter Berücksichtigung der wesentlichen Parameter mit geeigneten Rechenmodellen durchgeführt, die die Entwicklung und Verteilung von Brandrauch für die entscheidenden Brandszenarien darstellen.

Letztlich ist ingenieurtechnisch zu entscheiden, wie diese Rechenergebnisse hinsichtlich der Schutzzielerreichung zu interpretieren und zu bewerten sind. Ebenso sind die bautechnischen Konsequenzen daraus verantwortlich abzuleiten.

d) Beurteilung von Flucht- und Rettungswegen

In für den Industriebau eher seltenen Fällen kann es wünschenswert oder erforderlich werden, auch die Konzeption der Flucht- und Rettungswege ingenieurtechnisch zu bewerten. Dabei ist zu beachten, dass Flucht- und Rettungswege verschiedenen Schutzzielen dienen, deren Beurteilung auch auf unterschiedlichen Szenarien und sicherheitstechnisch relevanten Zeiträumen im Brandfall beruhen sollte.

Zurzeit stehen für die Phase der Selbstrettung bereits mit der DIN 18009-2 normative Regelungen zur Verfügung, die bei der Auswahl geeigneter Werkzeuge und für deren praktische Anwendung helfen. Mit diesen Handwerkszeugen lassen sich unmittelbar die für Fluchtszenarien erforderlichen Laufzeiten ermitteln. Additiv müssen dafür allerdings auch die sogenannten „Pre-movement-Zeiten" berücksichtigt werden, also die Zeiträume, die bis zum Beginn der Fluchtbewegungen vergehen. Auch für diese (nicht berechenbaren) Zeiträume stellt DIN 18009-2 Zahlenwerte zur Verfügung.

Für die Bewertung der Rettungswege als Angriffswege der Feuerwehr oder für andere Zwecke können zurzeit noch keine unmittelbar anwendbaren, rechnergestützten Ingenieurverfahren empfohlen werden.

Anhang 2
Anrechenbare Wärmeabzugsflächen nach Abschnitt 6, Tabelle 2

Folgende Flächen dürfen ohne weiteren Nachweis als Wärmeabzugsflächen angesetzt werden:

- Ständig vorhandene Flächen von Öffnungen im Dachbereich oder in Wandbereichen, die ins Freie führen
- Flächen von Rauch- und Wärmeabzugsgeräten nach DIN EN 12101-2
- Flächen von Toren, Türen und Lüftungseinrichtungen, die ins Freie führen und die von außen ohne Gewaltanwendung geöffnet werden können; dazu reichen betriebliche/organisatorische Maßnahmen
- Flächen von Öffnungen mit Abschlüssen oder Einrichtungen aus Kunststoffen mit einer Schmelztemperatur ≤ 300 °C
- Flächen von Öffnungen mit Verglasungen, die bei Brandeinwirkung ganz oder teilweise zerstört werden, wie:
  - Verglasungen mit Einfach-Fensterglas
  - Verglasungen mit handelsüblichem Zweischeibenisolierglas
- Flächen von Öffnungen, die mit Materialien abgedeckt oder verschlossen sind, die bei Brandeinwirkung zerstört werden

Als Wärmeabzugsfläche gilt jeweils:

- die lichte freiwerdende Öffnung
- bei Rauch- und Wärmeabzugsgeräten die geometrisch freie Fläche der Eintrittsöffnung
- bei nach DIN 18232-4 geprüften Wärmeabzügen die jeweils bei der Prüfung festgestellte Wärmeabzugsfläche
- in anderen Fällen vereinfacht auch 85 % der Fläche, die sich aus den Rohbaumaßen ergibt

Verglasungen, deren Zerstörung im Brandfall nicht zu erwarten ist oder die im Brandfall nicht geöffnet werden können, wie z. B.:

- Brandschutzverglasungen
- Angriffshemmende Verglasungen
- Verglasungen mit Drahtglas
- Verbundsicherheitsglas
- Dreischeibenisolierglas

dürfen nicht angerechnet werden.

Zu Anhang 2

Im Anhang 2 sind die Flächen aufgeführt, die ohne weiteren Nachweis als Wärmeabzugsflächen angesetzt werden können. Da im Verfahren nach Abschnitt 6 von unbegrenzten, also hohen Brandlasten auszugehen ist, kann unterstellt werden, dass die in der Aufzählung genannten Verglasungen, Abschlüsse oder Einrichtungen aus Kunststoffen etc. zerstört werden. Sollte im Brandfall nur eine geringe Wärme freigesetzt werden, so dass z. B. Verglasungen nicht zerstört würden, stellt dieses Brandereignis auch keine Gefahr für die tragenden Bauteile des Gebäudes dar.

Tore, Türen und Lüftungseinrichtungen, die nicht unmittelbar ohne Gewaltanwendung von außen geöffnet werden können, können auch berücksichtigt werden, wenn ein anderer Zugang für die Feuerwehr von außen ohne Gewaltanwendung auf kurzem Wege zum Öffnungsmechanismus möglich ist (z. B. Tür neben Tor, dass dann von innen geöffnet werden kann). Ohne Gewaltanwendung bedeutet, dass mit einfachen Mitteln wie Schlüssel, Dreikant, Kettenzug o. Ä. die Öffnungsfläche zerstörungsfrei durch die Feuerwehr geöffnet werden kann. Ebenso kommen betrieblich/organisatorische Maßnahmen infrage, um ein gewaltfreies Öffnen sicherzustellen, z. B. dadurch, dass eine Person in angemessener Zeit zum Öffnen von Türen vor Ort ist.

Stichwortverzeichnis

U

V

W

Z